Spezielle Mineralogie
auf geochemischer Grundlage

Mit einem Anhang
Ein kristallchemisches Mineralsystem

Von

Dr. phil. Felix Machatschki
o. Professor an der Universität Wien

Mit 229 Textabbildungen

Springer-Verlag Wien GmbH
1953

ISBN 978-3-7091-8007-5   ISBN 978-3-7091-8006-8 (eBook)
DOI 10.1007/978-3-7091-8006-8

Vorwort.

Wie wenige andere Wissenschaften hat die Mineralogie im Laufe der letzten drei bis vier Jahrzehnte ihr Gesicht geändert; jeder, der vor 30 oder 40 Jahren sich ihrem Studium gewidmet hat, wird dies zugeben müssen. Nicht daß am wohlfundierten, reichen Beobachtungsmaterial über Eigenschaften, chemische Zusammensetzung und Zusammenvorkommen der Mineralien in der Natur gerüttelt worden wäre; neben einer Erweiterung solcher Beobachtungen hat sich aber weitestgehend die Deutung derselben unter dem Einfluß von neuen, machtvollen Forschungsmitteln gewandelt, von denen besonders drei zu nennen sind: Einbeziehung der *auflichtmikroskopischen Methoden* für die Untersuchung der *opaken* Mineralien seit der Zeit um den ersten Weltkrieg; die an die in dieselbe Zeit fallende Entdeckung der Röntgeninterferenzen an Kristallgittern durch MAX VON LAUE sich unmittelbar anschließende Evolution der *kristallchemischen* Forschung, welche die früheren spekulativen Konstitutionsvorstellungen der anorganischen Chemie und damit auch der Mineralogie ablöste; teilweise in enger Verbindung mit der stürmischen Entwicklung der kristallchemischen Forschung erstand, wurzelnd in den früheren Erfahrungen der Minerallagerstättenkunde im weitesten Sinne, unter Einbau neuer *physikalisch-analytischer Methoden* die neue *geochemische* Forschung, der wie der kristallchemischen Forschung auch ständig wachsende praktische Bedeutung zukommt. Ein zeitgemäßes Lehrbuch der speziellen Mineralogie muß allen diesen Forschungsrichtungen Rechnung tragen.

Bei der Anordnung des Stoffes im Text wurden die genetischen Gesichtspunkte in den Vordergrund gestellt, dabei aber jedes starre Einteilungsprinzip vermieden. Ein Mineral fand dort seine Behandlung, wo man in der Folge des geochemischen Geschehens zuerst darauf stößt; es wurde aber auch kristallchemischen Gesichtspunkten Rechnung getragen, insofern als alle isomorphen Mineralien, wenn sie auch anderen Entstehungsphasen angehören, gleich mitbesprochen werden; damit werden überflüssige Wiederholungen vermieden; so darf man sich z. B. nicht darüber wundern, daß man bei den Pegmatitmineralien nicht nur den Spessartin besprochen findet, sondern im Anschluß daran alle übrigen Mineralien der Granatgruppe, oder darüber, daß in Verbindung mit den Pegmatitphosphaten die sedimentären Phosphorite behandelt werden; wenn, wie das so häufig ist, bestimmte Mineralien auch später in andersartigen Mineralgesellschaften auftauchen, konnte man sich dann mit einem kurzen Hinweis auf die Erstbeschreibung begnügen. Den Erzmineralien im klassischen Sinne wurde wegen ihrer eminenten praktischen Bedeutung ein letzter, selbständiger Hauptteil zugewiesen, innerhalb dessen sie nach dem wichtigsten Metall, das sie führen, angeordnet sind, bei jedem Metall aber wiederum im wesentlichen nach genetischen Gesichtspunkten. Ein solches Vorgehen, das selbstverständlich subjektive Momente trägt, ist in einem Lehrbuch der trockenen Aneinanderreihung der Mineralien nach einem chemischen oder kristallchemischen System vorzuziehen; ich möchte nicht verfehlen zu erwähnen, daß mir mittels einer derartigen Anordnung des Stoffes die Mineralogie durch die Vorlesungen meines verehrten Lehrers R. SCHARIZER nahe gebracht wurde, Vorlesungen, die im Auszug im „Grundriß der Mineralparagenese" von ANGEL-SCHARIZER im Jahre 1932 veröffentlicht worden sind (Lit. A 1).

Dem Mangel einer durchgreifenden Ordnung im Text wird im Anhang ein strenges kristallchemisches Mineralsystem entgegengestellt, das alle wichtigeren Mineralien mit ihren kristallchemischen Formeln und, soweit gegenwärtig verfügbar, auch die diesem System unterliegenden strukturellen und kristallographischen Daten enthält, Daten, die im Text nicht gebracht wurden.

Die Gesteinskunde wurde nur soweit gestreift, als es für die Behandlung der Mineralien nach genetischen Gesichtspunkten notwendig war.

Viele von den Abbildungen durfte ich den beiden Werken: ESKOLA, Mineralien und Gesteine, und KLOCKMANN-RAMDOHR, Lehrbuch der Mineralogie, mehr oder weniger abgeändert übernehmen; für die freundliche Erlaubnis hierzu spreche ich den Herren Prof. ESKOLA und Prof. RAMDOHR meinen besten Dank aus. Für die Hilfe bei den Korrekturen habe ich meinen früheren und gegenwärtigen Mitarbeiterinnen Dr. A. HEDLIK-ZEMANN (Göttingen), Dr. E. JÄGER (Bern) und stud. phil. E. STRADNER (Wien) aufrichtigst zu danken. Ebenso schulde ich dem Springer-Verlag, Wien, für sein Entgegenkommen und seine Geduld großen Dank.

Wien, im Mai 1953.

F. Machatschki.

Inhaltsverzeichnis.

Erster Hauptteil.

Die primären Mineralien.

Zweiter Hauptteil.

Verwitterungs- und Sedimentationsmineralien.

D r i t t e r   H a u p t t e i l.

Die Metamorphose der Mineralien und Gesteine.

V i e r t e r   H a u p t t e i l.

Die Schwermetallmineralien (Erzmineralien i. e. S.).

A n h a n g.

Ein kristallchemisches Mineralsystem.

Einleitung.

Mineralien sind im physikalischen und chemischen Sinne homogene Naturkörper, die uns fast ausschließlich in Form von Kristallen oder wenigstens in feinst- bis grobkörnigen, kristallinen Aggregaten entgegentreten. Nur wenige von jenen Mineralien, die wir üblicherweise als fest bezeichnen, befinden sich im amorphen (gelartigen) Zustand.

Der chemischen Homogenität entsprechend kann der Stoffbestand der Mineralien durch eine Formel dargestellt werden, die allerdings in vielen Fällen nicht nach den üblichen chemischen Gesichtspunkten aufgestellt werden kann, sondern zu deren Bildung in weitem Umfang kristallchemische Gesichtspunkte herangezogen werden müssen. Abgesehen vom chemischen Bestand dienen zur Kennzeichnung der Mineralien noch ihre sämtlichen physikalischen Eigenschaften, wie z. B. ihr optisches, elektrisches, magnetisches und Festigkeitsverhalten und die kristallographischen Eigenschaften; die Grundzüge dieser Gebiete werden in der Allgemeinen Mineralogie behandelt; ferner spielen noch eine große Rolle die heute schon sehr weit vorgedrungenen Erkenntnisse über den Aufbau der kristallinen Materie (Kristallchemie) und die Beziehungen zwischen Aufbau einerseits, Morphologie und physikalischen Eigenschaften andererseits; dazu kommen noch die Art des Auftretens eines Minerals in der Natur und sein Zusammenvorkommen mit anderen Mineralien *(Mineralparagenese)*.

Die einleitend verwendete Definition des Begriffes Mineral enthält keine Aussage über den Aggregatzustand. Im allgemeinen pflegt man Mineralien als feste Körper zu betrachten; das ist aber keine unbedingte Voraussetzung. Auch die gasförmigen Bestandteile der Atmosphäre, die ein Gemenge verschiedenartiger Molekeln darstellt und daher als amorphes (isotropes) Gestein (s. u.) zu betrachten ist, sind als Mineralien anzusehen, genau so wie das in der Natur in Tropfenform vorkommende, flüssige Quecksilber; als Lösung sehr verschiedenartiger Salze zählen auch die in der Natur auftretenden Wässer zu den Gesteinen, deren Hauptmineral, das Wasser, bei Temperaturen über 0⁰ und Atmosphärendruck flüssig ist; ein Gestein ist auch das aus sehr verschiedenen Molekelarten (Mineralien) bestehende Erdöl,

Ihrer Herkunft nach sind die meisten Mineralien als anorganische Bildungen anzusprechen; jedoch gibt es sehr viele Mineralien, die entweder auf dem Wege über den Lebenslauf der Organismen gebildet wurden und werden oder wenigstens gebildet werden können, und solche, an deren Entstehung Lebens-, Verwesungs- und anorganische Vorgänge gemeinsam Anteil haben.

Als Gesteine (Gebirgsarten, Felsarten) bezeichnet man Mineralaggregationen größerer Ausdehnung, die in der Regel aus mehreren Hauptmineralien zusammengesetzt sind (polyminerale Gesteine), selten nur ein Hauptmineral enthalten (monominerale Gesteine); der Heterogenität eines Gesteines entsprechend tragen formelmäßige Fixierungen ihres

Stoffbestandes, wie sie direkt oder durch die Angabe von verschiedenen Projektionswerten mit Nutzen versucht werden, nur willkürlich abgrenzenden Charakter.

Jene Gesteine, welche Metalle in technisch gewinnbaren Mengen enthalten, nennt man E r z gesteine oder kurzweg E r z e; ihre metallführenden Mineralien sind die Erzmineralien. Das Studium solcher Gesteine, die Erzmineralien oder sonstige technisch wertvolle Mineralien enthalten (M i n e r a l l a g e r s t ä t t e n, E r z l a g e r s t ä t t e n), bringt die Mineral- und Gesteinskunde (Mineralogie und Petrographie) in enge Beziehung zur Lehre vom Vorkommen der mineralischen Rohstoffe in der Erdkruste (L a g e r s t ä t t e n k u n d e) und zur G e o c h e m i e (Lit. C).

Mineralformeln.

Die Aufstellung von valenzchemischen Formeln, wie sie üblicherweise in der Chemie verwendet werden, und wie sie z. B. auch für Quarz SiO_2 und Diamant C gültig sind, macht im allgemeinen für die bei tieferen Temperaturen gebildeten Mineralien, besonders für jene, die im Wege der Sedimentation (S. 174) entstanden und entstehen, keine Schwierigkeit: Steinsalz ist eben praktisch reines NaCl, Gips ist praktisch rein $CaSO_4 . 2 H_2O$ usw. Mischkristallbildungen spielen bei diesen Tieftemperaturkristallisationen entweder überhaupt keine Rolle oder zumindest eine leicht durchschaubare. Wenn z. B. ein hydrothermales Karbonat mit den Eigenschaften des Eisenspates ($FeCO_3$) nach der Analyse eine Zusammensetzung von 70 Molekularprozent $FeCO_3$, 20 Molekularprozent $MgCO_3$ und 10 Molekularprozent $MnCO_3$ hat, so besteht kein Zweifel, daß es sich um einen Mischkristall von der Formel (Fe, Mg, Mn)CO_3 handelt, eine Formel, die man den besonderen Verhältnissen auch noch dadurch anpassen kann, daß man sie schreibt: ($Fe_{0.7}$, $Mg_{0.2}$, $Mn_{0.1}$)CO_3; es handelt sich um eine simple Mischkristallbildung, bei welcher sich Ionen gleicher Wertigkeit und ähnlicher Raumbeanspruchung gegenseitig ersetzen.

Anders ist es bei vielen bei hohen Temperaturen entstandenen Mineralbildungen (also besonders in den liquidmagmatischen bis pneumatolytischen und teilweise in den metamorphen Kristallisationsphasen, S. 202), weil sich hier die Mischkristallbildung sehr häufig durch folgende Umstände kompliziert: In den Kristallgittern ersetzen sich Ionen verschiedener Wertigkeit gegenseitig; manche Ionenarten, vor allem Al''' und Mn'', können in das Kristallgitter jeweils für Ionen zweier, sonst getrennter Gruppen eintreten; schließlich deswegen, weil die Mischkristallbildung vielfach mit einer noch zusätzlichen Besetzung von in der Idealstruktur freien Gitterpositionen durch Ionen entsprechender Größe oder mit einer Unterbesetzung der Positionen von für den Zusammenhalt der Struktur weniger wichtigen Ionen verbunden ist. Von den letzteren Fällen soll an dieser Stelle abgesehen werden, im Hauptteil und im Anhang ist, wo notwendig, durch die Formelschreibung darauf Rücksicht genommen. Diese Umstände erschwerten bis vor etwa zwei Jahrzehnten die Aufstellung von einheitlichen Formeln für Mineralien, die nach ihren sonstigen Eigenschaften bei großer chemischer Variabilität als zusammengehörig betrachtet werden mußten, vielfach außerordentlich oder verhinderten sie völlig. Bis dahin ließ man sich eben von valenzchemischen Voraussetzungen leiten, und zwar in dem Sinne, daß man eine typische gegenseitige Vertretung nur für Ionen gleicher Wertigkeit angenommen hat: So hat man z. B. in den Formeln die

Sesquioxyde der Seltenen Erden mit denen von Aluminium und Eisen in den Mischkristallformeln vereinigt, ebenso Natrium mit Kalium und Lithium; auf diese Weise konnte man aber nicht zu einheitlichen Formeln kommen, weil, wie wir heute wissen, die Mischkristallbildung mit der chemischen Wertigkeit nur so weit parallel geht, als die Raumbeanspruchung der betreffenden Ionen in den Kristallgittern nicht zu sehr verschieden ist, daß sich aber andererseits in den Kristallgittern bei genügend ähnlicher Raumbeanspruchung Ionen verschiedener Wertigkeit gegenseitig ersetzen können (man vergleiche die Tabelle der scheinbaren Ionenradien auf S. 10). So tritt z. B. in Mischkristallen $Ce^{...}$ oder $Y^{...}$ für $Ca^{..}$ und $Na^{.}$ ein, $Li^{.}$ nicht für $Na^{.}$, sondern für $Mg^{..}$, $Al^{...}$ teilweise für $Mg^{..}$, teilweise für $Si^{....}$, $Ba^{..}$ für $K^{.}$ usw. Die Unmöglichkeit, zu allgemein brauchbaren Formeln für zusammengehörige Mineralien zu kommen, führte, unter Festhaltung an der Vorstellung von Atomverbänden molekularer Natur auch bei den anorganischen Stoffen, zu mannigfaltigen Versuchen der Aufgliederung des Stoffbestandes von kompliziert und wechselnd zusammengesetzten Mineralien in verschiedene Teilverbindungen. Erst die fortschreitende Entwicklung der kristallchemischen Forschung konnte hier andere, gangbare Wege aufzeigen; für jene, die sich diese an einfachen Verbindungen gewonnenen kristallchemischen Erkenntnisse für die Mineralkunde nutzbar machten, fielen damit die früheren Schwierigkeiten, die sich der Aufstellung einer einheitlichen Formel entgegenstellten, mit einem Schlage weg

Nehmen wir z. B. Bezug auf einen Plagioklas (S. 64) von folgender Zusammensetzung:

	Gew. Mol. % Gew.	Mol. Quot. $\times 1000$	
SiO_2	48.0 : 60	800	$= R^{....}$
Al_2O_3	33.4 : 102	327.5	$= R^{...}$
CaO	16.3 : 56	291	$= R^{..}$
Na_2O	2.3 : 62	36	$= R^{.}$

Somit läßt sich aus den Molekularquotienten nicht ohne weiteres eine befriedigende, stöchiometrische Formel ableiten. Setzt man aber an Stelle der Molekularquotienten die ihnen entsprechenden Ionenzahlen an und faßt man nun die Ionen nicht ihrer Wertigkeit, sondern ihrer Raumbeanspruchung nach zusammen, so erhält man:

Ion. Rad. in Å		Ion. Zl.	
0.38	$Si^{....}$	800	
0.57	$Al^{...}$	655	$1455 = 4 \times 363$
1.08	$Ca^{..}$	291	
0.98	$Na^{.}$	72	$363 = 1 \times 363$
1.32	$O--$	2908	$= 8 \times 363$

So ergibt sich die kristallchemische Formel: $(Ca, Na)(Si, Al)_4 O_8$.

Ein anderer komplizierterer Fall betrifft einen Aegirinaugit (Pyroxengruppe, S. 43). (Auf noch viel kompliziertere Verhältnisse bei wesentlich bunterer Zusammensetzung stößt man besonders bei den Pegmatitmineralien, in deren Kristallgebäude zusätzlich noch die selteneren Elemente in oft recht bedeutenden Konzentrationen eintreten):

$$
\begin{array}{llr l}
 & \text{Gew. \%} & \multicolumn{2}{c}{\text{Mol. Quot.} \times 1000} \\
SiO_2 & 42.8 : 60 & 713 & \Big\} \; 758\,R^{\cdots\cdot} \\
TiO_2 & 3.6 : 80 & 45 & \\
P_2O_5 & 0.3 : 142 & 2 & \; 2\,R^{\cdots\cdots} \\
Al_2O_3 & 13.8 : 102 & 135 & \Big\} \; 202\,R^{\cdots} \\
Fe_2O_3 & 10.7 : 160 & 67 & \\
FeO & 4.6 : 72 & 65 & \\
MgO & 3.4 : 40 & 85 & \Big\} \; 396\,R^{\cdot\cdot} \\
MnO & 1.3 : 71 & 18 & \\
CaO & 12.8 : 56 & 228 & \\
Na_2O & 6.7 : 62 & 108 & \; 108\,R^{\cdot}
\end{array}
$$

Mit einer gewissen Toleranz könnte man aus den Molekularquotienten die Formel $R_2^{\cdot} R_4^{\cdot\cdot} R_4^{\cdots} R_8^{\cdots\cdot} O_{27}$ ableiten, welche Formel aber mit jener der einfacher zusammengesetzten Glieder der Pyroxengruppe, wie Diopsid $CaMgSi_2O_6$ und Aegirin $NaFe^{\cdots}Si_2O_6$ nicht in Einklang zu bringen ist. Auch hier hilft sofort wieder die Zusammenfassung der Ionen nach ihrer Raumbeanspruchung; zu beachten ist nur, daß $Al^{\cdots}$ dank seiner intermediären Raumbeanspruchung teilweise für die kleineren $Si^{\cdots\cdot}$-, teilweise für die größeren $Mg^{\cdot\cdot}$-Ionen eintritt:

$$
\begin{array}{ll r l}
\text{Ion. Rad.} & & \text{Ion. Zl.} & \\
\text{in Å} & & & \\
0.38 & Si^{\cdots\cdot} & 713 & \Big\} \\
0.36 & P^{\cdots\cdots} & 4 & \Big\} \; 889 = 2 \times 444.5 \\
0.57 & Al^{\cdots} \; 270 < & {172 \atop \ 98} & \\
0.64 & Ti^{\cdots\cdot} & 45 & \\
0.67 & Fe^{\cdots} & 134 & \Big\} \; 445 = 1 \times 445 \\
0.83 & Fe^{\cdot\cdot} & 65 & \\
0.78 & Mg^{\cdot\cdot} & 85 & \\
0.91 & Mn^{\cdot\cdot} & 18 & \\
1.08 & Ca^{\cdot\cdot} & 228 & \Big\} \; 444 = 1 \times 444 \\
0.98 & Na^{\cdot} & 216 & \\
1.32 & O^{--} & 2654 & 2654 = 6 \times 442
\end{array}
$$

Das ergibt die kristallchemische Formel:

$$(Ca, Na)(Mg, Fe, Mn, Ti, Al)(Si, Al, P)_2O_6,$$

die auch den einfach zusammengesetzten Gliedern der Pyroxenreihe, wie sie z. B. oben unter Anführung der Formel vermerkt sind, völlig entspricht.

Die chemische Formel muß also in zahlreichen Fällen durch eine kristallchemische ersetzt werden. Formeln wie die eben abgeleiteten bezeichnet man als **allgemeine Summenformeln**. In ihnen sind die einander vertretenden Ionen, durch Kommas voneinander getrennt, in ( ) zusammengefaßt. Es wird vielfach auch versucht, den stofflichen Bestand von Mineralkristallen komplizierter Zusammensetzung in sogenannte „Teilmoleküle"[1]) aufzulösen; man könnte z. B. für den eben behandelten Aegirinaugit die Teilkomponenten

---

[1]) Mit Rücksicht auf die Nichtexistenz von abgeschlossenen Molekülen bei den meisten anorganischen Stoffen vermeidet man überhaupt am besten den Gebrauch des Wortes Molekül für den Fall des Vorliegens von Koordinationsgittern und ersetzt dieses durch die Bezeichnung „Formeleinheit". Der Elementarkörper des Steinsalzes

$CaMgSi_2O_6$, $CaFeSi_2O_6$, $CaMnSi_2O_6$, $NaAlSi_2O_6$, $NaFe'''Si_2O_6$, $CaAlAlSiO_6$, $NaTiAlSiO_6$ usw. annehmen, die alle im Rahmen der allgemeinen Summenformel liegen und von denen in diesem Beispiel die meisten auch in fast reiner Form als Glieder der Pyroxengruppe in der Natur bekannt sind; jedoch kann eine Aufteilung nach diesem Gesichtspunkt auf verschiedene Weise erfolgen und außerdem führt eine solche Zerlegung unter Umständen zu falschen Vorstellungen, etwa von einer Mischung von wirklich bestehenden Molekülen, in welchem Sinne derartige Zerlegungen auch bis zum Durchbruch der kristallchemischen Anschauungen tatsächlich aufgefaßt worden sind.

'Es ist vorzuziehen, den Stoffbestand im Rahmen der allgemeinen Summenformeln nicht durch Zerlegung in Teilkomponenten anzugeben, sondern entweder durch Vervielfältigung der allgemeinen Formeln soweit, daß man das Verhältnis der sich gegenseitig ersetzenden Hauptbestandteile wenigstens ungefähr angeben kann, oder genauer durch Zufügung von Indexzahlen (am besten in Mol.%). Damit geht die allgemeine Formel einer Mineralgattung in die spezielle Formel eines bestimmten Vorkommens (Varietät) über. Der behandelte Aegirinaugit bekäme somit folgende spezielle Formeln:

Annähernd durch Vervielfältigung:

$$\frac{1}{\infty}(Ca_4Na_4)^{[8]}(Al_2TiFe_3Mg_2)^{[6]}[(Al_3Si_{13})^{[4]}O_{48}]$$

oder genauer:

$$\frac{1}{\infty}(Ca_{0.52}Na_{0.48})^{[8]}(Al_{0.22}Ti_{0.10}Fe'''_{0.30}Fe''_{0.15}Mg_{0.19}Mn_{0.04})^{[6]}[(Al_{0.38}Si_{1.62})^{[4]}O_6]$$

Durch diese Schreibart ist gleichzeitig die Summenformel in eine spezielle Konstitutionsformel übergegangen, welche durch Zufügung der Umgebungszahlen der Kationen (und wenn nötig auch der Anionen) im Kristallgitter (Koordinationszahlen) erweitert wurde. Die allgemeine Konstitutionsformel kann einfacher durch die Zusammenfassung der in jeder Gruppe auftretenden, einander ersetzenden Anionen durch irgendein gemeinsames Symbol geschrieben werden. Die Hauptgruppe der monoklinen Pyroxene erhält damit z. B. die allgemeine Konstitutionsformel $\frac{1}{\infty}X^{[8]}Y^{[6]}[z_2^{[4]}O_6]$m, worin X für Ca + Na (große Kationen II. Art), Y für Al + Mg + Fe + Mn + Ti (mittlere Kationen II. Art) und z für Si + 4-koordiniertes Al (Kationen I. Art) steht. Diese allgemeine Konstitutionsformel kann noch dahin erweitert werden, daß man die Art des Verbandes der Kationen und Anionen I. Art durch Zusammenfassung in [ ] als den die Struktur tragenden Komplexverband näher kennzeichnet; so bedeutet z. B. $\frac{1}{\infty}[z_2^{[4]}O_6]$, daß hier zO_4-Tetraeder zu einem eindimensional unendlichen (elektronegativ aufgeladenen) Kettenion x . $[z_2^{[4]}O_6]^{-x}$ zusammengefügt sind; die Bindung der Kationen und Anionen I. Art ist viel stärker (häufig homöopolarer Natur) als im selben Gitter jene zwischen den Anionen 1. (und soferne vorhanden II. Art) und den größeren, niedrig aufgeladenen Kationen II. Art, die heteropolaren Charakter trägt. In analoger Weise werden auch Gitter mit zweidimensional und dreidimensional unendlichen und abgeschlossenen Ionenkomplexen gekennzeichnet, z. B. Albit $\frac{3}{\infty}Na^{[6]}[Si_3^{[4]}Al^{[4]}O_8]$, Kaolin $\frac{2}{\infty}(OH)_4Al_2^{[6]}[Si_2^{[4]}O_5]$, Anhydrit $Ca^{[8]}[SO_4]$. Damit hat man aus dem Aufbau soviel in die Formel hineingelegt, als möglich ist.

---

enthält demgemäß nicht 4 „Moleküle" NaCl, sondern 4 „Formeleinheiten" NaCl; nur dort, wo im Gitter (und auch in den vorkristallinen Bereichen) abgeschlossene und abgesättigte Einheiten nachweisbar sind, ist dafür die Bezeichnung Molekül gerechtfertigt.

Für den oben behandelten Plagioklas nimmt die so gewonnene Konstitutionsformel die Form $\overset{3}{\infty}\,X^{[6]}[z_4{}^{[4]}O_8]$, bzw. speziell $\overset{3}{\infty}\,(Ca_{0.8}Na_{0.2})^{[6]}[(Si_{0.55}Al_{0.45})_4{}^{[4]}O_8]$ an, weil hier die zO_4-Tetraeder zu dreidimensional unendlichen Verbänden über jedes O-Atom verbunden sind.

Diesen Prinzipien ist bei der Formelbeschreibung immer Rechnung getragen, soweit dies nach unseren Strukturkenntnissen gegenwärtig möglich ist. (Man vergl. darüber auch S. 298 ff.)

Mineralnamen.

(Lit. A_4, D_3, E_3, besonders E_6).

Zahlreiche Mineralnamen sind Herkunftsnamen, insoferne, als sie sich entweder von einem bestimmten Fundort oder Fundland ableiten (z. B. Magnetit von Magnesia in Kleinasien, Nagyagit, Tirolit, Piemontit) oder einer Sprache eines wichtigen, alten Herkunftslandes entstammen; so sind z. B. zahlreiche Edelsteinnamen (Saphir, Smaragd, Topas usw.) indischen Ursprungs. Zahlreiche aus dem Griechischen stammende Mineralnamen beziehen sich auf die Farbe (Chrysolith = Goldstein, Kallait = Blauschillerstein, Hämatit = Blutstein usw.); seltener wurden andere Eigenschaften zur Namensgebung aus dem Griechischen benutzt, z. B. Diamant = der Unbezwingliche (wegen seiner Härte).

Zahlreiche Mineralnamen hat der mittelalterliche deutsche Bergbau geliefert, vielfach decken diese mehrere Eigenschaften des Minerals (z. B. Grauspießglanz); aus diesem Bereiche stammt auch die Bezeichnung „Spate" für zahlreiche gutspaltende Mineralien; der Quarz hat seinen Namen vom mittelhochdeutschen „Querch" (= Zwerg; norw. Dvergsten = Zwergstein); die Benennung der verschiedenfarbigen „Glasköpfe" (ursprünglich „Glatzköpfe") charakterisiert die so bezeichneten Mineralien in treffender Weise; auch Schimpf- und Spottnamen für Mineralien von für den Bergmann irreführendem Aussehen, ja selbst für chemische Elemente, wurden im deutschen Bergbau geprägt, z. B. Kupfernickel, „Kobalt" („Kobold")-Erze, „Wolfram"-Erze, Zink-„Blende" („Täuscher"), Pech-„Blende"; über die Bezeichnungen Kiese, Glanze, Blenden und Fahle vgl. man S. 225. Die Bekanntmachung der von den mittelalterlichen deutschen Bergpraktikern verwendeten Mineralnamen verdankt man weitgehend dem Wirken von Georg BAUER (*Agricola*; 1494 bis 1555), der — ursprünglich Arzt — nicht nur die Mineralkunde, sondern auch die Bergbau- und Hüttenkunde in enger Verbindung mit den praktischen Erfahrungen der Bergleute und unter Ablehnung der scholastischen Spekulationen grundlegend förderte.

Andere Mineralnamen geben Hinweise auf den Stoffbestand (*Eisen*spat, *Kupfer*kies = *Chalkopyrit*, Rot*nickel*kies = *Nickelin*, *Schwefel*kies, *Arsen*kies usw.). Erst gegen Ende des 18. Jahrhunderts begann man neu aufgefundene Mineralien nach den Namen von Forschern und anderen bedeutenden Persönlichkeiten zu benennen (Biotit, Proustit, Hauyn, Goethit, Descloizit, Braggit, Scheelit usw.); solche Namen geben naturgemäß keinerlei Hinweis auf Herkunft, Stoffbestand und Eigenschaften.

Die Verschiedenheiten innerhalb einer Mineralgattung nach Farbe, Vorkommen, Ausbildung und sonstigen Eigenschaften, vielfach in Abhängigkeit von durch Mischkristallbildung bedingten Unterschieden in der chemischen Zusammensetzung gaben bedauerlicherweise Anlaß zur Schaffung zahlreicher Mineralnamen, die als überflüssig bezeichnet werden müssen. Im allgemeinen genügt es, im Rahmen einer Mineralgattung die Endglieder der Mischkristallreihe mit besonderen Namen zu bezeichnen; die Zwischenglieder wird man, wenn bemerkenswerte Beträge an einem Austauschelement vorhanden sind, am besten mit „-haltig“ oder „-reich“ bezeichnen; eine Ausnahme wird man nur bei sehr verbreiteten Mineralien mit alteingebürgerten Zwischennamen für bestimmte Mischkristallkategorien zu machen brauchen, so z. B. für die Reihe der Plagioklase (S. 64), weil hier die Hauptmischkristalltypen auch für bestimmte Gesteinsgattungen sehr charakteristisch sind und vielfach zur Abgrenzung derselben gegeneinander herangezogen werden. Verschiedenheiten in der Ausbildung innerhalb derselben Mineralgattung wird man durch zusätzliche Angaben hinreichend und durchsichtiger als man dies durch einen besonderen Namen tun kann, kennzeichnen können; eines besonderen Namens bedürfen (abgesehen von den verschiedenen kristallinen Modifikationen einer Verbindung) nur die etwa vorhandenen amorphen Formen derselben Verbindung, da diese eine besondere Phase darstellen.

Systematik der Mineralien.

Die Versuche, die Mineralien — die Mineralkunde nahm ihren Ausgang von den praktischen Erfahrungen und Bedürfnissen des Menschen — in ein System einzuordnen, sind sehr zahlreich und reichen bis in die ältesten Zeiten zurück. Anfänglich erfolgte die Einteilung nach oberflächlichen Kennzeichen, teilweise auch nach Gesichtspunkten der Nutzbarkeit. Eine Grundeinteilung für die Mineralien (einschließlich der Gesteine), die bis in die Neuzeit hinein eine Rolle spielte, in schmelzbare (a erdige, b metallische), wasserlösliche (Salze) und verbrennbare, geht auf den Araber Ibn Sina (Avicenna), der im 11. Jahrhundert lebte, zurück.

Der Begründer der botanischen und zoologischen Systematik C. v. Linné (1707—1778) hat auch für die Mineralien (3. Naturreich) ein entsprechendes System auf Grund einer binären Nomenklatur aufzustellen versucht, das schon den damals allerdings recht bescheidenen Kenntnissen über deren chemischen Bestand Rechnung trug. — Abraham Gottlob Werner (1750—1817), der vorzugsweise an der im Jahre 1765 in Freiberg i. S. gegründeten Bergakademie als Lehrer und Forscher höchst verdienstvoll wirkte, war es, der die mineralogischen Wissenschaften von der Bergbau- und Hüttenkunde trennte. Durch Einführung der Begriffe „einfache“ und „zusammengesetzte Fossilien“ schuf er auch eine Abgrenzung zwischen Mineral- und Gesteinskunde; er betonte die Bedeutung einer richtigen Einschätzung der verschiedenen äußeren Kennzeichen der Mineralien für deren Charakterisierung, forderte aber schon nachdrücklichst, daß das System der Mineralien auf deren chemischer Natur begründet werden müsse. Die Kristallbeschreibungen waren damals meist noch recht unvollkommen. Unter Beibehaltung der Grundeinteilung von Avicenna unterschied Werner in jeder von dessen Klassen nach chemischen Gesichtspunkten zahlreiche Gruppen (*Geschlechter*), z. B. unter den metallischen Fossilien 22 nach ihren Hauptmetallen. F. R. Mohs und W. Haidinger traten bei ihren Systembildungs-Versuchen wiederum stark in die Spuren von C. v. Linné, aber schon unter Berücksichtigung der kristallographischen Verhältnisse.

J. J. Berzelius (1779—1848), ein hervorragender Mineralanalytiker, stellte ein chemisches Mineralsystem auf; dieses Streben wurde durch die Entdeckung der Isomorphieerscheinungen durch seinen Schüler E. Mitscherlich auf eine erweiterte Grundlage gestellt und führte unter G. Rose in dessen, im

Jahre 1852 veröffentlichten, kristallochemischen Mineralsystem zu einer Systematik, die zur Grundlage der Mineralsysteme der späteren Zeit wurde. Alle diese Systeme folgen in großen Zügen folgender Einteilung:

Kl. 1: Elemente und Legierungen: Z. B. Schwefel (S), Gold (Au), Elektron (Au, Ag).

Kl. 2: Sulfuride: Sulfide (Bleiglanz PbS), Selenide (Clausthalit $PbSe$), Telluride (Calaverit $AuTe_2$), Arsenide (Domeykit Cu_3As), Antimonide (Breithauptit NiSb), Oxysulfide (Kermesit Sb_2S_2O), Sulfoarsenide (Gersdorffit NiAsS), Sulfoantimonide (Ullmanit NiSbS.).

Kl. 3: Sulfosalze: Proustit Ag_3AsS_3, Bournonit $CuPbSbS_3$.

Kl. 4: Einfache Oxyde: Periklas MgO.

Kl. 5: Doppeloxyde (Spinellide): Aluminate (Spinell Al_2MgO_4), Borate (Borax $Na_2B_4O_7 \cdot 10\,H_2O$).

Kl. 6: Hydroxyde: Brucit $Mg(OH)_2$, Diaspor AlO(OH).

Kl. 7: Silicoide: Karbonate (Kalkspat $CaCO_3$), Silikate (Enstatit $MgSiO_3$), Titanate (Perowskit $CaTiO_3$).

Kl. 8: Nitroide: Nitrate (Chilesalpeter $NaNO_3$), Phosphate (Xenotim YPO_4), Vanadate (Vanadinit $Ca_5(VO_4)_3Cl$), Arsenate (Skorodit $FeAsO_4 \cdot 2\,H_2O$), Antimonate (Romeit $CaNaSb_2O_6(OH, F)$), Niobate (Columbit $(Fe, Mn)Nb_2O_6$), Tantalate (Tantalit $(Fe, Mn)Ta_2O_6$), Arsenite, Antimonite (Schafarzikit $FeSb_2O_4$).

Kl. 9: Sulfoide (Gipsoide): Sulfate (Gips $CaSO_4 \cdot 2\,H_2O$), Tellurate, Selenite, Tellurite, Molybdate (Wulfenit $PbMoO_4$), Wolframate (Wolframit $(Fe, Mn)\,WO_4$).

Kl. 10: Halide: Fluoride (Flußspat CaF_2), Chloride (Sylvin KCl), Bromide (Bromargyrit AgBr), Jodide (Marshit CuJ), Fluochloride (Matlockit PbFCl).

Kl. 11: Oxyhalide: Oxychloride (Mendipit $Pb_3Cl_2O_2$), Hydroxychloride (Atakamit $Cu_2Cl(OH)_3$).

Kl. 12: Salze organischer Säuren: Whewellit $CaC_2O_4 \cdot H_2O$.

Kl. 13: Rein organische Verbindungen: Fichtelit $C_{18}H_{32}$.

Innerhalb jeder Klasse (Unter-Klasse) werden die Mineralien nach ihrer strukturellen Verwandtschaft zusammengefaßt.

Eine solche Systematik befriedigt in den meisten Punkten, ist aber keine strenge Systematik. Das erhellt daraus, daß es Mischkristallbildungen nicht bloß zwischen Vertretern verschiedener Unterklassen (z. B. zwischen den Niobaten und Tantalaten) gibt, sondern auch zwischen den Angehörigen verschiedener Klassen, so z. B. zwischen den Silikaten, Phosphaten und Sulfaten oder zwischen den Titanaten, Niobaten (Tantalaten) und Antimonaten. Dies bringt in nicht seltenen Fällen Schwierigkeiten in der Zuordnung, ja es werden dadurch unter Umständen auch Angehörige von Mischkristallreihen auseinandergerissen, je nachdem, ob der eine oder der andere Anteil überwiegt.

Es fehlte auch nicht an Versuchen, die Einteilung der Mineralien allein nach kristallmorphologischen Gesichtspunkten vorzunehmen; solche Versuche fanden begreiflicherweise keine Anerkennung.

Es läßt sich jedoch auf kristallchemischer Grundlage ein strenges, künstliches System der Mineralien (und überhaupt der anorganischen Stoffe) aufbauen; dieser Möglichkeit wurde in der Zusammenstellung im Anhang dieses Buches Rechnung getragen.

Sonst wird in diesem Buche versucht — unter Trennung von (Schwermetall)-Erzen und Nichterzen —, zunächst für die letzteren eine natürliche Anordnung nach genetischen Gesichtspunkten zu verwenden, für die Mineralien der e i n-z e l n e n Schwermetalle auch bei den Erzmineralien. Eine solche Anordnung beruht auf der Entstehungsfolge der Mineralien im geochemischen Geschehen, sie verwertet damit auch die Beobachtungen über die natürlichen Mineralgesellschaften (Mineralparagenesen). Von einem strengen System kann dabei nicht die Rede sein, jedoch wird durch eine solche Gruppierung der Stoff „entsprödet" und damit in eine für ein sich an weitere Kreise von Studierenden wendendes Lehrbuch geeignete Form gebracht. Unvermeidlich bei einer solchen natürlichen Gruppierung ist, da verschiedene Entstehungsvorgänge zu denselben Mineralbildungen führen können, die mehrfache Erwähnung sehr vieler Mineralien. Dem wurde dadurch Rechnung getragen, daß eine bestimmte Mineralgruppe einschließlich aller ihrer Arten und Abarten im allgemeinen immer dort besprochen wird, wo man in der Entstehungsfolge zuerst auf ein Glied der betreffenden Gruppe stößt; später werden die Angehörigen einer schon behandelten Gruppe immer nur mit den entsprechenden Hinweisen erwähnt.

Daraus ergibt sich folgende Gliederung der Mineralien der festen Erdkruste:

I. *Primäre* Mineralien, das sind solche, die aus dem ursprünglichen Schmelzfluß entstanden sind; von ihnen nicht abtrennbar sind solche Mineralien, die ihre Entstehung der Wiederaufschmelzung von schon einmal verfestigtem Material und (bei hydrothermalen Bildungen) der Auslaugung von schon verfestigten Mineralgesellschaften durch hochtemperierte, juvenile und vadose Wässer und darauf folgende Abscheidung verdanken. Es sind zu unterscheiden:

1. Bildungen aus dem Schmelzfluß selbst unter Abstoßung von dessen flüchtigen Bestandteilen = *liquidmagmatische* Bildungen.

2. Bildungen aus den während des Verfestigungsprozesses der Schmelze freiwerdenden Gasen in Verbindung mit der Restschmelze und daran sich schließenden Bildungen aus den überhitzten, wässrigen Lösungen: Blasen-, Gang- und Kluftfüllungen, Imprägnationen und teilweise Verdrängungen (Metasomatosen) von schon verfestigten Nachbargesteinen.

    a) *Liquidmagmatisch-pneumatolytische* Bildungen (Temperaturbereich
       ca. 700—370⁰): *Pegmatite* usw.

    b) *Hydrothermale* Bildungen (unterhalb 370⁰).

II. *Sekundäre* Mineralgesellschaften:

A. Mineralgesellschaften, deren Entstehung auf die Zersetzung der Gesteine an der Erdoberfläche durch die vadosen (atmosphärischen) Wässer, klimatische und biologische Faktoren zurückzuführen ist: *Verwitterungs-* und *Sedimentations*mineralien.

B. *Metamorphite*, das sind Mineralgesellschaften, die außerhalb des Verwitterungsbereiches aus schon verfestigten primären oder sedimentären Mineralaggregationen mit oder ohne Stoffzu- oder -abfuhr, jedenfalls unter Anpassung an veränderte Temperatur-Druckbedingungen entstanden sind.

    1. *Autometamorphe* und *kontaktmetamorphe* Bildungen,

    2. *Regionalmetamorphe* Bildungen = *Kristalline Schiefer*.

Die Schwermetallmineralien (Erze i. e. S.) könnten unschwer jeweils in diese Einteilung eingegliedert werden, jedoch empfiehlt sich bei ihnen, da sie die Träger der Schwermetallversorgung sind, aus praktischen Gründen eine Zusammenfassung in einem besonderen Teil unter Aufgliederung auf die verschiedenen Schwermetalle, die sie enthalten.

Die Radien der wichtigsten Bausteine von Mineralkristallen in Ångström-Einheiten.

(Meist nach V. M. Goldschmidt, Lit C 3.)

1. Scheinbare Ionenradien (Radien der Wirkungssphären der Ionen).

O-Koordinationszahl 3, 4 (bei Ge auch 6):
Be·· 0.34 — (B··· ∼ Si···· ∼ 0.3) [1]), Ge···· 0.44
O-Koordinationszahl 6 (seltener 4 oder 8):

Al··· 0.57, Ga··· 0.62

Li· 0.78 — Mg·· 0.78, Fe·· 0.83, Co·· 0.82, Ni·· 0.78, Cu·· 0.86, Zn·· 0.83 —
Sc··· 0.83, Fe··· 0.67, Mn··· 0.70, Cr··· 0.64, V··· 0.65, As··· 0.69, In··· 0.92, Sb··· 0.90
— Ti···· 0.64, Mn···· 0.52, Zr···· 0.87, Hf···· 0.86, Sn···· 0.74, Pb···· 0.84, Te···· 0.89
— Nb····· 0.69, Ta····· 0.68, Sb····· 0.63 — Mo······ ∼ W······ ∼ 0.7,

Cu· 0.96, Mn·· 0.91

O-Koordinationszahl 8 (selten 6 oder 9):
Na· 0.98 — Ca·· 1.06, Cd·· 1.03, Hg·· 1.12 — Y··· 1.06, La··· → Cp··· 1.22 → 0.99
— Th···· 1.10, U···· 1.05

Sr·· 1.27

O-Koordinationszahl 12 (selten kleiner):
K· 1.33, Rb· 1.49, Tl· 1.49 — Ba·· 1.43, Pb·· 1.32
Cs· 1.65.
(OH)·· 1.32, F⁻ 1.33, Cl⁻ 1.81, Br⁻ 1.96, J⁻ 2.20 — O⁻⁻ 1.32, S⁻⁻ 1.74,
Se⁻⁻ 1.91, Te⁻⁻ 2.11.

2. Homöopolare Abstände X—O bei Koordinationszahl 3 und 4.

XO₃: B··· — O ∼ C···· — O ∼ N····· — O ∼ 1.2
XO₄: Si···· — O = 1.64, P····· — O = 1.62, As····· — O = 1.68, V····· — O ∼ 1.70,
Cr······ — O = 1.64, S······ — O = 1.60, Se······ — O = 1.65.

3. Atomradien.

C 0.77 (Diamant), 0.71 (Graphit), S 1.05, Se 1.16, Te 1.43, As 1.25, Sb 1.43.

4. Radien bei metallischer Bindung.

Mn 1.31, Fe 1.27, Co 1.26, Ni 1.24, Cu 1.27, Zn 1.37, Ge 1.22, As 1.40, Mo 1.36,
Ru 1.32, Rh 1.34, Pd 1.37, Ag 1.44, Cd 1.52, In 1.65, Sn 1.56, Sb 1.61, W 1.36,
Os 1.34, Ir 1.35, Pt 1.38, Au 1.44, Hg 1.55, Tl 1.67, Pb 1.75, Bi 1.82.

Abkürzungen (Symbole).

1. xx = Kristalle.
2. α, β, γ = kristallographische Achsenwinkel, bzw. Elementarkörperwinkel.
3. r = Kante eines rhomboedrischen Elementarkörpers, ϱ = Polkantenwinkel (Rhomboederwinkel) desselben.

---

[1]) Empirische Radien der kleinen, hochwertigen Kationen sind nicht angebbar.
Siehe 2.

4. S.E. = Symmetrieebene.
5. X, Y, Z = Kristallachsen; a, b, c = Elementarkörperkanten oder Endflächen.
6. H = Härte; D = Dichte.
7. ε, ω = Brechungsquotienten von optisch einachsigen Kristallen.
8. nα = kleinster, nβ = „mittlerer“, nγ = größter Brechungsexponent von optisch zweiachsigen Kristallen.
9. ε—ω, γ—α = Doppelbrechung.
10. Opt + (Opt —) = optisch positiv (negativ).
11. O.A.E. = optische Achsenebene.
13. c = Schwingungsrichtung des sich langsamer fortpflanzenden Strahles (nγ), α = Schwingungsrichtung des sich rascher fortpflanzenden Strahles (nα).
14. (hkl) Flächenindizes, {hkl} Formenindizes, [hkl] Kanten-(Achsen-)indizes.
15. r$\gtrless$v Dispersion des optischen Achsenwinkels.
16. trk = triklin, m = monoklin, r = rhombisch, trg = trigonal, te = tetragonal, h = hexagonal, rd = rhomboedrisch, k = kubisch.

Geochemie[1].

Nach den Ausführungen in der Einleitung sind die Mineralien homogene Naturkörper, die Gesteine heterogene Aggregationen von Mineralien. Den einzelnen Mineralien kommt daher ein bestimmter Stoffbestand zu, der allerdings vielfach nicht so sehr nach chemischen Gesichtspunkten, sondern nur nach kristallchemischen einheitlich gedeutet werden kann.

Den Forschungszweig, der sich mit der relativen Häufigkeit der chemischen Elemente (einschließlich ihrer Isotopen) im Erdball, ihrer Verteilung und den Gesetzmäßigkeiten, welche diese Verteilung beherrschen, befaßt, nennt man *Geochemie*. Die geochemische Forschung, die im Laufe der letzten Jahrzehnte unter Ausnutzung aller einschlägigen chemischen, mineralogischen und physikalischen Arbeitsmethoden systematisch ausgebaut wurde, nahm ihren Ausgang von dem besonders seit dem Beginn des vergangenen Jahrhunderts erreichten, immer tiefer greifenden Einblick in die chemische Zusammensetzung und Verbreitung der natürlichen Mineralgesellschaften.

Die Mineral- und Gesteinsbildung ist eine Folge von Grundstoffdifferentiationen, die sich innerhalb des Erdballes während seiner Abkühlung im Laufe von mehreren Milliarden Jahren abgespielt haben und sich noch weiter abspielen. Wir gehen dabei von der Vorstellung aus, daß die Erde ursprünglich (vor drei Milliarden Jahren) sich in einem Zustand stofflich homogener gasförmiger Solarmaterie[2]) befunden hat. Differentiationen traten zweifellos schon im gasförmigen Zustand auf; sie führten unter Abgabe von leichten Stoffen (Wasserstoff, Helium, auch Neon), die durch das Gravitationsfeld der Erde nicht festgehalten werden konnten, zu Änderungen des quantitativen Stoffbestandes gegenüber der ursprünglichen Zusammensetzung und damit der Solarmaterie, ein Vorgang, der auf der Erde als Planet verhältnismäßig geringer Masse von einschneidenderer Bedeutung gewesen sein muß als bei den größeren Himmelskörpern, während sich bei noch kleineren Himmelskörpern diese Unterschiede gegenüber der ursprünglichen Solarmaterie noch vertieften. Die Auffassungen darüber, ob dabei die Erde bis in den innersten Kern hinein z. B. an Wasserstoff gegenüber der an Wasserstoff ungemein reichen Materie der Sonne[2]) wesentlich verarmte, oder ob diese Verarmung nur die äußeren Partien des Erdballes entscheidend betraf, gehen heute noch auseinander. In diesem Sinne stehen sich die Auffassungen über die stoffliche Entwicklung des Erdballes, wie sie von TAMMANN-WASHINGTON-

---

[1]) Man beachte hiezu besonders das im Literaturverzeichnis unter C 10 vermerkte Werk von K. RANKAMA und TH. G. SAHAMA, das sich enge an die grundlegenden Arbeiten von V. M. GOLDSCHMIDT und Mitarbeitern (Geochemische Verteilungsgesetze I—IX; Lit. C 3) anschließt.

[2]) Nach unserem gegenwärtigen Wissen enthält die Sonnenmaterie über 50% H, 10% He, $< \frac{1}{2}$% Schwermetalle (!), Rest ($\frac{1}{3}$) weitere leichte Elemente, bes. O, N und C. — Die in Tabelle 2 angeführten Daten über die Zusammensetzung der Solarmaterie sind nur größenordnungsmäßig aufzufassen; die Angaben gehen im einzelnen, wie dort ersichtlich, noch stark auseinander.

GOLDSCHMIDT vertreten werden, jenen von KUHN-RITTMANN schroff gegenüber. Wir folgen im wesentlichen der ersteren, durch viele Beobachtungen gut gestützten Auffassung.

Der Differentiation im gasförmigen Zustand unter Verlust an leichter Materie und gleichzeitiger Konzentrierung schwererer Gase gegen den Mittelpunkt zu folgte die mit sinkender Temperatur einsetzende und sich immer weiter entwickelnde Differentiation durch Kondensation der schwerer flüchtigen Bestandteile unter Bildung von Kondensationskernen. Die ersten Kondensate strebten dem Innern des Erdballes zu und wurden dort teilweise wieder verflüchtigt; schließlich führte aber die fortschreitende Abkühlung zu einer beständigen Schmelzflußschale, über welcher sich die aus zahlreichen leichter flüchtigen Verbindungen und Elementen bestehende Uratmosphäre spannte und die nach innen zu noch ungeheuere Massen schwerer Gase einschloß; auch die Schmelze selbst hält Gase verschiedenster Art in Lösung.

Auch der fortschreitende Kondensationsprozeß muß von bedeutungsvollen Grundstoffscheidungen begleitet gewesen sein, auf deren Art geophysikalische und astrophysikalische Beobachtungen, praktische Erfahrungen bei der Erzverhüttung und die Erforschung der auf die Erde gelangenden Bruchstücke fremder Himmelskörper (Meteoriten) schließen lassen. Für die Stützung diesbezüglicher Vorstellungen ist man eben weitgehend auf Analogieschlüsse angewiesen, da von einer geringen Tiefe ab ein unmittelbarer Einblick in die Zusammensetzung des Erdballes verwehrt ist. Die größten bis heute erreichten Bohrtiefen gehen kaum über 6 km hinab; etwas tiefer reichen die Einblicke, die man durch natürliche Aufschlüsse, bedingt durch tektonische Vertikalverschiebungen und Gebirgsbildungsvorgänge und durch oft tief gehende Oberflächenerosionen gewinnen kann. Im Ganzen kann man sagen, daß man unmittelbar über die Zusammensetzung der obersten 20 km der Erdkruste einigermaßen gut unterrichtet ist [1]).

1. Geophysikalische Messungen zeigen, daß die mittlere Dichte des Erdballes 5.52 beträgt, also wesentlich höher ist als die durchschnittliche Dichte der Gesteine im zugänglichen Teile der Erdkruste, die bei 2.7 liegt. Da auch bei Vorliegen sehr hohen, in größeren Tiefen herrschenden Druckes eine derartige Kompression des im wesentlichen silikatischen Krustenmateriales nicht denkbar ist, legt schon diese Feststellung die Vermutung nahe, daß der Erdball inhomogen aufgebaut ist, insoferne als der innere Teil von anderer stofflicher Zusammensetzung mit wesentlich höherer Dichte sein muß als die zugänglichen Teile der Kruste. Dieser Schluß wird noch durch Beobachtungen über die Reflexion und Fortpflanzungsgeschwindigkeit der Erdbebenwellen gestützt, die gebieterisch darauf hindeuten, daß in tieferen Zonen des Erdballes Diskontinuitätsflächen liegen, die durch grundsätzliche Änderungen in der stofflichen Zusammensetzung und damit der Dichte bedingt sind. Solche Diskontinuitätsflächen liegen in etwa 1200 und 2900 km Tiefe; eine schwächer ausgeprägte geophysikalische Diskontinuitätsfläche läßt darauf schließen, daß der Verfestigungsprozeß der Erdkruste gegenwärtig bis in eine Tiefe von 60—100 km fortgeschritten ist [2]). Für die obersten 1200 km läßt sich die durchschnittliche Dichte auf etwas über 3 berechnen, für die Schale zwischen 1200 und 2900 km auf etwa 5 und für den Erdkern auf über 8. Aus

---

[1]) Auf diesen Bereich beziehen sich auch alle folgenden, die Zusammensetzung der Erdkruste (Lithosphäre) betreffenden Angaben.

[2]) Neuere Deutungen der Erdbebenwellenbeobachtungen billigen der festen Kruste nur mehr eine wechselnde Mächtigkeit von 30—50 km zu.

diesen drei Einzelwerten resultiert eine mittlere Dichte des Erdballes, die in Übereinstimmung mit der unmittelbaren geophysikalischen Messung steht.

2. Bei der Verhüttung von komplex zusammengesetzten sulfidisch-silikatischen Erzgesteinen bilden sich im Ofen neben der die Masse der flüchtigen Anteile enthaltenden Gasphase drei, auch bei hohen Temperaturen sehr beschränkt mischbare Schmelzflußmassen aus, die sich nach ihrem spezifischen Gewicht scheiden: Oben schwimmt die leichte silikatische Schlacke, darunter liegt der im wesentlichen aus sulfidischen Schwermetallverbindungen bestehende „Kupferstein" und zu unterst lagert der spezifisch schwerste Metallregulus, auch „Eisensau" genannt. Für einen speziellen Fall (Mansfelder Kupferschiefer) geht die Verteilung der chemischen Elemente auf diese drei Phasen aus folgender Tabelle hervor (Kol. II a—e):

3. Drei verschiedene Phasen, die sich offenbar in flüssigem Zustand als unmischbar von einander getrennt haben, lassen auch die Untersuchungen der Meteoriten erkennen. Diese Bruchstücke fremder Himmelskörper werden eingehender auf S. 239 ff. behandelt werden; sie stammen aus verschiedenen Zonen derselben. Die drei Phasen sind ebenfalls eine silikatische, eine überwiegend aus FeS (Troilit) bestehende sulfidische und eine im wesentlichen aus Nickeleisen zusammengesetzte Metallphase. Die sulfidische Phase kommt zwar nicht in Form von selbständigen Meteoriten zur Beobachtung, tritt aber in den silikatischen Meteoriten (Steinmeteoriten) wie auch in den Eisenmeteoriten in Form von kleineren oder größeren verfestigten Tropfen, also offenbar noch in flüssigem Zustande ausgeschieden, weit verbreitet auf. Überwiegend aus Eisensulfid bestehende Meteoriten könnten die Erdoberfläche wegen der leichten Oxydierbarkeit des Eisensulfides bei den hohen Temperaturen während der Bewegung durch die Atmosphäre und des damit verbundenen Zerfalles kaum erreichen. Die Verteilung der häufigen und von einigen sonst wichtigen chemischen Elemente auf die drei Meteoritenphasen ist ebenfalls aus Tab. I ersichtlich; diese läßt außerdem in der 1. Kolonne den durchschnittlichen Bestand der zugänglichen Teile der Erdkruste (Lithosphäre) an denselben Elementen erkennen; letztere Angaben entsprechen den Daten, wie sie durch Pauschalanalysen der nach ihrer Häufigkeit gemischten Hauptgesteinstypen der Erdkruste von F. W. CLARKE und H. S. WASHINGTON gewonnen worden sind (ergänzt durch zahlreiche, neuere Bestimmungen).

Die mit der weiteren Abkühlung einsetzende Bildung einer Erstarrungskruste an der Außenseite der Schmelzflußmasse (Übergang der astronomischen Periode der Erdgeschichte in die geologische) führte unter gleichzeitiger Abscheidung von weniger flüchtigen Bestandteilen aus der Uratmosphäre an ihrer Oberfläche zu Elementdifferentiationen im kleinen und im großen; die Kristallisationsvorgänge in der komplex zusammengesetzten Schmelzmasse lieferten nach und nach verschieden zusammengesetzte Kristallarten, deren Entstehungsfolge von bestimmten physikalisch-chemischen und kristallchemischen Gesetzen beherrscht wird (*Kristallisationsdifferentiation*). Jede dieser Kristallarten baut bestimmte Grundstoffe in ihr Kristallgitter ein. Der silikatische Urschmelzfluß (Urmagma) dürfte nach allen unseren Erfahrungen eine jener der Steinmeteoriten (Tab. I) nahestehende, basaltähnliche (S. 97) Zusammensetzung mit weniger als 60% SiO_2, etwa 15% $FeO(Fe_2O_3)$ und noch mehr MgO, wenige Prozent Al_2O_3, CaO und Alkalien haben; aus einem solchen Schmelzfluß scheiden sich zuerst neben untergeordneten Mengen von Schwermetalloxyden die Mg- und Fe-reichen, kieselsäurearmen (ba-

Tabelle 1.

		I	II a	II b	II c	II d	II e	III a	III b	III c
lithophil	O	46.6	38.4	42.3	0.6	2.4	—	42	—	—
	Na	2.8	0.6	0.6	0.1	~ 0.1	—	0.7	—	—
	Mg	2.1	2.9	7.5	0.05	—	—	16.0	—	—
	Al	8.1	7.5	9.1	—	0.05	—	1.6	—	—
	Si	27.7	15.5	22.1	0.05	0.02	4.0	21	—	0.015
	K	2.6	3.3	3.3	0.5	n. b.	—	0.3	—	—
	Ca	3.6	10.0	13.5	~ 0.001	0.003	—	1.9	—	—
	Ti	0.4	0.01	0.03	0.002	0.002	—	0.2	—	0.01
	Cr	0.02	0.005	0.004	—	—	—	0.4	0.12	0.03
	W	—	0.005	0.003	—	—	—	0.002	sp	0.0008
chalkophil	S	0.05	2.6	0.5	26.0	3.3	~ 20	sp	34.3	0.05
	Mn	0.1	0.3	0.2	0.6	—	~ 0.001	0.2	0.05	0.03
	Cu	0.007	2.9	0.23	46.2	6.4	~ 3	0.0002	0.05	0.02
	As	0.0005	0.08	—	0.02	—		0.002	0.1	0.036
	Ag	0.00001	0.02	—	0.25	0.015	0.03	—	0.002	0.0005
chalkophil flüchtig	Zn	0.01	0.9	0.4	1.7	0.001	~ 40	0.01	0.15	0.01
	Cd	0.0002	0.05	—	~ 0.001	—	0.02	0.0002	0.003	0.001
	Pb	0.002	0.5	0.02	0.2	0.002	~ 10	0.0002	0.002	0.006
siderophil	C	0.03 [1]	0.9	n. b.	n. b.	1.2	—	0.03	—	0.08
	P	0.12	0.09	0.03		1.8	~ 0.005	0.07	0.3	0.2
	V	0.015	0.05	0.02	~ 0.01	0.1	0.007	0.01	0.005	0.0006
	Fe	5.0	2.5	3.0	22.9	73.6	5.3	13.3	61	89.2
	Co	0.002	0.004	0.004	0.25	2.4	—	0.05	0.01	0.6
	Ni	0.008	0.01	0.05	0.3	1.7	0.002	0.4	0.1	8.5
	Mo	0.0008	0.03	—	—	6.6	—	0.0003	0.001	0.002
	Pd	0.000001	~ 0.0001	0.002	—	~ 0.001	~ 0.0005	—	0.0002	0.0013
	Sn	0.004	0.001	—	—	0.008	—	0.0005	0.0015	0.01
	Sb	0.0001	0.03	—	—	~ 0.001	—	0.00001	0.0008	0.0002
	Ir	0.0000001	~ 0.0001	—	0.001	~ 0.001	—	—	0.0001	0.0003
	Pt	0.0000005	~ 0.0001	—	—	0.001	—	—	0.0003	0.002
	Au	0.0000005	~ 0.0001	—	—	0.001	—	—	0.00005	0.0002
	Bi	0.00002	~ 0.01	—	0.01	~ 0.01	—	0.000002	0.0002	0.00005
	Dichte	2.7					3.3	8	5	

I. Eruptivgesteine (95% der Lithosphäre)
II. Mansfelder Kupferschiefer
    II a ursprünglich
    II b Schlacke
    II c Kupferstein
    II d Eisensau (Regulus)
    II e Flugasche (Ofenbruch)
} nach A. CISSARZ und H. MORITZ

III. Meteoriten III a Steinmeteoriten
    III b Troilitphase
    III c Metallphase

[1]) Erhöht sich unter Berücksichtigung des Kohlenstoffgehaltes der karbonatischen Sedimente etwa auf das Doppelte.

sischen) Silikate aus, die sich durch hohe Dichten auszeichnen. Es ist anzunehmen, daß diese Erstausscheidungen bei noch geringer Viskosität der
hochtemperierten Schmelze trotz der starken Konvektionsströmungen weitgehend in die Tiefe der Schmelze absinken (Gravitationsdifferentiation) und
dort bei erhöhter Temperatur wieder aufgelöst werden, sodaß sich in der
Schmelze in den oberen Zonen, soweit dies die der Gravitation entgegenwirkenden Konvektionsströme und die zunehmende Viskosität der Schmelze
gestatteten, eine an Mg und Fe arme, aber an Kieselsäure reiche (saure)
Erstarrungskruste bildete, während der darunter liegende, noch höher temperierte Schmelzfluß einen stark basischen Charakter trug und trägt (Bildung einer ersten *Sial*kruste, die hauptsächlich aus spezifisch leichten, sauren Alumosilikaten der Alkalien und des Calciums besteht, gegenüber einer
darunter liegenden *Sima*schmelze, die bei der Erstarrung im wesentlichen
basische Mg-Fe-Silikate neben zurücktretenden Ca-Al-Silikaten bildet); Kristallisations- und Schweredifferentiation greifen somit in diesem noch nicht
zum Abschluß gekommenen Prozeß ineinander. Die erste bleibende Kruste
mochte sich bei Oberflächentemperaturen von etwas über 1000° gebildet haben;
das bedeutet, daß damals die Uratmosphäre alle unterhalb 1000° flüchtigen
Stoffe, darunter die Masse der flüchtigen Schwermetallverbindungen enthalten hat, soweit alle diese Stoffe nicht im Schmelzfluß gelöst verblieben; dieser Uratmosphäre mußte ein Belastungsdruck von mehreren
hundert Atmosphären zukommen. Mit der Bildung der ersten schwachen Kruste
einher gingen zweifellos zahlreiche, von Gasexhalationen begleitete Schmelzflußausströmungen, die sich ebenfalls an der Krustenbildung beteiligten und
in späterer Folge mit (durch die intensive zersetzende Wirkung des anfänglich
unter hohem Druck stehenden, hochtemperierten Wassers bald reichlich gebildeten) Sedimentationsprodukten (S. 174) sauren magmatischen Gesteinen ähnliche Mischgesteine in großem Umfang hervorbringen mochten (*Protosial* nach
RITTMANN); mit ihrer zunehmenden Dicke konnten sich in ihr durch Eindringen von Schmelzflußmassen aus der Tiefe die ersten sekundären Magmaherde bilden, innerhalb derer sich im Verlauf der Abkühlung ebenfalls
Kristallisations- und Schweredifferentiationen vollzogen, die zur Bildung der
verschiedensten Typen von Silikatgesteinen und diese begleitenden pneumatolytisch (S. 101)-hydrothermalen (S. 134) Mineralgesellschaften führten und
selbst Ausgangspunkt für zahlreiche vulkanische Extrusionen an Schwächungsstellen der Kruste wurden.

Den Beobachtungen 2) und 3), ferner den geophysikalisch ermittelten
Dichtewerten für die verschiedenen Partien des Erdballes entsprechend, ist
anzunehmen, daß sich während des Überganges aus dem gasförmigen in den
flüssigen Zustand und besonders im letzteren selbst eine Phasenscheidung
in drei nicht mischbare Schmelzen vollzogen hat, die zur Ausbildung von
drei chemisch differenzierten Bereichen im Erdball geführt hat: Ein im wesentlichen aus Nickeleisen bestehender Kern mit einem Radius von 3500 km
(*Nifekern*); darüber eine Schale, die aus Schwermetallsulfiden und Schwermetalloxyden besteht [1]), welch letztere aus dem darüberliegenden Silikatschmelzfluß als spezifisch schwerere Frühausscheidungen abgesunken sind;
diese 1700 km mächtige Zone bezeichnet man mit GOLDSCHMIDT als *Chalkosphäre*; zu oberst liegt in einer Mächtigkeit von 1200 km die silikatische
Schlackenschale (*Lithosphäre* i. w. Sinne) von ursprünglich etwa basaltischer

---

[1]) WILLIAMSON und ADAMS nehmen für diese Schale pallasitische Zusammensetzung (Nickeleisen mit basischem Silikat; S. 240) an.

Zusammensetzung (ESKOLA und GOLDSCHMIDT neigen zur Annahme einer eklogitischen Schale), deren oberste Kruste aber während des Verfestigungsprozesses durch Absinken frühgebildeter, basischer Mg-Fe-Silikate an Kieselsäure und Leichtmetallen angereichert worden ist. Schematisch ist diese Zonengliederung in Abb. 1 dargestellt.

Bei dem noch herrschenden hohen Druck in der Uratmosphäre begann sich aus ihr das Wasser schon weit oberhalb 100° zu kondensieren; es bildete sich so zwischen Atmosphäre und Lithosphäre die *Hydrosphäre*; damit be-

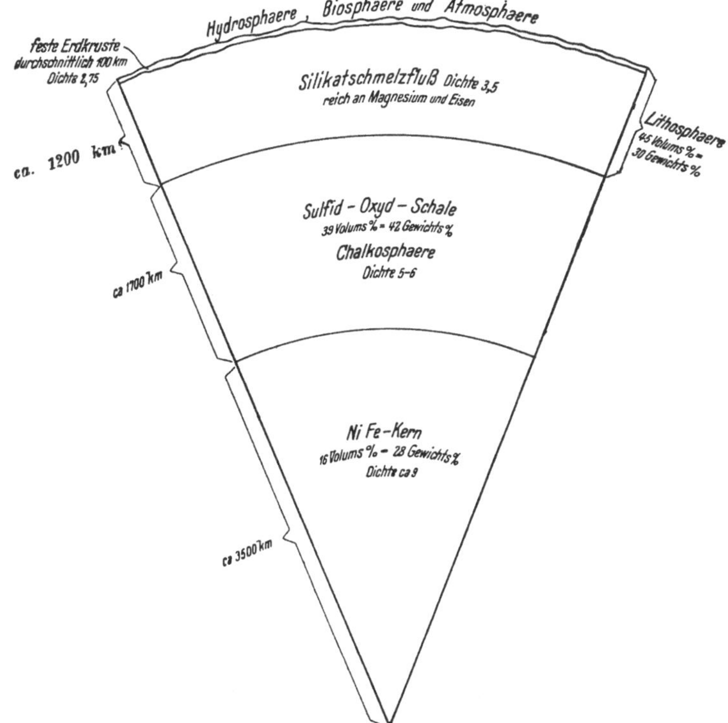

Abb. 1. Querschnitt durch den Erdball nach der Nickeleisenkerntheorie.

gann die zersetzende Tätigkeit des Wassers (*vadoses* Wasser im Gegensatz zu dem durch Entgasung des erstarrenden Schmelzflusses freiwerdenden *juvenilen* Wassers) an der Oberfläche der Lithosphäre bei gleichzeitiger Bildung der Urozeane an tektonisch bedingten Senkungsstellen der Erdkruste; diese Zerstörungsprozesse (*Verwitterung*) in der äußersten Lithosphäre waren von Wiederabscheidungsprozessen (*Sedimentation*) der verschiedensten Art begleitet; Verwitterung und Sedimentation wirken stark differenzierend dadurch, daß die in den Hochtemperaturkristallarten auftretenden, oft sehr komplexen Elementvereinigungen weitgehend aufgelöst und durch die Sedimentation endgültig voneinander geschieden werden. Andererseits lieferten in den frühen Zeiten der Krustenbildung besonders umfangreiche Wechselwirkungen zwischen dem Sedimentationsmaterial mit Exhalationsgasen in gewaltiger Ausdehnung den sauren Schmelzflußgesteinen stofflich verwandte granit-(gneis-)ähnliche Mischprodukte.

Die weitere Abkühlung der Kruste gestattete in der Folge die Entwicklung des Organismenlebens in seiner ungeheuren Mannigfaltigkeit von den primitivsten Stadien an im Grenzgebiet zwischen Litho-, Hydro- und Atmosphäre. Da auch die Organismen durch ihre Lebenstätigkeit vielfach auf die Grundstoffverteilung innerhalb ihres Wirkungsbereiches und damit auf die Mineral- und Minerallagerstättenbildung großen Einfluß nehmen, sind auch sie ebenso wie der Mensch selbst als geochemische Faktoren zu werten; ihr Bereich kann damit als *Biosphäre* den Bereichen anorganischen Entstehens und Vergehens gegenübergestellt werden. Hier macht sich der Mensch vielfach als negativer geochemischer Faktor bemerkbar, indem er im Wege der technischen Nutzung die durch die übrigen geochemischen Faktoren erzielten Elementkonzentrationen auf den dispersen Urzustand zurückführt.

Nach GOLDSCHMIDT stellt das häufigste Schwermetall, das Eisen, als Element mit größter relativer Bindungsenergie der Kernbausteine, das geochemische Bezugselement dar. Jene Elemente, die gegenüber Sauerstoff und Schwefel eine geringere Affinität besitzen als das Eisen, sammelten sich überwiegend im Nife-Kern; dazu gehören vor allem Nickel, Kobalt und die Platinmetalle im allgemeinen die Elemente von kleinstem Atomvolumen (Atomgewicht gebrochen durch spezifisches Gewicht); man nennt sie *siderophile (eisenholde)* Elemente. Elemente, die verglichen mit dem Eisen zum Schwefel eine stärkere Affinität besitzen als zum Sauerstoff, sammeln sich in der Chalkosphäre. Es sind dies vor allem die übrigen, im Vergleich zum Eisen edleren Schwermetalle; man nennt sie *chalkophile* Elemente. Die Leichtmetalle zeigen eine besonders starke Affinität zum Sauerstoff; sie treten überwiegend in die Schlackenkruste ein; man nennt sie *lithophil (steinhold)*; dazu kommen die *atmophilen* Elemente, die besonders in der heutigen Atmosphäre angereichert sind, wobei aber zu berücksichtigen ist, daß der Sauerstoff in gebundener Form in der Hydrosphäre und Lithosphäre geochemisch eine noch viel größere Rolle spielt als in der Atmosphäre. Die Bezeichnungen *atmophil*, *hydrophil* und *biophil* erklären sich von selbst (vgl. auch Tab. 2).

Es ist klar, daß hinsichtlich der Zusammensetzung der unmittelbar einsehbaren Teile des Erdballes keine grundsätzlichen Unstimmigkeiten bestehen können. Anders wird es aber mit den dem unmittelbaren Einblick entzogenen Bereichen, also jenen Partien, die in den tieferen Teilen der Kruste und darunter liegen; dabei ist in erster Linie als gegensätzlich zur hier skizzierten Auffassung die neuere von W. KUHN und A. RITTMANN (1941) zu nennen, deren Hauptargumente dahin gehen, daß die Nickeleisenkerntheorie nicht zu Recht bestehen könne, weil erstens nach dieser der Gesamtstoffbestand der Erde zu stark von jenem der Sonne abweichen würde und zweitens, weil wegen der großen Viskosität der Schmelze bei den in der Tiefe herrschenden hohen Drucken eine Differentation im von der Nickeleisenkerntheorie geforderten Ausmaße nicht möglich sei; auch die bedeutende gegenseitige Löslichkeit der flüssigen Phasen bei den hohen Temperaturen und Drucken im Erdinnern behindere die Phasenscheidung. Nach K. und R. besteht der Erdkern nicht aus Nickeleisen, sondern aus hochkomprimierter, wenig oder nicht differenzierter Solarmaterie (S. 19/21) mit mindestens 30% Wasserstoff, der Radius des „Kernes" wird zu über 4000 km angenommen. Im darüberliegenden Mantel wird der oberste Teil laufend durch Abströmen von Wasserstoff und Helium entgast, dadurch wird er schwerer und sinkt ab. Höchstens bis zum Kern reichende Konvektionsströmungen bringen neue Solarmaterie an die Oberfläche, die ebenfalls der Entgasung unterworfen ist und absinkt; dadurch entsteht eine Zwischenschicht, welche reich an Eisen und anderen schweren Elementen ist; die nicht abgeströmten leichteren Elemente bilden die Kruste. Die nicht zu bezweifelnde WIECHERT-GUTENBERG-Diskontinuitätsgrenze in einer Tiefe von 2900 km wird durch die Annahme erklärt, daß bei hohen Temperaturen eine Reduktion der Silikate durch

Tabelle 2.

Ordn.-zahl	Symbol	Magm. Gesteine		Meteoriten		Sonnen-Atmosphäre	Geochem. Char.
		g/t [1]	Atome pro 100 Si	g/t	Atome pro 100 Si	Atome pro 100 Si [3]	
1	H	< 1000	<10	ja [2]		90000 (5,000.000)	a
2	He	0.003	0.000008	ja		2800 1,000.000)	a
3	Li	65	0.09	4	0.01	0.00024	ls
4	Be	6	0.008	1	0.002	0.0002	ls
5	B	3	0.003	1.5	0.0024	ja?	ls
6	C	320	0.27	300	0.33	93 (100)	si, a, l
7	N	46	0.03	ja		260 (200)	a
8	O	466000	296	323000	347	2800 (270)	l (a)
9	F	750	0.4	28	0.02	ja?	l
10	Ne	0.00007	0.0000004	ja?		—	a
11	Na	28300	12.4	5950	4.4	50 (9)	ls
12	Mg	21000	8.8	123000	87	58 (160)	lb
13	Al	81300	30.5	13800	8.8	6 (11)	ls
14	Si	277200	100	163000	100	100 (100)	l
15	P	1200	0.4	1050	0.6	0.03	si, l
16	S	520	0.16	21200	11.4	1.4 (40)	ch
17	Cl	310	0.09	1200	0.5	—	l (a)
18	Ar	0.04	0.00001	ja?		— (50)	a
19	K	25900	6.7	1500	0.7	18 (1)	ls
20	Ca	36300	9.2	13300	5.7	14 (10)	ls
21	Sc	5	0.001	4	0.0015	0.01 (0.01)	lh (ls)
22	Ti	4400	0.9	1300	0.5	0.5 (0.5)	l
23	V	150	0.03	39	0.01	0.3 (0.05)	l (si)
24	Cr	200	0.04	3400	1.1	1.5 (2)	ch, lb
25	Mn	1000	0.18	2100	0.7	2 (1.5)	l
26	Fe	50000	9.1	288000	89	50 (270)	si, ch (l)
27	Co	23	0.004	1200	0.35	1.2 (0.5)	si (lb)
28	Ni	80	0.014	15700	4.6	2.9 (5)	si (lb)
29	Cu	70	0.011	170	0.05	0.3 (0.1)	ch (si)
30	Zn	80	0.02	140	0.04	0.2 (0.3)	ch

[1] 10000 g/t = 1 Gew.%, 100 g/t = 0.01 Gew.%.
[2] In kleinen Mengen als Bestandteil von Kohlenwasserstoffen in den als „kohlige Chondrite" bezeichneten Steinmeteoriten.
[3] In Klammer Zahlenwerte nach A. UNSÖLD.

Ordn.-zahl	Sym-bol	Magm. Gesteine		Meteoriten		Sonnen-Atmosphäre	Geochem. Char.
		g/t [1]	Atome pro 100 Si	g/t	Atome pro 100 Si	Atome pro 100 Si	
31	Ga	15	0.002	4	0.0008	0.0002	ch, l (si)
32	Ge	7	0.001	79	0.02	0.003	si (ch)
33	As	5	0.0007	ja		—	ch (si)
34	Se	0.09	0.00001	7	0.001	—	ch
35	Br	1.6	0.0002	20	0.004	—	l (a)
36	Kr	—	—	—	—	—	a
37	Rb	310	0.036	3.5	0.0007	0.0001	ls
38	Sr	300	0.035	20	0.004	0.005	ls
39	Y	28	0.003	4.7	0.001	0.001	ls
40	Zr	220	0.026	73	0.014	0.001	l
41	Nb (Cb)	24	0.003	0.4	0.0001	0.00003	l
42	Mo	2.5	0.0003	5.3	0.001	0.0001	si (ch)
43	Tc	?		—	—	?	
44	Ru	0.0005	0.00000004	2.2	0.0004	0.0001	si, ch
45	Rh	0.001	0.0000001	0.8	0.00013	0.00001	si
46	Pd	0.01	0.000001	1.5	0.00025	0.00003	si, ch
47	Ag	0.10	0.00001	2.0	0.0003	0.00003	ch
48	Cd	0.15	0.000014	ja		0.0004	ch
49	In	0.1	0.000008	0.15	0.00002	0.000003	ch, si (l)
50	Sn	40	0.0035	20	0.003	ja?	si, l
51	Sb	1	0.0001	ja		0.00002	ch (si)
52	Te	0.002	0.0000002	0.1	0.000015	—	ch
53	J	0.3	0.000024	1	0.00015	—	l (a)
54	Xe	—	—	—	—	—	a
55	Cs	7	0.0005	0.1	0.00001	—	ls
56	Ba	250	0.02	6.9	0.0008	0.05	ls
57	La	18	0.0013	1.6	0.0002	0.0002	
58	Ce	46	0.0032	1.8	0.0002	0.0008	
59	Pr	5.5	0.0004	0.7	0.0001	0.00001	
60	Nd	24	0.0015	2.6	0.0003	0.0003	
61	Pm	?		—	—	?	ls
62	Sm	6.5	0.0004	1	0.0001	0.0001	
63	Eu	1.1	0.00007	0.25	0.00003	0.00007	
64	Gd	6.4	0.0004	1.4	0.00015	0.00004	

Ordn.-zahl	Sym-bol	Magm. Gesteine		Meteoriten		Sonnen-Atmosphäre	Geochem. Char.
		g/t [1])	Atome pro 100 Si	g/t	Atome pro 100 Si	Atome pro 100 Si	
65	Tb	1.0	0.00006	0.4	0.00005	ja?	
66	Dy	4.5	0.00027	1.8	0.0002	0.0001	
67	Ho	1.1	0.00007	0.5	0.00006	?	
68	Er	2.5	0.00015	1.5	0.00016	0.000003	ls
69	Tm	0.2	0.00001	0.3	0.00003	0.000008	
70	Yb	2.7	0.00015	1.4	0.00015	0.00003	
71	Cp (Lu)	0.8	0.00004	0.5	0.00005	0.00003	
72	Hf	4.5	0.0003	2.0	0.0002	0.000006	l
73	Ta	2.1	0.00012	0.3	0.00003	ja?	l
74	W	1.5	0.00008	15	0.0015	0.000005	l
75	Re	0.001	0.00000005	0.002	0.0000002	—	si
76	Os	0.0003	0.00000002	1.9	0.0002	0.000001	si, ch
77	Ir	0.001	0.00000005	0.6	0.00006	0.000001?	si
78	Pt	0.005	0.0000003	3.3	0.0003	0.0001	si (ch)
79	Au	0.005	0.0000003	0.65	0.00006	ja?	si (ch)
80	Hg	0.25	0.00001	ja		—	ch
81	Tl	1	0.00005	ja		—	ch, l
82	Pb	16	0.0008	11	0.0009	0.00004	si, ch
83	Bi	0.2	0.00001	ja		—	ch (si)
84	Po	3×10^{-10}	15×10^{-15}	3×10^{-11}	2×10^{-15}	—	l
85	At	ja		?		?	
86	Rn	ja		ja		—	a
87	Fr	ja		?		?	
88	Ra	0.0000013	6×10^{-11}	1×10^{-7}	8×10^{-12}	—	l
89	Ac	3×10^{-10}	1×10^{-14}	2×10^{-11}	1×10^{-15}	—	l
90	Th	11.5	0.0005	0.8	0.00006	ja	ls
91	Pa	8×10^{-7}	3×10^{-11}	6×10^{-8}	4×10^{-12}	—	l
92	U	4	0.00016	0.4	0.000025	?	ls
93	Np	ja?		?		?	l
94	Pu	ja		?		?	l
95	Am	ja?		?		?	
96	Cm	ja?		?		?	
97	Bk	?		?		?	
98	Cf	?		?		?	

den reichlich vorhandenen Wasserstoff eintritt, die mit einem plötzlichen Abfallen der Viskosität verbunden ist, ferner durch die Annahme, daß die Wasserstoffatome in die interatomaren Räume der schwereren Elemente eintreten.

W. H. Ramsey (1949) nimmt als Hauptbestandteil des Erdballes Olivin (Mg, Fe, Si, O) an, der mit zunehmender Tiefe steigenden Eisengehalt aufweist und der im Kern ebenfalls sprungartig aus dem molekularen in den metallischen Zustand übergeht. — H. C. Urey entwickelt 1951 eine Theorie über Ursprung und Entwicklung der Erde, nach welcher die Erde sich durch Akkumulation von Kleinplaneten bei Temperaturen nicht viel über 2000^0 bildete und gegenwärtig aus einem Nickeleisenkern und einem Mantel besteht, der unter der Kruste ebenfalls noch durchschnittlich 25% Nickeleisen enthält.

Besonders hinsichtlich der Zusammensetzung der Zwischenschalen besteht auch bei den Anhängern der Nickeleisenkerntheorie keine Einheitlichkeit. Vielfach wird an Stelle der Sulfidoxydschale — teilweise unter Vernachlässigung der wenig ausgeprägten 1200 km-Grenze — eine Zone von der Zusammensetzung der Stein- oder Misch-Meteoriten (S. 240) angenommen; siehe auch Fußnote 1 auf S. 16.

In Tab. 2 sind die gegenwärtig vorliegenden Daten über die Zusammensetzung der oberen Lithosphäre mit der Gesamtzusammensetzung der Meteoriten und jener der Solarmaterie verglichen. Es ist nicht möglich, einigermaßen verläßliche Zahlen über den gesamten Elementbestand der Erde bekanntzugeben, da nach dem vorher Gesagten die Vorstellungen über die Zusammensetzung der nicht zugänglichen Teile des Erdballes stark auseinandergehen, diese daher auch roh quantitativ nicht erfaßt werden kann. Die Einbeziehung der Atmo- und Hydrosphäre würde nur in einigen Belangen das aus der Lithosphäre erhaltene Zusammensetzungsbild verändern: Der Wasserstoffgehalt würde dadurch eine Erhöhung auf das Sechsfache, der Kohlenstoff- und Borgehalt auf das Doppelte, der Sauerstoffgehalt eine solche von 9% erfahren; die Zahl für den Schwefelgehalt würde um 20%, für den Chlorgehalt um 200%, für den Jodgehalt um 10%, für den Selengehalt um 20% steigen; für den Stickstoffgehalt ergäben sich ca. 130 Gramm pro Tonne, für den Bromgehalt 3 Gramm pro Tonne; die Werte für die Edelgase würden betragen: Helium 0.0001 g, Neon 0.002 g, Argon 2.2 g, Krypton 0.0005 g und Xenon 0.00008 g pro Tonne.

Für die durchschnittliche Zusammensetzung der Meteoriten (S. 239) wurde mit V. M. Goldschmidt das Verhältnis Stein : Metall : Troilit schätzungsweise mit 10 : 2 : 1 angesetzt, was dem Verhältnis entspricht, welches für die Meteoriten gilt, deren Fall direkt beobachtet worden ist. Für die Sonnenatmosphäre wurden die von H. N. Russel, R. S. Dugan und J. Q. Stewart aus astrophysikalischen Daten gewonnenen Zahlen verwendet; sie tragen naturgemäß nur größenordnungsmäßigen[1] Charakter. Den Angaben für die Eruptivgesteine und Meteoriten liegen chemische Pauschalanalysen, für die selteneren Elemente ergänzt durch röntgen- und optisch spektroskopische Daten, an deren fortlaufender Verbesserung zahlreiche Forscher beteiligt sind, zugrunde.

Bezüglich der Häufigkeit der Elemente zeigen die Beobachtungen, daß die Elemente mit gerader Ordnungszahl (O.Z.) häufiger sind als die im periodischen System benachbarten mit ungeraden Ordnungszahlen (Regel von Oddo und Harkins); für die Lithosphäre scheint diese Regel, die wahrscheinlich den Charakter einer für den ganzen Kosmos geltenden atomphysikalischen Gesetzmäßigkeit darstellt, an einigen Stellen durchbrochen; so scheint z. B. das Magnesium (O.Z. 12) seltener zu sein als die benachbarten Elemente

---

[1] Siehe Fußnote 2, S. 12.

Natrium (O.Z. 11) und Aluminium (O.Z. 13); Chrom (O.Z. 24) scheint seltener zu sein als Mangan (O.Z. 25); bei den Steinmeteoriten fehlen diese Abweichungen; sie sprechen jedenfalls im Sinne einer Elementdifferentiation innerhalb des Schmelzflusses, insofern als das Magnesium und das Chrom weitgehend in die unteren Bereiche der Silikatmasse absinken, da sie im Schmelzfluß sich überwiegend in den früh ausgebildeten, spezifisch schweren Mineralien ausscheiden. Ferner kann man in ganz groben Umrissen sagen, daß unter Berücksichtigung obiger Regel allgemein die Elemente mit höheren Ordnungszahlen seltener sind als jene mit niedrigen; jedoch gibt es von dieser „Regel" viele Ausnahmen; in der astronomischen und der frühgeologischen Zeit des Erdballes strömten außer H und He wohl auch andere leichte Elemente in großem Umfang in den Weltraum ab; das erklärt z. T. die Abweichungen von der zweiten Regel; Elemente wie Li, Be, B, Cl und Ne wurden so zu Mangelelementen (defizienten Elementen) im Stoffhaushalt des Erdballes.

In der letzten Kolonne der Tabelle 2 (geochem. Charakter) bedeutet si siderophil, ch chalkophil, ls lithophil-sauer, lb lithophil-basisch, l lithophil-allgemein und a atmophil.

Die Atmosphäre.

Im Laufe der Erdgeschichte nahm die Uratmosphäre allmählich ihre heutige Zusammensetzung an. Wenn auch ihre Gesamtmasse (1.003 kg pro cm^2 der Oberfläche) nur einer Gesteinsmächtigkeit von $^3/_5$ m entspricht, übt sie doch zusammen mit der Hydro- und Biosphäre auf die Elementverteilungs- und Mineralbildungsvorgänge in den obersten Partien in Wechselwirkung mit den obersten Teilen der Lithosphäre einen bedeutenden Einfluß aus. Die Zusammensetzung der Atmosphäre im Bereiche ihrer unteren 20 km ist durchschnittlich die folgende:

	Gew.%	Vol.%
N_2	75.51	78.09
O_2	23.15	20.95
Ar	1.28	0.93
H_2O	wechselnd	
CO_2	0.046	0.03
Ne	0.00125	0.018
Kr	3×10^{-4}	1×10^{-4}
He	72×10^{-6}	5×10^{-4} [1]
Xe	36×10^{-6}	8×10^{-6}
H_2	3×10^{-6}	5×10^{-5}
O_3	2×10^{-6}	1×10^{-6}
Em (Rn)	45×10^{-18}	6×10^{-18}

Da die Lufthülle rasch an Dichte abnimmt, liegt ½ ihrer gesamten Masse in den untersten 5 km, $^3/_4$ in den untersten 10 km. In einer durchschnittlichen Höhe von 12 km liegt aber erst die Grenze zwischen der Wolkenzone (Troposphäre) und der wasserdampffreien Stratosphäre; diese Grenze liegt über dem Äquator höher als über den Polen; mehr als $^3/_4$ der Masse der Atmosphäre liegt somit in der Troposphäre. Von bemannten und Registrier-

---

[1] = 5 cm^3 pro m^3, woraus ersichtlich ist, daß zur Heliumfüllung eines Luftschiffes ungeheure Mengen von Luft selbst bei voller Ausbringung des Heliumgehaltes verarbeitet werden müßten.

ballons, die auf über 30 km in die Atmosphäre vorgedrungen sind, mitgebrachte Luftproben lassen erkennen, daß sich die Zusammensetzung der Atmosphäre bis in diese Höhen kaum merklich ändert; in den höchsten so erreichten Höhen hat sich der Sauerstoffgehalt auf 20.4 Vol% vermindert, der He-Gehalt ist auf knapp 5.4×10^{-4} Vol% gestiegen, ebenso ist in größeren Höhen der Stickstoffgehalt etwas größer. Raketengeschoße und spektroskopische Untersuchungen haben noch Aufklärung über gewisse Besonderheiten in der Zusammensetzung noch weit höher liegender Atmosphärenschichten gebracht (Ozonosphäre in den oberen Teilen der Stratosphäre und Ionosphäre); jedoch sind diese Schichten nach dem Gesagten für das geochemische Geschehen völlig bedeutungslos.

Die heutige Atmosphäre entwickelte sich aus der sauerstoffreien Uratmosphäre (sauerstofffrei in dem Sinne, daß O nur in gebundener Form wie in den heutigen Atmosphären der größeren Planeten auftrat) durch reichliches Abströmen von Wasserstoff, Helium und anderen flüchtigen Stoffen [1]) in den frühesten Stadien der Existenz des Erdballes. Außer Wasserdampf kondensierten sich aus der Uratmosphäre ferner im Verlauf der Abkühlung zahlreiche leicht flüchtige Stoffe an der Krustenoberfläche, mit dieser und mit ausbrechenden Schmelzen und Exhalationen in mannigfaltige Reaktionen eintretend. Die Herkunft des ersten freien Sauerstoffes in der Atmosphäre ist wohl zunächst der Dissoziation des Wasserdampfes bei höheren Temperaturen, vielleicht auch der Zerschlagung von H_2O-Molekülen durch ultraviolette und kosmische Strahlung unter gleichzeitigem Abströmen von Wasserstoff zuzuschreiben, später wohl auch der Lebenstätigkeit von anaeroben, niederen Organismen. Die Entwicklung der höheren pflanzlichen Organismen wirkte sich in einer weiteren Erhöhung des Sauerstoffgehaltes der Atmosphäre aus, während andererseits dieser wieder freier Sauerstoff durch anorganische Oxydationsvorgänge an der Krustenoberfläche unter Speicherung desselben in den Sedimenten entzogen wird; dieser Prozeß dürfte heute schon die Prozesse, die Sauerstoff freimachen, mit einer allerdings nur auf sehr lange Sicht hinaus merkbaren Wirkung überholen; die Atmosphäre der Erde tendiert damit allmählich der Zusammensetzung der fast sauerstoffreien Marshülle zu. Auch der Stickstoff der heutigen Atmosphäre lag in deren Urzeiten sicherlich wie heute noch bei größeren Himmelskörpern in gebundener Form vor (besonders als Ammoniak).

Die Mineralien der Atmosphäre.

Stickstoff N_2: Siedepunkt — 195.8°, Dichte des flüssigen Stickstoffes 0.79 (beim Kondensationspunkt), 0.86 (beim Schmelzpunkt). Schmelzpunkt — 210°. Litergewicht [2]) 1.25 g. Zwischen — 238° und dem Schmelzpunkt Kristallgitter mit hexagonal dichtester Kugelpackung der N_2-Moleküle, unterhalb — 238° wahrscheinlich mit kubisch dichtester Packung derselben.

Sauerstoff O_2: Siedepunkt — 183°. Dichte des flüssigen Sauerstoffes beim Siedepunkt 1.13. Schmelzpunkt — 220°. Litergewicht 1.43 g. Unterhalb des Schmelzpunktes mindestens 3 kristalline Formen, von denen die bei höchsten Temperaturen stabile kubisch mit dichtester Packung von Paaren von O_2-

---

[1]) Z. B. Neon, das entgegen der Erwartung in der Atmosphäre viel seltener ist als das Argon mit seinem höheren Atomgewicht.

[2]) Hier und später immer bezogen auf 0° und Atmosphärendruck, die Temperaturangaben beziehen sich immer auf Atmosphärendruck.

Molekülen kristallisiert; die beiden Tieftemperaturformen (unterhalb — 230⁰)
sind untereinander strukturverwandt, wohl rhombisch.

Ozon (Aktiver Sauerstoff) O_3: Siedepunkt — 112⁰, Schmelzpunkt — 251⁰.
Dichte der Schmelze bei — 183⁰ 1.78. Litergewicht 1.65 g. Geruch auch in
sehr starker Verdünnung an solchen von Stickoxyden erinnernd (Name!).
Reichlich im mittleren Teil der Stratosphäre vorhanden (Ozonosphäre).

Wasserstoff H_2: Siedepunkt — 253⁰, Schmelzpunkt — 257⁰. Dichte beim
Siedepunkt 0.07. Litergewicht 0.09 g. Der gewöhnliche Wasserstoff besteht
aus zwei physikalisch verschiedenen Molekülarten: 3 Teile Orthowasserstoff,
1 Teil Parawasserstoff. Im festen Zustand hat Parawasserstoff eine Struktur
mit hexagonal dichtester Packung von H_2-Molekülen.

Kohlendioxyd (Kohlensäureanhydrid) CO_2: Sublimationspunkt — 78.5⁰,
Schmelzpunkt — 57⁰ (bei 5.3 Atm. Druck). Litergewicht 1.98 g. Kristallstruktur
kubisch dichteste Packung von CO_2-Molekülen (Abb. 2). Auch als Flüssig-
keits- bzw. Gaseinschluß häufig in Mineralkri-
stallen (Quarz, Beryll, Topas usw.); gasförmig
in Exhalationen und Erdgasen, gelöst in juvenilen und vadosen Wässern.

Wasserdampf H_2O: Litergewicht bei 100⁰
und Atm.Druck 0.597 g.

Von den *Edelgasen* kristallisiert Helium vermutlich in einer hexagonal dichtesten Kugelpackung der Einzelatome, die übrigen Edelgase
in kubisch dichtester Kugelpackung (vgl. Abb.
197).

Helium He: Siedepunkt — 269⁰, Schmelzpunkt — 272.1⁰. Dichte des flüssigen Helium
0.154, Litergewicht 0.18 g. Angereichert und in-
kludiert als Zerfallsprodukt in Uranmineralien,

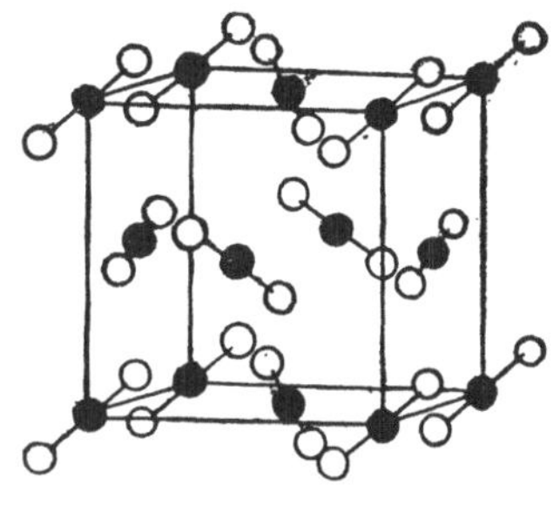

Abb. 2. Kristallgitter von Kohlendioxyd.

auch in Monazit und Beryll; Erdgase können bis zu 1% He enthalten; aus letzteren wird He technisch gewonnen (Texas). — Sehr wichtig wegen des tiefst-
liegenden Siedepunktes für die Laboratoriumstechnik, ferner als Traggas für
Luftschiffe; Helium-Sauerstoffgemische finden in der Lungenheilkunde Verwendung.

Neon Ne: Siedepunkt — 246⁰, Schmelzpunkt — 249⁰. Wird durch Verflüs-
sigung des Argons von diesem abgetrennt. Verwendung wie dieses (orange-
farbiges Licht der Neonbogenlampen, orangerot leuchtende Neonröhren, blau
leuchtende bei Mischung des Neons mit Argon und Quecksilberdampf).

Argon Ar: Das im Erdbereich häufigste Edelgas hat einen Siedepunkt von
— 186⁰ und einen Schmelzpunkt von — 188⁰. Litergewicht 1.78 g. Reichert sich
bei der Abtrennung des Sauerstoffs aus der Luft in diesem auf etwa 3% an.
Gut löslich in Wasser. — Technisch wird es aus flüssiger Luft gewonnen. Im
Gemisch mit 10—20% Stickstoff zur Füllung von energiesparenden Glühlam-
pen (Argonlampen) für Beleuchtungs- und Reklamezwecke verwendet (mit
niedriger Spannung betriebene Leuchtröhren), ferner als indifferentes Gas im
Laboratoriumsbetrieb.

Krypton Kr: Siedepunkt — 153⁰, Schmelzpunkt — 157⁰.

Xenon X: Siedepunkt — 107⁰, Schmelzpunkt — 112⁰.

Auch Krypton und Xenon werden zunehmend als noch besser wirksam
als Argon für Glühlampenfüllungen benützt.

Emanation (Radon) Em(Rn): Siedepunkt -65^0, Schmelzpunkt -113^0. Radioaktiv mit einer Halbwertszeit von 3.8 Tagen. Zerfallsprodukt des Radiums und damit des Urans, strömt bei niedrigen Luftdrucken in die Atmosphäre aus. Gut löslich in Flüssigkeiten, daher vielfach in größeren Konzentrationen in Mineralquellen. — Von laboratoriumstechnischem und medizinischem Interesse.

Die Hydrosphäre.

Ihr Einfluß auf das geochemische Geschehen in den obersten Teilen des Erdballes ist wesentlich größer als jener der Atmosphäre, besonders im Verwitterungsverlauf. Bei einer durchschnittlichen Mächtigkeit von fast 4 km und einer Bedeckung von fast drei Vierteln der Erdoberfläche entspricht sie der Masse nach einer Krustenmächtigkeit von 1½ km. Der in der Atmosphäre enthaltene Wasserdampf beträgt nur etwas über 0.001% des Wasserbestandes der Hydrosphäre.

Mittlere Zusammensetzung des Meerwassers:

O	85.7%	Salzbestand	
H	10.8	Cl$^-$	1.90%
	96.5%	Na$^+$	1.06
		SO$_4$$^{--}$	0.27
		Mg^{++}	0.13
		Ca^{++}	0.04
		K$^+$	0.04
		Sr^{++}	0.001
		HCO$_3$$^-$	0.01
		Br$^-$	0.006
		H$_3$BO$_3$	0.002
		NO$_3$$^-$	0.0001
		F$^-$	0.0001
			3.5%

Die Menge an Süßwasser einschließlich des Festlandeises kann auf 1½% des Wasserinhaltes der Ozeane veranschlagt werden; daraus ergibt sich, daß die durchschnittliche Zusammensetzung der Ozeane hinlänglich genau der Gesamtzusammensetzung der Hydrosphäre gleichgesetzt werden kann. Der Stoffbestand der großen Ozeane ist sehr ausgeglichen, nur für kleinere Meeresbecken, in welchen besonders charakteristische Zufluß- und Verdunstungsbedingungen herrschen, ergeben sich größere Abweichungen, doch gleichen sich diese gegenseitig weitgehend aus. Der mittlere Salzgehalt des Meereswassers beträgt ungefähr 3.5%; die Kara-Bugas-Bucht im Kaspischen Meer erreicht einen Salzgehalt von fast 30%, ähnlich hoch ist der des Toten Meeres (wie auch jener typischer Binnenseen), dagegen sinkt der Salzgehalt der zuflußreichen Ostsee auf 2% herab.

Außerdem wurden fast alle übrigen Elemente im Meerwasser nachgewiesen, z. B. (in g/t): P um 0.02, J um 0.05, Zn 0.01, Cu 0.01, Mn 0.005, Ag 0.0002, Au < 0.00001, Ra 1×10^{-10}; manche Elemente werden in lebenden, marinen Organismen gespeichert, daher weisen planktonreiche Meeresteile höhere Konzentrationen daran auf (Cu, Ag, Au, Ra, U).

Über die durchschnittliche Zusammensetzung des Salzbestandes des Flußwassers, die im einzelnen wie jene der Binnenseen mit Rücksicht auf das häufig beschränkte Einzugsgebiet bedeutenden Unterschieden in qualitativer und quantitativer Hinsicht unterliegt, vergleiche man S. 188. Besonders in den abflußlosen Seen (S. 182) weicht die Zusammensetzung in verschiedener Richtung weitestgehend von der des Meerwassers ab.

Das Meerwasser enthält nicht nur lösliche Frühkondensate aus der Uratmosphäre, sondern sein Stoffbestand ist auch durch spätere vulkanische

Exhalationen und durch die Gesteinsverwitterung bestimmt, welch letztere ihm besonders die großen Kationen Na, K, aber auch Mg liefert, während andere in die Verwitterungslösungen eintretende Bestandteile der Gesteine wie Fe, Mn und auch der größte Teil des Ca entweder durch die Lebenstätigkeit der Organismen in ihren Skeletten gespeichert und abgeschieden oder durch deren Verwesungsprodukte ausgefällt werden (Einfluß der Biosphäre!); Al und ein Teil des K werden auf anorganischem Wege unter Bildung von Tonsilikatgelen und Adsorption an diesen ausgeschieden.

Die festen Salzausscheidungen und übrigen Abscheidungsprodukte aus der Hydrosphäre werden bei den Ausscheidungssedimenten auf S. 181 ff. behandelt.

Wasser und Eis.

Wasser H_2O. Schmelzpunkt 0^0 bei Atmosphärendruck, -20^0 bei einem Druck von 2000 Atm. Siedepunkt 100^0, kritische Temperatur 370^0, kritischer Druck 200 Atm. Dichte bei $0^0 = 0.999$, bei $4^0 = 1$; 88.8% O, 11.2% H. Die Anomalie des Wassers mit ihrem Dichtemaximum bei $+4^0$ erklärt sich daraus, daß beim Schmelzen zunächst noch kein restloser Zusammenbruch des locker tetraedrisch aufgebauten Eisgitters stattfindet, sondern daß der Zustand einer idealen Flüssigkeit von unregelmäßig und beweglich dichtest gepackten Molekülen erst bei $+4^0$ erreicht wird.

Das *Schwere Wasser* D_2O mit dem Molekulargewicht 20 ist neben DHO (Molekulargewicht 19) im natürlichen Wasser in einer Menge vorhanden, welche dem Verhältnis $H : D = 9998 : 2$ entspricht; es hat bei 0^0 eine Dichte von 1.107, schmilzt bei 3.8^0 und siedet bei 101.4^0.

Eis $[H_2O]^{[4]}$h. Hexagonal, vermutlich dihexagonal-(bi)pyramidal. Sechsseitige Tafeln, auch ein- bis mehrfach sechsstrahlig aggregierte Nadeln, häufig skelettartig; gute Kristalle in Eishöhlen und Gletscherlöchern; sonst körnig (Hagel, Firn), mächtige (weitgehend Ein-)Kristallmassen bildend (Gletschereis, Eisdecken von Gewässern); bei ruhiger Bildung auf dem Wasser stets mit der Basis parallel zur Oberfläche; stalaktitisch (Eiszapfen). Ohne deutliche Spaltbarkeit, plastisch infolge leichter Translation nach {0001}; muschelig brechend. $H = 1\frac{1}{2}$, $D = 0.9175$. Glasglänzend, farblos, in dickeren Schichten grünlich bis bläulich; sehr schwach positiv doppelbrechend, $\omega = 1.309$, $\varepsilon = 1.310$. Kristallstruktur ähnlich

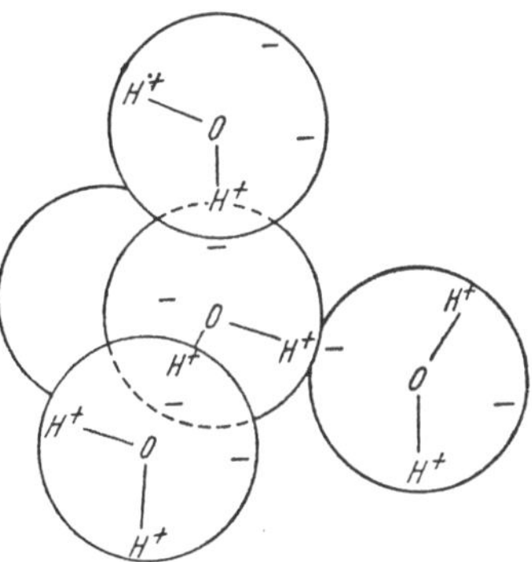

Abb. 3. Tetredrische Gruppierung der Wassermoleküle im hexagonalen (und kubischen) Eis.

jener des Tridymits (S. 83); die O-Atome treten an Stelle der Si-Atome, jedoch sind die H-Atome nicht auf der Mitte der Verbindungslinien der tetraedrisch angeordneten O-Atome gelagert, sondern je 2 sind gegen 1 O-Atom hin verschoben, mit diesem je 1 Quadrupol-Molekül bildend (Abb. 3); O—H-Abstand etwa 0.83 Å.

Die Struktur des *Schweren Eises* $[D_2O]^{[4]}$h, das in der Natur nicht selbständig vorkommt, ist der des gewöhnlichen Wassers analog.

Bei höheren Drucken und bei der Temperatur der flüssigen Luft (-192^0) existieren noch mehrere andere Modifikationen von Eis; sie besitzen wahrscheinlich rhombische Symmetrie. — Beim Aufdampfen von Wasser im Vakuum bei -120 ± 50^0 wurde eine Eismodifikation gefunden, die kubisch kristallisiert und eine dem Cristobalit (S. 84) ähnliche Struktur besitzt.

Die Lithosphäre.

Nach Tab. 1 bilden 9 Grundstoffe [1]) 99% des Stoffbestandes der Lithosphäre; unter ihnen steht mit 46.6 Gew% der Sauerstoff an der Spitze, ebenso der Atomzahl nach und noch stärker nach seiner Raumbeanspruchung in den Mineralkristallen; denn der scheinbare Radius der O— —-Ionen beträgt 1.32 Å, während der scheinbare Radius der in der Lithosphäre häufigen Kationen zumeist weit unter 1.32 Å liegt.

Im Sinne des Stoffbestandes der sich nach und nach im Zuge der Kristallisationsdifferentiation ausscheidenden Mineralien teilt V. M. GOLD-SCHMIDT recht zweckmäßig die für die Lithosphäre charakteristischen Elemente nach ihrem bevorzugten Auftreten folgendermaßen ein:

1. Elemente der Frühkristallisationen (Schwermetalloxyd- und basische Silikatgesteine): (Si), Fe, Mg, Ni, Co, Cr, (V), (Ti), auch die Platinmetalle als noch gelöste Reste der Metallschmelze.

2. Elemente der Hauptkristallisationen (Masse der liquidmagmatischen Gesteine): Si, Al, Ca, K, Na, Mg, Fe.

3. Elemente der Restkristallisationen: (Neben Si, Al, Na, K), Li, Be, B, F, (Sc), Seltene Erden, Y, Zr, Hf, Th, (Ti), Nb, Ta, W, U, Sn; dazu kommen die in Form von gelösten Sulfiden in den Silikatschmelzfluß eingetretenen chalkophilen Schwermetalle.

In die Restkristallisationen tritt somit die Hauptmenge der seltenen Elemente ein, die erst nach Ausscheidung des Hauptbestandes der Schmelze die für die Bildung eigener Kristallarten nötige Konzentration erreichen, aber nur soweit, als sie nicht wegen ihrer kristallchemischen Verwandtschaft in die Mischkristalle der früheren Kristallisationsphasen in ausgesprochener Verzettelung für die häufigen Elemente eintreten.

Letztere Tendenz führt zu jenen geochemisch-kristallchemischen Erscheinungen, die von V. M. GOLDSCHMIDT als „Tarnung", „Camouflage" und „Zulassung" bezeichnet werden. *Camouflage* liegt dann vor, wenn ein seltenes Element in geringer Konzentration ein häufiges gleicher Wertigkeit und ähnlicher Raumbeanspruchung im Kristallgitter ersetzt. Beispiele: Verteilung des dreiwertigen Galliums (und zum Teil auch des dreiwertigen Vanadiums) auf die Mineralien des Aluminiums; des vierwertigen Hafniums auf die Zirkonmineralien; des vierwertigen Germaniums auf die Silikate; des einwertigen Rubidiums und Thalliums auf die Kaliummineralien. Von *Tarnung* spricht man dann, wenn ein seltenes Element bei ähnlicher Raumbeanspruchung in die Kristallgitter eines häufigen Elementes niedrigerer Wertigkeit eintritt und sich so sozusagen hinter diesem versteckt. Beispiele: Weitgehende Verzettelung des dreiwertigen Scandiums auf die Silikate des zweiwertigen Magnesiums und Eisens; partielle Verzettelung des fünfwertigen Niobs und Tantals auf die Kristallarten des vierwertigen Titans; weitgehende Verteilung der dreiwertigen Ionen des Yttriums und der Seltenen Erden auf die Kristallarten des zweiwertigen Calciums; weitgehendes Eintreten des zweiwertigen Strontiums für einwertiges Kalium (oder bei Vorliegen von Camou flage für zweiwertiges Calcium). Von *Zulassung* spricht man dann, wenn ein seltenes Element bei ähnlicher Raumbeanspruchung in die Kristallarten eines Elementes von höherer Wertigkeit eintritt. Beispiele: Verbreitetes Eintreten von einwertigem Lithium für zweiwertiges Magnesium und Eisen;

---

[1]) Die ersten 8 Elemente der Tabelle 1 und Fe.

Eintreten von zweiwertigem Beryllium und dreiwertigem Bor für vierwertiges Silizium, von fünfwertigem Niob und Tantal für sechswertiges Wolfram.

Alle diese als Tarnung im weiteren Sinne zu bezeichnenden Erscheinungen führen dazu, daß bestimmte, seltenere chemische Elemente überhaupt keine eigenen Mineralien bilden, weil sie sich eben wegen ihrer kristallchemischen Eigenschaften in sehr geringen Prozentsätzen über die Kristallarten eines oder mehrerer häufiger Elemente verteilen und sich so stets hinter diesen verstecken. Das gilt z. B. vom Hafnium (für Zirkonium), vom Gallium (für Aluminium und — wegen seines teilweise chalkophilen Charakters — für Zink) und vom Rubidium (für Kalium); das im Vergleich zum Rubidium viel seltenere Cäsium dagegen bildet eigene Mineralien, weil sein Ionenradius zu stark von dem des Kaliums abweicht, als daß es in den Kristallgebäuden des Kaliums noch vollkommen „abgefangen" werden könnte. — Das Selen ist wesentlich häufiger als das homologe Tellur; trotzdem sind Selenmineralien seltener als Tellurmineralien, weil das Selen weitgehend in die Kristallarten des zweifach negativen Schwefels wegen der genügenden Ähnlichkeit in der Raumbeanspruchung seiner zweifach negativen Ionen eintritt, während beim größeren Te^{--}-Ion diese Möglichkeit nicht gegeben ist.

Der Einbau der Elemente in die verschiedenen Mineralien wird auch sonst in den bei höheren Temperaturen sich entwickelnden Kristallisationsphasen weitgehend von ihren kristallchemischen Eigenarten bestimmt (Mischkristallbildung; siehe Einleitung zum Anhang); dagegen wird die Elementverteilung im Bereiche der hydrothermalen und sedimentären Kristallisationen in erster Linie durch die chemischen Eigenschaften der Bestandteile der Lösungsrückstände bestimmt; Mischkristallbildungen, die im ersteren Falle zu oft recht stabilen Kristallbildungen außerordentlich komplexer Zusammensetzung führen, spielen im letzteren Falle nur mehr eine bescheidene Rolle und vereinigen nicht nur kristallchemisch, sondern auch chemisch sich sehr nahestehende Elemente.

Die Lithosphäre birgt die festen Mineralien (Mineralien im e. S.) und damit die Hauptmasse und die größte Mannigfaltigkeit derselben. Sie werden im folgenden mit Ausnahme der im vierten Hauptteil besprochenen Schwermetallerze im Sinne der Differentiationstheorie und einer Aufteilung auf primäre (magmatische Mineralien im w. S.) und sekundäre (sedimentäre und metamorphe) Kristallisationen in der Behandlung gruppiert.

Ähnlich wie nur wenige der etwa 90 chemischen Elemente 99% des gesamten Stoffbestandes des Erdballes bilden, so bauen auch nur wenige von den zahlreichen Mineralfamilien 99% des Mineralbestandes der Gesteine der Erdkruste auf.

Die primären Mineralien.

A. Liquidmagmatische Bildungen.

Die unter Wärmeabgabe erfolgende Verfestigung des gasreichen magmatischen Schmelzflusses führt zur Bildung der sogenannten *Eruptivgesteine (Magmatischen Gesteine)*, die etwa 90% der zugänglichen Teile der festen Erdkruste aufbauen.

Je nachdem, ob die Erstarrung des Schmelzflusses (Magmas) an der Erdoberfläche unter rascher Wärmeabgabe erfolgt (ursprüngliche Schmelzkruste, Austritt von Schmelzflußmassen (Lavamassen) im Zuge vulkanischer Durchbrüche an die Erdoberfläche) oder innerhalb der schon verfestigten Erdkruste langsam vor sich geht, unterscheidet man zwei Hauptgruppen der Eruptivgesteine:

1. *Oberflächengesteine (Effusivgesteine, vulkanische Gesteine, Vulkanite, Extrusivgesteine).* Die rasche Abkühlung an der Erdoberfläche bringt es mit sich, daß sich der Kristallisationsakt nur unvollkommen vollzieht. Die vulkanische Schmelze erstarrt der Hauptmasse nach in feinkörniger (wenn die einzelnen Kristalle mit freiem Auge nicht mehr erkennbar sind, in *dichter* Form) oder unter Umständen mehr oder weniger vollständig in *glasiger* Form; im letzteren Falle vollzieht sich die Abkühlung so rasch, daß eine kristalline Ordnung der Schmelzflußbestandteile und damit eine Bildung von Kristallen nicht möglich ist; allerdings ist für die glasige Erstarrung die rasche Temperaturabgabe des Schmelzflusses nicht allein maßgebend, sondern sehr stark auch die Zusammensetzung der Schmelze selbst, insofern als kieselsäurearme Schmelzflüsse auch bei rascher Wärmeabgabe häufig vollkommen feinkristallin erstarren, während kieselsäurereiche Schmelzen wegen der für sie charakteristischen, größeren Zähigkeit (Viskosität) oft wenigstens teilweise *glasig (vitrophyrisch)* erstarren. In der Regel fördert der vulkanische Schmelzfluß noch in der Tiefe verfestigte, gut entwickelte Kristalle oft beachtlicher Größe an die Oberfläche, die dann in der feinkörnig, dicht oder glasig erstarrten *Grundmasse* als *(porphyrische) Einsprenglinge* eingestreut erscheinen. Diese sogenannte *porphyrische* Struktur ist für die meisten Oberflächengesteine charakteristisch, während vollkommen feinkörnig oder glasig erstarrte Oberflächengesteine weniger häufig sind.

2. *Tiefengesteine (Intrusivgesteine, plutonische Gesteine, Plutonite).* Sie sind *vollkristallin (holokristallin)* ausgebildet, in der Regel ziemlich grobkörnig, selten ausgesprochen feinkörnig. Auch hier können sich unter besonderen Entstehungsbedingungen einzelne Kristallarten in Form von besonders gut entwickelten Kristallen bilden, die ebenfalls als porphyrische Einsprenglinge zu bezeichnen sind. Dies ist aber hier wesentlich seltener der Fall als bei den Oberflächengesteinen, zudem ist in solchen Fällen auch die Grundmasse

ziemlich grobkörnig entwickelt. Die Struktur der Tiefengesteine im allgemeinen ist gleichmäßig grob- bis feinkörnig.

Anordnung und gegenseitige Orientierung der Gemengteile in magmatischen Gesteinen ist meistens eine regellose. In diesem Sinne spricht man von einer richtungslos-körnigen *Textur*; nur unter dem Einfluß von Fließbewegungen des Schmelzflusses ordnen sich gelegentlich stengelige Kristalle (besonders leistenförmige Plagioklase) in bestimmte Richtungen ein, denen bei glasiger Erstarrung auch Schlierenzüge folgen können; in diesem Falle spricht man von einer *Fluidal-* oder *Fließtextur.* — Weiteres über magmatische Gesteine s. S. 93.

Die in einem Schmelzfluß früh gebildeten Kristalle — dies gilt besonders von den porphyrischen Einsprenglingen — zeichnen sich in der Regel nach außen hin durch gute kristallographische Ausbildung aus: Sie sind *idiomorph (eigengestaltig)* ausgebildet; die plastische Schmelze setzte ihrem Wachstum kein Hindernis entgegen. Dagegen sind die späteren Erstarrungsprodukte eines Gesteines vielfach und mit fortgesetzter Erstarrung in zunehmendem Ausmaß durch die schon vorhandenen festen Partikel in ihrer äußeren Formgestaltung behindert, sie zeigen unregelmäßige Zufallsabgrenzung, die nichts mit ihrem gesetzmäßigen inneren Aufbau zu tun hat, sie sind mehr oder weniger vollständig *xenomorph (fremdgestaltig, allotriomorph)* ausgebildet. Einerseits an der Güte der kristallographischen Ausbildung, anderseits daran, daß die eine Kristallart gelegentlich von einer anderen Kristallart umschlossen wird, kann man die Entwicklung des Gesteines verfolgen; man erkennt, welche Kristallarten sich früher und welche sich später gebildet haben; die *Ausscheidungsfolge* kann dadurch festgestellt werden.

Die Kristallarten, die ein Gestein zusammensetzen, teilt man in drei Gruppen ein:

1. *Hauptgemengteile:* Sie treten in den einzelnen Gesteinen in überragenden Mengen auf und bestimmen damit den mineralogischen und auch stofflichen Charakter der betreffenden *Gesteinsgattung.* Um ein Tiefengestein z. B. als Granit bezeichnen zu können, muß dieses Feldspäte, Quarz und Glimmer als Hauptgemengteile enthalten.

2. *Übergemengteile:* Sie können in einzelnen Gesteinen in bedeutenden Mengen auftreten, ohne aber für die betreffende Gesteinsgattung charakteristisch zu sein. Sie bestimmen höchstens die *Gesteinsart.* In einzelnen Graniten z. B. gesellt sich zu den drei genannten Hauptgemengteilen gelegentlich in höherem Prozentsatz natronreicher Amphibol (Riebeckit); es handelt sich dann um die Gesteinsart Riebeckitgranit; in anderen Graniten tritt zu den Hauptgemengteilen in größeren Mengen Turmalin; es handelt sich dann um die Gesteinsart Turmalingranit usw.

3. *Nebengemengteile (Akzessorische Gemengteile, Akzessorien):* Sie treten in den Gesteinen meist nur in Mengen unter 1% auf und sind nicht für bestimmte Gesteinsgattungen und Gesteinsarten charakteristisch. In der Regel handelt es sich dabei um frühzeitig gebildete Kristallarten. Ein häufiger Nebengemengteil von magmatischen Gesteinen ist z. B. der *Apatit,* der fast in allen Gesteinstypen in untergeordneten Mengen auftritt, jedoch nur sehr selten in so großen Mengen, daß er den Charakter eines Haupt- oder Übergemengteiles annimmt; andere häufigere Akzessorien sind z. B. der *Magnetit* oder der *Zirkon.*

Die Hauptgemengteile der magmatischen Gesteine.

Infolge des Vorherrschens der O-Ionen und Si-Ionen im magmatischen Schmelzfluß sind die Hauptgemengteile der magmatischen Gesteine ausschließlich Silikate und Quarz (SiO_2), welcher kristallchemisch als Endglied der Silikatreihe nach der sauren Seite hin aufgefaßt werden kann. Man unterscheidet unter den Hauptgemengteilen zwischen *basischen*[1]), kieselsäurearmen Silikaten, *intermediären* Silikaten und *sauren*[1]), kieselsäurereichen Silikaten, an welch letztere sich der Quarz als das reine Kieselsäureanhydrid anschließt; anderseits unterscheidet man auch zwischen dunklen, eisen- und magnesiumreichen *(femischen)* Silikaten und hellen, eisen- und magnesiumfreien, calcium-, aluminium- und alkalireichen *(salischen)* Silikaten. Die ersteren tragen stets basischen oder intermediären Charakter, die letzteren intermediären oder sauren Charakter. Die normale Ausscheidungsfolge aus dem Schmelzfluß verläuft in großen Zügen in der Richtung von den dunklen basischen Silikaten zu den sauren und dem Quarz, sodaß also letzterer das späteste Kristallisationsprodukt des Schmelzflusses darstellt und in den Gesteinen nur selten idiomorphe Ausbildung zeigt, während diese bei den basischen Silikaten die Regel ist.

Die Reihung der Hauptgemengteile erfolgt in diesem Sinne beginnend mit den basischen Frühkristallisations- und endend mit den sauren Spätkristallisationsprodukten[2]).

1. Die Olivingruppe.

Olivine (Peridote) sind basische Mg-Fe-Silikate, in welchen die Si- und O-Atome selbständige $[SiO_4]^{-4}$-Tetraeder bilden, innerhalb welcher die Si- und O-Atome homöopolar miteinander verbunden sind. Die Tetraeder sind durch Mg- und Fe-Ionen so miteinander verbunden, daß diese oktaedrisch von je 6 O-Ionen der Tetraeder umgeben sind. Die Bindung zwischen letzteren Gitterbestandteilen und den O-Ionen ist heteropolarer Natur. Die Strukturformel der Olivine, die in der rhombisch bipyramidalen Klasse kristallisieren, ist somit: $(Mg, Fe)_2^{[6]}[SiO_4]$ r. Das Magnesiumorthosilikat ist mit dem Eisenorthosilikat durchlaufend durch Mischkristalle verbunden.

Die Struktur der Olivine kann auch als durch die Kationen wenig aufgelockerte dichteste Kugelpackung der O-Ionen dargestellt werden. Dies ist bei Silikaten (und auch bei anderen Sauerstoffverbindungen), welche nur Kationen von der ungefähren Raumbeanspruchung des Mg-Ions (Wirkungsradius ungefähr 0.8 Å) und des Si-Ions (Wirkungsradius < 0.4 Å) enthalten, die Regel. Die Si-Ionen besetzen teilweise die tetraedrischen (4-Koordination), die Mg- und Fe-Ionen teilweise die oktaedrischen Lücken (6-Koordination) der dichtesten Anionenpackung; dies und die geringe Größe der Kationen erklärt die relativ hohe Dichte der Olivine, selbst der reinen Mg-Olivine, die nur leichte Ionenarten enthalten.

---

[1]) Die Bezeichnungen „basisch" und „sauer" sind hier natürlich nicht im Sinne des Chemikers verwendet.

[2]) Das heute allgemein angenommene, kristallchemische System der Silikate wurde zuerst auf Grund kristallchemischer, mineralchemischer und mineralogischer Erwägungen unter Klarlegung der Doppelrolle der $Al^{...}$-Ionen vom Verfasser im Jahre 1928 (Zbl. f. Min. 1928) vorgeschlagen, von L. PAULING (Proc. Nat. Ac. Sc. *16*, 1930) durch Hereinziehung der Schichtsilikate (Glimmer, Chlorite, Tone) ergänzt und im übrigen durch zahlreiche röntgenographische Strukturuntersuchungen, vor allem von W. L. BRAGG und seinen Mitarbeitern, als tragfähig erwiesen; die Entstehungsfolge der Silikate aus dem Schmelzfluß entspricht weitgehend diesem System (S. 90).

In der Mischkristallreihe der Olivine werden folgende Glieder unterschieden [1]) [2]):

Zusammensetzung	Name	n_γ	n_β	n_α	$\gamma-\alpha$	$2\,V_\gamma$	D	Smp
Mg_2SiO_4	Forsterit Fo	1.670	1.651	1.635	0.035	85⁰	3.22	1890⁰
80% Fo, 20% Fa	Olivin i. e. S.	1.712	1.692	1.674	0.038	93⁰	3.43	
66% Fo, 34% Fa	Hyalosiderit	1.743	1.728	1.702	0.041	99⁰	3.6	
30% Fo, 70% Fa	Hortonolith	1.812	1.800	1.767	0.045	117⁰	4.01	
Fe_2SiO_4	Fayalit Fa	1.886	1.877	1.835	0.051	130⁰	4.34	1205⁰

Die häufigsten (Mg-reichen) Olivine werden als Olivine schlechthin bezeichnet, die Fe-reichen als Hyalosiderite und Hortonolithe. Im allgemeinen haben die Olivine heller oder dunkler (gelblich-)grüne Farbe (Name!); bei Eisenfreiheit sind sie fast farblos; sie sind durchsichtig oder durchscheinend; die eisenreichsten Glieder der Mischkristallreihe sind undurchsichtig und schwarz, die eisenreichen infolge Oxydation des Eisens häufig oberflächlich rostbraun und fast metallisch glänzend. — Der starke Einfluß des Eisengehaltes auf Brechungsexponenten, Dichte und optische Achsenwinkel der Olivine geht aus obiger Tabelle klar hervor; da der optische Achsenwinkel um die positive Mittellinie bei den Mg-reichen Gliedern unter 90⁰, bei den Fe-reicheren (über 14% Fa) über 90⁰ liegt, sind erstere optisch +, die letzteren optisch —; O.A.E. ‖ (001) —. Dagegen sinkt der Schmelzpunkt Smp mit zunehmendem Eisengehalt; deswegen sind die frühgebildeten Olivine der Gesteine immer recht Fe-arm.

xx im Gestein idiomorph ausgebildet oder in Körneraggregaten; oft flächenreich; Abb. 4 zeigt eine häufige Kombination und damit auch die wichtigsten Formen [3]).

Die Olivine sind nach (010) ziemlich gut spaltbar, unvollkommen spaltbar nach (100); Bruch muschelig, Glasglanz; H = 6½—7; in Mineralsäuren ziemlich leicht unter Abscheidung gallertiger Kieselsäure löslich, besonders die eisenreichen Glieder.

Vorkommen: 1. Die Olivine mit vorherrschenden Mg-Gehalten sind wichtige Bestandteile von Eruptivgesteinen. Olivinreiche, basische Tiefengesteine führen den Namen *Peridotite*; wenn sie als Hauptgemengteil nur Olivin ent-

---

[1]) Es kann im allgemeinen nicht als zweckmäßig bezeichnet werden, wenn man innerhalb von Mischkristallreihen gewisse willkürlich herausgegriffene Zusammensetzungsbereiche mit selbständigen Namen belegt. Die mineralogische Nomenklatur wird dadurch wenig übersichtlich und wenig einprägsam; aber viele dieser Namen sind durch die Sucht zur „Erfindung" neuer Mineralnamen in der Literatur so stark eingebürgert, daß man immer wieder auf sie stößt. Es würde z. B. genügen, in der Olivinreihe die Endglieder als Mg-Olivine und Fe-Olivine zu bezeichnen, das Zwischenglied mit 50% Fe_2SiO_4 und 50% Mg_2SiO_4 als Magnesiumeisenolivin und die übrigen Zwischenglieder je nach der Zusammensetzung als eisen- oder magnesiumreiche Olivine (s. Anhang).

[2]) Überall, wo optische Daten (Brechungsexponenten, Doppelbrechung, opt. Achsenwinkel) ohne besondere Bemerkung angeführt sind, beziehen sie sich auf die D_1-Linie ($\lambda = 5895$ Å) der gelben Natriumflamme.

[3]) Auf die Angabe der kristallographischen Konstanten, der Gitterkonstanten und der Raumgruppe wird bei der Mineralbeschreibung verzichtet, diese Daten sind dem Anhang zu entnehmen.

halten, heißen sie *Dunite* (z. B. Kraubath in Steiermark; Hyalosiderit und Hortonolithdunite im Bushveld, Südafrika); andere olivinreiche Gesteine sind die Olivingabbros, die Olivinmonzonite, die Olivinnorite usw.: basische Oberflächengesteine (Olivinbasalte, Olivindiabase usw.) enthalten den Olivin entweder in Form von porphyrischen Einsprenglingen oder in Form von rund-

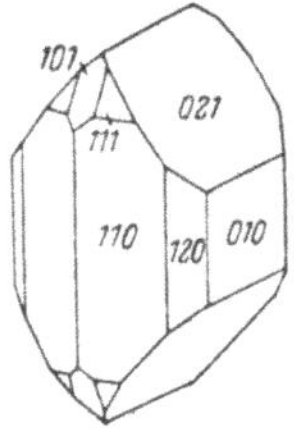
Abb. 4. Olivin.

lichen Knollen von beträchtlicher Größe (Olivinbomben), in welchen kleinkörniger Olivin vor allem mit Chromdiopsiden (S. 41), Picotit (S. 206) und manchmal auch Enstatit vergesellschaftet ist. Diese Olivinbomben sind wahrscheinlich Bruchstücke größerer, in der Tiefe ruhender Dunitgesteinsmassen, welche der basische Schmelzfluß an die Erdoberfläche gebracht hat oder sie wurden mit vulkanischen Lockerprodukten ausgeworfen (z. B. Kapfenstein in der Oststeiermark und an anderen oststeirischen Vulkanen, besonders in Basalttuffen; Eifel).

2. Eisenreiche Olivinkristalle treten gelegentlich auch als pneumatolytische Bildungen in Blasenräumen von Oberflächengesteinen auf (Kaiserstuhl usw.); bemerkenswert ist auch das Auftreten von großen Olivinkristallen zusammen mit Asbest, Calcit usw. in Klüften alpiner Serpentingesteine (Totenköpfe im Stubachtal).

3. Steinmeteorite und Mischmeteorite enthalten Olivin; besonders schöne Meteorite der letzteren Art sind die Pallasite, welche in einem Netz von Nickeleisen zentimetergroße, gelblich- bis bräunlichgrüne, flächenreiche Olivinkristalle enthalten (Abb. 189).

4. In kristallinen Schiefern der tiefsten Zone (Olivinschiefer).

5. Als Produkt der Kontaktmetamorphose trifft man fast eisenfreie Olivine in körnigen Kontaktmarmoren, die aus dolomitischen Kalksteinen hervorgegangen sind. Ferner treten eisenreiche Olivine (Fayalite) gelegentlich in beträchtlichen Mengen als Kontaktprodukte an Brauneisensteinsedimenten auf; wegen des hohen Eisengehaltes (bis 55% Fe!) können sie als saure Eisenerze verwendet werden.

6. Fayalit wird selten in Granitpegmatiten (z. B. Massachusetts) als Fremdeinsprengling, stammend aus durchbrochenen, älteren Gesteinen gefunden.

7. Häufig ist der eisenreiche Olivin Bestandteil der künstlichen Schlacken der Eisenhüttenindustrie.

Vermutlich ist der Olivin in den Gesteinen der nicht zugänglichen, tieferen Partien der Erdkruste besonders reichlich verbreitet; Häufigkeit in den Krustengesteinen etwa 2%.

Umwandlung: Die Olivine sind relativ wenig beständig. Sie verfallen häufig in den Gesteinsmassen einem Umwandlungsprozeß auf hydrothermalem Wege, der wie ähnliche Umwandlungsprozesse unter teilweisem Ersatz der größeren

Abb. 5. Vorgeschrittene Serpentinisierung des Olivins („Maschenstruktur").

Kationen (Kationen II. Art) durch in Form von Hydroxyl-Ionen aufgenommenes Wasser vor sich geht. Man bezeichnet diesen Zersetzungsprozeß, der die Olivine der Gesteine oft vollständig erfaßt, in anderen Fällen sich in den Grenzen einer randlichen Umwandlung und einer solchen entlang der Spaltrisse der Kristalle hält, was zur „Maschenstruktur" der Olivine (Abb. 5) führt, als *Serpentinisierung*. Das auf diese Weise entstehende, meist faserige, aber auch blättrig ausgebildete Mineral führt den Namen *Serpentin*. Die *Serpentingesteine* (ebenfalls kurz Serpentine genannt) bestehen überwiegend aus Serpentin. Der Serpentin hat die Zusammensetzung $(OH)_4 Mg_3 Si_2 O_5$; man vergleiche darüber S. 140.

Verwendung: Schönfarbig durchsichtiger Olivin, der gelegentlich in Gesteinsdrusen oder verwitterten Olivingesteinen gefunden wird (St. Johns-Insel im Roten Meer; Brasilien; Kosakowberg in Böhmen), wird unter dem Namen *Chrysolith* als Schmuckstein verwendet. Sonst haben Olivine und olivinreiche Gesteine höchstens als feuerfeste Steine eine gewisse Bedeutung, wenn man von den größeren Ansammlungen eisenreicher Kontaktolivine absieht (s. o.!). Dagegen werden die aus den Olivingesteinen hervorgegangenen Serpentingesteine, die heller oder tiefer grün und oft durchscheinend, auch rotgefleckt auftreten, als dekorative Bausteine und für die Herstellung von kunstgewerblichen Gegenständen vielfach verwendet (z. B. Bernstein im Burgenland). Olivingesteine und Serpentine sind außerdem deswegen von Bedeutung, weil in Verbindung mit ihnen die meisten Chromerz-, Nickelerz- und Platinmetallvorkommen, die Meerschaumvorkommen und viele Asbestvorkommen stehen.

Isomorph mit dem Olivin sind die Mangan-Zink-Kontaktmineralien *Tephroit* $Mn_2^{[6]}[SiO_4]$ r, *Knebelit* $(Fe, Mn)_2^{[6]}[SiO_4]$ r und *Roepperit* $(Fe, Mn, Zn, Mg)_2^{[6]}[SiO_4]$ r (vgl. S. 273), ferner die Pegmatitmineralien *Chrysoberyll* $Al_2^{[6]}[BeO_4]$ r (S. 105) und *Triphylin* $Li^{[6]}(Fe, Mn)^{[6]}[PO_4]$ r (S. 102).

Der *Monticellit* $Ca^{[6]}Mg^{[6]}[SiO_4]$ r ist bei geregelter Verteilung der Mg- und Ca-Ionen nur ähnlich gebaut wie der Olivin, da das Calciumorthosilikat keine Mischkristalle mit dem Magnesiumorthosilikat wegen der großen Unterschiede in den Ionenradien bilden kann. Im Monticellit ist das Verhältnis Ca : Mg stets 1 : 1. Bei grundsätzlicher Erhaltung des Olivinaufbaues verteilen sich deswegen die Ca- und Mg-Ionen auf die Positionen der Mg-Ionen des Olivins in ganz gesetzmäßiger Weise. Die Kristalle des Monticellits sind farblos oder (gelblich-)weiß; n_β beträgt 1.66; $H = 5$, da der Eintritt der größeren Ca-Ionen eine Verminderung der Bindungsfestigkeit zwischen den O-Ionen und den Kationen mit 6-Koordination mit sich bringt. Auch die Dichte beträgt nur 3.2, denn die dichteste Anionenpackung ist aus demselben Grunde stärker aufgelockert. — Eine zweite Zwischenverbindung zwischen dem Calcium- und dem Magnesiumorthosilikat hat ebenfalls eine feste Zusammensetzung von der Formel $Ca_3 Mg[SiO_4]_2$ m; dieses Mineral führt den Namen *Merwinit* und kristallisiert monoklin. — Der Monticellit ist ebenso wie der seltene monokline *Larnit* $Ca_2[SiO_4]$ und der Merwinit ein typisches Mineral der Kalkkontaktmetamorphose; er kommt z. B. in den Kontaktkalkauswürflingen vom Vesuv und im Kontaktkalk von Monzoni in Südtirol vor. Dasselbe gilt von dem seltenen, mit dem Monticellit isomorphen *Glaukochroit* $Ca^{[6]}Mn^{[6]}[SiO_4]$ r.

2. Pyroxene und Amphibole.

Es sind dies zwei Mineralfamilien, die ungemein weit verbreitet und von außerordentlich wechselnder Zusammensetzung sind. Man hat sie früher beide als wasserfreie Metasilikate betrachtet; die wichtigsten Unterschiede und Ähnlichkeiten in beiden Gruppen sind folgende:

In beiden Familien gibt es rhombische und monokline Glieder, wobei die letzteren wesentlich häufiger und bunter zusammengesetzt sind. Die rhombischen Glieder zeigen gegenüber den monoklinen in beiden Gruppen eine Verdopplung der a-Kante des Elementarkörpers, während die beiden anderen Kanten gleich lang bleiben. Es handelt sich in beiden Fällen bei den rhombischen Gliedern um einen Extremfall polysynthetischer Verzwillingung nach (100), wobei die Zwillingslamellen regelmäßig gerade eine Breite haben, welche dem Abstand der (100)-Begrenzungsflächen des Elementarkörpers entspricht. Die „Zwillingslamellen" von einer Breite von knapp 10 Å haben somit weit unter der mikroskopischen Sichtbarkeitsgrenze liegende Dicken. Diese Verzwillingung führt zu einer Art von mimetischer rhombischer Symmetrie (Abb. 6 und 7).

Den Gitterkonstanten a und b entsprechend bilden die Flächen des Prismas {110} bei den Pyroxenen Winkel von ungefähr 87⁰ untereinander, d. h. sie stehen fast senkrecht zueinander, bei den Amphibolen dagegen bilden

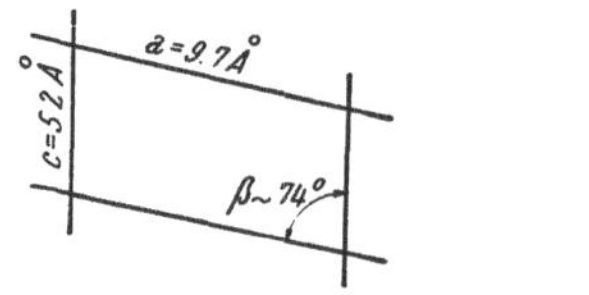

Abb. 6.

Monokliner Pyroxen,   Rhombischer Pyroxen,
Klinopyroxen   Orthopyroxen.

b (senkrecht zur Zeichenebene) in beiden Fällen ungefähr 8.9 Å.

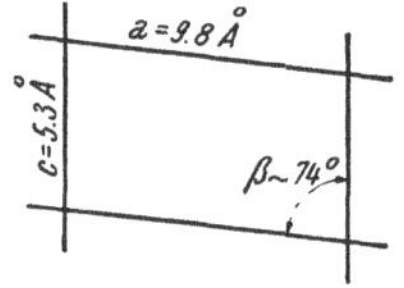
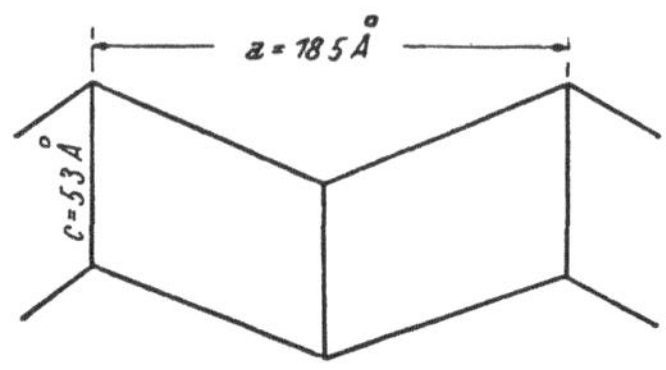

Abb. 7.

Monokliner Amphibol,   Rhombischer Amphibol,
Klinoamphibol   Orthoamphibol

b (senkrecht zur Zeichenebene) in beiden Fällen um 18.2 Å

In beiden Fällen schwankt der Winkel β mit der Zusammensetzung zwischen 73⁰ und 76⁰.

sie Winkel von ca. 124⁰. Da diese Prismenflächen in beiden Fällen als Spaltflächen auftreten, bilden in dazu senkrecht stehenden Schnitten die entsprechenden Spaltrisse bei den Pyroxenen untereinander ebenfalls Winkel von etwa 87⁰, bei den Amphibolen aber solche von etwa 124⁰ (Abb. 8), ferner sind die Prismenflächen im Verein mit den seitlichen Endflächen (010) die bestimmenden Flächen in der Zone parallel zur Z-Achse. Das trägt unter Berücksichtigung der Winkel den Pyroxenen im Querschnitt ein pseudotetragonales (achteckig mit {100}!), den Amphibolen ein pseudohexagonales (sechseckig!) Aussehen ein (Abb. 9).

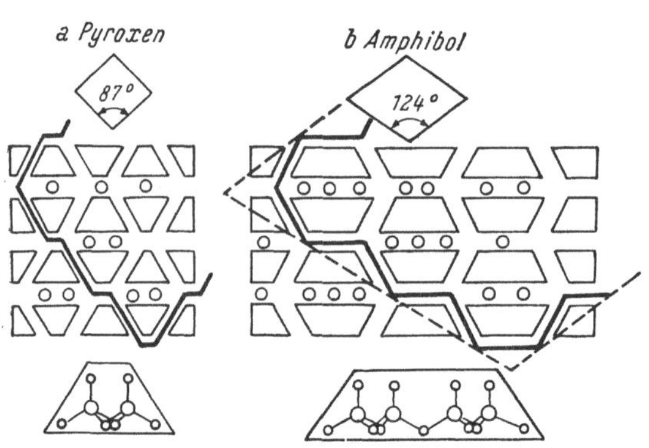

Abb. 8. Pyroxene und Amphibole: Der Spaltwinkel wird durch den Ketten-, bzw. Bandverband der SiO_4-Tetraederaggregationen bestimmt; durch die Spaltung werden keine starken Si-O-Bindungen aufgebrochen!

In optischer Hinsicht zeigen die monoklinen Glieder der Pyroxenreihe im allgemeinen größere Auslöschungsschiefen auf den seitlichen Endflächen (010) als die monoklinen Glieder der Amphibolreihe; bei den monoklinen Pyroxenen schwankt nämlich der Winkel zwischen der Z-Achse und der Elastizitätsachse c zwischen 27 und 110⁰ (bei den häufigsten Typen, den

Augiten, schwankt er um 50⁰), bei den monoklinen Amphibolen bewegt sich dieser Winkel zwischen 0 und 27⁰, bei den häufigsten Typen, den Hornblenden, liegt er um 20⁰. Dieser Winkel c : c nimmt in beiden Familien mit zunehmendem Ersatz des $Ca^{..}$ durch $Na^{.}$ stark zu, wenn sie Fe-reich, und stark ab, wenn sie Al-reich sind, sodaß sich in beiden Fällen die Auslöschungsschiefe auf (010) dem Nullwert nähert. Die Pyroxene sind in der Regel opt. +, die Amphibole opt. —. O.A.E. ist immer (010), die Orthopyroxene ausgenommen. — Die farbigen (eisenhaltigen) Glieder der Pyro-

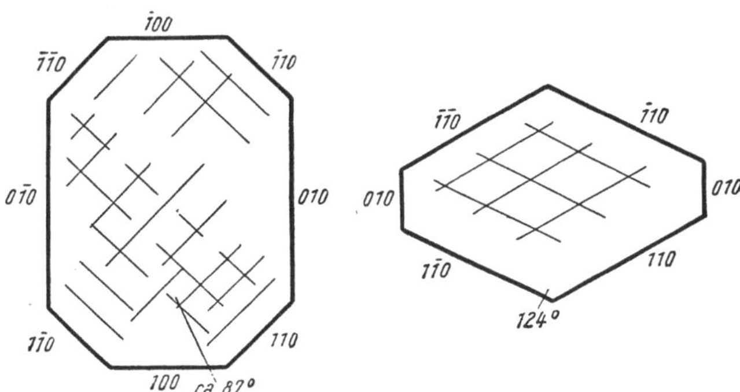

Abb. 9. Spaltrißverlauf von Pyroxenen (links) und Amphibolen (rechts) in Schnitten senkrecht zur Z-Achse.

xenreihe erscheinen im Dünnschliff in der Regel blaß und (abgesehen von den Aegirinaugiten und Titanaugiten) nur sehr schwach pleochroitisch, die entsprechenden farbigen Amphibole zeigen auch im Dünnschliff kräftige Farben und stets deutlichen Pleochroismus.

Die Pyroxene lassen sich von der Grundformel $\frac{1}{\infty} R[SiO_3]$ ableiten, die Amphibole von der Grundformel $\frac{1}{\infty} (OH, F)_2 R_7 [Si_8 O_{22}]$, wobei R Kationen nur mit 6-Koordination oder solche mit 6- und 8-Koordination darstellt und in beiden Fällen $Si^{....}$ weitgehend durch $Al^{...}$, in bescheidenem Umfang auch durch $P^{.....}$ ersetzt sein kann. Die Verschiedenheit der Grundformel steht im Zusammenhang mit den Grundzügen des Aufbaues der Kristalle. Beide Gruppen gehören zu den *Kettensilikaten;* in den Pyroxenen bilden die SiO_4-Tetraeder durch gegenseitige Verbindung in der Richtung der Z-Achse einfache Ketten von der Zusammensetzung $\frac{1}{\infty} [(Si, Al)O_3]^{-x}$ nach folgendem Schema [1]):

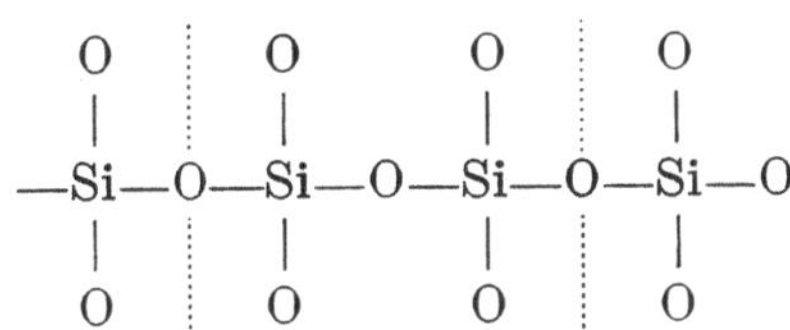

Jedes Si-Atom ist wie in allen anderen Silikaten tetraedrisch von 4 O-Atomen umgeben (Abb. 10 und 11). Diese Tetraeder teilen stets zwei ihrer O-Atome mit in der Kettenrichtung benachbarten Tetraedern, sodaß sich das Verhältnis Si : O von 1 : 4 im Einzeltetraeder auf 1 : 3 in der unendlichen Tetraederkette reduziert. Diese im Kristall durchgehends parallel zur Z-Achse orientierten Ketten werden seitlich durch die Kationen R miteinander ver-

---

[1]) Der Aufladungsgrad (—x) pro $Si^{....}$ richtet sich nach der Stärke des Ersatzes von $Si^{....}$ durch $Al^{...}$! Bei den Al-freien Gliedern hat die einfache Kette die Zusammensetzung $\frac{1}{\infty} [SiO_3]^{-2}$ oder $\frac{1}{\infty} [Si_4 O_{12}]^{-8}$, die Doppelkette die Zusammensetzung $\frac{1}{\infty} [Si_4 O_{11}]^{-6}$.

bunden; in einem Kristall von 1 mm Länge in Richtung der Z-Achse enthält
jede derartige Tetraederkette schon rund 4 Millionen Tetraederglieder.

In den Amphibolen sind je zwei derartige, in der Richtung der Z-Achse
sich erstreckende Ketten seitlich miteinander zu einer Doppelkette („Band")
dadurch verbunden (Abb. 12), daß jedes zweite Tetraeder noch ein weiteres
O-Atom mit einem Tetraeder in der Nachbarkette teilt. Dies ergibt für die
Doppelkette (Band) die Zusammensetzung $[(Si, Al)_4 O_{11}]^{-x}$:

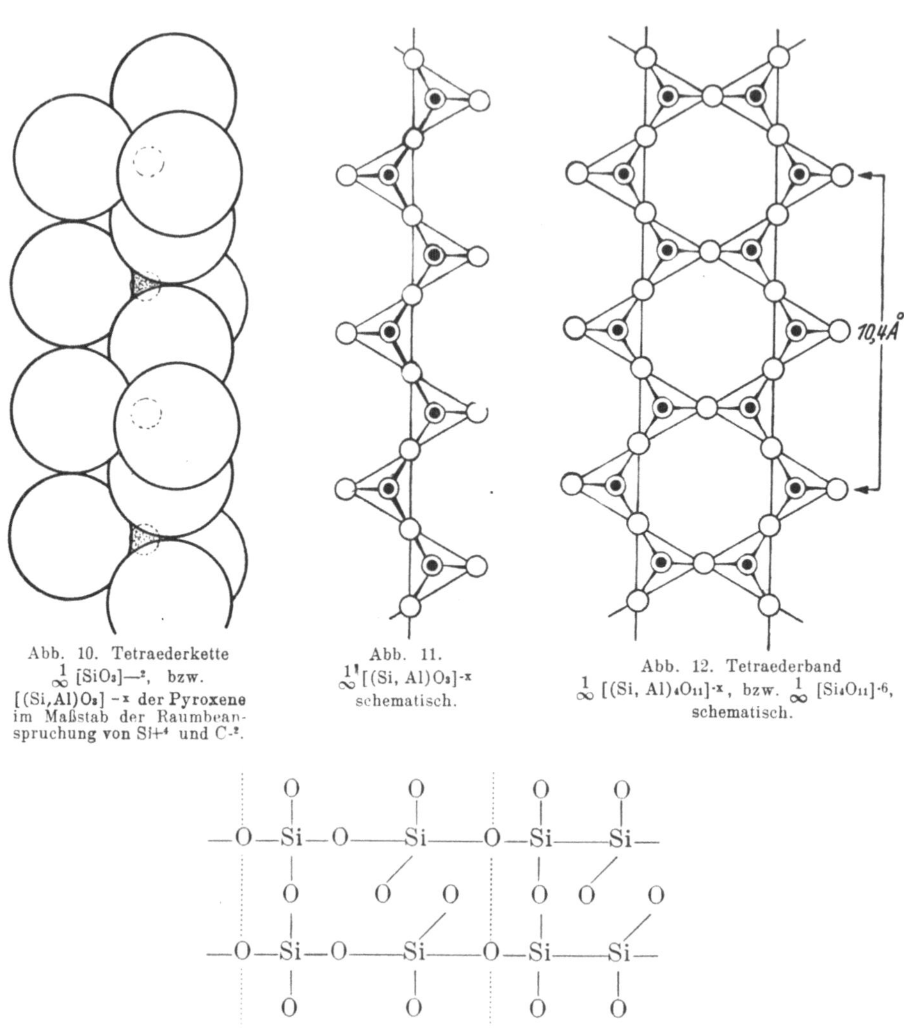

Abb. 10. Tetraederkette
$\frac{1}{\infty}$ [SiO$_3$]$^{-2}$, bzw.
[(Si,Al)O$_3$] $^{-x}$ der Pyroxene
im Maßstab der Raumbean-
spruchung von Si^{+4} und C^{-2}.

Abb. 11.
$\frac{1}{\infty}$[(Si, Al)O$_3$]$^{-x}$
schematisch.

Abb. 12. Tetraederband
$\frac{1}{\infty}$ [(Si, Al)$_4$O$_{11}$]$^{-x}$, bzw. $\frac{1}{\infty}$ [Si$_4$O$_{11}$]$^{-6}$,
schematisch.

Dem Kettengittertyp entsprechend neigen in beiden Reihen die einzelnen
Glieder zur langprismatischen bis stengeligen, bei den Amphibolen häufig zur
feinfaserigen Ausbildung (Asbest!) entlang der Kettenrichtung, also entlang
der Z-Achse. Auch die guten Spaltflächen liegen parallel zur Kettenrichtung,
da bei der Trennung nach solchen, den Spaltflächenlagen entsprechenden
Richtungen keine der starken homöopolaren Bindungen zwischen den Si- und
O-Ionen aufgebrochen werden muß (Abb. 8).

Sämtliche Pyroxene und Amphibole sind gegenüber Säuren, mit Ausnahme von Flußsäure, sehr widerstandsfähig, am wenigsten die Na-Fe-Amphibole.

Die Pyroxene sind im allgemeinen etwas härter (H um 6) als die Amphibole (H um 5½) und haben unter sonst vergleichbaren Umständen auch eine etwas größere Dichte (3.2—3.7) als die letzteren (2.9—3.5). Die monoklinen Glieder der beiden Reihen bilden häufig Zwillinge mit (100) als Zwillings- und Verwachsungsebene. Die Amphibole spalten besser nach {110} als die Pyroxene. In den Eruptivgesteinen sind die Pyroxene ältere Ausscheidungen als die Amphibole, welch letztere die Pyroxene häufig unter Parallelorientierung der Kettenrichtungen, also der Z-Achsen, überwachsen. — In beiden Reihen schmelzen die Na-reichen Glieder leicht zu farbigem Glas; auch schmelzen die Fe-reichen Glieder leichter als die Fe-armen.

Am Aufbau der zugänglichen Teile der festen Erdkruste sind die Pyroxene und Amphibole reichlicher beteiligt als die Olivine. Ihr Anteil an der Zusammensetzung der Lithosphäre kann auf 14% eingeschätzt werden.

a) Die Pyroxene.

α) Orthopyroxene.

Sie kristallisieren rhombisch bipyramidal und zeigen eine verhältnismäßig einfache chemische Zusammensetzung als Mischkristalle zwischen dem Mg- und Fe-Metasilikat; jedoch sind als Mineralien nur die Mg-reicheren Glieder der Reihe bekannt. Die Formel ist: $\frac{1}{\infty}$ (Mg, Fe)[6][SiO$_3$]r; zur deutlichen Spaltbarkeit nach {110} tritt häufig noch eine recht gute Spaltbarkeit nach {100}, einer Fläche, die ebenfalls der Kettenrichtung parallel läuft, ebenso seltener eine solche nach {010}. Physikalische Daten und Bezeichnung gehen aus folgender Tabelle hervor:

MgSiO$_3$		n_γ	n_β	n_α	$\gamma-\alpha$	$2 V_\gamma$	D
100%		1.658	1.653	1.650	0.008	31°	3.18
97%	Enstatit	1.665	1.659	1.656	0.009	70°	3.20
95%		1.672	1.666	1.661	0.011	77°	3.27
86%	Bronzit	1.684	1.678	1.672	0.012	90°	3.33
74%	Hypersthen	1.705	1.702	1.692	0.013	105°	3.42
60%		1.731	1.728	1.715	0.016	117°	3.49

Alle Werte nehmen wieder mit zunehmendem Eisengehalt zu; auch hier wechselt der optische Charakter bei etwa 80% MgSiO$_3$ von + zu —. O.A.E. ‖ (100). — Als *Bronzit* bezeichnet man Orthopyroxene mit einem 5—15%igen Ersatz des Mg durch Fe; der Name rührt daher, daß die faserigen Spaltflächen nach (100) bronzefarben metallisch schillern. — Die Mg-reichen Glieder der Reihe *(Enstatite)* sind in der Farbe grauweiß bis mehr oder minder tief (bräunlich-) grün, durchscheinend bis undurchsichtig, die Bronzite sind bräunlich, die *Hypersthene* (maximal etwa 50 Mol% FeSiO$_3$) undurchsichtig, schwarz, braunschwarz oder grünschwarz. Hin und wieder mit einigen % Al$_2$O$_3$. Frische Kristalle haben die Härte 6; sie sind schwer schmelzbar; Bronzit und Hypersthen sind deutlich pleochroitisch (rötlich-grünlich).

Vorkommen: Überwiegend in basischen Eruptivgesteinen (Peridotite, Gabbros, Norite); fast alleiniger Gemengteil (manchmal in Dezimeter großen Kristallen) der basisch magmatischen Bronzitfelse (z. B. Kraubath in Steiermark), die im Gefolge von Peridotiten auftreten; Einsprenglinge in basischeren Ergußgesteinen; gute kleine xx auch in Klüften von Trachyten und Andesiten. Die oft mehrere Dezimeter langen Enstatite sind neben dem Apatit der wesentliche Bestandteil gabbropegmatitischer Abspaltungsprodukte (z. B. Oedegaarden bei Kragerö, Norwegen); auch kontaktmetamorph. — Nicht selten in Stein- und Mischmeteoriten.

Umwandlung: Vor allem die Mg-reichen Glieder gehen im Wege der hydrothermalen Umwandlung häufig in Talk $\overset{2}{\infty}$ $(OH)_2Mg_3[Si_4O_{10}]$ (S. 218) über: die Umwandlung erfolgt somit wiederum unter Mg-Abgabe und Wasseraufnahme; häufig ist auch die Umwandlung in Serpentin; der *Bastit (Schillerspat)* ist blättrig serpentinisierter Bronzit.

Praktisch haben die Orthopyroxene keine Bedeutung.

β) Klinopyroxene.

Sie kristallisieren monoklin prismatisch; auch bei ihnen trifft man neben der (110)-Spaltbarkeit gelegentlich auch auf mehr oder weniger ausgeprägte Spaltbarkeiten oder Absonderungen nach (100) und (010).

1. Klinoenstatit — Spodumen (Einfachklinopyroxene).
$$\overset{1}{\infty}R^{[6]}[SiO_3]\ m.$$

Der *Klinoenstatit* $\overset{1}{\infty}$ $Mg^{[6]}[SiO_3]$ m wird bei Erhitzen von Enstatit auf über 1100° erhalten; er ist recht selten und nur gelegentlich in Ergußgesteinen und Meteoriten anzutreffen.

Der *Ferrosilit* $\overset{1}{\infty}$ $Fe^{[6]}[SiO_3]$ m ist bisher nur einmal in feinen Fasern angetroffen worden und konnte auch noch nicht synthetisch hergestellt werden.

Der *Spodumen (Triphan)* $\overset{1}{\infty}$ $Li^{[6]}Al^{[6]}[SiO_3]_2$ m ist ein Pegmatitmineral, das für die Gewinnung von Lithiumsalzen von gewisser Bedeutung ist. Die Kristalle können in den Pegmatiten bei prismatischer Entwicklung meterlang werden. Farbe grau, grünlich, undurchsichtig (oft infolge beginnender oder fortgeschrittener Zersetzung) oder durchsichtig, violettrot, smaragdgrün, rosa, auch gelb oder farblos; pleochroitisch; optisch +; c : c ca. 25°; nβ = 1.67. Er ist verhältnismäßig leicht vor dem Lötrohr zu schmelzen und färbt die Flamme rot. H = 6½—7; D = 3.15.

Vorkommen in sauren Lithiumpegmatiten in größeren oder kleineren Mengen, z. B. bei Radegund in Steiermark, Spittal in Kärnten, Sterzing in Tirol, Utö und Varuträsk in Schweden, Irland, Madagaskar, Brasilien, oft zusammen mit Zinnstein und Wolframit. Wegen der Härte und schönen Farbe stellen die durchsichtigen Varietäten gesuchte Edelsteine dar, die bei roter Farbe als *Kunzit*, bei smaragdgrüner oder gelber Farbe als *Hiddenit* bezeichnet werden. Kunzit wird bei Radiumbestrahlung unbeständig grün. Die Edelsteinspodumene stammen vor allem aus San Diego Cy in Californien, aus Madagaskar, Nordcarolina und Brasilien.

Die natürliche Umwandlung des Spodumens führt über verschiedene Zwischenstufen zu kaolinartigen Produkten.

Von $LiAlSi_2O_6$ gibt es eine β-Spodumen genannte, als Mineral nicht auftretende Hochtemperaturform, die quarzähnlichen Aufbau aufweist; in die Lücken eines Gerüstes von SiO_4- und AlO_4-Tetraedern sind die dieses absättigenden Li-Ionen eingebaut; Formel daher $\overset{3}{\infty}Li[AlSi_2O_6]$. Vgl. Eukryptit (S. 71).

2. Die Hauptreihe der Klinopyroxene (Doppeltklinopyroxene).
$$\overset{1}{\infty} R^{[8]}R^{[6]}[(Si, Al)\, O_3]_2 m$$

Trotz vieler Aufbauähnlichkeiten sind diese von der Reihe 1. dadurch unterschieden, daß hier im Sinne der obigen Formel die Hälfte der Kationen zweiter Art, welche die parallelen Tetraederketten miteinander verbinden, von 8 O-Atomen umgeben sind, die andere Hälfte von 6 O-Atomen. Es besteht also nicht strenge Isomorphie zwischen beiden Reihen. Bei sehr wechselnder Zusammensetzung ist ähnlich wie bei den entsprechenden Amphibolen die Artenzahl sehr groß: in beiden Fällen wird $R^{[8]}$ vorzugsweise durch Ca·· und Na·, $R^{[6]}$ durch Mg··, Fe··, Fe···, Ti···, Al···, Mn·· (Cr···· und Zn··) gebildet, außerdem ist Si···· häufig stark durch Al··· und in geringerem Umfang gelegentlich (basaltische Augite) durch P····· ersetzt. Die Hauptarten sind in jeder Weise durch Mischkristalle miteinander verbunden und daher schwer gegeneinander abgrenzbar:

1. *Diopsid* $\overset{1}{\infty}$ Ca$^{[8]}$Mg$^{[6]}$[Si$_2$O$_6$] m; Mg in geringen wechselnden Mengen durch Fe und gelegentlich auch durch etwas Mn ersetzt; mit steigendem Fe-Gehalt wandelt sich die Farbe von farblos nach kräftiggrün oder sogar schwarzgrün; die eisenreicheren Diopside sind auch schwach pleochroitisch; $n\beta \sim 1.67$; $\gamma - \alpha = 0.03$; $D = 3.3$; xx oder körnig bis stengelig; schwer schmelzbar. — Bei hohen Temperaturen ist das Diopsidsilikat offenbar auch mit dem Klinoenstatitsilikat weitgehend mischbar (bei gewöhnlicher Temperatur nicht möglicher Ersatz von Ca·· durch Mg··!); solche Mischkristalle sind als Einsprenglinge in rasch abgekühlten Oberflächengesteinen nicht selten und führen den Namen *Pigeonit*. — *Diallag* ist ein Diopsid mit Al$_2$O$_3$- und Fe$_2$O$_3$-Gehalt und sehr vollkommener Absonderung nach (100); er ist grünlich, bräunlich bis schwarz, häufig auf den (100)-Flächen infolge Paralleleinlagerung von Titaneisenteilchen metallisch schimmernd und dann dem Schillerspat (S. 40) ähnlich. — Der blaue bis violette *Violan* enthält neben etwas MnO Na$_2$O und Al$_2$O$_3$. — Der smaragdgrüne *Chromdiopsid* (1—2% Cr$_2$O$_3$; Ersatz von Mg·· durch Cr···) ist ein Bestandteil der Olivinbomben (S. 34) und der diamantführenden Kimberlitgesteine (S. 89).

Diopsid ist im allgemeinen ein Mineral der kristallinen Schiefer und der Kalkkontaktgesteine; er tritt aber auch gelegentlich als Kluftmineral zusammen mit Chlorit und Hessonit, z. B. in den Alpen (Mussaalp im Alatal, Totenköpfe im Stubachtal usw.) auf; der Diallag, der zu den Augiten hinübergeführt, ist in basischen Tiefengesteinen (Gabbros, Peridotiten usw.) recht verbreitet, diopsidische Augite auch in Oberflächengesteinen, in Pyroengraniten usw.

Schönfarbige Diopside finden als billige Schmucksteine Verwendung.

2. *Hedenbergit* $\overset{1}{\infty}$ Ca$^{[8]}$Fe$^{[6]}$[Si$_2$O$_6$] m mit teilweisem Ersatz von Fe durch Mg und Mn. Bräunlichgrün, schwarzgrün bis schwarz; schwach pleochroitisch; $n\beta \sim 1.72$; $\gamma - \alpha = 0.021$; c : c wie bei den Diopsiden um 40°; $D = 3.55$. — xx, körnigspätig oder stengelig-strahlig. — Verbreitet auf kontaktmetamorphen Erzlagerstätten und in den kontaktmetamorphen Skarngesteinen. — *Schefferit* ist ein Mn- und Mg-enthaltender, brauner Hedenbergit (Paysberg und Långban in Schweden). — *Jeffersonit* ist ein Hedenbergit, in welchem das Ferroeisen zu mehreren Prozent durch Mn und Zn ersetzt ist (Franklin in N.J.); er ist kristallisiert oder körnig, von braunschwarzer oder grünschwarzer Farbe.

3. *Johannsenit* $\overset{1}{\infty}$ Ca$^{[8]}$Mn$^{[6]}$[Si$_2$O$_6$] m; radialfaserig, braungrau, $n\beta = 1.72$, $D = 3.6$ (Toscana, Franklin, N.J.).

4. *Augit.* Darunter versteht man Klinopyroxene mit bedeutenden Gehalten an Al_2O_3 und Fe_2O_3, wobei Al⁗ auch in beträchtlichem Umfang Si⁗ ersetzt; der Gehalt an Na_2O ist gering. Die Formel dieser wechselnd zusammengesetzten Kristallart ist daher unter Berücksichtigung der Hauptkomponenten wie folgt zu schreiben:

$$\tfrac{1}{\infty}\ Ca^{[8]}(Mg, Fe\text{··}, Fe\text{···}, Al\text{···}, Ti\text{····})^{[6]}[(Si, Al)_2O_6]\ m.$$

Die Augite sind die in den Eruptivgesteinen, besonders in den mittelbasischen am meisten verbreiteten Pyroxene. Die theoretisch denkbare Grenzverbindung $\tfrac{1}{\infty}\ Ca^{[8]}Al^{[6]}[SiAlO_6]\ m$ ist im reinen Zustand nicht bekannt. — xx meist gedrungen säulig, die häufigsten Formen zeigt Abb. 13; Zwillinge nach (100) häufig (Abb. 14); in Oberflächengesteinen auch Durchkreuzungszwillinge nach (101), z. B. Stromboli (Abb. 15). In Tiefengesteinen und metamorphen Gesteinen meist dunkelgrün bis schwarz (Überwiegen von zweiwertigem Eisen: *Gemeiner Augit*), in Oberflächengesteinen schwarzbraun bis schwarz (*Basaltischer Augit* mit hohem Gehalt an dreiwertigem Eisen wegen Oxydation des Eisens im oberflächlich erstarrten Schmelzfluß; man vergleiche auch basaltische Hornblende, S. 45). Die Gemeinen Augite sind im Dünnschliff grünlich, die Basaltischen gelblich bis bräunlich; Pleochroismus schwach; Strich graugrün oder hellbraun; nβ $\sim$ 1.70; γ—α um 0.025; Auslöschungsschiefe auf (010) um 45⁰. Schwer schmelzbar, leichter, wenn eisenreich. — In R[6] in Gesteinsaugiten häufig mehrere Prozent Ti (*Titanaugite*); diese zeigen deutlichen Pleochroismus; bräunlich—violett; bei ihnen besonders häufig Zonen- (Übergänge zu grünem Aegirinaugit) und Sanduhrstruktur im Dünnschliff erkennbar.

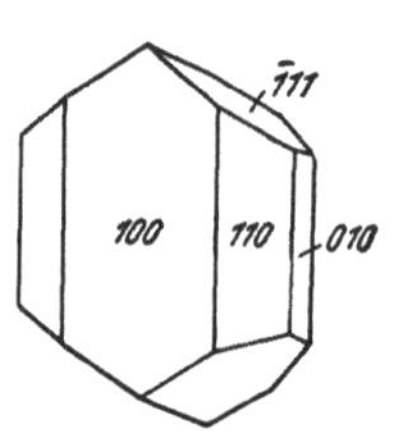

Abb. 13. Basaltischer Augit, Einzelkristall.

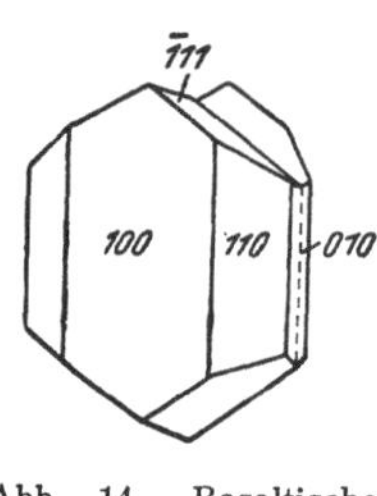

Abb. 14. Basaltischer Augit, Zwilling nach (100).

In Eruptivgesteinen, besonders in Oberflächengesteinen und vulkanischen Tuffen idiomorph ausgebildete xx (Nordböhmen, Eifel, Vesuv usw.). — Der Al_2O_3-reiche, aber eisenarme, grüne *Fassait* ist ein Kalkkontaktmineral (z. B. Fassatal in Südtirol); er tritt auch in guten, flächenreichen xx in Klüften solcher Gesteine auf. In den kristallinen Schiefern (Augitschiefer) Gemeiner Augit; in den Eklogiten bildet eine *Omphazit* genannte, körnige, lebhaft grüne Abart des Fassait neben Granat und Smaragdit(S. 45) den Hauptgemengteil; auch in Kontaktgesteinen und Meteoriten.

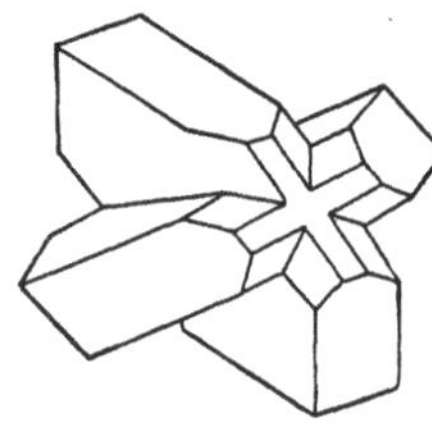

Abb. 15. Augit, Durchkreuzungszwilling nach (101).

Bei hydrothermaler Einwirkung gehen in den Gesteinen die Augite vielfach unter Wasseraufnahme in Hornblenden über; man bezeichnet diesen Prozeß als *Uralitisierung* (*Uralite* sind Pseudomorphosen von Hornblende nach Augit); eine ähnliche Umwandlung geht gelegentlich auch im Kontaktwege und im Verlauf der Regionalmetamorphosen vor sich; auf hydrothermalem Wege erfolgt auch häufig eine Umwandlung in Epidot (z. B. in Diabasen, Serpentinen) und vor allem in feinschuppigen Chlorit; die *Grünerde* oder der *Seladonit* ist zu einer weichen (H = 1—2), feinstschuppig-erdigen, grünen Masse von chloritischer (S. 137) oder glaukonitischer (S. 54) Zusammensetzung umgewandelter Basaltischer Augit (z. B. Nordböhmen, Fassatal); sie findet unter dem Namen „Kaadner Grün" als widerstandsfähige Mineralfarbe für Edelputzzwecke und die Färbung von Zementkunststeinen Verwendung. Sonst haben höchstens die eisenreichen Augite, wenn sie reichlich vorhanden und günstig greifbar sind, als neutraler Zuschlag bei der Verhüttung schlackenarmer Eisenerze einige Bedeutung.

5. *Jadeit* $\frac{1}{\infty}$ Na[8]Al[6][Si_2O_6] m. Nur derb in mikrokristallinen, feinstkörnigen oder nadelig verfilzten, überaus zähen Massen; weiß oder grünfleckig oder grün; geringer Glanz, durchscheinend; H = 6—7. nβ ~ 1.66; γ—α ~ 0.13; c : c etwas über 30°. Vor dem Lötrohr zu farblosen Tropfen schmelzbar. — Der *Chloromelanit* ist ein dunkelgrüner Mischkristall mit Diopsid und Hedenbergit, hat also die Zusammensetzung $\frac{1}{\infty}$ (Na, Ca)[8](Al, Mg, Fe)[6][Si_2O_6] m; nβ ~ 1.70.

Jadeit-Chloromelanit setzen monomineralische kristalline Schiefer zusammen; Fundorte dafür gibt es in Piemont, Oberbirma, Ostturkestan, Neu-Guinea usw. — Die zähen Gesteine wurden in vorgeschichtlicher Zeit zu Waffen und Gebrauchsgegenständen verschliffen, heute werden sie für kunstgewerbliche Gegenstände und für Schmuckstücke (z. B. Ringsteine) verarbeitet. Die Verarbeitung erfolgt besonders in China unter dem Namen „Jade" oder „Yü".

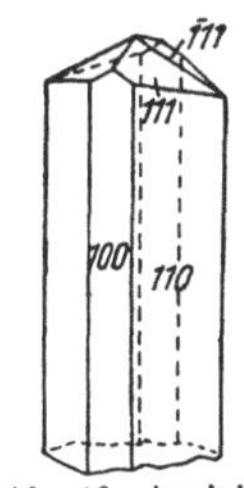

Ab. 16. Aegirin.

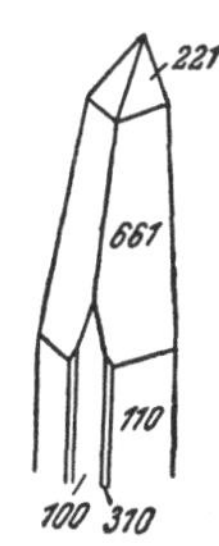

Abb. 17. Aegirin („Akmit").

6. *Aegirin (Akmit)* $\frac{1}{\infty}$ Na[8]Fe[6][Si_2O_6] m. Die oft gut entwickelten xx (Abb. 16) können bedeutende Dimensionen erlangen, sie sind säulig ausgebildet, oft stark nach der Z-Achse gestreckt und durch steilstehende Prismenflächen (hkl) zugespitzt (*Akmit*, Abb. 17); bräunlichgrün bis schwarz mit gelblichem bis grünem Strich. Außer in den Gesteinen. idiomorphe, gute xx besonders in den miarolithischen Hohlräumen von Tiefengesteinen oder Pegmatiten, H = 6—6½; D = 3.5; kräftig pleochroitisch, grün—braungelb; opt. —; nβ ~ 1.82, γ—α ~ 0.06; kleine Auslöschungsschiefe auf (010), da der Winkel c : c den Betrag von 90° wenig überschreitet. Ziemlich leicht schmelzbar zu magnetischem Glas.

In saureren, alkalireichen Tiefen-, Gang- und Ergußgesteinen (Alkaligranite, Nephelinsyenite und Nephelinsyenitpegmatite, z. B. Langensundfjord in Norwegen, Kola in Nordrußland, Siebenbürgen, Portugal) und daraus hervorgegangenen Orthogneisen (Gloggnitz usw. in Niederösterreich). — In den gleichen Gesteinen findet man auch die *Aegerinaugite*, d. h. Mischkristalle zwischen Aegerin und Augit oder anders gesagt Na-reiche Augite, die den Aegirinen sehr ähnlich sind; nur zeigen sie je nach der Zusammensetzung im allgemeinen größere Auslöschungsschiefen auf (010), die in großer Breite um den Betrag von 30° variieren, da je nach der Zusammensetzung (Na_2O-Gehalt) der Winkel c : c zwischen 55° und 90° liegt.

Über die triklin kristallisierenden und nicht zu den Pyroxenen zählenden Metasilikate Wollastonit $CaSiO_3$, Rhodonit $MnSiO_3$ u. a. vgl. man S. 86 und S. 273.

b) Die Amphibole.

Die Amphibole neigen viel stärker als die Pyroxene zu ausgesprochen dünn- und langfaseriger Ausbildung (*Asbeste*). Sie zerfallen unter Verlust des Hydroxylwassers je nach der Zusammensetzung zwischen 900 und 1100°.

a) O r t h o a m p h i b o l e.

Sie kristallisieren rhombisch bipyramidal, sind vielfach frei von dreiwertigen Kationen oder arm daran, meist frei von Na_2O und CaO und wie die Orthopyroxene überhaupt relativ einheitlich in der Zusammensetzung. Sie sind seltener als diese und auf metamorphe Gesteine beschränkt.

Der *Anthophyllit* $\frac{1}{\infty}$ $(OH)_2(Mg, Fe)_7^{[6]}[Si_8O_{22}]$ r zeigt neben der Spaltbarkeit nach {110} ausgezeichnete Absonderung nach {100}; er ist stengelig bis faserig ausgebildet; $H = 5\frac{1}{2}$; D, je nach dem Eisengehalt, zwischen 2.8 und 3.4 schwankend; n_β steigt mit dem Eisengehalt von 1.61 auf 1.69; eisenreiche Glieder sind deutlich pleochroitisch; opt. + oder (eisenreich) opt. —; glasglänzend, oft schillernd, durchscheinend braun, grünlichbraun oder hellbraun. Mg kann bis zu 20% durch Fe ersetzt sein; die Gehalte an Na, Ca, Mn und Ti liegen meist weit unter 1%, jener an Al_2O_3 kann bis zu 4% ansteigen. Schwer schmelzbar. — Als *Gedrit* bezeichnet man Abarten, in welchen sowohl Mg·· als auch Si···· in beträchtlichem Umfang durch Al··· ersetzt sind; der Fe-Gehalt kann jenen an Mg überwiegen.

Vorzugsweise in Serpentinen, Amphiboliten und Glimmerschiefern; sehr selten in Gabbropegmatiten. Eigenartige Kontaktbildungen sind die „Glimmerkugeln" von Dürnstein in Niederösterreich und Hermannschlag in Mähren; sie bestehen aus radialstrahligem Anthophyllit mit einer Schale von Biotit (Anomit); andere Fundpunkte: Radautal im Harz, Bodenmais in Bayern, verschiedentlich in Norwegen, Finnland, Pyrenäen usw. Von praktischer Bedeutung sind nur die z. B. in Finnland und Transvaal abgebauten, dünn- und langfaserigen Anthophyllitasbeste, die in Serpentingesteinen auftreten.

β) K l i n o a m p h i b o l e.

Sie kristallisieren monoklin prismatisch.

1. Grünerit-Cummingtonit (Einfachklinoamphibole).
$$\frac{1}{\infty} (OH, F)_2(Fe, Mg, Mn)_7^{[6]}[Si_8O_{22}]\,m.$$

Der *Grünerit* ist farblos bis braun, bei feinfaseriger Ausbildung seidenglänzend. Er enthält sehr wenig MgO und Al_2O_3. D ungefähr 3.7; nβ um 1.71; $\gamma - \alpha \sim 0.045$; c : c um 12⁰; opt. — 2 V etwa 80⁰. — In regionalmetamorphen Gesteinen (besonders in Quarziten und metamorphen Eisenoxydvorkommen in Schweden, Frankreich, U.S.A. usw.) ziemlich selten. Dasselbe gilt von der Mg-reichen Abart, dem opt. + *Cummingtonit.*

Der *Holmquistit* ist der mit dem Spodumen vergleichbare Lithiumamphibol von der Formel $\frac{1}{\infty}$ $(OH, F)_2Li_2^{[6]}(Mg··, Fe··, Fe···, Al···)_5^{[6]}[Si_8O_{22}]\,m.$ Er wird häufig als Lithiumglaukophan[1]) bezeichnet; das ist aber ebenso unrichtig, als wenn man den Spodumen als Lithiumjadeit bezeichnen würde. D = 3.1; nβ = 1.65; $\gamma - \alpha = 0.023$. Fast gerade Auslöschung auf (010). 2 V = 44⁰. Pleochroismus ähnlich wie bei Glaukophan: Blau-violett-gelblich. — Vorkommen auf der Insel Utö bei Stockholm.

2. Die Hauptreihe der Klinoamphibole (Doppeltklinoamphibole).
$$\frac{1}{\infty} (OH, F)_2R_2^{[8]}R_5^{[6]}[(Si, Al)_8O_{22}]\,m.$$

Es können auch hier grundsätzlich dieselben Glieder wie bei den Klinopyroxenen unterschieden werden. Wegen der stengelig-strahligen Ausbildung werden die tonerdefreien Glieder häufig unter dem Namen *Strahlstein*

---

[1]) Dagegen ist der später erwähnte Eckermannit ein Lithiumglaukophan mit Teilersatz von Mg·· (und nicht von Na!) durch Li·.

i. w. S. zusammengefaßt. Innerhalb $R^{[8]}$ und $R^{[6]}$ dieselben Variationsmöglichkeiten wie bei den Klinopyroxenen; dazu tritt gelegentlich in $R^{[6]}$ noch Li' ein.

1. *Tremolit (Grammatit)* $\overset{1}{\infty}$ $(OH, F)_2 Ca_2^{[8]} Mg_5^{[6]} [Si_8 O_{22}]$ m. Weiß, grau, lichtgrün; stengelig, oft strahlig oder faserig (Tremolitasbest); $H = 5\frac{1}{2}$—6; $D = 2.9$. $n_\beta = 1.61$; $\gamma—\alpha = 0.025$. Verbreitet in metamorphen Kalksteinen, auch in Talkschiefern und Serpentinen (Tessin usw.). Keine praktische Bedeutung. — Umwandlung in Talk unter Erhaltung der stengeligen Struktur häufig. — Es gibt auch chromhaltige Tremolite, welche mit den Chromdiopsiden zu parallelisieren sind.

2. *Aktinolith (Strahlstein i. e. S.)* $\overset{1}{\infty}$ $(OH, F)_2 Ca_2^{[8]} (Mg, Fe)_5^{[6]} [Si_8 O_{22}]$ m. Langstengelig, divergent oder verworren strahlig; unterscheidet sich vom Tremolit durch den beträchtlichen Gehalt an Fe··; Farbe mehr oder weniger tiefgrün bis schwarzgrün; n_β um 1.63; $\gamma—\alpha$ um 0.025. Bestandteil vieler kristalliner Schiefer (in Talkschiefern und Chloritschiefern als Porphyroblast, vorherrschend in den Aktinolithschiefern: Zillertal in Tirol usw.).

Der grasgrüne *Smaragdit* enthält etwas Al_2O_3; er bildet kurznadelige Aggregate, die aus diallagähnlichen Augiten hervorgegangen sind und bildet mit Omphazit und Granat den typischen Eklogit; auch in Amphiboliten und als hydrothermales Umwandlungsprodukt von Augiten in Gabbros. — *Amianth (Byssolith, Bergflachs)* ist die blaßgrüne, fein- und langfaserige Asbestform des Aktinoliths, besonders schön als alpines Kluftmineral zusammen mit Epidot, Adular, Chlorit usw. Gewöhnlich braune, wirr verfilzte und gepreßte, gelegentlich noch poröse Formen des Amiants werden je nach dem Aussehen als *Bergholz, Bergleder* oder *Bergkork* bezeichnet; vielleicht sind letztere Bildungen vollkommen von den Hornblenden abzutrennen und allgemein zu den wenig gut definierbaren Palygorskiten (S. 179) zu stellen.

Nephrit (Beilstein) ist mikrokristalliner, wirrfaseriger, im Wege der Regionalmetamorphose zu einem äußerst zähen Gestein verfilzter und verfestigter Strahlstein, der äußerlich völlig dicht erscheint. Grau- bis lauchgrün, zum Unterschied gegenüber dem in mancher Beziehung sehr ähnlichen Jadeit schwer schmelzbar. Wie Jadeit wurde er in vorgeschichtlicher Zeit in den verschiedensten Gegenden der Erde zur Herstellung von Waffen und Geräten verwendet und wird wie dieser heute zu kunstgewerblichen Gegenständen verarbeitet. Auch er geht unter dem Namen „Jade“. Vielfach in meist bearbeitetem Zustand in Flußschottern anzutreffen, auch in den Alpen. Anstehend wurde dieses metamorphe Gestein z. B. bei Jordansmühl in Schlesien, im Harz, im Frankenwald, in Graubünden, am Baikalsee, in Ostturkestan, Neuseeland usw. zusammen mit metamorphen Gabbros und anderen kristallinen Schiefern in deren Verschiebungszonen gefunden.

3. *Richterit* $\overset{1}{\infty}$ $(OH, F)_2 (Ca, Na)_2^{[8]} (Mg, Fe, Mn)_5^{[6]} [Si_8 O_{22}]$ m. Dieser alkali- und manganreiche Klinoamphibol ist bei ebenfalls stengeliger Ausbildung von brauner Farbe und wird in Mangankontaktlagerstätten angetroffen (z. B. Långban in Schweden). Praktisch bedeutungslos.

4. *Hornblende.* Klinoamphibole, die wie die Augite reichlich Al_2O_3 und Fe_2O_3 enthalten und auch sonst wie die letzteren sehr wechselnd zusammengesetzt sind. Ihre allgemeine Formel ist $\overset{1}{\infty}$ $(OH, F)_2 (Ca, Na)_2^{[8]} (Mg··, Al···,$ $Fe··, Fe···, Mn···, Ti····)_5^{[6]} [(Si, Al, P)_8 O_{22}]$ m. Die Hornblenden sind entweder dunkelgrün bis fast schwarz (*Gemeine* oder *Grüne Hornblende* der Tiefengesteine und kristallinen Schiefer) oder braunschwarz bis schwarz (bei hohem Gehalt an Fe··· = *Basaltische Hornblende* der mittelbasischen Ober-

flächengesteine [1]). Besonders in den Oberflächengesteinen (einschließlich der vulkanischen Tuffe) häufig in schön idiomorph ausgebildeten xx (Abb. 18); Zwillinge nach (100) häufig (Abb. 19). H = 5—6; D = 3.0—3.5; glasglänzend, besonders auf den frischen Spaltflächen; opt. —; n_β = 1.62—1.73; γ—α um 0.02 bei Gemeinder Hornblende, bis 0.07 bei Basaltischer Hornblende; 2 V = 50—90°; starker Pleochroismus. Weit verbreitet in Gabbros, Anorthositen, Dioriten, Serpentinen, Hornblendegraniten und den entsprechenden Oberflächengesteinen; vielfach in kristallinen Schiefern (Hauptmineral der Amphibolite und Hornblendeschiefer), auch in Kontaktgesteinen; fehlt in

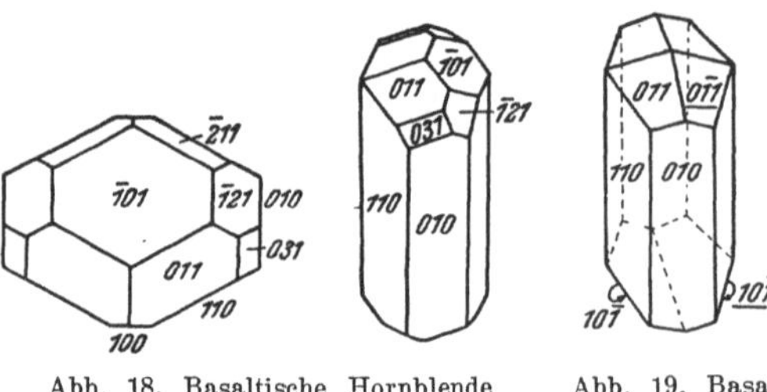

Abb. 18. Basaltische Hornblende (links Kopfbild).

Abb. 19. Basaltische Hornblende, Zwilling nach (100).

den Meteoriten. — Praktisch bedeutungslos, abgesehen von der Verwendbarkeit der eisenreichen Glieder in der Eisenhüttenindustrie (wie Augit).

Als *Karinthin* wird eine braungrüne bis braune Hornblende in bestimmten Eklogiten bezeichnet (Ostalpen). — *Pargasit* ist eine opt. +, dunkelgrüne, körnige Kontakthornblende (Pargas in Finnland). — Sehr viel TiO_2 (7%) enthält der schwarzbraune basaltische *Kaersutit* von Nordgrönland. — Die schwarzen *Barkevikite*, die in Nephelinsyenitpegmatiten (Norwegen, Schottland, Californien) den Aegirin begleiten, und noch mehr die *Kataphorite* bilden infolge ihres Reichtums an Na_2O den Übergang zu den eigentlichen Natronhornblenden.

Die Basaltischen Hornblenden der Oberflächengesteine sind häufig von einem mehr oder weniger breiten, dunklen Zersetzungssaum, der aus Pyroxenen und Glas mit reichlich Magnetit (Fe_3O_4)-Einlagerungen besteht, umgeben; diese Säume bezeichnet man als *Opacit* und man spricht von opacitisierten Hornblenden; bei den Tiefengesteinshornblenden oder Schieferhornblenden ist dies nicht der Fall; dagegen ist eine ähnliche Erscheinung auch bei den Biotiten der Oberflächengesteine häufig zu beobachten. Es ist anzunehmen, daß solche Hornblenden (und Biotite) — beide sind wasserhaltig! — noch unter hohem Druck gebildet wurden, aber mit der Druckentlastung beim Austritt der Schmelzflußmassen an die Oberfläche bei noch hoher Temperatur des austretenden Schmelzflusses unbeständig wurden und unter Wasserabgabe von außen fortschreitend mehr oder weniger stark zerfallen sind; wo eine derartige Opacitisierung dieser Mineralien in den Oberflächengesteinen nicht zu beobachten ist, muß der Schmelzfluß schon nach Abkühlung unter 1000° an die Oberfläche ausgetreten sein.

5. *Glaukophan* $\frac{1}{\infty}$ $(OH)_2Na_3^{[8]}(Al, Mg)_5^{[6]}$ $[Si_8O_{22}]$ m ist ein für manche kristalline Schiefer charakteristischer, eisenfreier Natronamphibol; stengelig oder körnig: D = 3.0—3.1; glasglänzend, manchmal durchscheinend, graublau bis schwarzblau; Strich grau; kräftig pleochroitisch (blau-violett-gelblich); c : c um 5°; n_β ~ 1.64. Leicht schmelzbar zu grünlichem Glas. Glaukophanführende Glimmerschiefer, Gneise und Glaukophanschiefer kennt man z. B. aus der Gegend von Zermatt, aus dem Aostatal, aus der Bretagne, von der Insel Syra, vielfach aus Californien usw. — Unter *Gastaldit* werden Mischkristalle zwischen Glaukophan und Aktinolith verstanden, der *Crossit* bildet den Übergang zum Riebeckit. — *Eckermannit* ist ein Glaukophan aus dem Nephelinsyenit von Grenna in Mittelschweden, in welchem Mg̈ teilweise durch Li˙ ersetzt ist. — Als *Hastingsit* werden tonerdereiche Misch-

---

[1]) Die Basaltischen Hornblenden enthalten ebenso wie die Basaltischen Augite an Stelle von Si˙˙˙˙ gelegentlich etwas P.˙˙˙˙˙

kristalle des Glaukophans mit Aktinolith bezeichnet, bei welchen Al‴ nicht nur in $R^{[6]}$, sondern auch als Vertreter von Si⁗ reichlich eintritt; er ist in sauren Alkaligesteinen nicht selten.

6. *Riebeckit* $\frac{1}{\infty}(OH)_2 Na_{2-3}^{[8]}(Fe''', Fe'')_5^{[6]}[Si_8O_{22}]$ m[1]) und seine Al-haltige (in $R_5^{[6]}$) Abart, der *Arfvedsonit*, tritt gelegentlich (Grönland) in guten prismatischen xx auf; meist aber stengelig und körnig im Gestein; er ist tiefdunkelblau; Strich dunkelblaugrau; kräftiger Pleochroismus; $n_\beta = 1.70$; c : c fast 90⁰; daher fast gerade Auslöschung auf (010) wie Glaukophan. Leicht schmelzend zu einer dunklen, magnetischen Perle. Übergemengteil in Alkaligraniten und Alkalisyeniten (z. B. Korsika, Norwegen, Grönland) und daraus hervorgegangenen Orthogneisen (z. B. im Forellengneis Niederösterreichs und Steiermarks). — Als *Krokydolith* bezeichnet man die feinfaserige, graublaue Asbestform (s. u.) des Riebeckits, welche in Gesteinslücken besonders im Oranje River-Gebiet in Südafrika auftritt und welche als wertvoller Asbest dort ausgiebig abgebaut wird. — Als Falkenauge, bzw. Tigerauge werden in mehrere cm dicken Platten auftretende Pseudomorphosen von Quarz nach Krokydolith bezeichnet, bei denen die seidig-faserige Struktur des ursprünglichen Amphibols noch erhalten geblieben ist; letzteres ist mehr oder weniger tief orangebraun (Oxydation des verbliebenen Eisens!), ersteres noch graublau; sie werden viel für Schmuckzwecke und kunstgewerbliche Zwecke verwendet, da die Verkieselung eine bedeutende Härtung der Faseraggregate bedingt. Vorkommen: Griquatown a. Oranje River.

Die schon wiederholt genannten Asbeste zerfallen in 2 Gruppen, die sich von verschiedenen Mineralgattungen ableiten; es ist zwischen den *Amphibolasbesten* und den *Serpentinasbesten (Chrysotilasbesten)* zu unterscheiden.

Fast alle Amphibolarten treten mehr oder weniger häufig in kurz- oder langfaserigen Abarten, also in Form von Asbesten auf, welche dementsprechend auch verschiedene Namen führen: Tremolitasbest, Hornblendeasbest (diese Bezeichnung wird häufig für alle Arten der Amphibolasbeste gebraucht), Aktinolithasbest, Krokydolithasbest, Anthophyllitasbest. Die in Gesteinsklüften auftretenden Asbeste überspannen diese entweder als Querfaserasbeste in ihrer Breite oder sie sind als Längsfaserasbeste in die Klüfte hineinragend entwickelt; auch können sie die Klüfte als Massenfaserasbeste in wirrer Aggregierung durchsetzen.

Nach der bergbaulichen Gewinnung müssen die Asbeste von den eventuell vorhandenen Begleitmineralien befreit und in den Asbestmühlen für die weitere Verarbeitung (Verspinnung, Preß- und Eternitplattenherstellung usw.) vorbereitet werden. Kurzfaserasbeste und Abfallmaterial werden der Asbestzementindustrie zugeführt oder zu Asbestplatten gepreßt. Die Asbeste finden eine ausgedehnte Verwendung als thermisches und elektrisches Isolationsmaterial in den verschiedensten Bereichen der Technik, ferner auch als säurebeständiges Filtermaterial usw. Die Weltjahresgewinnung beläuft sich auf etwa 600.000 Tonnen, worin allerdings in großem Umfange kurzfaseriges Material mitenthalten ist; Canada ist mit der Hälfte der Jahresweltförderung in der Asbestgewinnung führend, dann folgt Rußland und an dritter Stelle Südafrika; in der Asbestverarbeitung nimmt Deutschland eine führende Stellung ein.

An praktischer Bedeutung treten die Amphibolasbeste (ca. 10% des Verbrauches) gegenüber den Serpentinasbesten (ca. 90%; S. 140) zurück. Die Qualität der Amphibolasbeste ist nicht nur von der Faserlänge, sondern auch von deren Festigkeit und Biegsamkeit und damit von ihrer Zusammensetzung abhängig. Allgemein sind sie relativ wenig biegsam mit Ausnahme der

---

[1]) Die Schreibung Na_3, bzw. $(Na, Ca)_{2-3}$ erklärt sich daraus, daß in den Na-reichen Amphibolen eine im Tremolitgitter (mit Ca_2) noch nicht besetzte, für die Aufnahme von Ca, bzw. Na-Ionen geeignete Position weitgehend besetzt ist.

Krokydolithasbeste: dadurch sind sie schwerer zu verspinnen als die Serpentinasbeste, sie schmelzen aber wesentlich höher als die Krokydolith- und Serpentinasbeste und sind wesentlich widerstandsfähiger gegenüber Säuren als diese. Die Krokydolithasbeste, welche besonders in Südafrika gewonnen werden, sind überall dort vorzuziehen, wo es nicht auf besonders hohe Temperaturbeanspruchung ankommt.

Versuche zur synthetischen Herstellung der Asbeste sind über Anfangserfolge noch nicht hinausgekommen; daher versucht man, dieses wertvolle Material für viele Zwecke durch Heranziehung von faserig ziehbaren Glasschmelzflüssen (Glaswolle, Quarzglaswolle, Schlackenwolle) zu ersetzen.

In kleinen Mengen kommen besonders Aktinolithasbeste als Kluftmineralien auch in den Alpen öfters vor.

γ) Aenigmatit, Cossyrit, Rhönit.

Als „trikline Amphibole" wurden früher einige Mineralien bezeichnet, die zweifellos eine den Amphibolen ähnliche Zusammensetzung und ähnliche Elementargitterdimensionen, aber einen Spaltwinkel von nur 114⁰ haben und eindeutig triklin kristallisieren; auch sind sie sehr arm an H_2O. Die genauere Formel ist nicht bekannt, ebensowenig ihre Struktur. Sie treten in verschiedenen Eruptivgesteinen (Sodalithsyenite von Grönland und Kola; Effusivgesteine der Rhön, des Kaiserstuhles, der Azoren, des franz. Zentralplateaus usw.) als Übergemengteile oder an Stelle der Hornblenden auf, sind meist schlecht kristallisiert, von prismatischem bis nadeligem Habitus; ihre komplexe Zusammensetzung entspricht etwa jener bestimmter basaltischer, titanreicher Hornblenden; sie sind aber reich an Na_2O [1]). Diese Mineralien bilden die *Aenigmatitgruppe;* mit steigendem Gehalt an Fe_2O_3 und Al_2O_3 werden sie als *Cossyrit* und *Rhönit* bezeichnet. H = 5½ : D um 3.8; nβ um 1.8; die Kristalle sind schwarz, auf den Spaltflächen glasglänzend, im Dünnschliff dunkelbraun, stark pleochroitisch; Auslöschungsschiefe auf (010) ungefähr 40⁰; Strich rotbraun; ziemlich leicht schmelzbar.

3. Die Glimmer.

Sie sind an der Zusammensetzung der Gesteine der zugänglichen Teile der Erdkruste mit 3—4% beteiligt. Nach dem bei ihnen sich bemerkbar machenden Verhältnis von Si : O, das meist nur wenig vom Wert 1 : 4 abweicht, könnte man versucht sein, sie den Orthosilikaten zuzuzählen. Jedoch hat L. Pauling im Jahre 1930 erstmalig gezeigt, daß es sich hier um einen ganz andersartigen Bautypus der Silikate handeln muß, der in engster Beziehung zur ausgezeichneten Spaltbarkeit aller Glimmerkristalle nach einer Fläche steht. Ihrer Zusammensetzung nach weisen die Glimmer eine ähnliche Variationsbreite wie die Pyroxene und Amphibole auf. Mit ihrer Ausbildung in Form von oft großen, tafeligen Kristallen in den Gesteinen, mit ihrer ausgezeichneten Spaltbarkeit nach der Tafelfläche und dem lebhaften Glanz auf den Spaltflächen stellen sie eine sehr auffällige, meist leicht erkennbare Mineralgruppe dar.

Allgemeine Eigenschaften der Glimmer außer der sehr vollkommenen Spaltbarkeit nach (001) und der monoklin prismatischen Symmetrie bei pseudohexagonalem Habitus sind: Die opt. Achsenebene steht senkrecht (Glimmer I. Art) oder parallel zur Symmetrieebene (Glimmer II. Art); alle

---

[1]) Kristallchemisch könnte der Stoffbestand etwa durch die Formel $(Na, Ca)(Fe'', Fe''', Ti'''')_3(Si, Al)_3O_{10}$ gedeutet werden; dabei hält sich der Ersatz von Na' durch Ca'' und von Si'''' durch Al''' in verhältnismäßig engen Grenzen.

Glimmer sind opt. —; die spitze Mittellinie steht fast genau senkrecht zur Spaltfläche, daher zeigen die Glimmer gerade Auslöschung in bezug auf die Spaltrisse in zur Spaltfläche geneigten Schnitten; dies ist z. B. wichtig für die Unterscheidung der oft ähnlichfarbigen Biotite und Basaltischen Hornblenden mit der der letzteren eigenen, meist bedeutenden Auslöschungsschiefe zu den Spaltrissen in Dünnschliffen von Oberflächengesteinen. Bei kurzem Schlag auf eine auf die Spaltfläche aufgesetzte harte Spitze entsteht infolge Translationen als „Schlagfigur" ein sechsstrahliger Stern (Abb. 20); ein Strahl (Leitstrahl) desselben verläuft parallel zur Symmetrieebene, die beiden anderen parallel zu den {110}-Flächen. Bei langsamem Druck mit einem stumpfen, harten Gegenstand gegen die Spaltfläche entsteht die „Druckfigur", ebenfalls ein sechsstrahliger Stern, dessen Arme die Winkel der Schlagfigur halbieren. Da der Leitstrahl der Schlagfigur bei den Glimmern I. Art senkrecht zur opt. Achsenebene steht, bei den Glimmern der II. Art aber parallel dazu liegt, ist es mit Hilfe der Schlagfigur leicht möglich, zu bestimmen, ob ein Glimmer ein solcher I. oder II. Art ist.

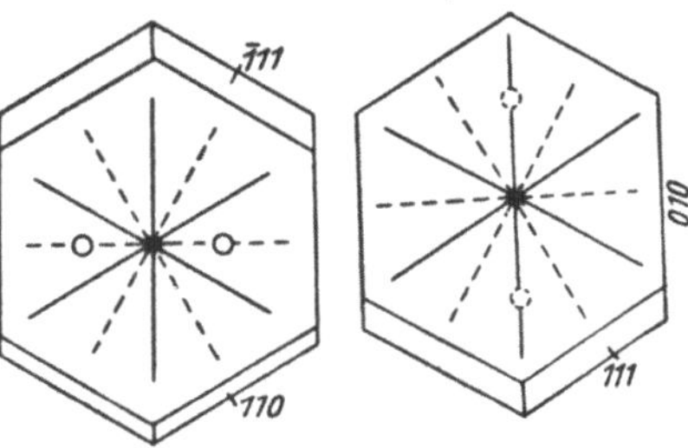

Abb. 20. Schlag- (ausgezogen) und Druckfigur (gestrichelt) auf der Basisfläche von Glimmern; links Glimmer I. Art, rechts Glimmer II. Art.

a) Tonerdeglimmer (Muskovit, Muskowit).

Alle Glimmer und viele andere, blättrig schuppige Mineralien enthalten als Leitelement der Struktur zweidimensional unendliche Schichten von SiO_4-Tetraedern, in welchen diese nach Abb. 21 zu sechsseitigen Ringen zusammengefaßt sind. Ein solches Tetraedernetz hat, da in ihm jedes Si-Atom drei der ihm koordinierten O-Atome mit benachbarten Tetraedern teilt, auf ein Si-Atom daher ein ganzes und drei halbe O-Atome entfallen, die Zusammensetzung $\frac{2}{\infty}[Si_2O_5]^{-2}$. In jeder derartigen Schicht kehren die Tetraeder ihre Spitzen derselben Seite zu [1]). Zwei solche Schichten, welche die Tetraederspitzen einander zukehren, treten miteinander in Verbindung; dabei treten in die Mitte der aus sechs Spitzensauerstoffatomen der Tetraeder gebildeten Sechserringe (in

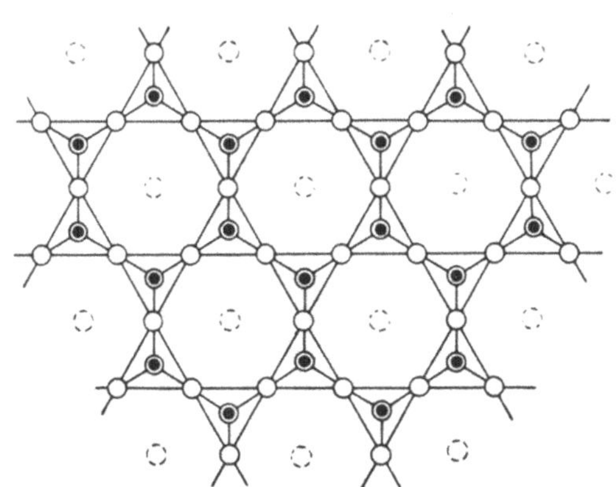

Abb. 21. Siliziumsauerstofftetraedernetz $\frac{2}{\infty}[Si_2O_5]^{-2}$ bis $\frac{2}{\infty}[SiAlO_5]^{-3}$; schematisch.

Abb. 21 durch gestrichelte Kreise markiert) Hydroxyl-Ionen ein; da auf zwei Spitzensauerstoffatome der Tetraeder je *eine* solche Lücke entfällt, nimmt damit das Netz die erweiterte Form $\frac{2}{\infty}[Si_2O_5OH]^{-3}$ an. Die so zu dichtest gepackten Anionenlagen ausgebauten Tetraederspitzenlagen treten nach Art einer dichtesten Kugelpackung miteinander in Verbindung; die Ab-

---

[1]) Alle nach einem derartigen Prinzip aufgebauten Silikate kristallisieren monoklin-pseudohexagonal.

sättigung erfolgt durch Einbau von Kationen (z. B. Al-Ionen) mit oktaedrischer 6-Koordination in bestimmter Anzahl in entsprechende Lücken dieser dichtesten Anionenpackung (Abb. 22). Im Querschnitt ist auf den Elementarkörperbereich bezogen die relative Anzahl der die einzelnen Lagen der komplexen Schichten besetzenden Ionen die in Abb. 23 skizzierte.

Die Zusammensetzung einer solchen komplexen, aus sieben Atomlagen bestehenden Schicht ist somit: $\frac{2}{\infty}$ $(OH)_2 Al_2^{[6]} [Si_4 O_{10}]$; sie ist vollständig elektrostatisch abgesättigt und stellt damit ein zweidimensional unendliches Molekül dar. Gesetzmäßig übereinander gelagerte Schichten dieser Art, nur durch van der WAALSsche Kräfte zusammengehalten, bilden die leicht der Schichtverschiebung und damit Deformation unterliegenden Kristalle des

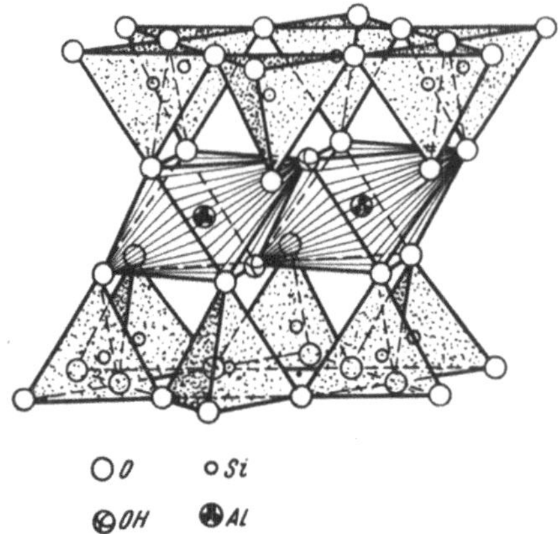

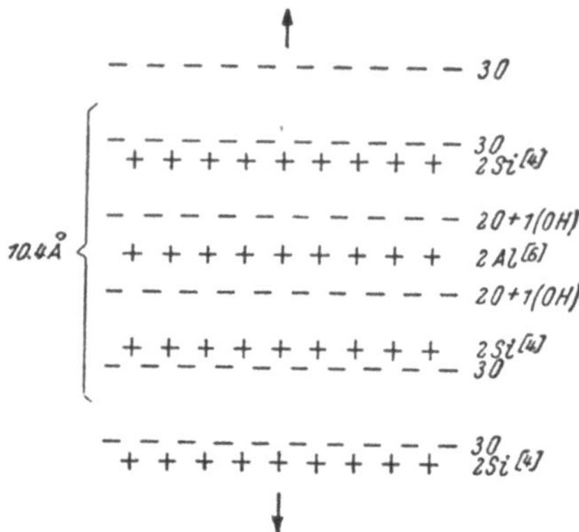

Abb. 22. Ausschnitt aus einer Schicht des Pyrophyllitgitters (n. C o r r e n s).

Abb. 23. Schematischer Querschnitt durch das Pyrophyllitgitter, die Verteilung der Ionen auf die einzelnen Lagen der Schichten andeutend.

blättrig schuppigen *Pyrophyllites*, eines Minerals, das als hydrothermal gebildetes Tonsilikat bekannt ist und bei späterer Gelegenheit besprochen wird (S. 147).

Sind in den Tetraedernetzen ein Viertel der $Si^{....}$-Ionen durch $Al^{...}$-Ionen ersetzt, so nimmt die Schicht folgende Zusammensetzung an: $\frac{2}{\infty}$ $(OH)_2 Al_2^{[6]}$ $[Si_3 Al O_{10}]^{-1}$, d. h. auf einen Ausschnitt von dieser Größe entfällt *eine* negative Ladung. Diese wird dadurch ausgeglichen, daß zwischen die Schichten, die nun nicht mehr als Schichtmoleküle, sondern als unendliche Schicht-Ionen aufzufassen sind, K·-Ionen derartig eintreten, daß sie von je 6 O-Ionen des Tetraedernetzes der unteren und der darüber liegenden Schicht umgeben sind. In der Projektion auf (001) (Abb. 21) kommen sie somit an dieselbe Stelle zu liegen, natürlich in andere Tiefe, wie die durch gestrichelte Kreise gekennzeichneten (OH)-Ionen.

Die Verbindung der Schichten durch wenn auch schwache elektrostatische Kräfte gewährleistet einen besseren Zusammenhalt derselben als beim Pyrophyllit. Das dem obigen Bau entsprechende Mineral von der Zusammensetzung $\frac{2}{\infty}$ $K^{[12]}(OH)_2 Al_2^{[6]} [Si_3 Al O_{10}]$ m ist der *Tonerdeglimmer* oder *Muskovit*[1]). An den nicht allzuhäufigen, gut ausgebildeten, dicktafeligen Kristal-

---

[1]) Die auch manchmal verwendete Bezeichnung *Kaliglimmer* ist unzweckmäßig, weil die meisten anderen Glimmer ebenfalls Kaliglimmer sind.

wass.errscht als Schichtebene die Basisform {001} vor. Dazu kommt darauf best senkrecht stehend (der Winkel β der monoklin-prismatischen Kristalle beträgt 84½°) das Prisma {110}, ferner das seitliche Endflächenpaar {010} und das Prisma {111}; andere Formen sind selten. Der pseudohexagonale Charakter der Kristalle prägt sich darin aus, daß, abgesehen von der geringen Abweichung des Winkels β von 90°, der Winkel der Flächen des Prismas {110} nur wenige Minuten von 60° abweicht. Höchst vollkommene Spaltbarkeit nach (001), die Spaltblätter sind elastisch biegsam, durchsichtig bis durchscheinend, lebhaft perlmutterglänzend; meist farblos, gelblich oder bräunlich, manchmal auch rötlich oder grünlich. Opt. —; nγ fast senkrecht auf (001); 2 V $\sim$ 40°; nβ = 1.587; $\gamma - \alpha$ = 0.037. Glimmer I. Art. Asterismus durch submikroskopische, orientierte Einschlüsse nicht selten; H etwas über 2; D $\sim$ 2.85. Schwer schmelzbar. Von Säuren außer Flußsäure kaum angegriffen.

Abarten: In den *Phengiten* ist in den Tetraedernetzen nur wenig Si·· durch Al··· ersetzt, dafür in R[6]Al··· stark durch Mg··; sie sind somit kieselsäurereicher als die gewöhnlichen Muskovite. — *Oellacherit* (z. B. Pfitschtal in Tirol, Franklin N.J.) enthält bis 10% BaO. Die Ba··-Ionen ersetzen weitgehend die K·-Ionen, wobei in den Tetraedernetzen die Si··-Ionen reichlicher durch Al···-Ionen ersetzt sind als im Muskovit. — Im smaragdgrünen *Chromglimmer* oder *Fuchsit* (z. B. verschiedentlich in kristallinen Schiefern in Steiermark, Tirol, Brasilien) ist Al··· in beträchtlichem Umfang durch dreiwertiges Cr ersetzt. — In ähnlicher Weise ist im braungrünen *Vanadiumglimmer* oder *Roscoelith* (Californien, Colorado, Utah) ein Teil von Al··· durch dreiwertiges V ersetzt (etwa 5% V_2O_3); er findet als Vanadiumerz dort Verwendung, wo er mit anderen Vanadiummineralien, z. B. mit Carnotit in den Carnotitsandstein von Colorado, in größeren Mengen auftritt[1]. *Natronmuskovit* oder *Paragonit* ist ein Muskovit, in welchem das Kalium reichlich durch Natrium ersetzt ist. Er ist stets feinschuppig oder dicht, Hauptbestandteil der kristallinen Paragonitschiefer (Tirol, Tessin usw.). — *Sericit* ist der feinschuppige oder dichte, gewöhnliche Muskovit der kristallinen Schiefer; er bildet auch mannigfaltige Pseudomorphosen nach anderen Tonerdesilikaten; er fühlt sich häufig fettig an und kann dann leicht mit Talk verwechselt werden.

Muskovit ist ein Bestandteil vieler saurer Tiefengesteine (vieler Granite usw.) und kristalliner Schiefer (Sericitschiefer, Glimmerschiefer usw.); der großtafelige Muskovit stammt aus Granitpegmatiten; als hydrothermale Kluft- oder Hohlraumauskleidung (in Graniten, Pegmatiten und Gneisen) in guten xx ist er verhältnismäßig selten. — Auf hydrothermalem Wege oder durch Verwitterung geht er in Kaolin oder andere Tonsilikate über; andererseits bildet er in feinschuppiger Form vielfach Pseudomorphosen nach wasserfreien oder wasserarmen Tonerdesilikaten. Diese Pseudomorphosenbildungen sind häufig eine Folge eines hydrothermalen Umwandlungsprozesses, welchen man als *Sericitisierung* bezeichnet; solche Pseudomorphosen gibt es z. B. nach Feldspäten, Andalusit, Topas, Spodumen, Nephelin, Cordierit; sie werden oft mit besonderen Namen bezeichnet; so handelt es sich z. B. beim *Pinit* um Pseudomorphosen von Sericit nach Cordierit, beim *Liebenerit* um solche nach Nephelin.

Hydromuskovit ist wasserreicher als Muskovit, aus dem er unter Kaliabgabe im Wege der Zersetzung entsteht. — Ähnlich ist der *Illit;* sehr feinschuppig, ebenfalls wasserreicher und kaliärmer; gibt schlechte Röntgenaufnahmen, da die Übereinander-

---

[1] In einzelnen Fällen wurden in pegmatitischen Muskoviten und Zinnwalditen Zinngehalte von einigen Zehntel Prozent festgestellt, Sn geht für Al[6] in das Gitter ein.

lagerung der Schichten in den Kristalliten recht unregelmäßig ist; mit demselben Namen werden übrigens auch glimmerreiche Tone (Gemenge von Hydromuskovit oder Illit mit Montmorillonit) bezeichnet.

b) Magnesiumeisenglimmer (Biotit).

Wenn statt wie beim Pyrophyllit zwischen die zwei durch die Aufnahmen der Hydroxyl-Ionen ergänzten Tetraedernetze an Stelle von 2 Al[6]- drei Mg[6]-Ionen eintreten, erhält man im selben Bereich im Querschnitt folgendes Verteilungsbild (Abb. 24):

Diese unendlichen Schichtmoleküle von der Zusammensetzung $\overset{2}{\infty}$ (OH)$_2$Mg$_3$[6][Si$_4$O$_{10}$] m bauen die kristallinen, blättrigen bis schuppigen Aggregate des Schieferminerales *Talk* (S. 218) auf.

Ist auch hier wieder ein Viertel der Si''''-Ionen der Tetraedernetze durch Al'''-Ionen ersetzt, so nimmt die Schicht, wieder bezogen auf 3 Si''''-Ionen, *eine* elektronegative Ladung an, sie geht aus dem Zustand eines unendlichen Moleküls in jenen eines unendlichen, komplex aufgebauten Schichtanions über; diese Schichtanionen werden durch Einschaltung von K˙-Ionen fester zu Glimmerkristallen aneinander gebunden. Das Querschnittsbild ist im Sinne der Abb. 25 u. 26.

Ein solches Mineral hat somit die Zusammensetzung $\overset{2}{\infty}$ K[12](OH, F)$_2$Mg$_3$[6] [Si$_3$AlO$_{10}$] m. Es führt den Namen *Magnesiumglimmer* oder *Phlogopit*. Es ist der Ausgangspunkt für die bunt zusammengesetzte Mischkristallreihe der

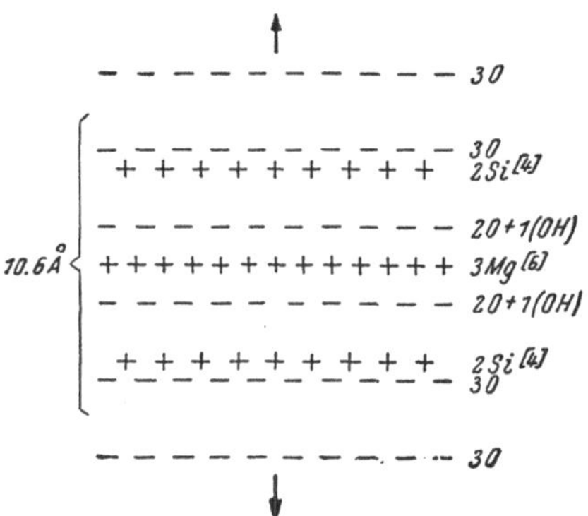

Abb. 24. Ionenverteilung im Schichtgitter des Talks.

Magnesiumeisenglimmer oder *Biotite*, in welchen, abgesehen von einem Teilersatz von (OH) durch F, Si'''' in den Tetraedernetzen in wechselndem Umfange durch Al''' ersetzt ist und außerdem in die Oktaedernetze an Stelle von Mg¨ in verschiedenen Mengen Fe¨, Fe''', Al'¨, Mn¨, Mn''', Ti'''' usw. eintreten. Die Formel der Biotite ist daher: $\overset{2}{\infty}$ K[12](OH, F)$_2$(Mg, Fe, Mn, Al, Ti)$_{2-3}^{[6]}$ [(Si, Al)$_4$O$_{10}$] m[1]).

Der wechselnden Zusammensetzung entsprechend schwanken auch die Eigenschaften der Biotite sehr stark. Die Spaltbarkeit nach (001) ist höchst vollkommen wie bei den Muskoviten; die Elastizität der Spaltblätter oft durch den stärkeren Ersatz von Si'''' durch Al''' in den Tetraedernetzen herabgesetzt. Der Neigungswinkel der Basisspaltfläche zur Z-Achse weicht stärker von 90⁰ ab als bei den Muskoviten; er beträgt ca. 80⁰. H = 2½—3; D = 2.8—3.2. Perlmutterglanz auf den Spaltflächen, oft fast metallisch; durchscheinend bis undurchsichtig, dunkelbraun, dunkelgrün oder schwarz; eisenarme Phlogopite sind farblos, rauchbraun oder grünlich, durchsichtig, muskovitähnlich; nβ = 1.56—1.69, γ — α = 0.03—0.07; opt. —; 2 V meist nicht viel von 0⁰ ver-

---

[1]) Die Schreibung (Mg, ...)$_{2-3}^{[6]}$ erklärt sich daraus, daß bei stärkerem Eintreten von dreiwertigen Ionen die Oktaedernetze nicht vollkommen wie im Phlogopit mit Kationen besetzt sind, sondern daß sich hier Übergänge zur muskovitartigen Besetzung einstellen.

schieden, sodaß diese Glimmer fast optisch einachsig erscheinen [1]); sehr starker Pleochroismus wegen sehr starker Lichtabsorption für die Richtungen senkrecht zu α (Richtungen in der Spaltfläche) und sehr schwacher für die Richtung parallel zu α; die Tafeln zeigen gelegentlich als Folge von gitterartig eingelagerten Einschlüssen Asterismus. — Die Biotite sind überwiegend Glimmer zweiter Art, die recht seltenen Biotite erster Art werden als *Anomite* bezeichnet. Infolge Wechsels der Zusammensetzung sind die Biotite oft zonar gebaut; in Pegmatiten gelegentlich auch mit Muskovit parallel verwachsen. Die Schmelzbarkeit (zu schwarzem Glas) steigt mit dem Eisengehalt. Die Biotite sind besonders in heißer Schwefelsäure nicht schwer zersetzlich.

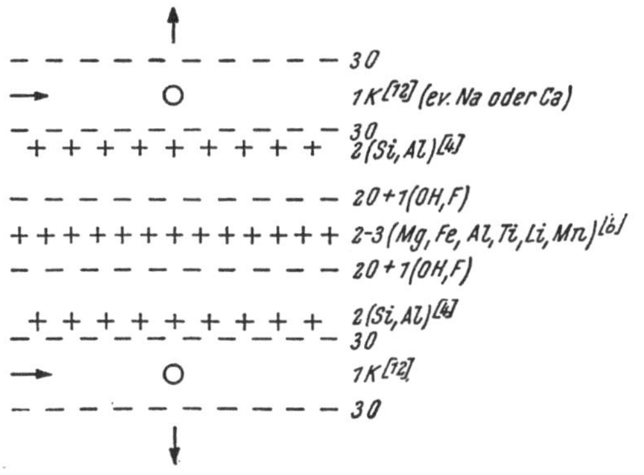

Phlogopit (nα ∼ 1.62, nβ ∼nγ ∼ 1.57) ist stets fluorhaltig. Er ist ein pneumatolytisches Mineral, oft auch typisches Kontaktmineral (in vielen körnigen Kalken und Dolomiten, in Serpentinen usw.). Wichtige Fundorte für großtafeligen Phlogopit (die Tafeln können Durchmesser von vielen Dezimetern erreichen) in Canada, besonders Ontario und Quebec, und Ceylon; nicht selten mehr oder weniger vollständig in eisenarmen, blaßbläulichgrünen Chlorit (*Leuchtenbergit*) umgewandelt.

Abb. 25. Schematischer Querschnitt durch das Schichtgitter des Biotits.

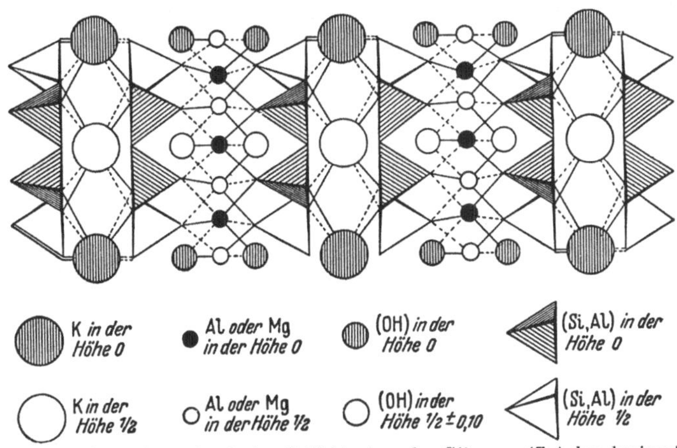

Abb. 26. Schematischer Querschnitt durch den Schichtenbau der Glimmer (Z-Achse horizontal!); erläutert das Zusammentreten zweier (Si, Al)O-Tetraederlagen mit einer zentralen (Mg, Al, Fe)(O, OH)-Oktaederlage zu einer Schicht und die Verbindung der Schichten durch K-Ionen.

Biotit (Magnesiumeisenglimmer) i. e. S.; als Glimmer zweiter Art werden sie im Gegensatz zu den Anomiten auch *Meroxene* genannt; weitverbreitet in Eruptivgesteinen (z. B. in Biotitperidotiten, Biotitgraniten, Zweiglimmergraniten, Trachyten), großtafelig in Pegmatiten, blättrig in kristallinen Schie-

---

[1]) Der kleine opt. Achsenwinkel ist das einfachste Unterscheidungsmerkmal der fast farblosen Phlogopite von den ihnen sonst ähnlichen Muskoviten.

fern (Biotit- und Zweiglimmerschiefer, Gneise usw.); auch in Kontaktgesteinen; in Tiefengesteinen in der Regel schwarzgrün, in Oberflächengesteinen
und kristallinen Schiefern häufig schwarzbraun; gut ausgebildete xx von
pseudohexagonalem Habitus (Abb. 27) besonders in vulkanischen Auswürflingen (z. B. Laacher See, Vesuv); auch Zwillinge nach {110} mit (001) als
Verwachsungsfläche. nα ~ 1.62, nβ ~ nγ ~ 1.67. — Die *Anomite* treten selten
in Effusivgesteinen auf (Katzenbuckel im Odenwald usw.); mit Anthophyllit
in den als Glimmerkugeln bezeichneten Kontaktbildungen (Olivin-
fels mit Biolitschiefern) in Niederösterreich, Mähren usw. — *Lepi-
domelan (Eisenglimmer)*[1]) ist ein schwarzer, besonders eisenreicher und
daher Mg-armer Biotit in sauren Tiefengesteinen (z. B. in den Nephelinsyeniten vom Langesundfjord, im Rapakivigranit). — Auch die Biotite sind
im Wege der hydrothermalen Umwandlung häufig in (eisenreiche) Chlorite
mehr oder weniger vollständig umgebildet (chloritisierte Biotite); über Opacitisierung des Biotits vergl. S. 46.

Im Verlaufe der Verwitterung geben die Biotite unter Oxydation des zweiwertigen Eisens und unter Wasseraufnahme leicht ihr Kalium und dann auch

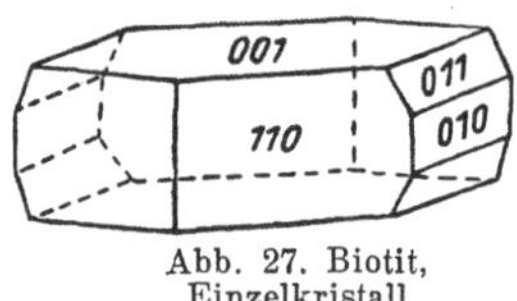

Abb. 27. Biotit,
Einzelkristall.

die R[6]-Ionen ab; diesen Prozeß bezeichnet man als
Baueritisierung; dabei werden sie hellbraungelb und
metallisch glänzend *(Katzengold)*[2]); der Schichten-
aufbau bleibt dabei unverändert erhalten, selbst bis
zum Abbau auf ein fast reines (Si, Al)O_4-Tetraeder-
netzsystem. — *Rubellan* ist ein roter, teilweise
zersetzter und stark oxydierter Biotit mancher Basalte und Basalttuffe. —
Die *Vermiculite* sind aus Glimmern, besonders aus Biotiten unter Kaliabgabe
und Wasseraufnahme (das Wasser tritt in einfacher oder mehrfacher Lage
zwischen die Silikatschichten an Stelle der K-Ionen ein) durch Zersetzung
hervorgegangene Silikate; nach dem Aufbau könnte man sie als Hydrate von
eisenreichen Talken bezeichnen; beim Erhitzen blähen sie sich unter Wasserabgabe stark auf und krümmen sich wurmförmig (Name!). Diese Vermiculite
eignen sich nach dem Glühen wegen der dabei entstehenden Auflockerung
einerseits als hervorragendes Wärmeschutzmittel und Isolationsmaterial gegen
Schall, andererseits hat auch ihre Absorptionsfähigkeit technische Bedeutung; sie werden besonders in den USA. in größeren Mengen gewonnen. —
Die *Hydrobiotite* stellen Zwischenstufen zwischen Biotit und Vermiculit dar.

In den marinen Sedimenten verschiedener geologischer Formationen
(Sandsteine. Mergel, Tone) tritt in Form von grünen, aus kleinen Blättern
aufgebauten Körnchen ziemlich häufig und reichlich der *Glaukonit* auf, der
bei biotitähnlicher Zusammensetzung und analogem Aufbau meist einen
geringeren Kaligehalt, aber einen höheren Wassergehalt aufweist; er ist auch
meist arm an Al_2O_3[3]). Er ist z. B. ein wichtiger Bestandteil der Grünsande.
Teilweise ist er wohl aus Biotit entstanden und als Übergang zum Hydrobiotit
zu betrachten, teilweise handelt es sich um Neubildungen während der Diagenese der Sedimente. Die Verbindung der Schichten erfolgt nicht nur durch
die K-Ionen, sondern auch durch an ihre Stelle eingetretene Wassermole-

____

[1]) Nicht zu verwechseln mit der ebenso genannten Abart des Hämatites (S. 234)!
[2]) Die analoge Auslaugung beim Muskovit führt zum „Katzensilber“.
[3]) Der fast fehlende Ersatz von Si durch Al, sowie der überwiegend dreiwertige
Charakter des Eisens bedingt eine Herabsetzung der Aufladung der komplexen Schicht-
Ionen und damit einen weitgehenden Ersatz der K-Ionen durch neutrale Wassermoleküle zwischen den Schichten.

küle. Verwendet wird er örtlich als beständige Anstrichfarbe und als Kalidüngemittel.

Verwandt damit (tonerdeärmer und magnesiumreicher) ist der hell- bis schwarzgrüne, feinerdige *Seladonit* (Grünerde), der in plastischen Massen als Ausfüllung von Mandelräumen in Oberflächengesteinen , aber auch in schön ausgebildeten Pseudomorphosen (nach Basaltischem Augit) auftritt; wohl immer hydrothermal entstanden; wird ebenfalls örtlich als Anstrichfarbe verwendet („Kaadner Grün").

Manganophyll (Manganglimmer) ist ein kupferroter oder violettbrauner Biotit, bei welchem $R^{[6]}$ manchmal fast vollständig durch Mn˙˙ und Mn˙˙˙ dargestellt wird; Pleochroismus (dunkelrot — hellrot) verkehrt gegenüber Biotit, d. h. stärkste Lichtabsorption ‖ α. In alkalireichen Tiefengesteinen, kristallinen Schiefern und Kontaktgesteinen (St. Marcell in Piemont, Långban und Paysberg in Schweden, Salla in Finnland usw.).

Natronbiotite sind wesentlich seltener als Natronmuskovite.

Von technischer Bedeutung sind die großblättrigen, eisenarmen Glimmer, also die Tonerde- und Magnesiumglimmer. Erstere werden aus Granitpegmatiten gewonnen. Von technischer Wichtigkeit ist die Durchsichtigkeit und die elastische Biegsamkeit der großen, dünnen Spalttafeln, ihre thermische und elektrische Isolierfähigkeit (schon in dünnsten Platten wesentlich höher als die von dickeren Luftschichten). Einwandfreie, großblättrige Glimmer sind sehr wertvoll, sie werden u. a. für die Herstellung von Fensterscheiben auf Kriegsschiffen und Flugzeugen, von Ofenfenstern, Schutzbrillen, Lampenzylindern und Photoplatten verwendet. Abfallglimmer und kleinschuppiger Glimmer dient zur Herstellung der Micafolie, von Glanztapeten, von feuerfesten Ziegeln usw., ferner als wärmeisolierende Füllung und als Trägersubstanz für Nitroglycerin (Glimmerdynamit). Die Jahresproduktion an Nutzglimmer beläuft sich auf 30.000 bis 40.000 Tonnen, wovon allerdings weit mehr als die Hälfte auf Abfallglimmer entfällt. Mengenmäßig in der Glimmergewinnung führend sind die USA., qualitätsmäßig Indien. Bedeutend ist noch die Glimmergewinnung in Canada (vorwiegend Phlogopit) und in Südafrika. In kleineren Mengen werden teilweise ausgezeichnete Glimmer noch in Brasilien, Argentinien, Rußland (Ural, Lenagebiet), Ostafrika, Norwegen und England gewonnen. Eine geringe Produktion an Nutzglimmern weist auch Österreich auf (Ostkärnten, Weststeiermark).

Die in Pegmatiten auch häufig großtafelig entwickelten, eisenreicheren Glimmer finden wegen ihrer geringen Durchsichtigkeit und stärkeren Leitfähigkeit keine Verwendung. — Glimmer, besonders F-reiche, können nach verschiedenen Verfahren in größeren Tafeln wenigstens im Laboratorium synthetisiert werden.

c) Lithionglimmer.

Sie leiten sich entweder von den Muskoviten oder Biotiten ab und gleichen sich auch in den optischen Verhältnissen an die eine oder andere Gruppe an. Sie sind stets pneumatolytische Mineralien und neben Spodumen (S. 40), Amblygonit (S. 101) und Petalit (S. 102) wichtig für die Gewinnung von Lithiumsalzen (Spezialgläser, Feuerwerkerei, Medizin usw.) und Lithiummetall.

1. *Lepidolith* oder *Lithiumtonerdeglimmer* $\overset{2}{\infty}$ $K^{[12]}(OH, F)_2(Al, Li)_3^{[6]}[(Si, Al)_4O_{10}]$ m.

Gute xx sind sehr selten; blättrig oder schuppig, perlmutterglänzend, pfirsichblütenrot, grau oder hellgrün. Glimmer I. Art; 2 V meist über 40⁰; nβ ∼ 1.56. Der Ersatz von Al˙˙˙ durch 2 Li˙ bedingt ein starkes Zurücktreten von Al˙˙˙ in den Tetraedernetzen; D = 2.8—2.9; leicht schmelzend unter roter Flammenfärbung; gegen Säuren sehr widerstandsfähig. — Die kieselsäure- und Lireichsten Glieder führen den Namen *Polylithionit*. — An Stelle von K_2O kann bis zu 3% Rb_2O eintreten.

In Graniten, Granitpegmatiten (manchmal parallel mit Muskovit verwachsen); kleinschuppig, oft nur mit Quarz in pneumatolytischen Gängen, häufig zusammen mit Topas und Turmalin (Schüttenhofen in Böhmen, Penig in Sachsen, Rožna in Mähren, Californien, Canada, Madagaskar usw.).

2. *Zinnwaldit* oder *Lithiumbiotit* $\overset{2}{\infty}$ $K^{[12]}(OH, F)_2(Fe^{\cdot\cdot}, Mg^{\cdot\cdot}, Li^{\cdot}, Al^{\cdot\cdot\cdot})_3^{[6]}$ $[(Si, Al)_4 O_{10}]$ m.

Gute, tafelartige xx, öfters in fächerförmigen Aggregaten, nicht selten; im Gestein unregelmäßig abgegrenzt, blättrig; mattbraun, grau, graugrün bis fast schwarz. Glimmer II. Art. Auf den Spaltflächen perlmutterglänzend; n_β um 1.59; 2 V häufiger als bei den Biotiten deutlich von 0^0 abweichend, bis 35^0. Fluorgehalt oft hoch. Unter roter Flammenfärbung leicht zu dunklem Glas schmelzend; durch Säuren zersetzlich.

Vorkommen vor allem in zinnstein-, scheelit- und fluoritführenden autopneumatolytisch zersetzten Gesteinen (Granite, Gneise), im Gestein oder als Drusenmineral; z. B. Zinnwald in Sachsen, Fichtelgebirge und Cornwall.

d) Die Sprödglimmer.

Die Bezeichnung Sprödglimmer rührt daher, daß die nie großtafeligen xx nicht mehr so leicht nach (001) spalten und daß außerdem die Spaltblätter ziemlich spröde sind. Das hat seine Ursache einerseits darin, daß in diesen Sprödglimmern die komplexen Schicht-Ionen nicht durch einwertige, sondern durch zweiwertige Kationen in gleicher Anzahl fester miteinander verbunden sind und daß andererseits offenbar durch den gesteigerten Ersatz der $Si^{\cdot\cdot\cdot\cdot}$-Ionen in den Tetraedernetzen durch $Al^{\cdot\cdot\cdot}$-Ionen die Bindungsfestigkeit innerhalb der Schichten herabgesetzt ist. Die Härte, die bei den Glimmern in erster Linie durch den Zusammenhalt der Schichten bedingt erscheint, ist bei den Sprödglimmern wesentlich höher als bei den echten Glimmern.

Kalktonerdesprödglimmer oder *Margarit*. Wenn in den Tetraedernetzen des Pyrophillits statt wie beim Muskovit einem Viertel der $Si^{\cdot\cdot\cdot\cdot}$-Ionen die Hälfte der $Si^{\cdot\cdot\cdot\cdot}$-Ionen durch $Al^{\cdot\cdot\cdot}$-Ionen ersetzt ist, so hat das Netz pro zwei verbleibende Si-Ionen eine doppelt negative Aufladung; das komplexe, unendliche Schicht-Ion hat dann folgende Formel:

$$\overset{2}{\infty} (OH)_2 Al_2^{[6]} [Si_2 Al_2 O_{10}]^{-2}.$$

Zur Absättigung werden jetzt zweiwertige Kationen zwischen die komplexen Schichten eingebaut u. zw. überwiegend Ca-Ionen (der seltene Bariummuskovit, bei welchem ähnliche Verhältnisse unter starkem, aber unvollständigem Ersatz von $K^{\cdot}$ durch $Ba^{\cdot\cdot}$ vorliegen, wurde schon erwähnt[1]). Ein solches Glimmersilikat hat somit die Formel: $\overset{2}{\infty} (OH)_2 Ca^{[12]} Al_2^{[6]} [Si_2 Al_2 O_{10}]$ m. Es ist dies der *Kalksprödglimmer* oder *Margarit*, auch *Perlglimmer* genannt. In seinen Eigenschaften ähnelt er dem Muskovit. Gute xx sind nicht bekannt, er tritt nur in kleinen, dünnen, mehr oder weniger deutlich sechsseitigen Tafeln oder in ausgesprochen blättrig-schuppiger Form auf. Es ist ein Glimmer I. Art. H = 4; D = 3.0. $n_\beta \sim 1.64$, $\gamma - \alpha = 0.015$; stark perlmutterglänzend, weiß oder rötlich-weiß durchscheinend; 2 V groß und wechselnd;

---

[1] In sehr geringen (spektroskopisch nachweisbaren) Mengen ist wie in allen Kalisilikaten $Ba^{\cdot\cdot}$ häufig an Stelle von $K^{\cdot}$ auch in den Glimmern enthalten; ähnliches gilt von $Rb^{\cdot}$.

α weicht um 7° von der Senkrechten auf die Spaltfläche ab, daher auf (010) deutliche Auslöschungsschiefe in bezug auf die Spaltrisse. Schwer schmelzbar; durch Säuren zersetzlich.

Nicht allzu häufig; nur in bestimmten kristallinen Schiefern, z. B. in Chloritschiefern (Greiner in Tirol) und in Smirgelgesteinen (griechische Inseln und Kleinasien, Nordcarolina usw.).

Kalkbiotite oder *Kalkmagnesiasprödglimmer.* Sie leiten sich in analoger Weise von den Biotiten durch starken Ersatz von Si'''' durch Al''' in den Tetraedernetzen und dementsprechend durch Ersatz von K' durch Ca'' zwischen den komplexen Schichtanionen ab. In den Tetraedernetzen ist in diesem Fall Si'''' häufig weit über die Hälfte durch Al''' ersetzt, was bei anderen natürlichen Silikaten nicht einzutreten scheint. Das begründet wohl auch den besonders spröden Charakter der Spaltblätter nach (001). Diese Sprödglimmer sind eisenarm; ihre Formel ist: $\overset{2}{\infty}$ $(OH)_2Ca^{[12]}(Mg, Al, Fe)_3^{[6]}[(Si, Al)_4O_{10}]m$.

Kleinere, sechsseitige, oft gut abgegrenzte Tafeln; Spaltblätter spröde. H um 5. $D = 3.0—3.1$; glasglänzend; grün, gelb oder braunrot; durchscheinend. n_β um 1.66. Schwer schmelzbar; in heißen Säuren leicht zersetzlich. — Je nach der Zusammensetzung und den optischen Eigenschaften tragen sie verschiedene Namen: Ein Kalkbiotit I. Art ist der *Clintonit*, II. Art sind der gelbbraune *Xantophyllit* und der grüne *Brandisit.*

Nicht häufig; in kristallinen Schiefern und Kontaktgesteinen (Talkschiefer, Chloritschiefer, körnige Kalksteine, z. B. in Südtirol, Ural, Finnland).

4. Feldspäte und Feldspatvertreter.

Schon die Muskovite stellten salische (helle) Gemengteile der magmatischen Gesteine dar. In der weitverbreiteten Gruppe der Feldspäte und Feldspatvertreter gibt es nur solche Silikate. Feldspäte und Feldspatvertreter sind in ihrer Gesamtheit die häufigsten Bestandteile der festen Erdkruste, sie machen ungefähr 60% des Gesteinsbestandes aus; daran sind wieder die Plagioklase mit zwei Dritteln beteiligt.

Diese Silikate zeigen trotz sehr verschiedener Kristallsymmetrie und chemischer Formel ein gemeinsames Aufbauprinzip. Wie im Quarz und den anderen Formen von SiO_2 sind nämlich auch in dieser Gruppe die SiO_4-Tetraeder räumlich zu unendlichen, hohlraumreichen Gerüsten über die einzelnen O-Atome (also über die Ecken) nach allen Richtungen miteinander verbunden (Abb. 28).

Da in solchen Gerüsten die Si-Atome alle ihre koordinierten O-Atome mit benachbarten Si-Atomen teilen, auf jedes Si-Atom also nur 4 halbe O-Atome entfallen, reduziert sich das Verhältnis Si : O auf 1 : 2 oder auf $\overset{3}{\infty}$ $[SiO_2]$, wodurch auch der Ladungshaushalt ausgeglichen erscheint. Das Gerüst bekommt erst dann eine elektronegative Aufladung [1]), wenn ein Teil der Si''''-Ionen durch Al'''-Ionen ersetzt ist, u. zw. eine umso höhere, je weitergehend dieser Ersatz ist. Die so entstehenden dreidimensionalen, komplexen Anionen folgen somit der Formel $\overset{3}{\infty}$ $[(Si, Al)O_2]^{-x}$, z. B. $\overset{3}{\infty}$ $[Si_3AlO_8]^{-1}$ oder $\overset{3}{\infty}$ $[Si_2AlO_6]^{-1}$ oder $\overset{3}{\infty}$ $[Si_2Al_2O_8]^{-2}$ oder $\overset{3}{\infty}$ $[SiAlO_4]^{-1}$. Die dann zur Absättigung notwendigen Kationen sind den großen Lücken des gespreizten Gerüstes entsprechend stets große, niedrigwertige Kationen, nämlich Na', K', Ca'', seltener Ba'' untergeordnet Sr'' und Rb'. Vielfach sind in die verbleibenden Lücken des wabigen Gerüstes noch Wassermoleküle in wechselnder Zahl

---

[1]) Damit ist erst die Voraussetzung für eine Silikatbildung gegeben.

eingebaut (Zeolithe, S. 142) oder zusätzliche große Anionen zweiter Art, besonders $[SO_4]^{--}$, $[CO_3]^{--}$ und $(OH)^-$ (manche Feldspatvertreter).

Diese Silikate werden am besten als Gerüstsilikate bezeichnet, ursprünglich (1927) waren sie vom Verfasser bei erstmaliger Aufstellung dieses Bautypus als Silikate vom Feldspattypus bezeichnet worden. Sie enthalten vorzüglich jene Silikate, die früher als Polysilikate bezeichnet worden waren, teilweise aber auch als Ortho- oder Metasilikate, in Verkennung der eigenartigen Doppelrolle des Aluminiums, das in tetraedrischer Koordination auch $Si^{''''}$ zu ersetzen vermag.

Gemeinsame Eigenschaften dieser Silikate, die im wesentlichen mit dem verspreizten, wabigen Charakter der Tetraedergerüste im Zusammenhang stehen, sind:

1. $Al^{'''}$ tritt nur als Vertreter von $Si^{''''}$ mit tetraedrischer 4-Koordination auf; es ist deshalb nicht durch größere Kationen, wie $Fe^{'''}$ oder $Mg^{''}$ ersetzbar. Erfahrungsgemäß ist $Si^{''''}$ bis zur Hälfte durch $Al^{'''}$ in den Tetraedergerüsten vertretbar.

2. Das Verhältnis $(Si + Al)$: O ist stets (wenn man vom Sauerstoff der in den Lücken eingebauten Wassermoleküle oder Anionen zweiter Art absieht) $1 : 2$.

3. Diese Silikate enthalten sehr selten Ionen mit 6-Koordination von der ungefähren Größe der $Mg^{''}$-Ionen.

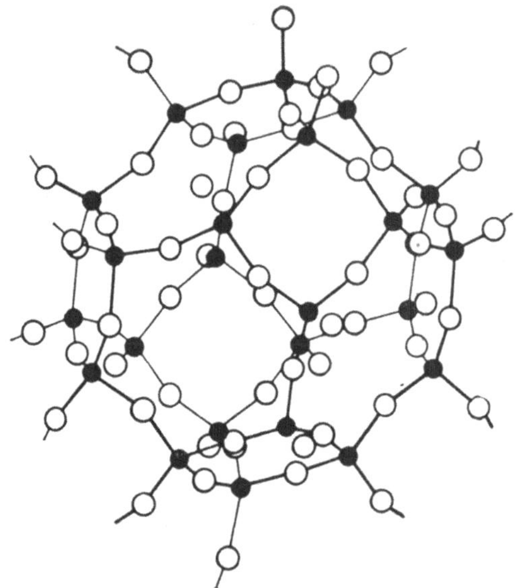

Abb. 28. (Si, Al)-O-Tetraedergerüst $\frac{3}{\infty}$ $[(Si, Al)O_2]^{-x}$ von Ultramarin.

4. Im reinen Zustande sind sie fast stets farblos oder weiß; die häufige Färbung wird meist durch Fremdbeimengungen in Form von größeren oder kleineren, mikroskopischen oder submikroskopischen Einschlüssen hervorgerufen.

5. Eine Tendenz zur faserigen Ausbildung ist nur bei bestimmten Zeolithen vorhanden; zur blättrigen nur dort, wo es sich trotz der analogen Tetraederverbandsformel nicht um dreidimensionale, sondern um Schichtgerüste handelt (vgl. Heulandit, S. 144).

6. Dem lockeren Charakter des Gerüstes entsprechend ist die Dichte stets gering; sie liegt zwischen 2.4 und 2.8 [1]). Damit in Übereinstimmung steht ein verhältnismäßig großes Molekularvolumen (Molekulargewicht / spez. Gewicht) oder ein verhältnismäßig großes Volumen pro O-Ion („offene" Silikatstrukturen nach V. L. BRAGG im Gegensatz zu den Silikaten mit annähernd dichtester Anionpackung) [2]).

---

[1]) Höher nur in den bariumreichen Formen wegen des hohen Atomgewichtes des Bariums.

[2]) Bei diesen Gerüstsilikaten liegt das Volumen pro Sauerstoffatom des Gerüstes über 20 Å³, bei ideal dichtester Sauerstoffionenpackung bei knapp 14 Å³.

7. Die Brechungsexponenten sind niedrig; sie bewegen sich zwischen 1.48 und 1.58; die Doppelbrechung ist gering, gewöhnlich unter 0.01; sie nimmt höhere Werte nur dann an, wenn stark doppelbrechende, flache Gruppen als Anionen zweiter Art parallel orientiert in das Gitter eingebaut sind, nämlich CO_3-Ionen.

8. Die Koordinationsverhältnisse um die Kationen der zweiten Art sind oft wegen ihrer Unregelmäßigkeit unübersichtlich.

a) Feldspäte.

Es sind hier eine Reihe von Gattungen zu unterscheiden, die entweder monoklin prismatisch oder triklin pinakoidal kristallisieren; als Kationen zweiter Art fungieren K˙, Na˙, Ca˙˙, Ba˙˙; Sr˙˙ tritt in den natürlichen Feldspäten stets nur in geringen Mengen für Ca˙˙ oder K˙ ein. (Der Radius des Sr˙˙-Ions liegt zwischen dem des Ca˙˙-Ions und des K˙-Ions; Eintritt daher nach beiden Richtungen hin möglich!); synthetisch wurden Sr-Feldspäte hergestellt.

Allen Feldspäten gemeinsam ist die vollkommene Spaltbarkeit nach P (001) und eine weniger gute Spaltbarkeit nach M(010), dazu kommt gelegentlich eine Absonderung nach k (100) und angedeutete Kohäsionsminima nach T ($1\overline{1}0$) (mit l (110) bei den triklinen Arten) und einigen anderen Flächen.

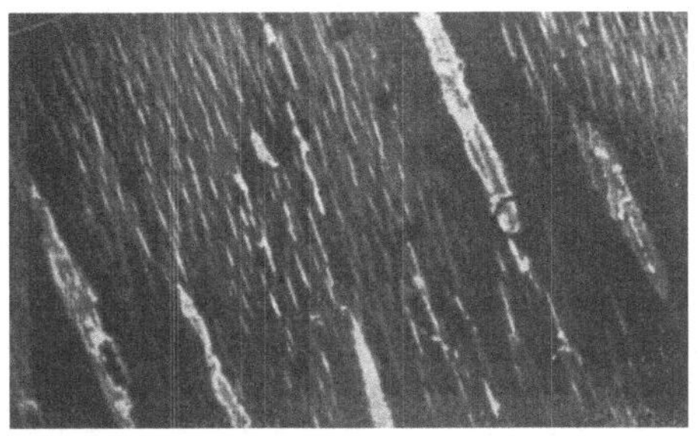

Abb. 29. Perthit aus Pegmatit; 10fach vergrößert (nach A. K ö h l e r).

1. *Kaliumbariumfeldspäte.* $\overset{3}{\infty}$ K$^{[6+4]}$[AlSi$_3$O$_8$] m, *monokliner Kalifeldspat (Orthoklas Or i. w. S.)*

$\overset{3}{\infty}$ Ba[Al$_2$Si$_2$O$_8$] m. *Bariumfeldspat oder Celsian*[1]) Ce.

Zwischen beiden gibt es Mischkristalle (K, Ba)$^{[6+4]}$[(Si, Al)$_4$O$_8$] m, die den Namen *Hyalophan* führen.

$\overset{3}{\infty}$ K$^{[6+4]}$[AlSi$_3$O$_8$] trk. *Trikliner Kalifeldspat oder Mikroklin.*

2. *Kalinatronfeldspäte.* Mischkristalle zwischen Kalifeldspat und Natronfeldspat können nur bei hohen Temperaturen aus dem Schmelzfluß gebildet werden; sie tendieren bei sinkender Temperatur zur Entmischung, d. h. in diesem Falle zum Zerfall in die beiden Teilkomponenten; diese Entmischung kann durch rasche Abkühlung der Hochtemperaturmischkristalle in Oberflächengesteinen unterbunden worden sein:

$\overset{3}{\infty}$ (K, Na) [AlSi$_3$O$_8$] m. *Natronsanidin, Natronorthoklas.*

$\overset{3}{\infty}$ (Na, K) [AlSi$_3$O$_8$] trk. *Anorthoklas.*

Bei langsamer Abkühlung (Tiefengesteine) verfallen die aus der Schmelze gebildeten Mischkristalle in der Regel der Entmischung. Innerhalb des Kalifeldspates erscheinen dann spindelförmig ausgebildete, parallel eingewachsene Albitnadeln; man nennt solche entmischte Kalinatronfeldspäte *Perthite.*

---

[1]) Bei hohen Temperaturen kristallisiert das Bariumfeldspatsilikat hexagonal und ist dann vermutlich unter halber Besetzung der Positionen der Kationen II. Art mit dem Nephelin (S. 70) isomorph; diese Form kommt in der Natur nicht vor.

Diese Entmischung bedingt Trübung; sie ist oft makroskopisch zu erkennen
(Makroperthite), meist aber erst mikroskopisch (*Mikroperthite*; Abb. 29); häufig haben die Albitspindeln auch submikroskopische Dimensionen *(Kryptoperthite)*; solche Entmischungsperthite werden bei 1000° wieder homogen und entmischen sich bei Abkühlung unter Laboratoriumsbedingungen nicht wieder. —
Seltener sind Albitkristalle mit perthitisch ausgeschiedenem Kalifeldspat anzutreffen *(Antiperthite)*. — Sehr wahrscheinlich sind aber viele perthitische
Strukturen nicht durch Entmischung, sondern durch gleichzeitige Kristallisation entstanden.

3. *Natronkalkfeldspäte.* $\overset{3}{\infty}$ Na[6][AlSi$_3$O$_8$] trk. *Natronfeldspat, Albit* Ab.
$\overset{3}{\infty}$ Ca[6][Al$_2$Si$_2$O$_8$] trk. *Kalkfeldspat, Anorthit* An.

Die Mischkristalle zwischen beiden werden je nach dem Verhältnis Ab : An
in eine Anzahl von Arten aufgegliedert; sie werden zusammen mit den beiden
Endgliedern als *Plagioklase* bezeichnet.

α) Kalium- und Bariumfeldspäte.

Der *Orthoklas* i. w. S. kristallisiert monoklin prismatisch. Die Hauptspaltflächen stehen senkrecht zueinander, daher der Name Orthoklas. —
Zwillingsbildungen sehr verbreitet; am häufigsten sind die *Karlsbader* Zwillinge mit (100) als Zwillingsebene und (010) als
Verwachsungsebene, wobei
sich die beiden Individuen
teilweise gegenseitig durchdringen; je nachdem, ob das
Einwachsen von rechts oder
links herein erfolgt, gibt es
Rechts- oder Linkszwillinge
(Abb. 30). Diese Zwillinge
sind meistens dicktafelig
entwickelt. — Bei den *Bavenoer* Zwillingen ist (021)

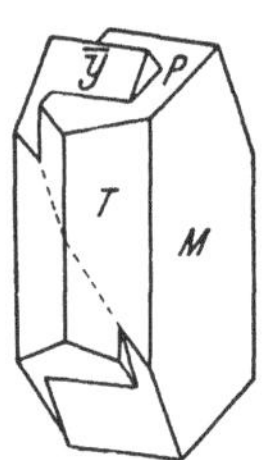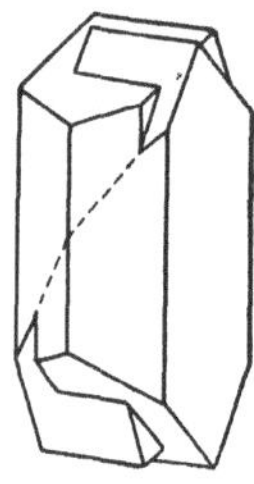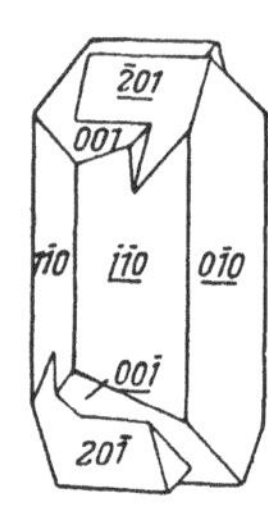

a   b   c

Abb. 30. Karlsbader Zwillinge (Rechts- und Linkszwilling) von
Orthoklas (a und b); linker Zwilling unter Angabe der
Flächenindizes (c).

Zwillings- und Verwachsungsfläche; diese Zwillinge sind meist nach (001)
und (010) gestreckt, gelegentlich auch zu kreuzförmigen Vierlingen verwachsen (Abb. 31). — Zwillinge nach (001) und auch nach dieser Fläche verwachsen heißen *Manebacher* Zwillinge; sie sind in der Regel dicktafelig nach (001)
ausgebildet und nach der X-Achse gestreckt (Abb. 31). — Viellingsbildungen
nach mehreren Gesetzen sind zu beobachten, ferner noch Zwillingsbildungen
nach anderen Zwillingsgesetzen.

Im Gestein ist der Orthoklas häufig idiomorph ausgebildet, sonst derb,
mehr oder weniger grobspätig. — H = 6; D = 2.56. Farblos oder gelblich bis
undurchsichtig trüb, weiß, grau, graugrün, rötlich, manchmal labradorisierend; glasglänzend; nα = 1.519, nβ = 1.523, nγ = 1.526, γ — α = 0.007;
2 V = 70°; O.A.E. meist senkrecht zur Symmetrieebene; mit der Abnahme
des Achsenwinkels bis auf 0° geht diese Lage bei höherer Temperatur in die
Lage parallel zur Symmetrieebene über; diese Hochtemperaturoptik ist in
rasch gekühlten Orthoklasen der Oberflächengesteine oft noch bei Zimmertemperatur erhalten *(Sanidin)*. Der reine Kalifeldspat enthält 17% K$_2$O und
18% Al$_2$O$_3$; Kalium ist in der Regel in allerdings nur geringem Umfange
durch Rb ersetzt; in Pegmatitorthoklasen kann der Rb-Gehalt bis auf 3%

ansteigen. — Sehr schwer schmelzbar, sehr widerstandsfähig gegenüber Säuren.

Gemeiner Orthoklas: Gute xx eingewachsen im Gestein oder aufgewachsen in Drusenräumen von Graniten und Granitpegmatiten (Riesengebirge, Baveno, Elba usw.). xx in der Regel dicktafelig nach (010) oder klotzig-säulig nach [001] oder [100] ausgebildet: Hauptformen: M {010}, P {001}, T {110}; k {100}, x {$\bar{1}01$}; andere Formen zurücktretend (Abb. 32, 33 u. 34) [1].

Adular: Gebildet auf hydrothermalem Wege in Gesteinsklüften, praktisch Na-frei, mit Rücksicht auf die Bildung bei tieferen Temperaturen; daher fehlen hier perthitische Entmischungserscheinun-

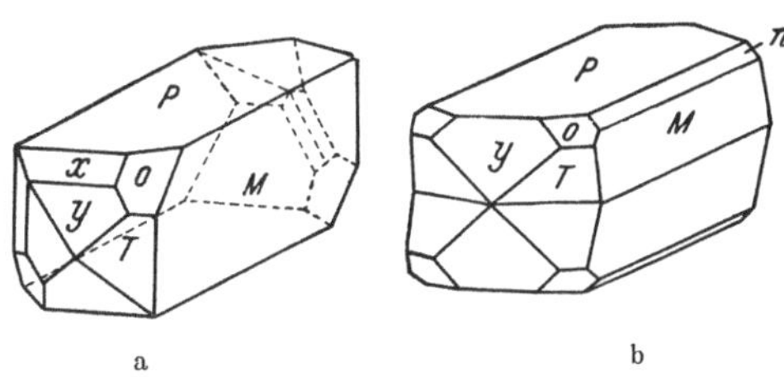

Abb. 31. Dicksäuliger Bavenoer Zwilling von Orthoklas (a), Manebacher Zwilling von Orthoklas (b).

gen, die sonst zur Trübung führen. Oft glasartig klar oder milchig, häufig von Chlorit grünbestäubt oder durchwachsen. Verbreitet als Kluftmineral,

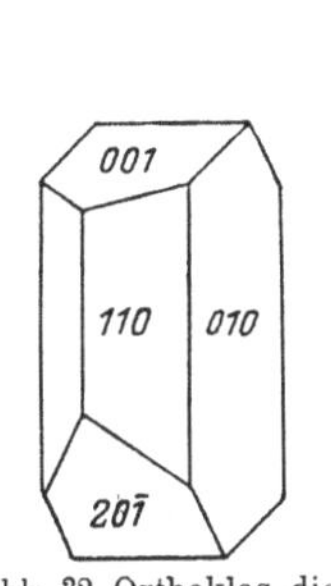

Abb. 32. Orthoklas, dickplattig nach M (010).

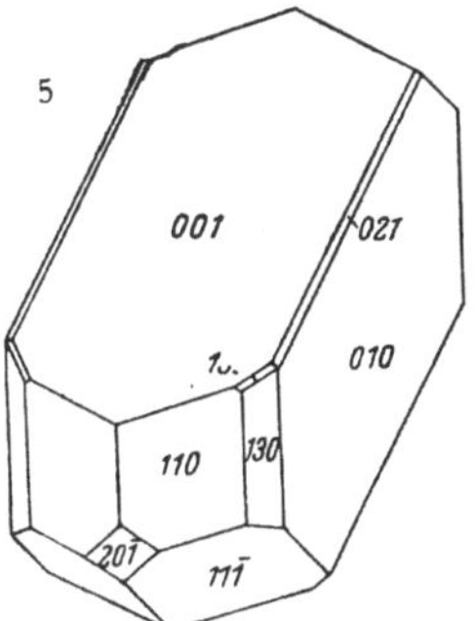

Abb. 33. Orthoklas, dicksäulig nach der X-Achse.

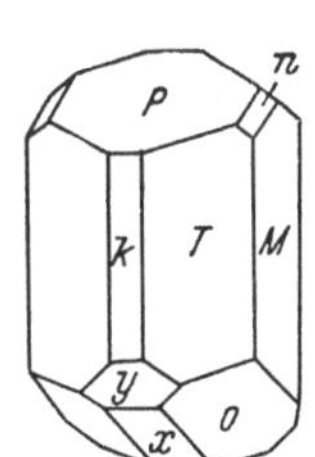

Abb. 34. Orthoklas, dicksäulig nach der Z-Achse.

z. B. in den Alpen, besonders in den Westalpen. Formenentwicklung (Abb. 35) einfacher als beim Gemeinen Orthoklas; herrschend ist T {110} ausgebildet, dazu kommen als Abschlußformen x {$\bar{1}01$} und P {001}, sodaß beim Zurücktreten einer dieser beiden Formen die Kristalle häufig ein rhomboedrisches Aussehen besitzen und mit Calcit verwechselt werden können [2].

Sanidin: Ist der idiomorphe Orthoklas der jüngeren Oberflächengesteine. Oft glasig und rissig mit kleinem optischen Achsenwinkel und mit dem beträchtlichen Na-Gehalt (bis 50% Ab) der Hochtemperaturorthoklase; auch undurchsichtig, grau, Ausbildung (Abb. 35) tafelig nach M {010} mit zusätzlichem

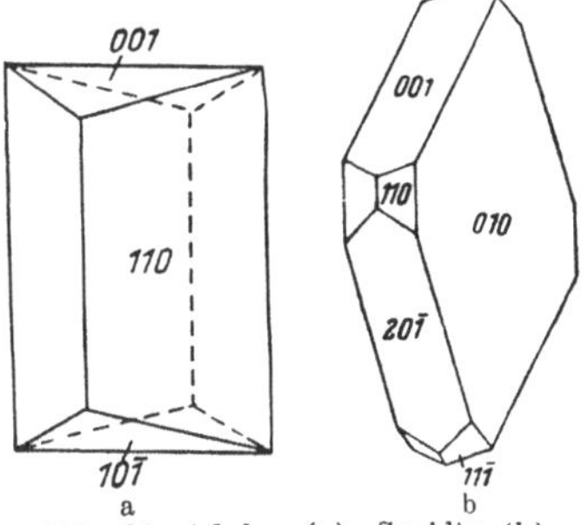

Abb. 35. Adular (a), Sanidin (b).

---

[1] Bei den Feldspäten sind den Formenindizes die allgemein üblichen Buchstabenbezeichnungen beigefügt.

[2] Bei Zimmertemperatur scheint Adular triklin zu sein; dafür sprechen optisches Verhalten und Röntgenaufnahmen; der trikline Charakter ist in der Hülle der xx stärker ausgeprägt als im Kern.

T {110}, P {001} und x {$\bar{1}$01}. Als Einsprengling besonders in Trachyten.

Mondstein ist milchig getrübter Kalifeldspat (meist Adular) von eigen·artig mildem Lichtschimmer, der durch kryptoperthitische Verwachsung hervorgebracht wird. Als Bestandteil von Mondsteinen wurde auch ein monokliner Natronfeldspat, *Barbierit*, festgestellt, der sich vom Orthoklas u. a. durch kleinere Gitterkonstanten unterscheidet; in Mondsteinen, die höhere Na$_2$O-Gehalte aufweisen, scheinen noch andere Feldspatkristallarten aufzutreten; ferner gibt es Mondsteine, die dem Albit (S. 68) zuzuordnen sind. Mugelig geschliffen stellt er einen geschätzten Edelstein dar (*Ceylonopal, Wasseropal, Wolfsauge*); er wird besonders auf Ceylon gefunden. Auch klare, gelbe Orthoklase (von Madagaskar) werden als Schmucksteine verwendet.

Schriftgranit, der zu kunstgewerblichen Gegenständen verarbeitet wird, ist ein Kalifeldspat mit eingewachsenen, stengelighackigen, parallel orientierten Quarzkristallen (Abb. 36), die mit dem Feldspat gemeinsam entstanden sein könnten und dabei mit ihm infolge von Gitterbeziehungen gesetzmäßig verwachsen sind; gelegentlich wachsen die Quarze mit freien Endigungen parallel orientiert aus dem Feldspat heraus (Abb. 37); nach neuerer

Abb. 36. Schriftgranit.

Auffassung handelt es sich beim Schriftgranit nicht um eine eutektische Bildung, sondern um eine partielle Verdrängung (Metasomatose) des älteren Feldspates durch Quarz.

Mikroklin. Die triklin pinakoidalen xx (gewöhnlich mit 20% Ab) sind in ihrer Ausbildung den Tiefengesteinsorthoklasen sehr ähnlich und von diesen sehr schwer zu unterscheiden. Der Spaltwinkel weicht nur um höchstens 30′ von 90° ab. Die einfach erscheinenden xx bauen sich aus mikroskopischen Zwillingslamellen nach (010) (Albitgesetz) und nach [010] als Zwillingsachse (Periklingesetz) auf. Diese Kreuzungslamellierung ist die Ursache für die im polarisationsmikroskopischen Bild so charakteristische Gitterstruktur (Abb.

37) der Mikrokline, die allerdings häufig nur in einem Teil des Kristallindividuums erkennbar ist. Manchmal ist diese Gitterung auch makroskopisch durch Kreuzstreifung auf den (001)-Flächen und sonstigen, entsprechend günstig gelagerten Flächen zu erkennen. Dichte, Licht- und Doppelbrechung wie bei Orthoklas. Das wichtigste Unterscheidungsmerkmal gegenüber Orthoklas ist die Auslöschungsschiefe auf (001), welche beim Mikroklin 15⁰ beträgt, während der Orthoklas aus Symmetriegründen auf dieser Fläche gerade Auslöschung zeigt. — Die grüne bis grünblaue Farbe des für Schmuckzwecke verwendeten, undurchsichtigen *Amazonensteins (Amazonit)* wird vielleicht durch den geringfügigen Ersatz von K˙ durch Rb˙ verursacht. — Die Beziehungen zwischen Orthoklas und Mikroklin sind nicht völlig geklärt; einerseits besteht die Möglichkeit, daß es sich bei den Orthoklasen um die höhersymmetrische Hochtemperaturmodifikation des Kalifeldspates [1]) handelt, andererseits ist es möglich, daß der Orthoklas nur submikroskopisch polysynthetisch verzwillingter, mimetisch-monokliner Mi

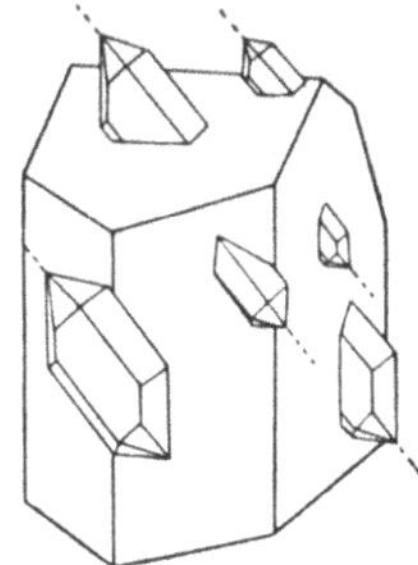

Abb. 37. Parallelorientierte Quarzkristalle, herauswachsend aus Orthoklas.

kroklin ist. — Mikroklin kommt nur in sauren Tiefengesteinen, den zugehörigen Pegmatiten und in Orthogneisen vor; schöne xx in Drusenräumen von Graniten und Pegmatiten, oft in der Farbabart des Amazonensteins; letzteren kennt man besonders aus Grönland, Colorado (Pikes Peak), Pennsylvanien (Delaware Cy) und Rußland (Ilmengebirge).

Die Kalifeldspäte wandeln sich hydrothermal und durch Verwitterung unter Verlust des Kaliums und eines Teiles des Siliziums bei Wasseraufnahme in Kaolin $\underset{\sim}{\overset{2}{}}(OH)_4Al_2^{[6]}$ [Si_2O_5] um; Pseudomorphosen von feinschuppigem Kaolin (S. 148) nach Orthoklas, Mikroklin und Sanidin sind nicht selten. Die Verwitterung in ariden Gebieten führt zum Laterit, also zu Tonerdehydraten. Unter hydrother

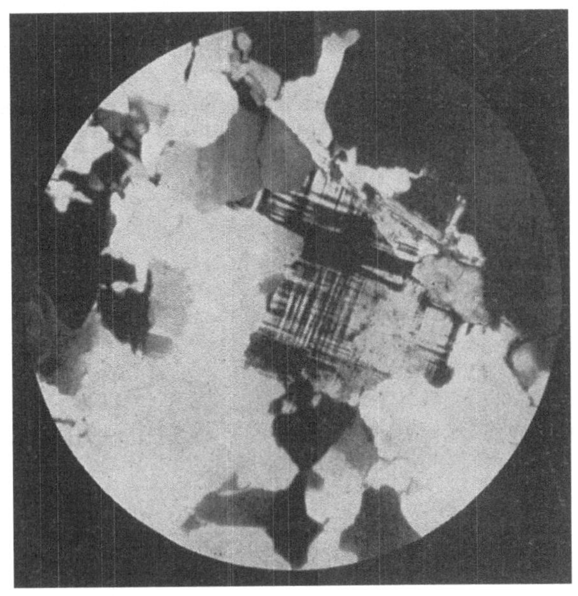

Abb. 38. Gitterstruktur des Mikroklins; aus Orthogneis (nach J. Stiny).

malem Einfluß und unter Mitwirkung erhöhten Druckes ist auch Sericitisierung häufig. Auf hydrothermalem Wege kommt es auch zur Zeolithbildung aus Kalifeldspäten; die Fluorborpneumatolyse führt die Kalifeldspäte häufig auch in Turmalin und Topas über (Greisengesteine, S. 205);

---

[1]) Die Gitterstruktur des Mikroklins verschwindet beim Erhitzen auf 700—800⁰! Er wird bei diesen Temperaturen scheinbar monoklin. — Nach neuen röntgenographischen Untersuchungen ist der Mikroklin aus mehreren Feldspatphasen zusammengesetzt.

in diesem Zusammenhang bilden sich sogar Verdrängungspseudomorphosen von Zinnstein SnO_2 nach Orthoklas (Cornwall).

Die großen, oft viele Zentner schweren Kalifeldspäte der Pegmatite sind, wenn sie rein (vor allem eisenfrei!) sind, von großer praktischer Bedeutung als wichtiger Bestandteil der keramischen und Glasurmassen; die Hartporzellanmasse (Geschirrporzellan, technisches Porzellan) enthält je nach der Qualität bis zu 25% Kalifeldspat neben etwa 25% Quarz und 50% Ton (besonders Kaolin); auch minderen Sorten (Steingut) werden mehrere Prozent Feldspat zugesetzt. Feldspat schmilzt tiefer als die anderen Mineralien der Porzellanmasse, dadurch verkittet er beim Sintern deren Teilchen und befördert das Durchscheinen des feinen Geschirrporzellans. Die Glasurmischung enthält 10—20% Feldspatpulver. Auch für die Emailleherstellung usw. wird Feldspat verwendet, minderwertiger Feldspat auch als Schlackenzusatz in der Eisenhüttenindustrie. — Der Jahresverbrauch an Feldspat, der aus großen Pegmatitgängen im Tagbau neben selteneren Pegmatitmineralien gewonnen wird, beläuft sich auf mehrere 100.000 Tonnen. In der Feldspatförderung führend sind die USA, dann folgen im Abstand England, Schweden, Norwegen, Canada, Bayern usw.

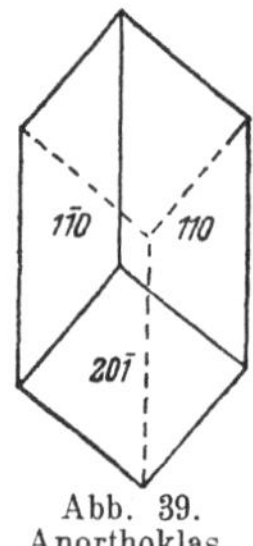

Abb. 39.
Anorthoklas.

Anorthoklas (Mikroklinalbit). Er enthält 2—5mal soviel Ab als Or, ist aber schwer gegenüber dem Mikroklin abzugrenzen. Manchmal zeigt er beginnende kryptoperthitische Entmischung. Er ist in vieler Beziehung dem Mikroklin ähnlich, zeigt jedoch auf (001) eine viel kleinere Auslöschungsschiefe (wenige Grad). D um 2.6. Opt. —; nβ ~ 1.53. In natronsyenitischen Tiefengesteinen (Laurvikit von Südnorwegen), besonders in älteren Oberflächengesteinen (Rhombenporphyre aus der Umgebung von Oslo usw.). In diesen Gesteinen fällt er als großer und gut entwickelter, glasiger Einsprengling mit rhombischen oder linsenförmigen Querschnitten auf, bei dem als wichtigste Kristallformen {110}, {1$\bar{1}$0} und {20$\bar{1}$} auftreten (Abb. 39). In den Laurvikiten prächtig bunt schillernd wie manche Labradorite; dieses „Labradorisieren" ist eine Folge von gesetzmäßiger Einlagerung von Entmischungskörpern.

Bariumfeldspat. Ba·· ist in den meisten Kalifeldspäten in geringen Mengen als Vertreter von K· enthalten; Ba-reiche Feldspäte *(Hyalophan)* sind selten: der reine *Celsian* $\overset{3}{\infty}$ $Ba[Al_2Si_2O_8]m$ ist isomorph mit Orthoklas. D = 3.38; nβ = 1.589. Habitus der Adularkristalle; farblos, durchsichtig oder durchscheinend. — Nur als Drusenmineral in feinkörninen Dolomiten (Binnental in der Schweiz, Jakobsberg in Wermland) und als Adernfüllung mit anderen Ba-Silikaten in Quarzit (Incline i. Californien).

β) Kalknatronfeldspäte (Plagioklase).

Bei der weiten Verbreitung dieser Silikate in den Gesteinen hat man die Mischkristallreihe in eine Anzahl von Arten aufgegliedert und diesen besondere Namen gegeben: Man bezeichnet Plagioklase als *Albit* (D um 2.62) mit An-Gehalten bis zu 10%, als *Oligoklas* (D um 2.65) mit 10—33% An, als *Andesin* (D um 2.68) mit 33—50% An, als *Labradorit* (D um 2.70) mit 50—67% An, als *Bytownit* (D um 2.74) mit 67—90% An, bei höheren An-Gehalten als *Anorthite* (D um 2.77). Dichte und optische Eigenschaften wechseln wie die kristallographischen Werte und sonstigen physikalischen Eigenschaften in charakteristischer Weise stetig mit der Zusammensetzung, sodaß diese Daten, besonders die Auslöschungsschiefen in bestimmten Schnitten, sehr gut zur Bestimmung der Zusammensetzung herangezogen werden können. Allerdings hat vor allem A. Köhler dargelegt, daß es auch bei den Plagioklasen eine Art von Hochtemperaturoptik gibt, die durch rasche Abkühlung stabilisiert werden kann, sodaß auf die in langsam und rasch abgekühlten Gesteinen bei hohen Temperaturen gebildeten Plagioklase nicht dieselben Auslöschungskurven angewendet werden können (Abb. 40). Auch die Hauptbrechungsexponenten kann man in Gesteinsdünnschliffen besonders durch Vergleich mit den Brechungsexponenten des Quarzes unter

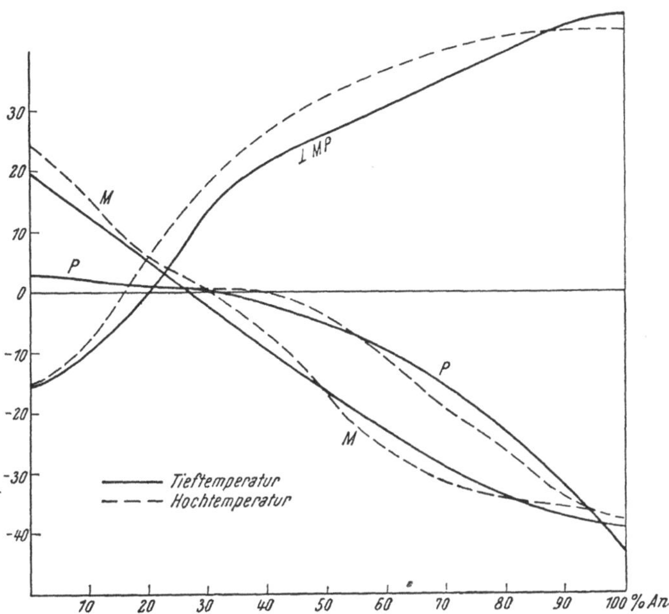

Abb. 40. Plagioklas: Abhängigkeit der Auslöschungsschiefen von Zusammensetzung und Temperaturbedingungen: — PM, Schnitte senkrecht zu P und M, Auslöschungsschiefe bezogen auf die Albitlamellen; M, Schnitte parallel M (010), Auslöschungsschiefen zur Spur von P; P, Schnitte parallel P (001), Auslöschungsschiefen zur Spur von M. — Nach A. KOEHLER.

Zuhilfenahme der Beckeschen Linie zur Rohbestimmung der Plagioklasart heranziehen (s. folg. Tab. und Abb. 41). — Der Tonerdegehalt steigt in der Plagioklasreihe vom Albit zum Anorthit von über 19% auf fast 37%; der Kieselsäuregehalt nimmt entsprechend von fast 69% auf 43% ab.

	An	n_γ	n_β	n_α	$\gamma-\alpha$	$2\,V_\gamma$	D
Albit	0	1.536	1.529	1.525	0.011	74⁰	2.60
Oligoklas	20	1.547	1.543	1.539	0.008	94⁰	2.64
Andesin	40	1.557	1.553	1.550	0.007	88⁰	2.67
Labrador	60	1.568	1.563	1.559	0.009	79⁰	2.70
Bytownit	80	1.576	1.572	1.566	0.010	98⁰	2.73
Anorthit	100	1.538	1.584	1.576	0.012	103⁰	2.76
Quarz		$\varepsilon = 1.553,\ \omega = 1.544$			0.009		2.65

Gute xx in Drusen und Klüften gibt es vor allem vom Albit und vom Anorthit. In den Oberflächengesteinen sind besonders die basischen Plagioklase als Einsprenglinge (porphyrisch und Grundmasse-Kleinkristalle) gut idiomorph ausgebildet. Häufig ist Zonarbau zu beobachten (vor allem am Wechsel der Auslöschungsschiefen), sowohl mit stetigem Übergang von innen nach außen, als auch in Form von scharf abgesetzten Zonen. Der Zonenbau der Plagioklase in den Eruptivgesteinen zeigt immer einen basischen, An-reichen Kern und nach außen hin zunehmenden Ab-Gehalt (normaler Zonenbau); in kristallinen Schiefern kommt auch das umgekehrte vor (inverser Zonenbau). Wegen des normalen Zonenbaues verwittern die Plagioklase der Eruptivgesteine oft von innen nach außen, da die An-reicheren Plagioklase viel weniger widerstandsfähig sind als die Ab-reicheren.

Die Erstarrung der Plagioklase erfolgt im Sinne eines binären Schmelzdiagrammes für Stoffe, die vollständig mischbar sind, ohne Schmelzpunkts-

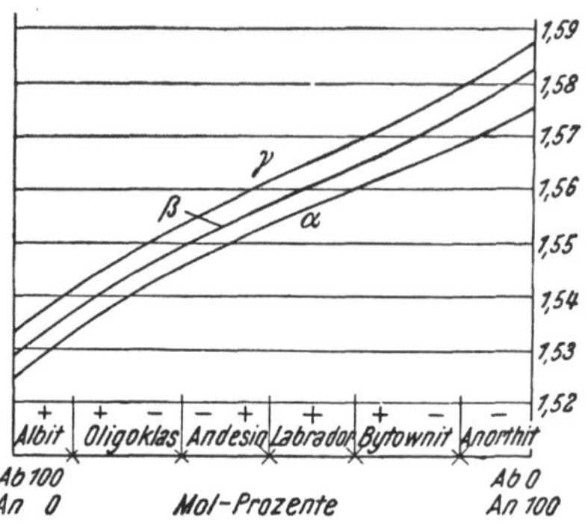

Abb. 41. Plagioklas: Abhängigkeit der Brechungsexponenten und des optischen Charakters von der Zusammensetzung (Quarz: $\omega = 1.544$, $\varepsilon = 1.553$).

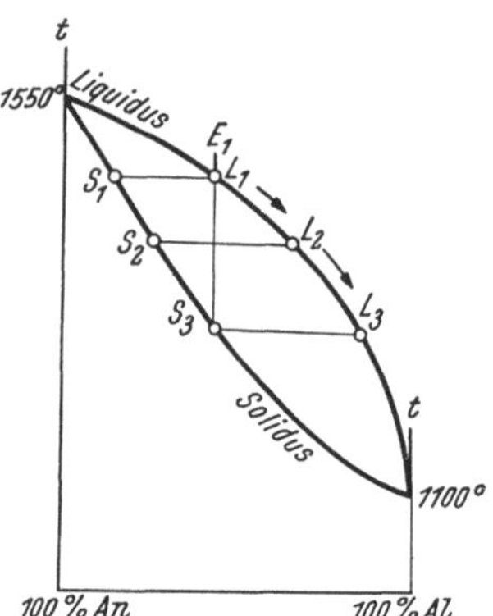

Abb. 42. Ausscheidungsdiagramm der Plagioklase.

maximum oder -minimum. Eine Plagioklasschmelze, die (Abb. 42) die Zusammensetzung E_1 hat, kommt zur Teilkristallisation, wenn der Punkt L_1 erreicht wird; es scheiden sich aber nun keineswegs Kristalle von der dem Punkt E_1 entsprechenden Zusammensetzung aus, sondern solche von der Zusammensetzung, welche dem Punkt S_1 entspricht, also An-reichere Mischkristalle als die Schmelzzusammensetzung erwarten lassen würde. Dadurch ändert sich die Zusammensetzung der Schmelze im Sinne des Pfeiles nach links. Mit weiter sinkender Temperatur scheiden sich dann etwa Mischkristalle von der dem Punkt S_2 entsprechenden Zusammensetzung, dann solche von der S_3 entsprechenden Zusammensetzung usw. ab. Dabei unterbleibt die theoretisch zu erwartende Wiederauflösung der früher gebildeten Mischkristalle und es umwachsen die späteren Auskristallisatonsprodukte die älteren, wodurch der Zonenbau der Plagioklase mit einem basischen Kern und einer gegenüber der Durchschnittszusammensetzung saureren Hülle verständlich wird. Manchmal kommt es im Zonenbau zu Rückfällen auf basischere Glieder; dann müssen bei der Erstarrung besondere Umstände vorgelegen haben, z. B. Änderungen in der Zusammensetzung der gesamten Restschmelze etwa durch Kalkassimilation oder durch Neuzuschub an undifferenziertem Schmelzfluß, wodurch es in einem späteren Wachstumsstadium wiederum zur Ausscheidung An-reicherer Mischkristalle kommen kann.

Die Plagioklase bilden aber, wie die neueren röntgenographischen Untersuchungen zeigten, keine ideale, ununterbrochene Mischkristallreihe, was offenbar dadurch bedingt ist, daß das kleinere, vierwertige Si nicht im gesamten, durch die Formeln gegebenen Umfang durch das größere, dreiwertige Al regellos ersetzt werden kann. Es scheint eine größere echte Mischkristallreihe am Albitende des Systems zu existieren, eine andere mit verdoppelter Gitterkonstante in der Z-Richtung am Anorthitende; im Mittelgebiet scheinen sich die beiden wenig voneinander verschiedenen Strukturen lamellenartig zu einheitlichen Kristallen zu verbinden [1]).

Zwillinge sind häufig, in Gesteinen ist polysynthetische Verzwilligung, vielfach durch Druck bedingt, nach einem oder beiden Hauptgesetzen die Regel; die Plagioklase zeigen daher im mikroskopischen Bild Lamellenbau, vielfach in Kreuzsystemen mit einem Winkel, der je nach der Zusammensetzung um 87° in geringem Umfange schwankt; makroskopisch ist die poly-

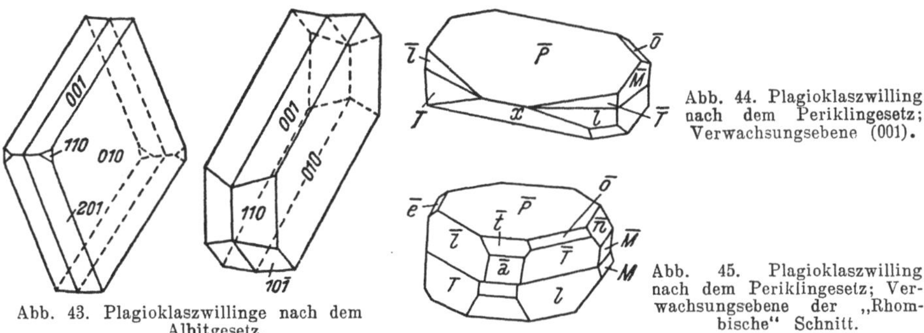

Abb. 43. Plagioklaszwillinge nach dem Albitgesetz.

Abb. 44. Plagioklaszwilling nach dem Periklingesetz; Verwachsungsebene (001).

Abb. 45. Plagioklaszwilling nach dem Periklingesetz; Verwachsungsebene der „Rhombische" Schnitt.

synthetische Verzwilligung häufig durch Zwillingsstreifung besonders auf P (001) angedeutet. Die wichtigsten Zwillingsgesetze der Plagioklase sind:

1. *Albitgesetz.* Zwillings- und Verwachsungsebene ist M(010) (Abb. 43).

2. *Periklingesetz.* Zwillingsachse ist die Y-Achse [010], Verwachsungsebene entweder (001) (Abb. 44) oder der „Rhombische Schnitt" (Abb. 45). Den Rhombischen Schnitt erhält man bei Feldspatkristallen, wenn man die Basis so lange um die Y-Achse dreht, bis sie das von den (110)- und ($1\bar{1}0$)-Flächen gebildete Prisma in Form eines Rhombus schneidet; der Rhombische Schnitt ist als Kristallfläche nicht möglich. Die Zwillingslamellen nach diesem Gesetz zeigen sich am schärfsten auf den (010)-Flächen. Der Winkel, den die Zwillingslamellen mit der Kante zwischen (001) und (010) bilden, ändert sich mit der Zusammensetzung der Plagioklase und kann ebenfalls zur Bestimmung des An-Gehaltes herangezogen werden. Auch das *Karlsbader, Bavenoer,* und *Manebacher* Gesetz der Orthoklase und andere Gesetze treten bei den Plagioklasen in Form von einfachen Zwillingen auf.

H = 6 (An) — 6½ (Ab). Glasglänzend, auf (001) zeigen die xx manchmal Perlmutterglanz; farblos durchsichtig oder trüb, weiß bis grau, durch Einschlüsse nicht selten grün oder rot gefärbt. Brechungsexponenten, Doppelbrechung und opt. Charakter sind aus Tab. a. S. 65 und Abb. 41 zu entnehmen. Die Labradorite zeigen häufig durch Paralleleinlagerung von Eisenglanz-

---

[1]) Ferner weist der Hochtemperaturalbit *(Analbit)* ungeregelte Verteilung der Si- und Al-Ionen auf, der Tieftemperaturalbit dagegen geregelte.

schüppchen bedingten bunten Farbenschimmer (labradorisieren), besonders schön in den Hypersthengabbros der Paulsinsel an der Küste von Labrador; solche Gesteine werden als dekorative Bausteine oder Monumentsteine in geschliffenem Zustand viel verwendet, ebenso wie die norwegischen anorthoklasführenden Syenite; es gibt auch mondsteinähnliche Plagioklase.

Die basischeren Plagioklase kommen auch in Meteoriten vor.

1. *Albit.* Gute xx in Drusen nicht selten. Zwei wichtige Trachttypen: *Albittypus*, dicktafelige xx nach M (010), etwas gestreckt nach der Z-Achse; weitere Formen: P {001}, l {110}, T {1$\bar{1}$0}, x {10$\bar{1}$} und o (11$\bar{1}$). Durchsichtig oder durchscheinend, oft mit Chlorit bestäubt (Abb. 46); *Periklintypus*. xx stark nach der Y-Achse gestreckt. Wichtigste Formen: P {001}, x {$\bar{1}$01}, M {010}, y {20$\bar{1}$}, l {110}, T {1$\bar{1}$0} und o (11$\bar{1}$). Meist milchweiß, ebenfalls häufig mit Chlorit bestäubt (Abb. 47). Im Gestein leistenförmige Tafeln (Oberflächengesteine) oder dicktafelig (Tiefengesteine). Sehr widerstandsfähig gegen Säuren. Häufiges alpines Kluftmaterial (Tirol, Schweiz); Schlesien, Elba, Pyrenäen usw.

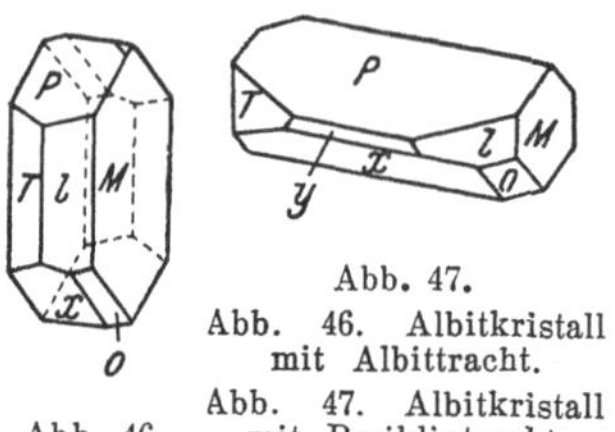

Abb. 46. Albitkristall mit Albittracht.

Abb. 47. Albitkristall mit Periklintracht.

2. *Oligoklas.* Fast immer nur eingewachsen (Granite, Syenite, Liparite, Quarzporphyre, Gneise usw.). Farblos, weiß, auch grünlich, bei eingelagerten Eisenglanzschüppchen rotschillernd (*Sonnenstein* von Tvedestrand in Südnorwegen), auch aventurisierend (*Aventurinfeldspat*). Sonnenstein findet als Schmuckstein Verwendung, Aventurin dient gelegentlich für kunstgewerbliche Arbeiten.

3. *Andesin.* xx selten; wichtiger Gemengteil von Dioriten, Andesiten, Gneisen usw.

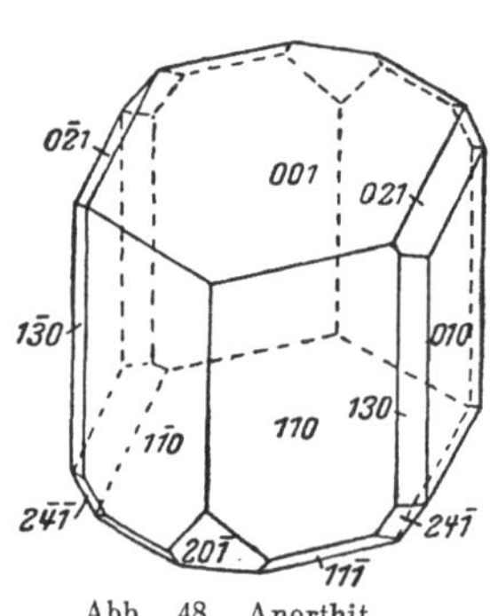

Abb. 48. Anorthit.

4. *Labradorit.* xx selten (Aetnaasche). Leistenförmig im Gestein. Farblos bis weiß, in Gabbros infolge von Einschlüssen grünlich oder braun. In basischen Eruptivgesteinen und kristallinen Schiefern, auch selbständig Eruptivgesteine (Labradorfelse) bildend. Manchmal mit schönem Farbenspiel labradorisierend.

5. *Bytownit.* Ähnlich wie Labradorit in basischen Eruptivgesteinen. Selbständig oder mit zurücktretender Hornblende die Bytownitfelse bildend.

6. *Anorthit.* xx gedrungen in Drusen von Oberflächengesteinen und Kontaktgesteinen (Vesuvauswürflinge, Monzoni in Südtirol usw.). xx (Abb. 48) farblos durchsichtig, rötlichweiß oder grau. Durch Säuren leicht unter Abscheidung gallertiger Kieselsäure zersetzlich[1]); in sehr basischen Eruptivgesteinen und ihren Tuffen, z. B. Olivingabbros und (gelegentlich mit etwas Hornblende) in Anorthositen (helles, basisches Tiefengestein; Schwarzwald, Mittelwestnorwegen usw.), auch in kristallinen Schiefern. Anorthitreiche Plagioklase kommen auch in technischen Schlacken vor. — Der Elementar-

---

[1]) Das Beispiel Albit-Anorthit zeigt schon, was bei den Gerüstsilikaten allgemein zu beobachten ist, daß nämlich die Zersetzlichkeit in Säuren mit zunehmendem Ersatz von Si$^{....}$ durch Al$^{...}$ im Tetraedergerüst zunimmt.

körper des Anorthits wie überhaupt der basischen Plagioklase erscheint in der Richtung der c-Kante gegenüber jenem der sauren Plagioklase verdoppelt, was seinen Grund in einer gesetzmäßigen statt regellosen Verteilung der Si- und Al-Atome haben mag.

In den Gesteinen sind die Plagioklase oft mehr oder weniger weitgehend zersetzt, besonders die An-reicheren; denn auch hinsichtlich der hydrothermalen Umsetzung und der Verwitterung erweisen sich die basischen Plagioklase weniger widerstandsfähig als die sauren. Auch bei den Plagioklasen tritt als häufiges Zersetzungsprodukt Kaolin auf; thermale Zersetzung liefert zeolithische Produkte, manchmal auch Zoisit *(Saussuritisierung)* oder Sericit; Albit kann dabei als Neubildung aus basischen Plagioklasen nebenbei entstehen. Vielfach sind die Plagioklase hydrothermal-pneumatolytisch auch in Skapolith umgesetzt, man spricht dann von einer *Skapolithisierung* des Gesteines.

Die Plagioklase sind technisch bedeutungslos; allerdings hat man den Versuch gemacht, basische, plagioklasreiche Gesteine, besonders Bytownitfelse und Anorthosite, wegen ihres hohen Gehaltes an Tonerde zur Tonerde- und Al-Gewinnung an Stelle des in vielen Gebieten fehlenden Bauxites heranzuziehen, z. B. in Norwegen. Wegen der reichen Bauxitweltvorräte erscheinen aber solche Versuche, bei denen man sich andernorts auch auf andere tonerdereiche Silikate stützen will, z. B. auf Nephelin, Andalusit, Kaolin, ja selbst auf Schiefertone und Tonschiefer, als zur Zeit gegenstandslos.

b) Feldspatvertreter.

Da sie kieselsäureärmer sind als die Alkalifeldspate, können sie sich aus der Silikatschmelze nicht neben Quarz bilden, ebensowenig wie sich der Quarz aus derselben Schmelze wie der kieselsäurearme Olivin bilden kann. Die Feldspatvertreter treten neben Feldspäten im Gestein auf, die letzteren können sich auch neben Quarz bilden. Die Feldspatvertreter sind viel seltener als die Feldspäte, arm an Ca¨ und vor allem daher für die Sippe der Alkaligesteine charakteristisch, in deren basischeren Typen sie die Feldspäte zurückdrängen.

a) Leucit.

$\overset{3}{\infty}$ K[AlSi$_2$O$_6$]te.[1])

Die glasigen, weißen oder grauen Kristalle (Abb. 49) des Leucites sind in den Oberflächengesteinen bei einer Größe von oft mehreren Zentimetern gut idiomorph ausgebildet und zwar in Form von Deltoidikositetraedern (Leucitoedern!) {211}. Dazu tritt in seltenen Fällen untergeordnet das Rhombendodekaeder {110}. Die optische Untersuchung zeigt, daß diese scheinbar kubischen Kristalle anisotrop und aus Zwillingslamellensystemen aufgebaut sind, die parallel zu den Flächen des Rhombendodekaeders verlaufen. Erst bei Temperaturen oberhalb 603⁰ wird der Leucit optisch isotrop. Was wir morphologisch beobachteten, ist also die Hochtemperaturform, die unter 603⁰ lamellar in die tetragonale Tieftemperaturform zerfallen ist. Die Umwandlung ist klar reversibel; die Röntgenuntersuchung zeigt übrigens, daß sich mit steigender Temperatur die Kanten der Elementarkörper der tetragonalen Kristalle allmählich einander angleichen.

---

[1]) Es sei daran erinnert, daß das entsprechende Natriumsilikat als Jadeit $\overset{1}{\infty}$ Na[⁸]Al[⁶][Si$_2$O$_6$]m den Kettensilikaten (Klinopyroxenen) zuzuzählen ist! Dementsprechend sind Brechungsexponenten und Dichte viel höher als beim Leucit.

Die xx sind sehr schlecht spaltbar nach {110}; sie brechen muschelig und sind spröde. H fast 6; D = 2.50. $n\beta$ = 1.509; Doppelbrechung außerordentlich gering, nämlich 0.001. Schwer schmelzbar; durch Säuren zwar nicht im groben Korn, wohl aber im pulverisierten Zustand unter Abscheidung pulveriger Kieselsäure zersetzlich.

Aufgewachsene xx selten; idiomorphe Einsprenglinge in mittelbasischen, kalireichen Ergußgesteinen: Leucitphonolite, Leucitbasalte, Leucittephrite usw.; z. B. Laacher See und besonders Vesuv, wo er in den Laven oft in sehr starker Anreicherung auftritt und daraus gewonnen wird, um in der Düngemittelherstellung, Alaunherstellung, Kalisalpeterherstellung und selbst als Ausgangsmaterial für die Tonerdegewinnung Verwendung zu finden (der Leucit enthält nämlich 23% Tonerde). Viel seltener ist er in den entsprechenden Tiefengesteinen (Leucitsyenit); zudem tritt er in diesen Gesteinen stets pseudomorphosiert als sogenannter *Pseudoleucit* auf; der Pseudoleucit ist

offenbar ein Zerfallsprodukt einer bei hohen Temperaturen gebildeten, natronreichen Leucitvarietät; er besteht in der umgewandelten Form aus Nephelin, Orthoklas und Leucit (gelegentlich auch Analcim); der Zerfall erfolgt etwa nach folgender Gleichung:

$$KNaAl_2Si_4O_{12} \rightarrow KAlSi_3O_8 + NaAlSiO_4$$
$$2mal\ Leucit \quad \rightarrow \quad Orthoklas + Nephelin.$$

Sonst häufig in Sericit oder Kaolin umgewandelt.

Abb. 49. Leucit (211).

β) Nephelin (Eläolith).

$$\overset{3}{\infty}\ (Na,K)\,[AlSiO_4]h.$$

Die in der Regel dicksäuligen, sechsseitig prismatischen xx weisen im allgemeinen nur die Formen {10$\bar{1}$0} und {0001} auf (Abb. 50). Aus der Asymmetrie der Ätzfiguren ist aber zu entnehmen, daß das einzige Symmetrieelement der Nephelinkristalle die sechszählige Hauptachse ist; er gehört somit der hexagonal pyramidalen Kristallklasse an. Im Aufbau ist er dem Tridymit $\overset{3}{\infty}$ [SiO$_2$] (S. 83) sehr ähnlich. Im sehr gespreizten und großlöcherigen SiO_4-Tetraedergerüst des ebenfalls hexagonal kristallisierenden Tridymits ist die Hälfte der Si''''-Atome durch Al'''-Atome ersetzt zu denken; die dadurch zur Absättigung notwendigen Ionen (überwiegend Na·-Ionen) [1]) finden in den Lücken des Gerüstes reichlich Platz; aus diesem Aufbau erklärt sich reibungslos die vielfach gemachte Beobachtung, die früher schwer zu deuten war, daß der Nephelin oft einen nicht unbeträchtlichen Überschuß an SiO_2 aufweist; in diesem Falle ist eben nicht die gesamte Hälfte der Si''''-Atome durch Al'''-Atome ersetzt; es sind dann auch weniger Na-Ionen zur Absättigung notwendig und die Zusammensetzung scheint zu sein: $xNaAlSiO_4 + ySi_2O_4$.

Eine in der Natur nicht vorkommende Hochtemperaturform von $NaAlSiO_4$ (kubischer *Carnegieit*) hat in analoger Weise die Struktur der kubischen Cristobalitform von SiO_2 mit in die Hohlräume eingelagerten, das Gerüst absättigenden Na-Ionen.

xx eingewachsen in Oberflächengesteinen und aufgewachsen; in Tiefengesteinen ist der Nephelin derb und unregelmäßig gestaltet. Sehr schlechte Spaltbarkeit nach den Hauptformen, Bruch muschelig mit Fettglanz (deshalb

---

[1]) Neuerdings wird dem stets beobachteten K_2O-Gehalt der Nepheline (meist zwischen 4 und 5% K_2O) durch die Formelschreibung $\overset{3}{\infty}\ Na_2K\,[Al_3Si_3O_{12}]$ Rechnung getragen.

wird der Tiefengesteinsnephelin häufig als *Eläolith* bezeichnet!), ähnlich wie bei Quarz, von dem er durch die geringere Härte zu unterscheiden ist. Auf den Flächen Glasglanz; farblos durchsichtig, meist aber trüb; der Eläolith der Tiefengesteine ist meist graurot, gelblich oder graugrün. $\omega = 1.544$, $\varepsilon = 1.539$; also opt. — mit $\varepsilon - \omega = -0.005$. H fast 6; D = 2.63. Leicht schmelzbar; in Salzsäure unter Abscheidung gallertiger Kieselsäure ziemlich leicht löslich. — Häufig in mittelbasischen und basischen, jüngeren Effusivgesteinen der Natronreihe (Phonolithe, Nephelinite usw.) in Form von idiomorphen Einsprenglingen (Oststeiermark, Odenwald usw.); aufgewachsen in vulkanischen Auswürflingen (Laacher See, Vesuv usw.); als derber Eläolith besonders in Eläolithsyenit und seinen Pegmatiten, ferner in Theraliten, Ijolithen, Urtiten [1]), Monzoniten usw. (Südnorwegen, Kola, Ural, Grönland, Kap Verde-Inseln usw.).

Leicht umwandelbar; Eläolith häufig in faserige Aggregate von Natrolith und anderen Zeolithen umgebildet (sogenannter *Spreustein*); grünlichgelbe Pseudomorphosen von Sericit nach Nephelin führen den Namen *Liebenerit* (Porphyre von Predazzo in Südtirol); auch Umwandlung in Kaolin häufig.

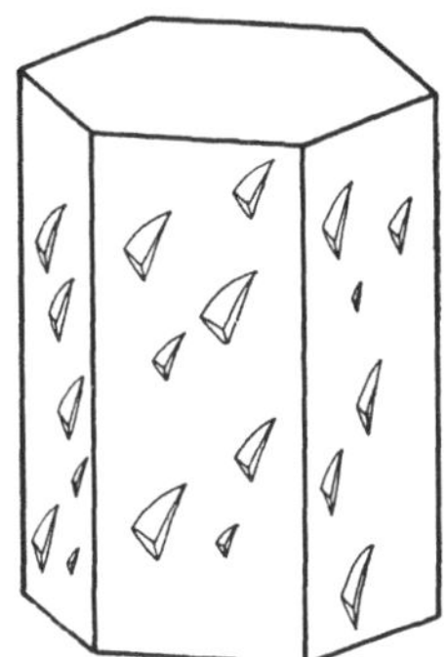

Abb. 50. Nephelin, hexagonales Prisma mit asymmetrischer Ausbildung der Ätzfiguren.

Der Nephelin gehört zu den tonerdereichsten Silikaten (36% Al_2O_3); daher wird er dort, wo er in sehr großen Mengen auftritt (Chibina Tundra) und von dem ebenfalls wertvollen Apatit begleitet ist, für die Tonerdeherstellung herangezogen; sonst ist er technisch bedeutungslos.

Der sehr selten in nadelförmigen Kristallen auftretende (Vesuv) *Kaliophilit* $\overset{3}{\infty}$ K[AlSiO$_4$]h ist mit dem Nephelin nicht isomorph, aber diesem in jeder Beziehung ähnlich. Eine andere Modifikation von KAlSiO$_4$ ist der dem Nephelin strukturell nahestehende hexagonale *Kalsisit* (winzige weiße Körner in sehr basischen vulkanischen Gesteinen von Uganda); nicht mit dem Nephelin isomorph ist der bei der Verwitterung von Spodumen entstehende, faserige *Eukryptit*, das dem Nephelinsilikat entsprechende Lithiumsilikat $\overset{3}{\infty}$ Li[AlSiO$_4$]. Das Mineral hat oberhalb 972° die Struktur des Hochquarzes mit gesetzmäßig zur Hälfte die Si-Atome ersetzenden Al-Atomen und zur Absättigung in die Spiralkanäle eingelagerten Li-Ionen, unterhalb 972° Phenakitstruktur (S. 105).

γ) Die Sodalithgruppe.

$\overset{3}{\infty}$ (Na, Ca)$_{7-8}$[Al$_6$Si$_6$O$_{24}$](Cl, SO$_4$, OH, H$_2$O)$_{1-2}$ k.

Übergemengteile oder Nebengemengteile in natronreichen Eruptivgesteinen. Hexakistetraedrisch. xx eingewachsen, selten aufgewachsen; meist Rhombendodekaeder; dazu kommen gelegentlich noch Würfel- und Tetraederflächen, auch andere Formen; in den Gesteinen meist rundliche Körner und Körneraggregate. Zwillinge nach {111} sind nicht selten. Mäßig gute Spaltbarkeit nach {110}. H = 5—6; D mit dem Ca-Gehalt von 2.3 auf 2.5 ansteigend; glasglänzend, auf den Bruchflächen fettglänzend; durchsichtig bis undurchsichtig, farblos, weiß bis dunkelgrau, nicht selten blau, auch grün und rot. n mit zunehmendem Ca-Gehalt von 1.48 auf 1.51 ansteigend. Häufig mit punktförmigen Einlagerungen von Magnetit parallel den (100)-Flächen, wie dies ähnlich auch beim Leucit vorkommt.

---

[1]) Die beiden letzteren sehr basischen Gesteine der Natronreihe enthalten 50 und mehr Prozent Nephelin.

Schwer schmelzbar, leicht unter Bildung gallertiger Kieselsäure von Säuren zersetzlich. In Tiefengesteinen kommt nur der Sodalith selbst vor. — Die Besetzung der Lücken des Tetraedergerüstes erfolgt nicht immer in theoretischem Ausmaß; daher kann die Zahl der Kationen II. Art ebenso wie die der Anionen II. Art schwanken. Auch ist das Verhältnis Al : Si nicht immer streng 1 : 1. — Umwandlungen wie beim Nephelin.

Rein formelmäßig können diese Silikate als Doppelverbindungen von drei Teilen Nephelin mit einem Teil $NaCl$, Na_2SO_4, $CaSO_4$ oder Na_2S dargestellt werden. Einen tieferen Sinn hat eine derartige Zerlegung deswegen nicht, weil es sich um einheitliche dreidimensionale Tetraedergerüste mit eingelagerten großen Kationen und zusätzlichen Anionen, keineswegs aber um molekulare Doppelverbindungen handelt. Die durch Mischkristalle verbundenen Arten sind:

1. *Sodalith* $\overset{3}{\underset{\infty}{}}$ $Na_8[Al_6Si_6O_{24}]Cl_2$ k. Im Ultraviolett orangegelb fluoreszierend, häufig von blauer Farbe. D = 2.3. In Nephelinsyeniten (Siebenbürgen, Südnorwegen, Ural usw.), Essexiten und in Oberflächengesteinen (Trachyte, Phonolithe, Basalte); aufgewachsen in vulkanischen Auswürflingen (Laacher See, Vesuv).

2. *Nosean* $\overset{3}{\underset{\infty}{}}$ $Na_8[Al_6Si_6O_{24}]SO_4$ k und *Hauyn* $\overset{3}{\underset{\infty}{}}$ $Na_6Ca_2[Al_6Si_6O_{24}](SO_4)_2$ k. Häufig blau, sonst weißgrau. D = 2.5. Sie sind in Oberflächengesteinen noch stärker verbreitet als der Sodalith; aufgewachsen treten sie ebenfalls in vulkanischen Auswürflingen auf (z. B. Sanidinitauswürflinge des Laacher Sees, Vesuvs und der Albanerberge). Sie enthalten oft an Stelle der SO_4-Ionen etwas Cl, (OH) und auch Wassermoleküle.

3. *Lasurit* $\overset{3}{\underset{\infty}{}}$ $Na_8[Al_6Si_6O_{24}]S$ k. Sehr selten kleine Rhombendodekaeder, meist unregelmäßig feinkörnig eingesprengt im Gestein. D = 2.4. Kantendurchscheinend, dunkelblau, manchmal fleckig, selten grünlich oder violett; Strich hellblau. Enthält an Stelle von S auch etwas SO_4 und Cl. Beim Zersetzen mit Salzsäure Schwefelwasserstoffgeruch.

Der *Lasurstein* oder *Lapislazuli* enthält neben dem vorwiegenden Lasurit häufig noch metallisch gelbe Schwefelkieskörnchen [1]), ferner Diopsid, Calcit und Hornblende. Er ist ein seltenes Kalkkontaktgestein, das schon im Altertum für dekorative Zwecke (vielfach kunstgewerblich verarbeitet mit Gold, besonders Babylonien und Assyrien) und zur Gewinnung des natürlichen Ultramarinfarbstoffes abgebaut wurde. Das älteste bekannte Vorkommen liegt in Badakschan (Afghanistan), daneben kennt man ihn noch von verschiedenen anderen Gegenden in Zentralasien (Baikalsee usw.) und neuerdings auch aus Chile.

Die blauen Minerale der Sodalithgruppe, vor allem der Lasurit, werden heute nur mehr als Schmucksteine und für kunstgewerbliche Gegenstände sowie Plattenauskleidungen verwendet, seitdem die Herstellung der synthetischen Ultramarine möglich ist; deren Farbe kann durch Austausch der Kationen und Anionen II. Art unter grundsätzlicher Erhaltung des Aufbaues des natürlichen Lasurits vielseitig abgeändert werden (gelbe „Ultramarine" mit Ag statt Na, rote mit Se statt S usw.).

Der *Helvin* ist ein in Pegmatiten auftretendes, seltenes Berylliumsilikat von der Zusammensetzung $\overset{3}{\underset{\infty}{}}$ $Mn_4[Be_3Si_3O_{12}]S$ k. Er ist isomorph mit dem Sodalith usw. Kleine Kristalle auf- und eingewachsen, meist Tetraeder. Farbe gelb bis braun; H über 6, D um 3.3; n ~ 1.74. Außer in Syenitgepmatiten (Norwegen), Skarngesteinen (Finnland) noch in sulfidischen Kontaktlagerstätten (Sachsen, Siebenbürgen). Der

---

[1]) Im Altertum daher mit dem Sternenhimmel verglichen.

noch viel seltenere *Danalith* von grauroter Farbe ist ein Helvin mit weitgehendem Ersatz von Mn durch Fe und Zn (Granit von Rockport in Massach., ferner in Cornwall). — Helvin- und Danalith-reiche Kontaktgesteine werden neuerdings in New Mexiko als Berylliumerze gefördert.

δ) Cancrinit.

$$\overset{3}{\infty}\ CaNa_3[Al_3Si_3O_{12}](CO_3, SO_4)\ h.$$

Formal deutbar (s. Nephelin!) als zusammengesetzt aus drei Teilen Nephelin und einem Teil $CaSO_4$ oder $CaCO_3$. Kurzsäulige bis nadelige xx mit den Formen des Nephelins, im Gestein unregelmäßig körnig. Dihexagonal bipyramidal. Vollkommen spaltbar nach $\{10\bar{1}0\}$, schlecht nach $\{0001\}$. H = 5—6; D = 2.4—2.5. Glasglänzend, farblos, gelblich oder rosa, häufig trüb. Opt. —. ε = 1.496, ω = 1.524 (Karbonatcancrinit; die hohe Doppelbrechung von — 0.028 ist bedingt durch den parallelen Einbau der CO_3-Gruppen senkrecht zur Z-Achse; die Doppelbrechung der Sulfatcancrinite liegt bei 0.01). Geringfügiger Ersatz von Na durch K. Unter Aufblähen leicht schmelzbar; gelatiniert in Säuren.

Übergemengteil in aus kohlensäurehaltigen Magmen gebildeten Gesteinen, besonders in zahlreichen Nephelinsyeniten (Oslogebiet, Siebenbürgen, Ural) und in vulkanischen Auswürflingen (Laacher See usw.). Bei seiner Zersetzung bilden sich Zeolithe und Kalkspat. Praktisch keine Bedeutung.

ε) Die Skapolith-(Wernerit)-Reihe.

Die Skapolithe fehlen wohl ursprünglich in rein magmatischen Gesteinen; wo sie in solchen auftreten, haben sie sich nachträglich durch Autopneumatolyse oder im Wege der pneumatolytischen Kontaktmetamorphose aus den Plagioklasen gebildet, ein Prozeß, den man als *Skapolithisierung* bezeichnet.

Ähnlich wie man die Zusammensetzung der Sodalithmineralien und des Cancrinits formal durch Doppelformulierungen darstellen kann, ist dies auch bei den Skapolithen möglich. Die silikatische Komponente erhält dabei aber nicht die Nephelin-, sondern die Plagioklasformel. Auf drei Plagioklasanteile entfällt wieder stark wechselnd ein Teil NaCl oder Na_2SO_4 oder $CaSO_4$ oder Na_2CO_3 oder $CaCO_3$. Die allgemeine Formel der Skapolithe ist somit:

$$\overset{3}{\infty}\ (Na, Ca)_4[(Al, Si)_{12}O_{24}](Cl, SO_4, CO_3, H_2O, OH)\ te.$$

Das Verhältnis von Al : Si schwankt wie bei den Plagioklasen zwischen 1 : 3 und 1 : 1. Als Anionen II. Art überwiegen Cl$^-$ und CO_3^{--}; die SO_4-reichen Skapolithe werden als Sulfatskapolithe bezeichnet.

Tetragonal bipyramidal. xx (Abb. 51) gedrungen säulig oder stengelig, vorzugsweise mit den Formen $\{110\}$, $\{100\}$, $\{111\}$ und $\{101\}$; dem Fehlen der Nebensymmetrieebenen entsprechend ist das Prisma $\{210\}$ nur vierflächig als tetragonales Prisma III. Art und die Bipyramide $\{311\}$ nur achtflächig als Bipyramide III. Art entwickelt; wenn derb, dann grobstengelig, strahlig oder auch dicht. Vollkommen spaltbar nach $\{100\}$, schlechter nach $\{110\}$. H = 5½—6½. Glasglänzend. Opt. —. Selten farblos durchsichtig, meist trüb, weiß, grau, grünlich, rot, blau. Die Eigenschaften der Endglieder der Skapolithreihe (auch der Sulfat-Gehalt nimmt auf die optischen Konstanten merklichen Einfluß!) gehen aus folgender Tabelle hervor:

Zusammensetzung:	Name:		ε	ω	ε-ω	D	Si O$_2$
Na$_4$Al$_3$Si$_9$O$_{24}$Cl	Marialith	Ma	1.528	1.532	—0.004	2.52	64 %
Ca$_4$Al$_6$Si$_6$O$_{24}$CO$_3$	Mejonit	Me	1.572	1.616	—0.044	2.82	40.5 %

Die für Gerüstsilikate ungewöhnlich hohe Doppelbrechung des karbonatreichen Endgliedes erklärt sich wie beim Cancrinit daraus, daß die CO$_3$-Gruppen sämtlich senkrecht zur Vertikalachse eingebaut sind. Ähnlich wie bei den Plagioklasen sind die kieselsäurereichen Glieder sehr widerstandsfähig gegen die Säureeinwirkung, die basischen dagegen werden leicht unter Abscheidung gallertiger Kieselsäure zersetzt. Leicht schmelzbar. Wie bei den Plagioklasen werden verschiedene, besonders benannte Zwischenglieder unterschieden (*Dipyr* mit 20—50% *Me; Mizzonit* mit 50—80% Me). In den Gesteinen sind die Skapolithe von Mizzonitzusammensetzung am häufigsten. Die reinen Endglieder kommen in der Natur kaum vor.

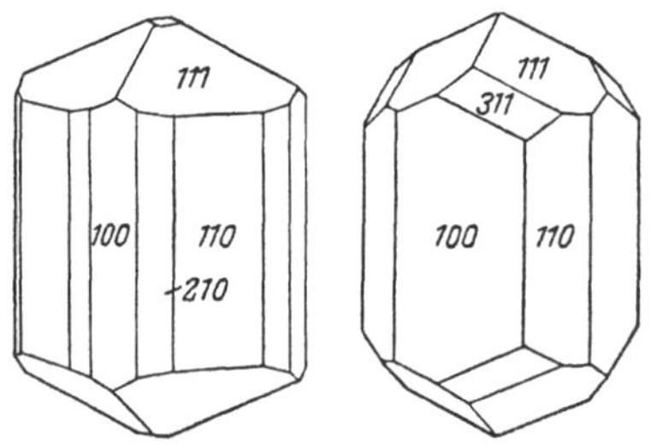

Abb. 51. Skapolith, der linke Kristall anscheinend holoedrisch.

Abgesehen von ihrem Vorkommen in skapolithisierten Eruptivgesteinen sind die Skapolithe als Kalkkontaktmineralien (Arendal in Norwegen, Pargas in Finnland, USA., Baikalsee usw.) und in vulkanischen Kontaktauswürflingen weit verbreitet, in letzteren oft in guten xx aufgewachsen. Der Marialith bildet manchmal durchsichtige, farblose, gelbe oder rosafarbene xx, das gilt auch von manchen Mizzoniten vulkanischer Auswürflinge (Laacher See, Vesuv) und von den Mejoniten aus dem Tessin.

Die Skapolithe bilden sich auf hydrothermalem Wege und durch Verwitterung zu Sericit, Zeolithen und Kaolin um. Bei der Skapolithisierung der Feldspäte, der besonders die An-reichen Plagioklase verfallen, kann sich außer Skapolith auch wieder Albit bilden.

Die Skapolithe sind ohne technische Bedeutung. Als Schmucksteine werden besonders die durchsichtigen, gelben oder rosaroten Mizzonite, die aus Madagaskar und Brasilien stammen, verwendet.

5. Die SiO$_2$-Mineralien.

Vom Kieselsäureanhydrid gibt es 6 kristalline Formen, die paarweise im Verhältnis der reversiblen (α-β)-Umwandlung zueinander stehen. In folgender Zusammenstellung beziehen sich die Umwandlungspunkte auf Atmosphärendruck.

1. Trigonaler *(Tief-)Quarz;* er geht bei 573° in den hexagonalen *(Hoch-) Quarz* über [1]), der bis 870° stabil ist, jedoch verlagert sich bei höherem Druck das Stabilitätsgebiet des Quarzes als der dichtesten Modifikation stark nach Richtung höherer Temperaturen hin. Der Schmelzpunkt des Hochquarzes liegt bei ca. 1600°.

---

[1]) Bei einem Druck von 10.000 Atm. erst bei 815°!

2. Rhombischer *(Tief-)Tridymit*; er geht um 120⁰ in den hexagonalen (*Hoch-*)*Tridymit* über. Schmelzpunkt 1670⁰.

3. Tetragonaler *(Tief-)Cristobalit;* er geht bei 200⁰ [1]) in den kubischen (*Hoch-*)*Cristobalit* über; dieser schmilzt bei 1710⁰.

Das Stabilitätsgebiet der Tridymitformen liegt zwischen 870⁰ und 1470⁰, jenes der Cristobalitformen oberhalb 1470⁰; jedoch sind die Tiefformen bei gewöhnlicher Temperatur (besonders der Cristobalit) ziemlich gut haltbar; sie bilden sich zweifellos auch außerhalb ihres Stabilitätsgebietes in der Natur.

Umwandlungsschema von SiO$_2$ (genau bekannt ist nur der enantiotrope Umwandlungspunkt Tiefquarz-Hochquarz).

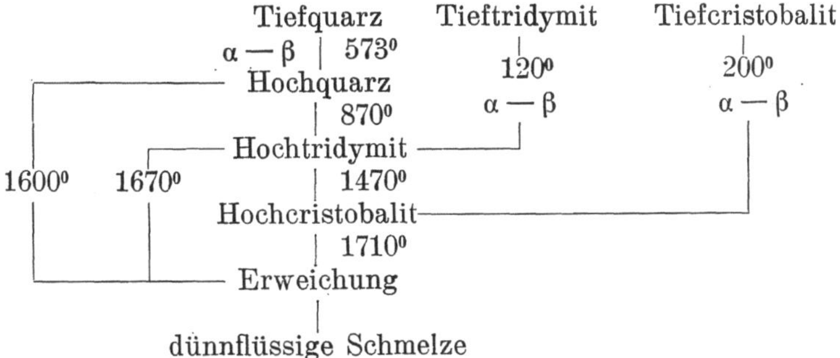

Infolge der Verbindung der SiO$_4$-Tetraeder zu dreidimensionalen, allerdings abgesättigten Gerüsten $\overset{3}{\infty}$ [SiO$_2$] schließen sich die SiO$_2$-Modifikationen auch kristallchemisch an den Gerüsttypus der Silikate an.

Quarz $\overset{3}{\infty}$ [SiO$_2$] trig. (und $\overset{3}{\infty}$ [SiO$_2$] h.). Der bei gewöhnlichen Temperaturen trigonal trapezoedrisch kristallisierende Quarz (1 A³ und 3 darauf senkrecht stehende, sich unter 120⁰ schneidende A²) zählt zu den häufigsten Bestandteilen der zugänglichen Teile der festen Erdkruste, da er an deren Zusammensetzung mit etwa 13% beteiligt ist.

Die beherrschenden Formen (Abb. 52) an den aufgewachsenen, vielfach stark verzerrten Quarzkristallen sind das sechsseitige Prisma m {10$\bar{1}$0} und die beiden Rhomboeder r {10$\bar{1}$1} und r' {0$\bar{1}$11}; wenn die beiden letzteren Formen gleich stark entwickelt sind, erwecken die Quarzkristalle den Eindruck hexagonaler Symmetrie; meist sind die Flächen des negativen Rhomboeders r' {0$\bar{1}$11} („Nebenrhomboeder") kleiner entwickelt und häufig durch Anätzung mattiert. Dazu treten oft noch die trigonalen Bipyramiden s {11$\bar{2}$1} und s' {2$\bar{1}\bar{1}$1}, deren Flächen stets parallel zur Kante zwischen ihnen und dem „Hauptrhomboeder" r gestreift sind und verschiedene andere Formen, von welchen besonders die trigonalen Trapezoeder charakteristisch sind, vor allem das positive (x) mit dem Indizes {51$\bar{6}$1}. Häufig ist durch Parallelverwachsung bedingtes Alternieren der Prismen- und Rhomboederflächen festzustellen, was bei vielfacher Wiederholung zu Horizontalstreifung auf den Prismenflächen (Abb. 55) und zu einer oft zu beobachtenden, stetigen oder treppenförmigen Verjüngung der Quarzkristalle nach der Spitze zu führt. Auch die *Szepterquarze,* stengelige Quarzkristalle mit knopfartiger Erweiterung an der Spitze (z. B.

---

[1]) Je nach Reinheitsgrad bis 220⁰.

Zillertal in Tirol), sind die Folge von derartigen Parallelverwachsungen. — Die Basis {0001} ist nur sehr selten zu beobachten. An Quarzkristallen aus den Klüften des Carraramarmors beobachtet man als weitere Prismenform noch das trigonale Prisma {11$\bar{2}$0}. — An den Trapezoederflächen sind mit Rücksicht auf deren enantiomorphe Ausbildung zwei morphologisch (und auch physikalisch) verschiedene Arten von Quarzkristallen zu unterscheiden: Die Trapezoederflächen liegen, vom Beschauer aus gesehen, entweder an der rechten oberen oder an der linken oberen Ecke der Prismenflächen; von diesen beiden Formen, die durch Drehung miteinander nicht zur Deckung gebracht werden können, nennt man die ersteren *Rechtsquarze*, die letzteren *Linksquarze* (Abb. 52). Es handelt sich dabei um die häufigen Flächen des positiven Trapezoeders, die immer unterhalb der Flächen des Hauptrhomboeders liegen; es treten nämlich auch negative Trapezoeder auf.

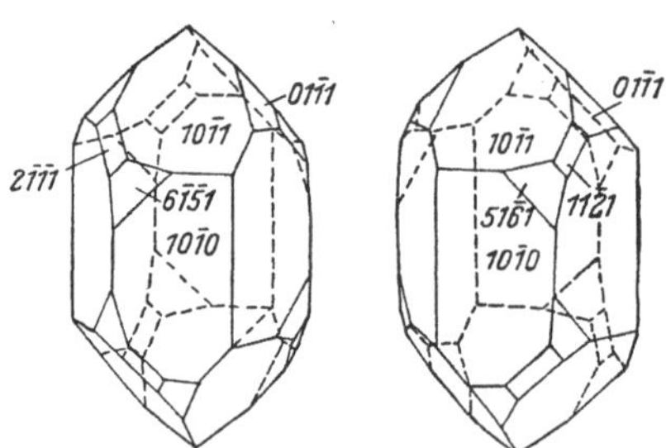

Abb 52. Linksquarz (links) und Rechtsquarz.

Als jüngste Bildung aus der Schmelze sind die Quarze in magmatischen Gesteinen meist allotriomorph. In den wenigen Fällen, wo in bestimmten Oberflächengesteinen idiomorph ausgebildete Quarzkristalle auftreten (trübe Porphyrquarze), zeigen diese Kristalle eine andere Tracht als die Kluft- und Drusenquarze. Die Prismenflächen sind ganz oder fast ganz unterdrückt[1]). Die beiden Rhomboeder erscheinen gleichmäßig entwickelt in Form einer hexagonalen Bipyramide (Abb. 53). Tatsächlich entwickelten sie sich bei der Bildung auch als einheitliche Form, denn sie gehören ja der hexagonal trapezoedrischen Hochform des Quarzes an, da sie bei Temperaturen wohl

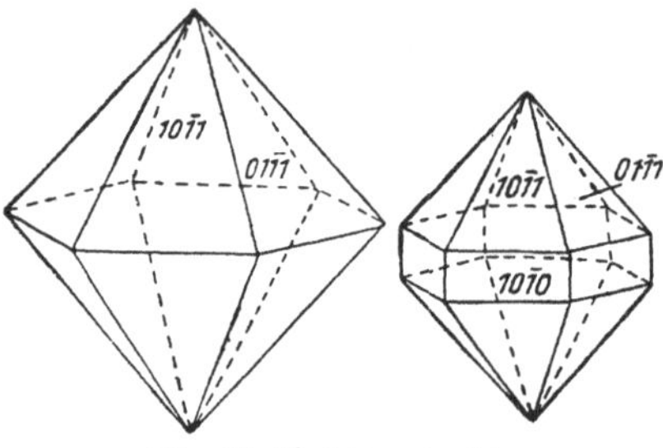

Abb. 53. Hochquarztrachten.

weit über 573° gebildet wurden; in dieser Kristallklasse ist die Form {10$\bar{1}$1} als zwölfflächige Bipyramide entwickelt. Der Übergang vom Hoch- zum Tiefquarz und umgekehrt erfolgt stets ohne Verzögerung, weil er nur im Wege geringer Atomverschiebungen innerhalb des Kristallgitters erfolgt, ohne daß ein völliger Umbau des Gitters vor sich gehen müßte. Ja, diese Umwandlung bahnt sich beim Erhitzen des Tiefquarzes allmählich an, sodaß beim Umwandlungspunkt nur noch ein unbedeutender Sprung in die Lagen höherer Symmetrie erfolgen muß. Dagegen ist die Umwandlung des Quarzes in Tridymit und Cristobalit und die von Tridymit in Cristobalit und umgekehrt (wie schon die großen Dichteunterschiede zeigen!) trotz der in allen Fällen vorliegenden Gerüstgruppierung der Tetraeder mit einem völligen Umbau des Gesamtgitters verbunden.

Die Quarzkristalle in Klüften und Drusen sind immer prismatisch, manchmal sogar nadelig, seltener gedrungen ausgebildet, sie sind, ganz abgesehen

---

[1]) Wenn die Prismenflächen überhaupt nicht zu erkennen sind, spricht man von Quarz-„Dihexaedern"; diese Tracht ist in seltenen Fällen auch an glasklaren Quarzkristallen in Drusen und Klüften von hydrothermalen Eisenerzgesteinen zu beobachten.

von der häufigen Verjüngung nach oben zu, oft sehr stark verzerrt, manchmal nach bestimmten Prismenflächenpaaren ausgesprochen tafelig ausgebildet. — Tritt ausnahmsweise als fast alleinige Form einer der beiden Grundrhomboeder auf, so ähneln die Quarzkristalle Würfeln.

Zwillingsbildungen sind beim Quarz sehr verbreitet.

1. *Dauphineer Gesetz:* Entweder zwei Rechts- oder zwei Linksquarze durchwachsen sich gegenseitig innig lamellar, wobei das eine Individuum gegenüber dem anderen um 180⁰ um die Z-Achse gedreht erscheint; solche Durchwachsungszwillinge haben mimetisch hexagonale Symmetrie, da (wenn vorhanden), die Trapezoederflächen sowohl oben wie unten an allen sechs Prismenflächen auftreten; es ist dies die Symmetrie der hexagonal trapezoedrischen Klasse. Besonders an Bergkristallen der Westalpen häufig zu beobachten (Abb. 54 und 55).

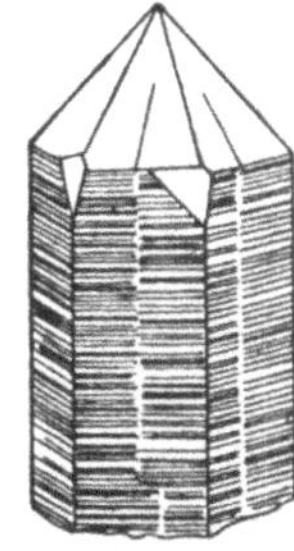

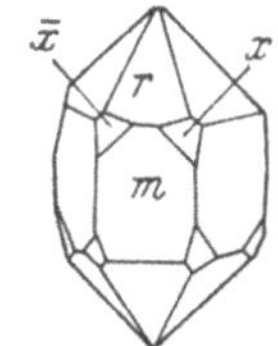

Abb. 54. Quarz, Links-Links-Zwilling nach dem Dauphineer Gesetz.

Abb. 55. Quarz, Rechts-Rechts-Zwilling nach dem Dauphineer Gesetz.

Abb. 56. Links-Rechts-Zwilling nach dem Brasilianer Gesetz.

2. *Brasilianer Gesetz:* Ein Rechtsquarz und ein Linksquarz durchwachsen sich gegenseitig lamellar und zwar erscheint das zweite Individium gegenüber dem ersten um 180⁰ um die Senkrechte auf (11$\overline{2}$0) gedreht. Nun erscheinen an den abwechselnden Prismenflächen die Trapezoederflächen (wenn vorhanden), sowohl rechts als auch links. Ein solcher Zwillingskristall behält wohl den dreizähligen Charakter der Hauptsache bei, besitzt aber drei in ihr sich schneidende Nebensymmetrieebenen und darauf senkrecht stehende A², die den einfachen Kristallen fehlen; der Zwilling zeigt damit die Symmetrie der hexagonal skalenoedrischen Klasse (Abb. 56). Das Gesetz ist besonders häufig bei brasilianischen Amethysten zu beobachten; es handelt sich dabei meist um mikroskopische Lamellenverwachsungen der beiden Individuen, die morphologisch nicht zum Ausdruck kommen.

Die feinlamellare Durchwachsung läßt die Zwillingsbildungen besonders im Polarisationsmikroskop gut erkennen. Makroskopisch sind sie beim Fehlen von Trapezoederflächen ebenso wie die Natur einfacher Kristalle als Rechts- oder Linksquarz nur an den mit Flußsäure hervorgebrachten Ätzfiguren erkenntlich. — Die beiden Gesetze können auch in einem und demselben Zwillingsaggregat nebeneinander auftreten. — Die besonders häufig auf den Prismenflächen unter den Flächen des negativen Rhomboeders senkrecht zur Kombinationsstreifung verlaufenden Nähte (Suturen) sind keineswegs immer Kennzeichen von Verzwillingung.

3. *Japaner Gesetz:* Es sind Berührungszwillinge mit unregelmäßiger Verwachsungsnaht, die gewöhnlich bei tafelig verzerrten Kristallen auftreten und bei welchen die beiden Individuen fast in einem rechten Winkel zueinander

gestellt sind (Abb. 57). Als Zwillingsebene fungiert $(11\overline{2}2)$; zu beobachten an Bergkristallen von verschiedenen Stellen in Japan, Piemont, im Vogtland usw.

Nichts mit Zwillingsbildung zu tun haben die „gewundenen" Quarze, die rechts herum oder links herum gewunden sein können. Es handelt sich hier um subparallele Verwachsungen meist plattiger Gestalt, die aus zahlreichen Individuen bestehen, von denen immer das folgende gegenüber dem vorhergehenden um einen kleinen Winkelbetrag um alle Achsenrichtungen im selben Sinne gedreht erscheint; dadurch entstehen tafelartige, windschiefe Aggregierungen, die bei den Linksquarzen links gewunden, bei den Rechtsquarzen rechts gewunden sind (Abb. 58).

Flüssigkeits- (meist CO_2 oder H_2O, manchmal beides, oft mit Libellen) und Gaseinschlüsse, gewöhnlich von mikroskopischen Dimensionen, sind allgemein verbreitet; bei großer Dichtigkeit bedingen sie wolkige Trübung. Ebenso enthalten die Quarzkristalle häufig feste Einschlüsse verschiedenster Art (z. B. Rutil, Chlorit, Aktinolith, Eisenglanz, Anhydrit, in Oberflächengesteinen auch nicht selten Glas), welche natürlich die Durchsichtigkeit und die Farbe stark beeinflussen. Sehr schlecht spaltbar nach $\{10\overline{1}1\}$, meist kaum erkennbar. Bruch muschelig mit Fettglanz auf den Bruchflächen. Kristallflächen glasglänzend. $H = 7$; $D = 2.65$. Im reinsten Zustand farblos, durchsichtig, häufig durch Beimengun-

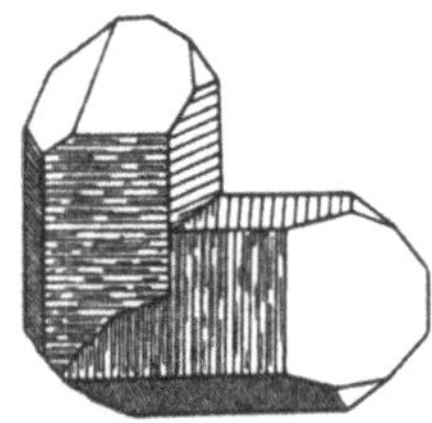

Abb. 57. Zwilling nach dem Japaner Gesetz.

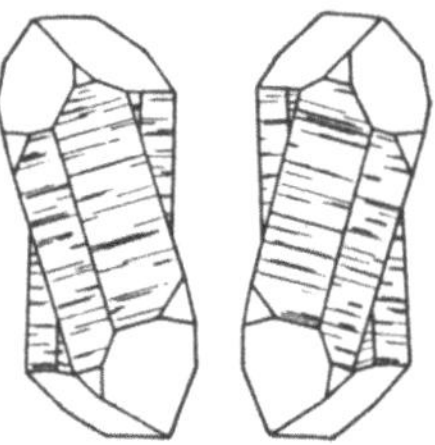

Abb. 58. Quarz, rechts- und links-„gewundene" Verwachsungen.

gen oder durch kurzwellige Bestrahlung gefärbt; sonst milchig trübe oder fast undurchsichtig. Opt. $+$; $\omega = 1.544$, $\varepsilon = 1.553$, $\varepsilon - \omega = + 0.009$. Zirkularpolarisierend unter Rechts- (Rechtsquarze) oder Links-Drehung (Linksquarze) der Schwingungsebene des polarisierten Lichtes (Tab.!); bei Linksquarzen ändert sich zwischen gekreuzten Nicols beim Drehen des Analysators im Sinne des Uhrzeigers in Achsenplatten die Interferenzfarbe in Richtung von violett gegen rot, bei Rechtsquarzen ist es umgekehrt. Rechts- und Linksquarze können auch durch die Orientierung der Ätzfiguren von einander unterschieden werden (Abb. 59). — Gut durchlässig für ultraviolette Strahlen; piezoelektrisch (in Richtung der A^2).

Drehung der Polarisationsebene durch 1 mm dicke, zur optischen Achse senkrechte Platten von Quarz.

	Wellenlänge	Drehung
	21400 Å	± 1.55⁰
ultrarot	10400	6.69
	6700	16.54
	5893	21.72
	4916	31.98
	4047	48.93
ultraviolett	3726	58.96
	2194	220.70

Auch der Hochquarz zeigt mit Rücksicht auf die ebenfalls rechts- oder linksgewundene Schraubengruppierung der SiO_4-Tetraeder im Kristallgitter in Richtung der Z-Achse Zirkularpolarisation.

Gegenüber Säuren (außer Flußsäure) ist der Quarz sehr widerstandsfähig; von Kalilauge wird er nur wenig angegriffen; wegen dieser Widerstandsfähigkeit und wegen seiner Härte geht er in die Sedimente unverändert und nur abgerollt ein. Trotz der Härte und Sprödigkeit erscheint er in der Erdkruste unter Wirkung gerichteten Druckes häufig deformiert, was sich in den Anfangsstadien in der wogenden (*undulösen*) Auslöschung der einzelnen Körner zu erkennen gibt; bei länger dauernder und starker Druckeinwirkung (also besonders in den regional metamorphen Gesteinen) erscheint er „eingeregelt", d. h. in der Druckrichtung gestreckt und orientiert, was seine Ursache wohl darin hat, daß er bei höheren Temperaturen auf den Druck unter Aufhebung der inneren Spannungen durch Gleitungen unter Erhaltung des Gitterverbandes reagiert.

Der allgemein verbreitete Quarz tritt in den Drusen und Klufträumen in Form oft zentnerschwerer Kristalle oder auch derb auf; in den Gesteinen selbst ist er in der Regel mehr oder weniger grobkörnig derb ausgebildet (*Gemeiner Quarz*) und im gebrochenen Gestein leicht am Fettglanz der Bruchflächen zu erkennen; vom ähnlichen Nephelin (Eläolith) ist er dadurch unterschieden, daß sich dieser mit dem Messer gerade noch ritzen läßt[1]); größere Gänge aus derbem Quarz sind auf pneumatolytisch-hydrothermalem Wege entstanden und vielfach sehr rein (*Gangquarze*). In den Sedimenten gerundete Kristalle, in Konglomeraten, feinkörnig im Quarzsand und daraus hervorgegangenem Sand-

Abb. 59. Rechts- und Linksquarz nach künstlicher Ätzung mit Flußsäure; große und weniger dicht liegende Ätzfiguren kennzeichnen die Flächen des positiven Rhomboeders (10$\bar{1}$1); jene des negativen Rhomboeders (0$\bar{1}$$\bar{1}$1) werden wegen der kleinen, dichtgedrängten Ätzfiguren matt (nach H i n t z e).

stein, welcher wieder im Verlaufe der Metamorphose in die mehr oder weniger reinen *Quarzite* übergeht. — Abgerollte Kristalle vielfach als Gerölle.

1. *Kristallisierter Quarz:* Die Farbe, die bei vorsichtigem Erhitzen meist zum Verschwinden gebracht werden kann, ist in manchen Fällen darauf zurückzuführen, daß sich unter dem Einfluß natürlicher Radiumstrahlung ähnlich wie beim „blauen Steinsalz" durch partielle Loslösung von einzelnen Atomen aus dem Gitterverband Gitterstörungen unter kolloidaler Sammlung der aus dem Verband gelösten Atome bemerkbar machen.

Bergkristall, weitverbreitet in alpinen Klüften, zentnerschwere Kristalle nicht selten. Völlig durchsichtig oder leicht getrübt. *Geisterquarz* bei zonarer Verteilung der auf Einschlüsse zurückzuführenden Trübung. Die *Marmoroser Diamanten (Similidiamanten)* sind lebhaft glänzende, oft für Schmuckzwecke verschliffene, kleinere, allseits ausgebildete Bergkristalle aus den Klüften von Tonschiefersedimenten (Marmoros in Rumänien). Ähnliche, ringsherum ausgebildete Kristalle auch in Klüften des Carrara-Marmors. — Vielfach mit festen Einschlüssen verschiedenster Art.

Rauchquarz (fälschlich *Rauchtopas* genannt) hat rauchbraune Farbe und ist mehr oder weniger durchsichtig; er verliert die Farbe beim Glühen; wenn er undurchsichtig, braunschwarz bis schwarz ist, heißt er *Morion*,

---

[1]) In derber Form kann Quarz auch mit den ihm in der Härte näherstehenden Mineralien Cordierit (S. 208) und Pollucit (S. 102) unschwer verwechselt werden, die ebenfalls keine deutliche Spaltbarkeit besitzen.

bei gelber Farbe *Citrin* (fälschlich *Goldtopas* genannt). Weit verbreitet in den Alpen, auf Elba, in Schlesien, Ural, Ceylon usw. Künstlich kann die Rauchquarzfärbung bei Bergkristallen durch Radiumbestrahlung hervorgebracht werden. Allgemein verschwindet die Färbung beim Erhitzen auf etwa 300°, vorher werden die Rauchquarze gelb wie Citrin.

Amethyst[1]). xx derbstrahlig von Hohlraumwänden hereinwachsend und mit Rhomboedern endigend. Mehr oder weniger tiefviolett, Farbe manchmal stark ins Rötliche gehend. Neuerdings wird vermutet, daß die Farbe durch eine spektroskopisch nachweisbare, sehr unbedeutende Beimengung von isomorphem Borphosphat BPO_4 hervorgebracht wird; Amethyst hat eine sich allerdings erst in der 4. Dezimale bemerkbar machende, höhere Lichtbrechung als Bergkristall und scheinbar eine um 0.001 geringere Dichte, er ist optisch anomal zweiachsig mit einem Achsenwinkel von 2—32° und enthält größenordnungsmäßig 0.1% B_2O_3, entsprechend ungefähr 0.2% BPO_4. Die Farbe ver-

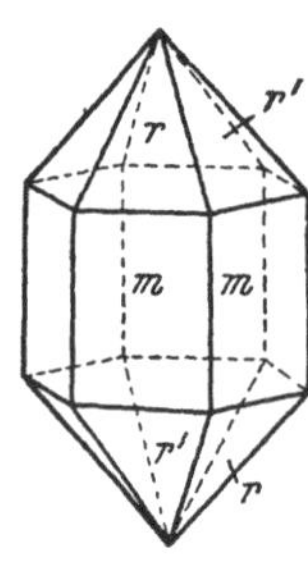

schwindet zwischen 300° und 500°; manche dunkelgefärbten Amethyste werden bei vorsichtigem Erhitzen gelb bis bräunlichgelb (die sonst seltenen Citrine sind vielfach derartig behandelte Amethyste oder Rauchquarze); sie führen dann den Namen „falscher Goldtopas". Die violette Farbe der verfärbten Amethyste kann durch Radiumbestrahlung wieder hervorgebracht werden. — Besonders in Mandelräumen (vielfach auf Achat aufgewachsen) von Melaphyren (Oberstein in Westdeutschland usw.), aber auch in Klüften von Graniten (Zillertal usw.) und von Sandsteinen (Uruguay, Brasilien); auf Erzgängen z. B. in Oberungarn.

Abb. 60. Tracht des oft modellartig ausgebildeten Milchquarzes.

Milchquarz ist durch Einschlüsse und Sprünge weißer oder gelblicher, undurchsichtiger Quarz; xx meist beidseitig ausgebildet, häufig modellartig, nur mit dem hexagonalen Prisma und gleichmäßig entwickelten Hauptrhomboedern (Abb. 60); auf Erzgängen und in Geröllen. — *Eisenkiesel* ist durch Einschlüsse von Eisenoxydhydrat oder Eisenoxyd undurchsichtiger, gelbbrauner, brauner oder rotbrauner, kristallisierter Quarz, besonders in Klüften von Sedimenten. — *Saphirquarz* oder *Blauquarz* (z. B. in Schiefergesteinen bei Golling in Salzburg) ist undurchsichtiger, trübblauer Quarz, dessen Farbe durch Lichtbeugung an feinsten, reichlich eingeschlossenen Krokydolithnadeln hervorgebracht wird (s. unten). — *Aventurinquarz* ist durch Einschlüsse von Glimmerteilchen oder Eisenglanzschüppchen grün oder häufiger rot schillernder Quarz; er ist gewöhnlich derb. — *Kappenquarz* ist trübgrauer, auf Erzgängen auftretender Quarz von zonarem Aufbau, wobei sich wegen Einschlußeinlagerungen einzelne der Kristallbegrenzung parallele Zonen leicht voneinander abheben lassen. — *Prasem* ist durch reichliche Strahlsteineinschlüsse lauchgrün gefärbter Quarz.

2. Sonstige Formen von *derbem Quarz:* Ein nur selten klarer, meist derber Quarz von rosenroter Farbe aus gangförmigen Pegmatitausläufern ist der *Rosenquarz* (Zwiesel in Bayern, Ural, Maine, Brasilien, Madagaskar usw.). — Als *Falkenauge*, bzw. *Tigerauge* bezeichnet man grüngraue, blaue, bzw. besonders goldgelbe bis gelbbraune (infolge Eisenhydratbildung) seidenschimmernde Umwandlungs- oder Verdrängungspseudomorphosen von SiO_2 nach

---

[1]) Abgeleitet vom griechischen Worte für „nicht trunken". Er galt im klassischen Altertum als Schutzmittel gegen Trunkenheit.

Asbest (besonders nach Krokydolithasbest), die häufig noch Asbestfasern enthalten (Ceylon, besonders aber Kapland). Auch sonst bildet der Quarz vielfach Umwandlungs- und Verdrängungspseudomorphosen nach anderen Mineralien.

3. *Mikrokristalliner Quarz:* Die dicht erscheinende Abart des Quarzes, die aus mikroskopischen Fasern aufgebaut ist, hat man lange Zeit für eine besondere Modifikation des Kieselsäureanhydrides gehalten. Die Röntgenuntersuchung hat aber eindeutig ihre Zugehörigkeit zum Quarz erwiesen. Diese mikrofaserige Abart des Quarzes führt den Namen *Chalcedon.* Die Faserrichtung ist meist eine zur Z-Achse senkrechte Richtung. Die Chalcedone haben daher meistens optisch negativen Charakter in der Faserrichtung, was Anlaß zur obigen Deutung als besondere Art von SiO$_2$ gab. Es gibt aber auch Chalcedone, bei denen die Faserrichtung der Z-Achse entspricht, bei denen also die Fasern positiven Charakter haben; sie werden vielfach als *Quarzin* bezeichnet. *Lussatit* ist ein „Chalcedon", der bei deutlich geringer Lichtbrechung die Struktur des Tiefcristobalites aufweist (s. u.); Längsrichtung positiv wie beim Quarzin. Infolge der feinfaserigen Ausbildung werden die Chalcedone von Kalilauge etwas stärker angegriffen als der Quarz; die Brechungsquotienten liegen nur sehr wenig unter denen des Quarzes; die Dichte ist infolge einer leichten Porosität der Faseraggregate etwas geringer (um 2.60). — Durchsichtig, durchscheinend oder undurchsichtig von sehr wechselnder Farbe; vielfach traubig oder krustig ausgebildet in Mandelräumen und auf Klüften, oft als Unterlage von Quarz; nicht selten stalaktitisch. Die Farbe ist durch meist feinst verteilte Fremdeinschlüsse bedingt. An Farbabarten werden unterschieden: *Carneol,* rot durchscheinend; *Jaspis,* braunrot bis rot, undurchsichtig, muschelig brechend (*Bandjaspis* und *Porzellanjaspis* sind keine Mineralien, sondern thermisch gefrittete Tongesteine von jaspisähnlichem Aussehen). — *Chrysopras* ist durch Beimengung von Nickelverbindungen apfelgrün gefärbter Chalcedon, *Heliotrop* undurchsichtig grüner mit roten Punkten (Eisenoxyd), *Moosachat* durchsichtiger Chalcedon mit grünen, baumförmig verzweigten (dendritischen) Einschlüssen. — *Plasma* ist undurchsichtig, grün. — Besonders bekannt sind die *Achate*; das sind aus verschiedenfarbigen Schichten aufgebaute Chalcedone; der Farbwechsel wird durch die lagenartige Ausbildung und durch rhythmische Ausfällung von Eisenoxydhydrat in den einzelnen Lagen, vielleicht noch im Stadium der Vorstufe des Opals, hervorgerufen. Die Achate des Handels sind häufig künstlich gefärbt oder nachgefärbt; vorzugsweise in Blasenräumen von Oberflächengesteinen (z. B. Melaphyre von Oberstein a. d. Nahe); als *Onyx* bezeichnet man dicklagige, meist schwarz-weiß gebänderte Achate. — *Enhydros* sind durchscheinende Chalcedonmandeln, die ringsum abgeschlossen sind und noch Flüssigkeit im Kern enthalten (Uruguay, herausgewittert aus Oberflächengesteinen); auch die sogen. *Abakus*steine sind aus Lipariten herausgewitterte, flache, wulstige Chalcedonmandeln (Ugo u. a. O. in Japan). — Chalcedon kommt auch in Form von blauen, würfeligen Pseudomorphosen nach Flußspat vor (Siebenbürgen) und in Form von Pseudomorphosen nach anderen Mineralien.

Körnig-dichter Quarz sind außer einem Teil von Jaspis, Plasma und Heliotrop vor allem die sehr reinen, knolligen oder seltener plattigen *Feuersteine (Flint)* und der unreine *Hornstein.* Die oft düster graue bis schwarze Farbe der Feuersteine rührt von Beimengungen organischer Natur her, weshalb das Feuersteinmaterial beim Brennen rein weiß wird. Die Entstehung der Feuersteine ist durch die Sammlung kolloidaler Kieselsäure organischen Ursprungs (aus SiO_2-Skeletten) in Kreidekalken zu erklären; er enthält auch noch beträchtliche Mengen von Opalkieselsäure. Die poröse, weiße Rinde, welche die Feuersteinknollen umgibt, ist keine Zersetzungsrinde, sondern eine Abgrenzungszone gegenüber dem Kreidekalk mit unvollständiger Verkieselung; ihre Porenräume entstehen durch Auslaugen des Calciumkarbonates in dieser Übergangsrinde. Feuerstein ist in den Kreidekalken weit verbreitet (Rügen, Jütland mit sekundärer Verlagerung nach Mitteldeutschland, Südengland, Nordseeküste von Frankreich und Belgien usw.). Die Hornsteine sind grundsätzlich meist ähnlicher Entstehung, sie können aber teilweise auch durch Verkieselung anorganischen Materials, z. B. von Tuffen, entstanden sein. Auch die dunklen *Kieselschiefer* und damit der schwarze *Lydit (Lydischer Stein* oder *Probierstein)* leiten sich als fast reiner, dichter Quarz von tierischen Skeletten mit schwarzfärbenden organischen Verwesungsresten her.

In den Sedimenten werden die gerundeten Quarzkörner durch verschiedene Bindemittel, die ihnen mannigfaltige Farben verleihen, miteinander verbunden (z. B. durch Calciumkarbonat, durch tonige Substanzen oder durch Eisenoxydhydrate: Kalkige, tonige oder eisenschüssige *Sandsteine*); aus den Sandsteinen gehen im Wege der Metamorphose die geschichteten Quarzitschiefer und festen Quarzite hervor. Von besonderer Auffälligkeit ist der sogenannte *kristallisierte Sandstein* (Fontainebleau bei Paris usw.); in der Regel ist er in Form von großen, zu Gruppen vereinigten, steileren Rhomboedern mit den Flächenwinkeln des Kalkspates ausgebildet; die „Kristalle" enthalten 60 bis 80% Quarzsand und als Bindemittel Calciumkarbonat, welch letzteres die Ursache und der Träger der Kristallbildungen ist. Es gibt auch kristallisierte Sandsteine in anderen Kristallformen mit Schwerspat oder Steinsalz als Bindemittel. — Eine eigenartige Bildung stellen die *biegsamen* Sandsteine dar, die in Brasilien und bei Delhi in Ostindien als Lagen in gewöhnlichem Sandstein auftreten. Die etwa 1 cm dicken, plattigen Lagen erhalten ihre Biegsamkeit vom gelenkartigen Ineinandergreifen der Quarzkörner *(Itacolumit)*.

Auch kristallisierter Quarz wurde synthetisch schon in ziemlich großen Kristallen dargestellt. — Es sei erwähnt, daß denselben Kristallbau wie der Quarz die Verbindungen $AlAsO_4$, $FePO_4$, BPO_4 und $AlPO_4$ haben. Dabei sind die Si-Atome gesetzmäßig zur Hälfte durch dreiwertige und zur anderen Hälfte durch As′′′′′- (bzw. P′′′′′-) Atome ersetzt, was eine Verdoppelung der c-Kante des Elementarkörpers zur Folge hat; diese Verbindungen stellen also Polyquarze im kristallchemischen Sinne dar; von $AlPO_4$ sind zudem auch künstlich dargestellte Modifikationen mit Cristobalit- und Tridymitstruktur bekannt. $AlPO_4$trg kommt auch sehr selten als Mineral vor; es führt den Namen *Berlinit*; die Eigenschaften sind quarzähnlich: $\omega = 1.523$, $\varepsilon = 1.529$; $\varepsilon—\omega = 0.006$; $D = 2.64$; glasartig oder faserig; auf Schonen.

Quarz mit seinen Abarten findet ausgedehnteste und vielseitigste Verwendung: Die schönfarbigen, durchsichtigen und undurchsichtigen Varietäten (Bergkristall, Rauchquarz, Citrin, Rosenquarz, Amethyst, Carneol, Achat usw.) finden mit Fazetten- oder Mugelschliff als Schmucksteine Verwendung; Onyxe eignen sich besonders für Gemmenschnitt; dieselben Varietäten werden auch zu kunstgewerblichen Gegenständen verarbeitet. — Senkrecht zu den zweizähligen Piezoachsen (unverzwillingter!) Quarzkristalle geschnittene Platten finden als Piezo- oder Schwingquarze für Druckmessungen, in der Hochfrequenztechnik und Elektroakustik wichtige Anwendung. Einschlußfreie Bergkristalle werden wegen der Ultraviolett-Durchlässigkeit (auch im umgeschmolzenen Zustand) zu Prismen und Linsen und wegen der Widerstandsfähigkeit und geringen thermischen Ausdehnung für die Herstellung von Normalmaßstäben und Normalgewichten verwendet. Die Herstellung durchsichtigen Quarzglases aus Bergkristall oder reinstem Quarzsand gelingt erst seit der Jahrhundertwende. Seitdem werden die mannigfaltigsten Laboratoriumsgeräte, Fäden für Torsionswaagen usw. daraus hergestellt. Trübes Quarzglas für Laboratoriumsgeräte und für Quarzglaswolle führt den Namen Quarzgut. — Reinster Gangquarz und in noch viel größerem Umfange reinste (praktisch eisenfreie!) Quarzsande, z. B. westdeutsche und sächsische Sande, ferner auch Feuerstein werden in größtem Umfange in der Glas- und keramischen Industrie benötigt. Quarzsand mit Bindemitteln, Quarzitschiefer und Quarzite liefern feuerfeste Steine (Dinas- und Silikasteine usw.). Sandsteine dienen als Bausteine. Reinster Quarz findet auch in der chemischen Industrie als Füllmittel für Säuretürme Verwendung; aus Sandstein werden Mühlsteine hergestellt. Ferner werden aus Quarz Siliziumkarbid (Karborundum), Ferrosilizium und Reinsilizium, das als Legierungsmetall in der Leichtmetallindustrie in letzter Zeit von immer größerer Bedeutung geworden ist (z. B. Silumin) dargestellt; Achate werden besonders für die Herstellung von Laboratoriumsgeräten, Zapfenlagern von Waagen usw. verwendet.

Tief-Tridymit $\overset{3}{\infty}$ [SiO$_2$]. Rhombisch-bipyramidal, pseudohexagonal. Aus dem Silikatschmelzfluß selbst bildet sich auch bei Temperaturen oberhalb 870⁰ bei hohem Druck (Tiefengesteine) immer nur Quarz. Tridymit mit Cristobalit erscheinen daher nur gelegentlich als Gemengteile vulkanischer Gesteine. Der Tridymit bildet sich aber als pneumatolytisches Exhalationsmineral in mäßig sauren Oberflächengesteinen (Trachyte und Andesite: Siebengebirge, Oststeiermark, Euganeen, Kamtschatka usw.); gelegentlich als reichlich vorhandener Gemengteil in sauren, jungvulkanischen Gesteinen (Californien, Colorado); ferner konnte er in kryptokristalliner Form in Opalen nachgewiesen werden, manchmal auch in von Laven aufgeschmolzenen, sandigen Sedimenten (Neue Hebriden) und in Meteoriten. Er bildet sechsseitige Täfelchen von

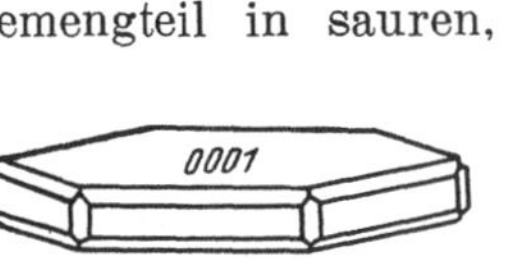

Abb. 61 a. Tridymit, tafeliger Kristall (nach T s c h e r m a k - B e c k e).

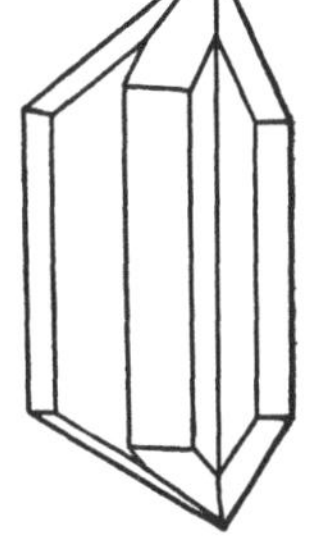

Abb. 61 b. Tridymit, Drilling (nach T s c h e r m a k - B e c k e).

höchstens einigen Millimetern Durchmesser (Abb. 61 a), der Bildung als hexagonaler Hoch-Tridymit entsprechend. Begrenzungsflächen besonders {0001} und {10$\bar{1}$0}; vielfach kleine kugelige Gruppen oder die einzelnen Täfelchen zu fächerförmig gestellten Drillingen zusammengefaßt (Abb. 61 b). Im polarisierten Licht erweisen sich bei Normaltemperatur die sechsseitigen Tafeln als Durchkreuzungsdrillinge von rhombischen Kristallen. Spaltbarkeit nach den Hauptformen nur sehr schlecht. H fast 7; D = 2.27. Glasglänzend, durchsichtig oder trüb, n bei schwacher Doppelbrechung (0.003) um 1.478; löslich in heißer Sodalösung. — Tridymit vermag Mischkristalle mit dem strukturverwandten Nephelin zu bilden (*Christensit* mit ca. 5% Na[AlSiO$_4$]); er nimmt unter Teilersatz von Si$^{····}$ durch Al$^{···}$ Na in die Lücken des Gitters auf.

Der Kristallbau des Tridymits (Abb. 62) entspricht dem der gewöhnlichen Form des Eises, wobei die Positionen der O-Atome des Eises von den Si-Atomen eingenommen werden; auf deren tetraedrisch verteilten Verbindungslinien sitzen in den Mitten die O-Atome, während im Eis die auf diesen Linien zwischen den tetraedrisch gruppierten O-Atomen gelagerten H-Atome im Sinne einer Molekülbildung je zu zweien in der Richtung zu einem O-Atom verschoben sind. Das gesamte Tetraedergerüst ist sperriger und daher voluminöser als beim Quarz.

Meist in Quarz paramorphosiert. Künstlich entstanden in Silikasteinen und in Glas bei Entglasungsprozessen.

Tief-Cristobalit $\overset{3}{\infty}$ [SiO$_2$]. Tetragonal-trapezoedrisch. xx trüb, milchweiß, anscheinend kubisch mit {111} und untergeordnet {100}, auch Zwillinge nach {111}. Doppelbrechend, da in Wirklichkeit tetragonal. Bei ungefähr 200° unter Klarwerden in den kubischen *Hoch-Cristobalit* übergehend. H = 6½ ; D = 2.32, n = 1.485, ε—ω = — 0.003. Tetraedergerüst ebenso sperrig wie bei Tridymit (Abb. 63). Vorkommen in Blasenräumen von basischen bis sauren Oberflächengesteinen wie Tridymit, oft mit diesem zusammen, stets außerhalb des Stabilitätsgebietes gebildet (blaue Kuppe bei Eschwege, Eifel, Colorado, Californien, Kamtschatka, San Cristobal in Mexiko usw.), auch in Obsidianen und Opalen (besonders in Diatomeenerde) nachgewiesen; künstlich wie Tridymit in Silikatsteinen und als Entglasungsprodukt; ebenfalls gelegentlich in Quarz paramorphosiert (Schwefellagerstätte von Girgenti). — Nur in Flußsäure löslich.

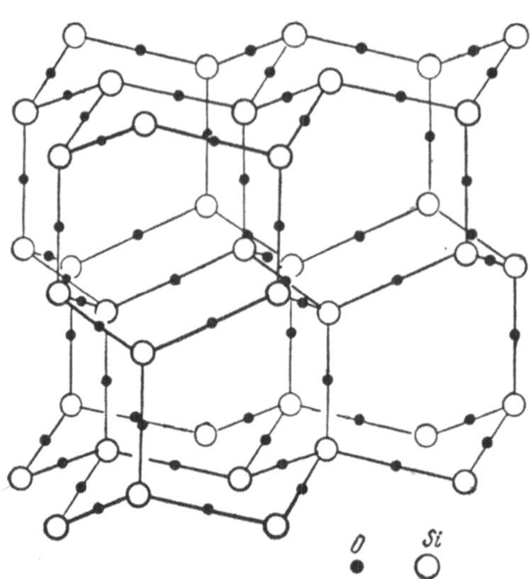

Abb. 62. Kristallstruktur des Tridymits; ähnlich jene von Eis, wobei dann die Positionen von Si durch O eingenommen werden.

Es gibt auch eine bei hohen Drucken sich bildende kubische Modifikation des Eises, deren Struktur zu jener des Cristobalits in derselben Beziehung steht wie die des gewöhnlichen Eises zu der des Tridymits. — Ferner gibt es von $\overset{3}{\infty}$ Na[AlSiO$_4$] eine nur synthetisch hergestellte Modifikation, den *α-Carnegieit*, dessen Aufbau sich vom Cristobalit ableiten läßt wie der des Nephelins vom Tridymit; auch zwischen dem α-Carnegieit und dem kubischen Cristobalit gibt es Mischkristalle, d. h. der α-Carnegieit kann einen Überschuß an SiO$_2$ aufweisen wie der Nephelin. In jedem Fall handelt es sich bei solchem, über die Normalformel hinausgehenden Ersatz von Al··· durch Si···· um eine mangelhafte Besetzung der Positionen der Kationen II. Art.

Das reine SiO$_2$-Glas tritt in der Natur in Form von Blitzröhren (*Fulguriten*) in reinsten Quarzsanden auf. H = 7; D = 2.20; n = 1.459. Als Mineral führt es den Namen *Lechatelierit*.

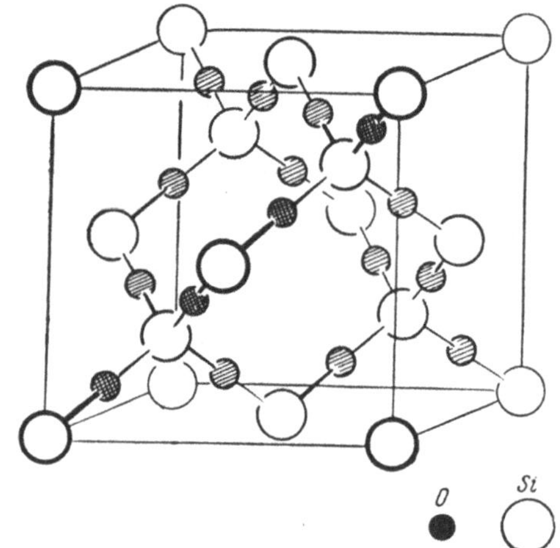

Abb. 63. Kristallstruktur des Hochcristobalites.

6. Die Melilithe Ca$_2$ [8] (Mg, Al) [4] [(Si, Al)$_2$O$_7$]te.

Über-, ja sogar Hauptgemengteile in bestimmten Eruptivgesteinen, die aber ebensowenig wie der Wollastonit Erstarrungsprodukte des normalen Silikatschmelzflusses sind, sondern ihre Entstehung einer starken Kalksteinassimilation durch den Schmelzfluß verdanken, sind die *Melilithe*. Sie kristallisieren tetragonal skalenoedrisch; im Gestein ersetzen sie die Plagioklase und werden dort stets vom Perowskit $\overset{3}{\infty}$ Ca[TiO$_3$] und Titan- und Aegirinaugiten begleitet. Die wichtigsten Daten der Endglieder der Mischkristallreihe und des isomorphen *Hardystonites* sind:

Zusammensetzung	Name	ε	ω	ε-ω	D		Smp[1])
Ca$_2$Al[AlSiO$_7$]	Gehlenit Ge	1.66	1.67	—0.01	3.0	opt. —	1590^0
Ca$_2$Mg[Si$_2$O$_7$]	Åkermanit Åk	1.64	1.63	+0.01	2.94	opt. +	1458^0
Ca$_2$Zn[Si$_2$O$_7$]	Hardystonit	1.66	1.67	—0.01	3.40	opt. —	

Ca kann untergeordnet durch Na, Mg noch durch Fe oder weitgehend durch Zn ersetzt sein.

Eine Folge des Umstandes, daß der optische Charakter bei den intermediären Gliedern wechselt, ist das Auftreten von anomalen (blaugrauen) Interferenzfarben in normaldicken Gesteinsdünnschliffen.

Gute xx häufig, sowohl auf- wie eingewachsen; dicktafelig oder dicksäulig, meist nur {100} und {001}. Spaltbar nach {001}. H = 5—6. Glasglänzend, meist undurchsichtig, weiß, grünlichgrau, gelbbraun. Schwer schmelzbar, durch Säuren unter Abscheidung gallertiger Kieselsäure leicht zersetzlich.

Eine strukturelle Eigentümlichkeit der Melilithe besteht darin, daß auch in den Mg-reichen Gliedern diese Kationen von 4 O-Atomen verzerrt tetraedrisch umgeben sind, so daß man häufig die Melilithe zu den Silikaten mit unendlichen Tetraedernetzen stellt. Verschiedene Umstände sprechen aber dafür, daß man sie besser zu jenen Silikaten stellt, deren Aufbau durch das Auftreten von aus zwei SiO$_4$-Tetraedern bestehenden Gruppen [Si$_2$O$_7$]$^{-6}$ bis [SiAlO$_7$]$^{-7}$

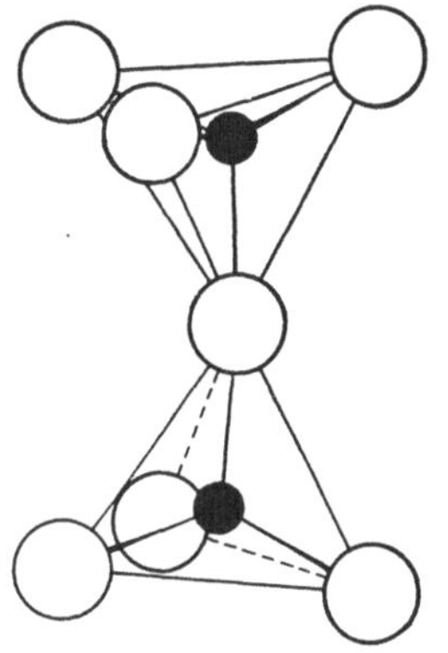

Abb. 64. Gekoppelte SiO$_4$-Tetraeder: [Si$_2$O$_7$]$^{-6}$ bis [Si AlO$_7$]$^{-7}$.

gekennzeichnet ist (Abb. 64). Dem entsprechen die relativ hohe Dichte und Lichtbrechung, die leichte Zersetzlichkeit und der Umstand, daß bisher noch kein Fall der Austauschfähigkeit von Si'''' durch Mg¨ und umgekehrt bekannt geworden ist.

Gehlenit ist ein Kalkkontaktmineral (Monzoni in Südtirol, Banat usw.). Die intermediären Mischungsglieder finden sich in jungen, basischen Kalkassimilations-Oberflächengesteinen (gangförmige oder Schlotgesteine) oft in beträchtlichen Mengen; Melilithbasalte oder besser Melilithite von Süd-Württemberg, Mitteldeutschland, Nordböhmen, Madagaskar, Alnöite von Alnö in Schweden usw.; ferner in Vesuvauswürflingen, seltener in basischen Tiefengesteinen (Peridotite von Kola und Iron Hill, Colorado); künstlich in Schlacken und Zementen. Der *Åkermanit* ist in reinem Zustand nur als häufiges, gut ausgebildetes Schlackenmineral bekannt.

Der *Zinkmelilith* oder *Hardystonit* Ca$_2$Zn[Si$_2$O$_7$] te bildet weiße, körnige Massen in der Mn, Zn-Kontaktlagerstätte von Franklin, N. J.

---

[1]) Es liegt hier eine Mischkristallreihe mit Schmelzpunktminimum (1400^0) bei der Zusammensetzung Ge$_{30}$Åk$_{70}$ vor.

7. Die Wollastonitgruppe.

Wollastonit und Parawollastonit (Tafelspat), beide $CaSiO_3$ und einander sehr ähnlich, kristallisieren triklin pedial, bzw. monoklin prismatisch; sie sind mit den Pyroxenen *nicht* isomorph. Gute xx sind selten; meist nur in großen, undeutlichen xx eingesprengt; diese sind in der Regel tafelig nach $\{100\}$ oder nach $\{001\}$ ausgebildet, dabei meist nach der Y-Achse stark gestreckt; häufig auch tafelig-strahlige bis faserige Massen. Zwillinge nach (100) nicht selten. Gut spaltbar nach (100), (001) und ($\overline{1}02$), schlecht nach ($\overline{1}01$). H gegen 5, D $\sim$ 2.85; weiß, grünlich, bläulich oder bräunlich, durchscheinend; Glasglanz, auf den Spaltflächen Perlmutterglanz, in Faseraggregaten Seidenglanz. Opt. —; $n\beta$ um 1.63, $\gamma—\alpha = 0.015$; $c:n\alpha = 34^0$. — Schwer schmelzbar; in Säuren unter Abscheidung gallertiger Kieselsäure löslich.

Der Aufbau der xx ist durch das Auftreten von Ringen gekennzeichnet, die aus drei, über Ecken verbundenen SiO_4-Tetraedern bestehen (Abb. 65);

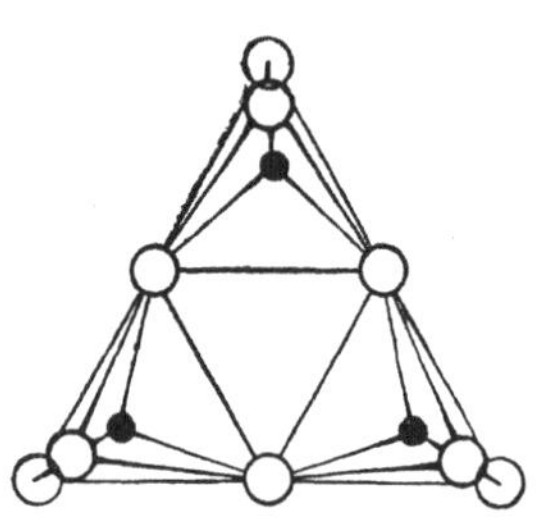

Abb. 65. Tetraederring $[Si_3O_9]^{-6}$.

diese Tetraederringe haben die Zusammensetzung $[Si_3O_9]^{-6}$, sie werden durch die Ca-Ionen abgesättigt und miteinander verbunden, wobei die Koordinationsverhältnisse um die Ca-Ionen recht unregelmäßig sind. Formel daher $Ca_3[Si_3O_9]$. — Der Elementarkörper des monoklinen Parawollastonits stellt wahrscheinlich nichts anderes als eine Verzwillingung des triklinen Elementarkörpers des Wollastonits nach (100) dar. Der Wollastonit unterscheidet sich vom Parawollastonit (beide können in Gesteinen nebeneinander vorkommen) im wesentlichen nur dadurch, daß bei ersterem der Winkel zwischen der Y-Achse und der O.A.E. 4^0 beträgt, bei letzterem 0^0.

Beide Mineralien sind typische, weitverbreitete (z. B. Banat, Finnland, Canada, Californien) Kalkkontaktprodukte, die häufig mit Kalkgranaten und Vesuvian vergesellschaftet sind; auch in kalkreichen vulkanischen Auswürflingen (Vesuv); wo Parawollastonit in Eruptivgesteinen auftritt (z. B. Wollastonitphonolithe des Kaiserstuhls in Baden, Alnö in Schweden) ist er ein Produkt der endogenen Kontaktmetamorphose (Kalksteinassimilation). — Geringe praktische Bedeutung (Papierfüllmittel, Keramik).

Manganhaltig ist der blaßrötliche, radialstrahlige *Manganwollastonit* (Ca, Mn)$_3$[Si$_3$O$_9$]trk, und der *Bustamit*, in welchem Ca zu etwa 50% durch Mn ersetzt ist.

Ferner ist isomorph mit dem Wollastonit der *Pektolith* Ca$_2$Na[Si$_3$O$_8$(OH)]trk, der als hydrothermale Bildung in Klüften metamorpher Gesteine in radialstrahligen Aggregaten auftritt; auch von diesem gibt es Abarten (*Manganpektolith, Schizolith*), in welchen Ca weitgehend durch Mn ersetzt wird.

Als weitere, gelegentlich als Über- oder Nebengemengteile auftretende Mineralien, die in den magmatischen Gesteinen ihre Entstehung der Assimilation von Sedimenten verdanken, sind u. a. zu erwähnen: *Korund* Al_2O_3 (S. 133), *Spinell* Al_2MgO_4 (S. 205), *Cordierit* $H_2O . Mg_2Al_4Si_5O_{18}$ (S. 208), *Almandin (Eisentongranat)* $Fe_3Al_2Si_3O_{12}$ (S. 133) bei Assimilation von Tonsedimenten; *Kalktitangranate* $Ca_3(Fe, Ti)_2Si_3O_{12}$ (S. 132), *Monticellit* $CaMgSiO_4$ (S. 35) und *Perowskit* $CaTiO_3$ (S. 121) usw. bei Kalksteinassimilation; als Übergemengteil in peridotitischen Gesteinen tritt häufig der blutrote *Magnesiumtongranat* oder *Pyrop* $Mg_3Al_2Si_3O_{12}$ (S. 132) auf. Alle diese Mineralien werden in anderem Zusammenhang behandelt.

8. Die akzessorischen Gemengteile in den magmatischen Gesteinen.

Sie sind meist gut idiomorph ausgebildet, da es sich um Frühausscheidungen handelt. Auch sie finden ihre nähere Besprechung in anderem Zusammenhang.

Der kubische *Magnetit* (S. 232), als Spinell von der Zusammensetzung Fe''Fe'''$_2$O$_4$; schwarz, in mehr oder weniger deutlichen oktaedrischen xx als Nebengemengteil allgemein weit verbreitet.

Der damit isomorphe *Chromit* CrFe$_2$O$_4$ (S. 279), ebenfalls in schwarzen Oktaedern; nur in sehr basischen Eruptivgesteinen.

Die ebenfalls zu den Spinellen zu zählenden, kubischen Doppeloxyde *Pleonast* (Mg, Fe)(Al, Fe)$_2$O$_4$ und *Picotit* (Mg, Fe)(Al, Fe, Cr)$_2$O$_4$ (S. 205), beide ebenfalls in sehr basischen Tiefen- und Oberflächengesteinen; schwarze Oktaeder, erstere im Dünnschliff tiefgrün, letztere braun.

Hämatit, das ditrigonal-skalenoedrisch kristallisierende Fe$_2$O$_3$ (S. 234).

Ilmenit oder *Titaneisenerz* FeTiO$_3$ (S. 235), rhomboedrisch, schwarz, leistenförmig-tafelig, oft gerüstartig, häufig in trübbläulichweißen *Leukoxen* (S. 121) umgewandelt.

Apatit Ca$_5$[PO$_4$]$_3$(Cl,F) h (S. 113); hexagonal bipyramidal; meist säulenförmige, sechsseitige Prismen von geringen Dimensionen; allgemein verbreiteter Nebengemengteil; in einzelnen basischen Alkaligesteinen reichlich auftretender Übergemengteil.

Titanit OCaTi[SiO$_4$] m (S. 120); monoklin prismatisch, oft ziemlich große, gut entwickelte, braune xx von briefumschlagartiger Gestalt, besonders in Syeniten und Graniten.

Epidot (OH)Ca$_2$(Al, Fe)$_3$Si$_3$O$_{12}$ m (S. 136); grün, monoklin prismatisch; häufig zusammen mit dem isomorphen, schwarzbraunen *Orthit* (OH, F)(Ca, Ce)$_2$(Al, Fe, Mg)$_3$Si$_3$O$_{12}$, besonders in sauren Tiefengesteinen.

Zirkon ZrSiO$_4$ (S. 122); ditetragonal bipyramidal, körnig oder gedrungen säulig, in sauren Tiefen- und Oberflächengesteinen; in Nephelinsyeniten auch als Übergemengteil.

Xenotim YPO$_4$ (S. 124); isomorph mit dem Zirkon, wie dieser häufig als Kern von pleochroitischen Höfen in Biotiten, Hornblenden usw.; besonders in Graniten.

Monazit CePO$_4$ (S. 126), monoklin prismatisch, tafelig; mikroskopisch gelegentlich in Graniten.

Pyrit (Schwefelkies) FeS$_2$ (S. 227), dyakisdodekaedrisch, gelb, metallisch.

Pyrrhotin (Magnetkies) FeS (S. 230); oft Ni-reich; hexagonal, tafelig, braun, metallisch; besonders in basischen Tiefengesteinen (Gabbros und Peridotiten).

Ein Nebengemengteil, als solcher ist er wegen der geringen, in den Gesteinen auftretenden Mengen zu bezeichnen, ist in seinen primären Vorkommen an einen ganz bestimmten Typus von basisch magmatischen Gesteinen gebunden. Es ist dies:

9. Der Diamant C[4]k.

Kubisch, nach der Kristallstruktur holoedrisch; morphologisch würden vor allem einige Beobachtungen bezüglich Zwillingsbildungen (anscheinende Zwillinge nach {100}!) für die hexakistetraedrische Symmetrie sprechen. — Die Kristalle sind in der Regel ringsum ausgebildet (schwebend gebildet). Formenausbildung sehr mannigfaltig (Abb. 66), vielfach handelt es sich aber um Lösungsformen; weitgehende Anätzung durch den Schmelzfluß, wofür auch die oft sehr starke Rundung der Flächen spricht (Abb. 67), weist nach dieser Deutungsrichtung; die Lösungskörper sind oft fast kugelig. In manchen Fällen begünstigt Vizinalflächenbildung den Eindruck der Rundung. Hauptwachstumsform ist zweifellos das Oktaeder, das in der Regel mit ebenen und höchstens leicht angeätzten Flächen ausgebildet ist; das häufige Hexakisoktaeder {321} und der Pyramidenwürfel {210} sind als Lösungsformen zu betrachten. — Zwillinge nach {111}, dicktafelig ausgebildet, sind nicht selten; sie zeigen manchmal gerundete, linsenförmige oder herzförmige Gestalt (Abb. 68); bei Verzwillingung nach verschiedenen Oktaederflächen ergeben sich

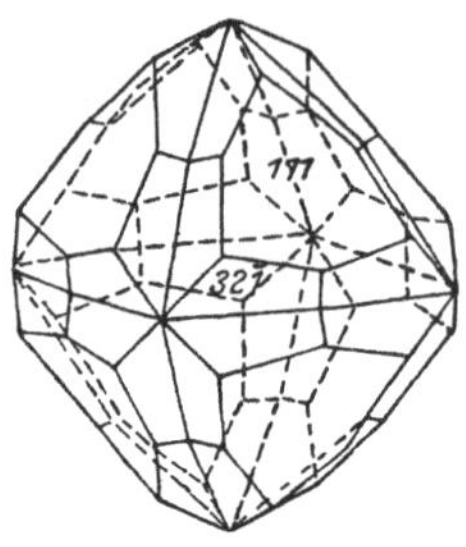

gelegentlich an regellose Verwachsungen erinnernde, komplizierte Aggregationen. Der größte der bisher gefundenen Diamanten — der Culinan — wog ursprünglich über 3000 Karat (über 600 Gramm). Außer Einzelkristallen und Zwillingen treten regellose Verwachsungen auf; dazu sind die radialstrahligen (*Bort*), körnigen bis dichten Kugeln zu zählen, die als *Carbonados* (mit mehreren Prozent Verunreinigungen, grau bis schwarz) bezeichnet werden. — Einschlüsse verschiedener Art beeinflussen allgemein sehr die Qualität der Steine. Als solche treten besonders kohlige Substanzen, Eisenoxyde, gelegentlich auch Quarz auf; Gaseinschlüsse sind ebenfalls nicht selten.

Abb. 66. Diamantzwilling, Oktaeder mit Hexakisoktaeder {321}.

Das Kristallgitter des Diamanten (Abb. 69) setzt sich aus zwei ineinandergeschobenen kubisch flächenzentrierten Gittern zusammen, was zur gegenseitigen tetraedrischen Koordination der Kohlenstoffatome führt; der C — C -Abstand beträgt nur 1.54 Å; Bindung zwischen den Kohlenstoffatomen homöopolar; Strukturformel $Cl^{[4]}k$.

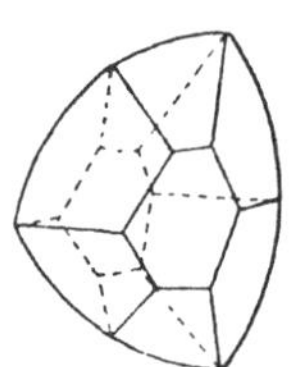

Die vollkommene Spaltbarkeit des Diamanten nach {111} muß der Diamantschleifer beachten und richtig ausnützen. Trotz der großen Härte (10; die härteste bekannte Substanz!) [1] ist der nach anderen Formen schlecht spaltbare und sonst muschelig brechende Diamant so spröde, daß er im Stahlmörser unschwer gepulvert werden kann. D = 3.52. — Durchsichtig bis undurchsichtig; lebhaft diamantglänzend, soweit die Flächen nicht angeäzt sind; farblos,

Abb. 67. Diamant, Hexakisoktaeder mit gerundeten Kanten und Flächen.

Abb. 68. Diamant, herzförmiger Durchwachsungszwilling nach (111).

bläulich, gelblich, rötlich, grünlich, sehr selten tiefrot oder tiefblau, wenn undurchsichtig, dann grau bis schwarz. Die sogenannten „verdeckten" Diamanten zeigen einen klaren Kern und eine trübe opalähnliche Hülle, die ebenfalls Diamant ist, aber zahllose feinst verteilte Einschlüsse (amorpher Kohlenstoff oder Graphit?) aufweist. Lichtbrechung bei sehr starker Dispersion hoch (n_{rot} = 2.407, n_{viol} = 2.465);die hohe Lichtbrechung bedingt den hohen Glanz, die starke Dispersion das herrliche Farbenspiel, das durch geeignete Schliffformen gefördert wird. — Fluoreszenz im Ultraviolett blaßbläulich. Reibungs-, gelegentlich auch Photophosphoreszenz. — Beim Reiben wird der Diamant wie Glas elektropositiv. Er ist ein guter Wärmeleiter, aber ein schlechter Elektrizitätsleiter. — Er verbrennt im gepulverten Zustand

---

[1] Jedoch wechselt die Härte auf verschiedenen Flächen und in verschiedenen Richtungen außerordentlich stark.

bei etwa 700⁰ an der Luft zu Kohlendioxyd, in kompakten Körnern erst im Sauerstoffgebläse; bei Luftabschluß geht er im elektrischen Lichtbogen (ca. 2000⁰) in Graphit, die stabile Form des Kohlenstoffs, über; dabei orientieren sich die Schichten des Graphitgitters parallel zu den Oktaederflächen (auch bei würfeliger Tracht!) des Diamanten. — Sehr widerstandsfähig gegen Säuren und Laugen, ausgenommen Chromschwefelsäure.

Lange Zeit wurde der Diamant nur auf sekundären Lagerstätten, in den sogenannten Diamantseifen (diamantführende Sande und Konglomerate, teilweise hohen geologischen Alters und dann stark verkittet) gefunden. Das älteste Diamantenland ist Indien (Seifen an verschiedenen Stellen in Ostdekkan); lange bekannt sind auch schon die stark erschöpften Diamantseifen Borneos. In der ersten Hälfte des 18. Jahrhunderts wurden die brasilianischen (Minas Geraes und Bahia) Diamantseifen entdeckt, aus denen auch ein großer Teil der Bortdiamanten und Carbonados stammt; hier wurde später der Diamant auch in den stark verwitterten, relativ kieselsäurereichen, primären Gesteinen gefunden. Noch später erfolgte die Auffindung der Diamanten in Südafrika (Seifen- und primäre Vorkommen in der Gegend von Kimberley und Pretoria) und in der Folge die Entdekkung der Diamantvorkommen in Südwestafrika (Wüstengebiet an der Lüderitzbucht), in Angola, Australien und im Kongostaat. Letzterer hat heute weitaus die größte Diamantförderung, allerdings überwiegend Industriediamanten. Andere Vorkommen in Ostafrika, Gabun, Ural, Australien, Californien usw. sind ohne Bedeutung. — Die gegenwärtige (1949) Jahresweltförderung an Diamanten beläuft sich auf über 2800 kg (Schmuck- und Industriediamanten; das sind etwa 14 Millionen Karat; 70% davon entfallen gewichts-, wertmäßig aber nur 14% auf den Kongostaat.

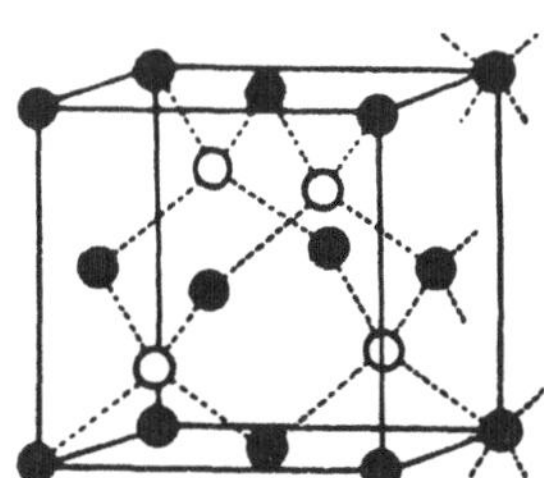

Abb. 69. Elementarkörper von Diamant (und Zinkblende); beim Diamant stellen sowohl die Ringe als auch die Scheiben Kohlenstoffatome dar.

Das in Südwestafrika erstmalig gefundene Muttergestein des Diamanten ist ein stark aufgelockertes, tuffartiges Gestein von peridotitischer Zusammensetzung, das eine große Anzahl von röhrenförmigen, „Pipes" genannten, vulkanischen Schloten erfüllt. Es ist der sogenannte Kimberlit; in frischer Form wird er auch als "Blue ground" bezeichnet; bei Verwitterung geht er unter Oxydation des ursprünglichen Ferroeisens in den gelbbraunen "Yellow ground" über. Dieses sehr basische Gestein enthält außer dichtem Serpentin als Einsprenglinge Olivin, Pyrop (hier auch Kaprubin genannt), Biotit, Augit, als Nebengemengteile Spinelle, Titaneisen, Zirkon, Chromit und Diamant, welch letzterer allerdings längst nicht in allen Pipes in abbauwürdigen Mengen vorhanden ist. — Durch Transport aus den verwitterten Teilen der Kimberlitschlote kommt der widerstandsfähige und harte Diamant in die Seifen.

Wo immer in der Folge der Diamant auf primären Lagerstätten gefunden wurde (Rhodesien, Kongostaat, Gabun), handelt es sich um kimberlitähnliche Gesteine; nur in Brasilien scheint das arg verwitterte und daher nicht mehr deutbare Muttergestein der Diamanten kieselsäurereicher zu sein.

Gelegentlich wurde Diamant auch in Meteoriten festgestellt. — Die Diamantsynthese ist bis heute noch nicht mit Sicherheit gelungen; in der Erdkruste wurde er vermutlich in sehr großer Tiefe unter sehr hohem Druck gebildet.

Die klaren Diamanten sind als Schmucksteine sehr geschätzt; wenn möglich wird der Brillantschliff angewendet, bei ungünstiger Ausgangsform der Steine werden sie zu Rauten, Rosetten oder Tropfen verschliffen. Ein guter Brillant von 1 Karat (0.2 g) Gewicht erzielt gegenwärtig den Preis von etwa 500 Dollar. — Die unreinen Diamanten und die Bearbeitungsabfälle werden in der Technik allgemein als Bort bezeichnet; sie dienen wegen ihrer Härte für die verschiedensten Zwecke als Industriediamanten: Glasschneiden, Diamantmeißel, Bohrkronen, als Besatz von Diamant- und Kreissägen für die Gesteinsbearbeitung; durchbohrte Industriediamanten bester Qualität, die ebenfalls sehr hohe Preise erzielen, finden zunehmend Verwendung in der Drahtziehtechnik (feinste Drähte von schwerschmelzenden Metallen); das Diamantpulver dient als Schleif- und Poliermittel für Schmuckdiamanten und andere harte Edelsteine.

10. Zusammenhang zwischen Bau und Eigenschaften der Hauptgemengteile der Eruptivgesteine.

Da, wie schon an mehreren Beispielen erläutert wurde, der Eintritt der relativ schweren und stark brechenden Eisen-Ionen in die Kristallgitter einen sehr starken Einfluß auf die physikalischen Eigenschaften der Kristalle nimmt, ist ein Vergleich zwischen Bau und Eigenschaften der Silikate nur möglich, wenn man sich auf die eisenfreien Glieder der femischen Hauptgruppen bezieht; für diese und die überhaupt Mg- und Fe-freien Silikate sind in folgender Tabelle einige Daten noch einmal übersichtlich zusammengestellt:

Mineralgattung	Silikatgerüst	n_β	D	O-Vol.[1]
Olivin	$[SiO_4]^{-4} = [Si_4O_{16}]^{-16}$	1.65	3.22	18.3 Å³
Melilith	$[Si_2O_7]^{-6} = [Si_4O_{14}]^{-12}$ bis $[Si_2Al_2O_{14}]^{-14}$	1.65	3.0	21.3
Pyroxen	$\overset{1}{\infty}[SiO_3]^{-2} = \overset{1}{\infty}[Si_4O_{12}]^{-8}$ bis $\overset{1}{\infty}[Si_2Al_2O_{12}]^{-10}$	1.64	3.11	18.2
Amphibol	$\overset{1}{\infty}[Si_4O_{11}]^{-6}$ bis $\overset{1}{\infty}[Si_2Al_2O_{11}]^{-3}$	1.61	2.9	18.4
Phlogopit	$\overset{2}{\infty}[Si_2O_5]^{-2} = \overset{2}{\infty}[Si_4O_{10}]^{-4}$ bis $\overset{2}{\infty}[Si_3AlO_{1)}]^{-5}$	1.60	2.8	20.6
Muskovit	ebenso	1.58	2.8	19.4
Nephelin	$\overset{3}{\infty}[SiAlO_4]^{-1} = \overset{3}{\infty}[Si_2Al_2O_8]^{-2}$	1.54	2.6	23.4
Sodalithgr.	ebenso	1.49	2.4	28.1
Anorthit	$\overset{3}{\infty}[Si_2Al_2O_\varepsilon]^{-2}$	1.58[2]	2.76[2]	20.9
Leucit	$\overset{3}{\infty}[Si_2AlO_6]^{-1} = \overset{3}{\infty}[Si_{2.7}Al_{1,3}O_8]^{-1.3}$	1.51	2.5	24.3
Albit	$\overset{3}{\infty}[Si_3AlO_8]^{-1}$	1.53	2.62	20.8
Orthoklas	$\overset{3}{\infty}[Si_3AlO_8]^{-1}$	1.523	2.55	22.2
Quarz	$\overset{3}{\infty}[SiO_2]^0 = \overset{3}{\infty}[Si_4O_8]^0$	1.55	2.65	18.7
(Tridymit, Cristobalit	ebenso	1.48	2.3	21.4)
(Analcim	$\overset{3}{\infty}Na[Al\,Si_2O_6] \cdot H_2O$	1.49	2.25	26.7)
(Natrolith	$\overset{3}{\infty}Na[Al_2Si_3O_{10}] \cdot 2\,H_2O$	1.48	2.25	28.2)

[1] Volumen pro Sauerstoff-Ion, errechnet aus den Gitterdaten.
[2] $Ca^{\cdot\cdot}$ statt des leichteren $Na^{\cdot}$ und des größeren $K^{\cdot}$ der übrigen angeführten Gerüstsilikate.

Aus den Eigenschaften ist in großen Zügen zu erkennen, daß mit der Auflockerung des Tetraedergerüstes mit seiner zunehmenden Komplizierung ein Sinken der Brechungsexponenten und der Dichte unter sonst vergleichbaren Umständen einhergeht; diese Auflockerung hat ihren Grund darin, daß bei der zunehmenden Verbindung der SiO_4-Tetraeder trotzdem die hochwertigen $Si^{....}$-Ionen im Gitter möglichst auseinanderstreben, sodaß das Gerüst immer sperriger wird. In diesem Auseinanderstreben der kleinen, hochwertigen Kationen ist auch der Grund dafür zu suchen, daß sich die SiO_4-Tetraeder niemals über Kanten oder gar über Flächen miteinander verbinden, sondern immer nur über Ecken; dies allein läßt offenbar tragbare Mindestentfernungen zwischen den $Si^{....}$-Ionen benachbarter und verbundener Tetraeder zu.

In die Gerüste mit besonders großem O-Volumen sind entweder große fremde Anionen eingebaut (Sodalithgruppe) oder sie vermögen unter Bildung strukturverwandter Kristallarten weitere Ionen oder Moleküle einzubauen; so leitet sich die Struktur des Pollucites (S. 102) unter Einbau von H_2O-Molekülen und Austausch der $K^.$-Ionen durch die größeren $Cs^.$-Ionen und die des Analcims (S. 143) unter Einbau von Wassermolekülen von jener des Leucites ab; die des Nephelins unter Austausch eines Teiles der $Si^{....}$-Ionen durch $Al^{...}$-Ionen und Einbau von $Na^.$-Ionen von jener des Tridymits, bzw. die des kubischen Carnegieites von jener des Cristobalites; dagegen ist offenbar die dichtere Quarzstruktur unter gleichartigem Austausch nur zur Aufnahme von kleineren Kationen, wie sie etwa durch die Li-Ionen dargestellt werden, geeignet (β-Spodumen $\overset{3}{\infty}$ Li[$AlSi_2O_6$] und Eukryptit $\overset{3}{\infty}$ Li[$AlSiO_4$]).

11. Aufbau der Silikate und Ausscheidungsfolge.

Der natürliche Silikatschmelzfluß ist im physikalisch-chemischen Sinn ein außerordentlich kompliziertes Vielkomponentensystem. Allein an Hauptkomponenten können unterschieden werden: SiO_2, Al_2O_3, Fe_2O_3, FeO, MgO, CaO, Na_2O, K_2O, dazu untergeordnet TiO_2, P_2O_5, MnO, Cr_2O_3 und noch andere; dabei wird nicht berücksichtigt, daß der Schmelzfluß bis zu etwa 10% flüchtige Bestandteile, vor allem Wasserdampf, Kohlensäure, auch Schwefeldioxyd, Schwefeltrioxyd und eine größere Anzahl von flüchtigen Schwermetallverbindungen enthält; mit fortschreitender Kristallisation reichern sich gerade diese flüchtigen Komponenten in der Restschmelze mehr und mehr an und gewinnen damit für die weitere Kristallisationsfolge immer mehr Einfluß. — Silikatische Teilsysteme mit einer geringen Anzahl von Komponenten wurden vielfach eingehend mit physikalisch-chemischen Methoden experimentell untersucht; aber das gesamte Vielkomponentensystem des magmatischen Schmelzflusses läßt sich einheitlich wegen seiner Kompliziertheit nach physikalisch-chemischen Gesichtspunkten überhaupt nicht überblicken, daher hat der Verfasser vorgeschlagen, ohne die Ergebnisse der physikalisch-chemischen Untersuchung der Teilsysteme zu vernachlässigen, diese durch eine allgemeine kristallchemische Betrachtungsweise zu überbauen und aus dieser heraus die große Linie der Ausscheidungsfolge zu überblicken:

Vom kristallchemischen Standpunkt aus kann die Zahl der Komponenten etwas reduziert werden, weil es als gesichert gelten kann, daß bestimmte Ionenarten wie z. B. $Fe^{..}$, $Fe^{...}$, $Mg^{..}$, $Ti^{....}$, $Mn^{..}$, $Cr^{...}$, teilweise auch $Al^{...}$, oder auch $Si^{....}$ und $Al^{...}$ kristallchemisch gleichwertig sind, d. h. sich mischkristallmäßig gegenseitig weitestgehend ersetzen können; trotzdem bleibt noch eine schwer zu übersehende Fülle von Komponenten zur Verfügung.

Die Entwicklung des Silikatschmelzflusses im Erstarrungsverlauf vollzieht sich erfahrungsgemäß wie folgt: Frühzeitig bei noch sehr hoher Temperatur wird aus dem Silikatschmelzfluß ein großer Teil der in ihm gelösten und mit ihm wenig mischbaren Sulfidanteile zunächst mit dem Sinken der Temperatur ausgestoßen; als Folge davon bilden sich, in mehr oder weniger erkennbarem Zusammenhang mit dem silikatischen Kristallisationskörper stehend, größere oder kleinere selbständige, sulfidische Körper, die einerseits aus Schwefelkies mit etwas Kupferkies, andererseits aus mehr oder weniger nickelhaltigem (Pentlandit-durchwachsenem) und platinmetallführendem Magnetkies bestehen (frühmagmatische Sulfidlagerstätten); letztere sind im allgemeinen geringeren Umfanges und treten im Bereich basischer Silikatgesteine, teilweise nesterförmig eingesprengt in diesen (z. B. in gabbroiden Gesteinen) oder linsenförmig in ihnen auf (z. B. in Serpentinen). Die dabei in geringem Umfange abgeschiedenen Platinmetalle sind als Rest der in den Silikatschmelzfluß aufgenommenen Metallschmelze aufzufassen. Daneben scheiden sich bei Beginn des Kristallisationsprozesses aus dem Silikatschmelzfluß oft in bedeutendem Umfang Schwermetalloxyde, besonders Magnetit $Fe^{..}Fe_2^{...}O_4$, Chromit $Fe^{..}Cr_2^{...}O_4$ und Titaneisenerz $Fe^{..}Ti^{...}O_3$ aus (frühmagmatische Oxyderzlagerstätten). Die Eisenerzvorkommen dieser Art bilden oft selbständige, mächtige Körper, die Chromitvorkommen verbleiben wieder in engerer Verbindung mit den basischen Silikatgesteinsmassen und treten vor allem in Peridotit-Serpentin-Gesteinen linsenförmig eingestreut, eingesprengt oder bandförmig eingelagert auf. Alle heute wichtigen primären Vorkommen von Nickel- und Chromerzen und von Platinmetallen gehören zu diesen frühmagmatischen Erzlagerstätten.

Nun zur Ausscheidungsfolge aus dem eigentlichen Silikatschmelzfluß. Es ist anzunehmen, daß dieser bei sehr hohen Temperaturen im wesentlichen in Ionen aufgespalten ist; mit sinkender Temperatur werden sich die kleinen, hochwertigen $Si^{....}$-Ionen (und die spärlich vorhandenen $P^{.....}$-Ionen) mit den O-Anionen zu komplexen Ionen zusammenschließen, in dem Sinne, daß sich ein bestimmtes Gleichgewicht zwischen zunächst labilen $[SiO_4]^{-4}$-Tetraederkomplexen und freien $Si^{....}$- und O^{--}-Ionen einstellt, das sich mit sinkender Temperatur immer mehr nach Richtung der stabiler werdenden Komplexe verschiebt. Da die Zahl der O-Ionen der natürlichen Silikatschmelze nicht dazu ausreicht, um mit den Si-Ionen lauter selbständige SiO_4-Tetraeder zu bilden, werden sich mit sinkender Temperatur und damit vermehrter Komplexbildung noch in der Schmelze mehr und mehr sauerstoffsparende Komplexe höherer Ordnung (Koppel-, Ring-, Ketten-, Netz- und schließlich Gerüstkomplexe) unter immer stärkerer Mithereinziehung der wenig größeren, dreiwertigen Al-Ionen in die aus Tetraedern gebildeten Komplexe bilden. Damit nimmt die Zähigkeit der Schmelze zu[1]). Nun zeigen die einfachen Komplexe dieser Art im Sinne der vorangestellten Tabelle (S. 90), auf jedes Kernkation bezogen, eine höhere Aufladung als die komplizierteren. Ganz abgesehen davon, daß eine Einordnung der höheren Komplexe und überhaupt ihr Zusammentritt zu Kristallgebäuden auf größere Schwierig-

---

[1]) Die amorphen Silikatgläser (wie auch die übrigen Gläser) sind als unterkühlte (d. h. an der Kristallisation verhinderte) Schmelzen zu betrachten. Wenn sie sich auch wie amorphe Körper verhalten, so treten in ihnen doch gerüstförmige Aggregierungen von SiO_4-Tetraedern, die jeweils über ihre O-Atome miteinander verbunden sind, auf; ein solches Glas besitzt somit die Struktur der Schmelze. Diese Aggregierungen sind relativ klein und fetzenartig (Abb. 70); es fehlt ihnen die für die kristallinen Körper charakteristische, raumgittermäßige Periodizität der Gruppierung. — Saure Silikatschmelzen (reich an Gerüstkomplexen) sind bei gleicher Temperatur wesentlich zäher als basische mit ihren überwiegend einfachen Komplexen!

keiten stoßen muß als die der einfachen Komplexe [1]), müssen letztere auch aus Gründen der höheren elektronegativen Aufladung eine stärkere Absättigungstendenz besitzen als erstere; sie werden früher zur Kristallbildung (nicht Molekülbildung!) schreiten, in dem Sinne, daß sie als kleine elektrische Felder sich eine Anzahl verfügbarer Kationen ringsum anlagern; dies führt wieder zu elektropositiven Überschußladungen, die durch Anlagerung weiterer negativer Komplexe an die Kationen, überausgeglichen werden usw.; es entsteht ein periodisch aufgebauter Kristall. An der Absättigung der Komplexe werden sich naturgemäß zuerst die relativ hochwertigen, immer noch ziemlich kleinen Kationen (Mg'', Fe'' usw.) beteiligen, sodaß diese Deutung sofort auf die Olivine als früheste silikatische Kristallisationsprodukte führt. Der Kristallisation der Olivine voraus geht noch (in Form von Nebengemengteilen) eine Verfestigung der geringen, nicht mehr abgestoßenen Sulfidreste in Form von Schwefelkies und Magnetkies, auch werden zuvor noch Schwermetalloxyde (Chromit, Magnetit, Ilmenit) in geringer Menge abgeschieden und daneben noch der aus den hochwertigen [PO$_4$]-Komplexen aufgebaute Apatit; also Mineralien, die in meist nur geringer Menge besonders in basischen Magmengesteinen regelmäßig als idiomorphe Nebengemengteile anzutreffen sind. Reste an Magnetit, Apatit usw. erscheinen aber immer wieder im fortschreitenden Kristallisationsablauf, also auch in sauren Gesteinen. In

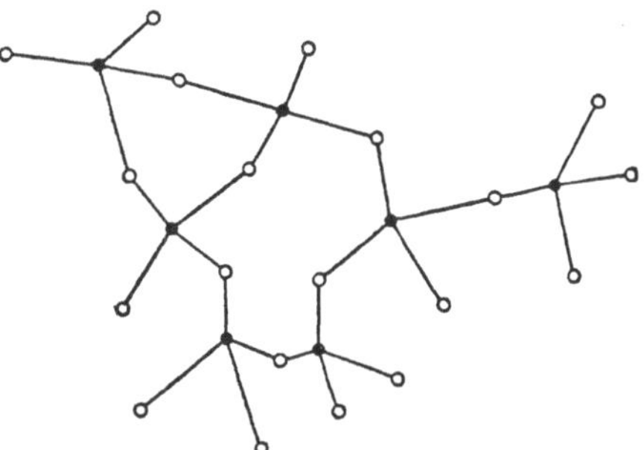

Abb. 70. Fetzenartiger, unperiodischer Tetraederverband aus einem Silikatglas oder einer (sauren) Silikatschmelze.

späterer Folge beteiligen sich an der Absättigung nach und nach auch die Ketten- und Netzkomplexe (Pyroxene, Hornblenden, Biotite usw.) und schließlich auch die Gerüstkomplexe. Unter letzteren verfallen der kristallinen Absättigung zunächst ebenfalls wieder die höher aufgeladenen (Bildung von anorthitreichen Plagioklasen, Nephelin, Sodalith, Leucit) und erst später die niedriger aufgeladenen (Alkalifeldspäte). Auch an der Absättigung dieser Gerüstkomplexe beteiligen sich zuerst die noch verbliebenen größeren, höherwertigen Kationen (Ca''), die teilweise bei der Pyroxen- und Amphibolbildung verwertet werden, und erst später die niedrigwertigen Alkali-Ionen und zwar zuerst die kleineren Na'-Ionen und darauf die größeren K'-Ionen. Den Beschluß macht dann, von einigen ganz sauren Gesteinstypen abgesehen, der in der Regel völlig allotriomorphe Quarz, der durch den kristallinen Zusammenbau der neutralen SiO$_4$-Tetraedergerüstgruppierungen entsteht.

12. Die magmatischen Gesteine.

Die Beobachtungen über die Kristallisationsfolge in den natürlichen Gesteinen, deren einzelne Abwicklungsphasen sich gegenseitig überschneiden, entsprechen in großen Zügen diesen allgemeinen Überlegungen; diese Kristallisationsfolge ist auch von großer Bedeutung für die Entstehung der

---

[1]) Die experimentelle Erfahrung lehrt, daß basische Silikate im allgemeinen viel leichter in guten Kristallen aus der Schmelze gezogen werden können als saure. Auch die guten Kristalle der Hochofenschlacken sind solche basischer Silikate.

verschiedenen Gesteinstypen, die durch laufende Übergänge miteinander verbunden sind und verbunden sein müssen. Die oben geschilderte Entwicklung
der Schmelze führt zunächst einmal zu einer Sonderung der festen, früh abgeschiedenen basischen Mg-Fe-Silikate von einem saureren, an Fe und Mg
immer mehr verarmenden Schmelzfluß (*Kristallisationsdifferentiation*); da
sich zu dieser Art von Differentiation auch noch eine räumliche Differentiation gesellt, hervorgerufen durch die Schwerkraft, bzw. durch in der
Erdkruste wirksame Druckkomponenten (*Gravitationsdifferentiation* und *Abpressungsdifferentiation*) ist die Möglichkeit zur Bildung sehr verschiedener Gesteine gegeben. Imfolge der Gravitationsdifferentiation sinken [1]) die
zuerst gebildeten, spezifisch schwereren Mg-Fe-Silikate innerhalb der
Schmelze ab, sie scheiden sich dadurch mehr oder weniger vollständig von
der saureren Restschmelze; ähnlich wirkt die Abpressungsdifferentiation;
durch den Gebirgsdruck werden die in Erstarrung begriffenen Schmelz-
komplexe ausgepreßt, die flüssige Restschmelze wird in druckentlastete Räume
abgepreßt. Durch die mehrmalige Wiederholung derartiger Prozesse kann
es während des fortschreitenden Kristallisationsaktes zur Bildung mannig-
facher Gesteinstypen kommen, wobei immer wieder die Restschmelzen durch
neuerliche Zufuhr unveränderter Schmelzmassen oder durch Aufschmelzung
und Assimilation von Fremdgesteinen (besonders Sedimenten) in der Zusammensetzung verändert werden können. Ohne Assimilationsvorgänge und
sonstige Störungen muß z. B. die Kristallisationsdifferentiation einer basischen (basaltisch-gabbroiden) Silikatschmelze in den Hauptzügen sich nach
folgendem Schema abspielen (dabei wird das Schicksal der gasreichen Restschmelzen, die sich in den verschiedenen Entwicklungsstadien — nicht bloß
im Endstadium bilden können — nicht in Betracht gezogen).

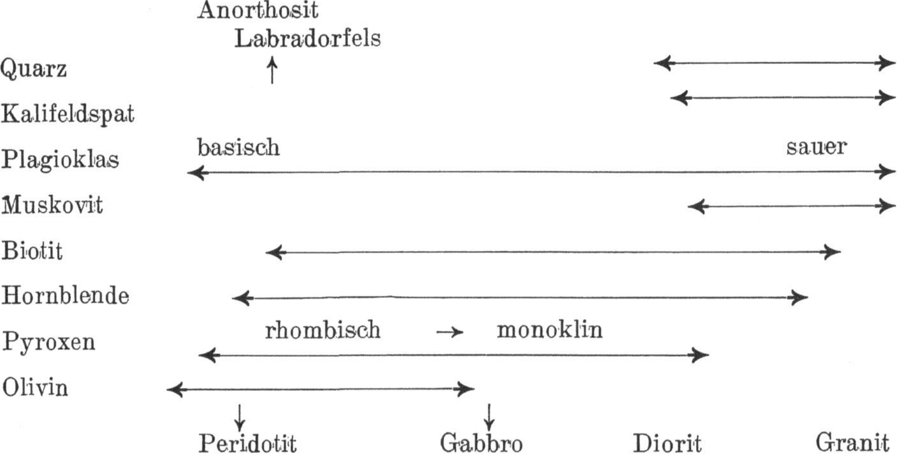

Lange beherrschte die Differentiationstheorie (in Verbindung mit den
nur fallweise in Betracht gezogenen Assimilationserscheinungen) die Vorstellungen der Forschung über die Entstehung der verschiedenen Eruptiv-

---

[1]) Früh abgeschiedene basische Plagioklase sind im allgemeinen spezifisch etwas
leichter als die Restschmelze, sie zeigen daher eine Aufstiegstendenz und ballen sich
in diesem Sinne zu den nicht sehr häufigen monomineralischen Feldspatiten (Anorthosite, Labrardorfelse usw.) zusammen.

gesteinstypen (Plutonismus). Ihr wird auch hier in großen Zügen gefolgt. Erst seit wenigen Jahrzehnten schufen sich neue, keineswegs aber allgemein angenommene Anschauungen Raum; Anschauungen, die vor allem die sauren Tiefengesteinstypen (besonders die etwa 90% der Eruptivgesteine umfassenden Granite) ihrer Entstehung nach auf die Verarbeitung tonig sandiger Sedimente durch höchst reaktionsfähige, hochtemperierte, fluide, aus dem Erdinnern stammende Schmelzflußderivate, den *magmatischen Ichor* („Blutsaft"), zurückführen wollen (Transformismus); auch Aufschmelzung von Sedimenten bei Tiefenverlagerung allein (Anatexis) oder Aufschmelzung von solchen durch echte Magmen (Assimilation, Migmabildung) wird teilweise angenommen. Für solche Auffassungen spricht vor allem die überragende Verbreitung der Granite im Vergleich zu dem am Alter der Erdrinde gemessenen geringen Bestand an Sedimenten. Jedoch muß die Entscheidung über diese Fragen, die kaum einseitig im Sinne der älteren oder neueren Auffassung erfolgen dürfte, der petrographischen Forschung der Zukunft überlassen bleiben.

Es ist nicht Zweck des vorliegenden Buches, sich mit der Lehre von den Gesteinen oder Gesteinskunde (Petrographie, Petrologie) zu befassen, doch müssen zum Zwecke der Verdeutlichung in einer auf mineralgenetischen Grundlagen aufgebauten speziellen Mineralkunde einige besonders wichtige und im Text vielfach verwendete Begriffe aus der Gesteinskunde und die wichtigsten Gesteinsgattungen genannt werden.

Die Differentiationstheorie nimmt an, daß sich alle magmatischen Gesteine im Prinzip ursprünglich von einem einheitlich zusammengesetzten, gasreichen Silikatschmelzfluß ableiten. Durch Differentiationsvorgänge der verschiedensten Art und durch tektonische und andere Einflüsse haben die Kristallisationsvorgänge einen recht heterogenen Verlauf genommen; es konnten sich offenbar nach der Bildung einer mächtigen, festen Erdkruste innerhalb derselben große, abgeschlossene Magmenherde wechselnder Zusammensetzung herausbilden, die teilweise oberflächennahe liegen und die bei der Abkühlung einerseits Anlaß zur Entstehung von verschiedenen Tiefengesteinskomplexen geben, andererseits auch die zahlreichen vulkanischen Herde der Erdoberfläche speisen. Die Gesteine einer solchen *petrographischen Provinz* (P. NIGGLI), die Tiefen- und Oberflächengesteine umfassen kann, zeigen trotz großen Wechsels in der Zusammensetzung gewisse gemeinsame Züge; sie bilden auch geologisch gesehen eine Einheit. Die verschiedenen petrographischen Provinzen faßt man wieder in drei Gesteins-Großsippen zusammen, deren Auftreten anscheinend in großen Zügen jeweils an bestimmte geologische Ereignisse gebunden ist. Freilich sind auch sie durch mannigfaltige Übergänge miteinander verbunden, immerhin lassen sich diese Sippen im allgemeinen durch bestimmte Züge ihrer Zusammensetzung und damit auch ihres Mineralbestandes auseinanderhalten. Die drei Eruptivgesteinssippen sind:

I. *Kalkalkaligesteine* oder *Pazifische Gesteine;* sie bauen vor allem die alten Faltengebirge auf und umfassen die Hauptmasse der Eruptivgesteine. Das besonders in den sauren Typen reichlich vorhandene Alkali ist ausschließlich in Feldspäten und Glimmern gebunden.

II. *Alkaligesteine;* sie sind relativ arm an Ca und werden vorzugsweise durch jüngere Eruptiva repräsentiert, die an Spaltenfüllungen oder große Grabenbrüche gebunden sind. Je nach der Vormacht von Na' oder K' werden sie unterteilt:

II a. *Natrongesteine* oder *Atlantische Gesteine;* die Na·-Ionen gehen außer in die Feldspäte noch in Natronfeldspatvertreter, Natronamphibole und Natronpyroxene ein.

II b. *Kaligesteine* oder *Mediterrane Gesteine;* sie sind am wenigsten verbreitet. Die K·-Ionen sind außer in den sauren Feldspäten und in den Glimmern vorzugsweise noch im Feldspatvertreter Leucit verankert; besonders in Übergangstypen zu den Natrongesteinen sind auch deren Natronsilikate (kalihaltige Nepheline usw.) nicht selten.

I. Die *Kalkalkaligesteine* leiten sich wohl von Schmelzflüssen her, die am ehesten der Zusammensetzung des Hauptmagmas entsprechen, während die Alkaligesteine von differenzierten Schmelzphasen abstammen, denen u. a. die flüchtigen Bestandteile des Hauptmagmas ein besonderes Gepräge gegeben haben.

Der Unterschied zwischen den Tiefen- und den Oberflächengesteinen wurde schon erörtert (S. 30); man pflegt nun die Oberflächengesteine in jüngere (meist tertiär und jünger) und ältere (vortertiär) unterzuteilen. Streng kann diese Teilung in bezug auf das geologische Alter nicht vollzogen werden, aber im großen und ganzen zeigen die beiden Gruppen, ganz abgesehen davon, daß die älteren Typen nachträglichen Veränderungen in viel größerem Umfange unterlegen sind, im Stoff- und Mineralbestand und in ihrer Ausbildung gewisse Unterschiede. Nach diesen Hauptgliederungspunkten sollen nun in einer knappen Übersicht die wichtigsten Gattungen der magmatischen Gesteine genannt und nach ihrem Mineralbestand gekennzeichnet werden: (s. Tabelle S. 97).

Die Hauptgattungen sind durch Nummern und durch Angabe des spezifischen Gewichtes betont hervorgehoben. Feldspatbasalt und Melaphyr sind von Dolerit und Diabas vor allem durch ihre Struktur unterschieden. Die beiden ersteren sind typisch porphyrisch, oft großblasig (besonders die Melaphyre sind oft sehr reich an teilweise großen Hohlräumen und werden dann Melaphyrmandelsteine genannt); die beiden letzteren haben nicht typische Oberflächengesteinsstruktur, sondern sind ziemlich gleichmäßig gröberkörnig, dabei sperrig-leistig mit körniger Ausfüllung (ophitisches Gefüge) ausgebildet. Ähnliches gilt von den wenig frischen Kimberliten, die als Schlotgesteine zwischen den Oberflächen- und Tiefengesteinen stehen. — Die Syenite und Trachyte i. e. S. und ihre alten Oberflächengesteinsaequivalente sind der pazifischen Sippe fremd, da sie Alkaligesteine sind. — Die feldspatfreien Peridotite (einschließlich der Dunite) werden auch als ultrabasische Gesteine bezeichnet. — Die Quarzdiorite enthalten neben wenig Quarz als Plagioklas Andesin; die in den Alpen verbreiteten Tonalite sehr viel Quarz und daneben basischen Andesin. Norite sind Gabbros mit rhombischen Pyroxenen.

Es wurde schon erwähnt (S. 30), daß in Oberflächengesteinen die Grundmasse sehr häufig mehr oder weniger vollständig glasigen Charakter trägt. Es kommt auch vor, daß saure Schmelzflußmassen an der Oberfläche vollkommen glasig oder bei Reichtum an Wasserdampf (Zusammenfallen von vulkanischen Ausbrüchen mit atmosphärischen Niederschlägen, Eindringen des heißen Schmelzflusses in Wasser) glasig-schaumig erstarren. Solche Gesteine nennt man ohne Rücksicht auf die Zusammensetzung (es handelt sich also um Strukturnamen!) *Pechstein* (bis 10% Wasser), *Obsidian* (sehr wasserarm, sehr scharfkantig splitternd), *Perlit* (überwiegend bestehend aus sphärolithischen Kristallaggregaten), bzw. *Bimsstein* (schaumig-blasig).

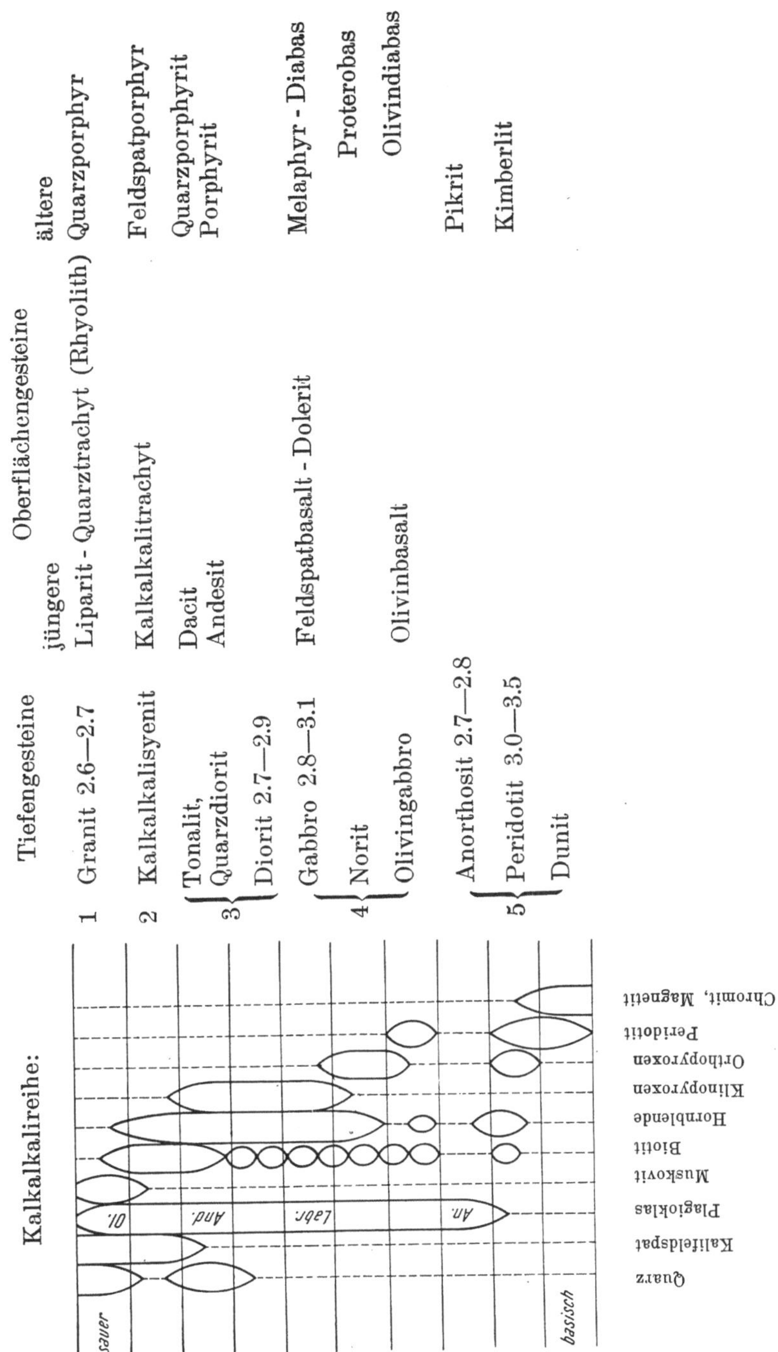
Tiefengesteine
Oberflächengesteine
jüngere   ältere
1 Granit 2.6—2.7
Liparit - Quarztrachyt (Rhyolith)
Quarzporphyr
2 Kalkalkalisyenit
Kalkalkalitrachyt
Feldspatporphyr
Tonalit, Quarzdiorit
3
Diorit 2.7—2.9
Dacit
Andesit
Quarzporphyrit
Porphyrit
Gabbro 2.8—3.1
4 Norit
Olivingabbro
Feldspatbasalt - Dolerit
Olivinbasalt
Melaphyr - Diabas
Proterobas
Olivindiabas
Anorthosit 2.7—2.8
5 Peridotit 3.0—3.5
Dunit
Pikrit
Kimberlit
Kalkalkalireihe:
sauer
basisch
Ol.
And.
Labr.
An.
Quarz
Kalifeldspat
Plagioklas
Muskovit
Biotit
Hornblende
Klinopyroxen
Orthopyroxen
Peridotit
Chromit, Magnetit

II a. Die wichtigsten Gesteinstypen der *Natronreihe* lassen sich nicht völlig mit den entsprechenden Typen der pazifischen Sippe parallelisieren[1]); die Hornblenden in diesen Gesteinen sind Na-reich, die Augite Aegirinaugite oder Na-haltige Titanaugite. — Bekannte typische Vorkommen: Böhmisches Mittelgebirge, Taunus, Odenwald, Iiwaara in Finnland, Fengebiet in Südnorwegen, Oslogebiet, Portugal, Cap Verden, Kola in Nordrußland usw.

1. *Natrongranit;* viel saurer Plagioklas, Aegirinaugit und Riebeckit als Übergemengteile.

2. *Natronsyenit (Foyait, Laurvikit, Ditroit, Eläolithsyenit = Nephelinsyenit);* neben Oligoklas viel Nephelin, Mineralien der Sodalithgruppe usw., Aegirin und natronreiche Hornblenden (Barkevikit usw.), auch Anorthoklas.

3. *Natrondiorit = Essexit;* mit Andesin, Nephelin (Sodalith, Cancrinit usw.), etwas Orthoklas, reichlich dunkle Gemengteile (Pyroxen, Hornblende, oft auch Biotit, gelegentlich Olivin).

4. *Natrongabbro = Theralith;* Labrador, Nephelin, Aegirinaugit. Barkevikit, (Olivin).

5. *Urtit, Ijolith* und *Jakupirangit* sind relativ seltene, überwiegend aus Nephelin und Aegirinaugit bestehende, sehr basische Gesteine; im ersteren überwiegt der Nephelin stark, im Ijolith halten sich Nephelin und Augit etwa die Waage, im letzteren überwiegt der Augit sehr stark; oft sind mehrere Prozent Apatit vorhanden.

An jungen Oberflächengesteinen der Natronreihe sind zu nennen:

1. *Natronliparit.*

2. *Natrontrachyt;* mit Sodalith usw. — *Nephelinphonolith;* mit Natronsanidin, Nephelin, Hauyn usw.; bei Kalkassimilation wollastonitreich: *Wollastonitphonolith.*

3. *Tephrit;* reich an Nephelin und Titanaugit, auch Analcim.

4. *Natronbasalt (Nephelinbasalt, Nephelinit, Noseanbasalt, Analcimbasalt);* wenn sie Olivin führen, nennt man sie *Basanite;* auch die *Melilithite* mit Melilith, Nephelin, Olivin, Aegirinaugit und als Übergemengteil Perowskit sind als hieher gehörige Kalkassimilationsgesteine zu erwähnen.

5. *Limburgit;* Olivin, Augit, Nephelin. — *Augitit;* Augit, Nephelin.

Die Phonolithe sind durch plattige Absonderung auffallend; die Platten geben beim Aneinanderschlagen einen matt klingenden Ton (Name!). — Die Basalte (auch die der anderen Sippen) zeigen im allgemeinen dunkelgraue bis schwarze Farbe, ausnahmsweise sind sie bei durchgreifender Oxydation des Ferroeisens auch braunrot (z. B. stellenweise an der Limburg am Rhein).

Als alte Oberflächengesteine sind zu nennen: *Quarzkeratophyr,* entsprechend den Natronlipariten; *Rhombenporphyr* (mit Anorthoklas-Einsprenglingen) und *Keratophyr* entsprechen den Natrontrachyten.

II b. *Kaligesteine.* In den sauren Typen überwiegend kalireiche Feldspäte, in den basischen Leucit. Sie sind wenig verbreitet, sehr bekannte Vorkommen sind der Vesuv mit dem Monte Somma und das Predazzo-Monzonigebiet in Südtirol.

Tiefengesteine:

1. *Kaligranit (Granitosyenit),* z. B. der *Rapakiwigranit,* in welchem der Orthoklas von einem grünlichen Oligoklassaum umwachsen ist.

2. *Syenit* i. e. S.; quarzfrei mit viel Orthoklas und Mikroklin, manchmal auch Leucit.

---

[1]) Die vorgesetzten Ziffern deuten hier und im Folgenden auf die gleichbenummerten Äquivalente in der Tabelle der Kalkalkaligesteine.

3. *Monzonit*, etwa mit dem Diorit zu vergleichen; enthält aber Orthoklas, Labrador, Biotit, Hornblende, Augit, auch Hypersthen und teilweise Olivin (*Olivinmonzonit*).

4. *Shonkinit* und *Fergusit* entsprechen etwa den Gabbros; sie enthalten neben dunklen Gemengteilen besonders Leucit oder Pseudoleucit. — *Missourit* entspricht dem Olivingabbro; er enthält vorwiegend Augit, aber auch viel Leucit und Olivin.

5. *Pyroxenolith*, ebenfalls noch leucitführend, ist reich an Augit, Biotit und Olivin und entspricht den Peridotiten.

Oberflächengesteine der Kalireihe sind: orthoklasreiche Liparite und Quarzporphyre (*Quarzorthophyre*); *Kalitrachyte* und *Leucitphonolithe*, wenn alt, quarzfreie *Orthophyre*; verwandt sind die *Leucitrhombenporphyre (Leucitophyre)*; schließlich sind noch die *Leucitbasalte (Leucittephrite, Leucitite)*, die bei Olivinführung als *Leucitbasanite* bezeichnet werden, zu nennen.

Als frühe Abspaltungsprodukte treten, wie schon wiederholt erwähnt, Schwermetalloxydmassen auf, von denen die Chromitgesteine stets mit den Peridotiten in engster Verbindung stehen. Die im wesentlichen aus Magnetit, teilweise aber auch aus Eisenglanz bestehenden (untergeordnete Begleitmineralien sind vor allem Apatit und Hornblende) Gesteine werden häufig nach dem lappländischen Vorkommen als *Kirunavaarite* bezeichnet; die im wesentlichen aus Schwefelkies bestehenden, frühmagmatischen Abspaltungsprodukte als *Lampritite*.

III. Eine ganz eigenartige Gruppe von Gesteinen sind die *Karbonatite*, die in Tiefengesteins- oder pegmatitischer Ausbildung auftreten (Insel Alnö in Schweden, Fengebiet in Südnorwegen). Nach W. C. BRÖGGER handelt es sich dabei um von natronreichen Magmen unter hohem Druck aufgeschmolzene, aber nicht assimilierte Kalksteine oder ebensolche dolomitische Kalksteine. Der hohe Druck verhinderte die Dissoziation der Karbonate, sodaß diese mehr oder weniger stark vermengt mit den Mineralien der Silikatschmelze wiederum in fein- oder grobkörniger Form zur Ausscheidung kamen. Begleitmineralien der Karbonate in diesen Gesteinen, die je nach dem Mineralbestand verschiedene Namen (*Sövit, Rauhaugit, Ringit, Ringitpegmatit* usw., mit Magnesit *Sagvandit*) führen, sind vor allem Aegirin und Biotit, manchmal auch Barkevikit und Manganophyll.

IV. Die *Ganggesteine:* Sie haben sich innerhalb der festen Gesteinskruste aus dem Schmelzfluß gebildet, nicht aber in Form von mächtigen Kuppen oder Lagern, sondern in Form von wenig mächtigen Gängen innerhalb der schon abgekühlten Nachbargesteine. Die Kristallisationsbedingungen lagen damit zwischen denen der Tiefen- und Oberflächengesteine; das kennzeichnet sich, selbst wenn sie im Mineralbestand völlig mit den begleitenden Tiefengesteinsmassen übereinstimmen, in ihrer Struktur. Diese zeigt porphyrischen Charakter bei vollkristalliner, aber relativ feinkörniger Grundmasse. Dieselbe Ausbildung zeigen häufig auch die ebenfalls einer verhältnismäßig raschen Abkühlung unterworfenen Hüllzonen der Tiefengesteinskomplexe. Derartig struierte Gesteine bezeichnet man als *Plutonitporphyre (Granitporphyre, Syenitporphyre, Essexitporphyre* usw.).

Eine zweite Gruppe von Ganggesteinen ist deswegen bemerkenswert, weil diese bei ähnlichem Auftreten in Form relativ schmaler Gänge Gesteinstypen besonderer Zusammensetzung darstellen. So können einen Granit häufig Scharen von ganz hellen und ganz dunklen Ganggesteinen begleiten; der granitische Schmelzfluß hat sich unter besonderen Bedingungen in zwei

Schmelzen geschieden, von denen die eine femischen, die andere salischen Charakter hat. Solche Ganggesteine bezeichnet man deshalb als *Spaltgesteine* oder *Schizolithe.* Die porphyrischen Einsprenglinge sind in diesen Spaltgesteinen im allgemeinen nicht stark hervortretend, die Grundmasse ist sehr feinkörnig, gelegentlich sogar glasig.

Die hellen, im wesentlichen nur aus Quarz und Feldspat bestehenden Schizolithe führen den Namen *Aplit;* je nach der Art der Feldspäte und den begleitenden Tiefengesteinen unterscheidet man *Granitaplite, Dioritaplite, Gabbroaplite, Essexitaplite, Nephelinsyenitaplite (Tinguaite)* usw. Die dunklen Spaltgesteine von sehr wechselnder Zusammensetzung nennt man *Lamprophyre.* Einige Lamprophyrtypen sind: *Minette* (Orthoklas mit Biotit), *Kersantit* (Plagioklas mit Biotit), *Vogesit* (Orthoklas mit Hornblende und allenfalls auch Pyroxen), *Camptonit* (Plagioklas, Titanaugit, Barkevikit, Biotit; Natronreihe!), *Bergalith* (Melilith, Nosean, Nephelin, Glas; Natronreihe mit Kalkassimilation!) usw.

B. Die nachmagmatischen (epimagmatischen) Mineralbildungen.

Nach der Kristallisation der Hauptmasse des Schmelzflusses, die bis zu Temperaturen von etwa 800° herunter verläuft, verbleibt eine Restschmelze, in welcher sich einerseits die Gase, andererseits die selteneren Elemente des Schmelzflusses, vor allem jene, deren Ionen für den Eintritt in die Kristallgebäude der liquid-magmatischen Gesteine ihrer Größe wegen ungeeignet sind, ansammeln; auch sehr verschiedene Schwermetallverbindungen, die im ursprünglichen Schmelzfluß nur in geringer Konzentration vorhanden sind, reichern sich in diesen Restschmelzen an. Die Kristallisate der Restschmelzen, die nach und nach mit sinkender Temperatur in gasreiche (vor allem wasserdampfreiche) Restlösungen und schließlich nach Unterschreitung der kritischen Temperatur des Wassers in hochtemperierte, wässerige Lösungen übergehen, bezeichnet man als epimagmatische Bildungen; mit sinkender Temperatur führen alle möglichen Übergänge von den liquidmagmatischen Kristallisationen über die liquidpneumatolytischen, pneumatolytischen, pneumatolytisch-hydrothermalen zu den rein hydrothermalen Bildungen. Nicht allein deshalb, sondern auch wegen der wechselnden Zusammensetzung der Mutterschmelze und wegen vielseitiger Differenzierungen während all dieser Kristallisationsvorgänge sind die dabei entstehenden Mineralgesellschaften außerordentlich mannigfaltig. Hier sei vorläufig nur betont, daß sich in dieser epimagmatischen Abfolge der pneumatolytischen bis hydrothermalen Kristallisationen auch sehr viele wichtige und hochkonzentrierte Erzlagerstätten (Schwermetallsulfide, Schwermetallarsenide usw.) gebildet haben.

Die epimagmatischen Bildungen stehen entweder in direkt erkennbarem Zusammenhang mit den silikatischen Hauptkristallisationsherden (*perimagmatische*[1]) Bildungen) oder derartige Zusammenhänge sind wegen der räumlichen Trennung der späteren Kristallisationen von den ursprünglichen nicht mehr zu erkennen (*telemagmatische* — magmenferne — Bildungen); wenn keine direkten Zusammenhänge mit Magmenkörpern bestehen, aber die Zugehörigkeit zu einer bestimmten Gesteinsprovinz anzunehmen ist, so spricht man von *apomagmatischen* Bildungen.

Die epimagmatischen Schmelzlösungen haben in der Regel infolge des Gasreichtums recht beweglichen Charakter und sind dadurch befähigt, in benachbarte

---

[1]) Wenn gleichaltrig mit dem Eruptivgesteinskörper, *intramagmatische.*

Gesteine entlang dort bestehender Schwächezonen in Form von mehr oder weniger mächtigen Gängen einzudringen und dort bei sinkender Temperatur ihren Stoffbestand in kristalliner Form abzusetzen. Darüber hinaus können durch die pneumatolytischen und hydrothermalen Restlösungen besonders empfindliche Nachbargesteine (vor allem Sedimente) weitgehend verändert werden; sie werden mit solchen Restlösungsmineralien imprägniert und infiltriert, können aber auch mehr oder weniger vollständige Verdrängung (*Metasomatose*) durch sie erleiden; auch die Muttergesteine der Restschmelzen können durch diese umgewandelt werden (*Autometasomatose*). — In geringerem Umfang entwickelt sich die pneumatolytische bis hydrothermale Phase auch in den Blasenräumen der Oberflächen- (*Geoden, Mandelräume*) und Tiefengesteine (*Miarolithische Hohlräume*).

1. Pegmatitisch-pneumatolytische Bildungen.

Die ersten Bildungen dieser Art, die einen außerordentlich bunten Mineralbestand aufweisen, sind die liquidmagmatisch-pneumatolytisch entstandenen *Riesenkorngesteine* oder *Pegmatite,* die im Gefolge der meisten Tiefengesteinskomplexe auftreten. Je nach der Schmelzflußmasse, von welcher sie sich herleiten, ist der Hauptmineralbestand der infolge der durch den Gasreichtum bedingten Beweglichkeit der Restschmelze oft außerordentlich grobkörnig entwickelten Pegmatite sehr wechselnd; am häufigsten sind die *Granitpegmatite,* die sich von granitischen Schmelzen herleiten, nicht selten sind auch *Syenitpegmatite;* es gibt aber auch *Gabbropegmatite* usw. Die Hauptbestandteile der Pegmatite sind immer die Leitmineralien des Muttergesteines. Trotzdem sind sie hinsichtlich der Übergemengteile außerordentlich variabel zusammengesetzt, da offenbar auch der Bestand der Restschmelzen an selteneren Grundstoffen, den besonderen Umständen entsprechend, qualitativ und quantitativ sehr wechselnd ist; es gibt sogar Pegmatite, die keinerlei Mineralbildungen seltener Elemente aufweisen; solche bezeichnet man als *einfache* Pegmatite im Gegensatz zu den an seltenen Mineralien reichen, *komplexen* Pegmatiten. Auch innerhalb eines Pegmatitganges bemerkt man wegen der von den Rändern der Gänge nach innen fortschreitenden Kristallisation (ebenso wie in den miarolithischen Hohlräumen) zonaren Wechsel des Mineralbestandes, der manchmal im Kern in hydrothermale Derbquarzbildungen ausklingt; die äußerste Zone (das *Salband* der Pegmatite) ist manchmal aplitischer Natur; in anderen Fällen kann man eine Änderung des Mineralbestandes in der Erstreckungsrichtung der Gänge, welche dann vielfach in mehr oder weniger reine Quarzgänge ausmünden, beobachten.

Nach dem charakteristischen Bestand an Übergemengteilen sind verschiedene Vorschläge zu einer Aufgliederung der Pegmatite gemacht worden; so unterscheidet man z. B. zwischen Lithiumpegmatiten, Borfluorpegmatiten, Zirkonpegmatiten.

a) Lithiummineralien.

Fast ausschließlich in Granitpegmatiten und verwandten Kristallisationen.

Lepidolith-Zinnwaldit (S. 55); 0.4—3% Li.

Spodumen (S. 40); 4% Li;

Amblygonit (F, OH)LiAl[PO$_4$]trk mit 5% Li; die sehr seltenen, triklin pinakoidalen xx sind lamellar verzwillingt; gewöhnlich grobspätig derb; spaltbar nach {001} und {100}; feldspatähnlich. H = 6; D = 3—3.1. Glasglänzend; $n_\beta \sim 1.61$; $\gamma - \alpha \sim 0.02$, opt. $+$ oder $-$. Reinweiß bis grünlichgrau. — In Granitpegmatiten oder pneumatolytischen Zinnerzgängen, in Granit, oft zusammen mit Spodumen und Zinnwaldit; auf den sächsischen Zinnerzlagerstätten spärlich; Varuträsk in Schweden, Südwestafrika, reichlich bei Cáceres in Spanien und besonders in den USA (Süddakota, Nordcarolina, Californien).

Triphylin $Li^{[6]}(Mn, Fe)^{[6]}[PO_4]$ r und *Lithiophilit* $Li^{[6]}Mn^{[6]}[PO_4]$ r; mit $4\frac{1}{2}\%$ Li. xx selten, meist sehr grobkörnig; spaltbar nach {001}. $H = 4-5$; $D = 3.4-3.6$; graugrün, oft blaufleckig, auch bräunlich (wenn manganreich). Strich grünlichgrau. $n_\beta = 1.68-1.70$; opt. $+$ oder $-$. In Säuren leicht löslich; isomorph mit Olivin. — In Granitpegmatiten, auch zusammen mit Spodumen, und auf Zinnsteingängen: Ostbayern, Dakota, Massachusetts; nirgends in technisch ausnutzbaren Mengen.

Petalit (Kastor) $LiAlSi_4O_{10}$ m mit $2\frac{1}{2}\%$ Li. xx selten in Granitdrusen (Elba); meist grobspätig, feldspatähnlich. Wechselnd gut spaltbar nach {001}, weniger gut nach {010}; Schicht- oder Gerüstgitter? $H = 6\frac{1}{2}$; $D = 2.4$. Glasglänzend, farblos, durchsichtig, meist aber undurchsichtig, weiß oder rötlich. Opt. $+$; $n_\beta = 1.51$, $\gamma - \alpha = 0.012$. Unter roter Flammenfärbung v. d. L. schmelzbar zu trübem Glas; durch Säuren angegriffen. In Granitpegmatiten stellenweise massenhaft, sehr grobspätig und in diesem Falle abgebaut: Utö und Varuträsk in Schweden; USA; Tammela in Finnland; Südwestafrika (Karibib); Westaustralien. — Zerfällt bei 1000^0 in Spodumen und SiO_2-Glas.

Die Lithiummineralien dienen zur Gewinnung von Lithiumsalzen, die in der Feuerwerkerei, Photographie, Medizin, als Lötsalz für Aluminium, für die Herstellung von Spezialgläsern usw. Verwendung finden; außerdem wird aus ihnen Lithiummetall gewonnen, von dem die Legierungstechnik zur Herstellung von nichtrostenden Lithiumberylliumlegierungen, niedrig schmelzenden Lithiumamalgamen und von lithiumhaltigen Leichtmetallegierungen mit Magnesium und Aluminium Gebrauch macht.

b) Cäsium und Rubidium.

Das einzige Mineral, das in beträchtlichen Mengen das seltene Alkalimetall Cäsium enthält, ist der mit dem Petalit zusammen auftretende *Pollucit* (oder *Pollux*) $\overset{3}{\infty}$ $Cs_2[Al_2Si_4O_{12}] \cdot H_2O$ k. Im Aufbau entspricht er dem wasserreicheren Zeolith Analcim (S. 143); nur sind die Wasserpositionen des Gitters beim Pollucit nur zur Hälfte besetzt[1]. xx farblos bis trüb, Würfel, häufig mit {211}. Keine Spaltbarkeit, muschelig brechend, gewöhnlich unregelmäßig-körnig. $H = 6\frac{1}{2}$; $D = 2.9$; $n = 1.525$. Der Pollucit enthält über 30% Cs. — Erstmalig mit dem Kastor zusammen in den pneumatolytischen Drusenräumen des Elbaner Granites gefunden. Größere, derbe (quarzähnliche!), abbauwürdige Mengen in USA. (Maine und in den Blackhills in Süddakota) und bei Veruträsk in Schweden.

Cs ist ferner im *Avogadrit* KBF_4 (S. 169) manchmal in Mengen von einigen Gewichtsprozenten an Stelle von K vorhanden, ferner in geringeren Mengen, ebenfalls als Vertreter von K in Leuciten und in dem ozeanischen Salzmineral Carnallit (S. 191). Über Cs im Beryll vergleiche man S. 103.

Rubidium bildet überhaupt keine selbständigen Mineralien. Das gar nicht so seltene Element ist über die Kaliummineralien besonders der Pegmatite verstreut. Es tritt an Stelle von Kalium[2] in nachweisbaren Mengen gelegent-

---

[1] Beim analog aufgebauten Leucit sind die Wasserpositionen überhaupt unbesetzt.
[2] In dieselben Kaliummineralien der Pegmatite tritt auch in sehr viel geringerem Prozentsatz das viel seltenere Thallium ein (0.0002—0.02%); vgl. auch S. 265.

lich in Leuciten, Lepidolithen und Kalifeldspäten (bis 3% Rb im Amazonen
stein, bis zu 2% im Lepidolith) auf, ferner in Kalisalzen und Beryllen; in größeren Mengen kommt es zusammen mit dem Cs als Vertreter des K im seltenen
(Ural, Madagaskar), kubischen Pegmatitmineral *Rhodizit* Na(K, Rb, Cs)(Li,
Al)$_8$Be$_3$B$_{10}$O$_{27}$k vor. Der Rhodizit kristallisiert hexakistetraedrisch; die anomal doppelbrechenden xx haben eine Härte von über 8, eine Dichte von 3.4
und einen Brechungsexponenten von 1.693.

Die beiden seltenen Alkalimetalle finden nur in der Laboratoriumstechnik Verwendung; Gewinnung als Nebenprodukt bei der Verarbeitung von Kalisalzen, gelegentlich auch aus Pegmatitmineralien.

c) Berylliummineralien.

Überwiegend in Granitpegmatiten und verwandten Kristallisationen.

Beryll Al$_2^{[6]}$Be$_3^{[4]}$[Si$_6$O$_{18}$] . H$_2$O h mit 5% Be; häufig mit Cs, Rb, Li, Na, Cr, V.
Dihexagonal bipyramidal. Meist gute, ein- und aufgewachsene xx von säuli-

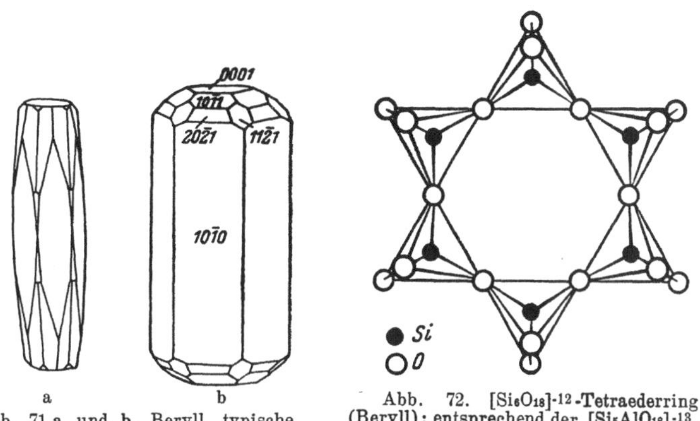

a   b
Abb. 71 a und b. Beryll, typische
Kristalltrachten.

Abb. 72. [Si$_6$O$_{18}$]$^{-12}$-Tetraederring
(Beryll); entsprechend der [Si$_5$AlO$_{18}$]$^{-13}$
Tetraederring des Cordierits.

gem Habitus, oft von mehreren Metern Länge. In Drusenräumen oft flächenreiche xx, die außer dem hexagonalen Prisma {10$\bar{1}$0} und der Basis {0001}
noch verschiedene Bipyramiden aufweisen (Abb. 71); auch derb, stengelig,
in Seifen abgerollt. — Gute Spaltbarkeit nach {0001}. H fast 8. D (abhängig
vom Cs-Gehalt) = 2.63—2.80. Glasglänzend, durchsichtig, farblos, blau,
grün, gelb, rosa bis undurchsichtig weiß, gelblichgrün oder graublau. Opt.
—; ε um 1.58, ω um 1.59; ε—ω unter 0.01. Infolge innerer Spannungen oft
anomal zweiachsig. Schwer schmelzbar und sehr widerstandsfähig gegen
Säuren.

Das Kristallgitter des Berylls ist durch das Auftreten von Sechserringen
von SiO$_4$-Tetraedern, [Si$_6$O$_{18}$]$^{-12}$ gekennzeichnet (Abb. 72); diese sind
senkrecht zur Z-Achse in das Gitter eingebaut und werden durch die Be-Ionen
in tetraedrischer 4-Koordination und durch die Al-Ionen in oktaedrischer
6-Koordination zusammengehalten. Da die Ringe unmittelbar übereinander
liegen, durchziehen die Kristalle in Richtung der Z-Achse relativ weitlumige
Kanäle; diese sind die Räume, wo die Wassermoleküle und die großen, der
Idealformel fremden Kationen, vor allem die Cs-Ionen, ihren Platz finden.
Man hat früher angenommen, daß Cs$_2$O[1]) für BeO in das Gitter einträte;
das ist aber kristallchemisch unmöglich, denn die ungewöhnlich großen

---

[1]) Der Gehalt an Cs$_2$O geht in einzelnen Fällen über 3 Gewichtsprozent hinaus.

Cs-Ionen können nicht die Plätze der winzigen Be-Ionen einnehmen; es ist anzunehmen, daß in den Tetraederringen etwas Si'''' durch Al''' ersetzt wird; dadurch bekommen die Tetraederverbände eine höhere negative Aufladung und zu deren Ausgleich treten in die freien Räume der Kanäle neben Wassermolekülen vor allem die großen Cs-Ionen ein. Das Wasser wird ziemlich hartnäckig festgehalten; jedoch erfolgt die Wasserabgabe ohne Zerstörung des Gitters durch einfachen Austritt aus den Kanälen. Man könnte das Beryllgitter (dafür würden die Brechungsexponenten und die Dichte sprechen, die sich gut in den Rahmen der Gerüstsilikate fügen) auch als dreidimensionales Gerüst von SiO_4- und BeO_4-Tetraedern $\overset{3}{\infty}[Be_3Si_6O_{18}]^{-6}$ auffassen, dann wäre die Formel $\overset{3}{\infty}Al_2^{[6]}[Be_3Si_6O_{18}] \cdot H_2O$ h zu schreiben. Manche Gründe sprechen für diese Art der Schreibung, andere wieder (z. B. der große Wertigkeitsunterschied zwischen Be'' und Si'''', der eine primäre Bildung von $[Si_6O_{18}]^{-12}$-Ringen erwarten läßt) sprechen für die erstere Formulierung. — Bemerkenswert ist auch ein durch radioaktiven Zerfall entstandener Heliumgehalt in den Beryllen; maximal wurden 30 mm³ Helium pro Gramm Beryll gefunden; auch die großen Heliumatome finden ihren Platz offenbar in den früher erwähnten Kanälen des Gitters. — Der Cr- und V-Gehalt der Berylle ist immer gering, aber für die Farbe entscheidend; diese beiden Ionenarten treten, wie auch sonst häufig, für $Al^{[6]}$ in das Gitter ein. Dasselbe gilt wohl auch für die nicht selten auftretenden Li- und Fe-Ionen.

Abarten: *Gemeiner Beryll,* undurchsichtig, in Pegmatiten, ist das einzige technisch wichtige Berylliummineral.

Die farbigen, durchsichtigen Abarten sind geschätzte Edelsteine *(Edelberylle);* besonders der *Smaragd* zählt zu den am höchsten bewerteten Edelsteinen; mit diesem Namen bezeichnet man die tiefgrüne Abart, welche in Pegmatiten ziemlich selten ist; Smaragd tritt meist in pneumatolytisch-hydrothermal durchtränkten kristallinen Schiefern (Glimmerschiefer, körnige Kalke) auf; die Farbe wird durch geringfügigen Ersatz von Al_2O_3 durch Cr_2O_3 oder V_2O_3 hervorgebracht. Hauptfundorte: Muso in Kolumbien, Takowajatal im Ural, Kosseir in Oberägypten, Westaustralien, Transvaal, in geringen Mengen im Glimmerschiefer im Habachtal in Salzburg. — *Aquamarin* ist blau bis grünblau, wesentlich häufiger als Smaragd: in Pegmatiten eingewachsen oder in Drusen und Klüften von Pegmatiten und Graniten; ebenfalls ein gesuchter Edelstein. Fundpunkte: Mursinsk im Ural, Aduntschilongebirge, Südnorwegen, Elba, Irland, Minas Geraes in Brasilien, Südwestafrika, Madagaskar usw. — *Goldberyll* (Südwestafrika), von goldgelber Farbe, ist weniger geschätzt. — *Rosaberyll* wird besonders in Californien und Madagaskar gefunden; er ist reich an Cäsium.

Beryll in Pegmatiten kann mit dem allerdings wesentlich weicheren, mit dem Messer leicht ritzbaren Apatit leicht verwechselt werden, der in ähnlichen Farben (gelbgrün bis blaugrau) in Granitpegmatiten und begleitenden Quarzgängen auftritt und zwar ebenfalls in Form von sechsseitigen Säulen.

Beryll kann synthetisiert werden; auch die Synthese von guten Smaragden ist mehrfach gelungen, erstmalig um die Wende des 19. und 20. Jahrhunderts in Paris *(Hautefeuille);* in neuerer Zeit werden in amerikanischen und deutschen Unternehmen Smaragde in einer Qualität hergestellt, die sich von der der natürlichen Steine nur durch die dunkelrote Fluoreszenz im Ultraviolett unterscheidet, welche letzteren fehlt.

Berylliummetall wird zunehmend in der Legierungstechnik für die Herstellung sehr wertvoller, harter und widerstandsfähiger Speziallegierungen mit Li, Cu, Co und Ni verwendet, ferner im reinen Zustand als Fenstermetall für Röntgenröhren;

für kurzwellige Strahlen sehr durchlässige Gläser, wie sie in der Röntgentechnik benötigt werden, werden aus Beryllium-, Lithium- und Borsalzen hergestellt; schließlich dient BeO zur Herstellung feuerfester Laboratoriumsgeräte. Hauptsächlich wird Gemeiner Beryll in den USA. (Maine, New Hampshire usw.) gewonnen; sonst vielfach als Nebenprodukt der Feldspatgewinnung in kleinen Mengen in Südnorwegen, Brasilien, Indien, Spanien usw.; unbedeutende Funde in Granitpegmatiten der Alpen (Steiermark, Kärnten usw.), Südböhmen, Schweden usw.

Als hydrothermale Zersetzungsprodukte in den Pegmatiten erscheinen häufig Pseudomorphosen von farblosem oder gelblichweißem tafeligen *Bertrandit* nach Beryll. Bertrandit $H_2Be_4Si_2O_9$ mit 15% Be kristallisiert rhombisch pyramidal, also mit polarer Z-Achse. Spaltbar nach der Basis; H fast 7; $D = 2.60$; $n\beta = 1.61$; $\gamma-\alpha = 0.023$. Die Struktur ist durch das Nebeneinanderauftreten von selbständigen $[SiO_4]$-Tetraedern und von $\overset{1}{\infty}$ $[SiO_3]$-Ketten gekennzeichnet. Die Strukturformel ist somit: $\overset{1}{\infty}$ $(OH)_2Be_4^{[4]}[SiO_4]$ $[SiO_3]$r. — Häufig ist der Beryll auch zu Kaolin oder Sericit zersetzt.

Chrysoberyll $Al_2^{[6]}[BeO_4]$r mit 7% Be ist isomorph mit dem Olivin. Rhombisch bipyramidal. xx eingewachsen, dicktafelig mit den Formen: {100}, {010}, {011}, {120}, {111} usw. Nicht selten Durchdringungsdrillinge (Abb. 73) nach {031} von mimetisch hexagonalem Habitus (besonders beim *Alexandrit*). Gute Spaltbarkeit nach {010}; $H = 8\frac{1}{2}$, $D \sim 3.7$. Glasglänzend, durch-

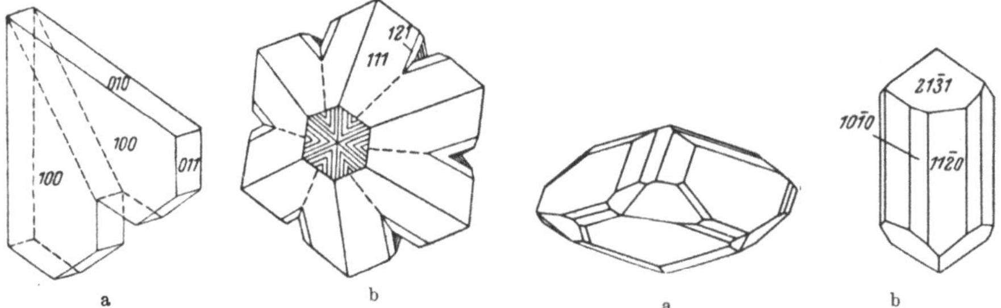

Abb. 73 a und b. Chrysoberyll, Berührungszwilling nach (031) („Herzzwilling") (a) und mimetisch hexagonaler Durchwachsungsdrilling nach dem selben Gesetz (b).

Abb. 74 a und b. Phenakit, typische Kristalltrachten.

sichtig bis durchscheinend; meist grünlichgelb wie Olivin, aber auch tiefgrün bis smaragdgrün, im letzteren Falle Alexandrit genannt; besonders bei Kerzenbeleuchtung erscheint dieser Edelstein im auffallenden Licht smaragdgrün, im durchfallenden blutrot. Als *Chrysoberyll-Katzenauge* oder *Cymophan* bezeichnet man gelbgrüne Kristalle mit wogendem Lichtschimmer, der von unzähligen parallel orientierten Hohlräumen herrührt. $n = 1.75$; $\gamma-\alpha = 0.01$; opt. $+$. Sehr schwer schmelzbar; von Säuren nicht angegriffen. — Gesuchter Edelstein, besonders der Alexandrit[1]), der als Begleiter des Smaragds im Takowajatal im Ural vorkommt. Auch sonst Vorkommen wie beim Beryll, häufig mit diesem zusammen in Granitpegmatiten, aber viel seltener als Beryll, ferner in glimmerreichen kristallinen Schiefern und Edelsteinseifen, z. B. bei Marschendorf in Mähren, Colorado, bei Hattam, Conn., auf Madagaskar; Cymophan stammt aus Edelsteinseifen in Ceylon und Brasilien.

Phenakit $Be_2^{[4]}[SiO_4]$rd mit über 16% Be; (ditrigonal) rhomboedrisch; xx oft groß und sehr flächenreich (verschiedene Prismen und Rhomboeder) von flachrhomboedrischem oder dickprismatischem Habitus (Abb. 74). H fast

---

[1]) Der sogenannte synthetische Alexandrit ist ein durch Beimengung von V_2O_5 ähnlich gefärbter synthetischer Korund; ebenso ist der sogenannte synthetische Aquamarin in Wirklichkeit synthetischer Spinell.

8; $D = 3.0$. Opt. $+$; $\omega = 1.654$, $\varepsilon = 1.670$. Glasglänzend, durchsichtig, farblos, gelb, blaßrot, bräunlich. Sehr schwer schmelzbar, von Säuren nicht angegriffen. Verwechslungsmöglichkeit mit Quarz [1]), da er wie dieser muschelig bricht und nur eine schlechte Spaltbarkeit nach $\{11\bar{2}0\}$ aufweist. — Pneumatolytisch-hydrothermal, oft zusammen mit Beryll, in Granitgängen, Granitpegmatiten und Glimmerschiefern; Südnorwegen, Takowajatal im Ural, Wallis, Minas Geraes in Brasilien, Südwestafrika usw.

Isomorph mit Phenakit ist der Willemit $Zn_2^{[4]}[SiO_4]$ rd (S. 263) und der Troostit (manganreicher Willemit).

Helvin $\overset{3}{\infty}$ $(Mn, Fe)_4[Be_3Si_3O_{12}]S$ k mit 5% Be (S. 72).

Gadolinit $FeY_2Be_2Si_2O_{10}$ m mit 4% Be. Monoklin prismatisch; xx oder derb eingewachsen, in Granitpegmatiten oft sehr große xx. Y oft stark durch Ce, Th usw. ersetzt; schwarzbraun bis schwarz, undurchsichtig, fast immer metamikt mit fettglänzenden Bruchflächen. $H = 6\frac{1}{2}$; $D = 4\frac{1}{2}$; Strich graugrün. Von Salzsäure unter Bildung von Kieselsäuregallerte zersetzlich. — In Granitpegmatiten: Südnorwegen, Mittelschweden, Texas, sehr selten in den Alpen, Harz usw.

Milarit $\overset{3}{\infty}$ $KCa_2[Be_2^{[4]}Al^{[4]}Si_{12}O_{30}] \cdot \frac{1}{2} H_2O$ r. Rhombisch, mimetisch hexagonal, bei höheren Temperaturen hexagonal; farblose bis blaßgelbgrüne, muschelig brechende xx (Scheinformen $\{10\bar{1}0\}$, $\{11\bar{2}0\}$, $\{10\bar{1}1\}$ und $\{0001\}$). $H = 6$; $D = 2.6$, n bei geringer Doppelbrechung ca. 1.53; leicht schmelzend. — Sehr selten: Graubünden.

In den Nephelinsyenitpegmatiten treten als Berylliummineralien die kompliziert zusammengesetzten Silikate *Eudidymit* und *Epididymit*, beide in monoklinen, bzw. rhombischen, farblosen, glimmerähnlich spaltenden Tafeln, ferner der *Melinophan* und der *Leukophan* (gelbe oder gelbgrüne tafelige oder würfelähnliche, tetragonale, bzw. rhombisch pseudotetragonale xx) auf; die beiden letzteren haben melilithähnliche Struktur und damit die Formel $(Ca, Na)_2Be^{[4]}[(Si, Al)_2(O, F)_7]$, die beiden ersteren komplizierte Kettenschichtstrukturen $\overset{2}{\infty}$ $Na^{[6]}(OH)Be^{[4]}[Si_3O_7]$ m bzw. r. Langesundfjord in Norwegen, Grönland usw.

Euklas $(OH)AlBe[SiO_4]$ m mit 6% Be. Nur xx, farblos bis hellgrün; vollkommen nach $\{010\}$ spaltend; $H = 7\frac{1}{2}$; $D = 3.1$. Durchsichtig, lebhaft glasglänzend; opt. $+$, $n_\beta \sim 1.65$; $\gamma - \alpha = 0.02$. Euklas ist ein seltener Edelstein, der als pneumatolytisch-hydrothermales Drusenmineral z. B. in den Westalpen auftritt, aber auch in Pegmatiten (Ouro Preto in Brasilien, Ostafrika usw.) und auf Edelsteinseifen (Ural) angetroffen wird.

Der monoklin-prismatische *Beryllonit* $NaBe[PO_4]$ bildet pseudohexagonale, flächenreiche, dicktafelige xx, vollkommen spaltbar nach $\{001\}$, schlechter nach $\{100\}$; H fast 6; $D = 2.85$. Glasglänzend, auf der Basis perlmutterglänzend; farblos bis gelblich; $n_\beta = 1.558$, $\gamma - \alpha = 0.006$. In Säure löslich, leicht schmelzbar. Nur bekannt aus Pegmatit von Stoneham (Maine).

Sehr selten und zwar bisher nur in Långban in Schweden wurde in derber, weißer Form der dihexagonal pyramidal kristallisierende *Bromellit* gefunden. Er hat die Formel $Be^{[4]}O^{[4]}$ h mit 36% Be; er ist isomorph mit Wurtzit (S. 261), und Zinkit (S. 263); $H = 9$; $D = 3.0$.

d) Bormineralien [2]).

Das verbreitetste Bormineral ist der *Turmalin*, ein ungemein kompliziert und wechselnd zusammengesetztes, ditrigonal pyramidal kristallisierendes Borsilikat. Unter Berücksichtigung der wichtigeren isomorphen Vertretungen läßt sich die allgemeine Turmalinformel wie folgt schreiben:

$(OH, F)_4(Ca, Na, Mn)^{[4]}(Al, Mg, Fe, Mn, Li, Cr, Ti, V)_9^{[6]}\{B_3^{[3]}O_9[Si_6O_{18}]\}$ trig. mit ca. 10% B_2O_3. B : Si ist recht konstant; auch durch $Al^{\cdots}$ scheint $Si^{\cdots\cdots}$

---

[1]) Phenax (gr.) = Täuscher.
[2]) Siehe aber auch S. 169 u. 182.

nur unbedeutend ersetzt zu werden. Leitelemente der Struktur sind Sechser-ringe von $[SiO_4]$-Tetraedern und dreikoordinierte B-Ionen.

Gute xx, eingewachsen und aufgewachsen, zum Teil sehr groß; dicksäulig bis stengelig; wenn derb, dann meist radialstrahlig (Turmalinsonnen in manchen Graniten und Granitpegmatiten). xx oft sehr formenreich, die Flächen der Prismenzone infolge von Vizinalflächenbildungen stets längsgestreift; aus demselben Grund zeigen die Kristalle sehr häufig Querschnitte von der Gestalt eines sphärischen Dreieckes (Scheinrundung durch Vizinalflächen-bildung!). Hauptprismenformen sind das trigonale Prisma $\{01\bar{1}0\}$ und das hexagonale Prisma $\{11\bar{2}0\}$; damit kombiniert verschiedene trigonale und ditrigonale Pyramiden und die Basis (Abb. 75). Bei beid-endiger Ausbildung ist die Polarität der Z-Achse erkenn-bar (Abb. 76).

Keine Spaltbarkeit; Querabsonderung nach $\{0001\}$. Muscheliger Bruch, spröde; $H = 7$; $D = 3.0—3.25$; glas-glänzend, auf den Bruchflächen fettartig glänzend; durch-sichtig bis undurchsichtig; Farbe sehr wechselnd, je nach der Zusammensetzung von farblos bis schwarz. Die Farbe ändert sich sogar innerhalb desselben Kristalls und zwar sowohl zonenartig (z. B. roter Kern und grüne Hülle oder brauner Kern und blaue Hülle, oft in fleckig unregel-mäßiger Verteilung) oder schichtartig rot-farblos-grün, oft mit schwarzen Köpfen (*Mohrenköpfe*). Opt. —; Brechung

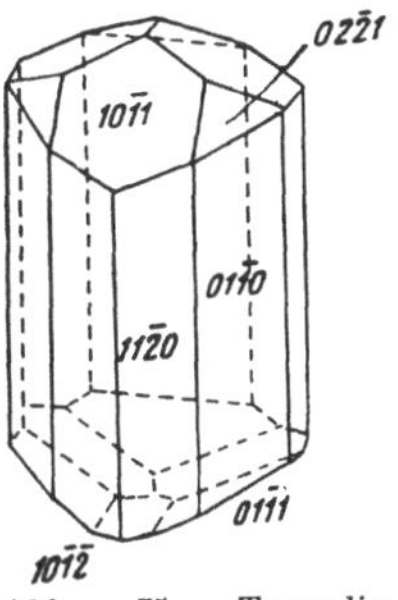

Abb. 75. Turmalin, dicksäulig, anscheinend rhomboedrisch.

und Doppelbrechung mit der Zusammensetzung stark ver-änderlich; ω zwischen 1.64 und 1.69, ε zwischen 1.62 und 1.66; $\varepsilon—\omega$ zwischen — 0.02 und —0.04; Pleochroismus sehr stark, besonders in den farbigen Varietäten fast vollständige Absorption für die Schwingungsrichtungen senk-recht zur Z-Achse (ω), dagegen hellfärbig durchlässig für die Schwingungsrichtungen parallel zur Z-Achse (ε); darauf be-ruht die Verwendbarkeit der farbigen Turmaline zur Herstel-lung allerdings farbig polarisierten Lichtes; in Form der Tur-malinzange werden zur Feststellung der Doppelbrechung von Kristallen parallel zur Z-Achse geschnittene Turmalinplatten in Kreuzstellung benützt. Stark pyroelektrisch in Richtung der polaren Z-Achse, deren Pole beim Erwärmen leichte Teilchen anziehen (daher der Name des Minerals vom malayischen Worte turmali = Aschenträger): der „analoge" Pol lädt sich beim Erwärmen positiv auf, der „antiloge" negativ. Schmelzbarkeit je nach der Zusammensetzung verschieden; von Säuren nicht angegriffen, die Wasserabgabe erfolgt erst bei hohen Temperaturen (ähnlich wie bei den Amphibolen) und geht unter Zerstörung des Gitters vor sich.

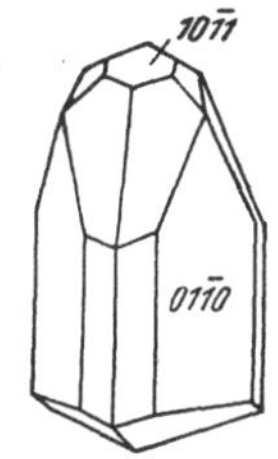

Abb. 76. Tur-malin, typisch polar.

Gemeiner Turmalin oder *Schörl*; schwarz, undurchsichtig, reich an drei-wertigem und zweiwertigem Eisen; im Dünnschliff dunkelblau oder dunkel-braun, je nachdem ob zweiwertiges oder dreiwertiges Eisen überwiegt. Sehr häufig in Granitpegmatiten und Graniten als Übergemengteil, selten in sauren Ergußgesteinen (Quarzporphyren); häufig in autopneumatolytisch veränder-ten, granitischen Gesteinen (Greisen), hier als Verdränger der Feldspäte und Biotite; reichlich turmalinisierte Granite sind die Luxullianite; Turmalin-(Schörl-)Felse sind pneumatolytisch kontaktmetamorphe Tonschiefer; auch in kontaktmetamorphen Kalksteinen usw., ferner in Kontakterzlagerstätten und auf hydrothermalen Erzgängen; in Edelsteinseifen; in kristallinen Schiefern (Gneise, Granulite usw.); selbst als Neubildung (?) in tonigen Sedimenten in Form von winzigen Nadeln (Tonschiefernädelchen). — Die Edelturmaline sind spätere pegmatitische Bildungen oder Drusen- und Kluftturmaline. Qualität von der Art der Farbe und Durchsichtigkeit abhängig. Hauptarten der Edelturmaline sind: *Achroit;* farblos, sehr eisenarm; z. B. in Granitdrusen auf Elba. — *Rubellit,* rosarot bis braunrot, in der Regel reich an Li· und Mn··; oft zusammen mit Lepidolith; Rožna in Mähren, S. Diego Cy, Californien, Ural, Elba. — Mit zweiwertigem Eisen blau, grünblau, grün oder gelblichgrün; *Indigolith* → *Verdelith;* Utö und Varuträsk in Schweden, Südwestafrika, Elba; die blauen in der Regel lithiumhaltig. — Reich an Mg··, aber arm an Eisen sind die braunen *Dravite* (z. B. von Unterdrauburg in Kärnten); gelegentlich mit mehreren % V_2O_3. — Die mit Chromerzen im Ural zusammen vorkommenden chromhaltigen Turmaline sind tiefgrün. — Edelsteinturmaline stammen vielfach aus Edelsteinseifen: Ceylon, Brasilien, Madagaskar.

Außer zur Herstellung von Polarisatorplatten wird Turmalin in neuester Zeit wegen der Polarität der Z-Achse in größeren, dünnen Platten senkrecht zu dieser zur Herstellung von Oszillatorplatten und (für diese Zwecke genügt auch nichtbrüchiger Gemeiner Turmalin) zur Messung von Sprengdrucken in Luft und unter Wasser verwendet; solches Material wird hauptsächlich von Brasilien und Madagaskar geliefert.

Der *Danburit* $\overset{3}{\infty}$ $Ca[B_2Si_2O_8]$ r ist im Vergleich zum Turmalin recht selten. Das Kristallgitter weist $[Si_2O_7]^{-6}$-Gruppen, die mit doppeltetraedrischen $[B_2O_7]^{-8}$-Gruppen gerüstartig verbunden sind, auf; es ist daher zweckmäßig, in der Formel den Gerüstaufbau zu betonen, zumal da dieser dem der Feldspäte sehr ähnlich ist. Auch in den Eigenschaften gliedert sich der Danburit gut unter die Gerüstsilikattypen ein. Die rhombisch bipyramidalen xx sind topasähnlich, prismatisch ausgebildet; vorherrschende Form ist {110}, abgeschlossen durch verschiedene Pyramiden und Prismenformen. Keine Spaltbarkeit, muscheliger Bruch. H über 7; D fast 3.0; glasglänzend, farblos oder gelb oder bräunlich. Opt. —; nβ = 1.63; γ—α = 0.006. — Pneumatolytisch-hydrothermal in Gangquarz, auf Klüften von Gneisen und anderen kristallinen Schiefern: Graubünden, USA. (Connect., New York), Madagaskar, Mexiko usw. — Gelegentlich als Edelstein verwendet.

Dem Danburit ähnlich und mit ihm baugleich ist der *Hurlbutit* $Ca\,Be_2\,O[P_2O_7]$ r (Berylliumpegmatite von New Hampshire).

Viel häufiger ist wiederum der *Axinit;* wie der Turmalin ein ziemlich komplex zusammengesetztes Borsilikat von unbekanntem Aufbau; auch ist die Formel nicht völlig gesichert; es sei deshalb nur provisorisch eine Summenformel angegeben, welche das ungefähre Verhältnis der Hauptkomponenten erkennen läßt: $(OH)Ca_2(Mn, Fe, Mg)Al_2BSi_4O_{15}$ [1]). Triklin, wegen festgestellter Pyroelektrizität vermutlich pedial. xx formenreich (Abb. 77), besonders die Pediapaare {110}, {1$\bar{1}$0} und {1$\bar{1}$1}, die zusammen ein (rhomboederähnliches) Prisma mit schiefen Winkeln bilden, dessen Kanten und Ecken durch verschiedene andere Flächen abgestumpft sind; gute xx häufig, meist tafelig mit spitzen Kanten; Streifung auf den Hauptflächen. Auch derb, dann oft stengelig oder schalig. Ziemlich gute Spaltbarkeit nach (010). H fast 7; D = 3.27—3.36; lebhaft glasglänzend, durchsichtig bis durchscheinend;

---

[1]) Die Aufstellung einer sicheren kristallchemischen Formel wird dadurch erschwert, daß die Axinite immer reich an Mn·· sind, einer Ionenart, die wegen der intermediären Raumbeanspruchung sowohl Ca·· als auch Mg·· zu ersetzen vermag.

ziemlich starke Lichtdispersion, auch starke Dispersion der Hauptrichtungen der Indikatrix:

	$n\alpha$	$n\beta$	$n\gamma$	$\gamma-\alpha$
rot	1.672	1.678	1.681	0.009
violett	1.685	1.692	1.695	0.010

2 V fast 72° für alle Wellenlängen; opt. —; violett, rauchgrau, graublau, grünlichgrau, selten rosa. Leicht schmelzend zu grünem Glas (Mn-Gehalt!). Frisch gegen Säuren sehr widerstandsfähig. — Pneumatolytisch-hydrothermal in Drusen in schönen xx, in Klüften von kristallinen Schiefern (Westalpen, Pyrenäen), in Diabas (Harz), in Granit (Baveno, San Diego Cy, Californien usw.); vielfach pneumatolytisch kontaktmetamorph in Kalksilikathornfelsen (Oslo-Kontaktgebiet in Norwegen, Limurite der Pyrenäen) und auf metasomatischen Erzlagerstätten (Sachsen, Schweden, USA. usw.), auch sonst auf pneumatolytischen Erzlagerstätten (z. B. Nordfinnland).

Datolith (OH)CaBSiO₄. Monoklin prismatisch; in Drusen flächenreiche, ziemlich große xx (Abb. 78), gedrungen oder leicht nach der X-Achse gestreckt; vorwiegende Formen: {100}, {011} und {102}; auch derb, körnig bis dicht, feinfaserig in traubigen Überzügen (*Botryolith* auf Calcit von Arendal, Südnor-

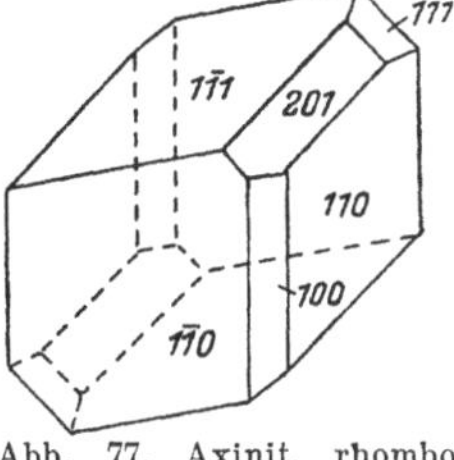

Abb. 77. Axinit, rhomboederähnliche Tracht.

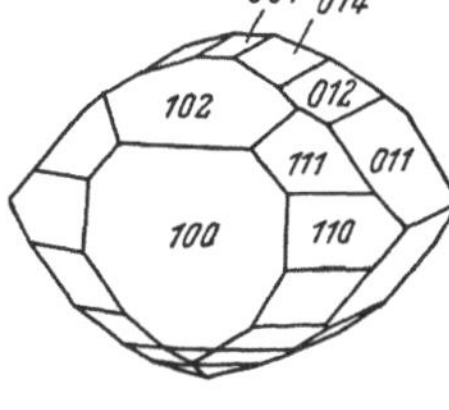

Abb. 78. Datolith.

wegen). Keine Spaltbarkeit, muscheliger Bruch. H über 5; D fast 3.0. Glasglänzend, durchsichtig oder durchscheinend; farblos, meist grünlich, selten gelblich. Opt. —; $n\beta = 1.65$, $\gamma - \alpha = 0.04$, O. A. E. ‖ S. E. Färbt wie viele andere Borsilikate die Flamme grün und schmilzt unter Wasserabgabe zu farblosem Glas; in Salzsäure zersetzlich. — Pneumatolytisch-hydrothermales Drusenmineral, in Klüften besonders von basischen Eruptivgesteinen (Diabase, Melaphyre: Harz, Seiseralpe in Südtirol, Theiß in Tirol), selten in Drusen von Graniten und auf Erzlagerstätten (Arendal in Norwegen und auf Utö in Schweden); reichlich zusammen mit gediegenem Kupfer in einem melaphyrähnlichen Gestein am Oberen See in Nordamerika. Selten als dichtes Kontaktgestein (Bernau in Böhmen, Inyo Cy und Riverside Cy in Californien); die Vorkommen sind häufig denen von Zeolithen analog, die den Datolith nicht selten begleiten.

Ob trotz der großen Ähnlichkeit der Gitterkonstanten engere strukturelle Beziehungen zum Gadolinit bestehen, ist noch unsicher. Dagegen ist der Datolith offenkundig isomorph mit dem seltenen, pegmatitisch-pneumatolytischen fluorhaltigen Berylliumphosphat *Herderit* (F, OH)CaBePO₄m, das ihm in jeder Beziehung sehr ähnlich ist; $n = 1.62$; $\gamma - \alpha = 0.023$; opt. —; glasglänzend; farblos bis gelblich. — Granitgänge in Maine (USA) und im Fichtelgebirge; zusammen mit Zinnstein in Sachsen.

Durch seine tiefblaue bis bräunlichrote Farbe sehr auffallend ist der *Dumortierit* (OH)O₃Al₈[BO₄][SiO₄]₃ r. Faserig-strahlig; $H = 7$; $D = 3.35$; matt seidenglänzend; $n\beta = 1.686$; $\gamma - \alpha = 0.021$; opt. —. — Vielleicht strukturverwandt mit dem Andalusit Al₂SiO₅ (S. 209). Zersetzt sich beim Glühen unter Abgabe von B₂O₃ und H₂O zu

Mullit (S. 217). — Pneumatolytisch in Pegmatiten, Graniten und Gneisen: Waldviertel in Niederösterreich, bei Lyon, Riesengebirge, Madagaskar, Brasilien, Südwestafrika, an verschiedenen Orten in den USA, wo er in Californien (Riverside Cy) für keramische Zwecke wie Andalusit abgebaut wird.

Kornerupin (Prismatin), vielleicht $Al_8Mg_4[BO_4]_4[SiO_4]_3$ [1]). Rhombisch bipyramidal. Stark gestreckte, oft zu stengelig-strahligen Aggregaten zusammengefaßte xx mit vorherrschendem {110} und mit Spaltbarkeit nach dieser Form. $H = 7$; $D = 3.3$. Glasglänzend, weiß, gelbbraun, auch durchsichtig grün, $n\beta = 1.68$; $\gamma-\alpha = 0.013$; opt. —; O.A.E. parallel {100}. Vorkommen mannigfaltig, aber sehr verstreut; gelegentlich in Pegmatiten (Betroka auf Madagaskar in schleifwürdigen, grünen Steinen), in verschiedenen, tonerdereichen Gneisen, manchmal zusammen mit Cordierit und Sapphirin (Fiskernäs in Westgrönland).

Zwar borarm, aber nicht selten mit dem Kornerupin vergesellschaftet, ist der *Sapphirin;* er ist ein sehr kieselsäurearmes Silikat; die Formel ist vermutlich $(Mg, Fe)_2^{[6]}Al_3^{[6]}O_2[SiO_4]\,[(Al, B)O_4]$ zu schreiben; vielleicht mit verzerrter Topasstruktur, aber monoklin. Gewöhnlich nach (010) abgeplattete Körner mit unebenem Bruch. $H = 7\frac{1}{2}$; D fast 3.5; glasglänzend; $n\beta = 1.71$, $\gamma-\alpha = 0.005$; opt. —; O.A.E. parallel S.E. Hellblau, blaugrau, auch dunkelgrün. — In sehr verschiedenen tonerdereichen Gesteinen; manchmal zusammen mit Kornerupin in Pegmatiten (Madagaskar), in Gneisen (Fiskernäs in Grönland); selten auch als Übergemengteil in basischen magmatischen Gesteinen (Anorthosite aus der Gegend von Quebec in Canada) und kontaktmetamorph.

e) Fluormineralien.

Fast stets ist in den hydroxylhaltigen Silikaten und sonstigen Mineralien der Pegmatite (Glimmer, Turmalin usw.) ein beträchtlicher Teil der Hydroxyl-Ionen durch Fluor-Ionen ersetzt; auch unter den Bormineralien der vulkanischen Exhalationen gibt es zahlreiche Fluorborate; darüber hinaus sind aus den Pegmatiten einige Mineralien zu nennen, die als mehr oder weniger ausgesprochene Fluormineralien anzusprechen sind.

Topas $(OH, F)_2Al_2^{[6]}[SiO_4]$ r. Rhombisch bipyramidal. Das Kristallgitter ist eine dichteste Kugelpackung der zwei- und einwertigen Anionen, in deren oktaedrischen Lükken Al-Ionen und in deren tetraedrischen Lücken Si-Ionen eingestreut sind; die SiO_4-Tetraeder sind selbständig, die einwertigen Anionen nur an Al-Ionen koordinativ geknüpft. — Ausgezeichnete Spaltbarkeit nach {001}, sonst muschelig brechend; xx oft sehr flächenreich (Abb. 79 u. 80), einzeln oder in Drusen, meist nach der Z-Achse prismatisch gestreckt und parallel zu ihr gestreift; die wichtigsten Formen sind: {001}, {110}, {120}, {011}, {021}, {101}, {111} und {112}. Sonst derb bis dicht, manchmal grobstengelig (*Pyknit*); abgerollt in Edelsteinseifen. — $H = 8$; $D = 3.5—3.6$; glasglänzend, meist durchsichtig bis durchscheinend; wenn derb, gewöhnlich undurchsichtig; farblos, weingelb, blau, rosa, auch grün; gewisse gelbe Topase werden beim Glühen rosafarben. Opt. +; $2V = 49—66^0$;

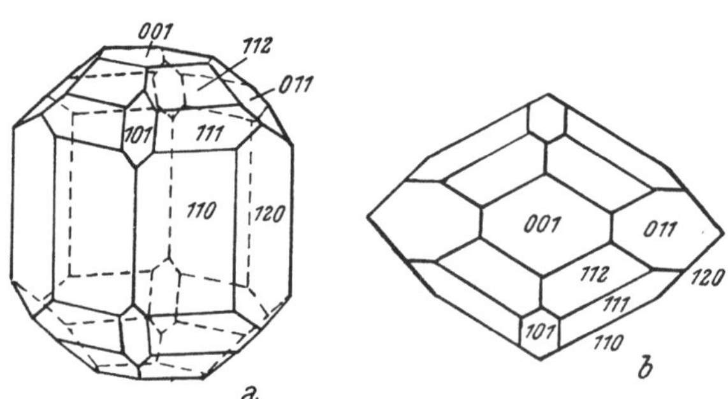

Abb. 79 a und b. Topas, formenreicher Kristall mit Kopfbild.

---

[1]) Borgehalt anscheinend stark schwankend; Formel unsicher!

$n\beta = 1.614$; $\gamma - \alpha = 0.009$; O. A. E. = (010). Ähnlich wie Quarz und Aquamarin oft reich an Flüssigkeitseinschlüssen, auch mit Libellen. Sehr schwer schmelzbar, sehr widerstandsfähig gegen Säuren; gibt, mit Phosphorsäure erhitzt, Flußsäure ab. — Pneumatolytisch in sauren Tiefengesteinen (Graniten und Granitpegmatiten, seltener in Quarzporphyren und Quarztrachyten, auch in aus solchen Gesteinen hervorgegangenen Gneisen); als autometasomatisches Umsetzungsprodukt der Feldspäte in Greisengesteinen; kontaktmetamorph in Turmalinfelsen oder Topasfelse bildend; vielfach abgerollt in Seifen: Schneckenstein in Sachsen, Mittelschweden, Südnorwegen, bei Mursinka im Ural (meist blau); in Seifen der Sanarka (rosarot), Aduntschilongebirge (xx in Topasfelsgängen), Spitzkopje in Südwestafrika, San Diego in Californien; Ouro Preto, Minas novas und Minas Geraes in Brasilien; in Seifen in Brasilien und auf Ceylon.

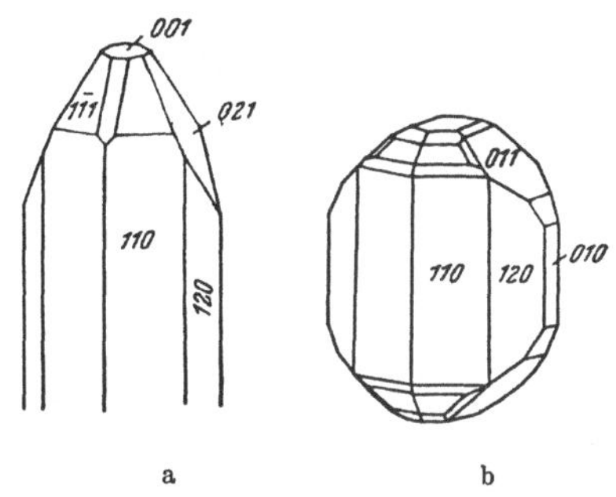

Abb. 80 a und b. Topas, andere häufige Trachttypen.

Umwandlung in Kaolin und Sericit. — Verwendung als Schmuckstein und Schleifmaterial.

Flußspat (Fluorit) $Ca^{[8]}F_2^{[4]}$ k. Große aufgewachsene xx häufig (Abb. 81 u. 82); meist nur Würfel, gelegentlich kombiniert mit dem Oktaeder, auch dem Rhombendodekaeder und dem Tetrakishexaeder {310} und mit anderen Formen; nur selten in reinen Oktaedern oder reinen Rhombendodekaedern; Tracht von der Entstehungstemperatur abhängig (oktaedrische Ausbildung bei pneumatolytischer Entstehung); Durchwachsungszwillinge von Würfeln nach {111} häufig (Abb. 83). Oft auch derb, grobkristallin bis dicht, häufig farbig gebändert, auch stengelig, sogar in traubigen Krusten. — Elementarkörper, Abb. 84. — Vollkommen spaltbar nach {111}; H = 4; D = 3.1—3.2; glasglän-

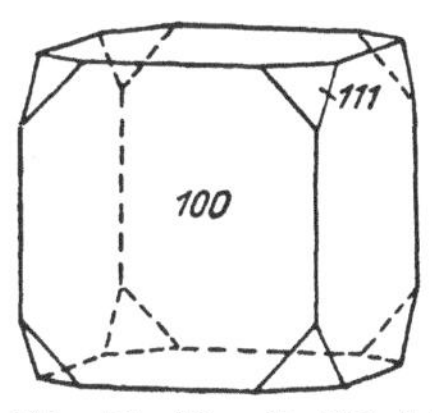

Abb. 81. Fluorit, Würfel mit Oktaeder.

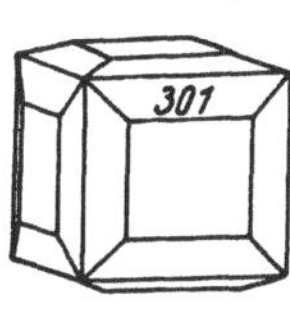

Abb. 82. Fluorit, Würfel mit Tetrakishexaeder {301}.

Abb. 83. Fluorit, Durchwachsungszwilling nach (111).

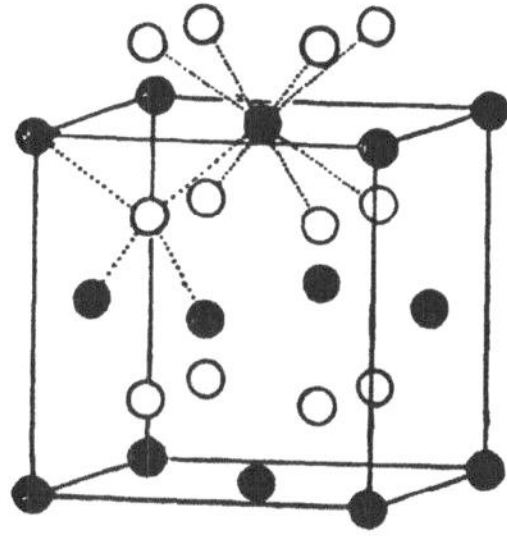

Abb. 84. Fluorit, Kristallstruktur: Scheiben = Ca``, Kreise = F⁻.

zend, farblos durchsichtig bis undurchsichtig und fast schwarz in allen erdenklichen Farben; Farbe vermutlich vielfach durch radioaktive Bestrahlung verursacht, besonders bei den dunklen Flußspäten (Loslösung und Neutralisierung von Ionen aus dem Gitterzusammenhang!). n = 1.434. Besonders die tieffarbigen xx von Cumberland zeigen sehr kräftige Fluoreszenz: Blau im auffallenden Licht, grün im durchfallenden; Ultraviolettfluoreszenz wird bedingt durch den Eintritt von geringen Mengen von Seltenen Erden (besonders Eu``) für Ca; nach dem Erwärmen oft phosphoreszierend. Nichtleiter für Elektrizität. Schmelzpunkt 1392°; mit Schwefelsäure Flußsäure bildend. Unter *Stinkfluß* versteht man beim Anschlagen nach Fluor riechenden, dunkelfarbigen Flußspat, z. B. von Wölsendorf in der Oberpfalz, wo dieser Flußspat wie auch sonst öfters von geringen Mengen von Uranmineralien begleitet wird.

Sehr weit verbreitetes Mineral; Vorkommen akzessorisch in sauren Tiefengesteinen und in ihren Drusenräumen, häufig in Pegmatiten (Granit- und Syenitpegmatite) und Kontaktgesteinen; Mineral der Zinnerzpneumatolyse (Sachsen, Cornwall); mit sulfidischen Erzen (besonders mit Blei- und Zinkerzen); derartige Gänge gehen häufig in reine Flußspatgänge über (Harz, Thüringer Wald, Wölsendorf in der Oberpfalz, Durham, Alston in Cumberland usw.); als Kluftmineral z. B. in den Westalpen und Pyrenäen häufig, auch in schönen farblosen oder farbigen xx: gelegentlich als hydrothermales Imprägnationsmineral in Sandsteinen.

Die Jahresproduktion an Flußspat beläuft sich bei nicht allzu großen Weltvorräten auf über eine halbe Million Tonnen, die besonders in den USA, Deutschland, England und Rußland gefördert werden. Verwendung des Flußspates zu 80% als Flußmittel in der Hüttenindustrie, zu 15% in der Glas- und Zementindustrie, zu 5% in der chemischen Industrie (Herstellung von Flußsäure und anderen Fluorverbindungen). Einwandfreie, farblose Fluorite dienen in der optischen Industrie für die Herstellung von Prismen, Linsen usw.; die geringe Lichtdispersion macht sie für die Herstellung von apochromatischen Objektiven besonders geeignet. Schön gebänderte Fluorite finden Verwendung für die Herstellung von kunstgewerblichen Gegenständen und als Einlageplatten.

Yttrofluorit ist ein Flußspat in Pegmatiten mit starkem Ersatz von $Ca^{..}$ durch $Y^{...}$, wobei zusätzlicher Einbau von F-Ionen an freie Plätze des Gitters angenommen wird (Tysfjord in Norwegen, Spitzkopje in Südwestafrika).

Ein weiteres wichtiges Fluormineral, das in seinen Vorkommen auf Granitpegmatite beschränkt ist, ist der *Kryolith* oder *Eisspat* Na_3AlF_6m. Monoklin prismatisch, pseudokubisch. xx selten, meist derb, grobspätig, mit oben parkettartig von klaren Kristallenden abgegrenzten Flächen; mit Einschlüssen von gut ausgebildeten Siderit-, Bleiglanz-, Kupferkies- usw. Kristallen. Zwillingslamellierung nach {110} mit Absonderung nach den Zwillingslamellen; Zwillinge auch nach {001} und {112}. Schlecht spaltbar nach den vorherrschenden Formen {110} und {001}, deren Flächen fast senkrecht zueinander stehen. H fast 3; D = 3.0. In der Regel milchweiß, selten rötlich oder düsterfarbig; matter Glasglanz; durchscheinend. Sehr niedrige Doppelbrechung ($\gamma - \alpha = 0.001$); opt. +; $n\beta = 1.34$; wird bei 570° kubisch[1]). — Sehr leicht schmelzend zu weißer Emaille, vollkommen löslich in Schwefelsäure, schlecht löslich in Salzsäure. — Am leichtesten zu verwechseln mit Anhydrit.

Einziges großes, abbauwürdiges Vorkommen im Granit von Ivigtut in Westgrönland; in geringen Mengen in Pegmatiten von Miask im Ural und in Colorado (Pikes Peak). — Verwendung in der Glasindustrie (Milchglas, Kryolithglas) und bei der Emailleherstellung, auch als Flußmittel. Früher Ausgangsmaterial für die Al-Gewinnung, heute dabei nur als Flußmittel verwendet. Grönland hat eine durchschnittliche Jahresproduktion von etwa 20.000 Tonnen.

Kryolithionit $Na_3[8]Al_2[6]Li_3[4]F_{12}$ k kommt mit dem Kryolith zusammen und in diesen eingewachsen vor, aber in viel geringeren Mengen als dieser. Der Kristallbau entspricht dem des Granats (S. 131). Derb oder Rhombendodekaeder, farblos bis milchig; n = 1.34. H = 3, D = 2.77. — Vorkommen wie Kryolith (Ivigtut und Miask).

---

[1]) Die trübe Hauptmasse unter den klaren aufgewachsenen xx wurde oberhalb 570° gebildet.

Ebenfalls mit Kryolith zusammen kommen bei Ivigtut in den Granitpegmatiten noch mehrere andere komplexe Fluoride vor; von diesen soll nur der tetragonale, derbe, weiße *Chiolith* $\frac{2}{\infty}$ Na$_5$[Al$_3$O$_{14}$] mit seinen vom kristallchemischen Standpunkt bemerkenswerten zweidimensional unendlichen Schichtionen $\frac{2}{\infty}$ [Al$_3^{[6]}$F$_{14}$]$^{-5}$ und der farblose oder gelbliche, kubische *Ralstonit* (n = 1.43; D = 2.6) erwähnt werden; letzterer besitzt denselben Kristallbau wie die Niobate und Antimonate der Pyrochlorgruppe (S. 121 u. S. 295). Seine Formel ist zu schreiben: Na$_{<2}$[(Al, Mg)$_2$(F, OH, H$_2$O)$_6$](H$_2$O)k; es liegt ein dreidimensionales Gerüst von (Al, Mg)(OH, F, H$_2$O)$_6$-Oktaedern vor, die über die Ecken miteinander allseitig verbunden sind; in die Lücken des Gerüstes sind Na-Ionen und Wassermoleküle eingebaut. — Über die in Granitpegmatiten auftretenden Fluorkarbonate der Seltenen Erden vgl. S. 127.

Auf Auswürflingen des Vesuvs, gelegentlich aber auch in pneumatolytischen Zinnerzlagerstätten und auch in Kalisalzlagern findet sich der seltene, tetragonale, mit dem Rutil isomorphe *Sellait* Mg$^{[6]}$F$_2^{[3]}$ te. H = 5; D = 3.0; ω = 1.379, ε = 1.389.

f) Phosphormineralien.

Phosphor ist wichtiger Bestandteil vieler Pegmatitmineralien, von denen einige (Triphylin, Lithiophilit, S. 102) schon behandelt worden sind. Weitaus das häufigste und einzige technisch bedeutungsvolle Phosphormineral ist der schon bei den akzessorischen Gemengteilen der magmatischen Gesteine kurz erwähnte *Apatit* Ca$_5$[PO$_4$]$_3$ (Cl, F, OH, CO$_3$) h. Nach der Art der Anionen II. Art

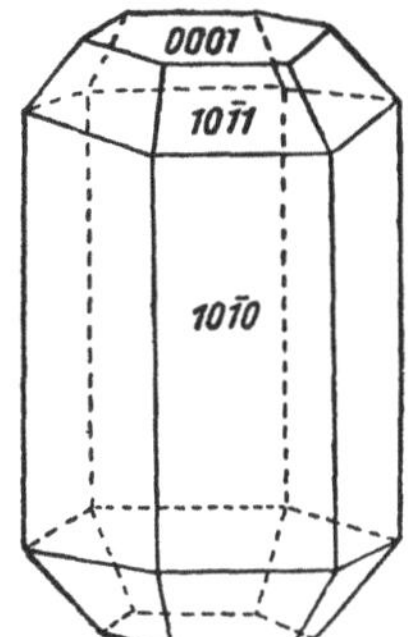

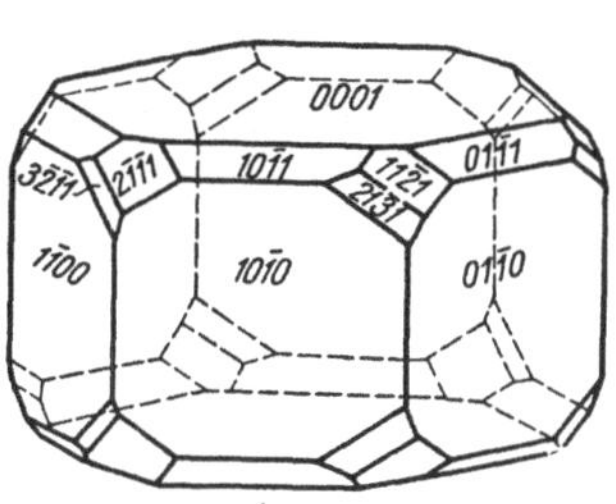

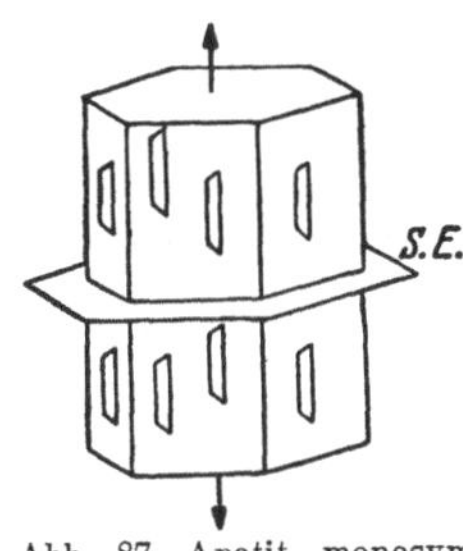

Abb. 85. Apatit, formenarmer, eingewachsener Kristall.

Abb. 86. Apatit, formenreicher, aufgewachsener Kristall.

Abb. 87. Apatit, monosymmetrische Ätzfiguren auf den Prismenflächen.

wird zwischen Chlor-, Fluor-, Hydroxyl- und Karbonatapatiten unterschieden. Die Sulfatapatite, von denen man annahm, daß ihre SO$_4$-Ionen als Anionen II. Art in das Gitter eintreten, sind wohl in diesem Zusammenhang zu streichen, da anzunehmen ist, daß die SO$_4$-Ionen nicht als Anionen II. Art ins Gitter eingehen, sondern ihrem, den PO$_4$-Tetraedern analogen Bau entsprechend, diese selbst im Gitter ersetzen. Ob die „Karbonatapatite homogen sind, ist sehr fraglich; wahrscheinlich handelt es sich um Beimengungen von feinstverteiltem CaCO$_3$. Die Pegmatitapatite sind überwiegend Fluorapatite.

Hexagonal bipyramidal. Gute xx, eingewachsen und aufgewachsen, oft zentnerschwer; eingewachsene xx (Abb. 85) prismatisch bis nadelig mit {10$\bar{1}$0}, {0001} und {10$\bar{1}$1}; aufgewachsen oft sehr formenreich (Abb. 86), dicktafelig nach {0001} mit {10$\bar{1}$0} und verschiedenen Bipyramiden der I., II. und III. Art. Ätzfiguren auf den oft längsgestreiften Prismenflächen, dem Fehlen der Nebensymmetrieebenen entsprechend, monosymmetrisch (Abb. 87). — Derb, dicht, körnig, stengelig bis faserig; in Knollen und traubigen Krusten (*Staffelit*), auch stalaktitisch. Mäßig gute Spaltbarkeit nach {0001} und {10$\bar{1}$0} bei muscheligem Bruch. H = 5; D um 3.2. Glasglänzend, auf Bruchflächen fettglänzend; durchsichtig (farblos, gelbgrün, blaugrün, violett), trüb bis undurchsichtig (hellgrau, rotbraun, fast schwarz). Strich stets weiß. Wenn Pleochroismus vorhanden, wahrscheinlich durch Einstäubung von Eisenoxyden bedingt. Opt. —; $\omega = 1.646$, $\varepsilon = 1.642$; $\varepsilon - \omega = 0.004$. Phosphoreszenz beim Erhitzen; häufig blaßblaue Fluoreszenz im Ultraviolett (bedingt durch Vertretung der Ca¨- durch Seltene Erd-Ionen). Schwer schmelzbar, in Säuren leicht löslich.

Spargelstein (vom Greiner im Zillertal); gelbgrün, durchsichtig bis durchscheinend. — *Moroxit* (Arendal in Südnorwegen); tiefblaugrün durchscheinend; *Lasurapatit;* tiefblau; diese Abarten dienen als billige Schmucksteine. Als Apatit i. e. S. bezeichnet man die kristallisierten und grobkristallinen Formen von gut definierter Zusammensetzung, als *Phosphorit* die sedimentären, ursprünglich weitgehend kolloidalen, jetzt meist feinfaserigen und kryptokristallinen, knolligen, zelligen und traubigen Bildungen.

Apatit i. e. S. ist idiomorpher, früh gebildeter, akzessorischer Gemengteil in fast allen magmatischen Gesteinen, beginnend von den frühmagmatischen Eisenoxydgesteinen (Lappland, Mexiko); in diesem Falle meist nur mikroskopisch ausgebildet, besonders reichlich und grobkörnig in basischen Gesteinen der Natronreihe. Die wenigen Zehntel Prozent Apatit in den magmatischen Gesteinen sind doch von äußerster Wichtigkeit für den Phosphorsäurehaushalt der Natur, weil aus ihnen primär der Phosphorsäurebedarf der Organismen gespeist wurde; denn die Anreicherungen an primärem Apatit sind örtlich sehr beschränkt. Solche Anreicherungen erfolgten in bestimmten pegmatitischen Differenziaten gabbroider Magmen (Chlorapatit mit Enstatit, Hornblende, Titaneisen, Rutil und Skapolith; z. B. in der Gegend von Oedegården in Bamle in Norwegen; Fluorapatit bei Renfrew in Canada) und eläolith-syenitischer Magmen (Fluorapatit mit Nepehlin; z. B. Chibina Tundra auf Kola in Nordrußland); in Granitpegmatiten zurücktretend, wohl aber oft große, gewöhnlich gelbgrüne xx in den in ihrem Gefolge auftretenden Quarzgängen (z. B. Weststeiermark), ferner als Gangart in Goldquarzgängen; Mineral der Zinnsteinpneumatolyse (Sachsen, Bolivien); gute xx auch in Blasenräumen und miarolithischen Hohlräumen; Kluftmineral (meist farblose, flächenreiche xx) der Alpen; in regionalmetamorphen Gesteinen akzessorisch, als Porphyroblast besonders in Talkschiefern (Spargelstein). — Von diesen Vorkommen haben praktische Bedeutung für die Phosphatgewinnung nur jene in Canada und auf Kola.

Die Phosphorite (überwiegend fluorhaltige Hydroxylapatite) sind teilweise unverkennbare Ansammlungen von tierischen Phosphatskeletteilen (Knochen und Zähnen), teilweise sind sie durch weitere natürliche Verarbeitung derselben unter Einwirkung auf die unterliegenden Sedimentgesteine entstanden, wobei aus den phosphorreichen, organischen Ausscheidungen (Vogelguano) und Verwesungsprodukten entstandenes Ammoniumphosphat stark mitbeteiligt ist. Dieser Umwandlung verfallen vorzugsweise kalkige Sedimente, wobei anfänglich leichter lösliche, primäre und sekundäre Phosphate gebildet werden, aber auch tonige Sedimente unter Bildung von verschiedenen Aluminiumphosphaten (z. B. *Variszit* $AlPO_4 \cdot 2\,H_2O$ — S. 197). Hauptsächlichste Bildungsgebiete der Phosphorite sind: Höhlen in Kalkgebirgen mit lange andauerndem Tierleben (*Höhlenphosphate*); die sogenannten Vogelinseln mit reichem Vogelleben und dementsprechend bedeutenden Ansammlungen von Vogelexkrementen (*Guano-* oder *Inselphosphate*, auch *Sombrerit* genannt) und die sedimentären Phosphatlager verschiedener geologischer Epochen von in den Einzelheiten nicht mehr erkennbarer Herkunft; bei letzteren handelt es sich entweder um ausgedehnte Phosphatbänke oder um mehr oder minder dicht gedrängte, ausgedehnte Ansammlungen von Phosphoritknollen innerhalb von Sedimentgesteinen (z. B. in sedimentären Brauneisensteinen). Die Umwandlung des Calciumphosphates in typischen, feinkristallinen Apatit ist in den Phosphoritgesteinen nicht immer vollständig; allerdings hat die Röntgenuntersuchung gezeigt, daß auch solche Anteile der Phosphorite, die man früher für kolloidal gehalten hat, schon kryptokristalliner Hydroxylapatit sind; das gilt z. B. auch für den früher als selbständiges, amorphes Mineral gehaltenen, in Knollen auftretenden *Kollophan*; allerdings finden sich in den Phosphoriten, die somit nicht völlig homogen sind, oft unzweifelhaft noch sekundäre Calciumphosphate, wie z. B. der gelblichweiße, monoklin prismatische, weiche (H = 2), mit dem Gips isomorphe *Brushit* $Ca[PO_3OH] . 2 H_2O$ m neben verschiedenen Eisen- und Aluminiumphosphaten.

Die bedeutendsten Phosphoritvorkommen liegen in französ. Nordafrika (Marokko, Algier und Tunis), in den USA.-Südstaaten Florida, Tennessee und Carolina und (Inselphosphate) in Westindien und Ozeanien (besonders auf den Inseln Nauru und Palau) und auf den Inseln vor der peruanischen und nordchilenischen Küste; kleinere Vorkommen gibt es auch in Europa: Spanien (Estramadura), Kreidephosphate in Frankreich, Lahnphosphorite in Westdeutschland, ferner Phosphorite in Österreich (Donautal), Polen usw.; dazu kommen die oben genannten abbauwürdigen Apatitvorkommen von Canada und Kola.

Der geförderte Apatit und Phosphorit findet vor allem für die Düngemittelherstellung Verwendung; in verhältnismäßig geringem Umfange dient er als Rohmaterial für die chemische Industrie (Herstellung von Phosphor und Phosphorverbindungen). Der Jahresweltverbrauch an Phosphorit beläuft sich auf etwa 10 Millionen Tonnen und kann allein aus den obengenannten, bedeutendsten Phosphoritgebieten auf lange Sicht hinaus gedeckt werden.

In Granitpegmatiten finden sich gelegentlich kompliziert zusammengesetzte Silikate der Seltenen Erden mit hohem Phosphorsäuregehalt, die als Silikatapatite anzusprechen sind. Zu ihnen gehört z. B. der grönländische *Britholit* $(Ca, Ce, Y)_5[(Si, P)O_4]_3$ (OH, F). — Der *Ellestadit* $Ca_5[(Si, S, P)O_4]_3(OH)$ ist ein vom kristallchemischen Standpunkt aus interessanter, seltener (Kalkkontaktgesteine von Crestmore, Californien) Silicosulfatapatit, in welchem P''''' fast vollständig zu ungefähr gleichen Teilen durch Si'''' und S'''''' ersetzt ist. Der *Wilkeit* vom selben Vorkommen ist eine Mischkristallbildung mit dem ungefähren Verhältnis $P : S : Si = 2 : 1 : 1$.

Von den zahlreichen anderen Phosphatmineralien der Pegmatite sei hier nur noch der relativ häufige *Triplit* $F(Mn, Fe)_2[PO_4]$m genannt; nur derb, grobkörnig, spätig; braun, rötlich, auch schwarz; Strich gelbgrau. H = 5; D = 3.7; fettglänzend; n_β = 1.66. Opt. +; z. B. in den Granitpegmatiten von Hagendorf in Bayern, Südnorwegen, Varuträsk in Schweden, USA (Maine); auch als hochthermale Gangbildung in Begleitung von Zinn- und Wolframerzen: Schlaggenwald in Böhmen, Korea, Bolivien, Californien. — Sehr ähnlich ist der mit dem Triplit isomorphe *Triploidit* $(OH)(Mn, Fe)_2[PO_4]$m. Beide ohne praktische Bedeutung.

g) Scandium.

Das einzige bekannte Scandiummineral ist der seltene, monoklin prismatische *Thortveitit* $(Sc, Y)_2[Si_2O_7]$m mit zu zweien gekoppelten SiO_4-Tetraedern. Die dunkelgrasgrünen bis schwarzgrünen, oft sehr großen xx sind langprismatisch entwickelt und spalten nach {110}. $n_\beta = 1.79$; $\gamma - \alpha = 0.053$; $H = 6\frac{1}{2}$; D etwa 3.6. Nur in Granitpegmatiten von Iveland in Südnorwegen und von Befanamo auf Madagaskar, hier Y-arm mit stärkerem Ersatz von Sc durch Zr und von Si durch Al.

Das seltene Element Scandium ist sonst in meist nur spektroskopisch nachweisbaren Mengen in Mg- und Fe-Silikaten, besonders der Frühkristallisationen und Pegmatite verstreut; es ersetzt wegen seiner sehr ähnlichen Raumbeanspruchung in diesen Silikaten $Mg^{\cdot\cdot}$ und $Fe^{\cdot\cdot}$, in Muskoviten auch 6-koordiniertes Al; in den Pyroxenen und Amphibolen steigt der Sc-Gehalt bis zu 0.015%, in den Glimmern der Pegmatite bis zu 0.2% — Scandium hat keine praktische Bedeutung.

h) Titan-, Niob- und Tantalmineralien.

Das Auftreten des Titans als Vertreter von Fe und Mg, auch von Al, oft in nicht unbeträchtlichen Mengen in den Silikaten der magmatischen Hauptkristallisationen (besonders in Alkaligesteinen) wurde fallweise erwähnt. Ähnlich wie Phosphor ist auch das Titan ganz allgemein zu wenigen Zehntel Prozent in den magmatischen Gesteinen vorhanden, es bildet dort aber selbständige Mineralien nur in Form von untergeordneten Nebengemengteilen. Solche Titanmineralien, hier aber gleich in großer Mannigfaltigkeit, erscheinen in den liquidmagmatisch-pneumatolytischen und sonstigen Restkristallisationen; außerdem erscheint das Titan in den schwermetalloxydischen Frühkristallisationen. In den Kristallen der titanreichen Pegmatitmineralien vertreten sich $Ti^{\cdots\cdot}$ und die selteneren Ionenarten $Nb^{\cdots\cdot\cdot}$ und $Ta^{\cdots\cdot\cdot}$ häufig gegenseitig; Titanoniobate und Titanotantalate gibt es in den Pegmatiten in großer Anzahl, wenn sie auch nicht in größeren Mengen auftreten.

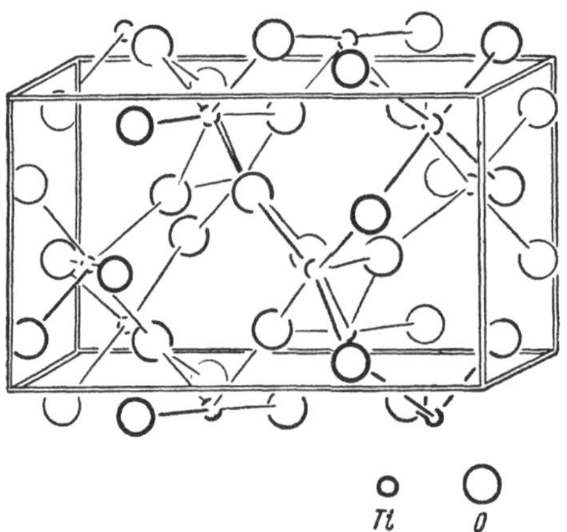

Abb. 88. Brookit, Kristallstruktur; dreidimensionale Verbindung von TiO_6-Oktaedern.

Ähnlich wie das Siliziumdioxyd ist auch das Titandioxyd TiO_2 polymorph und ähnlich wie beim ersteren die Si-Ionen trotz der Bauverschiedenheiten der verschiedenen Kristallarten stets tetraedrisch von 4 O-Ionen umgeben sind, wobei die Tetraeder zu dreidimensionalen Gerüsten zusammengefügt sind, sind in den Kristallarten des Titandioxyds der größeren Raumbeanspruchung entsprechend (so wie in den sonstigen Titanmineralien) die Ti-Ionen stets von 6 O-Ionen oktaedrisch[1]) umgeben (Abb. 88) und diese $[TiO_6]^{-8}$-Oktaeder sind in verschiedener Weise über alle Ecken zu dreidimensionalen Gerüsten zusammengefügt. Die Stabilitätsbedingungen zwischen den drei Modifikationen des Titandioxyds sind nicht völlig geklärt; in der Natur können zwei von ihnen, ja in einzelnen Fällen sogar alle drei nebeneinander auftreten; die bei gewöhnlicher Temperatur stabile Form ist zweifellos der *Rutil* $Ti^{[6]}O_2^{[3]}$te. Die beiden anderen Formen sind bei gewöhnlicher Temperatur metastabil so wie

---

[1]) Die TiO_6-Oktaeder sind leicht verzerrt, da 4 der O-Nachbarn etwas näher liegen als die beiden anderen.

Tieftridymit und Tiefcristobalit. Rutil kristallisiert ditetragonal bipyramidal. xx kurzsäulig bis nadelig. Vorherrschende Formen (Abb. 89) sind das Prisma {110} und die Bipyramide {111}, dazu kommt in der Regel noch das Prisma {100} und verschiedene ditetragonale Prismen. Durch das Alternieren dieser Prismenflächen erscheinen die Kristalle in der Regel auf den Prismenflächen längsgestreift und im Querschnitt gerundet, quadratisch oder achtseitig. Zwillinge sind häufig, besonders solche nach {101}, wobei entweder 2 Individuen knieförmig unter einem Winkel von 114° miteinander verwachsen sind (Abb. 90), oder mehrere in Form von Wiederholungszwillingen (Abb. 91 a). Wechsel der

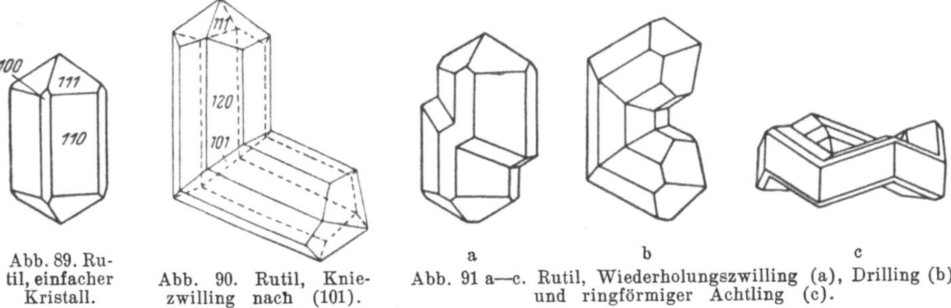

Abb. 89. Rutil, einfacher Kristall.

Abb. 90. Rutil, Kniezwilling nach (101).

Abb. 91 a—c. Rutil, Wiederholungszwilling (a), Drilling (b) und ringförmiger Achtling (c).

Zwillingsfläche innerhalb der Zwillingsform ergibt doppeltgeknickte Drillinge oder ringförmige Viellinge (Sechserringe oder Achterringe) (Abb. 91). Bei den seltenen herzförmigen Drillingen nach {301} sind die Vertikalachsen unter 125° gegeneinander geneigt. Zwillingsstöcke nach beiden Gesetzen gibt es in Form von gitterförmigen Aggregaten von nadeligen Kristallen, die man als *Sagenit* bezeichnet. Sagenit (Abb. 92) scheint häufig wohl durch Entmischung von titanreichen Biotiten entstanden zu sein und ist dann gesetzmäßig in solchen einge-

wachsen. — Nicht selten sind gesetzmäßige Aufwachsungen von prismatischen Rutilen in drei Stellungen auf Eisenglanztafeln zu beobachten (z. B. Tavetsch in der Schweiz). Kristallstruktur Abb. 93; jedes Ti-Atom liegt im Zentrum eines Oktaeders von 6 O-Anionen, jedes O-Atom im Schwerpunkt eines von 3 Ti-Atomen gebildeten fast gleichseitigen Dreieckes. —

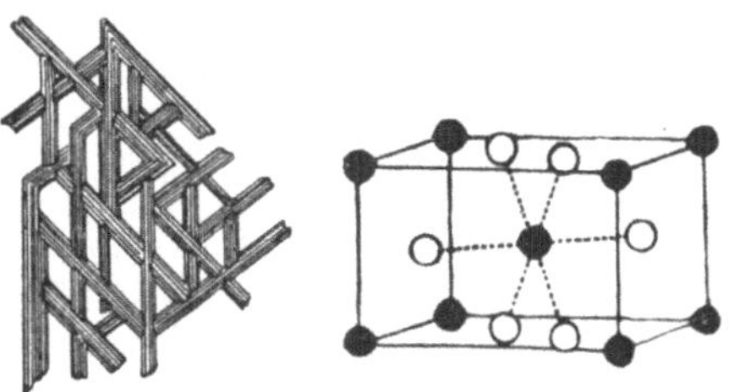

Abb. 92. Rutil-Sagenit.

Abb. 93. Elementarkörper des Rutil.

Vollkommen spaltbar nach {110}, schlecht nach {100}; vielfach derb, körnig, auch ausgesprochen grobspätig. H über 6; D = 4.2—4.3. Auf frischen Kristall- und Spaltflächen metallischer Diamantglanz: durchscheinend oder undurchsichtig; gelb oder gelbbraun, meist aber tiefrot bis schwarz; Strich gelbbraun. Opt. + bei sehr starker Licht- und Doppelbrechung; $\omega = 2.62$; $\varepsilon = 2.90$; $\varepsilon - \omega = + 0.28$. Sehr schwer schmelzbar, gegenüber Säuren sehr widerstandsfähig.

In großen, derben spätigen Massen mit Hornblende und Apatit in Gabbropegmatiten (Kragerö in Südnorwegen, Virginia usw.); Krageröit ist ein aplitisches Gestein mit angereichertem Rutil und Titaneisen (ebenfalls Kragerö in Südnorwegen); in pneumatolytisch- hydrothermalen Quarzgängen in guten xx eingewachsen (Modriach in Weststeiermark usw.); hydrothermales Kluftmineral, oft mehr oder weniger dicht in Form feinster Nadeln in Bergkristall eingewachsen und aus diesem in dünnen Fasern durch Flußsäure isolierbar (Pfitsch in Tirol, Binnental in der Schweiz usw.); feinste Nädelchen in schwach metamorphen Tonsedimenten; in prismatischen oder tropfenartigen xx in hochmetamorphen Gesteinen (Eklogite, Amphibolite und Granulite); abgerollt in Seifen. — Rutil ist fast immer eisenhaltig, was zu Entmischungserscheinungen in Rutil und Titaneisen führt (*Nigrin*). — Hin und wieder Paramorphosen nach den beiden anderen Modifikationen von TiO_2.

Hellroter Rutil ist mit Rotzinkerz (S. 263; orangegelber Strich!) zu verwechseln, schwarzer mit Titaneisen (braunschwarzer Strich!).

Hauptgewinnungsgebiete von Rutil und Titaneisen (S. 235) sind die USA., Canada, Indien und Norwegen. Aus den beiden Titanmineralien Rutil und Titaneisen wird eisenfreies Titanoxyd als wertvolle, sehr beständige und gut deckende (hohe Brechungsexponenten im Vergleich zu jenen der als Aufnahmesubstanz verwendeten Firnisöle!) Anstrichfarbe gewonnen (Titanweiß); Titan findet als leichtes Hauptmetall von hoher Festigkeit, als Ferrotitan in der Stahlindustrie (Desoxydationsmittel, Titanstähle) und in sonstigen Legierungen Verwendung. Titandioxyd liefert auch gelbe Porzellanfarben und das Bunzlauer Braun der Glasuren; durch Zugabe von Titandioxyd wird die Widerstandsfähigkeit von Quarzgläsern erhöht usw. — Die Gewinnung der Titanmineralien und die Verwendung des Titanweiß usw. ist angesichts der zunehmenden Verwendungsmöglichkeiten im rapiden Anstieg begriffen und erreicht gegenwärtig eine Höhe von mehreren 100.000 Jahrestonnen.

Die beiden metastabilen Formen von TiO_2 gehen bei höheren Temperaturen monotrop in den Rutil über (Brookit sehr langsam schon bei gewöhnlicher Temperatur, meßbar schnell ab 600⁰, Anatas je nach Reinheit zwischen 800 und 1200⁰).

Ilmenorutil ist ein Rutil, in welchem Ti'''' in hohem Prozentsatz durch Fe''' und Nb''''' ersetzt ist (man vergleiche die strukturellen Beziehungen von SiO_2 zu $AlPO_4$!); in Granitpegmatiten des Ilmengebirges, von Norwegen, Madagaskar usw.

Der Ilmenorutil führt zu den seltenen, in Granitpegmatiten (Südnorwegen, Finnland, Tessin) auftretenden Polyrutilen *Tapiolit* und *Mossit*, einer Mischkristallreihe von der Zusammensetzung (Fe, Mn)[6](Nb, Ta)$_2$[6]O$_6$ te über, welche dieselbe Struktur wie Rutil, aber mit dreifacher c-Achse haben, da sich die zweiwertigen und fünfwertigen Ionen nicht mehr regellos, sondern trotz gleicher Koordinationsverhältnisse in gesetzmäßiger Verteilung gegenseitig ersetzen; Mossit enthält vorherrschend Nb, Tapiolit vorherrschend Ta; beide Mineralien sind schwarz, stark glänzend, im Pulver rotbraun, haben hohe Licht- und Doppelbrechung wie Rutil; die Dichte steigt mit zunehmenden Tantalgehalt von 6.5 auf 8.0.

Von den beiden anderen Modifikationen des Titandioxyds kristallisiert der *Anatas* ebenfalls ditetragonal bipyramidal. Im Kristallgitter sind aber die TiO_6-Oktaeder stärker verzerrt (Abb. 94) und andersartig als beim Rutil zu einem dreidimensionalen Gerüst gruppiert. xx immer klein, meist spitzpyramidal (Abb. 95) unter Vorherrschen der Bipyramide {111} (diese meist allein), gelegentlich auch flachpyramidal. Vollkommen spaltbar nach {111}, schlechter nach {001}; H fast 6; D = 3.8—3.9; metallisch-diamantartig glänzend, durchscheinend, honiggelb, braun, braunrot bis fast schwarz, selten blau. Strich gelblichweiß. $\omega = 2.56$, $\varepsilon = 2.49$; $\varepsilon - \omega = 0.07$. Sehr starke Dispersion. Sehr schwer schmelzbar, gegen Säuren sehr widerstandsfähig; beim Sintern von Titansäure bildet sich bei etwa 800⁰ Anatas. — In Gesteinsklüften in einzelnen Kristallen aufgewachsen, meist mit Bergkristall, Adular und Chlorit (Tavetsch, St. Gotthardt, Binnental in der Schweiz, in den Hohen Tauern, im Fichtelgebirge, Minas Geraes in Brasilien); verstreut in Seifen und sandigen Sedimenten; nicht in Pegmatiten.

Der *Brookit* ist die rhombisch bipyramidale Modifikation von TiO_2. Meist tafelig nach {100}, daneben besonders {110} und {021} (Abb. 96). *Arkansit* ist Brookit mit anscheinend hexagonal bipyramidalem Habitus (Abb. 97), welcher durch das gemeinsame Auftreten und die Winkel der Formen {122} und {110} vorgetäuscht wird.. Undeutliche Spaltbarkeit nach {110} Kristallstruktur nach Abb. 88. H fast 6; D = 3.9 bis 4.2. Glanz wie Rutil; gelbbraun, rotbraun bis schwarz, selten farblos. Opt. +; nβ = 2.59; γ — α = 0.16; Strich gelblichweiß bis braun. Optisch deswegen bemerkenswert, weil die optische Achsenebene für die langwelligen Strahlen parallel {001}, für die kurzwelligen Strahlen parallel {010} liegt, während für die gelbgrünen Strahlen mittlerer Wellenlänge optische Einachsigkeit herrscht (senkrecht gekreuzte Dispersion der Achsenebene!). Der tafelartige Brookit tritt, oft zusammen mit Anatas (manchmal auch noch mit Rutil) [1]), verstreut in Klüften von Silikatgesteinen (Westalpen, Prägraten in Tirol, Ankogel, Miask im Ural usw.) auf, der Arkansit wird in eisenschwarzen xx bei Magnet Cove in Arkansas gefunden.

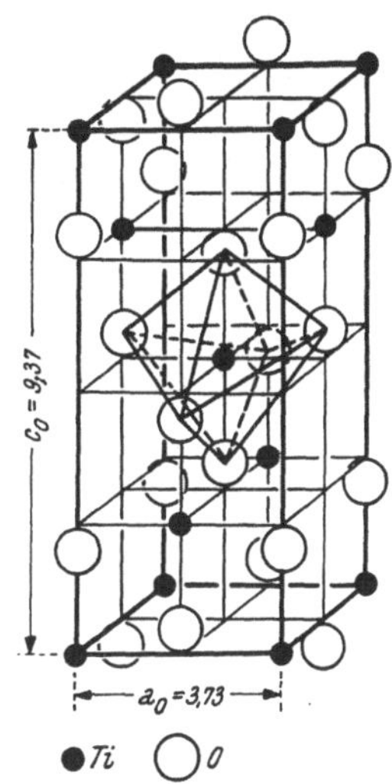

Abb. 94. Kristallstruktur des Anatas.

Der rhombische *Pseudobrookit* hat ungefähr die Zusammensetzung Fe_2TiO_5. Er bildet rechteckige, brookitähnliche Täfelchen von schwarzbrauner Farbe, die rot durchscheinend sind. Struktur gekennzeichnet durch das Auftreten von Ketten von TiO_6-Oktaedern; Formel daher $\frac{1}{\infty} Fe_2^{[6]}[TiO_5]$. Glanz fast metallartig. H = 6; D fast 5.0. Lichtbrechung um 2.4; Doppelbrechung um 0.07; opt. +. — Pneumatolitisch in mittelbasischen Oberflächengesteinen, vermutlich durch Umsetzung von Ilmenit entstanden (z. B. Nephelinit vom Katzenbuckel im Odenwald, Hypersthenandesit vom Aranyaberg in Siebenbürgen, Vesuvlava); größere xx in Gabbropegmatiten (Bamle in Südnorwegen, Jumilla in Spanien).

Analogen Aufbau wie Brookit, nur wieder mit gesetzmäßiger Kationenverteilung, zeigen die stabilen Formen von $(Fe, Mn)(Nb, Ta)_2O_6r$; die niob-

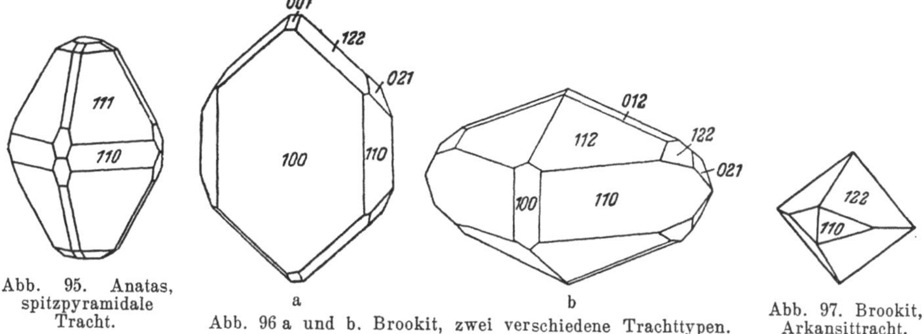

Abb. 95. Anatas, spitzpyramidale Tracht.

a   b   Abb. 96 a und b. Brookit, zwei verschiedene Trachttypen.

Abb. 97. Brookit, Arkansittracht.

reichen Glieder der rhombisch bipyramidalen Mischkristallreihe führen den

---

[1]) Das auffallende Nebeneinandervorkommen der 3 Modifikationen unter sicher nicht sehr verschiedenen Entstehungsbedingungen deutet auf deren Stabilität auch außerhalb des eigentlichen Existenzgebietes hin; diese dürfte sich aus der für alle 3 Formen charakteristischen 6-Koordination der O-Atome um die Ti-Atome erklären.

Namen *Columbit (Niobit)*, die tantalreichen den Namen *Tantalit*. Oft sehr formenreich (Abb. 98). Columbit meist tafelig nach {100}, daneben besonders {010} und {001}, Tantalit meist nach der Z-Achse säulig gestreckt. Spaltbar nach {100}. Bruch muschelig. $H = 6$; $D = 5.3$ (reiner Niobit) bis 8.2 (reiner Tantalit). Schwarz, pechartig metallisch glänzend, braunschwarzer Strich; $n\beta$ um 2.4; opt. $+$. Sehr schwer schmelzbar und gegen Säuren sehr widerstandsfähig. — Vielfach, aber meist spärlich in Granitpegmatiten: Ostbayern, Kärnten, Falun und Varuträsk in Schweden, Südnorwegen, Finnland, Colorado (Pikes Peak), Californien, Dakota, Ivigtut in Grönland, Brasilien, Nigerien, Ostafrika, Mozambique usw. — *Ixionolith* ist ein zinnhaltiger Tantalit aus dem finnischen Kimitopegmatit; vielleicht ein Gemenge.

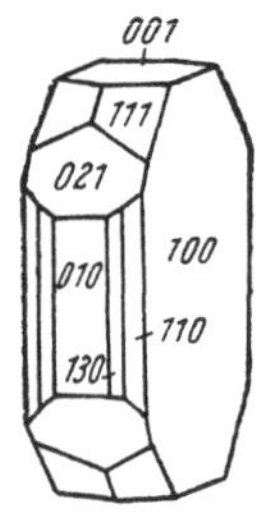

Abb. 98. Columbit.

Columbit und Tantalit sind die Ausgangsprodukte für die Niob- und Tantalgewinnung. Die beiden Mineralien werden besonders in Nigerien, Brasilien, den Vereinigten Staaten, Ostafrika und Westaustralien gefördert. Verwendung für die Herstellung von Ferroniob und Ferrotantal, die als Zusatzlegierungen bei der Herstellung der wertvollen Niob- und Tantalstähle dienen; Niob wird als Elektrodenmaterial in Radioröhren verwendet, beide seltenen Metalle für die Herstellung einer Reihe von chemischen Verbindungen.

Titanit $OCa^{[7]}Ti^{[6]}[SiO_4]$ m. Wenn man vom Titaneisen oder Ilmenit absieht (S. 235), ist das zweithäufigste Titanmineral der sehr weit verbreitete, aber niemals in großen Massen auftretende Titanit. Er kristallisiert monoklin prismatisch; im Kristallgitter treten selbständige SiO_4-Tetraeder auf, während das restliche O-Atom der Formel als Anion II. Art nur an die Kationen der II. Art koordinativ gebunden ist. Meist in xx; Habitus derselben im allgemeinen flach. Tracht aber sehr manigfaltig. In Eruptivgesteine eingewachsene xx zeigen sehr häufig „Briefumschlagform" mit herrschenden {111}, {100} und {001} (Abb. 99); daneben treten noch {102} und {110} auf; die aufgewachsenen Kluftkristalle sind meist dicktafelig nach {001} oder nach {102}, daneben beobachtet man vorzugsweise {111} und {100} (Abb. 100).

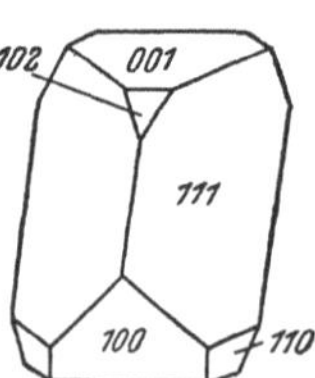

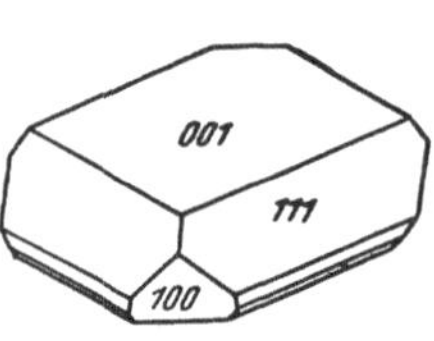

Durchkreuzungs- oder Berührungszwillinge nach {100} sind häufig. Selten derb, körnig. — Deutlich spaltbar nach {110}, sonst muschelig brechend. H fast 5½; D um 3.5. Lebhaft glasglänzend, oft fast diamantartig; durchsichtig, gelb oder grün (in Klüften) oder undurchsichtig, rotbraun bis schwarz (eingewachsen im Gestein). Opt. $+$; $n\beta$ um 1.91; $\gamma - \alpha$ um 0.13. O. A. E. ‖ S. E.

Abb. 99. Titanit, gewöhnliche Tracht der eingewachsenen Kristalle.

Abb. 100. Titanit, Kluftkristall (Sphen).

Ziemlich starke Farbenzerstreuung und Dispersion der Doppelbrechung und des optischen Achsenwinkels ($\varrho > v$); $2V = 24$—34^0. Zu dunklem Glas schmelzend; von Salzsäure kaum angegrifffen, von Schwefelsäure vollständig zersetzt.

Die in den Gesteinen eingewachsenen Titanite enthalten meist nicht unbeträchtliche Mengen von Seltenen Erdoxyden, wobei der Valenzhaushalt durch Eintreten von $Fe^{\cdots}$ und $Al^{\cdots}$ für $Ti^{\cdots\cdots}$ ausgeglichen wird (*Yttrotitanit* oder *Keilhauit* der Granitpegmatite); Formel $O(Ca^{\cdot\cdot}, Y^{\cdots}, Ce^{\cdots})^{[7]}(Ti^{\cdots\cdots}, Fe^{\cdots}, Al^{\cdots})^{[6]}[SiO_4]$ m. Diese Abarten sind gelegentlich metamikt. — Titanite können auch zinnhaltig sein.

Akzessorisch in vielen sauren Eruptivgesteinen und in kristallinen Schiefern; schöne, eingewachsene xx besonders in Hornblendesyeniten (Plauenscher Grund bei Dresden, Südostschweiz usw.); Übergemengteil in Apliten (Kragerö in Südnorwegen); große xx eingewachsen in Granitpegmatiten (Südnorwegen usw.); auf Kola mit Apatit, stark konzentriert in Nephelinsyeniten. Pneumatolytisch in vulkanischen Auswürflingen (z. B. in den Sanidiniten des Laacher Sees) und in Kontaktkalken (Canada, USA.); gelbgrüne xx *(Sphen)* als Kluftmineralien, häufig von feinschuppigem Chlorit bestäubt, weit verbreitet (Schweiz, Tirol, Salzburg, Ural usw.). Schöne, durchsichtige, gelbgrüne Titanite werden gelegentlich zu Schmucksteinen verschliffen.

Leukoxen ist ein schmutzigweißes, feinstkörniges, in Gesteinen oft auftretendes Umwandlungsprodukt von Titaneisen, das meist als Titanit angesprochen wird; es handelt sich aber keineswegs dabei immer um Titanit; das Umwandlungsprodukt ist teilweise amorph und schon aus diesem Grunde mit der Kristallart Titanit nicht identisch; in anderen Fällen besteht es überwiegend aus feinstkristallinem Rutil oder Anatas.

Von kristallchemischem Interesse ist die Isomorphie des Titanits mit den seltenen Mineralien *Tilasit* $FCa^{[7]}Mg^{[6]}[AsO_4]$ m (Manganerzlagerstätte von Långban in Schweden; Indien), *Durangit* $FNa^{[7]}Al^{[6]}[AsO_4]$ m (pneumatolytisch mit Zinnstein bei Durango in Mexiko; Neuschottland) und *Cryphiolith* $FCa^{[7]}Mg^{[6]}[PO_4]$ m (auf Vesuvlava).

Perowskit $\overset{3}{\infty}$ $Ca^{[12]}[Ti^{[6]}O_3]$ ist in seiner Zusammensetzung durch verschiedene isomorphe Vertretungen sehr veränderlich. Die meist eingewachsenen xx zeigen vorherrschend die häufig einseitig gestreiften Würfelflächen; Ecken und Kanten sind manchmal durch Oktaeder- und Rhombendodekaederflächen abgestumpft. Die kubische Symmetrie ist nur mimetisch (polysynthetische Verzwilligung); die scheinbaren Würfel sind aus vermutlich monoklinen Zwillingslamellensystemen aufgebaut. Der Kristallbau ist durch ein dreidimensionales Gerüst von TiO_6-Oktaedern gekennzeichnet, das annähernd kubische Symmetrie besitzt und in dessen große Lückenräume die Ca-Ionen in Zwölferkoordination eingebaut sind. — Spaltbar nach den Würfelflächen. $H = 5\frac{1}{2}$; $D = 5.0$. Frisch fast diamantglänzend; meist undurchsichtig schwarz, selten durchscheinend, honiggelb bis rotbraun. $n = 2.38$. Strich schmutzigweiß. Sehr schwer schmelzbar, nur von heißer Schwefelsäure angegriffen. — Nebengemengteil von geringer Korngröße, besonders in Melilithiten und anderen Alkalibasalten mit größerer oder geringerer Kalkassimilation; in vulkanischen Auswürflingen; selten als Porphyroblast in Chloritschiefern (Zermatt, Achmatowsk); in alpinen Klüften aufgewachsen, z. B. bei Pfitsch in Tirol.

Knopit ist ein schwarzer Perowskit mit mehrprozentigem Ersatz von Ca·· durch Ce··· und zum Ausgleich von Ti···· durch Fe···; in metamorphen Kalksteinen auf Alnö. — *Loparit* (Nephelinsyenite der Halbinsel Kola in Nordrußland) ist ein Perowskit von der Zusammensetzung $\overset{3}{\infty}$ $(Ca, Na)^{[12]}[(Ti, Nb)O_3]$. — *Dysanalyt* ist ein Perowskit in Kontaktkalken (Kaiserstuhl, Magnet Cove in Arkansas) von der Zusammensetzung $\overset{3}{\infty}$ $(Ca, Ce, Na)^{[12]}[(Ti, Fe, Nb)O_3]$.

Über *Neptunit* in Nephelinsyenitpegmatiten vgl. S. 210.

In der Zusammensetzung noch bunter als die Perowskite sind die *Pyrochlore*, die sich von der Grundformel $(F, OH)Ca^{[8]}Na^{[8]}[Nb_2^{[6]}O_6]$ k ableiten lassen. Die sehr zahlreichen chemischen Varianten im Rahmen der erweiterten Formel $\overset{3}{\infty}$ $(F, OH, O, H_2O)(Ca, Na, Ce \text{ usw.}, Th, U, Pb)_2[(Nb, Ti, Ta, Fe,$

Sb)$_2$O$_6$] haben vielen Gliedern dieser chemisch sehr unübersichtlichen Mineralgruppe besondere Namen eingetragen: *Mikrolith* heißen z. B. Tantalpyrochlore, *Romeit* oder *Atopit* Antimonpyrochlore, *Mauzeliit* Pyrochlore, die neben Antimon viel Titan enthalten, *Koppite* enthalten viel Seltene Erden, *Hatchettolith* viel Uran usw. — xx meist Oktaeder, seltener Würfel, manchmal auch flächenreich. H = 5½; D sehr schwankend zwischen 4.2 und 6.0, ebenso der Brechungsexponent zwischen 1.9 und 2.2. Meist schwarz, gelegentlich rotbraun oder braun durchscheinend. Struktur ein dreidimensionales, aus Oktaedern zusammengesetztes Gerüst der Kationen und Anionen I. Art, in dessen Lücken (nicht immer vollzählig!) die Kationen und Anionen II. Art und gelegentlich auch Wassermoleküle eingebaut sind. — Sehr häufig metamikt. — Die antimonfreien Pyrochlore kommen vor allem in Nephelinsyenitpegmatiten (Südnorwegen, Miask im Ural) und in Granitpegmatiten (Südnorwegen, Utö in Schweden, Elba) vor, ferner in vulkanischen Auswürflingen (Laacher See, Azoren) und in Kontaktmarmoren (Kaiserstuhl). Die antimonreichen Ca- und Pb-Pyrochlore findet man besonders in der Oxydationszone von Erzlagerstätten, oft in ausgesprochen erdiger, gelber Form (*Antimonocker*, bei denen die Anionen II. Art vielfach durch Wassermoleküle ersetzt sind; hier treten häufig Sb⁗-Ionen als Kationen I. Art und Sb⠐-Ionen als Kationen II. Art auf); Långban und Jakobsberg in Schweden, St. Marcel in Piemont, Minas Geraes und Miguel Burnier in Brasilien, Schneeberg in Tirol usw. — *Monimolit* (Pajsberg und Långban in Schweden) ist ein grüngelber bis schwarzer Pyrochlor von der Zusammensetzung Pb$_2$OSb$_2$O$_6$.

Dieselbe Struktur wie die Pyrochlore hat das komplexe Fluorid *Ralstonit* (S. 113).

Besonders in Granitpegmatiten (Südnorwegen, Varuträsk in Schweden, Indien, USA., Grönland, Madagaskar, Westaustralien usw.) kommen noch zahlreiche andere, meist metamikte, dunkelbraune bis schwarze, muschelig brechende und fettglänzende, gemischte Niobate, Tantalate, Titanate und Wolframate von Ce⠐, Y⠐, Na·, Ca⠐, Pb⠐, U⠐, Th⠐, Sb⠐, Bi⠐ usw. vor, die meist rhombisch, gelegentlich auch tetragonal kristallisieren; sie gehören zweifellos verschiedenen Mineralgattungen an, lassen sich aber schwer von einander unterscheiden. Infolge der mit dem metamikten Zustand in Verbindung stehenden Auslaugungserscheinungen (erhöhte Zersetzlichkeit!) läßt sich Formel und Zusammengehörigkeit der chemisch sehr verschiedenen, braunen bis schwarzen, muschelig brechenden (D = 5.5—6.0, n = 2.0—2.2) Mineralien nicht leicht feststellen. Solche Mineralien sind z. B.: *Euxenit* wahrscheinlich (Ca, U, Th, Ce) (Nb, Ta, Ti, Fe)$_2$O$_6$ r, *Blomstrandin*, *Aeschynit*, *Fergusonit* (Ca, Ce, Na)(Nb, Ta, Ti)O$_4$ te und *Samarskit*.

i) Mineralien des Zirkons, Thoriums und der Seltenen Erden.

In den Syenitpegmatiten treten Ti, Nb und Ta stärker zurück, dagegen tritt das Zirkon, regelmäßig begleitet vom Hafnium, als mineralbildendes Element stark in den Vordergrund; Zirkonsilikate der verschiedensten Art treten in diesen Gesteinen häufig sogar in recht beträchtlichen Mengen auf; daneben spielt in einzelnen Fällen noch das Zirkondioxyd eine auch praktisch wichtige Rolle.

Das häufigste Zirkonsilikat ist der *Zirkon* Zr[8][SiO$_4$] te. Er kann mehrere Prozent Hafnium an Stelle von Zirkonium enthalten, zersetzte Zirkone sogar über 10%. Ersteres Element ist schwer vom Zirkonium trennbar und wurde deshalb recht spät entdeckt (COSTER 1922). Eine geringere Rolle spielt der Ersatz von Zr durch Th und durch Elemente der Seltenen Erden.

Ditetragonal bipyramidal. xx meist eingewachsen und ringsum ausgebildet; kurz prismatisch, seltener nadelig. Wichtigste Formen: {110} mit {111} und {311}; auch {110} mit {101}, dann bei Verkürzung der Prismenflächen oft rhombendodekaederähnlich (Abb. 101). Zwillinge nach {101} selten. — Abgerollt in Seifen. Kristallstruktur nach Abb. 102. — Schlecht spaltbar nach {110}; Bruch muschelig; $H = 7\frac{1}{2}$; $D = 4.6$—4.8; in metamiktem Zustand sinkt die Dichte unter 4.0. Auf den Flächen Diamantglanz, am Bruch fettig; durchsichtig, durchscheinend oder trüb; farblos, gelbbraun, braun, bräunlichrot, grün oder blau; Farbe durch Bestrahlung oder Erhitzung veränderlich (verfärbbar und entfärbbar); ω um 1.95, ε um 2.0; $\varepsilon - \omega = + 0.05$; ziemlich starke Dispersion der Brechung (über 0.03 im sichtbaren Spektrum); die metamikten

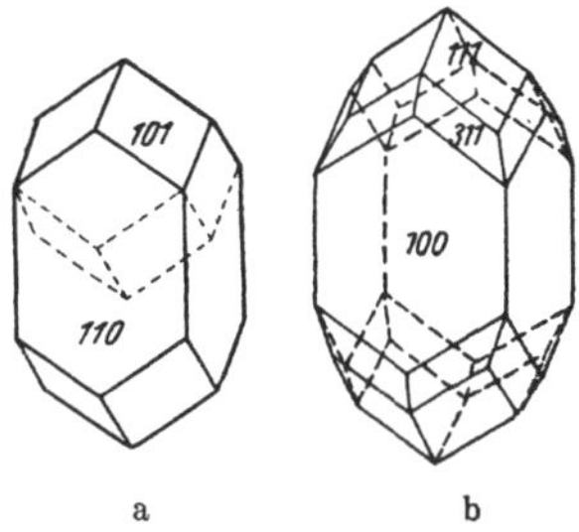

Abb. 101 a u. b. Zirkon, (a) flächenarme Tracht mit Andeutung der pseudorhombendodekaedrischen Ausbildung; (b) flächenreicher xx.

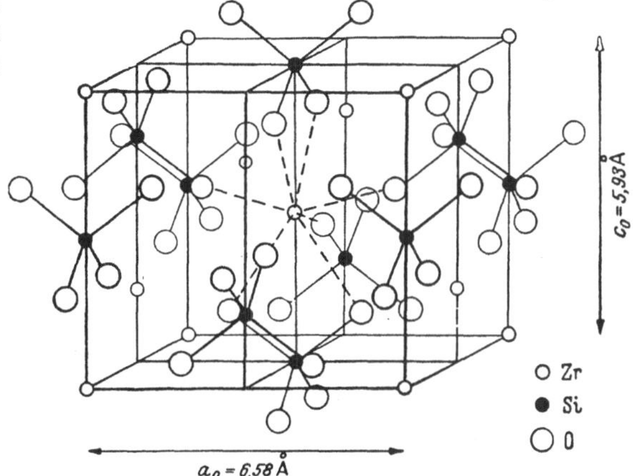

Abb. 102. Elementarkörper des Zirkons.

Zirkone, *Malakon* genannt, sind weicher, haben geringere Dichte und geringere Licht- und Doppelbrechung. — Sehr schwer schmelzbar, unlöslich in Säuren.

In meist nur sehr kleinen xx früh abgeschiedener akzessorischer Gemengteil in sauren Eruptivgesteinen (Graniten, Trachyten, Quarzporphyren usw.); größere xx örtlich stark angereichert, besonders in Nephelinsyenitpegmatiten (Langesundfjord in Norwegen, Miask im Ural, Brasilien), seltener in Graniten und Granitpegmatiten (Carolina, Madagaskar), Natronrhyolithen (Californien) und Basalten (Siebengebirge usw.); in vulkanischen Auswürflingen (Vesuv, Laacher See); in kristallinen Schiefern akzessorisch, manchmal in größeren xx (Amphibolite von Renfrew in Canada, körnige Kalke von Hammond, N. Y.); oft wasserhelle xx aufgewachsen in Klüften von Chloritschiefern (Pfitsch in Tirol); in Edelsteinseifen auf Ceylon usw.; die blauen Edelzirkone stammen aus Seifen von Mongka (Siam); auch sonst als Schwermineral in Sanden fast stets nachweisbar. — Über pleochroitische Höfe um Zirkon vergl. unten bei Xenotim.

Die farblosen oder schönfarbigen Kristalle sind gesuchte Edelsteine; die gelbroten Zirkone (*Hyazinth*) stammen vor allem aus Seifen auf Ceylon, die blauen aus Siam, die gelblichen (*Jargon*) ebenfalls von Ceylon. Auch der mißfarbene, trübe *Gemeine Zirkon* ist ein gesuchtes Mineral, von dem (zusammen mit Baddeleyit, s. u.) jährlich etwa 1000 Tonnen verbraucht werden. In der Zirkonmineralgewinnung (durchgehends aus Seifen) steht mit etwa 90% Brasilien an der Spitze, der Rest entfällt auf die USA. (Florida), Madagaskar, Indien und Ceylon. In Minas Geraes in Brasilien werden durch Zerstörung von zirkonreichen Nephelinsyeniten entstandene braune Gerölle, die aus Baddeleyit, Zirkon und untergeordnet anderen Zirkonsilikaten bestehen und gelegentlich über 80% ZrO_2 enthalten, gewonnen; der Form entsprechend werden diese Gerölle als Zirkon-Favas bezeichnet, gelegentlich wird für das Gestein auch die Benennung Zirkit angewendet.

Die Verwendung des Zirkons, besonders in Form von reinem Zirkondioxyd, ist sehr vielseitig. Diese Verbindung hat eine hohe Leuchtkraft und schmilzt erst bei 3000°; sie eignet sich daher für die Herstellung von Leuchtkörpern; ihre geringe Leitfähigkeit und ihre geringen Ausdehnungskoeffizienten neben der chemischen Widerstandsfähigkeit und Temperaturbeständigkeit machen sie zu einem wertvollen Material der Laboratoriumstechnik (Zirkontiegeln, Zirkonröhren, Zirkonmuffeln usw.); in der Elektrostahlindustrie werden Zirkonziegeln als Ofenfutter verwendet; in der Medizin dient Zirkondioxyd als Verbandmittel für offene Wunden, ferner für die Herstellung von ungiftigen Magen- und Darmbelägen in der Röntgentherapie; gelegentlich wird es auch dem Quarzglas zwecks Verbesserung von dessen Eigenschaften zugesetzt, ferner den Glasurmassen; in Form des Ferrozirkons wird Zirkonmetall hochwertigen Spezialstählen in geringen Prozentsätzen zur Verbesserung der Eigenschaften zugeschlagen.

Der eben erwähnte *Baddeleyit (Brazilit)* $Zr^{[8]}O_2^{[4]}$ m ist außerhalb von Brasilien ein recht seltenes Mineral. Nach {100} tafelige xx, gelb bis schwarz; H = 6½; D fast 6.0. Opt. —; $n\beta$ = 2.19; $\gamma - \alpha$ = 0.07. xx in Nephelinsyenit und Jacupirangit von Jacupiranga in Brasilien und von Montana, in Sanidinit vom Vesuv, abgerollt in Seifen auf Ceylon und in Belgisch-Kongo. Gewöhnlich derb, graubraun, radialstrahlig mit glaskopfartiger Oberfläche, krustig in zersetztem Syenit (*Zirkonglaskopf*); etwas härter und weniger dicht als die xx; Zersetzungsprodukt von Zirkonsilikaten (Zirkon, Eudialyt usw.); als Gerölle den Hauptbestandteil der Zirkonfavas bildend: Sierra de Caldas in Minas Geraes in Brasilien. — Das Kristallgitter des Baddeleyits ist ein deformiertes Flußspatgitter, die Deformation wahrscheinlich dadurch bedingt, daß die $Zr^{....}$-Ionen nach ihrer Raumbeanspruchung zwischen der 6- und 8-Koordination stehen; diesem Umstand dürfte es auch zuzuschreiben sein, daß die Zirkonkristalle nicht sehr stabil sind, was sich in ihrer Neigung zum Übergang in den metamikten Zustand äußert.

Mit dem Zirkon isomorph ist der viel seltenere *Xenotim (Ytterspat)* $Y^{[8]}[PO_4]$ te; $P^{....}$ häufig zu mehreren Prozent durch $Si^{....}$ ersetzt, dafür tritt für $Y^{...}$[1]) $Zr^{....}$, $Th^{....}$ und $U^{....}$ ein. Rotbraun bis braun; kleine, eingewachsene, prismatische oder pyramidale xx. H = 4—5; D um 5.0; ε = 1.816, ω = 1.721; $\varepsilon - \omega$ = + 0.095. Manchmal auch mit Zirkon parallel verwachsen. — Akzessorisch in Graniten, Granitpegmatiten und Syenitpegmatiten (Schüttenhofen in Böhmen, Schreiberhau im Riesengebirge, Südschweden, Südnorwegen usw.); honiggelbe xx in Gesteinsklüften (St. Gotthardt und Binnental in der Schweiz usw.) führen den Namen *Wiserin*; in Seifen, manchmal zusammen mit Diamant oder Gold (Brasilien, Georgia, Nordcarolina). Wenn akzessorisch, wohl häufig mit Zirkon verwechselt. — Ausgangsmaterial für die Gewinnung von Yttriumverbindungen.

Die akzessorischen Zirkone, Xenotime und Orthite bilden in Mineralien von Eruptivgesteinen und kristallinen Schiefern (besonders in Biotiten, Hornblenden und Cordieriten) meist die stark licht- und doppelbrechenden (bunte Polarisationsfarben) Kerne der radioaktiven pleochroitischen Höfe. Diese schwarzbraunen (in Cordieriten

---

[1]) Plus Yttererden.

eigelben) Höfe sind eine Folge der radioaktiven Strahlung, die von den eingeschlossenen Körnchen von Zirkon, Xenotim und Orthit mit ihrem Gehalt an Radium und Thorium ausgehen. Ihre Struktur und Breite kann zur Altersbestimmung der betreffenden Gesteine herangezogen werden.

Ebenfalls mit dem Zirkon isomorph ist der fast stets metamikte *Thorit* $Th^{[8]}[SiO_4]$ te. Schwarzbraun oder orangegelb durchscheinend (im letzteren Falle *Orangit* genannt), selten grün; bei größerem Urangehalt heißt das Mineral *Uranothorit*; gelegentlich P-haltig. n um 1.9, $\varepsilon - \omega$ um $+ 0.05$. Die Dichte liegt bei 4.6, beim Orangit wegen des noch unvollkommeneren Zerfalles höher (um 5.3). In Nephelinsyenitpegmatiten (z. B. Langesundfjord in Norwegen, wo er längere Zeit bis zur Entdeckung der Monazitsande als Ausgangsmaterial für die Thoriumgewinnung trotz spärlichen Vorkommens gewonnen wurde); frische xx in Sanden (Nettuno bei Rom, Neuseeland). — Die sehr seltene monokline, mit dem Monazit (s. u.) isomorphe Modifikation von $Th[SiO_4]$ führt den Namen *Huttonit*.

Ein weiteres Thoriummineral der Pegmatite ist der ebenfalls stets metamikte, in braunschwarzen Würfeln auftretende *Thorianit* $Th^{[8]}O_2^{[4]}$ k, der im kristallinen Zustand Flußspatstruktur hat. Thorium ist oft weitgehend durch Uran ersetzt. H um 6; $D = 8{-}10$. Frisch mit lebhaftem Glanz; $n = 2.20$; stark radioaktiv. Sehr schwer schmelzbar, in Säuren löslich. — Fast ausschließlich in Seifen auf Ceylon, wo er auch für die Herstellung von Thoriumverbindungen gewonnen wird.

Von Zirkonsilikaten, die hauptsächlich in Syenitpegmatiten (Langesundfjord in Südnorwegen, Kangerdluarsuk usw. auf Grönland, Kola in Nordrußland, Brasilien, Madagaskar, USA. usw.) oft in beträchtlichen Mengen und vielfach nebeneinander auftreten, seien nur die häufigsten genannt. Die Härte liegt in der Regel zwischen 6 und 7, die Dichte je nach der Zusammensetzung zwischen 2.5 und 3.5. Die Kristallstrukturen sind meist nicht bekannt; die Formel daher manchmal unsicher.

Katapleit $(Na, Ca)_2 Zr[Si_3(O, OH)_9] . 2 H_2O$ m; bei höheren Temperaturen (oberhalb 140°) hexagonal; graublaue, meist braungelbe bis fleischrote Tafeln. Leicht schmelzbar und in Säuren zersetzlich. Struktur mit Dreierringen von SiO_4-Tetraedern?

Eudialyt $(Na, Ca, Ce, Mn)_6 ZrSi_6O_{18}(OH, Cl)$. Ditrigonal skalenoedrisch. Große xx oder derb. Braunrot (*Eukolit* vom Langesundfjord) oder lilarot; durch Säuren zersetzlich.

Wöhlerit $(Na, Ca)_3 (Mn, Fe, Ti, Nb, Zr)Si_2O_8(OH, F)$ m. Gelb, dicktafelig, rissig, muschelig brechend.

Astrophyllit $(K, Na, Ca)_2 (Fe, Al, Mn, Mg)_4 (Ti, Zr)Si_4O_{14}(OH, F)_2$ r; gelegentlich auch Ba- und Rb-haltig. xx sechsseitige Tafeln, meist nach der Y-Achse stark gestreckt, dann strahlig gruppiert (Name!). Biotitähnlich; vollkommene Spaltbarkeit nach {001}; auf der Spaltfläche lebhafter metallischer Glasglanz; durchscheinend, braungelb. Enthält vermutlich parallel zur Spaltfläche orientierte komplexe Anionenschichten, die aus SiO_4-Tetraedern und TiO_6-Oktaedern kombiniert sind. $H = 3\frac{1}{2}$; $D = 3.4$; kräftiger Pleochroismus umgekehrt wie bei den Biotiten, da die Lichtabsorption für Schwingungen parallel zu den Spaltrissen schwächer ist als jene für Schwingungen senkrecht dazu. — Besonders Langesundfjord, Kangerdluarsuk und Pikes Peak in Colorado.

Mosandrit $(Ca, Na, Y, Ce)_3 (Ti, Zr)Si_2O_8(OH, F)$ m; große, eingewachsene xx, nach {100} tafelig mit Streckung nach der Z-Achse, glasglänzend, rötlichbraun bis violettgrau. Reichlich im Nephelinsyenitpegmatit des Langesundfjords. — Ähnlich, aber viel spärlicher ist der bräunlichgrüne *Johnstrupit*; ebenfalls Langesundfjord.

Von praktischer Bedeutung sind diese Silikate nicht.

Das für die Versorgung mit Thoriumverbindungen und gleichzeitig mit den Verbindungen der Seltenen Erden weitaus wichtigste Mineral ist der *Monazit* Ce[PO$_4$] m. Er enthält hauptsächlich Cererden, die Yttererden treten zurück[1]), statt Ce''' oft über 15% Th'''', was durch Ersatz von P''''' durch Si'''' und auch etwas Al''' ausgeglichen wird; als Zerfallsprodukte des Thoriums sind im Monazit, besonders im frischen, noch Mesothorium und Helium zu erwähnen.

xx eingewachsen und (seltener) aufgewachsen; dicktafelig nach {100}, wozu als Ergänzungsformen vor allem noch {110}, {101}, {$\overline{1}$01}, {$\overline{1}$11} und {010} kommen (Abb. 103). Zwillinge nach {100} nicht selten. — In Seifen in

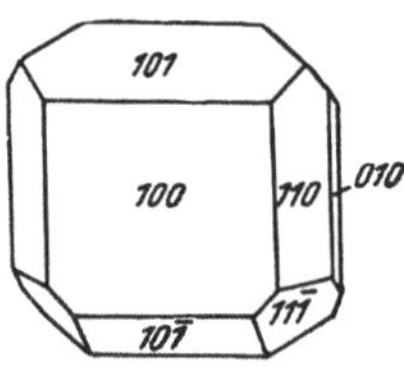

Abb. 103. Monazit.

Form von kleineren oder größeren, abgerollten Körnern. — Spaltbar nach {001}, schlechter nach {100}. H über 5; D = 4.8—5.5. Harzig glänzend, höchstens durchscheinend, gelb- bis dunkelbraun. Opt. +; nβ = 1.79; γ — α $\sim$ 0.05. O.A.E. senkrecht zur S.E. und fast parallel {100}; 2 V = 14⁰. Schwach pleochroitisch, radioaktiv. Schwer schmelzbar, schwer löslich in Salzsäure.

Akzessorisch meist nur in kleinen xx in Graniten, Apliten, Gneisen, Kontaktkalken usw. In oft großen Massen in Pegmatiten, vor allem in Granitpegmatiten: Schreiberhau im Riesengebirge, Schüttenhofen in Böhmen, Miask im Ural, USA. (Nordcarolina, Amelia Court house, Virginia, Californien, Norwich in Conn. usw.), Brasilien (Espirito santo und Bahia), Madagaskar usw.; unbedeutend in Klüften von Silikatgesteinen (die hier auftretenden, aufgewachsenen Kristalle werden als *Turnerit* bezeichnet) in den Alpen (besonders an verschiedenen Stellen in der Schweiz und Tirol) und in vulkanischen Auswürflingen (Laacher See). — Für die Gewinnung kommen nur die Monazitsande, in welchen sich der Monazit neben anderen Schwermineralien anreichert, in Frage: An der Sanarka im Ural, Carolina, Ceylon, Uganda und besonders an verschiedenen Orten in Brasilien und in Travancore (Südindien).

Der Monazit ist mehrfach von technischer Bedeutung; in erster Linie wird daraus das schon bei niedrigen Temperaturen intensiv leuchtende, sehr hoch schmelzende Thoriumdioxyd (Thorerde) gewonnen. Erst durch die Entdeckung der brasilianischen Monazitvorkommen um die Jahrhundertwende wurde eine ausgedehnte Verwendung von Thoriumoxyd-Glühstrümpfen möglich; Thorium wird auch in der Legierungsindustrie zur Verbesserung der Eigenschaften, besonders von Heizleiterlegierungen, verwendet. — Das als Zerfallsprodukt des Thoriums anfallende, hochradioaktive

---

[1]) Von den Seltenen Erden (Yttrium und Lanthan bis Cassiopeium) sind im allgemeinen jene mit ungerader Ordnungszahl seltener als die mit gerader; sie zerfallen in zwei Gruppen: Ceriterden, das sind La, Ce, Pr, Nd, Sm, Eu, Gd und Ytter·erden, nämlich Y, Tb. Dy, Ho, Er, Tm, Yb und Cp. Kristallchemisch unterscheiden sich die beiden Gruppen dadurch, daß erstere größere Ionenradien im dreiwertigen Zustand haben (1.2—1.12 Å), letztere kleinere (1.1—1.0 Å). Das hat zur Folge, daß sie sich in den Mineralien insofern trennen, als in den einen die Yttererden, in den anderen die Ceriterden vorwiegen; Yttererden herrschen vor in den Tantalaten und Niobaten der Seltenen Erden (S. 122), im Thortveitit (S. 115), Xenotim (S. 124), Yttrofluorit (S. 112) und Gadolinit (S. 106); Ceriterden herrschen vor im Monazit, Orthit (S. 127) und in Apatiten (S. 113).

Mesothorium findet vielfach als Ersatz für Radiumverbindungen Verwendung. — Frischer Monazit enthält auch soviel Helium, daß seine Gewinnung daraus im Bereiche der Möglichkeit liegt; der Heliumgehalt der frischen Monazite beträgt 1—2 cm³ pro Gramm, das ist 1—2 m³ pro Tonne; zur einmaligen Füllung eines großen Luftschiffes mit Helium würde allerdings der Weltvorrat an Monazit gerade ausreichen. — Von den bei der Monazitverarbeitung in großen Mengen anfallenden Oxyden, der Seltenen Erden (besonders Ce_2O_3. Thoriumarme Monazite enthalten ungefähr 70% Seltene-Erdoxyde) hat das Cer in der Eisenindustrie für die Herstellung von Cereisen (Zündsteine!) und auch sonst in der Legierungstechnik einige Bedeutung; ferner werden verschiedene Seltene-Erdoxyde zur Färbung von Gläsern verwendet.

Außer dem Monazit wurden schon viele Pegmatitmineralien mit Seltenen Erden, besonders unter den Titanaten, Niobaten usw. genannt. Eines solchen Minerals soll noch Erwähnung getan werden, da es in Granitpegmatiten ziemlich häufig ist; es ist dies der *Orthit (Cerepidot, Allanit)*. Er kann als das verbreitetste Mineral der Seltenen Erden angesehen werden. Er gehört in die später (S. 136) zu besprechende monokline Mischkristallreihe des *Epidots* und ist von sehr komplizierter und wechselnder Zusammensetzung, die durch die Formel $(OH,F)(Ca, Ce$ usw., $Na, Th, U)_2(Al, Fe, Mg, Ti, Mn)_2(Si, P, Be, Al)_4O_{12}$ m erfaßt werden kann. Die meisten Orthite sind frei von Phosphorsäure und Berylliumoxyd; die seltenen Orthite mit starkem Ersatz von $\overset{\cdots\cdots}{Si}$ durch $\overset{\cdots\cdots}{P}$ heißen *Nagatelit*, jene mit stärkerem Ersatz von $\overset{\cdots\cdots}{Si}$ durch $\overset{\cdot\cdot}{Be}$ *Muromontit*. Die Orthite sind sehr häufig metamikt und dann vielfach wasserreich infolge begünstigter Zersetzung.

Wie der Epidot kristallisiert der Orthit monoklin prismatisch. Die seltenen xx sind tafelig nach {100} und meist dabei nach der Y-Achse gestreckt; im Gestein rundlich körnig eingesprengt oder in größeren stengelig struierten Massen. Muscheliger Bruch mit fettglänzenden Bruchflächen, $H = 5½—6$; D bei frischen Orthiten etwa 4.2. Glanz oft fast metallisch, auch bunt angelaufen. Undurchsichtig, pechschwarz oder braunschwarz mit hellerer Zersetzungsrinde, selten braun und kantendurchscheinend; Strich grünlich bis braun; im Dünnschliff braun durchsichtig und zonar aufgebaut, in Tiefengesteinen häufig von gewöhnlichem Epidot parallel umwachsen. Pleochroitisch. Opt. —; nβ bei frischen Orthiten 1.74; $\gamma - \alpha = 0.024$. In Biotiten häufig als Kern von pleochroitischen Höfen. Schmilzt v. d. L. zu schwarzem, magnetischem Glas; wenn metamikt, dann in Säuren zersetzlich. — Akzessorisch in Graniten, Dioriten, Syeniten und Gneisen; in vulkanischen Auswürflingen (Laacher See); häufig in Granitpegmatiten (Südnorwegen, Falun und Ytterby in Schweden, Finnland, Grönland, Ural, USA. usw.), auch in Quarzgängen (z. B. San Diego Cy in Californien).

Relativ selten in Granit- und Syenitpegmatiten sind Fluorcarbonate der Seltenen Erden; sie kristallisieren hexagonal, erscheinen in kleinen tafeligen oder tonnenförmigen xx, oft aber auch derb; Farbe mehr oder weniger deutlich braun. H um 4½; $D = 4.5—5.0$. Lichtbrechung je nach der Zusammensetzung zwischen 1.74 und 1.8; starke Doppelbrechung (um 0.1). Hieher gehören z. B. der *Bastnäsit* $(Ce, La, Di)F[CO_3]$ und der *Parisit* $(Ce, La, Di)_2CaF_2[CO_3]_3$. Vorkommen in Südnorwegen, Madagaskar, Grönland, USA. (Pikes Peak in Colorado), Kolumbien usw.; in Californien wird Bastnäsit in abbauwürdigen Mengen gefunden.

k) Uranmineralien und Radium.

Das wichtigste Uran-Radium-Mineral ist das *Uranpecherz (Uraninit, Pechblende)*. Das kubische Mineral hat in frischem Zustand die Zusammensetzung $U^{[8]}O_2^{[4]}$ und Fluoritstruktur; *Bröggerit* hat höheren Thoriumgehalt,

Cleveit enthält außerdem noch beachtliche Mengen von Pb, Y, Ce und He;
der Gehalt an dem durch den Zerfall des Urans über mehrere Zwischenstufen hinweg entstehenden Radium ist perzentuell immer gering (nach Er-
reichung des radioaktiven Gleichgewichtes entfallen auf eine Tonne Uran
300 mg Radium). — xx eingewachsen in Pegmatiten, meist Würfel, manchmal mit untergeordneten Oktaeder- und Rhombendodekaederflächen, Bröggerit ist oktaedrisch ausgebildet. Zwillinge nach {111} kommen vor. Oft metamikt, meist zersetzt und dann in höhere Uranoxyde übergeführt und oft
nicht unbeträchtliche Mengen von Wasser enthaltend. — Auf den pneumatolytisch-hydrothermalen Uranerzgängen derb und dicht, gelartig, schalig
mit nieriger Oberfläche, selten erdig. Muschelig brechend, H maximal 6,
D maximal 10, beide Werte durch Zersetzung häufig stark herabgedrückt.
Undurchsichtig, die frisch pechglänzenden Bruchflächen werden bald matt;
schwarz, grünlichschwarz, bräunlichschwarz; Strich grünbraun bis (braun-)
schwarz; schwer schmelzbar, in Salpeter- und Salzsäure löslich.

Da sich mit dem Alter des Minerals das Verhältnis zwischen dem Uran
und dem Endprodukt der Zerfallsreihe, dem Uranblei, ständig zugunsten des
letzteren ändert, kann aus diesem Verhältnis an unzersetztem Material das
Alter des Gesteins bestimmt werden; auch der Gehalt an dem beim Zerfall
des Urans entstehenden Helium kann bei vorsichtiger Beurteilung der Ent-
weichungsmöglichkeiten des Edelgases zur Altersbestimmung herangezogen
werden; für die verschiedenen Uranpecherzvorkommen ergaben sich so Alter
zwischen 200 und 2000 Millionen Jahren.

In Granitpegmatiten[1]), verstreut in Südnorwegen und Schweden, Texas,
Süddakota, Ulugurugebirge in Ostafrika (besonders schöne xx!); in pneumatolytisch-hydrothermalen Gangsystemen, vielfach in Begleitung von
fleischrotem Dolomit und in Verbindung mit Ag-, Bi- und Co-Gängen, auch
mit Cu-Erz vorkommend; fast alle größeren Vorkommen gehören in diese
Gruppe; untergeordnet auf Gängen mit Flußspat und Schwerspat, z. B. bei
Wölsendorf in Bayern.

Die wichtigen Uranpecherzlagerstätten in der Folge ihrer Nutzung und Entdeckung sind:

1. St. Joachimstal in Böhmen; Urangewinnung schon seit der Mitte des
vergangenen Jahrhunderts; die Silber-, später auch Kobaltgewinnung aus
der dortigen Gegend geht auf das Mittelalter zurück. Aus den Rückständen
der Urangewinnung wurde im Jahre 1898 erstmalig Radium isoliert (CURIE).
Gegenwärtige Jahresgewinnung etwa 3 Gramm Radium; kleinere Vorkommen ähnlicher Art im Riesengebirge. Die Lagerstätte hat bisher ewa 100 g
Radium geliefert.

2. Cornwall; ganz ähnliche Vorkommen, aber nur mehr von geringer Bedeutung.

3. Katangagebiet im Belgischen Kongo. Entdeckt 1921; in Verbindung vor
allem mit Cu-Erzen treten in diesen mineralreichen Vorkommen neben dem
Uranpecherz zahlreiche, mehr oder weniger definierte Uranmineralien, die
teilweise durch Umsetzung der Pechblende entstanden sind, auf. Die höchste
Jahresproduktion erreichte fast 100 g Radium; Verarbeitung der Handkon-
zentrate in Belgien. — Bisher etwa 700 g Radium.

4. Großer Bärensee in Canada; entdeckt zu Beginn der 30er Jahre dieses
Jahrhunderts; besonders reiche Uranpecherzvorkommen ähnlicher Art wie

---

[1]) Die Feldspäte in der Umgebung des Uraninites zeigen meist fleischrote Farbe.

die von St. Joachimstal, wie dort begleitet von Ag- und Co-Erzen; seit einer Anzahl von Jahren übersteigt die Radiumgewinnung aus dieser Lagerstätte den Jahreswert von 100 g stark.

Aus pegmatitischen Vorkommen (Australien usw.) wird das Uranpecherz meist nur als Nebenprodukt gewonnen; über die Carnotitsande vergl. unten.

Radium (Gesamtjahresproduktion weit über 200 g) findet wichtige Anwendung in der Medizin und in der Laboratoriumstechnik; von praktischer Bedeutung ist noch die Herstellung von Leuchtfarben und seine Verwendung als Verfärbungsmittel für Edelsteine. Der Preis des Radiums ist großen Schwankungen unterworfen, zeigt im allgemeinen stark sinkende Tendenz, vor allem seit der Entdeckung der Katangalagerstätten. Der höchste Preis lag bei etwa 70.000 Dollar pro Gramm, gegenwärtig ist er etwa auf ein Viertel gesunken. — Uranverbindungen finden vorzugsweise für die Färbung von Gläsern Verwendung. Die Bedeutung des Urans für die Gewinnung der Atomenergie ist allgemein bekannt; dazu wird das Uranisotop mit dem Atomgewicht 235 (U_{235}) benötigt, das im natürlichen Uran in einer Menge von 0.7% vorhanden ist.

Abgesehen vom Uranpecherz tritt das Uran in den Pegmatiten als in der Menge stark wechselnder Vertreter der Seltenen Erden in deren Mineralien auf, vor allem in Titanoniobaten und Titanotantalaten der Granitpegmatite. Selbständig verwertungsfähige Konzentrationen werden dabei selten erreicht. Nur bei Radium Hill in Südaustralien treten in Granitpegmatiten genügend reichlich solche Mineralien auf, daß ihre Gewinnung durchgeführt werden kann.

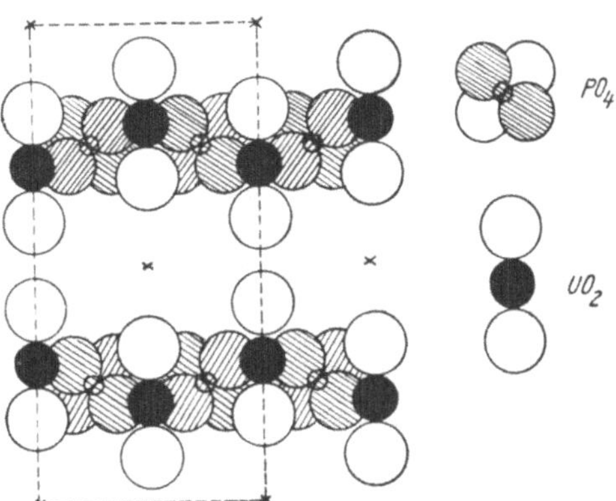

Abb. 104. $\frac{2}{\infty}$ [(U$^{[6]}$O₂)(PO₄)]·¹·-Schichten im Gitter der Uranglimmer.

Als pneumatolytisch-hydrothermale Bildungen, ferner als Umwandlungsprodukte des Uranpecherzes in der Verwitterungszone seiner Vorkommen, treten zahlreiche Uranmineralien auf, unter welchen besonders häufig und auffallend die *Uranglimmer* sind. Es sind dies tetragonal oder rhombisch-pseudotetragonal kristallisierende Uranophosphate und Uranoarsenate des Kupfers, Calciums, Magnesiums oder Bariums. Die in der Regel in Form von dünnen, quadratischen Täfelchen, die ausgezeichnet nach der Tafelfläche {001} spalten, auftretenden Uranglimmer haben je nach der Zusammensetzung gelbe bis smaragdgrüne Farbe. Der Ausbildung der xx entsprechend ist das Kristallgitter ein ausgesprochenes Schichtgitter, aufgebaut aus komplex zusammengesetzten Schichten, die durch die großen Kationen und Wassermoleküle zusammengehalten werden; Leitelement des Aufbaues der Schichten sind unendliche Netze $\frac{2}{\infty}$ [(U$^{[6]}$O₂)(PO₄)]$^{-1}$, die aus miteinander über gemeinsame Sauerstoffatome verbundenen [P(As)O₄]-Tetraedern und [UO₂O₄]-Oktaedern bestehen (Abb. 104); in diesen Anionenschichten sind von den sechs O-Nachbarn eines jeden Uranatomes zwei diesem allein zugeordnet und bilden mit ihm einen linearen Uranylkomplex [UO₂]'' (Abb. 104). Die Spaltblätter sind viel spröder als bei den Glimmern.

Der *Kupferuranglimmer* oder *Torbernit* ist der häufigste Vertreter dieser auffallenden Mineralgruppe. Er hat die Zusammensetzung $\overset{2}{\infty}$ Cu[$O_4U_2P_2O_8$] . 8 H_2O te. Ditetragonal bipyramidal. xx einzeln oder gebündelt; neben {001} noch {110} und {101}. H über 2; D = 3.5. Glasglänzend, auf der Spaltfläche perlmutterglänzend; durchscheinend, smaragdgrün. Opt. —; n um 1.59. — Mit Pechblende zusammen im Böhmisch-Sächsischen Erzgebirge und in Cornwall; mit Fluorit (Stinkfluß) bei Wölsendorf in Bayern; reichlich in der Oxydationszone der Uranerze bei Shinkolobwe in Katanga usw.; in Pegmatiten neben Autunit bei Villa formosa in Portugal und in Bulgarien; in Portugal und Bulgarien stellen diese pegmatitischen Uranglimmer die Haupturanmineralien dar.

Der *Kalkuranglimmer* oder *Autunit* hat die Zusammensetzung $\overset{2}{\infty}$ Ca[$O_4U_2P_2O_8$] . 8 H_2O te; grüngelb bis gelb, opt. zweiachsig mit 2 V = 33°; nβ um 1.58; D um 3.1. Vorkommen wie Torbernit. — Der *Uranospinit* ist das davon schwer zu unterscheidende Arsenat. — *Zeunerit* $\overset{2}{\infty}$ Cu[$O_4U_2As_2O_8$] . . 8 H_2O ist äußerlich vom Torbernit kaum zu unterscheiden und tritt stellenweise neben diesem auf. — Der *Bariumuranglimmer* oder *Uranocircit* $\overset{2}{\infty}$ Ba[$O_4U_2P_2O_8$] . 8 H_2O ist dem Autunit sehr ähnlich; schmutzig grüngelb; n um 1.62; D = 3.5; besonders auf Flußspat bei Wölsendorf in Bayern.

Von den zahlreichen Uranmineralien hydrothermaler Entstehung oder aus der Oxydationszone von Uranpechblendevorkommen ist noch der ziemlich weit verbreitete *Uranotil (Uranophan)*, ein Urancalciumsilikat von der Zusammensetzung (OH)$_6$Ca$U_2Si_2O_8$. 4 H_2O zu nennen; niedrigsymmetrisch, wahrscheinlich triklin; nadelige, gelbe, durchscheinende xx, oft dicht verfilzt; nβ = 1.67; γ — α = 0.026; in Säuren leicht zersetzlich. Vielfach zusammen mit Uraninit, durch dessen Zersetzung er sich neu gebildet hat, auch mit Flußspat (bei Wölsendorf in Bayern) und als hydrothermale Bildung in Klüften (bei Gastein).

Als *Uranocker* oder *Uranblüte* bezeichnet man gelbe bis gelbgrüne, feinfaserige bis erdige Zersetzungsprodukte von Uraniniterzen, die in ihrer Zusammensetzung schlecht definierbar sind; es handelt sich hiebei überwiegend um wasserreiche Uransulfate.

Eine wichtige Mineralgruppe keineswegs geklärter Entstehung stellen die Uranovanadate dar. Sie treten als Imprägnationen in Sedimenten auf; die Herkunft der Uranvanadiumlösungen ist unsicher, möglicherweise sind sie auf Auslaugung benachbarter Uranvorkommen zurückzuführen.

Der *Carnotit* K$_2$U$_2$O$_4$[VO$_4$]$_2$. 3 H_2O r enthält auch noch etwas Ca, Pb, Na und Cu neben K; etwa 50% Uran und 11% Vanadium. Gelb bis grüngelb; in Form von kleinen Körnchen besonders in Sandstein. H ungefähr 4; D > 4.5; n um 1.8; γ — α = 0.02; opt. —. — Besonders in den Carnotitsandsteinen von Utah und Colorado, ferner in Neumexiko und im Katangagebiet; die übrigen Vorkommen (Californien, Pennsylvanien, Turkestan usw.) sind bedeutungslos.

Wahrscheinlich ist der Carnotit strukturell identisch mit dem künstlich hergestellten, monoklin prismatischen, wasserfreien Kaliumuranovanadat $\overset{2}{\infty}$ K[7]{U[2+4]O$_2$ [VO$_4$]}. Dieses kristallisiert in monoklinen, nach {100} tafeligen xx, die nach der vorderen Endfläche ausgezeichnet spalten; D = 5.0; die Struktur ist gekennzeichnet durch das Auftreten von komplexen Schichtanionen $\overset{2}{\infty}$ {UO$_2$[VO$_4$]}$^{-1}$, die durch die Kaliumionen miteinander verbunden werden; der Wassergehalt des natürlichen Carnotits erklärt sich wohl durch Einbau von Wassermolekülen zwischen die Schichten und deren Adsorption an letztere.

Die Carnotitsandsteine von Utah und Colorado spielten in den 20er Jahren bis zur Aufnahme der gesteigerten Radiumgewinnung aus den Katangaerzen für die Weltradiumversorgung die ausschlaggebende Rolle; sie lieferten bisher mehrere Hundert Gramm Radium, daneben auch beträchtliche Mengen von dem wertvollen Stahlveredlungsmetall Vanadium.

Der *Tujamunit* $CaU_2O_4[VO_4]_2 . 4 H_2O$ ist ebenfalls rhombisch; gelb mit glimmerähnlicher Spaltbarkeit; nβ um 1.87; opt. —. Wichtigstes Vorkommen als Imprägnation in Devonkalkstein bei Ferghana in Ostturkestan; auch in Colorado und Neumexiko gefunden.

Ohne Bedeutung sind sonstige Vorkommen von Uranmineralien in Sedimenten, z. B. in kambrischen Kohlen (Gotland) und in Alaunschiefern.

Von den Transuranen konnte bisher in der Natur nur das *Plutonium* in wenigen Bruchteilen von g pro t in Pechblenden und im Carnotit nachgewiesen werden. Auch die erst kürzlich entdeckten Elemente, die bisher im periodischen System fehlten (Technetium 43; Promethium 61, Astatin 85 und Francium 87), konnten bisher in der Natur nicht mit Sicherheit nachgewiesen werden.

l) Manganmineralien in den Pegmatiten und die Granatgruppe.

In vielen Pegmatitmineralien tritt das Mangan neben Eisen, Magnesium usw. in bedeutenden Konzentrationen auf (z. B. manche Turmaline usw.). Als typisches Manganmineral der Pegmatite ist neben einigen Phosphaten (Triphylin, S. 102, Triplit, S. 115 usw.) der *Mangantongranat* oder *Spessartin* $Mn_3^{[8]}Al_2^{[6]}[SiO_4]_3k$ mit Teilersatz von Mn durch Fe und etwas Ca zu nennen. Unregelmäßig körnig oder {211}. D um 4.2. n um 1.8; gelbbraun bis bräunlichrot. — In vielen Granitpegmatiten (allerdings nicht rein, sondern mit starkem Ersatz von Mn¨ durch Fe¨ und Mg¨), z. B. Schüttenhofen in Böhmen; auch in Graniten; orangegelbe, klare Kristalle von Madagaskar; gelegentlich in kristallinen Schiefern, z. B. als Hartbestandteil der Wetzschiefer aus den Ardennen; Spessartinfels ist ein kontaktmetamorphes, fast nur aus Spessartin bestehendes Gestein (Minas Geraes in Brasilien), das bei der Verwitterung in abbauwürdige Braunsteinvorkommen übergeht.

In Pegmatitspessartinen ist das Mangan nicht selten teilweise durch Yttrium ersetzt (bis etwa 2% Y_2O_3); auch Pegmatitspessartine mit starkem Ersatz von Si¨¨ durch P¨¨¨ sind bekannt.

Spessartin ist ein Glied der großen Granatgruppe $R_3^{[8]}R_2^{[6]}[SiO_4]_3k$. Das Gitter ist durch das Auftreten selbständiger SiO_4-Tetraeder gekennzeichnet; die Anionenpackung ist nahezu eine dichteste. Die Granate kristallisieren hexakisoktaedrisch; xx ein- oder aufgewachsen, einzeln oder in Drusen, oft von beträchtlicher Größe (sie können mehrere Kilogramm an Gewicht erreichen) (Abb. 105). Häufigste Form ist das Rhombendodekaeder (Granatoeder!), oft kombiniert mit dem Deltoidikositetraeder {211}, gelegentlich (Spessartin!) nur Deltoidikositetraeder {211}. Oktaeder und Würfel sind selten, auch in Kombination mit {110}. Das Hexakisoktaeder {321} ist nicht selten kombiniert mit {211}; die Rhombendodekaederflächen sind in der Richtung der längeren Diagonale oft gestreift. — Häufig auch körnige Massen, manchmal dicht. Verwitterungsbeständig, daher im Verwitterungsgrus anzutreffen und abgerollt als Schwermineral in Sanden, in diesen oft bedeutend angereichert.

Sehr schlechte Spaltbarkeit nach {110}, muscheliger bis splittriger Bruch; spröde; H um 7; D stark wechselnd mit der Zusammensetzung zwischen 3.4 und 4.6. Glas- bis harzglänzend. Durchsichtig, durchscheinend oder undurchsichtig. Farbe stark von der Zusammensetzung abhängig; n je nach der Zusammensetzung zwischen 1.7 und 2.0; die Ti-reichen Mischkristalle haben die höchsten n-Werte. Häufig anomale Doppelbrechung mit Felderteilung (besonders Grossular). Meist unschwer schmelzbar; von Säuren angegriffen, besonders durch Schwefelsäure allmählich zersetzlich. Die einzelnen Arten treten selten rein auf; meist Mischkristalle, wobei die Kalkgranate mit den übrigen nur beschränkt mischbar sind.

1. *Kalktongranat* oder *Grossular* $Ca_3^{[8]}Al_2^{[6]}[SiO_4]_3$. Farblos, weiß, rötlich, grünlich bis grünbraun; bei teilweisem Ersatz von Al''' durch Fe''' hyazinthrot (*Hessonit, Kaneelstein*). D um 3.5, n um 1.74; enthält gelegentlich einige Prozent V_2O_3 (statt Al_2O_3). — Sehr verbreitetes Mineral in Kalkkontaktgesteinen (Monzoni in Südtirol, Banat, Oslokontaktgebiet usw.); in vulkanischen Auswürflingen (Vesuv). Hessonit als Kluftmineral mit Diopsid und Chlorit (Mussaalpe in Piemont, Hohe Tauern usw.).

2. *Kalkeisengranat* oder *Andradit* $Ca_3^{[8]}Fe_2^{[6]}[SiO_4]_3$. D um 3.7; n um 1.9. Fettglänzend, braun, rot, grün oder schwarz. Schmilzt zu magnetischer Kugel. — Ebenfalls typisches Kontaktmineral in Skarnen und in kontaktmetamorphen Magnetitlagerstätten (Sachsen, Thüringen, Banat, Oslokontaktgebiet und Arendal in Norwegen, Traföss nördlich Graz), selten in kristallinen Schiefern (manchmal in Chloritschiefern) und deren Klüften (Fichtelgebirge,

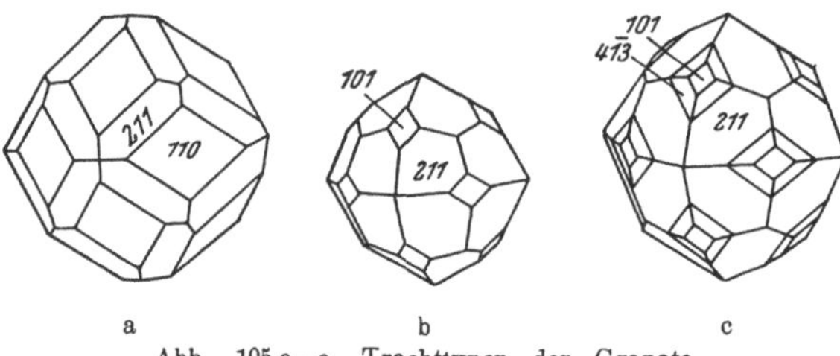

Abb. 105 a—c. Trachttypen der Granate.

Zillertal usw.); *Topazolith* ist ein gelbgrüner, als Edelstein geschätzter Andradit (Mussaalpe in Piemont); *Demantoid* hat smaragdgrüne Farbe.

3. Der *Melanit* ist ein schwarzer (für Trauerschmuck verwendeter) titanreicher Andradit[1]). Im Dünnschliff braun, oft zonar gebaut. D = 3.8—4.1; n = 1.9—2.— Als idiomorpher Einsprengling in mittelbasischen Oberflächen-, selten in Tiefengesteinen (z. B. Phonolith vom Kaiserstuhl; Nephelinsyenit von Magnet Cove in Arkansas).

4. *Kalkchromgranat* oder *Uwarowit* $Ca_3^{[8]}Cr_2^{[6]}[SiO_4]_3$. Cr''' teilweise ersetzt durch Fe'''. xx tiefsmaragdgrün und glasglänzend, vielfach feinstkörnige Krusten. D um 3.6, n um 1.87. — Verhältnismäßig selten in chromitführenden Serpentinen (Sissersk im Ural, Texas), in Skarnen und anderen Kalkkontaktgesteinen (Finnland, Canada, Tasmanien).

5. *Magnesiatongranat* oder *Pyrop* $Mg_3^{[8]}Al_2^{[6]}[SiO_4]_3$. D um 3.6; n um 1.71. Stets starker Ersatz von Mg durch Fe. Blutrot bis fast schwarz, meist gerundete Körner. — In Olivingesteinen, besonders in serpentinisierten; aus letzteren leicht herauswitternd („Böhmische" Granaten von Meronitz). Begleiter des Diamanten in den Kimberliten *(„Kaprubin")*, ebenso in den Diamantseifen und in sonstigen Seifen; in Eklogiten und Granuliten[2]). in den Serpentinen häufig mit einer sogenannten *Kelyphit*rinde (z. B. Waldviertel in Niederösterreich); diese Kelyphitrinde ist ein faseriger, gelblicher oder bräunlicher Reaktionssaum, der aus Hypersthen, Hornblende, Spinell

---

[1]) Titan scheint in den bei hohen Temperaturen gebildeten Melaniten auch als Ersatz für Silizium in das Gitter einzutreten.

[2]) Die Granate der Eklogite und Granulite sind durchschnittlich ziemlich intermediäre Mischkristalle zwischen Pyrop und Almandin.

und Serpentin besteht. — Pyrop ist ein vielverwendeter (meist Mugelschliff), billiger Schmuckstein.

6. *Eisentongranat* oder *Almandin* $Fe_3^{[8]}Al_2^{[6]}[SiO_4]_3$. (Der *Gemeine Granat* ist ein besonders in kristallinen Schiefern weitverbreiteter, schlecht durchsichtiger oder undurchsichtiger, roter bis rotschwarzer, almandinreicher Granatmischkristall). Rundliche Körner, aber auch eingewachsen in schön entwickelten idiomorphen Rhombendodekaedern von oft beträchtlicher Größe, auch in Deltoidikositetraedern. Die bläulich blutroten Almandine (besonders von Ceylon und Brasilien) finden als Schmucksteine Verwendung. D um 4.2, n maximal 1.83. — Akzessorisch in Graniten und Gneisen, sehr selten in Oberflächengesteinen. Reichlich vorhanden in verschiedenen kristallinen Schiefern (Glimmerschiefer, Amphibolite, Chloritschiefer: Weststeiermark, Oetztal usw.). — Der seltene *Yttergranat* ist ein wesentlich aus Almandin bestehender Granat mit geringfügigem Ersatz von Fe durch Y (Norwegen). — Almandin ist häufig randlich oder tiefgehend in Chlorit pseudomorphosiert.

Von den als Schmuckstein verwendeten Formen abgesehen, wird der Gemeine Granat für Schleifzwecke (Schleifkorn, Schleifpapier, Schleifleinen usw.) besonders in der Stein- und Glasindustrie verwendet; er geht vielfach im Handel unter dem Namen „bayrischer Smirgel"; Schleifgranat wird besonders in der bayrischen Oberpfalz, USA., Spanien und Japan gewonnen.

Isomorph mit dem Granat ist der gelbe bis orangerote *Berzeliit* $Ca_2Na(Mg, Mn)_2^{[6]}$ $[AsO_4]_3$ k. Gewöhnlich derb, mit Harzglanz. H = 5; D = 3.9—4.4. n = 1.71—1.78, beide Werte wie die Farbtiefe mit dem zunehmenden Austausch von Mg durch Mn ansteigend. Nur bekannt aus den manganerzführenden Kontaktkalksteinen von Långban in Schweden.

m) Korund $Al_2^{[6]}O_3^{[4]}$rd.

Der *Korund* kristallisiert ditrigonal skalenoedrisch. xx, oft von beträchtlicher Größe, eingewachsen oder mehr oder weniger abgerollt in Seifen; meist prismatisch, oft tonnenförmig (Abb. 106) infolge des Auftretens mehrerer steiler Deuterobipyramiden auch spitzpyramidal (Abb. 107) oder tafelig nach {0001} oder rhomboedrisch mit vorherrschendem {10$\bar{1}$1}; die Flächen der xx meist stark angerauht. Häufig Zwillinge nach {10$\bar{1}$1}, lamellar mit Zwillingsstreifung (Dreieckstreifung auf {0001} bei Einlagerung nach allen Zwillingsrhomboederflächen); derb, körnig, oft grobspätig. Recht vollkommene lamellare Absonderung nach {10$\bar{1}$1}, wenig deutliche Translationsabsonderung nach {0001}. Bruch muschelig-splittrig; H = 9 (zweithärtestes Mineral!); D um 4.0, also recht hoch, was darin begründet ist, daß die Sauerstoff-Ionen eine dichteste Kugelpackung bilden, in welche die in 6-Koordination eintretenden Al-Ionen unter nur geringer Auflockerung eingelagert sind; die Anordnung der Al-Ionen im Gitter ist so, daß formal Al_2O_3-Moleküle herausgegriffen werden könnten (Abb. 108); diese sind aber durchaus koordinativ aneinandergebunden. Stark glasglänzend, durchsichtig, rot, blau, violett, selten grün, oder undurchsichtig, rot, grau bis braun; orientierte Einlagerungen rufen häufig besonders beim blauen *Saphir (Sapphir)* Asterismus hervor; die braune Farbe ist durch isomorphe Mischung mit Fe_2O_3 bedingt,

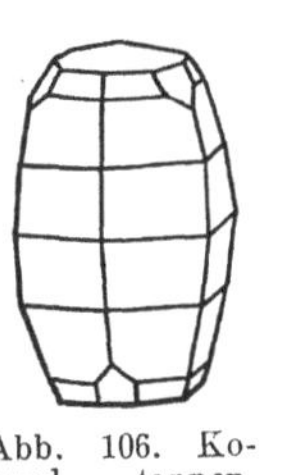

Abb. 106. Korund, tonnenförmiger Kristall.

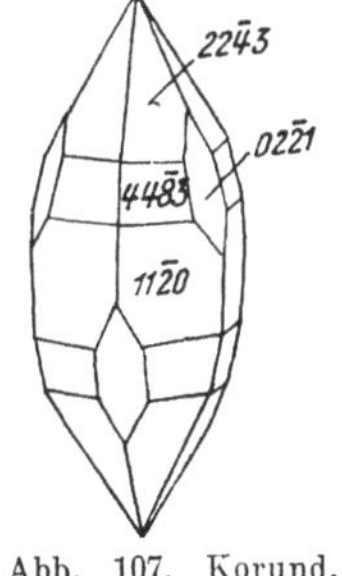

Abb. 107. Korund, spitzpyramidaler Kristall.

die rote Farbe der *Rubine* durch Ersatz (1—2%) von Al durch Cr, die blaue der *Saphire* durch einen solchen von Al durch Fe und Ti. $\omega = 1.769$, $\varepsilon = 1.761$; $\varepsilon - \omega = -0.008$: nicht selten anomal zweiachsig. Schmilzt erst bei 2050⁰; von Säuren nicht angegriffen. Korund ist das Al-reichste Mineral (53% Al im reinen Zustand).

Tritt als Übergemengteil in den plumasitischen (Tonerdeüberschußgestein infolge Assimilation von Tonsedimenten[1])) Syeniten, Graniten und Pegmatiten auf (Ontario usw.), aber auch in Peridotiten (Transvaal, Georgia usw.) und Anorthositen. Selten akzessorisch in Oberflächengesteinen und vulkanischen Auswürflingen. Kontakt- und regionalmetamorph in Paragneisen, Glimmerschiefern und Kalksteinen (Birma, Siam, Binnental in der Schweiz). Als körnig schwarzbraunes oder braunes *Smirgel*gestein regionalmetamorph aus Bauxit entstanden; in diesen Gesteinen ist der eisenhaltige Korund mit Margarit, Chloritoid, Eisenoxyden usw. vergesellschaftet (Naxos, Kleinasien, Ural, Massachusetts, Oststeiermark). Reichlich in Seifenvorkommen, hier vor allem die Edelkorunde (Rubin besonders in Siam, Ceylon und Australien; Saphir besonders in Birma, auf Ceylon und Madagaskar).

Als Edelkorunde werden die schönfarbigen, durchsichtigen Abarten bezeichnet: Rot = *Rubin*, blaß- bis tiefblau = *Saphir*, grün = *orientalischer Smaragd*, gelb = *orientalischer Topas*, violett = *orientalischer Amethyst*. — *Gemeiner Korund* ist trüber Korund; er wird ebenfalls aus Seifen gewonnen, teilweise aber auch aus seinen primären Vorkommen (Ontario, Transvaal, Madagaskar, Georgia, Nordcarolina usw.).

Der als Schleifmittel (Smirgelscheiben, Smirgelpulver, Smirgelleinen, Smirgelpapier) früher viel verwendete Gemeine Korund und *Smirgel* wird heute für viele Zwecke durch das noch härtere, synthetische *Carborundum* SiC und durch den synthetischen Smirgel, d. h. durch calcinierten Bauxit (S. 180), ersetzt. So beläuft sich die Jahresgewinnung an natürlichen Schleifkorunden nur mehr auf etwa 30.000 Tonnen (besonders Griechenland, Kleinasien, USA.).

Edelkorunde verschiedener Farben werden seit Jahrzehnten in beträchtlichen Mengen und sehr billig durch Schmelzen reinsten Tonerdepulvers unter Beigabe von färbenden Oxyden im elektrischen Ofen oder im Knallgasgebläse hergestellt[2]).

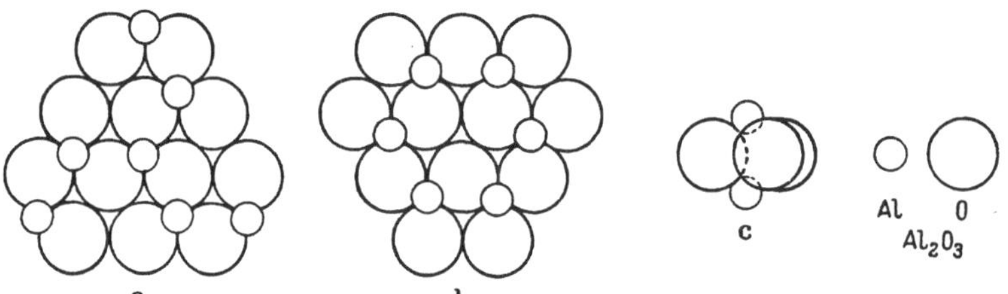

Abb. 108 a—c. Die Einlagerung der Kationen in die dichteste Anionenpackung bei Korund, Hämatit usw.

2. Hydrothermale Mineralbildungen.

An die pneumatolytischen Kristallisationen der verschiedensten Art schließen sich über mannigfaltige, vielfach schon erwähnte Zwischenstufen die hydrothermalen Kristallisationen an, die in selbständiger Form teils in Bla-

---

[1]) Der Originalplumasit ist ein in Transvaal zwischen korundführenden Granitpegmatiten und Peridotiten auftretendes Andesin-Korundgestein, das gegen den Peridotit zu in ein Korund-Margaritgestein (Marundit) übergeht.

[2]) Synthetische Korunde und Spinelle sind bisher die einzigen synthetischen Edelsteine, die Handelswert erlangt haben.

senräumen von magmatischen Gesteinen, teils in Klüften derselben in Drusenform auftreten oder ausgesprochen gangförmig entwickelt sind. Zu den pneumatolytischen, hydrothermalen und pneumatolytisch-hydrothermalen Übergangskristallisationen gehören auch zahlreiche metallreiche Schwermetallerz-Kristallisationen in Gang- und Imprägnationsform, auch als Metasomatosen, die erst im letzten Abschnitt behandelt werden. Sowohl in den Blasenräumen der Gesteine wie auch in den hydrothermalen Drusen auf Klüften machen sich als Unterlage der rein hydrothermalen Kristallisationen häufig noch liquid-pneumatolytische und pneumatolytische Mineralgesellschaften bemerkbar. Diese Unterlagen führen (nach sinkender Kristallisationstemperatur geordnet), von Fall zu Fall wechselnd, besonders folgende Mineralien [1]:

1. Biotit, E i s e n g l a n z, Orthit, Zirkon.
2. Hornblendeasbest, Orthoklas, Albit, Quarz.
3. Turmalin, Axinit, C h l o r i t, E p i d o t, Titanit (Sphen), Beryll, Spodumen, Monazit, Xenotim, Apatit.
4. Fluorit, Lepidolith, Muskovit, Adular.

In Klüften treten dazu noch Rutil, Anatas, Euklas, Danburit usw.

Darauf folgt die rein hydrothermale Phase, dargestellt durch Zeolithe und andere wasserhaltige Silikate (Prehnit, Apophyllit, Datholith usw.), Carbonate, Sulfate und wiederum Quarz. Während in den miarolithischen Räumen der Tiefengesteine die pneumatolytisch betonten Kristallisationen vorherrschen, überwiegen in den Blasenräumen der Oberflächengesteine die hydrothermalen. Kluftfüllungen ähnlichen Charakters wie die hydrothermalen entstehen auch durch Ausscheidung des Mineralbestandes aus den in den Gesteinen zirkulierenden Wässern atmosphärischen Ursprungs (vadose Bildungen), die durch reine Auslaugung oder im Zuge der Metamorphose (S. 202) die verschiedensten Mineralsubstanzen aufgenommen haben und mit sinkender Temperatur wieder abgeben. Diese Bildungen aus *vadosen Wässern* sind oft gegen die echt hydrothermalen (*juvenilen*)[2] Bildungen schwer abzugrenzen. So sind z. B. bei Epidoten und besonders bei Chloriten der Klüfte wohl die Entstehungsbedingungen hydrothermale, der Stoffbestand stammt aber überwiegend nicht aus Restlösungen, sondern von der Auslaugung benachbarter Gesteine her. Die genannte Unabgrenzbarkeit läßt es zweckmäßig erscheinen, alle unter ähnlichen Temperatur-Druckbedingungen entstandenen Mineralgesellschaften ohne Rücksicht auf die Herkunft der hochtemperierten wässrigen Lösungen gemeinsam zu behandeln.

Die Entstehung der oft erstaunlich großen Kristalle in den Mineralklüften (besonders Quarz, dessen einheitliche Kristalle ein Gewicht von mehreren 100 kg erreichen können) ist auf den Umstand zurückzuführen, daß die thermalen Lösungen unter hohem Druck stehen und bei einem geringen Temperaturgefälle die im überhitzten Wasser reichlich gelösten Substanzen zur Abscheidung bringen, wobei dauernde Substanzzufuhr stattfindet. So sind zur Bildung auch sehr großer Kristalle keine sehr großen Zeiträume nötig; die Klüfte stellen Temperaturgefällsautoklaven riesigen Ausmaßes mit Substanzzufuhr dar.

Die Mannigfaltigkeit gerade der alpinen Kluftmineralgesellschaften erläutert besonders Lit. C 3.

---

[1] Die noch nicht behandelten sind gesperrt gedruckt!
[2] juvenil = Bildungen aus aufsteigenden (aszendenten) Lösungen, vados = Bildungen aus absteigenden (deszendenten) Lösungen.

a) Klinozoisit-Epidot-Reihe.

Aus der pneumatolytisch-hydrothermalen Zwischenphase sind noch die Mineralien der *Klinozoisit-Epidot*reihe, aus welcher der Orthit schon genannt wurde (S. 127), zu behandeln. Die Hauptreihe hat die Zusammensetzung $(OH)Ca_2(Al, Fe)_3Si_3O_{12}$ m. Die praktisch eisenfreien, farblosen bis blaßgelbgrünen Glieder führen den Namen Klinozoisit; sie sind nicht allzu verbreitet. Die eisenreicheren Glieder sind die Epidote i. e. S.; sie sind gelbgrün (pistaziengrün) oder schwarzgrün[1]), sehr selten rot (*Withamit* aus dem Zillertal). $Al^{\cdots}$ bis zu etwa einem Drittel durch $Fe^{\cdots}$ unter zunehmender Farbtiefe ersetzt. Schöne, meist nach der Y-Achse stengelige bis nadelige, monoklin prismatische, oft sehr flächenreiche xx (Abb. 109); sonst derb, strahlig bis dicht. Hauptformen: {100}, {001}, {$\bar{1}$01}, {110}, {011}, {111} und {$\bar{1}$11}. Zwillinge nach {100} häufig, auch in Lamellen. Vollkommen spaltbar nach {001}, schlechter nach {100}. — Häufig Pseudomorphosen, besonders nach Hornblende und Augit. — Komplizierte, unvollständig bekannte Bandstruktur. — $H = 6$—7; O.A.E. parallel S.E.; starke Dispersion des Achsenwinkels (je nach der Zusammensetzung $\varrho > \nu$ oder $\varrho < \nu$); pleochroitisch: grün-braungelb, bei den eisenreicheren an durchscheinenden, prismatischen Kristallen schon in gewöhnlichem Licht erkennbar. Die optischen Eigenschaften sind stark abhängig vom Eisengehalt:

	$n\alpha$	$n\beta$	$n\gamma$	$\gamma-\alpha$	$2 V_\alpha$	D
$(OH)Ca_2Al_3Si_3O_{12}$	1.714	1.717	1.719	0.005	114°	3.2
$(OH)Ca_2Al_2FeSi_3O_{12}$	1.729	1.763	1.780	0.051	69°	3.4

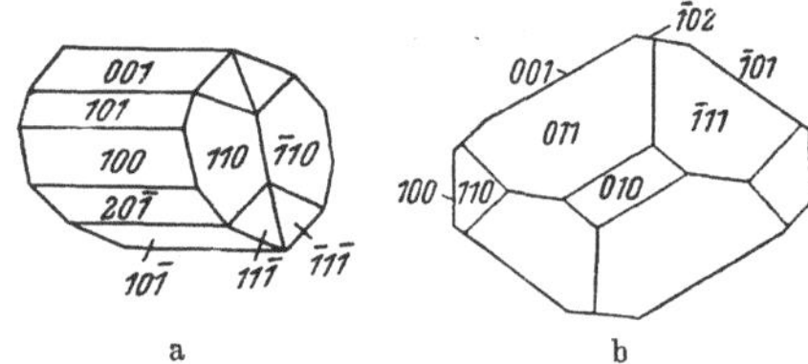

Die eisenarmen Klinozoisite sind hiemit sehr schwach doppelbrechend und opt. +, die Epidote bei höherer und wechselnder Doppelbrechung opt. —, und zwar von einem 8%igen Ersatz von Al durch Fe an. — Zu magnetischem Glas schmelzbar; von Säuren im ungeglühten Zustand wenig angegriffen.

Gelegentlich als akzessorischer Gemengteil in sauren Tiefengesteinen (Granit), dabei nicht selten als Hülle um den isomorphen Orthit; reichlich vorhanden neben Albit und Quarz als Übergemengteil in den aplitähnlichen Helsinkiten Südfinnlands und Südnorwegens. Hydrothermal gebildete xx in Klüften von Syeniten, Graniten, Amphiboliten, Chloritschiefern usw. (beson-

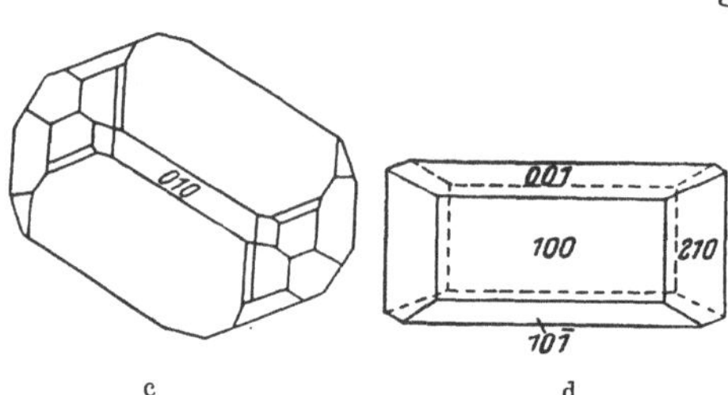

Abb. 109 a—d. Epidot, verschiedene Trachttypen, (c) und (d) Kopfbilder.

ders schöne xx im Sulzbachtal in Salzburg, ferner im Zillertal, in den Westalpen, Südnorwegen, Slatoust im Ural, Alaska usw.). Weit verbreitet in regionalmetamorphen Gesteinen (z. B. in Amphiboliten, epidotisierten Gab-

---

[1]) Die strahligen Epidote der metamorphen Gesteine von gelbgrüner Farbe werden häufig überflüssigerweise als *Pistazit* bezeichnet; andererseits will man gelegentlich diese Bezeichnung auch für die hypothetischen Al-freien Endglieder der Reihe verwenden.

bros und Diabasen, die stellenweise in gelbgrüne, ausgesprochene Epidotfelse oder Epidotschiefer übergehen) und Kalkkontaktgesteinen (Skarne und Kalksilikathornfelse), besonders zusammen mit Magnetit, Hornblende und Andradit (Sachsen, Traföss in Steiermark, verschiedentlich in Skandinavien usw.). — In Seifen nur selten. — Epidote werden gelegentlich als Schmucksteine verwendet.

Selten sind Epidote, in welchen Ca stark durch Sr und Pb ersetzt ist (*Hancockit;* rotbraun, Franklin, N. J.; $n\beta \sim 1.81$, $D > 4$!); ebenso die dunkelgrünen Epidote mit starkem Ersatz von Al durch Cr *(Chromepidot* oder *Tawmawit;* mit Chromchlorit zusammen bei Outokumpu in Finnland). — Häufiger ist der *Manganepidot* oder *Piemontit,* in welchem zweiwertiges Mn das Ca, besonders aber dreiwertiges Mn das Al in beträchtlichem Umfange ersetzt (maximal insgesamt 20% Mn_2O_3). Derb, strahlig oder stengelig; fast undurchsichtig, kirschrot oder dunkelbraunrot mit rotem Strich. Opt. +; $n\beta = 1.82$; $\gamma - \alpha$ bis 0.06. Pleochroismus gelb-violett-karminrot. Er kommt auf Manganerzlagerstätten vor (St. Marcel in Piemont, Bretagne, Japan usw.).

b) Die Chloritgruppe.

Die *Chlorite* i. w. S. stellen eine ziemlich heterogene Mineralgruppe dar, die wasserhaltige, alkali- und calciumfreie Mg-Fe-Al-Silikate von blättrigschuppiger bis dichter Ausbildung und überwiegend hell- bis schwarzgrüner, seltener von brauner oder violetter Farbe, umfaßt. Strukturell handelt es sich um Netzsilikate von teilweise glimmerähnlichem Aufbau, aber doch mit abweichenden und verschiedenen Baumotiven. Man hat schon frühzeitig die Chlorite in zwei Gruppen eingeteilt, nämlich in die *Orthochlorite* oder *Chlorite* i. e. S. und die *Leptochlorite.* Diese Einteilung hat sich bewährt; denn die eisenarmen Orthochlorite zeigen ein einheitliches Aufbauprinzip, während die eisenreichen Leptochlorite mit stark abweichenden Eigenschaften andersartigen Schichtaufbau zeigen; es ist zweckmäßig, die Bezeichnung Chlorit auf die Orthochlorite zu beschränken.

Diese kristallisieren monoklin prismatisch, pseudohexagonal wie die Glimmer; oft sind sie wie die Biotite fast optisch einachsig, was auf lamellare Zwillingsüberschichtung zurückzuführen ist. Die Verzwillingung erfolgt in der Regel nach dem *Penningesetz,* nach welchem die Schichtebenen {001} gleichzeitig Zwillings- und Verwachsungsebenen sind. In anderen Fällen steht die Zwillingsebene senkrecht zu {001}, während die Verwachsungsebene wieder {001} ist. Ausgezeichnete Spaltbarkeit nach {001} mit Perlmutterglanz auf den Spaltflächen, während die Kristalle auf frischen Flächen glas- bis fettglänzend sind. O. A. E. (wie bei den Mg-Fe-Glimmern) gewöhnlich parallel zur S.E., seltener senkrecht dazu. Wie bei den Glimmern steht die spitze Mittellinie fast senkrecht auf {001}. Opt. + oder —, häufig für verschiedene Wellenlängen verschieden, was zu starken optischen Anomalien Anlaß gibt. 2 V stark schwankend. Starker Pleochroismus. Schlag- und Druckfiguren wie bei den Glimmern.

Die Hauptreihe der Chlorite kann als Mischung zwischen einem tonerdearmen und einem tonerdereichen Endglied aufgefaßt werden; ersteres hat die Zusammensetzung des Serpentins und den Aufbau des Blätterserpentins $H_4Mg_3Si_2O_9$ *(Serpentin*silikat = Sp), das letztere die Zusammensetzung $H_4Mg_2Al_2SiO_9$ *(Amesit*silikat = At). In beiden Fällen kann Mg und Al stark durch Fe in zwei- (weniger in dreiwertiger) Form ersetzt sein. — Zwischen

600 und 700⁰ erfolgt zunächst eine Zerstörung der Hydroxydschichten (s. u),
der Rest des Wassers entweicht bei 800⁰ unter Olivinbildung.

Die Lichtbrechung hängt stark vom Eisengehalt ab; mit zunehmendem
Tonerdegehalt steigt sie im allgemeinen schwach an (die Brechungsexponenten bewegen sich zwischen 1.55 und 1.62); die Doppelbrechung erhöht sich mit
dem Tonerdegehalt von 0.003 auf 0.02, ebenso die Dichte von 2.5 auf 2.8
(bei eisenreicheren Chloriten von 2.6 auf fast 3.0); die Stärke des Pleochroismus nimmt mit zunehmendem Tonerdegehalt allgemein ab.

Die Struktur der Chlorite ist eine eigenartige Mischstruktur zwischen
zweierlei schwach aufgeladenen, zweidimensionalen Komplex-Ionen-Schichten.

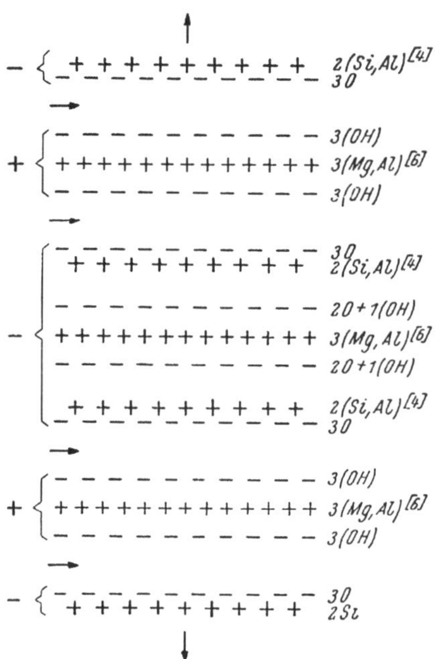

Abb. 110. Schichtaufbau der Chlorite, Ionenverteilung auf die verschiedenen Lagen der Schichten.

Es wechseln in regelmäßiger Folge Komplex-Ionen-Schichten von der Zusammensetzung und dem Aufbau des Talkes (S. 218) mit stärkerem oder schwächerem Ersatz von Mg und Si durch Al ($\overset{2}{\infty}(OH)_2(Mg, Al)_3[(Si, Al)_4 O_{10}]^{-x}$) mit einfachen, oktaedrisch aufgebauten Schichten von der Zusammensetzung $\overset{2}{\infty}[(Mg, Al)(OH)_2]^{+x}$ miteinander ab (Abb. 110). Letztere entsprechen in ihrem Aufbau völlig der Oktaederschichtgruppe zwischen den Tetraedernetzen beim Talk, Pyrophyllit, Glimmern usw. oder den einfachen $Mg(OH)_2$-Schichten des Brucites (S. 206) oder den $Al(OH)_3$-Schichten des Hydrargillites (S. 152), d. h. sie bestehen aus zwei dichtest gepackten Hydroxylionenlagen, in deren oktaedrisch koordinierte Lücken Mg- und Al-Ionen eingebaut sind. Im Querschnitt ergibt die Schichtfolge nebenstehendes Bild:

Formel $\overset{2}{\infty}$ somit $\{(OH)_6(Mg, Al, Fe)_3^{[6]}\} \times \{(OH)_2(Mg, Al, Fe)_3^{[6]}[Si, Al)_4O_{10}]\} = H_8(Mg, Al, Fe)_6^{[6]}(Si, Al)_4^{[4]}O_{18}$ oder $H_4(Mg, Al, Fe)_3(Si, Al)_2O_9$.
Der Verband der Schichten erfolgt durch die schwachen, wechselnden Überschußladungen zwischen den aus sieben Atomlagen bestehenden Silikatanteilen und den aus drei Atomlagen bestehenden Hydroxydanteilen. — Der eigentliche
Amesit hat aber eine dem Kaolinit (S. 149) entsprechende Kristallstruktur und
es kommt ihm damit die Strukturformel $\overset{2}{\infty}$ $\{(Mg, Al, Fe)_3^{[6]}(OH)_4[(Si, Al)_2O_5]\}$
zu.

Die Chlorite treten als hydrothermale Drusenmineralien in Gesteinsklüften auf; der Hauptmasse nach bauen sie aber die Chloritschiefer und verwandte kristalline Schiefer auf. Ferner bilden sie sich vielfach durch hydrothermale Zersetzung *(Chloritisierung)* aus Magnesiaeisensilikaten (Biotit,
Augit, Hornblende usw.) und bilden Pseudomorphosen nach diesen.

Blätterserpentin $(OH)_4Mg_3[Si_2O_5]$, auch *Antigoritserpentin* genannt. Mit
dem Faserserpentin, dem er in den Eigenschaften, vom Habitus abgesehen,
ähnelt, das Hauptmineral der Serpentingesteine bildend (S. 34).

Pennin $Sp_3At_2 — Sp_1At_1$ (bis 36% SiO_2) bildet Drusen von schönen xx;
diese ähneln steilen, durch die Basisfläche abgestumpften Rhomboedern ({001}

mit $\{\bar{1}01\}$ und $\{132\}$) (Abb. 111 b). H $= 2\frac{1}{2}$; D $= 2.6$—2.8; opt. $+$ oder $-$; durchsichtig bis durchscheinend, bläulichgrün, stark pleochroitisch (braunrot-blaugrün); häufig starke Dispersion der Doppelbrechung (anomale Interferenzfarben!). Schmilzt v. d. L. unter Aufblättern zu gelblichem Glas. xx (meist Drillinge) als hydrothermale Bildungen in Klüften (Alatal in Piemont; Binnental, Findelengletscher bei Zermatt usw.); an der Zusammensetzung der Chloritschiefer ist er wenig beteiligt; dichte, serpentinähnliche Massen von apfelgrüner Farbe werden als *Pseudophit* bezeichnet (Zdjarberg in Mähren, Plaben in Südböhmen, Zoutpansbergen in Transvaal). — *Kämmererit* enthält als Vertreter von Mg·· 3—4% Cr····; pseudohexagonale Blätter von Pfirsichblütenfarbe; mit Chromit in Serpentingesteinen (Kraubath in Steiermark; Schlesien, Ural, vielfach in Californien). — *Schuchardtit i*st ein gelbgrüner, feinstschuppiger Chlorit mit starkem Ersatz von

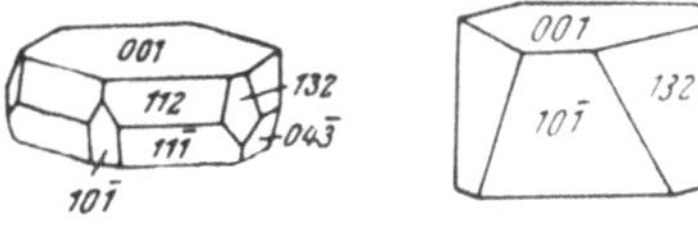

a   b
Abb. 111 a und b. Links Klinochlor; rechts Pennin, Pseudorhomboeder mit Basis.

Mg durch Ni; opt. —, fettig anzufühlen; Verwitterungsprodukt von Serpentin (z. B. neben anderen Nickelsilikaten bei Frankenstein in Schlesien).

Klinochlor (Rhipidolith) Sp_1At_1 — Sp_2At_3 (bis 34% SiO_2). xx mit pseudohexagonalem oder rhomboedrischem Habitus, oder tafelig in Drusen und Klüften in Chloritschiefer, zusammen mit Granat (Hessonit) und Diopsid (Alatal in Piemont, Pfitsch und Pfunders in Tirol, Westschweiz, Ural usw.). Derb. grobblättrig bis feinstschuppig, als Hauptbestandteil der Chloritschiefer. Sonst häufig in primären Gesteinen in Form von Voll- oder Teilpseudomorphosen nach Biotit. An den oft flächenreichen xx (Abb. 111 a) herrscht $\{001\}$ vor, daneben $\{112\}$, $\{11\bar{1}\}$, $\{010\}$, $\{04\bar{3}\}$ usw. H $= 2$; D $= 2.55$—2.78. Blaugrün bis schwarzgrün, durchscheinend. Stets opt. $+$; Pleochroismus wie Pennin. Schwer schmelzbar; von Schwefelsäure zersetzt. *Leuchtenbergit* ist ein blaßbläulichgrüner oder grünlichgelber, eisenfreier Klinochlor, der in Pseudomorphosen nach Phlogopit auftritt. — Rote, chromhaltige Klinochlore *(Kotschubeyit)* bilden sich auf hydrothermalem Wege durch Zerstörung von chromhaltigen Serpentingesteinen (Südural, Californien).

Abb. 112. Prochlorit, wurmförmig gekrümmtes Blätteraggregat.

Prochlorit Sp_2At_3 — Sp_3At_7 (bis 30% SiO_2). Keine guten xx; kleintafelig oder schuppig in kugeligen oder kammförmigen Aggregaten oder wurmförmig gekrümmten Säulen (Abb. 112). Vielfach in Klüften als Überzug auf Quarz, Feldspäten usw.; verbreitet in den Chloritschiefern in derber, blättriger Form. H $= 1$—2; D $= 2.78$—2.95; dunkelgrün, schwach pleochroitisch. Sehr schwer schmelzbar; in konzentrierten Säuren zersetzlich; er bildet auch häufig erdige Pseudomorphosen nach Augiten und Hornblenden.

Der seltene *Korundophilit* umfaßt den Bereich von Sp_3At_7 — Sp_1At_4. Dunkelgrün, derb; D ~ 2.9; mit Korund bei Asheville in Nordcarolina und bei Chester, Mass.

Ebenfalls selten ist der *Amesit* selbst mit 22% SiO_2. Blättrig oder in sechsseitigen Tafeln; hellgrün, mit Diaspor bei Chester, Mass. Struktur analog Chrysotil (s. u.).

In den Blasenräumen von Oberflächengesteinen (Melaphyren, Porphyriten, Basalten)tritt nicht selten als dichte, mikroskopisch schuppige oder faserige Wandauskleidung ein verhältnismäßig eisen- und tonerdereiches, chloritähnliches Mineral, der *Delessit* auf. Es ist nicht sicher, ob dieser zu den Orthochloriten zu zählen ist; blau-dunkelgrün mit hellem Strich; pleochroitisch; $n_\beta = 1.62$; opt. —; $H = 2$—3; $D = 2.6$—2.9. In Säuren zersetzlich (Oberstein an der Nahe, Böhmen, Sachsen, Schlesien, Fassatal in Südtirol, Weitendorf in Steiermark usw.).

Die eisenreichen Leptochlorite, von denen zahlreiche Formen, mit abweichend gebauten Schichtstrukturen oder Schichtstrukturfolgen beschrieben worden sind, werden bei den Eisenmineralien behandelt werden.

c) Chrysotil (Faserserpentin, Serpentinasbest).

Chrysotil hat wie der Blätterserpentin die Summenformel $H_4Mg_3Si_2O_9$; Mg ist in der Regel nur in geringfügigen Mengen durch Fe ersetzt. Bezüglich des Kristallbaues des Chrysotils liegen zwei grundverschiedene Auslegungen vor, was seine Ursache darin hat, daß er stets nur in feinen Fasern auftritt und daß dadurch die Gewinnung ausreichender Unterlagen für die röntgenographische Strukturanalyse behindert wird.

Nach der einen (älteren) Auffassung steht Chrysotil im Aufbau in enger Beziehung zu den Amphibolen, insofern als das Leitelement der Struktur Doppelketten von SiO_4-Tetraedern von der Zusammensetzung $\frac{1}{\infty} [Si_4O_{11}]^{-6}$ darstellen sollen; diese Doppelketten seien in paralleler Orientierung zur Faserachse durch die Mg- und (OH)-Ionen miteinander verbunden; zwischen die Ketten seien noch Wassermoleküle eingelagert, die noch unter 500° abgegeben werden, was die Elastizität der Fasern bei höheren Temperaturen beeinträchtigt. Demnach wäre die Strukturformel des Chrysotils:

$$\frac{1}{\infty} (OH)_6 Mg_6{}^{[6]} [Si_4O_{11}] \cdot H_2O \text{ m} . (= 2 \times H_4Mg_3Si_2O_9)$$

Nach neueren Untersuchungen scheint aber die Struktur des Faserserpentins jener des Kaolinites (S. 149), zu entsprechen, d. h. es handelt sich um ein Schichtgitter $\frac{2}{\infty} (OH)_4 Mg_3{}^{[6]} [Si_2{}^{[4]}O_5]$, in welchem die beiden Al''' des Kaolinits durch 3 Mg'' ersetzt sind, ähnlich wie beim Übergang von Muskovit zu Phlogopit (S. 52). Die Faserstruktur des Serpentinasbestes kommt durch eine Einrollung der Schichten zu Hohlfasern zustande, wobei die X-Achse (a = 14.66 Å) radial zur Faserrichtung, die Z-Achse (c = 5.3 Å) in die Richtung der Scheinfaserachse zu liegen kommt. Elektronenmikroskopische Untersuchungen bestätigen diese Auffassung (Abb. 113); eine ähnliche Röhrchenstruktur kann auch für die Schichtsilikate Halloysit und den daraus entstehenden Metahalloysit (S. 177) elektronenmikroskopisch festgestellt werden. — Bei manchen faserig derben Serpentinen (Antigoriten)

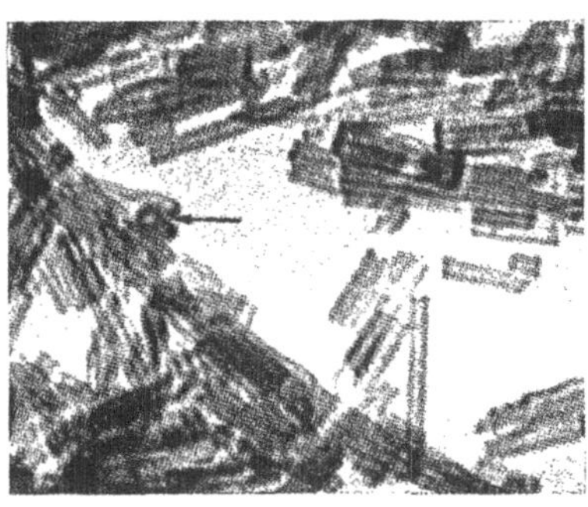

Abb. 113. Röhrchenstruktur von kurzfaserigem, synthetischem Chrysotilasbest. Elektronenmikroskopisch vergrößert 31.000fach, optisch 3fach nachvergrößert (nach W. NOLL).

entspricht die Faserrichtung der Y-Achse; die Fasern erweisen sich hier im Gegensatz zum eigentlichen Serpentinasbest als spröde und leicht zerreiblich, sie verhalten sich darin ähnlich den Hornblendeasbesten; eine Röhrchenstruktur ist im Elektronenmikroskop nicht erkennbar.

Im Serpentingestein ist der Chrysotil dicht, mikrokristallin faserig; vielfach in Adern im Serpentin, diese in parallelen Faseraggregaten von Seiden-

glanz quer überbrückend. Schlecht spaltend nach {110}; H = 3—4, d ∼ 2.6;
grün, gelb oder braun bis schwarz; nβ um 1.53, γ—α ungefähr 0.01; opt. +,
2 V ca. 30⁰. In Säuren zersetzlich, schwer schmelzbar. — Die Asbestform
als hydrothermales Umwandlungs- und Ausscheidungsprodukt fast in allen
größeren Serpentingesteinsvorkommen, meist aber nur in geringen Mengen und
in kurzfaseriger Ausbildung, z. B. Burgenland, Obersteiermark, Ostbayern,
Schlesien und Sachsen; von großer praktischer Bedeutung sind vor allem die
Vorkommen in Canada, Rußland, Transvaal, Rhodesien und Cypern. — Über
die Verwendung s. bei Amphibolasbest, S. 47 — Serpentinasbest kann in
Faserlängen von maximal 1 cm synthetisch hergestellt werden, jedoch sind
diese Verfahren noch von keiner praktischen Bedeutung.

Nickelhaltiger, apfelgrüner, mikrokristalliner Faserserpentin führt den
Namen *Garnierit*; da der Nickelgehalt in diesem Mineral bis zu 20% ansteigt,
stellt es ein wertvolles Nickelerz dar. Vorkommen besonders bei Numea in
Neukaledonien.

In Klüften von Serpentingesteinen findet man gar nicht selten ein gelblich bis braunes, gelegentlich auch rotes, wasserreiches Magnesiumsilikat, das
bis vor kurzem als amorph betrachtet wurde, nämlich den *Gymnit* (z. B.
Kraubath in Steiermark, Südtirol, USA. an verschiedenen Orten). Der Gymnit
bricht muschelig und ist spröde; H = 2—3; D um 2.15; fettglänzend. Schwer
schmelzbar und ziemlich widerstandsfähig gegen Säuren. Es hat sich durch
neuere Röntgenuntersuchungen herausgestellt, daß es sich beim Gymnit um
kryptokristallinen Faserserpentin handelt, also um eine Vorstufe des Serpentinasbestes. — Der *Eisengymnit* enthält bei roter Farbe einen höheren Prozentsatz an Eisen. — Von einer gewissen Wichtigkeit als Nickelerz ist der
dem Garnierit (s. o.) sehr verwandte *Nickelgymnit* oder *Genthit*, der bis zu
30% NiO enthält, wobei Ni·· wiederum für Mg·· eintritt. Er ist dem gewöhnlichen Gymnit im Aussehen und Verhalten ähnlich, von gelbgrüner bis grüner
Farbe. Er kommt z. B. im Banat, Wallis, USA, ebenfalls in Klüften von Serpentingesteinen vor.

d) Prehnit.

Prehnit (OH)$_2$Ca$_2$[Al$_2$Si$_3$O$_{10}$] r. Rhombisch pyramidal. xx (Abb. 114) meist
tafelig nach {001}, seltener prismatisch nach der Z-Achse unter Vorherrschen
des Prismas {110} ausgebildet; die polaren xx
sind in der Regel gekrümmt und fächerförmig
aggregiert, sie bilden oft ausgesprochen fazet-
tiert-kugelige Gruppen; diese sind vielfach
wieder zu traubigen Gebilden zusammengefaßt.
Pyroelektrisch. Deutliche Spaltbarkeit nach
{001}. H = 6: D fast 3.0; fettig glasglänzend;

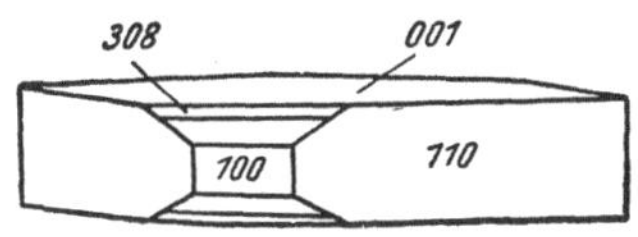

Abb. 114. Prehnit, tafeliger Kristall.

gelblichgrün bis grün, seltener farblos oder weiß. Opt. +; nβ = 1.629; γ—α
∼ 0.03; O.A.E. ‖ (010). Bläht sich beim Erhitzen auf und schmilzt relativ
leicht; ungeglüht durch Säuren wenig zersetzlich. — Kristallstruktur noch
nicht bekannt, daher ist obige Formelschreibung im Sinne der Gerüstsilikate
nur hypothetisch; Dichte und Brechungsexponenten sprechen gegen diese
Formel.

Weitverbreitet in Blasenräumen und Klüften, besonders in basischen
Eruptivgesteinen und kristallinen Schiefern (Diabasen, Gabbros, Melaphyren,
Amphiboliten usw.; Harz, Schwarzwald usw.). Meist in Gesellschaft von
Zeolithen. Wo der Prehnit im Gestein auftritt (gewisse Diabase in Mähren,

Sterzing in Tirol, Fassatal in Südtirol, Dauphiné, Pyrenäen usw.), ist er wohl hydrothermales Umwandlungsprodukt basischer Plagioklase.

e) Die Zeolithe.

Die *Zeolithe* stellen eine Gruppe von wasserreichen Alumosilikaten dar, die nach Eigenschaften und nach dem Verhältnis $(Si + Al) : 0 = 1 : 2$ dem Gerüsttypus[1]) der Silikate zuzuzählen sind. Sie sind hydrothermale Neubildungen in Blasenräumen (besonders in Phonolithen und Basalten) und Klüften von magmatischen Gesteinen, auch in kristallinen Schiefern; vielfach treten sie mit Erzmineralien auf Gängen auf und bilden dort eine Gangart der Erze; viele von ihnen erscheinen auch als hydrothermale Umwandlungsprodukte primärer wasserfreier Alumosilikate; sie bilden dann Pseudomorphosen nach diesen und wurden in diesem Zusammenhang schon wiederholt erwähnt. — Sie bilden sich zwischen 150 und 300⁰ aus kolloidalen, stärker alkalischen Lösungen von Kieselsäure und Aluminiumhydroxyd. Als Kationen II. Art treten bei den Zeolithen wie bei den Feldspäten und Feldspatvertretern Ca, Na, Ba (Sr) und K zu Absättigungszwecken in die aus $(Si, Al)O_4$-Tetraedern gebildeten Gerüste ein; es muß aber dahingestellt bleiben, ob bei den Zeolithen als Bildungen tieferer Temperaturen eine regellose Verteilung der 4-koordinierten Al- und Si-Ionen vorliegt. Kalium tritt bei den Zeolithen ebenso stark zurück wie das Barium. In die Hohlräume des Gerüstes sind in verschiedener Anzahl Wassermoleküle eingebaut; der Gehalt an Wasser in den Zeolithen ist sehr stark vom Wasserdampfdruck der Umgebung abhängig, kann daher auch für Normaltemperatur nur näherungsweise angegeben werden; das Wasser kann abgegeben und unter entsprechenden Bedingungen wieder aufgenommen werden; die Wasserabgabe beim Erhitzen geht demnach ohne Zusammenbruch der Struktur vor sich, sie verläuft auch nicht wie bei Kristallhydraten stufenweise, sondern kontinuierlich; diese Art des Wassers bezeichnet man als „*zeolithisches* Wasser". Das Wasser kann auch z. B. durch Ammoniak oder Schwefelwasserstoff ersetzt werden, genau so wie übrigens auch die Kationen II. Art vielseitig ausgetauscht werden können (z. B. Austausch von Na gegen Ag, Tl und NH_4); auch Auslaugung der großen Kationen und Ersatz durch H ist möglich; von dieser Austauschmöglichkeit macht man bei künstlich hergestellten Kristallarten der Zeolithgruppe *(Permutite)* auch technisch Gebrauch. Das optische Verhalten allerdings ist bezüglich des Wassergehaltes sehr empfindlich; während der Entwässerung eines Zeolithes kann z. B. die optische Achsenebene mehrfach ihre Lage wechseln. Optische Anomalien (Felderteilungen usw.) sind häufig. Ganz allgemein entsprechen sonst die physikalischen Eigenschaften jenen der Gerüstsilikate überhaupt: Die Brechungsexponenten liegen im Bereich von 1.50 ± 0.05, die Dichte ist gering (2.2—2.5), ebenso die Doppelbrechung, die den Wert von 0.015 kaum jemals übersteigt. Die Härte ist merklich geringer als bei den wasserarmen Silikaten des Gerüsttypus, sie liegt zwischen 3 und 5. — Die Zeolithe sind im reinen Zustand farblos oder trübe (letzteres besonders mit fortschreitender Entwässerung), auch grau und gar nicht selten infolge von Einschlüssen von Eisenoxydhydraten gelbbraun bis rot gefärbt. Beim Erhitzen schmelzen sie relativ leicht unter Aufschäumen (daher der Name Zeolithe vom griechischen Wort zeo = ich schäume). In Säuren, besonders in Salzsäure, zersetzen sie

---

[1]) Vergleiche aber Blätterzeolithe!

sich leicht unter Abscheidung gallertiger, in einigen Fällen auch pulvriger Kieselsäure.

Dem Habitus nach kann man die Zeolithe[1]) in drei, nicht scharf gegeneinander abtrennbare Gruppen einteilen: Körnerzeolithe, Faserzeolithe und Blätterzeolithe.

α) Körnerzeolithe.

Keine besonders bevorzugte Wachstumsrichtung, Spaltbarkeit höchstens andeutungsweise.

Analcim $\overset{3}{\infty}$ $Na[AlSi_2O_6] . H_2O$ k. Dieser relativ wasserarme Zeolith zeigt die Erscheinung des Aufschäumens beim Erhitzen nicht. Er kristallisiert hexakisoktaedrisch, ist aber anomal doppelbrechend und entspricht im Aufbau dem Leucit (S. 69) und dem Pollucit (S. 102). xx einzeln oder in Drusen aufgewachsen oder eingewachsen; sie können mehrere Zentimeter im Durchmesser aufweisen; oft modellartig ausgebildete Deltoidikositetraeder {211}, die beim bloßen Ansehen mit Leucitkristallen verwechselt werden können; {211} ist gelegentlich mit dem Würfel kombiniert; auch derb und unregelmäßig körnig bis dicht im Gestein, nicht selten Pseudomorphosen nach Leucit, Nephelin oder Mineralien der Sodalithgruppe bildend. Keine Spaltbarkeit, muscheliger Bruch. H = 5½; D = 2.3; n = 1.487. Die anomale Doppelbrechung verliert sich beim Erhitzen in Wasserdampfatmosphäre. Die xx sind glasglänzend, oft durchsichtig, farblos oder gelblich, wenn trüb, oft rot. Schmilzt zu farblosem Glas. — Weit verbreitet, vor allem in Blasenräumen von Basalten und Melaphyren (Cyklopeninsel bei Catania, Faröer, Island usw.); in Klüften von Diabas; auf Erzgängen (Andreasberg im Harz); in unregelmäßigen, derben Aggregaten eingesprengt in den Analcimbasalten, Tescheniten usw., hier anscheinend als Spätkristallisationsprodukt; pseudomorph nach Nephelin in Syeniten (Südnorwegen).

Chabasit, ein weitverbreiteter Kalkzeolith von der Formel $\overset{3}{\infty}$ $Ca[Al_2Si_4O_{12}] . 6H_2O$ rd. Ca reichlich durch Na (und K) ersetzt. Hexagonal skalenoedrisch, meist würfelähnliche

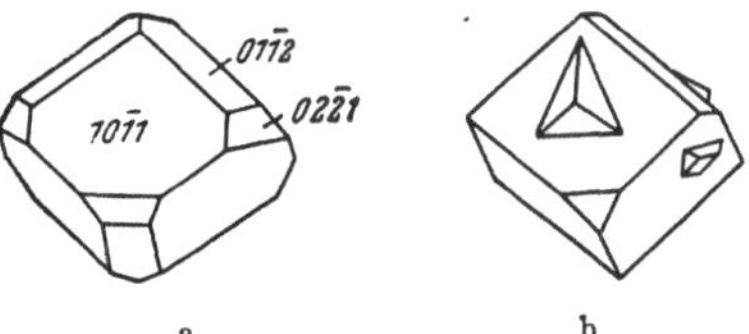

Abb. 115 a und b. Chabasit, einfacher, rhomboedrischer Kristall (a), Durchkreuzungszwilling nach (0001) (b).

Rhomboeder {10Ī1}; häufig in Kombination mit {10Ī2} und {02Ī1} (Abb. 115 a); die Basis ist selten. Durchkreuzungszwillinge (Abb. 115 b); nach {0001}. Spaltbarkeit nach {10Ī1} nicht sehr betont; rauher Bruch, H = 4½; D = 2.1. Opt. —, manchmal auch +, oft anomal zweiachsig. nβ um 1.48 bei schwacher Doppelbrechung (0.002—0.010). —

Besonders in Blasenräumen von Phonoliten und Basalten (Böhmisches Mittelgebirge, Vogelsberg, Faröer, Island, Californien usw.), von Porphyriten (Oberstein an der Nahe), von Graniten (Schlesien, Baveno); auch an den Austrittsstellen von Thermalquellen.

---

[1]) Die Bezeichnung Zeolith wird hier auf wasserhaltige Alumosilikate beschränkt, obwohl sie vielfach ganz allgemein für alle jene Fälle angewendet wird, wo zeolithisch gebundenes Wasser vorliegt; so zeigt z. B. auch der kubische Pharmakosiderit $\overset{3}{\infty}$ $K\{Fe_4{}^{[6]}(OH)_4[AsO_4]_3\} . 6H_2O$ k, in welchem Wasser in ein dreidimensionales Gerüst von AsO_4-Tetraedern und $FeO_3(OH)_3$-Oktaedern eingebaut ist, zeolithische Eigenschaften (S. 238).

Phillipsit oder *Kalkharmotom* $\overset{3}{\infty}$ Ca[Al$_2$Si$_6$O$_{16}$] . 6 H$_2$O m mit beträchtlichem Ersatz von Ca durch Na und K, wahrscheinlich unter Besetzung noch freier Gitterplätze auch durch Na$_2$ und K$_2$; monoklin prismatisch; die kleinen xx sind stets verzwillingt, einfache xx zeigen die Formen {110}, {010} und {001}; die Flächen der beiden ersteren Formen sind vertikal gestreift (Abb. 116); Durchkreuzungszwillinge nach {001} sind mimetisch rhombisch; diese durchkreuzen sich wieder mit {011} als Zwillingsform und erlangen damit mimetisch tetragonale Symmetrie, derartige Zwillinge sind am häufigsten; es kommt aber auch vor (Stempel bei Marburg an der Lahn), daß sich drei derartige Vierlinge rechtwinkelig durchwachsen; ein solcher Zwölfling hat mimetisch kubische Symmetrie und bei Ausfüllung der einspringenden Winkel die Form des Rhombendodekaeders, aber mit charakteristischer Streifung parallel zu den Kanten des „Rhombendodekaeders" (Abb. 117). Schlecht spalt-

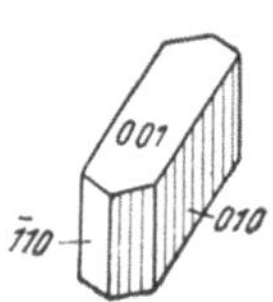

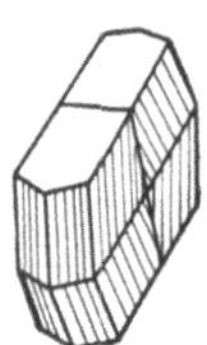

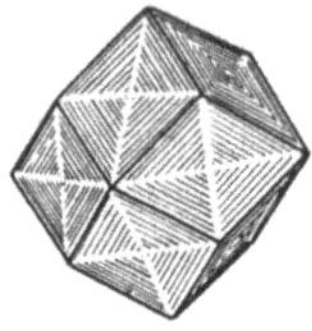

Abb. 116. Phillipsit, einfacher Kristall.

a b c d
Abb. 117 a—d. Phillipsit, Zwilling, Vierling, Zwölfling und diesem bei Ausfüllung entsprechendes Rhombendodekaeder.

bar nach {010} und {001}; rauher Bruch. H = 4½; D = 2.2. Glasglänzend, durchscheinend. Opt. +. O.A.E. senkrecht zur S.E; n um 1.50. Ziemlich schwer schmelzend. — Besonders in Blasenräumen von Basalten (Vogelsberg, Kaiserstuhl, Böhmisches Mittelgebirge, Irland, Vesuv, Aetna usw.).

Harmotom $\overset{3}{\infty}$ Ba[Al$_2$Si$_6$O$_{16}$] . 6 H$_2$O, mit etwa 10%igem Ersatz von Ba durch K; er ist isomorph mit dem Phillipsit. Zwillinge sind selten. H = 4½; D = 2.5. Glasglänzend, durchscheinend oder milchweiß. Opt. +; nβ = 1.505; γ—α = 0.005; O.A.E. senkrecht zur S.E. — In Basalten und Melaphyren (Aussig in Böhmen, Weitendorf in Steiermark, Oberstein an der Nahe usw.), besonders aber auf hydrothermalen Erzgängen (Andreasberg im Harz, Strontian in Schottland usw.).

Wegen der häufig dicktafeligen Ausbildung könnte man vielleicht den Phillipsit mit dem Harmotom zu den Blätterzeolithen stellen; es fehlt ihnen aber die ausgezeichnete Spaltbarkeit nach der Tafelfläche.

β) Blätterzeolithe.

Sehr vollkommen spaltbar nach {010}, tafelig nach dieser Form und dabei leicht in Richtung der Z-Achse gestreckt; Perlmutterglanz auf den Spaltflächen, sonst glasglänzend; sie kristallisieren sämtlich monoklin prismatisch.

Der verbreitetste Blätterzeolith ist der *Heulandit*[1]) Ca[Al$_2$Si$_7$O$_{18}$] . 6 H$_2$O m mit geringfügigem Ersatz von Ca durch Na und Sr. Neben dem vorherrschenden {010}, {100} und {001} untergeordnet noch {101}.{221} und {021} (Abb. 118). Auch blättrig-spätige Massen. Bruch uneben. H fast 4; D = 2.2. Durchsichtig oder durchscheinend, farblos, grau, häufig durch Eisenoxydhydrateinlagerungen intensiv bräunlich gefärbt. Opt. +; O.A.E. senkrecht zur S.E.; optischer Achsenwinkel von 0⁰ bis 90⁰ schwankend; n$_β$ = 1.499; γ—α = 0.007.

---

[1]) Die Bezeichnung *Stilbit* wird auch für den Desmin angewendet.

— in Hohlräumen von basischen Oberflächengesteinen, besonders Basalten (Island, Faröer, bei Bombay, Oberstein an der Nahe, hier in Porphyrit); auch in Klüften metamorpher Gesteine (Fassatal in Südtirol, Wallis usw.) und auf Erzgängen (Andreasberg, Kongsberg).

Brewsterit ist ein Heulandit mit starkem Ersatz von Ca durch Sr und Ba; $D = 2.45$; $n_\beta = 1.512$. — Besonders von Strontian in Schottland bekannt.

Sowohl chemisch wie auch im physikalischen Verhalten wenig vom Heulandit verschieden ist der *Desmin* (auch *Garben-* oder *Bündel*zeolith genannt). $Ca[Al_2Si_7O_{18}] . 7 H_2O$ m mit starkem Ersatz von $Ca^{..}$ durch $Na^.$ und entsprechendem Austausch von $Al^{...}$ durch $Si^{....}$. Die blättrigen xx sind in der Regel subparallel zu garbenförmigen Bündeln verwachsen (Abb. 119); die anscheinend einfachen, rhombischen Tafeln sind Durchkreuzungszwillinge nach (001) monokliner xx mit {010}, {110} und {100}; auch derb, stengelig-strahlig. Opt. —; O.A.E. parallel S.E., sonst sehr ähnlich dem Heulandit, mit dem er strukturell verwandt sein dürfte und mit dem er auch die Art der Vorkommen teilt. — Von diesem ziemlich häufigen Zeolith sind besonders die auf hydrothermalen Kalkspat aufgewachsenen Garben (auf Doppelspat vom Eskifjord in Island und von den Faröer) bekannt; in Granitdrusenräumen (Striegau in Schlesien, Baveno); in Klüften kristalliner Schiefer, besonders in den Westalpen; auf Erzgängen von Andreasberg und Kongsberg usw.

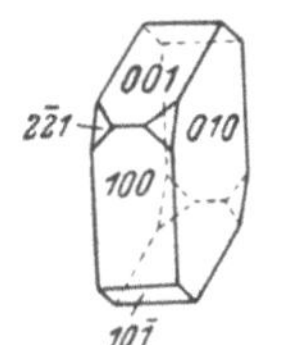

Abb. 118. Heulandit.

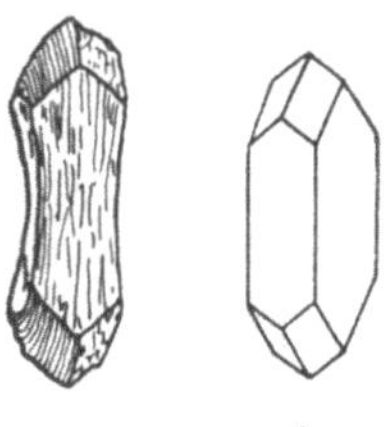

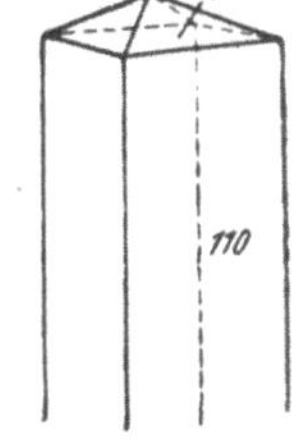

a   b

Abb. 119. a und b. Desmin; garbenförmiges Kristallbündel (a), mimetisch rhombischer Durchkreuzungszwilling (b).

Die Strukturen der Blätterzeolithe sind vermutlich Schichtstrukturen, indem sich Netze von $(Si, Al)O_4$-Tetraedern unmittelbar miteinander zu Schichtionen von der Zusammensetzung $\overset{2}{\underset{\infty}{}}[(Si, Al)O_2]$ verbinden, die durch die Kationen II. Art und die zwischengelagerten Wassermoleküle aneinandergeknüpft werden.

γ) Faserzeolithe.

Die pseudotetragonalen (monoklinen oder rhombischen) xx sind strukturell dadurch gekennzeichnet, daß die $(Si, Al)O_4$-Tetraeder unter Bildung weitlumiger Kanäle parallel zur Z-Achse miteinander verbunden sind; in die Kanäle sind die großen Kationen und Wassermoleküle eingebaut; die Tetraedergruppierung ist kettenartig, jedoch sind die Ketten seitlich miteinander zu dreidimensionalen Gerüsten verbunden. Mit dieser Gruppierung steht auch die faserige Ausbildung und die gute Spaltbarkeit nach bestimmten Flächen parallel zur Z-Achse im Einklang. Alle Faserzeolithe gelatinieren in Salzsäure.

Natrolith $\overset{3}{\underset{\infty}{}}$ $Na_2[Al_2Si_3O_{10}]$. 2 H_2O. Rhombisch pyramidal; xx langprismatisch, meist nadelig bis faserig, oft radialstrahlig gruppiert und traubige Krusten bildend. Hauptformen das Prisma {110} und die flache Pyramide {111}. (Abb. 120). Der pseudotetragonale Charakter zeigt sich darin, daß der Winkel zwischen den Prismenflächen nur wenig von 90^0 abweicht. Gute Spaltbarkeit nach {110}. H über 5; $D = 2.3$. Glasglänzend, in Faseraggregaten seidenglänzend. Selten farblos durchsichtig, meist weiß bis bräunlichgelb. Opt. +; O.A.E. || {010}; $n_\beta = 1.48$; $\gamma - \alpha = 0.013$; Längsrichtung stets po-

Abb. 120. Natrolith.

sitiv, da n_γ parallel c liegt. Schmilzt schon in der Kerzenflamme. In Blasenräumen dem Aragonit bei oberflächlicher Betrachtung ähnlich. — Weit verbreitet in Blasenräumen von Phonolithen, Basalten und Syeniten: Böhmisches
Mittelgebirge, Hessen, Faröer, Hohentwiel im Hegau (hier gelbbraune, radialfaserige Krusten in Klüften); Brevig im Langesundfjord in Nephelinsyenit
(*Brevicit* in guten, langprismatischen xx) usw.; dünne, bis 1 m lange Nadeln
im Aplit von Thetford, Canada; vielfach in der Form des verworren faserigen
Spreusteins als Pseudomorphose nach Nephelin, Cancrinit, Sodalith usw.
(Brevig in Südnorwegen, Kangerdluarsuk in Grönland usw.).

Skolecit ist dem Natrolith strukturverwandt, kristallisiert aber monoklin
domatisch; er ist ein Kalkfaserzeolith von der Zusammensetzung
$\overset{3}{\infty}$ Ca[Al$_2$Si$_3$O$_{10}$] . 3 H$_2$O. Verzwillingung nach {001} macht sich durch federige
Streifung auf {010} bemerkbar. H = 5; opt. —; n_β = 1.519; $\gamma - \alpha$ = 0.007;
O.A.E. senkrecht S.E. a : c $\sim$ 17°; Längsrichtung stets —; pyroelektrisch.
Schmilzt wesentlich schwerer als Natrolith. Stengelig-faserig in Drusen in
Graniten und Syeniten; in Klüften von kristallinen Schiefern (Alpen), auch
in jungen vulkanischen Gesteinen (Faröer, Berufjord auf Island usw.).

Unter *Mesolith* versteht man Ca-reiche Mischkristalle zwischen Skolecit
und Natrolith. Längsrichtung + oder —.

Verwandt mit dem Skolecit ist der *Edingtonit*, ein Ba-Faserzeolith $\overset{3}{\infty}$ Ba
[Al$_2$Si$_3$O$_{10}$] . 3 H$_2$O r. Rhombisch bisphenoidisch. H über 4; D = 2.7. Kleine,
glasglänzende Nadeln, opt. —, n_β = 1.549; $\gamma - \alpha$ = 0.016; Längsrichtung —;
schwer schmelzbar; selten in Blasenräumen (z. B. Dumberton in Schottland).

Der *Thomsonit* $\overset{3}{\infty}$ NaCa$_2$[Al$_5$Si$_5$O$_{20}$] . 6 H$_2$O r ist kein Mischkristall zwischen Natrolith und Skolecit, sondern höchstens eine Doppelverbindung von
ähnlichem Aufbau mit geregelter Verteilung der großen Kationen; er kristallisiert rhombisch pyramidal. xx selten, meist radialstengelig bis radialfaserig, auch in kugeligen Aggregaten; sehr gut spaltend nach {010}, gut
nach {100}. H über 5; D fast 2.4. Durchscheinend oder undurchsichtig, meist
weiß, seltener gelb oder rot. Opt. +; O.A.E. || (001); n_β = 1.53; $\gamma - \alpha \sim$ 0.01;
Längsrichtung + oder —. — Ziemlich verbreitet in Blasenräumen von pho-
nolithischen und basaltischen Gesteinen (Nordböhmen, Vesuv, Faröer, Island,
Disko auf Grönland); seltener in Hohlräumen von zersetztem Nephelinsyenit
(Langesundfjord in Norwegen), in Adern in Serpentin (Colusa Cy in Californien) und auf Erzgängen.

Der monoklin prismatische *Laumontit* $\overset{3}{\infty}$ Ca[Al$_2$Si$_4$O$_{12}$] . 4 H$_2$O mit geringfügigem Ersatz von Ca durch Na, ist gewöhnlich stengelig oder erdig
entwickelt; hin und wieder in augitähnlichen Prismen. Sehr gute Spaltbarkeit
nach {010} und {110}. Wird schon an trockener Luft unter Wasserverlust
trübe und zerfällt; läßt sich daher auch in Sammlungen schwer halten. Opt. —;
n_β = 1.524; $\gamma - \alpha$ = 0.012; Längsrichtung +; c : c $\sim$ 30°. D bis 2.4;
H fast 4, leicht schmelzbar. — Oft in bedeutenden Mengen in Blasen- und
Klufträumen von Eruptivgesteinen und kristallinen Schiefern; auch auf Erzgängen; Oberstein an der Nahe (Melaphyr), Sarntal bei Bozen (Quarzporphyr), mit Amethyst bei Theiss in Südtirol, Harzburg (Gabbro), Oberer See
(mit gediegenem Kupfer), Kuhmoinen in Mittelfinnland (hier als Umwandlungsprodukt von Feldspäten entlang einer viele Kilometer langen Bruch-
zone); als hydrothermales Umsetzungsprodukt von glasreichen vulkanischen
Tuffen in großen Mengen neben Heulandit in Southland, Neuseeland usw.;
in Pegmatiten (Riverside Cy, Californien).

f) Apophyllit und Thaumasit.

Genetisch mit den Zeolithen auf das engste verbunden, aber nicht ihnen zuzuzählen, ist ein wasserreiches, aluminiumfreies Silikat, der *Apophyllit* $\overset{3}{\infty}$ (F, OH)K$^{[8]}$Ca$_4$$^{[6+1]}$[Si$_8O_{20}$] . 8 H$_2$O te. Er kristallisiert ditetragonal bipyramidal; die xx haben bipyramidale oder prismatisch bipyramidale Tracht mit den Formen {111}, {100} und manchmal auch {001} (Abb. 121). Sie spalten ausgezeichnet nach {001}, sind spröde und brechen sonst uneben. H fast 5; D = 2.4. Auf der Basis Perlmutterglanz mit eigenartigem Lichtschein, weshalb dieses Mineral gelegentlich auch *Ichthyophthalm* (Fischaugenstein) genannt wird. Durchsichtig bis durchscheinend, farblos, häufig rötlich, seltener bräunlich oder grünlich, sehr geringe (0.002) oder stark dispergierte Doppelbrechung, oft optisch anomal zweiachsig; n $\sim$ 1.536; meist opt. + mit mehrfachen Interferenzfarbenanomalien im Achsenbild. Das Wasser wird etwa bis zur Hälfte zeolithisch abgegeben und wieder aufgenommen; die andere Hälfte erscheint fester gebunden, entweicht oberhalb 240⁰ und tritt nicht mehr in das Gitter ein. — Die Struktur ist durch das Auftreten von Netzen von SiO$_4$-Tetraedern $\overset{2}{\infty}$ [Si$_2$O$_5$]$^{-2}$ gekennzeichnet, die aber nicht wie bei den Glimmern zu Sechserringen, sondern zu quadratischen Viererringen und verzerrten Achterringen, deren Tetraeder die Spitzen in benachbarten Viererringen einmal nach oben, einmal nach unten kehren[1]), gruppiert sind (Abb. 122); diese einfachen Netze werden durch die K-, Ca- und F-Ionen und die Wassermoleküle aneinander gebunden. — Schmilzt unter Aufblättern zu weißem Glas; ist in gepulvertem Zustand in Salzsäure unter Abscheidung gallertiger Kieselsäure leicht zersetzlich. — Außer in xx in grobblättrigen bis körnigen Aggregaten. — Vielfach in Blasenräumen von jungen und alten basischen Oberflächengesteinen (Kaiserstuhl, Faröer, Island, Böhmisches Mittelgebirge, Fassatal und Seiseralpe in Südtirol usw.), selten von Tiefengesteinen (Granit von Hällestad in Schweden); ferner in Magnetitlagerstätten (Oravicza im Banat) und auf Erzgängen (Andreasberg im Harz, Kongsberg in Norwegen usw.); in Klüften von kontaktmetamorph beeinflußten Sedimenten mit Wollastonit (Californien).

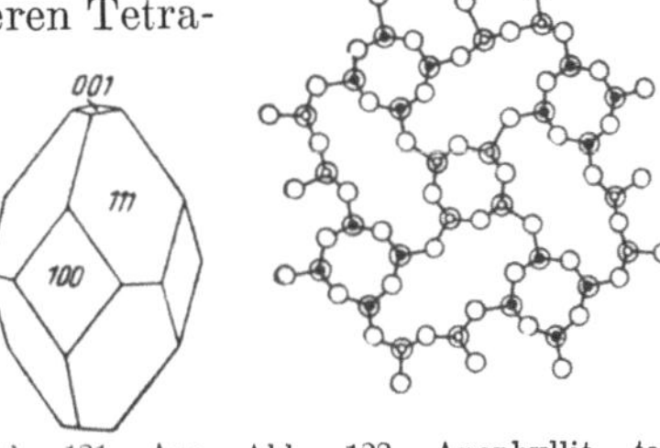

Abb. 121. Apophyllit.

Abb. 122. Apophyllit, tetragonale Si-O-Tetraederschicht $_\infty$ [Si$_2$O$_5$]$^{-2}$.

Gelegentlich mit dem Apophyllit zusammen tritt ein eigenartig zusammengesetztes Mineral, der *Thaumasit* auf; er stellt eine wasserreiche Trippelverbindung von Calciummetasilikat, Calciumsulfat und Calciumkarbonat im Verhältnis 1 : 1 : 1 dar. Entweder schneeweiße Aggregate von farblosen, hexagonal bipyramidalen Nadeln oder lockere Ansammlungen solcher Nadeln, auch dicht bis erdig. H = 3½; D = 1.9. Leicht löslich, aber sehr schwer schmelzbar. Schwache Lichtbrechung (ϵ = 1.468, ω = 1.507) bei ziemlich starker negativer Doppelbrechung. In Gesteinsklüften und Blasenräumen (z. B. Haslach im Schwarzwald und Långban in Schweden). — Über *Pektolith* vgl. S. 86.

g) Die hydrothermalen Tonsilikate (Lit. B 3).

Der Aufbau des *Pyrophyllites* $\overset{2}{\infty}$ (OH)$_2$Al$_2$$^{[6]}$[Si$_4O_{10}$]m mit 29% Al$_2O_3$ wurde schon auf Seite 50 im Zusammenhang mit der Struktur der Glimmer

---

[1]) Dies ist in Abb. 122 dadurch angedeutet, daß die Si-Atome teils durch kleine Scheiben, teils durch kleine Kreise dargestellt sind.

behandelt. Der Pyrophyllit kristallisiert monoklin, wahrscheinlich prismatisch; nach {001} blättrige xx sind stets zu radialstrahligen, fächerigen oder auch wirrstrahligen Aggregaten zusammengefaßt; die dichten, dem Speckstein ähnlichen Massen, führen den Namen *Agalmatolith* oder *Bildstein*[1]). — In den Eigenschaften erinnert der Pyrophyllit an den Muskovit: Vollkommene Spaltbarkeit nach {001}, noch leichter trennbar als Muskovit; perlmutterglänzende, biegsame Spaltblättchen, fettig, da die Schichten nur durch van der Waals'sche Kräfte miteinander verbunden sind; durchscheinend, silberig, weiß bis lebhaft grün, auch goldgelb. $H = 1\frac{1}{2}$; $D = 2.8$. Opt. —; $n_\beta = 1.588$; $\gamma—\alpha = 0.048$; 2 V ung. 50^0; gerade Auslöschung zu den Spaltflächen, da die negative Mittellinie senkrecht zu {001} steht. Da nur Hydroxylwasser vorhanden ist, erfolgt die Wasserabgabe wie beim Muskovit erst beim Glühen; dabei blättert sich der Pyrophyllit wurmförmig auf; schwer schmelzbar; in Schwefelsäure schwer zersetzlich. — Hydrothermal in in Schiefer eingelagerten Gängen mit Quarz, auf diesem schuppig grobblättrig aufsitzend (Eifel, Ardennen, Beresowsk im Ural usw.); mit Andalusit und Disthen (Imperial Cy und Mono Cy in Californien), manchmal neben Zinnstein (Cáceres in Spanien). — Der manchmal schwach durchscheinende, dichte Agalmatolith erscheint in kristallinen Schiefern eingelagert (z. B. San Diego Cy in Californien), ferner auf Erzgängen, in größeren Mengen als hydrothermales Umwandlungsprodukt von Tuffen und sauren Oberflächengesteinen (Nordcarolina, Vancouver, Schemnitz, besonders China und Korea). — Der Agalmatolith wird besonders in China für Bildschnitzereiarbeiten verwendet, sonst in der Keramik. — Synthetisch bildet sich der Pyrophyllit aus neutralen oder stark sauren, kolloidalen Lösungen von Aluminiumhydroxyd und Kieselsäure bei höheren Temperaturen (oberhalb von 400^0), also unter ausgesprochen hydrothermalen Bedingungen.

Viel verbreiteter als der Pyrophyllit sind die Mineralien der K a o l i n i t - gruppe $\overset{2}{\infty}$ $(OH)_4 Al_2^{[6]} [Si_2O_5]$; sie werden vielfach einfach als *Kaolin* oder *Porzellanerde* bezeichnet, worunter aber auch das hauptsächlich aus Kaolinit bestehende Gestein verstanden wird.

Es sind in dieser Gruppe drei Arten zu unterscheiden, die nicht nur dieselbe Zusammensetzung haben, sondern auch strukturell in engster Beziehung zueinander stehen; zu ihnen käme noch der auf S. 178 behandelte Metahalloysit:

1. *Kaolinit* ist das verbreitetste der drei Mineralien; er kristallisiert triklin. 2. *Dickit* und 3. *Nakrit* kristallisieren monoklin domatisch. Nakrit wird auch als *Steinmark* bezeichnet. Die drei Mineralien sind in der Regel feinschuppig ausgebildet und bilden weiße bis bräunlichgelbe, silberig- bis perlmutterglänzende Massen, oft sind sie auch dicht, muschelig brechend und matt; im Elektronenmikroskop sind pseudohexagonale, dünne Blättchen erkennbar. Hin und wieder dickere, einheitliche Körner mit Durchmessern von maximal etwa 1 mm (besonders bei Nakrit); vielfach in Pseudomorphosen nach wasserfreien oder wasserarmen Tonerdesilikaten (Feldspäte, Feldspatvertreter usw.). — Das Wasser entweicht unter Zerfall des Kristallgitters beim Kaolinit vollständig bei über 600^0, bei Dickit und Nakrit bei über 700^0. Dickit ist dem Kaolinit

---

[1]) Auch der äußerlich sehr ähnliche Speckstein oder Steatit (S. 218) wird manchmal als Agalmatolith bezeichnet, ebenso manchmal dichter Sericit.

besonders ähnlich, Nakrit häufig gröberschuppig und dabei grünlich oder bläulich durchscheinend.

Im unendlichen Schichtmolekül (Abb. 123 und 124) ist im Gegensatz zum Pyrophyllit jede Oktaederschicht nur einseitig mit einer Tetraederschicht verbunden, sodaß das Schichtmolekül nach einer Seite hin mit einer O-Ionenlage, nach der anderen hin mit einer Lage von OH-Ionen abschließt. Der Unterschied der drei Mineralien besteht nicht im Aufbau der Schichten selbst, sondern in der verschiedenartigen, gesetzmäßigen Übereinanderlagerung der Schichten zum Kristall (beim Metahalloysit besteht überhaupt keine Gesetzmäßigkeit in der Art der parallelen Anlagerung der Schichten!). Das auf die Kaolinitgruppe unter sämtlichen Tonmineralien beschränkte Auftreten von einigermaßen einheitlichen, dickeren xx liegt darin begründet, daß die Schichtmoleküle nach einer Richung hin von Hydroxylionen, nach der andern Rich-

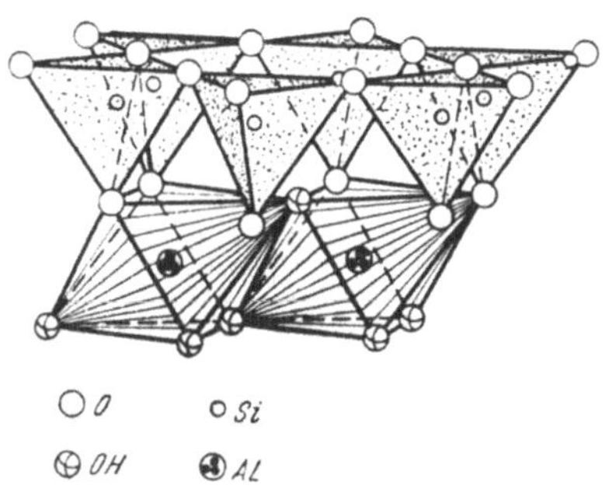

Abb. 123. Ausschnitt aus einer Schicht des Kaolinitgitters (nach Correns).

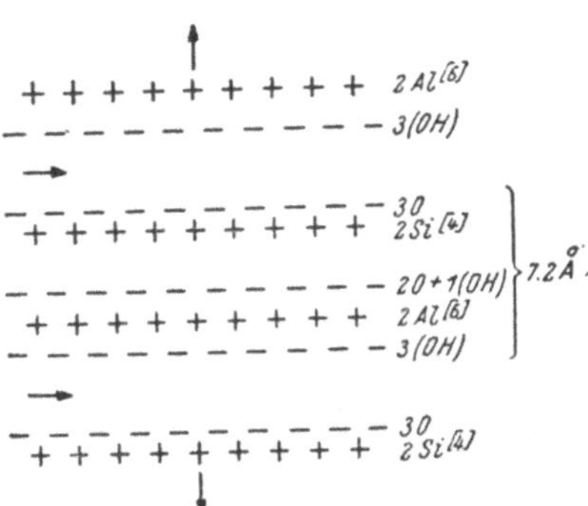

Abb. 124. Aufbau der Kaolinitschichten im schematischen Querschnitt; Ionenverteilung auf die einzelnen Lagen der Schichten.

tung von O-Ionen abgeschlossen sind; das Aneinanderstoßen von Hydroxyl- und O-Ionenlagen bei der Überlagerung der Schichten zum Kristall bedingt eine festere Bindung als sie etwa zwischen den Pyrophyllitschichten bei Zusammenstoßen von zwei O-Ionenlagen vorliegt, da sich im ersteren Fall zur reinen van der Waals'schen Bindung eine Bindung über die Wasserstoffatome der Hydroxylionen gesellt.

Sehr leicht trennbar nach der Schichtebene (001). H ungefähr 1; die Dichte der xx beträgt 2.6, in dichten Massen ist sie meist geringer; $n_\beta = 1.565$ (bei Dickit und Nakrit etwas geringer); $\gamma - \alpha = 0.005 - 0.006$; opt. — (Dickit opt. +); $2 V = 10° - 60°$, bei Nakrit bis 90°; $r > v$ (bei Dickit $r < v$). Sehr schwer schmelzbar; durch konzentrierte Schwefelsäure völlig zersetzlich; nicht quellfähig.

Dickit und Nakrit sind im wesentlichen als hydrothermale Gangmineralien (mit Zinnerzen, Quecksilbererzen usw.) gebildet; Kaolinit teilweise auch, er ist aber der Masse nach ein Produkt der hydrothermalen oder auch Verwitterungszersetzung von wasserfreien Tonerdesilikaten, letzteres besonders unter Torfmoorbedeckung; Voraussetzung für die Kaolinbildung ist selbstverständlich ein Zerfall der Ausgangsmineralien in Gele, aus denen dann der Neuaufbau der Tonsilikate erfolgt; häufig aus der ursprünglichen Lagerstätte abtransportiert und dann selbständig oder als Bindemittel für Quarzsand abgesetzt. — Synthetisch wurde der Kaolin aus neutralen oder sauren, kolloidalen Lösungen von Aluminiumhydroxyd und Kieselsäure bei Temperaturen von 200⁰ bis 400⁰ dargestellt; dadurch wird die Möglichkeit einer langsamen Bildung bei tieferen Temperaturen, wie sie bei der Oberflächenverwitterung vor sich gegangen sein muß, keineswegs ausgeschlossen.

Die wichtigsten Vorkommen sind längst nicht immer reiner Zersetzungskaolin, sondern enthalten andere Mineralreste, besonders Quarz, somit ist der Kaolin eigentlich ein Gestein; bedeutende Vorkommen liegen bei Karlsbad in Nordböhmen, Zettlitz in Bayern, Meissen in Sachsen, Strehlen in Schlesien, Niederösterreich, Cornwall, Limoges in Frankreich usw.; es handelt sich vorwiegend um umgebildete Porphyre, Pechsteine, Granite, Gneise (Granulite).

Für die Technische Verwendung kommen vor allem die quarz- und eisenfreien Kaoline, die entweder von vornherein beim Anmachen mit Wasser plastisch formbar sind oder dies nach dem Zermahlen werden, in Frage. Kaolin' wird hauptsächlich in der Porzellanindustrie zur Herstellung der keramischen Massen verwendet; dabei darf er nach dem Formen beim Brennen mit der Wasserabgabe nicht allzusehr schwinden (andere Tonsilikate sind wasserreicher, schwinden stark und eignen sich daher für viele Zwecke nicht). Schlechte Qualitäten finden zur Steinguterzeugung, für die Kaolinmörtel- und Schamotteherstellung Verwendung; in der Papier- und Textilindustrie dient gepulverter, geschlemmter Kaolin als Füllstoff und Appretierungsmittel, in der chemischen Industrie zur Ultramarinherstellung; ferner wurde aushilfsweise mit Erfolg versucht, den Kaolin und ähnliche Tonsilikate wegen des hohen Gehaltes an Al (21%) zur Tonerde- und Aluminiumgewinnung heranzuziehen. Tonsilikate verschiedener Art (besonders Verwitterungstone) werden auch als ausgezeichnete Dichtungsmittel in der Wasserbautechnik und zur Dickspülung in der Bohrtechnik verwendet. — An der Weltjahresförderung an Kaolin und verwandten Tonsilikaten im Ausmaße von etwa 2 Millionen Tonnen sind maßgeblich beteiligt: England, Deutschland, Tschechoslowakei, USA., Frankreich, Österreich und Polen.

Anauxit ist feinkristallin, etwas härter, grünlich weiß, im Aufbau dem Kaolin entsprechend, aber reicher an Kieselsäure; das im Vergleich zu Al überschüssige Si ist vermutlich in die tetraedrischen Lücken der Anionenpackungen des Oktaedernetzes eingebaut, wofür in entsprechendem Ausmaß Al-Positionen in diesen Oktaedernetzen unbesetzt bleiben. Der Anauxit bildet Pseudomorphosen nach Augit in verwitterten Basalten (Bilin in Böhmen usw.) und ist wohl auch häufiger Bestandteil der Kaolingesteine.

Manche von den gelben bis grünen, erdigen *Nontroniten* (S. 177) sind vielleicht Kaolinite, deren Al··· durch Fe··· ersetzt ist; *Wolchonskoit* (Ural) ist Kaolin mit Teilersatz von Al[6] durch Cr[6].

h) Opal $SiO_2 + x\,aq.$

Gilt allgemein als eines der wenigen amorphen Mineralien; in diesem Zustande befindet er sich sicherlich zum größten Teil, wenn auch in letzter Zeit auf röntgenographischem Wege in manchen Opalen kryptokristalliner Quarz, Tridymit und Cristobalit gefunden worden sind [1]). Gealterte, kolloidale Kieselsäure mit stark wechselndem Wassergehalt (1—20%); die kompakten Formen haben eine um 6 schwankende Härte, dies gilt nicht für die erst in Verfestigung begriffenen und verwitternden Opalmassen. Kompakte Massen sind muschelig brechend; mit dem Wassergehalt schwankt die Dichte zwischen 2.0 und 2.3 und der Brechungsexponent zwischen 1.26 und 1.46 (die höheren Werte entsprechen den Opalen mit geringerem Wassergehalt!). Spannungsdoppelbrechung ist nicht selten, sie ist durch Schrumpfungen bedingt. Glasglänzend bis fettig wachsglänzend, durchsichtig bis undurchsichtig, farblos, milchweiß (*Milchopal*), grünbraun, rötlichbraun, braun bis fast schwarz

---

[1]) Besonders die Opale mit Wassergehalten unter 10% enthalten sehr beträchtliche Mengen von Cristobalit und Quarz in Form von submikroskopischen Kristalliten.

(Gemeiner Opal). Farbe durch Verunreinigungen bedingt. Löslich in heißen Laugen (Unterschied gegenüber dichtem Quarz!), gegen Säuren beständig. — Entstanden aus hydrothermal oder durch Verwitterung zersetzten Silikaten; Absatz aus heißen Quellen *(Kieselsinter)*; Opalkieselsäure baut die Kieselskelette von Tieren und Pflanzen auf und sammelt sich mit diesen in Form der *Diatomeenerde (Kieselgur)* oder der *Polierschiefer (Tripel)* an. — Knollig, nierig, traubig, stalaktitisch, in Krusten und Lagen, imprägnationsartig, oft locker und erdig; auch als Pseudomorphosenmaterial und Versteinerungsmaterial (verkieseltes Holz = *Holzopal*); geht häufig im Wege der Alterung in Chalcedon und Quarz über.

Varietäten (außer den schon genannten):

Edelopal. Grundfarbe weißlich bis blaugrau; mit prächtigem Farbenspiel. Das Farbenspiel (Opalisieren) ist durch Interferenz an parallelen Luftspalten entlang von solchen Trennungsflächen bedingt, die möglicherweise darauf zurückzuführen sind, daß ursprünglicher Calcit mit angedeuteten Spaltrissen unter völliger Wegführung des Calciumkarbonats durch Opalkieselsäure pseudomorphosiert wurde. — Vor allem in hydrothermal zersetzten Andesiten (Czerwenitza in der Slowakei, Faröer, Nevada, Mexiko usw.); aber auch in Sandsteinen (White Cliff in Queensland). Wertvoller Edelstein!

Glasopal oder *Hyalit.* Farblos, traubig in Form von Krusten in basaltischen Gesteinen (Waltsch in Böhmen, Kaiserstuhl, Vogelsberg usw.). — Ähnlich ist der *Kascholongopal*, der durch teilweise Chalcedonisierung weiß und undurchsichtig geworden ist und an der Zunge klebt. — Der *Hydrophan* ist stark entwässerter und dadurch trüb gewordener Opal, dessen Platten und Splitter beim Einlegen in Wasser farblos bis bräunlich durchscheinend werden; er zeigt auch manchmal Farbenspiel.

Feueropal. Ähnlich dem Carneol, orangerot bis feuerrot, durchscheinend (Mexiko, Kleinasien, Faröer); gesuchter Schmuckstein.

Abarten des *Gemeinen Opals* sind (Benennung nach den Farben): *Wachsopal* (gelb bis gelbbraun, wachsglänzend); *Prasopal* (grün durch Nickelverbindungen), *Jaspopal* (Farben wie Jaspis). — Der *Menilit* oder *Knollenopal* bildet graue bis braune, knollenförmige Konkretionen in sedimentären Gesteinen und kann als Vorstufe des Feuersteins betrachtet werden. — Der *Forcherit* ist ein gelber, durch Schwefelarsenverbindungen gefärbter Opal.

Kieselsinter (Geyserit) ist lockere Opalkieselsäure und Ausscheidungsprodukt aus Thermalquellen (Island, Neuseeland, Yellowstone-Park).

Kieselgur nennt man lockererdige Ansammlungen von Diatomeen- und Radiolarienpanzern; sehr porös auch in verfestigtem Zustand, daher außerordentlich absorptionsfähig; sie vermag das Mehrfache ihres Reinvolumens an Flüssigkeiten aufzunehmen; die Diatomitschichte der Gasmasken besteht aus mit Chemikalien getränkter Kieselgur; diese eignet sich auch als Träger für Nitroglycerin (Gurdynamit), als Verpackungsmittel für Säureflaschen und als Träger von festen Säurepackungen, welch letztere aus der teigartigen Masse wieder ausgepreßt werden können; Filtrier- und Isolationsmaterial (gegen Schall, Wärme und Elektrizität). — Wichtige Vorkommen in Mittel- und Norddeutschland, Dänemark, Niederösterreich usw. — *Polierschiefer* oder *Tripel* ist anloger Entstehung, aber kompakter, plattigschiefrig, leicht zerreiblich und in Wasser zerfallend; Poliermittel für Metalle und Steine; Vorkommen in Nordböhmen, Schlesien, Habichtswald bei Kassel usw.

Wo Opal in größeren Mengen und reiner Form auftritt, kann er genau so verwendet werden wie derber Quarz.

i) Hydrargillit.

Das Tonerdehydrat *Hydrargillit (Gibbsit)* $\overset{2}{\infty}$ Al[6](OH)$_3$[2] m mit fast 66%
Al$_2$O$_3$ und 34% Al kristallisiert monoklin prismatisch, pseudohexagonal; er ist
dem Muskovit trotz der völlig verschiedenen Zusammensetzung in den
Eigenschaften recht ähnlich; kleine, sechsseitige Tafeln, verzwillingt, doch meist
radialschuppig, oder dicht in traubigen und stalaktitischen Krusten, manchmal
ähnlich dem Chalcedon, aber viel weicher als dieser. Sehr vollkommen spaltbar nach {001}; perlmutterglänzend, silbrig, weiß, gelblich oder grünlich,
auch tiefrosa, Krusten auch bräunlich; opt. +. Physikalische Daten im Vergleich mit jenen von Muskovit und Pyrophyllit:

	nα	nβ	nγ	$\gamma-\alpha$	2 V	H	D
Muskovit	1.556	1.587	1.593	0.037	40⁰ (nα)	> 2	2.8
Pyrophyllit	1.552	1.588	1.600	0.048	50⁰ (nα)	1½	2.8
Hydrargillit	1.567	1.567	1.589	0.022	20⁰ (nγ)	< 3	2.4

Der Aufbau des Schichtgitters entspricht dem der oktaedrischen Zwischenschicht des Pyrophyllit-Muskovitgitters; alle Anionen sind Hydroxyl-Ionen;
wieder sind die unendlichen, zweidimen-
sionalen Schichtmoleküle nur durch van
der Waal'sche Kräfte miteinander verbunden; Querschnitt durch das Gitter
nach Abb. 125.

Als primäres, hydrothermales Mineral
ist der Hydrargillit verhältnismäßig selten, z. B. in Blasenräumen des Nephelin-
syenites vom Langesundfjord in Norwegen; hauptsächlich eine der beiden wichtigen Mineralkomponenten des Bauxites
(S. 180), in dessen Hohlräumen auch gute
xx auftreten, und des verwandten Laterits;
gelegentlich in kristallinen Schiefern

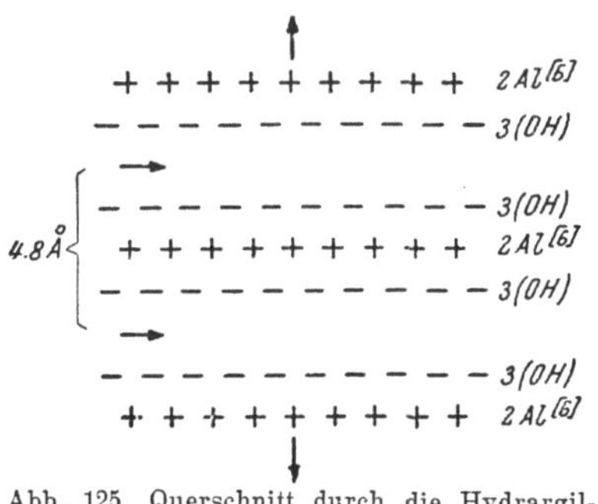

Abb. 125. Querschnitt durch die Hydrargil-
litschichten; Ionenverteilung.

(Serpentinschiefer, Talkschiefer; z. B. bei Slatoust im Ural) und als Verwitterungsprodukt von Korund.

k) Hydrothermale Phosphate.

Wagnerit Mg$_2$F[PO$_4$] m. Monoklin-prismatisch, isomorph mit dem Triplit (S. 115).
Flächenreiche, säulige, längsgestreifte xx ohne Spaltbarkeit; muscheliger Bruch;
H > 5; D = 3.1. Fettglänzend, durchscheinend, weiß, blaßrot, weingelb, auch grün-
lich. Opt. +; nβ = 1.572, $\gamma-\alpha$ = 0.015; 2 V = 26⁰. — Tiefthermal in Quarzgängen
bei Werfen in Salzburg; in teilweise zersetzter Form (*Kjerulfin*) bei Bamle in
Südnorwegen.

Lazulith (Blauspat) (Mg, Fe)Al$_2$(OH)$_2$[PO$_4$]$_2$m mit unbedeutendem Ersatz von
P····· durch Si····. Gute xx selten (Salzburg, Georgia), spitzpyramidal mit {111},
{$\bar{1}$11} und {101} oder (Abb. 126) tafelig nach {101} (Werfen in Salzburg) oder
nach {$\bar{1}$11} (Georgia); vielfach nach [001] verzwillingt (Verwachsungsebene meist
(001), Abb. 127),seltener nach {223}; meist derb. Splittrig brechend, spröde. H fast 6,
D = 3.1. Kantendurchscheinend; bläulichweiß bis blau in verschiedenen Tönen, Strich
farblos. Stark pleochroitisch; optisch —; O.A.E. ‖ S.E.; nβ = 1.634, $\gamma-\alpha$ = 0.03;
2 V = 70⁰. In Salzsäure unlöslich. — Die Fe-reichen Glieder der Mischkristallreihe
werden als *Scorzalith* bezeichnet. — Meist in tiefthermalen Quarzgängen (Werfen in

Salzburg, südlich Krieglach in Steiermark, bei Zermatt, in Nordcarolina, Georgia, Canada, Brasilien; in Californien zusammen mit Rutil und Andalusit). Auch in Granitpegmatiten (z. B. New Hampshire) und abgerollt in Seifen. — Gelegentlich als Schmuckstein verwendet.

Ein sehr seltenes, aber bemerkenswertes Aluminiumphosphat wurde in Verbindung mit Quarz und Lazulith in Schonen in Schweden, wohl als hydrothermale Bildung gefunden. Es ist dies der *Berlinit* Al[4]P[4]O_4 trg. Graue bis lichtrote Massen, glasglänzend und durchscheinend. H etwa 7; gegen Säuren sehr widerstandsfähig, in Alkalien löslich. Bemerkenswert, weil die Struktur bei gesetzmäßigem Ersatz von Si···· durch Al··· und P····· jener des Quarzes entspricht, allerdings unter Verdopplung der c-Kante des Elementarkörpers („Polyquarz" im kristallchemischen Sinne).

Es gibt eine Reihe von Phosphaten, die sowohl tiefthermale Neu- oder Umwandlungsbildungen oder Produkte der atmosphärischen Zersetzung sein können (S. 22); zu ihnen gehört z. B. der *Wavellit* $Al_3(OH, F)_3[PO_4]_2 \cdot 5 H_2O$ r. Die feinnadeligen rhombischen xx treten in radialstrahligen Büscheln oder nierig-traubigen Gebilden auf; sie spalten nach dem Prisma {110}. H fast 4; D ~ 2.4. Glasglänzend, selten farblos durchscheinend, meist gelblich oder grünlich, auch grau. Opt. +; n_β ~ 1.53, $\gamma-\alpha =$ 0.027, 2 V = 72°; O.A.E.$\|$ (100). Löslich in Säuren, sehr schwer schmelzbar. — Hydrothermal auf Klüften zusammen mit Fluorit, meist aber im Verwitterungswege entstanden (und so weit

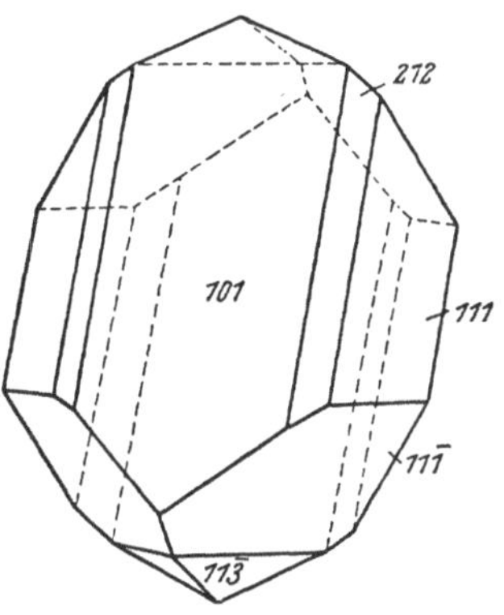

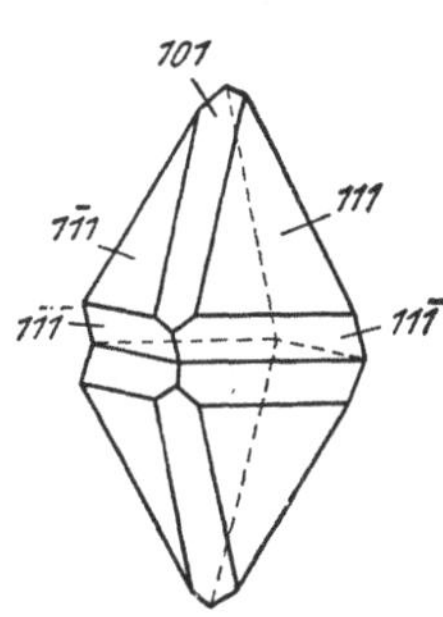

Abb. 126. Lazulith, tafeliger Kristall (nach H i n t z e).   Abb. 127. Lazulith, Zwilling nach (001) (nach H i n t z e).

verbreitet) auf Schichtflächen und Klüften von Kieselsedimenten, Brauneisen, Phosphoriten, Tonschiefern und kristallinen Schiefern; z. B. Beraun in der Tschechoslowakei (auf Limonit), Sächsisches Erzgebirge, Cornwall und Devonshire (auf zersetztem Granit), Habachtal in Salzburg (auf Chloritschiefer), Ouro Preto in Brasilien (in Tonschiefern).

l) Die hydrothermalen Karbonate.

Es wurde schon darauf hingewiesen, daß die pneumatolytisch-hydrothermalen Restlösungen auch Anlaß zur Bildung wertvoller Schwermetallagerstätten geben, die in Form von Gangsystemen, Imprägnationen usw. in mehr oder weniger deutlicher Beziehung zu den großen magmatischen Erstarrungskörpern stehen. Die Erzmineralien treten in diesen Vorkommen zusammen mit einer Anzahl auch teilweise verwertbarer Begleitmineralien auf, die vielfach ausgesprochen vorherrschen können, und die man als Gangarten bezeichnet. Unter diesen Gangarten spielen Flußspat, Quarz, Zeolithe, Karbonate und Sulfate als hydrothermale Bildungen eine besonders ausgedehnte Rolle. Vor allem stehen die hydrothermalen Karbonat- und Sulfatmineralien überwiegend mit solchen Erzvorkommen in Verbindung, wenn sie auch sonst häufig wie die Zeolithe und der Quarz in erzfreien, hydrothermalen Minerallagerstätten als Hohlraumausfüllung und Kluftauskleidung auftreten. Diese

Gangarten sollen hier ihre Behandlung finden, während der Erzmineralien im letzten Abschnitt gedacht wird.

Calciumkarbonat $CaCO_3$ ist polymorph. Unter gewöhnlichen Temperatur-druckbedingungen ist der ditrigonal skalenoedrisch kristallisierende *Kalkspat* oder *Calcit* stabil. Mit einer Beteiligung von etwa 2% an der Zusammenset-zung der zugänglichen Teile der Erdkruste gehört er zu den häufigsten Mineralien. Wegen der allgemeinen Verbreitung und Massierung in den ober-flächennahen Sedimenten tritt er viel stärker hervor als manche andere Mine-ralien, die vielfach häufiger als er sind. Das sehr oft in ausgezeichneten,

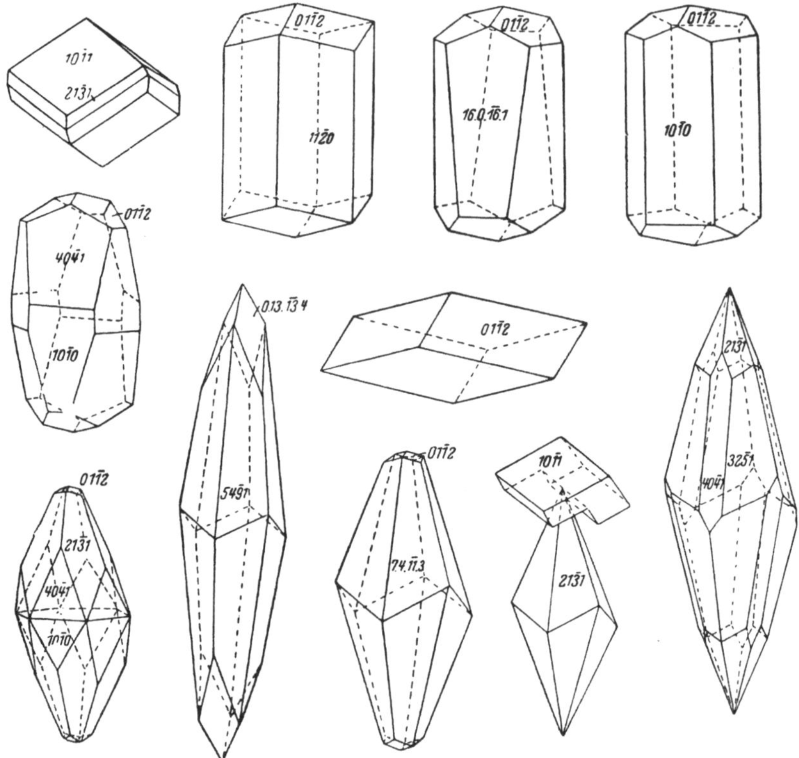

Abb. 128. Calcit, verschiedene Kristalltrachten.

fast ausschließlich aufgewachsenen xx auftretende, formenreiche Mineral tritt dem Beobachter in den verschiedensten Trachtbildern entgegen: Einfache Formen und mannigfaltige, oft flächenreiche Kombinationen sind in den ver-schiedenen Vorkommen zu beobachten. Eine kleine Auswahl davon zeigt die Abb. 128. — Neben dem Prisma $\{10\bar{1}0\}$ sind besonders das flache Rhombo-eder $\{01\bar{1}2\}$, das Rhomboeder $\{02\bar{2}1\}$ und das Skalenoeder $\{21\bar{3}1\}$ häufig. Das kristallographische Grundrhomboeder $\{10\bar{1}1\}$, das Prisma $\{11\bar{2}0\}$ und die Basis $\{0001\}$ sind etwas seltener; dazu kommen noch viele andere Rhom-boeder (darunter das dem Elementarkörper entsprechende steile Rhomboeder $\{40\bar{4}1\}$), und Skalenoeder; dagegen sind hexagonale Bipyramiden $\{hh\bar{2}hl\}$ und dihexagonale Prismen recht selten. Trachtwechsel während des Wachs-tums ist zu beobachten und oft daran zu erkennen, daß z. B. ein trüber, skalenoedrischer Kern innerhalb eines prismatisch-rhomboedrischen Kristalles zu sehen ist (z. B. Bleiberg in Kärnten). Die Tracht der Kristalle läßt Rückschlüsse auf die Bildungstemperaturen zu, ist aber auch stark von den Lösungsgenossen abhängig. — Zwillinge nach verschiedenen Gesetzen sind häufig, besonders solche mit {0001} als Zwillings- und Verwachsungsfläche (diese Zwillinge zeigen ditrigonale Vollsymmetrie) (Abb. 129); auch Zwillinge mit einer {01$\bar{1}$2}-Fläche als Zwillingsfläche sind häufig; bei lamellarer Verzwillingung nach den drei Flächenrichtungen dieser Form stellt sich auf den Spaltstücken polysynthetische (vielfach mit freiem Auge erkennbare) Zwillingsstreifung (Abb. 130) ein; da solche Zwillinge aus einfachen Kristallen auch durch Druck erzeugt werden können, ist diese Art der polysynthetischen Verzwillingung besonders häufig an Spaltstücken aus grobspätigen, dynamometamorphen Kalksteinen (Marmoren) zu beobachten; im Falle der Verzwillingung nach einer Fläche der Form {10$\bar{1}$1} haben die Zwillinge häufig herzförmiges oder schmetterlingsförmiges (Schmetterlingszwillinge) Aussehen (Abb. 131). xx häufig infolge natürlicher Anätzung mit gerundeten Kanten und Flächen. — Außer in kristal-

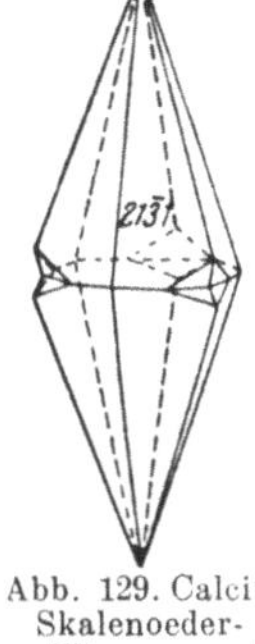

Abb. 129. Calcit, Skalenoederzwilling nach (0001).

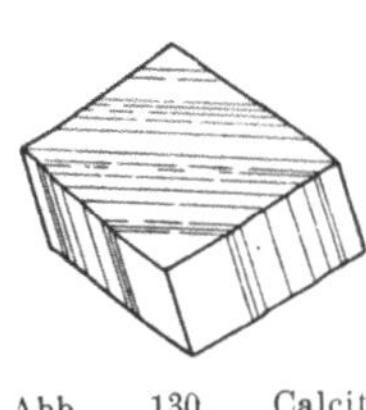

Abb. 130. Calcit, Spaltrhomboeder mit Druckzwillingsstreifung.

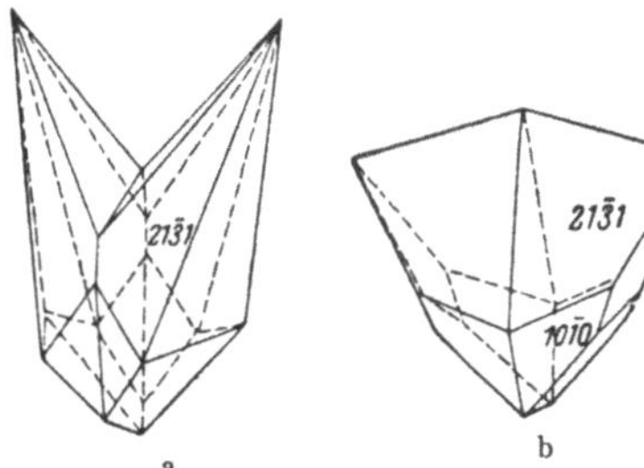

a b

Abb. 131 a und b. Calcit, Zwillinge nach (10$\bar{1}$1).

lisierten Formen tritt der Kalkspat in mannigfaltigen derben, kristallinen bis dichten Formen auf: Grob- bis feinspätig, stengelig, faserig, stalaktitisch, auch in kugeligen Aggregaten. — Pseudomorphosen nach anderen Mineralien sind häufig, besonders feinkörnige Paramorphosen nach Aragonit. Calcit bildet die Kalkskelette der Organismen, er ist auch das häufigste Versteinerungsmaterial; in den Organismen werden z. B. die Stacheln von Seeigeln und die Spicula von Schwämmen je von einem einzigen Kalkspatkristall gebildet, wobei die Hauptachse (und damit die optische Achse) der Längsrichtung dieser Skeletteile entspricht.

In Abb. 132 ist eine Struktureinheit des Kalkspates in Form des Spaltrhomboeders dargestellt. Sie ist mit dem Elementarkörper des Natriumchloridgitters, dessen würfelige Gestalt durch Zusammenpressen in Richtung einer Körperdiagonale rhomboedrisch deformiert ist, vergleichbar; die Positionen der Na-Ionen werden im Kalkspatgitter von den Ca-Ionen eingenommen, die Positionen der Cl-Ionen von den ebenen CO_3-Gruppen, deren Ebenen sämtlich senkrecht zur Stauchungsachse (dreizähligen Achse) stehen, woraus sich die hohe Doppelbrechung des Kalkspates (und der mit ihm isomorphen Kristalle) erklärt; es ist so auch verständlich, daß der Kalkspat nach den Flächen dieses Rhomboeders ebenso gut spaltet, wie das Steinsalz nach den diesen Flächen entsprechenden Würfelflächen. Ein derartiger Elementarkörper mit 4 $CaCO_3$ umfaßt aber nicht den vollen Bereich der Nichtidentität des Gitters; dieser wird erst durch einen so gestalteten Elementarkörper von verdoppelter Kantenlänge erfaßt (mit 32 $CaCO_3$); die Ursache dafür liegt darin, daß die CO_3-Gruppen in einer Ebene senkrecht zur dreizähligen Achse sämtlich die eine Dreieckspitze nach vorne kehren, in der nächsten Ebene wieder sämtlich nach hinten usw. Die Gruppen p und q der Abb. 132 haben somit nicht identische Lagen. Man kann das Kristallgitter des Kalkspates aber vollständig unter Annahme eines Elementarkörpers von steilrhomboedrischer Gestalt $\{40\bar{4}1\}$ beschreiben, der in Abb. 133 dargestellt ist; von den zwei, auf der dreizähligen Achse sitzenden CO_3-Gruppen kehrt die eine Spitze nach vorne, die andere eine Spitze nach hinten und da dies im ganzen Gitter in gleichmäßigem Wechsel der Fall ist, umfaßt dieser, an sich kleinere (er enthält nur $2\,CaCO_3$), Elementarkörper tatsächlich die beiden möglichen CO_3-Lagen und damit den Gesamtbereich der Nichtidentität. Die Strukturformel des Calcites ist $Ca^{[6]}C^{[3]}O_3$ rd oder mit Rücksicht darauf, daß die CO_3-Gruppen sehr stabile, enger geschlossene Einheiten des Gitters mit homöopolar untereinander verbundenen Be-

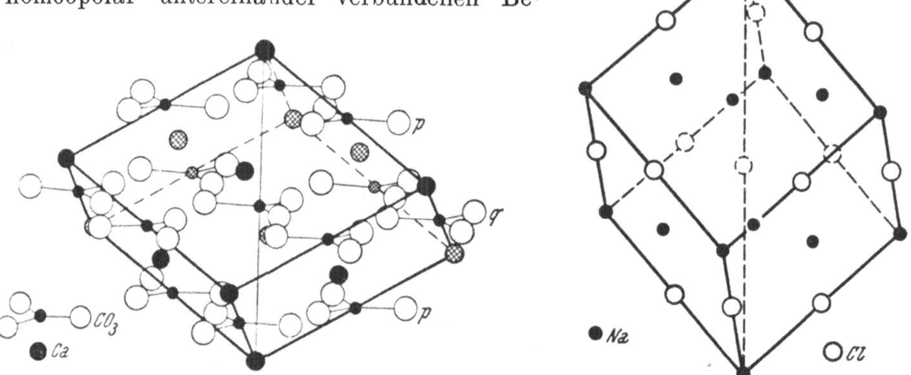

Abb. 132. Calcit; die Atomverteilung in einem dem Spaltrhomboeder entsprechenden Gitterausschnitt läßt die Strukturbeziehungen zum Steinsalzgitter (rechts) erkennen.

standteilen darstellen, $Ca^{[6]}[CO_3]^{[6]}$ rd, womit angedeutet ist, daß jedem Ca-Ion 6 CO_3-Ionen koordinativ zugeordnet sind und umgekehrt.

Höchst vollkommene Spaltbarkeit nach $\{10\bar{1}1\}$, Gleitform ist $\{01\bar{1}2\}$. Spröde. H (richtungsabhängig!) 2—3; D = 2.72. Frische Kristallflächen im allgemeinen glasglänzend, jedoch sind die (0001)- und $(10\bar{1}1)$-Flächen häufig matt, selbst rauh. Durchsichtig, farblos, gelblich, rötlich, bräunlich oder undurchsichtig weiß und in verschiedenen anderen Farben; Kontaktkalkspäte häufig milchig bläulich. Brechungsexponenten für Na-Licht: $\omega = 1.6585$, $\varepsilon = 1.4863$; $\varepsilon - \omega = -0.1722$; Doppelbrechung also fast zwanzigmal so stark wie beim Quarz und daher bei klaren Spaltstücken an der Verdopplung darunter liegender Objekte (Schriftzeichen usw.) erkennbar *(Isländischer Doppelspat)*. Viele Kalkspäte zeigen lebhafte Fluoreszenz (orangegelb, ziegelrot, lichtrosa, Sintercalcite auch bläulich), die auf Beimengungen von Seltenen Erden, Mn oder auf Einschlüssen von organischen Stoffen (z. B. Porphyrinkomplexen) beruht; manche Calcite sind auch thermolumineszierend; sonst ist der Calcit im allgemeinen recht rein; mit $FeCO_3$ und $MgCO_3$ ist er wegen des großen Unterschiedes der Kationenradien nur wenig mischbar, wohl aber mit Mangankarbonat *(Manganocalcit)*; bei Mischkristallaggregaten mit Bleikarbonat *(Plumbocalcit)*, Strontiumkarbonat und Bariumkarbonat kann angesichts der weißen, feinkörnigen Ausbildung der Aggregate und der wesentlich größeren Raumbeanspruchung der das Ca ersetzenden Kationen an deren Homogenität gezweifelt werden. — Bei Atmosphärendruck dissoziert der Calcit unter Aufleuchten bei über 900⁰ (Kalkbrennen!) unter Abgabe von Kohlensäure[1]), bei 1290⁰ schmilzt er bei entsprechend hohen Drucken ohne Dissoziation; er ist schon in kalten Säuren unter Aufbrausen leicht löslich, ziemlich löslich auch besonders in kohlensäurehaltigem Wasser (Ausfällung des Calciumkarbonates am Austritt von kohlensäurehaltigen Quellen unter Entweichen von Kohlensäure!).

Gute xx in Blasenräumen von Oberflächengesteinen, in Gesteinsklüften und besonders auf Erzgängen; die Doppelspatkristalle vom Reydarfjord und vom Eskifjord auf Island treten, in toniges Material eingebettet, in Gängen in Doleriten auf; überhaupt in magmatischen Gesteinen und Sedimenten häufig als juvenile oder vadose, ader- bis gangförmige Infiltration; häufiges Umwandlungsprodukt von Kalksilikaten.

Dichter Kalkstein, muschelig bis splittrig brechend, oft fossilführend, ist sedimentärer, überwiegend organogener Entstehung (Ansammlung von Kalkskeletten); seine Farbe ist sehr wechselnd, vielfach durch organische Beimengungen (Bitumensubstanz) düster *(Stinkkalk)*, oft hell und dunkel gebändert *(Bänderkalk)*; mit tonigem Material zusammen bildet Calcit die *Mergelgesteine;* oft ist der Kalkstein auch kieselsäurereich oder reich an Eisenoxydhydraten; Kalksteine mit größeren Gehalten an Magnesiumkarbonat sind nicht selten; sie sind inhomogen und stellen dichte bis körnige Gemenge von Kalkspat mit dem ähnlichen Dolomit $CaMg[CO_3]_2$ dar. Je nach der Struktur werden die Kalksteine als *Oolithenkalke, Rogensteine* usw. bezeichnet; diese

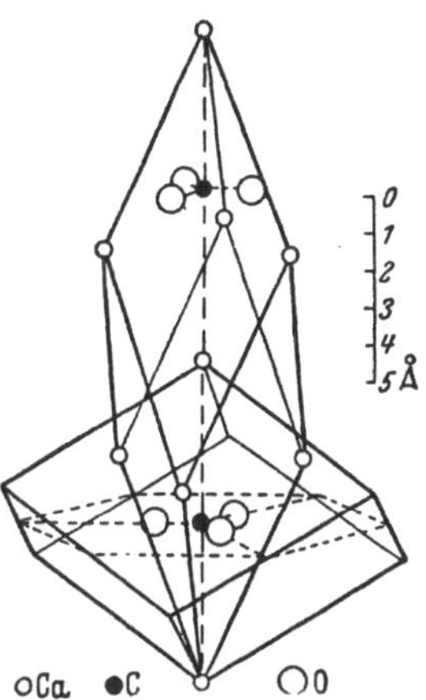

Abb. 133. Calcit und isomorphe Karbonate sowie Natronsalpeter; das kleinste Elementarrhomboeder in seiner Lage zum Spaltrhomboeder.

bestehen aus kugeligen, konzentrisch schaligen Kalkspataggregationen. *Kreidekalk* ist erdiger, poröser, leicht zerfallender Kalkstein, der besonders aus Foraminiferenschalen gebildet ist; *Muschelmarmor* ist ein dunkelgefärbter Kalkstein mit reichlich eingelagerten, bunt irisierenden Muschelschalen (Bleiberg in Kärnten), *Ruinenmarmor* ist durch einfiltriertes Eisenoxydhydrat unregelmäßig gefärbter Kalkstein (Nordapennin); der *Lithographische Kalkstein* (Solnhofen in Südbayern) ist eine nur selten anzutreffende, ganz gleichmäßig feinkörnige, kluftlose Abart des Kalksteines, speziell der *Plattenkalke* des süddeutschen Weißen Juras. — Der dichte bis faserige *Quellsinterkalk* ist häufig schön gebändert, oft onyxartig gezeichnet; der *Orientalische Alabaster* (schon im alten Ägypten bekannt) und der feinfaserige, mexikanische (auch Californien, Arizona) *Onyxmarmor* gehören dazu. — Körnig-spätiger Kalkstein von sehr wechselnder Korngröße entsteht durch Kontaktmetamorphose oder Regionalmetamorphose aus dichtem, sedimentärem Kalkstein, selten (Karbonatite, S. 99) durch vollkommene Aufschmelzung des Kalksteines unter sehr hohen Drucken; die fein- bis grobspätigen Kalksteine stellen die weißen oder farbigen *Marmore* i. e. S.; in der Praxis wird allerdings die Bezeichnung Marmor auch auf nichtmetamorphe, vielfach fossil-

---

[1]) Die Dissoziationstemperatur schwankt je nach der Art der Beimengungen zum reinen $CaCO_3$ bei natürlichen Calciten zwischen 900⁰ und fast 1000⁰.

führende, polierfähige, dichte Kalksteine der verschiedensten Färbung und Zeichnung angewendet (z. B. auf jene vom Unters-
berg und von Adneth in Salzburg). — *Kalktuff, Travertin*, poröser oder zel-
liger Kalkstein, *Tropfstein* in Stalaktiten und Stalagmitenform sind ebenfalls
Absätze aus kalkhältigen Wässern meist vadosen Ursprungs; das gleiche gilt
vom erdigen Kalkstein, der flockig ist, sich mager anfühlt und als *Bergmilch*
bezeichnet wird. — Über „kristallisierten" Sandstein vgl. S. 82.

Kalkspat und Kalkstein werden ungemein vielseitig und in größten Massen verwendet:

Der Isländische Doppelspat, der außerhalb der dortigen Fundorte nur selten und
meist in geringen Mengen in vollkommen einwandfreier Qualität gefunden wird
(z. B. Krim, Auerbach an der Bergstraße), findet für die Herstellung von Nicol-
schen Prismen für Mikroskope, Photometer, Kolorimeter usw. Verwendung. Er muß
für diesen Zweck vollkommen klar, ohne Andeutung von Spaltrissen und Zwillingslamellen sein. Eine etwas schlechtere Qualität reicht für optische Schußwaffenvisiere
und wird für diesen Zweck seit einigen Jahren tonnenweise benötigt. Die Jahresproduktion an Doppelspat erster Qualität beträgt nur etwa 100 kg; das isländische
Vorkommen ist in kürzester Zeit von Erschöpfung bedroht und damit ist auch die
Versorgung mit diesem sehr wertvollen Material gefährdet, sodaß man nach verschiedenen Ersatzmitteln sucht, die bisher aber noch nicht in jeder Hinsicht befriedi-
gen. Große Stücke erster Qualität bezahlt man mit 100 Dollar pro Kilogramm, 2. Qualität etwa die Hälfte. — Seit etwa 1940 werden in Südcalifornien und Mexiko mit gutem
Erfolg Calcitadern in basaltischen bis rhyolitischen Oberflächengesteinen umfang-
reich ausgebeutet; sie liefern überwiegend Material 2. Qualität. — Der
Kalkstein findet besonders in der Bauindustrie und als Straßenschotter-
material Verwendung. Gebrannter Kalk oder Ätzkalk CaO liefert das gewöhnliche Mörtelmaterial, ferner dient er zur Herstellung von Kalksandstein, als
Desinfektionsmittel und vor allem auch zur Portlandzement- (ca. 60% CaO im
Klinker) und Elektrozementfabrikation (ca. 2 Drittel Bauxit und 1 Drittel Ätz-
kalk). Reinster Kalkspat wird den Glasschmelzen zugefügt, weil die entweichende
Kohlensäure die Homogenisierung der Schmelzmasse befördert; weitere Verwen-
dung findet der Kalkspat in der Sodafabrikation, als Flußmittel in der Eisenhütten-
industrie, als Düngemittel für kalkarme und schwere Böden, in der Zellstoffindustrie
(Calciumsulfitlaugen) usw. — Die in Europa, besonders in Süd- und Ostengland,
Nordostfrankreich, Belgien und in den Gebieten um die Ostsee verbreiteten, reinen
Kreidekalke dienen zur Gewinnung der vielseitig verwendbaren Schlemmkreide
(Malerfarbe, Glaserkitt, Kreidepapier, Schreibkreide — in diesem Fall vermischt
mit Gips und Kalkmilch —, Stuckarbeiten, Polier- und Putzmittel, Förderung der Kno-
chenbildung in der Tierzucht). — Schließlich dienen die Marmore in weitestem Sinne
als Bau-, Dekorations- und Monumentalsteine; die schönsten kristallinen, regional-
metamorphen Sorten (z. B. der Carrara-Marmor aus den apuanischen Alpen, die
Marmore von Laas und Sterzing in Südtirol, von Gummern in Kärnten, Salla in
Steiermark und die griechischen Marmore aus der Gegend von Athen, von
Euböa, Naxos, Paros usw.), der orientalische Alabaster und die Onyx-
marmore für bildhauerische und kunstgewerbliche Zwecke. — Der Plattenkalk
von Solnhofen stellt ein für lithographische Zwecke allgemein gesuchtes
Material dar. — Das aus dem Kalkstein gewinnbare Calciummetall findet eine beschränkte Anwendung in der Legierungsindustrie zur Verbesserung der Eigenschaften gewisser Blei-, Kupfer- und Leichtmetallegierungen.

Aus reinen, wässerigen Calciumkarbonatlösungen kristallisiert bei Temperaturen oberhalb 29⁰ das Calciumkarbonat in Form des rhombisch bipyramidalen *Aragonites* aus. Bei Vorhandensein von Lösungsgenossen kann die
Aragonitbildung auch bei tieferen Temperaturen erfolgen; oberhalb 400⁰ wird
aber der Aragonit absolut instabil (die Umwandlungstemperatur schwankt
je nach der Reinheit zwischen 400 und 500⁰). Auch sind wohl Paramorpho-

sen von Calcit nach Aragonit häufig, es gibt aber keine Paramorphosen von Aragonit nach Calcit; die Instabiliät des Aragonites zeigt sich auch in seiner leichteren Löslichkeit und in der leichteren Austauschfähigkeit der Ca-Ionen bei Anwendung der *Meigen*schen Reaktion zur Unterscheidung von Calcit und Aragonit (besonders bei Paramorphosen und faserig-derben Vorkommen wichtig!); Aragonitpulver wird beim Aufkochen mit verdünnter Kobaltnitratlösung (Kobaltsolution) lilarot, während Calcitpulver dabei unverändert weiß bleibt.

Die xx des Aragonites sind meist aufgewachsen, nach der Z-Achse gestreckt bis spießig, manchmal auch dicktafelig nach {010}. Hauptformen: {010}, {110}, {011} und {111} (Abb. 134), bei spießigen Kristallen kommen dazu noch die sehr steilen Bipyramiden {9 12 2} und das sehr steile Prisma {061} (Abb. 135). Oft pseudohexagonal, da der Winkel zwischen den Flächen des Prismas {110} nur wenig von 120° abweicht, aber auch durch Zwillingsbildung mimetisch hexagonal. Zwillinge nach {110} sehr häufig (Abb.

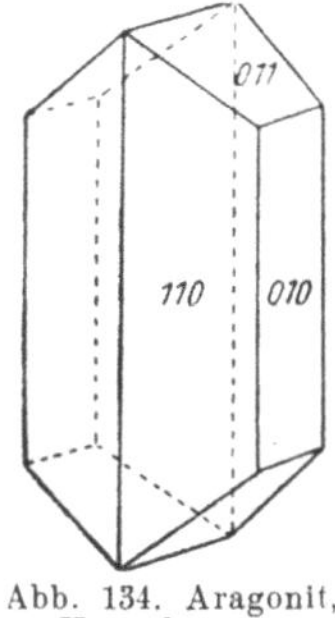

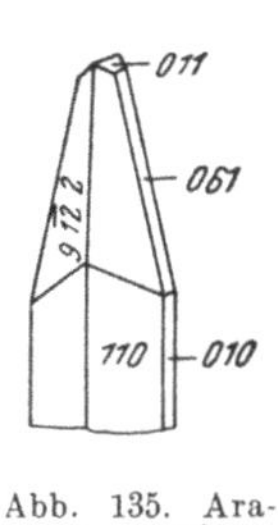
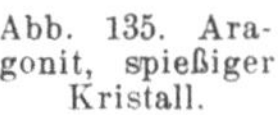

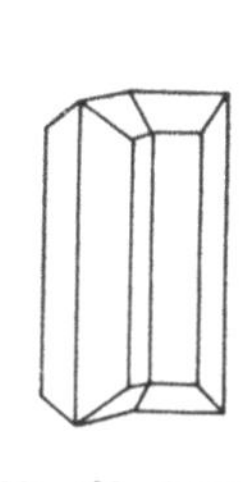

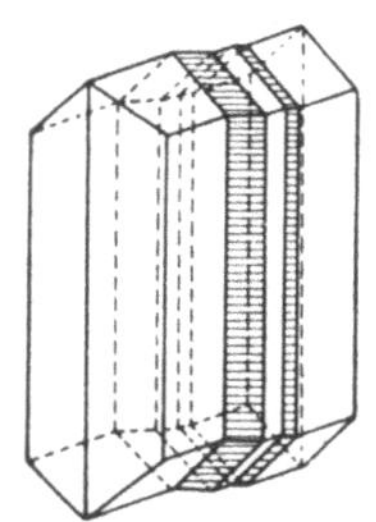

Abb. 134. Aragonit, Hauptformen.

Abb. 135. Aragonit, spießiger Kristall.

Abb. 136. Aragonit, Zwilling nach (110).

Abb. 137. Aragonit, polysynthetischer Zwilling.

136), oft polysynthetisch wiederholt (Abb. 137) und dann oft nur an der Zwillingsriefung erkennbar. Drillinge als Berührungs- (Abb. 138) oder Durchwachsungsdrillinge; letztere (Abb. 139) mit schwach eingebuchteten Prismenflächen wegen des leichten Abweichens des Prismenwinkels von 120° (Molina in Spanien, Herrengrund in Oberungarn); sie zeigen unregelmäßige Verwachsungsnähte und häufig auch dreifach gerichtete Streifung auf der sechsseitigen Basis. Wenn derb, dann vielfach stengelig bis faserig, die Faseraggregate oft durch Einlagerung von Eisenoxydhydrat braun-weiß gebändert (*Erzbergit*); auch stalaktitisch oder baumartig verästelt (z. B. die reinweiße *Eisenblüte*); krustenförmig *(Sprudelstein)* oder kugelig sphärolithisch *(Erbsenstein = Pisolith).* — xx und derbe Massen häufig schon in Calcit paramorphosiert; gelegentlich Verdrängungspseudomorphosen von gediegenem Kupfer nach Drillingskristallen (Coro Coro in Chile). — *Schaumkalk* (Harz) sind feinstschuppige Pseudomorphosen von Aragonit nach Gips; die Blättchen ∥ (100) sind parallel (010) des Gipses orientiert.

Schlecht spaltbar nach {010}, muschelig brechend und spröde; härter und dichter als Calcit (H fast 4; D = 2.95), was mit dem Kristallbau zusammenhängt; im Gitter des Aragonites sind nämlich die Ca-Ionen von 9 O-Ionen umgeben, Strukturformel daher $Ca^{[9]}C^{[3]}O_3$ r. — Durchsichtig, farblos, gelblich, auch bläulich oder undurchsichtig (vielfach wegen Zerfalles in feinkörnigen Kalkspat), weiß bis schwarz. $n\beta = 1.682$; $\gamma - \alpha = 0.156$; 2 V ca. 18°; opt. —; O. A. E. parallel {100}. — Fast reines $CaCO_3$, gelegentlich geringer Ersatz von Ca durch Sr; noch leichter löslich als Kalkspat. — Im

Tarnowitzit (Tarnowitz in Schlesien, Tsumeb in Südwestafrika) ist das Calcium in geringem Prozentsatz durch Blei ersetzt.

Weit seltener als Calcit, aber sehr verbreitet: In Blasenräumen und Klüften von jüngeren Eruptivgesteinen (besonders Basalten und Basalttuffen; z. B. Weitendorf in Steiermark, Kaiserstuhl, Horschenz in Böhmen); auf Erzgängen nicht besonders häufig, wohl aber häufig in metasomatischen Brauneisen- und Spateisensteinlagerstätten als Auslaugungsprodukt in Klüften, radialfaserig oder in Form von Eisenblüte (Erzberg in Steiermark, Hüttenberg in Kärnten, Kamsdorf in Thüringen usw.); gute, beidseitig entwickelte xx eingewachsen in Tonsedimenten (Molina in Spanien; mit Schwefel, Coelestin und Gips bei Girgenti und Cal-

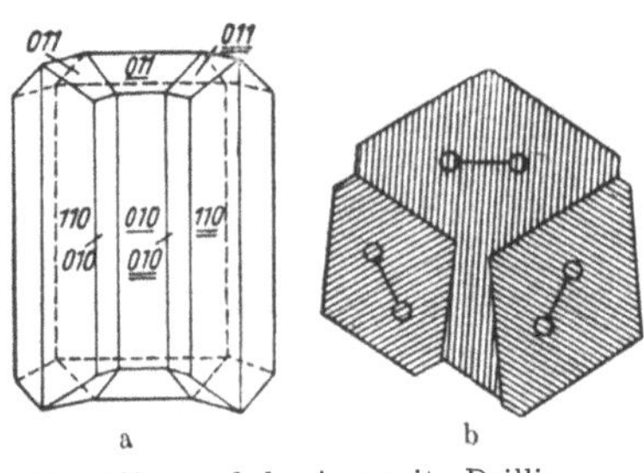

Abb. 138 a und b. Aragonit, Drilling.

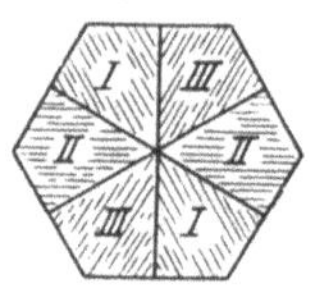

Abb. 139. Aragonit, Durchwachsungsdrilling.

tanisetta auf Sizilien); Sprudelstein oder Erbsenstein als Ausscheidung aus Thermalquellen (z. B. Karlsbad); bildet die Perlmutterschicht mancher Mollusken und der Perlen, baut den Tintenfischschulp, Nautilusschalen usw. auf; besonders häufig als Jugendanlage der Kalkskelette von Mollusken, oft zusammen mit *Valerit*. (Diese schwach doppelbrechende, optisch zweiachsige, sphärolithische, pseudohexagonale Form des Calciumkarbonates ist wenig beständig und sonst nur künstlich bekannt; Vaterit scheidet sich aus wässerigen Calciumkarbonatlösungen bei Gegenwart von Ammoniak usw. aus). — Aragonit findet keine Verwendung.

Es wurde früher erwähnt, daß das Calciumkarbonat mit dem Magnesiumcarbonat wenigstens bei gewöhnlicher Temperatur Mischkristalle mit stärkeren Vertretungen der Kationen nicht bildet. Jedoch gibt es zwischen beiden Karbonaten eine morphologisch und im Aufbau dem Calcit sehr ähnliche Doppelverbindung, den *Dolomit* oder *Bitterspat* $CaMg[CO_3]_2$ rd; er kristallisiert (ditrigonal) rhomboedrisch, also nur mit einer dreizähligen Symmetrieachse und Symmetriezentrum; dadurch zerfallen alle Skalenoeder in je zwei Rhomboeder; die Symmetrieerniedrigung, die sich in den Ätzfiguren (Abb. 140) bemerkbar macht, beruht darauf, daß im Kristallgitter vom Aufbau des Calcits die Ca-Ionen gesetzmäßig zur Hälfte von Mg-Ionen ersetzt werden, sodaß

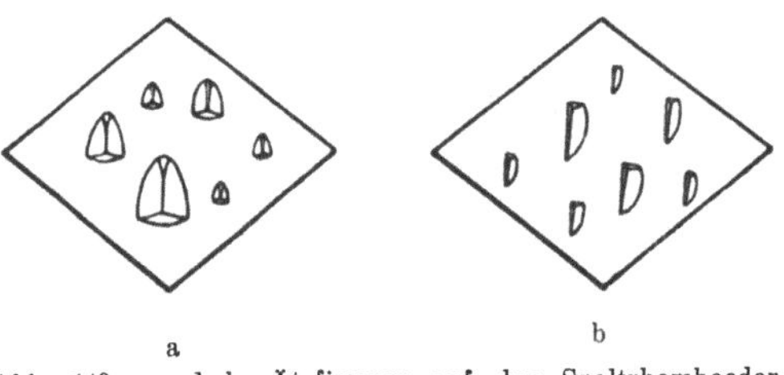

Abb. 140 a und b. Ätzfiguren auf den Spaltrhomboederflächen von Calcit (a) und Dolomit (b).

im Elementarkörper (Abb. 133) stets das diesen zentrierende Kation ein Mg-Ion, die Eckkationen jedoch Ca-Ionen sind; die Ätzfiguren sind auf den einzelnen Spaltflächen des Dolomits, weil auf diesen keine Symmetrieebenen senkrecht stehen, asymmetrisch. Strukturformel $Ca^{[6]}Mg^{[6]}[CO_3]_2^{[3\,Mg+3\,Ca]}$ rd. — Die meist aufgewachsenen xx sind viel einheitlicher ausgebildet als beim Calcit; gewöhnlich erscheint nur das einfache Spaltrhomboeder; andere Formen kommen in flächenreichen Kombinationen gelegentlich vor (Abb. 141), aber selten. Auch Druckzwillingslamellierung (hier nach $\{02\bar{2}1\}$) ist viel seltener als

beim Kalkspat; die Lamellen verlaufen daher beim Dolomit parallel zu den Kurzdiagonalen der Spaltflächen, während sie beim Kalkspat parallel zu den Langdiagonalen verlaufen. Die xx sind häufig sattelförmig gekrümmt (Abb. 142) oder zeigen überhaupt parkettiert gekrümmte Flächen; ein scheinbar einheitlicher Kristall ist dann ein Aggregat von subparallel verwachsenen Kleinkristallen. — Körnig bis spätig, stengelig, manchmal auch erdig. — Spaltbarkeit nach $\{10\bar{1}1\}$ vollkommen wie bei Calcit. H fast 4; D um 2.9, beide Werte gegenüber Calcit wegen des Eintrittes der kleineren Mg-Ionen in das Gitter erhöht. Die dadurch bedingte festere Fügung des Gitters ist auch der Grund für die schwerere Löslichkeit in Säuren; kompakte Massen lösen sich erst beim Behandeln mit warmen Säuren unter lebhaftem Aufbrausen; in gepulvertem Zustand (z. B. beim Anritzen von Kristallen) braust Dolomit allerdings schon mit kalten Säuren behandelt auf, aber schwächer als Calcit[1]). xx glasglänzend, wasserklar bis weiß oder durch Verunreinigungen gelb bis schwarz gefärbt. $\omega = 1.682$,
$\varepsilon = 1.503$, $\varepsilon - \omega = -0.179$. —
Schmilzt wie Calcit und Aragonit
v. d. L. nicht, sondern wird durch
Brennen dissoziiert.

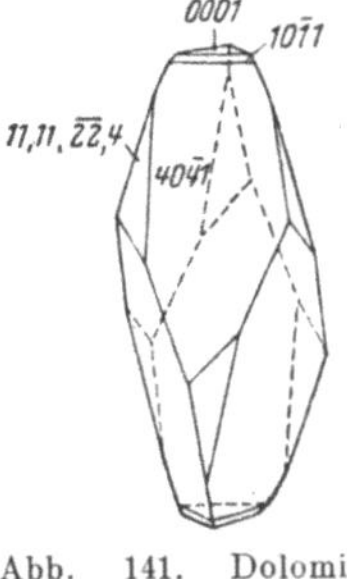

Dolomit ist über die „eisenschüssigen Dolomite" mit dem in der Natur nie rein auftretenden *Ankerit* oder *Eisendolomit* Ca(Fe, Mg)[CO_3]$_2$ durch alle Übergänge verbunden. Die Bezeichnung Ankerit wird allgemein auf die eisenreicheren Mischkristalle Ca(Fe, Mg, Mn)[CO_3]$_2$ angewendet; der Ersatz

Abb. 141. Dolomit, formenreicher Kristall.

Abb. 142. Dolomit, sattelförmig gekrümmtes Aggregat von subparallel gestellten Kristallen.

der Mg-Ionen durch die Fe- und Mn-Ionen erfolgt im Sinne echter Mischkristallbildung unter Beibehaltung der Symmetrie des Dolomits. Seltener sind die *Mangandolomite* Ca(Mg, Mn)[CO_3]$_2$. — Dichte, Brechungsexponenten und Doppelbrechung dieser Mischkristalle liegen höher als beim Dolomit; sonst sind sie dem Dolomit sehr ähnlich, in der Farbe im unverwitterten Zustand gelblichweiß, durch teilweise Oxydation des Eisens häufig mehr oder minder tiefbraun werdend.

Dolomit und Ankerit sind in xx nicht selten aufgewachsen in Hohlräumen von Eruptivgesteinen und besonders auf hydrothermalen Erzgängen und in Mineralklüften anzutreffen (Traversella in Piemont, Leogang in Salzburg, Kapnik, Freiberg in Sachsen usw.); nicht selten auch in Drusen und Klüften von Dolomit- und Magnesitgesteinen. Eingewachsen in oft modellartiger Form gelegentlich in sedimentärem Gips (Hall in Tirol) und in Chlorit- und Talkschiefern der Alpen (z. B. Pfitsch in Tirol). Wie der Kalkspat tritt dichter Dolomit in reiner Form oder mit Kalkspat zusammen in weißer bis schwarzgrauer Farbe häufig auch in Form von großen Massen dichten Charakters gesteinsbildend auf (Dolomit als Gestein und dolomitischer Kalkstein; z. B. Devon-Dolomit des Grazer Schloßbergs, Dolomite des Eifeldevons). Er geht

---

[1]) Dies ist überhaupt ein gutes Unterscheidungsmerkmal zwischen den sehr ähnlichen Mineralien Calcit → Dolomit-Ankerit → Magnesit-Siderit; Ankerit verhält sich ähnlich wie Dolomit; Magnesit und Siderit brausen auch in gepulvertem Zustande in kalten Säuren nicht auf, also auch nicht nach dem Anritzen. Dolomit kann ferner von Calcit durch verschiedene Färbungsreaktionen unterschieden werden.

im Wege der Metamorphose in den spätig kristallinen Dolomit über (Dolomit-
marmor), der häufig reinweiß („zuckerkörnig") ist (z. B. Binnental in der
Schweiz). Der dichte und der körnig spätige Dolomit sind nicht so verbreitet
wie die entsprechenden Kalksteine (das gilt auch von den dolomitischen Mergeln im Vergleich zu den kalkigen); sie bilden sich oft nicht unmittelbar
als Dolomit auf sedimentärem Wege, sondern erst im Wege einer nachträglichen Umwandlung ursprünglicher Kalkablagerungen durch teilweise Verdrängung des leichter löslichen Kalkspates durch das Magnesium des Meerwassers. Der körnige Dolomit entsteht nicht nur aus dichtem Dolomit, sondern vielfach auch durch spätere Verdrängung des Kalkspates durch thermale
Magnesiumlösungen, die bei der Zersetzung von Serpentingesteinen entstehen,
ein Prozeß, den man als Metasomatose bezeichnet und der in der Folge unter
vollständiger Verdrängung des Calciumkarbonates zu den grobspätigen Magnesitgesteinen führt; ebenso sind die in Verbindung mit Spateisenstein in
größerem Umfange auftretenden grobspätigen Ankerite (z. B. Erzberg in
Steiermark) ein Produkt der Teilverdrängung des Calciumkarbonates in Kalksteinen und dolomitischen Kalksteinen durch hydrothermale Eisenlösungen;
sie stellen damit den Übergang zu den ausgedehnten metasomatischen Spateisensteinvorkommen dar. Die Dolomite der Nordalpentrias sind weitgehend
durch mechanische Sedimentation von Dolomitschlamm und diagenetische Verfestigung unter chemischer Karbonatausscheidung entstanden.

Dolomit wird weniger verwendet als Kalkspat. Er liefert ein gutes Straßenschotter-
material und kann auch für die Mörtelgewinnung gebrannt werden; als Sinter-
dolomit zu Ziegeln geformt findet er statt der Magnesitsinterziegel als feuerfestes
Material in der Eisenhüttenindustrie Verwendung; wie der Kalkstein kann er als
Düngemittel, zur Erzeugung von Kohlensäure und als Poliermittel Verwendung
finden; dort, wo Magnesit und Magnesiumsalze fehlen, wird er gelegentlich zur
Herstellung von Magnesiumsalzen und selbst von metallischem Magnesium benützt.
— Eisen- und manganreiche Ankerite können zusammen mit Siderit zum Teil ver-
hüttet werden.

Der technisch ungemein wichtige *Magnesit* $Mg^{[6]}[CO_3]^{[6]}$ rd ist isomorph
mit dem Calcit. Die eingewachsenen oder aufgewachsenen xx sind in der
Regel nur einfache Rhomboeder $\{10\bar{1}1\}$, seltener sind (z. B. Großreifling in
Steiermark) langsäulige oder dicktafelige Kombinationen von $\{10\bar{1}0\}$ mit der
bei größeren Kristallen gerundeten parkettierten Basis $\{0001\}$; meist ist der
Magnesit körnig spätig (*Spatmagnesit*) oder ganz dicht („amorpher Magnesit oder *Gelmagnesit*"), seltener ist er derbstengelig. — Spaltbar sehr vollkommen nach $\{1011\}$. $H = 4\frac{1}{2}$; $D = 2.96$. Glasglänzend, farblos oder bräunlich durchsichtig bis undurchsichtig, weiß, grau, gelblich oder bräunlich,
manchmal auch schwarz. $\omega = 1.717$, $\varepsilon = 1.515$, $\varepsilon - \omega = -0.202$. Unschmelzbar;
die Dissoziation erfolgt schon bei 500°. In gepulvertem Zustand in heißer
Salzsäure löslich; enthält fast stets etwas Fe und Mn statt Mg; Ca-Gehalte sind
vermutlich auf beigemengten Dolomit zurückzuführen. Magnesit bildet eine
durchlaufende Mischkristallreihe mit dem Eisenspat $FeCO_3$, deren Glieder
je nach der Höhe des Eisengehaltes verschiedene Namen führen (*Magnesit-
Breunnerit-Mesitinspat-Pistomesit-Siderit*). Die Zwischenglieder sind im Verhältnis zu den fast reinen Endgliedern relativ selten. — xx aufgewachsen,
selten auf Erzgängen, wohl aber in Klüften und Drusenräumen von Ge-
steinsmagnesit; in Talk- und Chloritschiefern häufig modellartige, graulich
durchsichtige bis bräunlich durchscheinende Rhomboeder $\{10\bar{1}1\}$ als Porphyroblasten eingewachsen (Zillertal, Pfitschtal, usw.). Derber Magnesit tritt
selten als Bestandteil von Tiefengesteinen in Begleitung von Bronzit und

Olivin auf (in den norwegischen *Sagvanditen*); es handelt sich hier wohl um Karbonateinschmelzungen unter Auskristallisation von Magnesit, die ähnlicher Art sind wie die auf S. 99 erwähnten Karbonatitbildungen; ähnlich ist wohl auch das seltene Vorkommen von Magnesit in Pegmatiten (Bom Jesus in Brasilien) neben Beryll, Topas usw. zu erklären. Die große Masse der derben Magnesitgesteine sind der Ausbildung und Entstehung nach in drei Gruppen zu gliedern:

1. *Kristalliner Magnesit* oder *Spatmagnesit*. Er ist über den Dolomit hinweg metasomatisch aus Kalksteinen durch aus zersetzten Serpentingesteinen stammende Magnesiumlösungen entstanden. Weiß bis grau, sehr grobspätig, stellenweise weiße Magnesitkristalle mit linsenförmigen Querschnitten wirr zwischen zurücktretendem, schwarzem, tonigem Material (tonigen Verunreinigungen des ursprünglichen, schwach mergeligen Kalksteines entstammend) eingebettet, bzw. von solchen Tonhäuten überzogen (*Pinolitmagnesite* von Trieben in Steiermark); sonst rein, grobspätig, in Verbindung mit Dolomit und in geringem Umfang begleitet von hydrothermalen Schwermetallsulfidausscheidungen (z. B. Veitsch und St. Erhardt in Steiermark, Radenthein in Kärnten, Ural, Mandschurei); hieher sind auch die direkt an Serpentine gebundenen Vorkommen von besonders grobspätigem, reinweißem Magnesit von Snarum in Südnorwegen zu stellen, ebenso die Magnesitvorkommen von Norbotten in Nordschweden.

2. *Dichter Magnesit* oder *Gelmagnesit*. Den kristallinen Charakter hat erst die röntgenographische Untersuchung erwiesen. Dicht mit muscheligem Bruch; meist reinweiß, nur selten durch Eisenbeimengungen gelb oder rötlich; es handelt sich um gangnetzförmige Ausscheidungen von Magnesiumkarbonat in Serpentin, entstanden durch die Auslaugung von Mg-Ionen bei der hydrothermalen Umwandlung des Olivins in Serpentin; Begleitmineralien sind z. B. Gymnit (S. 141), Meerschaum (S. 178) und Opal; wichtige Vorkommen bei Kraubath in Steiermark, Frankenstein in Schlesien, Hrubschitz in Mähren, auf Euböa und Lemnos, in Mazedonien usw.

3. Selten tritt der kristalline Magnesit im Verbande von Tonsedimenten auf (Kern Cy, Calif.); hier dürfte es sich um durch marine Magnesiumsalze umgewandelte karbonatische Sedimente handeln; dasselbe gilt für Vorkommen in Gesellschaft von Gips und Anhydrit (Großreifling, Steiermark); ferner können sich ausgedehnte Lagen von kristallinem Magnesit auch direkt aus den Magnesiumsalzen des Meerwassers durch deren Wechselwirkung mit aus reichem Organismenleben stammendem Ammoniumkarbonat in wechselnden Mengen neben Kalkspat und Dolomit bilden (Spanische Westpyrenäen).

Der Magnesit wird entweder kaustisch bei etwa 800° zum Zwecke der Entfernung der Kohlensäure gebrannt, ohne daß es dabei zur Bildung von kristallinem Magnesiumoxyd kommen würde; oder er wird bei etwa 1800° unter Bildung von kristallinem Magnesiumoxyd und von Eisenmagnesiumspinellen gesintert (Sintermagnesit). Der kaustische Magnesit wird mit Füllstoffen (Holzmehl usw.) und Magnesiumchloridlauge zu Steinholz (Xylolith) und Sorelzement verarbeitet und dient damit der Herstellung von wertvollen, leichten, feuerfesten Baumaterialien. — Sintermagnesit wird nach dem Anmachen mit Wasser zu Ziegeln, Tiegeln usw. geformt und erneut gebrannt; solche Sintermagnesitziegel (Gestellsteine) stellen wegen ihrer geringen Wärmeausdehnung und Temperaturbeständigkeit ein höchst wertvolles Material für die Auskleidung von Hochöfen, Thomasbirnen usw. dar. Noch besser für diesen Zweck bewähren sich Sintermagnesit-Chromeisensteinmischziegel. — Magnesiummetall wird nur untergeordnet aus Magnesit gewonnen, sondern vorzugsweise aus den magnesiumreichen Rückständen der Kalisalzverarbeitung.

Die Weltjahresgewinnung an Magnesit beläuft sich auf etwa 2 Millionen Tonnen unter Führung von Rußland (1 Drittel) und von Österreich (1 Viertel); andere wichtige Produzenten sind die USA., Griechenland, Tschechoslowakei und Jugoslawien.

Die übrigen mit dem Calcit isomorphen Karbonate sind Schwermetallkarbonate und werden später im Zusammenhang mit diesen behandelt. Es sei hier nur erwähnt, daß die großen Lagerstätten an Eisenkarbonat (*Siderit* oder *Spateisenstein* $FeCO_3$) meist ähnlicher metasomatischer Entstehung wie die Lagerstätten von spätigem Magnesit sind.

In der folgenden Tabelle wird eine Übersicht über die Eigenschaften der mit dem Calcit isomorphen Karbonate und der mit dem Dolomit isomorphen Doppelkarbonate gebracht:

Zusammensetzung	Name	D	ω	ε	$\varepsilon-\omega$	K. R.[1]	Spaltwinkel[3]
$CaCO_3$	Calcit	2.72	1.658	1.486	—0.172	1.06 Å	74°55'
$MgCO_3$	Magnesit	2.96	1.703	1.500	—0.203	0.78	72°30'
$MnCO_3$	Rhodochrosit	3.89	1.817	1.597	—0.220	0.91	73°9'
$FeCO_3$	Siderit	3.70	1.875	1.633	—0.242	0.83	73°0'
$CoCO_3$	Sphärocobaltit	4.10	1.855	1.600	—0.255	0.81	
$ZnCO_3$	Smithsonit[4]	4.40	1.849	1.621	—0.228	0.78	72°20'
$NaNO_3$	Natronsalpeter	2.3	1.587	1.336	—0.251	0.98	73°37'
$CaMg[CO_3]_2$	Dolomit	2.87	1.681	1.500	—0.181	1.06 u. 0.78	73°45'
$CaFe[CO_3]_2$[2]	Ankerit	3.36	1.776	1.565	—0.211	1.06 u. 0.83	73°58'

Die als Mineralien auftretenden, mit dem rhombischen Aragonit isomorphen Verbindungen sind:

Zusammensetzung	Name	D	$n\alpha$	$n\beta$	$n\gamma$	$\gamma-\alpha$	2 V	K.R[1]
$CaCO_3$	Aragonit	2.94	1.530	1.680	1.685	0.155	18°	1.06 Å
$SrCO_3$	Strontianit	3.71	1.520	1.667	1.667	0.147	7°	1.27
$BaCo_3$	Witherit	4.3	1.529	1.676	1.677	0.148	16°	1.43
$PbCO_3$	Cerussit	6.5	1.804	2.076	2.078	0.274	9°	1.33
KNO_3	Kalisalpeter	2.1	1.335	1.505	1.506	0.171	7°	1.33

Der Vergleich der beiden Tabellen zeigt, daß der Umschlag von der Calcit- in die Aragonitstruktur bei Überschreiten einer gewissen Grenze für den Kationenradius erfolgt, da den Kationen mit größerer Raumbeanspruchung die 9-Koordination gegenüber den O-Ionen angepaßter ist als die 6-Koordination. $CaCO_3$ steht an der Grenze

---

[1] Kationenradius.
[2] Auf das Eisenendglied extrapolierte Werte.
[3] Normalenwinkel zwischen zwei Flächen des Spaltrhomboeders.
[4] Dazu noch der seltene *Otavit* $CdCO_3$ (D = 5.0), von dem keine näheren Daten bekannt sind.

und ist daher polymorph. Die in allen Fällen sehr hohe Doppelbrechung erklärt sich daraus, daß in beiden Strukturen die ebenen CO_3-Gruppen parallel zueinander und senkrecht zur Schwingungsrichtung des Strahles mit dem kleinsten Brechungsexponenten eingebaut sind (senkrecht zur opt. Achse, bzw. zur spitzen negativen Mittellinie). — Der Vergleich der Kationenradien macht es verständlich, daß $CaCO_3$ höchstens mit $MnCO_3$ in ausgedehntem Umfang Mischkristalle bildet, während die anderen isomorphen Karbonate zu weitestgehender Mischkristallbildung untereinander und mit $MnCO_3$ befähigt sind (intermediäre Raumbeanspruchung von Mn¨!).

Strontianit Sr[9]C[3]O₃ r. xx aragonitähnlich, säulig bis spießig, oft pseudohexagonal. Zwillinge und Drillinge wie bei Aragonit; wenn derb, strahlig bis faserig, ziemlich gut spaltbar nach {110}. H = 3½; D = 3.7. Durchsichtig, farblos, gelb, grünlich oder durchscheinend, weiß bis grau. — Sr immer etwas durch Ca ersetzt; Mischkristalle mit starkem Ca-Gehalt führen den Namen *Emmonit* oder *Calciostrontianit*. V.d.L. kantenschmelzend und die Flamme rot färbend; in Säuren unter Aufbrausen weniger leicht löslich als Aragonit, mit Schwefelsäure eine Fällung von Strontiumsulfat gebend. — Vorkommen auf hydrothermalen Erzgängen (Clausthal und Andreasberg im Harz, Freiberg in Sachsen, Strontian in Schottland (Name!), Leogang in Salzburg usw.); in größeren Mengen als vadose Kluftfüllung durch Auslaugung der benachbarten Kalksedimente in Mergeln (Münstersches Kreidebecken in Westfalen) und Kalksteinen (Californien und an anderen Stellen in den USA.). — Verwendung wie Cölestin (S. 166), aber in geringerem Umfange als dieser.

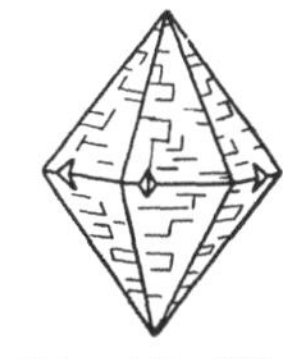

Abb. 143. Witherit, mimetisch hexagonaler Durchkreuzungsdrilling.

Witherit Ba[9]C[3]O₃ r. xx fast stets Durchkreuzungsdrillinge nach {110} von der Gestalt einer hexagonalen Bipyramide, die den Quarzdihexaedern ähnelt (Abb. 143). Häufig in Verbindung mit einem kurzen, anscheinend hexagonalen Prisma. Einfache xx dieser Art führen die Formen {110} und {010} (pseudohexagonales Prisma) mit {111} und {021} (pseudohexagonale Bipyramide). — Derb, strahlig, faserig, auch blättrig, in kugeligen oder traubigen Krusten und Massen. Deutlich spaltbar nach {010}, H = 3½; D ∼ 4.3. Meist matt infolge von Anätzung, sonst glasglänzend, auf Bruchflächen fettglänzend; farblos, grauweiß, gelblichweiß oder grünlich. Verhältnismäßig leicht schmelzend und die Flamme gelblichgrün färbend. Bei 811⁰ Übergang in eine hexagonale Modifikation, bei 982⁰ in eine kubische; Schmelzpunkt von unzersetztem Bariumkarbonat bei 1740⁰. In Säuren löslich, in Schwefelsäure unter sofortiger Ausfällung von Bariumsulfat. — Gangart auf hydrothermalen Bleizinkgängen, aber nicht sehr häufig: Cumberland, Northumberland, Sibirien; kontaktmetasomatisch in größeren Mengen mit Baryt bei El Portal in Californien. — Wegen der Seltenheit von geringer praktischer Bedeutung, Gewinnung nur in England nennenswert.

Strontianit und Witherit sind wegen ihrer leichten Löslichkeit wesentlich seltener als die schwerlöslichen Sulfate des Strontiums und Bariums. In die Silikate der magmatischen Abfolge treten die beiden Elemente in geringem Umfange für Ca und K ein, wobei das Strontium vor allem das Ca, das Barium das K ersetzt. Strontium bildet niemals eigene Silikatmineralien, Barium nur in sehr geringen Mengen (z. B. Bariumglimmer, Bariumfeldspäte, Bariumzeolithe). Die geringen Mengen von Strontium und Barium, welche in die Verwitterungslösungen gelangen, werden aus diesen als Karbonate, Barium teilweise als Sulfat, unmittelbar mit den Kalksedimenten ausgefällt; bei der Auslaugung derselben scheiden sich in deren Klüften und in einzelnen Drusen Barium und Strontium in Form von Strontianit, Coelestin und Baryt aus.

m) Die hydrothermalen Sulfate.

Coelestin $Sr^{[12]}[SO_4]$ r, isomorph mit dem Bariumsulfat (Baryt) und dem Bleisulfat (Anglesit):

Zusammen-setzung	Name	n_α	n_β	n_γ	$\gamma - \alpha$	2 V	D	Spalt-winkel[1]
$SrSO_4$	Coelestin	1.622	1.624	1.631	0.009	51°	3.96	75°50'
$BaSO_4$	Baryt	1.636	1.637	1.648	0.012	37°	4.48	78°22'
$PbSO_4$	Anglesit	1.877	1.882	1.894	0.017	∼65°	6.35	76°16'

Gemeinsame Eigenschaften der drei Sulfate sind: Rhombisch bipyramidal, opt. +; O.A.E. parallel (010); spitze Mittellinie parallel zur X-Achse. Vollkommene Spaltbarkeit nach (001) mit Perlmutterglanz auf den Spaltflächen, etwas schlechtere nach {110} mit Glasglanz auf den Spaltflächen, schlecht nach {010}; sonst glasglänzend, nicht sehr spröde, muschelig brechend mit Fettglanz auf den Bruchflächen.

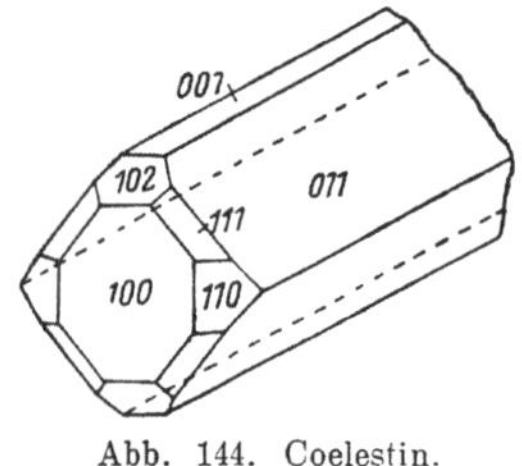

Abb. 144. Coelestin.

Coelestin $SrSO_4$ mit geringem Ersatz von Sr durch Ca und Ba, bildet gelegentlich (z. B. mit Schwefel bei Girgenti) schöne, flächenreiche, aufgewachsene xx, die in der Regel nach der X-Achse gestreckt, seltener nach {001} tafelig ausgebildet sind. Hauptformen: {011}, {001}, {110}, {102}, {010} und {100}. Sonst körnig oder spätig bis dicht; auch in traubigen und knolligen Bildungen und als Versteinerungsmaterial. H. über 3; farblos, gelblich, bläulich, rötlich; wenn derb, durchscheinend grau oder graublau. Schmilzt zu weißer Perle unter Rotfärbung der Flamme; gepulvert in heißer, konzentrierter Schwefelsäure löslich. — In Blasenräumen vulkanischer Gesteine und auf hydrothermalen Gängen nicht gerade häufig (z. B. Herrengrund in Ungarn und Leogang in Salzburg, mit Zinnober San Benito Cy, Calif.); vorzugsweise in Klüften und Hohlräumen von kalkigen Sedimenten verschiedener Art, von Boraten (Californien) und von Gips, ebenso in Konkretionen in diesen, entstanden durch

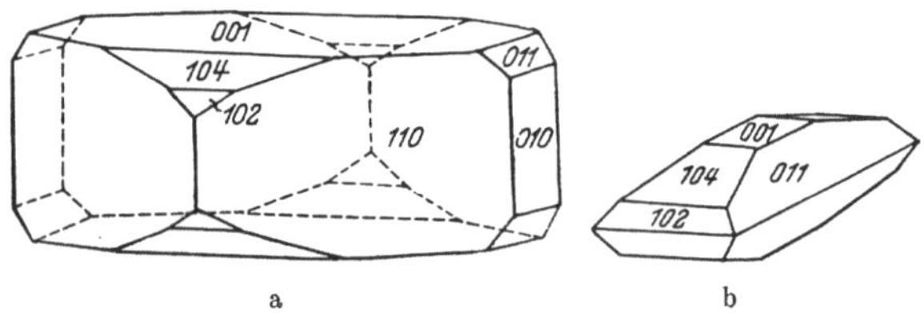

Abb. 145 a und b. Baryt, tafelige Trachten.

Auslaugung des Karbonates, Sammlung und Wiederausfällung des Strontiums als Sulfat; oft als Versteinerungsmaterial; körnig und in xx mit Schwefel, Gips, Aragonit bei Girgenti und Caltanisetta auf Sizilien und bei Perticara in Mittelitalien. In Thüringen in faserig strahligen Massen als plattige Kluftfüllung, besonders aber in ziemlich mächtigen Lagen in Letten und Kalken des Zechsteines bei Stadtberge in Westfalen und in Keupermergel bei Bristol in Westengland; andere ähnliche Vorkommen auf Strontian Island im großen Seengebiet in Nordamerika, bei Archangelsk in Nordrußland usw.

---

[1]) Winkel zwischen den Flächen des Spaltprismas!

In größerem Umfange besonders in England gewonnen; die Jahresweltgewinnung an Coelestin und Strontianit beläuft sich auf einige 1000 Tonnen. — Coelestin und weniger Strontianit werden besonders in der Zuckerindustrie zur Fällung des Zuckers als Strontiumsaccharat aus der Melasse verwendet; ferner werden daraus verschiedene Strontiumsalze für Zwecke der Chemie und Feuerwerkerei hergestellt.

Baryt oder *Schwerspat* $Ba^{[12]}[SO_4]$ r. Vielfach schöne xx, die außerordentlich formenreich sein und bedeutende Dimensionen besitzen können. Tafelig nach {001} (Abb. 145) oder (häufig als jüngere Generation in Drusen) säulig nach einer der drei Achsen (Abb. 146). Hauptformen außer der Basis sind {110}, {011} und {102}. Derb, sehr grobblättrig bis dicht, die Blätter in der Regel rosettenartig gruppiert und zu kugelig traubigen Aggregaten vereinigt, gelegentlich auch divergent stengelig bis divergent faserig oder stalaktitisch; Pseudomorphosen nach anderen Mineralien nicht selten, in der Regel Verdrängungspseudomorphosen; Schwerspat kann eine bedeutende Menge von Sandkörnchen unter Erhaltung der eigenen kristallographischen Form in Sedimenten umschließen, Spaltkörper von der Gestalt der Abb. 147;

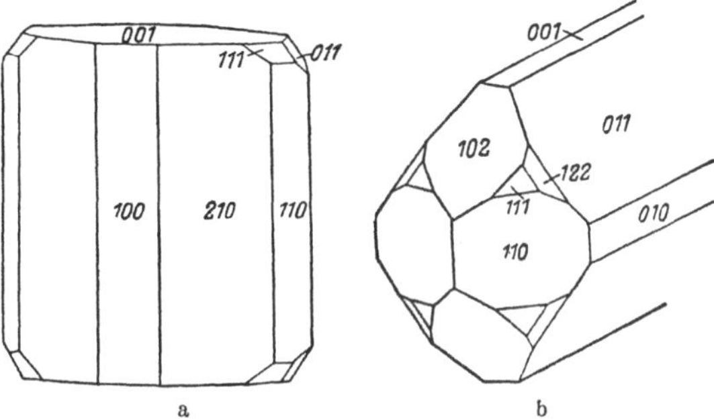

Abb. 146 a und b. Baryt, prismatische Trachten.

H über 3; klar durchsichtig, farblos, bläulich, gelblich, bräunlich usw., die undurchsichtigen Massen durch Verunreinigung häufig rötlich gefärbt, im dichten Zustand durch Beimengung von bituminösen Substanzen häufig schwarzgrau gefärbt, manchmal kalksteinähnlich, aber von diesem leicht durch das hohe spezifische Gewicht und durch das Nichtaufbrausen in Säuren unterscheidbar. Ba manchmal durch etwas Sr ersetzt, in seltenen Fällen (Japan) reichlich durch Pb. Sehr schwer schmelzbar; färbt die Flamme gelblichgrün, in heißer konzentrierter Schwefelsäure löslich, durch Verdünnung mit Wasser wieder ausfällbar.

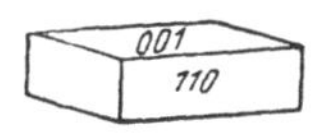

Abb. 147. Baryt, Spaltstück.

Dieses häufigste Bariummineral tritt sehr selten in Eruptivgesteinen und Pegmatiten auf, häufig auf hydrothermalen Gängen, entweder allein oder als Gangart mit sulfidischen Schwermetallerzen (Brixlegg in Tirol, Harz, Odenwald, Thüringen, Schwarzwald, Kapnik in Ungarn und viele andere Vorkommen, die teilweise ausgebeutet werden); in Klüften von Sedimenten als Auslaugungsprodukt; metasomatisch nach Kalkstein (Rösteberg im Harz und Leutnitz im Thüringer Wald, in Missouri); Lagen von knolligen Konkretionen in Sedimenten; das riesige Vorkommen von dichtem Schwerspat von grauschwarzer Farbe in Verbindung mit einem bedeutenden Schwefelkiesvorkommen in der Gegend von Meggen in Westfalen, das seinen Ursprung von immer tiefer dringender Oxydation des sedimentären Schwefelkieses in Verbindung mit eindringenden, aus Sedimenten stammenden Ba-Lösungen herleitet, kann in diesem Sinne ebenfalls als sedimentär metasomatisch bezeichnet werden; gelegentlich findet sich das schwer zersetzliche Mineral auch in Seifen.

Die Weltförderung an Schwerspat beläuft sich jährlich auf etwa 1 Million Tonnen; daran ist Deutschland mit etwa der Hälfte, die USA mit etwa 30% beteiligt. —

Überwiegend wird Schwerspat in der Mineralfarbenindustrie verwendet; dazu werden reinste Sorten entweder direkt vermahlen, oder es wird (z. B. der Meggener Schwerspat) der Schwerspat zuerst mit Kohle zu Bariumsulfid reduziert, mit Zinksulfatlösungen versetzt und so als Mischprodukt die Lithopone ausgefällt, die in dieser Form oder als Grundlage für andere Farben weitere Verwendung findet; bedeutende Mengen von Schwerspat werden in der Kunstdruckpapier- und Textilindustrie zum Glätten und Beschweren verwendet; die chemische Industrie erzeugt aus Schwerspat (wie auch aus Witherit) verschiedene Bariumpräparate (z. B. Bariumnitrat für die Feuerwerkerei und Sprengstoffindustrie, Bariumchlorid als Insektengift, Bariumsulfat als Röntgenkontrastmittel, andere Bariumverbindungen als Leuchtfarben); metallisches Barium findet nur sehr untergeordnet als Zuschlag zu Nickellegierungen usw. Verwendung.

Als hydrothermale Bildung auf Erzgängen tritt auch das wasserfreie Calciumsulfat, der *Anhydrit*, auf, der bei den Mineralien der Salzlagerstätten behandelt werden wird.

3. Die Mineralien der vulkanischen Exhalationen.

Das Empordringen des Schmelzflusses an die Oberfläche erfolgt unter dem Druck der Gase, die ursprünglich im Schmelzfluß absorbiert waren, bei Druckentlastung und durch Kristallisationsvorgänge in der Schmelze frei werden. Auch die Assimilation karbonatischer und wasserhaltiger Sedimente und die Aufnahme von Oberflächenwässern innerhalb der Erdkruste führt zu einer Erhöhung des Gasgehaltes der Schmelzen und damit zu einer Erhöhung des Druckes. Im Durchschnitt bestehen die vulkanischen Gase zu zwei Dritteln aus Wasserdampf und einem Sechstel aus Kohlensäure; dazu kommen noch Stickstoff, Schwefeldioxyd, Schwefeltrioxyd, Kohlenmonoxyd, Wasserstoff, Chlor, Schwefel, Selen, Tellur, Argon usw. Die Gasausströmungen an die Erdoberfläche machen sich in Vulkangebieten am stärksten in Zeiten der fehlenden Lavaergüsse bemerkbar. Die Gasausströmungen werden, wenn sie kohlensäurereich sind, als *Mofetten*, wenn sie reich an Schwefelverbindungen sind, als *Solfataren*, bei größerem Gehalt an Borsäure (neben überwiegendem Wasserdampf) als *Soffionen*[1]), und wenn sie fast nur Wasserdampf enthalten, als *Fumarolen* bezeichnet; mit sinkender Temperatur kondensiert sich der Wasserdampf zu den Thermalwässern[2]); aus diesen scheiden sich vornehmlich Opalkieselsäure als Geyserit, Calciumkarbonat als Aragonit oder Calcit, gelegentlich auch Zeolithe aus; die (pneumatolytischen) Gasexhalationen scheiden sehr verschiedene Mineralverbindungen im Wege der Sublimation oder dadurch aus, daß verschiedene Gase miteinander in Reaktion treten und dabei weniger flüchtige Verbindungen bilden. So entsteht z. B. der vulkanische Eisenglanz Fe_2O_3 durch Wechselwirkung zwischen vulkanischen Eisenchloriddämpfen und Wasserdampf; auch der vulkanische Schwefel bildet sich unter gegenseitiger Oxydation und Reduktion neben Wasserdampf aus Schwefeldioxyd und Schwefelwasserstoff oder durch Selbstzerfall der schwefeligen Säure neben Wasserdampf und Schwefelsäure.

Die vulkanischen Exhalationen (z. B. auf der Insel Vulcano in Süditalien und am Vesuv), liefern auch sehr verschiedene Schwermetall-Sulfide, -Selenide und

---

[1]) Die Soffionen in der Gegend von Larderello in Toscana werden unmittelbar für die Gewinnung von Kraftstrom und von chemischen Präparaten ausgenutzt.

[2]) Wie weit die Thermalwässer, selbst in ausgesprochenen Vulkangebieten, ganz oder teilweise als Kondensate der Exhalationen betrachtet werden können, also juvenilen Ursprunges sind (dasselbe gilt von einem Teil der von ihnen abgesetzten Stoffe), muß im einzelnen Fall dahingestellt bleiben. So nimmt man auf Grund sorgfältiger Beobachtungen an, daß das heiße Wasser der Geiser auf Island in den Tiefen erhitztes, mit vulkanischen Gasen und gelösten Festkörpern beladenes Grundwasser ist.

-Telluride, z. B. CuS (Covellin), PbS (Bleiglanz), FeS_2 (Markasit), Bi_2S_3 (Wismutglanz), HgS (Zinnober), ferner Fluoride wie MgF_2 (Sellait), CaF_2 (Fluorit) usw., Fluorborate Avogadrit KBF_4; Hieratit K_2SiF_6, Ferruccit $NaBF_4$, Borsäure (Sassolin) $B(OH)_3$, ferner Chloride wie Steinsalz NaCl, Sylvin KCl, Cotunnit $PbCl_2$ und Salmiak $(NH_4)Cl$; vielfach entstehen durch die Wechselwirkung zwischen der aus den schwefelhaltigen Gasen gebildeten Schwefelsäure und den Lavagesteinen an den Austrittsstellen verschiedene Sulfate des Aluminiums, Eisens, Natriums oder Kaliums, z. B. Alunit $KAl_3(OH)_6[SO_4]_2$ (S. 170), Glaserit $KNa_3(SO_4)_2$ (S. 194), Thenardit Na_2SO_4 (S. 187), Anhydrit $CaSO_4$ (S. 193), Melanterit $FeSO_4 \cdot 7\,H_2O$, Coquimbit $Fe_2[SO_4]_3 \cdot 9\,H_2O$ (S. 237); der Vesbin ist ein basisches CuPb-Vanadat; die meisten dieser Mineralien sind als Exhalationsprodukte vom Vesuv bekannt geworden; an die 200 Exhalationsmineralien wurden von diesem Fundort beschrieben (Lit C 16).

a) Borfluormineralien und Salmiak.

Von den Bormineralien der vulkanischen Exhalationen sind besonders zu nennen:

Der durch ungewöhnlich niedrige Lichtbrechung auffallende rhombisch kristallisierende, mit Schwerspat (S. 167) isomorphe, weiße *Ferruccit* $Na^{[12]}[BF_4]$ r; $n\beta = 1.30$, $\gamma - \alpha = 0.006$. Vesuv.

Wegen seines Cäsiumgehaltes bemerkenswert ist der ebenfalls schwach lichtbrechende *Avogadrit* $(K, Cs)[BF_4]$ r; $n\beta = 1.325$. — Ebenfalls am Vesuv beobachtet.

Von größerer Wichtigkeit ist die vulkanische Borsäure $B(OH)_3$ trk, als Mineral *Sassolin* genannt; schuppig, blättrig, perlmutterglänzend, ausgezeichnet nach der Basis der triklin pinakoidalen xx wegen des ausgesprochenen Schichtgittercharakters des Kristallgitters spaltend; die aus einer einzelnen Atomlage bestehenden Schichten stellen zweidimensionale unendliche Riesenmoleküle dar, die nur durch van der Waals'sche Kräfte miteinander verbunden sind; opt. —; $n\alpha = 1.340$, $n\beta = 1.456$, $n\gamma = 1.459$; Doppelbrechung dem Schichtgittercharakter entsprechend, demnach sehr hoch ($\gamma - \alpha = 0.119$). In warmem Wasser löslich; bittersaurer Geschmack. Als Sublimationsprodukt, Absatz heißer Quellen, nämlich der Borsäurequellen (*Soffionen*). In den Vulkangebieten Mittel- und Süditaliens so reichlich, daß lange Zeit aus diesen Vorkommen der Bedarf an Borsäure gedeckt werden konnte; andere Vorkommen ähnlicher Art auf Kertsch, im Kaukasusgebiet, Californien, Nevada usw. — Die übrigen primären Bormineralien kommen für die Gewinnung von Borverbindungen wegen ihrer Seltenheit oder wegen ihres geringen Borgehaltes nicht in Frage.

In Toscana findet sich als Exhalationsbildung auch der monokline *Larderellit* $(NH_4)_2B_{10}O_{16} \cdot 5\,H_2O$ in Form von gelblichen Aggregaten tafeliger Kriställchen; $n\beta = 1.52$.

Als Produkt pneumatolytischer vulkanischer Exhalationen (Vesuv, Vulcano) treten auch Fluorborate auf und zwar von der oben erwähnten Art, ferner auch Silikofluoride wie z. B. der hexagonale, dünn prismatische *Malladrit* Na_2SiF_6 ($n \sim 1.31$) oder der kubische, in Oktaedern kristallisierende *Hieratit* K_2SiF_6 mit $n = 1.34$ und der damit isomorphe *Kryptohalit* $(NH_4)_2SiF_6$.

Der als Sublimationsprodukt an vielen Vulkanen (Vesuv, Aetna) zu beobachtende, aber auch auf brennenden Kohlenflözen und Kohlenhalden auftretende *Salmiak* $(NH_4)^{[8]}Cl^{[8]}$ k ist auch an Vulkanen sicherlich nicht immer rein vulkanischer Herkunft. Die Ammonium-Ionen entstehen bei vulkanischen Prozessen vermutlich auf verschiedenem Wege: Durch trockene Destillation von organischen Substanzen in bei vulkanischen Ereignissen durchschlagenen Sedimenten mit organischen Resten oder aus durch luftelektrische Entladungen aktiviertem Stickstoff in der praktisch sauerstoffreien Gaswolke über den tätigen Vulkanen; dadurch kommt es zur Bildung von Metallnitriden und aus diesen durch Wechselwirkung mit Wasserdampf zur Bildung von Ammoniak; dieser reagiert dann mit dem ebenfalls in vulkanischen Exhalationen auftretenden Chlorwasserstoff zu Ammoniumchlorid. Der Salmiak tritt meist in derben traubigen Krusten, stalaktitisch und auch in faserigen Krusten auf. Die immer nur kleinen, manchmal nach einer Achse durch Verzerrung gestreckten, kubischen xx zeigen vornehmlich die Flächen des Rhombendodekaeders {110} und des Deltoidikositetraeders {211}. Spaltbarkeit schlecht. $H = 1\frac{1}{2}$; $D = 1.53$. Weiß, gelb oder braun (Eisenchloridbeimengungen); stechend salziger Geschmack; $n = 1.643$. — Salmiak ist dimorph; oberhalb 184.3^0 hat er bei Atmosphärendruck Steinsalzstruktur (Abb. 153), unterhalb dieser Temperatur Cäsiumchloridstruktur (Abb. 188); die auftretenden xx deuten auf pentagonikositetraedrische Symmetrie, obwohl die Schwerpunkte der Cl- und NH_4-Ionen im Kristallgitter hexakisoktaedrische Gruppierung einnehmen. Die Symmetrieerniedrigung ist offenbar durch die niedriger symmetrische Anordnung der H-Bestandteile der komplexen Kationen bedingt.

b) Aluminiumsulfate.

Der *Alunit* (*Alaunstein*) $\overset{3}{\infty}$ $K\{Al_3(OH)_6[SO_4]_2\}$ kristallisiert ditrigonal skalenoedrisch. Die kleinen xx sind meist würfelähnliche Rhomboeder {10$\bar{1}$1}, seltener dünntafelig, oft krummflächig, in Drusenräumen; sonst ist der Alunit dicht, körnig oder löchrig erdig. Vollkommene Spaltbarkeit nach der Basis {0001}. H fast 4; $D = 2.7$. Meist farblos oder weiß, selten durch Verunreinigungen gelb oder rotbraun; glasglänzend, auf den Spaltflächen perlmutterglänzend; opt. +, $\omega = 1.572$, $\varepsilon = 1.592$; $\varepsilon - \omega = + 0.02$. In Salzsäure sehr schwer löslich, leichter in Schwefelsäure und Kalilauge. Alunit ist das häufigste der natürlichen Kaliumaluminiumsulfate, Hauptmineral der alunitisierten Trachyte, d. h. von tonerdereichen, vulkanischen Gesteinen, deren Feldspäte durch Einwirkung von vulkanischen Alkalisulfitlösungen in Alunit umgewandelt wurden (Tolfa bei Rom, Toscana, Insel Vulcano, Oberungarn, Oststeiermark usw.). — Lokal verwendet für die Alaungewinnung, der sich aus dem Alunit bei Behandlung mit Schwefelsäure im geglühten Zustand bildet.

Der Alunit ist ein Glied einer sehr wechselnd zusammengesetzten Gruppe von isomorphen (teilweise opt. +, teilweise opt. —) Verbindungen, die zahlreiche Vertreter in der Mineralwelt hat; diese treten besonders in den Verwitterungszonen von Erzlagerstätten auf, sind aber vielfach nur an wenige Lokalitäten gebunden. Die Struktur der skalenoedrischen Kristalle dieser Salze ist durch ein dreidimensionales Gerüst von $[SO_4]$-Tetraedern mit $[R^{III}(OH, O)_6]$-Oktaedern gekennzeichnet, in dessen Hohlräume die großen Kationen der II. Art eingebaut sind; diese brauchen nicht in der vollen Anzahl wie beim Alunit vorhanden zu sein; die Ionenvertretungen werden aus den Formeln ohneweiters klar.

Jarosit = Gelbeisenerz $K\{Fe_3(OH)_6[SO_4]_2\}$; hexagonale, undeutliche, kleine xx in Drusen, aber meist faserig schuppige, oft traubige Krusten. $H = 3\frac{1}{2}$; $D = 3.3$. Ockergelb bis schwarzbraun mit gelbem Strich; $\omega = 1.820$, $\varepsilon = 1.715$, $\varepsilon - \omega = - 0.105$. Recht verbreitet auf Brauneisenstein (S. 235), selten als pneumatolytisches Zersetzungsprodukt in Oberflächengesteinen.

Im *Natrojarosit* ist das Kalium durch Natrium ersetzt, im *Argentojarosit*, der einmal in Utah in abbauwürdigen Mengen gefunden wurde, durch Silber, im *Plumbojarosit* (Neumexiko usw.) werden 2 Kalium-Ionen durch 1 zweiwertiges Blei-Ion ersetzt. — In anderen Fällen können die SO_4-Ionen zur Hälfte durch AsO_4-Ionen ersetzt sein, z. B. im *Beudantit* $\overset{3}{\underset{\infty}{}}$ $Pb\{Fe_3(OH)_6[AsO_4SO_4]\}$; das grüne bis schwarze Mineral wird in der Oxydationszone von Erzgängen verschiedentlich gefunden, z. B. bei Horhausen in Nassau. In anderen Fällen treten als Kationen II. Art Ca-, Sr-, Ba-, Ce- und Y-Ionen auf, statt der AsO_4-Ionen können auch PO_4-Ionen alle SO_4-Ionen des Alunits ersetzen; ein solcher Ersatz der SO_4-Ionen durch höherwertige komplexe Ionen bedingt eine merkliche Härteerhöhung.

Der hexakisoktaedrische *Kalialaun* $KAl[SO_4]_2 . 12 H_2O$ ist ein Glied der wechselnd zusammengesetzten Alaunreihe, von welcher allerdings nur wenige Glieder in der Natur als Mineralien vorkommen, da sie wegen ihrer Leichtlöslichkeit in Wasser wenig bestandfähig sind. Der Kalialaun erscheint gelegentlich in krustigen Ausblühungen auf Lavagestein (z. B. Solfatara von Pozzuoli), aber auch auf brennenden Kohlen und in zersetzten Alaunschiefern; diese sind mergelige Tonschiefer mit Schwefelkiesgehalt, bei dessen Zersetzung sich Alaun neben Alunit bilden kann. H etwas über 2; D = 1.8; n = 1.456, farblos. — In faserig stengeligen Platten erscheint auch der *Ammoniumalaun (Tschermigit)* $(NH_4)Al[SO_4]_2 . 12 H_2O$ in Klüften von Kohlegesteinen, auf brennenden Kohlen und als Ausblühung an Kraterrändern (Aetna usw.).

Der *Halotrichit* $FeAl_2[SO_4]_4 . 22 H_2O$ kristallisiert monoklin und wird fälschlich als Eisenalaun bezeichnet; er ist faserig, seidenglänzend (daher wird er auch *Haarsalz* genannt), von grauweißer oder grünlicher Farbe; n = 1.49; er ist ebenfalls im Wasser leicht löslich und tritt in Vulkangebieten als Gasquellenbildung, vielfach aber auch als Verwitterungsprodukt von Schwefelkies in Kohlen- und Erzlagerstätten auf.

Der *Alunogen* oder *Keramohalit* $Al_2[SO_4]_3 . 16 H_2O$ kristallisiert ebenfalls monoklin; er bildet kleine Täfelchen oder tritt derbkörnig in traubenförmigen Krusten oder stalaktitischen Bildungen auf; auch erdig. $H = 1\frac{1}{2}$; D = 1.7; durchscheinend, weiß oder gelblich, hin und wieder (Nevada Cy in Californien) bei Kupfergehalt blau; $n\beta = 1.476$; $\gamma - \alpha = 0.009$; opt. +. — Solfatarenprodukt (Solfatara in Mittelitalien) oder häufiges Zersetzungsprodukt in schwefelkieshaltigen Tongesteinen, auch in Kohlenklüften (Böhmen, Ungarn) und auf Erzgängen (Böhmen, Ungarn, Adelaide in Australien usw.).

Der *Aluminit* $Al_2(OH)_4[SO_4] . 7 H_2O$ ist wahrscheinlich rhombisch; er bildet warzige Knollen oder nierenförmige Krusten und ist dabei erdig-schuppig ausgebildet. Leicht zerreiblich, H = 1; D = 1.7; weiß, manchmal durchscheinend; $n\beta = 1.464$; leicht löslich in Salzsäure. — Er entsteht durch Einwirkung schwefelsäurehaltiger Wässer auf Tongesteine (z. B. bei Hall in tertiären Sanden, bei Brighton).

c) Schwefel.

Schwefel $[S_8]$ [4] r, (bzw. $[S_8]$ m) kristallisiert bei Atmosphärendruck bis zu Temperaturen von 95° rhombisch-bipyramidal, bei höheren Temperaturen monoklin; das Kristallgitter des Schwefels ist ein aus achtatomigen Molekülen bestehendes Molekülgitter; die Moleküle haben nach Abb. 148 die Gestalt von tetragonalen gebuckelten Ringen. Die xx, die z. B. bei Girgenti auf Sizilien in beträchtlicher Größe in Drusenräumen der Schwefelerzgesteine gefunden werden, zeigen wie die künstlich aus Schwefelkohlenstofflösungen gezogenen xx wegen ungleicher Ausbildung der zu einer Bipyramidenform gehörigen Flächen häufig bisphenoidisches Aussehen (Abb. 149). Die Hauptform der in Wirklichkeit bipyramidalen Kristalle ist {111}, dazu kommen noch das Pinakoid {001}, die Prismen {110}, {101}, {011} und verschiedene Bipyramiden (Abb. 150). Zwillinge nach den Grundprismen und nach {111} sind selten; meist derb, körnig bis faserig oder dicht, auch mehlartig; zapfenartig oder in Knollen und Drusen. Sehr schlecht spaltbar nach verschiedenen einfachen Formen, muschelig mit fettigen Bruchflächen brechend. Sehr spröde; H unter 2; D = 2.05; frische Kristallflächen sehr lebhaft glasglänzend; reine xx durchsichtig oder durchscheinend bei gelber Farbe, bei größeren xx mit einem Stich ins Grünliche, durch Beimengung von etwas Selen manchmal orangegelb gefärbt; dichter Schwefel mit bituminösen Beimengungen graubraun bis schwarzbraun. Strich weiß, so ist auch der mehlige Schwefel gelblichweiß; sehr starke positive Doppelbrechung, die bei größeren Kristallen unmittelbar erkennbar ist; $n\alpha = 1.96$, $n\beta = 2.04$, $n\gamma = 2.24$; $\gamma - \alpha = 0.28$; $2V = 68°$; O.A.E. parallel {010}. Schmelzpunkt des rhombischen Schwefels bei Atmo-

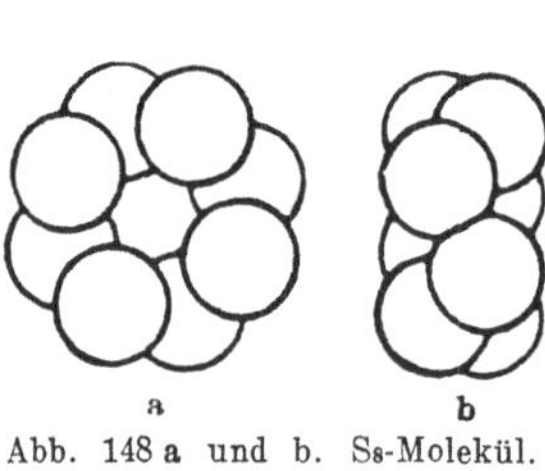

a   b

Abb. 148 a und b. S₈-Molekül.

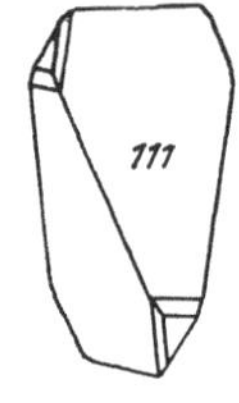

Abb. 149. Schwefel, „bispenoidischer" Kristall.

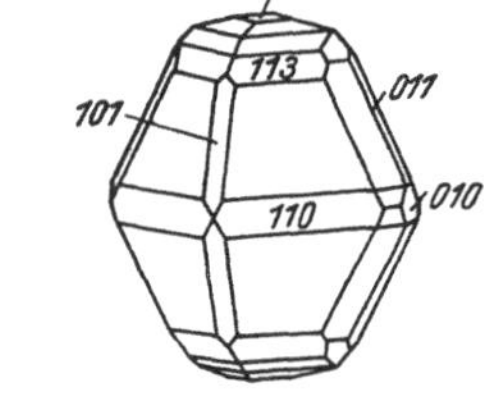

Abb. 150. Schwefel, typische Tracht.

sphärendruck 113°, des monoklinen 119°. Letzterer kann sich auch in der Natur aus vulkanischen Exhalationen und bei Kohlenbränden bilden, zerfällt aber meist bei Unterschreitung des Umwandlugspunktes rasch zu Schwefelmehl; seine xx sind leistig tafelig und können aus der Schwefelschmelze in Drusen gezogen werden, sind aber wegen Übergang in den rhombischen Schwefel bei den Beobachtungstemperaturen undurchsichtig und uneinheitlich. — Siedepunkt bei 450°; Schwefel entzündet sich aber an der Luft schon bei 270° mit blauer Flamme unter Bildung von Schwefeldioxyd. Sehr schlechter Elektrizitätsleiter, wird beim Reiben negativ elektrisch; löslich z. B. in Schwefelkohlenstoff und Chloroform, auch in rauchender Salpetersäure und in Königswasser; schlechter löslich in Petroleum; von Säuren kaum angegriffen. Unter den gewöhnlichen Druckverhältnissen kristallisiert er aus den Lösungen immer rhombisch aus, aus der Schmelze immer monoklin.

Die Bildungsbedingungen des Schwefels in der Natur sind äußerst mannigfaltig. Die Entstehung aus vulkanischen Exhalationen wurde schon oben kurz erwähnt; darauf sind größere Schwefelansammlungen an verschiedenen Stellen in Süditalien (z. B. Insel Vulcano), größere Vorkommen in Californien, in Japan, Chile usw. zurückzuführen. Sie werden lokal für die Schwefeigewinnung verwertet; auch Abscheidungen aus hydrothermalen Schwefelquellen sind nicht selten; manchmal zusammen mit Zinnober (Californien). Ein seltenes Phänomen stellen Ausflüsse von großen Mengen geschmolzenen Schwefels aus Vulkankratern dar (Neu-Seeland, Chile, besonders am Siretoko Iôsan Vulkan in Japan); diese Ausflüsse kommen dadurch zustande, daß früher im Kraterbereich in großen Mengen abgeschiedener Exhalationsschwefel durch aufdringende heiße Lösungen aufgeschmolzen wird. — Als Umwandlungsprodukt aus sulfidischen Erzen vielerorts, aber bedeutungslos. — Die Hauptmasse des natürlichen Schwefels ist sedimentärer Entstehung; entweder wird er durch die sulfatreduzierenden Bakterien aus Sulfaten gebildet oder durch die reduzierende Wirkung organischer Substanzen aus diesen; dabei bildet sich z. B. aus Calciumsulfat zuerst Calciumsulfid und dieses liefert bei Einwirkung kohlensäurehaltiger Wässer Schwefel und Calciumkarbonat, welch letzteres sich als Calcit oder Aragonit abscheidet; ebenso führt die Zersetzung organischen Schwefelwasserstoffes durch die oxydierenden Schwefelbakterien zur Bildung von Schwefel neben Wasser; das Zusammenvorkommen von Sulfatsalzen, Erdöl und Schwefel zeigt, daß die ungesättigten Kohlenwasserstoffe des Erdöls in Berührung mit oberflächennahen Sulfatlösungen diese zu Schwefelwasserstoff reduzieren, der dann wieder unter Mitwirkung des Luftsauerstoffes in Schwefel und Wasser übergeht; freilich verfällt an der Erdoberfläche dieser Schwefel sehr bald wieder der Oxydation unter Sulfatbildung, sodaß sich dieser Prozeß in Verbindung mit den aufsteigenden Kohlenwasserstoffen immer wieder wiederholt; Schwefellagerstätten größeren Umfanges können auf diese Weise nur dann entstehen, wenn der einmal gebildete Schwefel nach der Abscheidung durch Sedimentbedeckung vor Oxydation geschützt wird; arides Klima begünstigt diesen Prozeß der Schwefellagerstättenbildung. Zu diesen sedimentären Schwefellagerstätten, in welchen der Schwefel in Form von Lagern, Bänken, Nestern, Kluftgängen usw. in den Sedimenten auftritt, gehören alle wichtigen Schwefellagerstätten der Welt: Caltanisetta und Girgenti in Mittelsizilien; es handelt sich hier um miozäne Mergel mit Gips, Coelestin, Kalkspat und Aragonit; kleinere Vorkommen ähnlicher Art gibt es noch in der Romagna und in Kalabrien, in Oberschlesien, Spanien, Rußland usw.; die Schwefeldome in Texas und Louisiana, die seit einem Jahrhundert bekannt sind, aber wegen der Abbauschwierigkeiten erst seit 1910 ausgebeutet werden und heute rund 90% der Weltschwefelproduktion liefern, bergen den Schwefel oberhalb von liegenden Salzstöcken mit Dolomit und Gips zusammen; aus diesen Schwefeldomen wird der Schwefel durch Ausschmelzen unter Einführung überhitzten Wassers und Herauspressen mit Hilfe von Druckluft gewonnen, während der auf Sizilien rein bergmännisch als 20—40%iges Schwefelerz in festem Zustand gefördert wird; weitere große, neuentdeckte Vorkommen ähnlicher Entstehung im indisch-pakistanischen Grenzgebiet.

Der Weltjahresbedarf an Schwefel beläuft sich auf 4 bis 5 Millionen Tonnen. Der Schwefel findet ausgedehnte Verwendung für die Herstellung von Sulfitlaugen in der Papierindustrie, dann in der Farbenindustrie, Feuerwerkerei, Kautschukindustrie (Vulkanisieren), Sprengmittelindustrie, Teerindustrie (als Härtungsmittel), ferner, wegen seiner keimtötenden Wirkung, z. B. zum Reinigen von Fässern und für Bleichzwecke in der Textilindustrie.

Verwitterungs- und Sedimentationsmineralien.

Unter dem Einfluß der an der Erdoberfläche wirksamen, mannigfaltigen Faktoren verfallen die Gesteine und Mineralien der Zersetzung, die man allgemein als *Verwitterung* bezeichnet. Physikalisch-klimatische Faktoren führen einmal zu einer Auflockerung der festen Gesteinsverbände und so schließlich zur Überführung derselben in den lockeren, groben Gesteinsschutt und schließlich in den feinkörnigen bis pulverigen Gesteinsgrus. Der Transport des eckigen Gesteinsschuttmateriales durch Abrutschen von den Bergen und durch die Mitwirkung der Oberflächenwässer, aber auch der Gletscher und des Windes, führt zu einer zunehmenden Rundung und Verkleinerung der Teilchen und zu ihrer Überführung in *Schotter* (Teilchengröße über 1 cm), *Kies* (Teilchengröße 1—10 mm), *Sand* (Teilchengröße 0.1—1 mm) und *Schlamm* (Teilchengröße unter 0.1 mm). Während des Transportes werden die Teilchen nach ihrer Größe, Gestalt und ihrem spezifischen Gewicht sortiert. Dies führt zu einer Sonderung der chemisch und mechanisch widerstandsfähigen, spezifisch schweren Bestandteile von den weniger widerstandsfähigen und spezifisch leichteren, ebenso zu einer Sonderung der kugeligen Teilchen von den flachschuppigen; durch diese Vorgänge allein treten im Zuge der Verwitterung und des anschließenden Transportes schon weitgehende Stoffsonderungen und Stoffkonzentrationen ein, insofern als Mineralien, die ursprünglich in den magmatischen Gesteinen vereinigt waren, mehr oder weniger vollständig voneinander getrennt werden, wie überhaupt die Natur, die besonders bei den hochtemperierten Kristallisationen aus dem Schmelzfluß viel stofflich Verschiedenes unter kristallchemischen Gesichtspunkten zusammenwirft (man beachte besonders die früher immer wieder erwähnten, oft hoch komplizierten Mischkristallbildungen), im Verwitterungswege sich analytisch betätigt und chemisch einfach zusammengesetzte Stoffaggregationen von oft hohem Reinheitsgrad bildet; so kann z. B. der Quarz auf diese Weise in äußerst reiner Form als Quarzsand angesammelt werden, ebenso können sehr reine Ansammlungen von wasserreichen Tonsilikaten und vielen anderen Mineralsubstanzen im Verwitterungswege entstehen; andererseits werden z. B. in den mannigfaltigen *Seifen*, meist neben Quarzsand, widerstandsfähige, körnige, spezifisch schwere, wertvolle Mineralien in im Vergleich zu den ursprünglichen Gesteinen oft sehr bedeutenden und damit erst ausbeutungswürdigen Konzentrationen angesammelt; man denke z. B. an die wertvollen Edelmetallseifen, Edelsteinseifen, Monazitseifen, Zinnsteinseifen, Wolframitseifen und Diamantseifen; die Gewinnung mancher Mineralien (z. B. Monazit) wird überhaupt erst durch diese von der Natur dem Menschen vorsorglich abgenommene Aufbereitung und damit verbundene Scheidung vom im Ursprungsgestein überreichen, tauben Material möglich.

Parallel mit dieser mechanischen Aufbereitung der an der Erdoberfläche liegenden Gesteine geht die chemische; diese vollzieht sich im wesentlichen unter dem Einfluß der kohlensäurehältigen Oberflächenwässer in Verbindung mit der oxydierenden Wirkung des Sauerstoffes: Einfache Hydratisierung (z. B. Überführung von Hämatit Fe_2O_3 in Brauneisenstein $Fe_2O_3 . H_2O$), Oxydation (z. B. von Sulfiden unter Bildung von Schwefelsäure und Sulfaten, Bildung von Ferriverbindungen an Stelle von ursprünglichen Ferroverbindungen); Auslaugung unter Wasseraufnahme und chemische Umsetzungen komplizierterer Art laufen meist in enger Verbindung nebeneinander und mit der mechanischen Zerstörung einher; hieher gehören jene Verwitterungserscheinungen, die in den Erzlagerstätten zur Bildung des „Eisernen Hutes" (S. 226), in den Salzlagerstätten zur Bildung des „Salzhutes" (S. 189) führen. — Die Auslaugungsprozesse sind wohl von größter Bedeutung. Der Auslaugung, d. h. der Aufnahme von Stoffbestandteilen der ursprünglichen Gesteine in die Verwitterungslösungen verfallen im allgemeinen zuerst die größeren, niedrigwertigen Kationen in der Reihenfolge: $K^{\cdot}$, $Na^{\cdot}$, $Ca^{\cdot\cdot}$, $Mn^{\cdot\cdot}$, $Fe^{\cdot\cdot}$ nach Übergang in $Fe^{\cdot\cdot\cdot}$, $Mg^{\cdot\cdot}$. Als Rückstand verbleiben auf diese Weise wasserhaltige Tonsilikate und unter besonderen Bedingungen Tonerdehydrate, in Erzlagerstätten neben Quarz und den widerstandsfähigen Seifenmineralien mannigfaltige Verbindungen, z. B. Eisen- und Manganhydroxyde, Karbonate, unlösliche Sulfate, Phosphate usw. vieler Schwermetalle und gediegene Edelmetalle. Die gelösten Anteile werden von den Verwitterungslösungen fortgeführt, die Rückstände bleiben entweder an Ort und Stelle (in situ) oder werden, wie schon erwähnt, ebenfalls abtransportiert; nach ihrer Ansammlung in lockerer Form stellen sie die verschiedenen *Rückstandssedimente* (*mechanische* oder *klastische* Sedimente) dar. Die ausgelaugten Teile werden aus den Verwitterungslösungen nach längerem oder kürzerem Transport, der Masse nach erst im Bereich des Meeres oder von abflußlosen Seen ausgeschieden (*Ausscheidungssedimente*). Eine solche Ausscheidung erfolgt entweder auf rein anorganischem Wege (*chemische Sedimente*), z. B. durch Abscheidung von Kalkspat an Quellaustritten unter Ausschüttlung der im Quellwasser gelösten Kohlensäure, oder durch Zusammentreffen verschieden zusammengesetzter Verwitterungslösungen und damit verbundene Fällungsprozesse (z. B. Zusammentreffen von löslichen Bariumsalzen mit durch Verwitterung von Schwefelkies entstandenen Sulfatlösungen, was zur Ausfällung von Schwerspat führt) oder schließlich durch Verdunstung des Lösungsmittels entweder unter bestimmten Bedingungen im Festlandsbereich oder durch Verdunstung von Meerwasser; in anderen Fällen erfolgt die Ausscheidung unter Mitwirkung der Organismen oder ihrer Verwesungsreste oder es handelt sich überhaupt um Ansammlungen von rein den Organismen entstammendem Material (*organogene Sedimente*); nicht selten sind Prozesse beider Arten nebeneinander an Sedimentbildungen beteiligt, wobei die einen oder die anderen überwiegen können (gemischt *organogen-anorganogene Sedimente*).

Besonders die klastischen Verwitterungsrückstände werden von den transportierenden Agentien meist in ganz lockerer Form abgelagert, sodaß es oft schwer fällt, sie als Gesteine anzusprechen. Aber dieser Zustand bleibt im allgemeinen nicht allzulange bestehen. Es tritt eine Verfestigung des lockeren Materiales, teils unter dem Einfluß der Druckeinwirkung weiterer Sedimentauflagen, teils durch Ausfällung von Bindestoffen verschiedener Art aus den Verwitterungslösungen ein. Kalkskelettansammlungen werden so zu *Kalksteinen*, die lockeren Sande zu *Sandsteinen* (bei höheren Gehalten an mehr oder weniger frischem Feldspat zu *Arkosen*), die Ansammlungen von Tonpartikelchen zu *Schiefertonen*, Gerölle zu *Konglomeraten*, eckiger Gesteinsschutt zu *Breccien* usw. Diese Vorgänge der Wiederverfestigung von Sedimenten an oder nahe der Erdoberfläche, d. h. unter den an der Erdoberfläche wirkenden Temperatur-Druckbedingungen bezeichnet man als *Diagenese;* durch Wechselreaktionen zwischen den Bestandteilen der Sedimente, Entwässerungsvorgänge usw. kommt es auch bei der Diagenese zu Mineralneubildungen in Sedimenten; jedoch halten sich diese im allgemeinen in engen Grenzen.

A. Rückstandssedimente.
(einschließlich Verwitterungs-Rückstände und -Neubildungen).

Außer den Sanden und den Seifenmineralien, die im Zusammenhang mit ihren primären Vorkommen behandelt wurden, sind hier vor allem die Zersetzungsprodukte der Tonerde- und Magnesiumsilikate zu nennen. Bei diesen Zersetzungsvorgängen auftretende Mineralneubildungen sind allerdings nur in seltenen Fällen reine Rückstände (wie z. B. die baueritisierten Glimmer); meist ist die vorgeschrittene Auslaugung mit einem vollständigen Zerfall der Kristallgebäude der ursprünglichen Silikate verbunden und auch an Ort und Stelle erfolgt der Neuaufbau der Rückstandsmineralien erst durch neuerliche Reaktionen zwischen der in kolloidale Lösungen übergegangenen Kieselsäure, den Tonerdehydroxydgelen usw. unter Mitwirkung des Wassers und gewisser, teilweise nur katalytisch wirkender Faktoren organischen Ursprungs (Humussäuren usw); sie wären in diesem Sinne zu den Ausscheidungssedimenten zu stellen. Von den Verwitterungssilikaten wurde der *Kaolinit*, der auch hydrothermaler Entstehung sein kann, als wichtigstes Tonmineral schon genannt (S. 148); bei dieser Gelegenheit wurde auch erwähnt, daß die Kaolingesteine neben dem Kaolinit auch noch andere Tonsilikate enthalten; in vielen Fällen wiegen diese vor (Lit B 3):

Weit verbreitet in den Tonsedimenten ist z. B. der *Montmorillonit* $\overset{2}{\infty}\{(OH)_2(Al, Mg)_2{}^{[6]}[(Si, Al)_4O_{10}]\} . H_2O$ m. Er gibt das selbständige Wasser bei 150^0 ab und kann strukturell als Hydrat des Pyrophyllites (S. 147) aufgefaßt werden; ihm ist er im Aufbau der Schichten analog (Abb. 23); jedoch sind zwischen die einzelnen, elektrisch ausgeglichenen Schichten Lagen von neutralen Wassermolekülen eingelagert. Die Montmorillonite enthalten aber an Stelle von Al‴ stets nicht unbeträchtliche Mengen von Mg˙˙; Mg-arme Montmorillonite mit starkem Ersatz von Si durch Al werden als *Beidellit* bezeichnet, Zn-reiche (bis 30% ZnO!) als *Sauconit* (Pennsylvanien, Arkansas, Wisconsin); Al auch partiell durch Fe ersetzt; ferner enthalten die Montmorillonite noch Ca, Na und K in kleineren Mengen; diese größeren Kationen sind an Stelle von Wassermolekülen zwischen die Silikatschichten eingelagert, wenn diese infolge des Ersatzes von Al‴ durch Mg˙˙ kleine, elektronegative Überschußladungen aufweisen. In diesem Sinne kann der Montmorillonit auch als Hydromuskovit betrachtet werden nach der Formel (Ca, Na, K, H_2O) $\{(OH)_2(Al, Mg)_{2-3}{}^{[6]}[Si_4O_{10}]\}$ [1]). Eine Besonderheit vieler Montmorillonite besteht darin, daß der Abstand der Schichten in den Kristalliten wechselt; dies hängt damit zusammen, daß Wassermoleküle in wechselnder Anzahl von Lagen zwischen die Silikatschichten eintreten können; der obigen Formel entspricht eine einzige Lage von Wassermolekülen zwischen den Schichten; viele Montmorillonite vermögen aber unter Quellung, d. h. unter weitgehender Distanzierung der Silikatschichten recht beträchtliche Mengen von Wasser

---

[1]) Über die weitverbreiteten, aber schlecht definierten, den Übergang zum Muskovit bildenden feinstschuppigen Tonsilikate *Hydromuskovit* und *Illit* vgl. S. 51.

zusätzlich aufzunehmen und bei Temperaturerhöhung oder auch beim Trocknen an der Luft wieder abzugeben. Bei oberflächlicher Betrachtung erscheinen die Montmorillonite amorph, da sie fast stets kryptokristallin sind; sie bilden wechselnd feste, leicht zerreibliche, bei Wasseraufnahme nicht plastisch werdende Massen von schmutzigweißer bis gelblicher Farbe. Opt. —. n_β je nach der Zusammensetzung zwischen 1.50 und 1.525, $\gamma-\alpha$ um 0.025 [1]); 2 V um 15°, Brechungswerte beim Beidellit höher. Das Zwischenschichtwasser geht bei $200 \pm 50°$ verloren, das Hydroxylwasser unter Zusammenbruch des Gitters bei etwa 600°. — In Verwitterungsböden ist M.—B. reichlich vorhanden, als hydrothermale Solfatarenbildung ziemlich selten.

Als *Bentonit* bezeichnet man montmorillonitreiche Tone, die durch Verwitterung vulkanischer Tuffe entstanden sind; sie treten besonders reichlich in den USA auf und werden dort in hunderttausenden von Tonnen jährlich abgebaut. — Für keramische Zwecke eignet sich der Montmorillonit trotz seiner starken Plastizität weniger, da er unter anderem wegen seines Quellvermögens nach dem Formen beim Brennen unter Wasserabgabe viel stärker schwindet als der Kaolin; viel mehr wird er zum Filtrieren und Entfärben von Ölen, für Bohrspülungen, in der Farbenindustrie usw. verwendet. — Synthetisch wurde der Montmorillonit unter tiefthermalen Bedingungen aus kolloidalen Lösungen von Kieselsäure und Aluminiumoxydhydrat, die schwach alkalisch reagieren, dargestellt; aus stark alkalischen derartigen Lösungen entstehen unter ähnlichen Bedingungen zeolithische Substanzen.

Der *Nontronit* (vgl. S. 150) ist der Hauptsache nach wohl ein Montmorillonit mit fast vollständigem Ersatz von Al''' durch Fe'''; er ist dicht, mikroskopisch feinfaserig, muschelig brechend, gelartig; D ungefähr 2.3; gelb bis grün; n_β um 1.6; $\gamma-\alpha \sim -0.03$; schwer schmelzbar; in Säuren zersetzlich. Als Zersetzungsprodukt eisenhaltiger Silikate weit verbreitet, ebenso wie der grüne *Chloropal (Unghvarit)*, der ein Gemenge von Nontronit mit Opalkieselsäure darstellt.

Dem Montmorillonit ähnlich ist der *Rectorit* $\frac{2}{\infty}\{(OH)_2 Al_2^{[6]}[(Si, Al)_4 O_{10}]\}$. (H_2O, Na); in seiner Struktur folgen 2 Pyrophyllitschichten unmittelbar aufeinander; diese Schichtenpaare werden durch aus 2 H_2O-Lagen bestehende Wassermolekülschichten (mit geringfügigem Ersatz von H_2O durch Na) ähnlich wie die Einfachsilikatschichten bei den Vermiculiten (S. 54) untereinander verbunden; das bedingt eine etwa 20-prozentige Vergrößerung der c-Konstante des Elementarkörpers gegenüber Pyrophyllit.

Der meist weiße oder braune, sich fettig anfühlende *Bol (Bolus)* besteht vorwiegend aus Montmorillonit und Halloysit, die braune Farbe stammt vom beigemengten Eisenoxydhydrat; er wird wegen seiner Aufsaugfähigkeit in der Medizin bei Darmerkrankungen verwendet; ähnlich ist die *türkische Umbra* und die *Gelberde*. Auch die *Walkerde (Smektit)*, die wegen ihrer Absorptionswirkung zum Entfetten (Walken) von Geweben und zum Reinigen von Ölen verwendet wird, ist ein Gemenge der genannten Tonsilikate; sie entsteht durch Verwitterung basaltischer und gabbroider Gesteine (einschließlich vulkanischer Aschen) und ist manchmal zu Sedimentschichten zusammengelagert (Westerwald, Rotwein in Sachsen usw.). Es gibt noch viele andere Farberden und sonstige Nutzerden, die die verschiedensten Namen führen und die wie die gewöhnlichen Böden in großem Umfange Montmorillonit enthalten; alle diese Mineralgemenge sind als verlagerte oder (seltener) unverlagerte Verwitterungsgesteine aufzufassen.

Der früher als Bestandteil von Erden genannte *Halloysit* $\frac{2}{\infty}(OH)_4 Al_2$ $[Si_2O_5] . 2 H_2O$ m ist manchmal knollig ausgebildet, im allgemeinen erdig. H etwas über 1; D bis 2.2; mit glänzendem Strich wie Bolus; meist grau-

---

[1]) Bei künstlich entwässerten Mten. liegen Brechung und Doppelbrechung wesentlich höher ($n\beta \sim 1.58$, $\gamma-\alpha$ um 0.035; vergl. Pyrophyllit, S. 147).

weiß, auch grünlich oder bläulich; feinstschuppig, scheinbar amorph; Schüppchen zu hohlen Röhrchen zusammengerollt (siehe Chrysotil, S. 140). n um 1.535, H etwa 2; D = 2.6; schwerst schmelzbar, unlöslich in Säuren. Er stellt ein Hydrat des Kaolinits (S. 148) dar, insoferne als sich zwischen die Kaolinitsilikatschichten Lagen von Wassermolekülen einschieben; dieses Wasser entweicht bei 50°; dadurch geht der Halloysit in den *Metahalloysit* über, der die Zusammensetzung und Struktur des Kaolinits hat; jedoch sind die Schichten ungeregelt übereinandergelagert [1]); dabei rollen sich die Röhrchen auf und n steigt auf 1.55.

Als *Allophan* bezeichnet man bei der Verwitterung sich bildende, wasserhaltige Tonerdesilikate im Gelzustand und von wechselnder Zusammensetzung; von den einstmals zahlreich beschriebenen Vorkommen ist nicht mehr viel übriggeblieben, weil sich, wie in so vielen anderen Fällen, bei der Röntgenuntersuchung gezeigt hat, daß auch diese mikroskopisch amorphen Allophansubstanzen in Wirklichkeit kryptokristallin sind und aus den schon genannten kristallinen Tonsilikatkomponenten bestehen. Der wirklich amorphe Allophan zeigt ein recht wechseindes Verhältnis von SiO_2 zu Al_2O_3 und recht schwankende Wassergehalte; häufig ist er noch durch Fremdsubstanzen verunreinigt. Er ist schwerst schmelzbar, im allgemeinen in Säuren leicht löslich, zerfällt im Wasser bröselig, wird teilweise auch mit Wasser plastisch verformbar. Der K- und Ca-Gehalt beruht im wesentlichen auf der Absorptionsfähigkeit der kolloidalen Teilchen. In den lehmig-tonigen Böden sind solche Substanzen neben kryptokristallinen Tonsilikaten zweifellos noch weit verbreitet; manchmal bildet der Allophan einheitliche, traubig stalaktitische, opalähnliche Krusten mit einer Härte von etwa 3 und einer Dichte von nicht ganz 2; n um 1.47; weiß, häufig auch türkisblau oder himmelblau. Phosphatreiche Allophane wurden in Bolivien, Nordcarolina und Indiana gefunden.

Welches der verschiedenen Tonsilikatmineralien sich in der Natur auf hydrothermalem oder *epigenem* (sedimentärem) Wege bildet, ist also abhängig von der Alkalikonzentration, dem p_h-Wert der Lösung und von der Temperatur. W. Noll konnte im Wege der Synthese folgendes feststellen:

Kaolin entsteht bei der Reaktion zwischen Tonerde- und Kieselsäurehydraten unterhalb 400° in neutralen, alkalifreien oder in sauren, alkalihaltigen Lösungen.

Montmorillonit entsteht aus alkalihaltigen, alkalischen Lösungen; bei höherer Na-Konzentration bilden sich aus solchen Lösungen daneben noch Na-Zeolithe, besonders Analcim.

Pyrophyllit entsteht aus kieselsäurereichen Lösungen unter ähnlichen Bedingungen wie Kaolin, aber bei Temperaturen von 400° aufwärts.

Sericit entsteht aus alkalischen Lösungen bei entsprechender K-Konzentration.

Ein derbes, feinnadeliges, rhombisches, wasserhaltiges Magnesiumaluminiumsilikat ist der sich fettig anfühlende *Saponit (Seifenstein, Kerolith)*; er ist meerschaumähnlich, haftet aber an der Zunge nicht; Zusammensetzung und Struktur (?) ähnlich Montmorillonit $\overset{2}{\underset{\infty}{}} \{(OH)_2(Mg, Al)_3[(Si, Al)_4O_{10}]\} \cdot H_2O$; Verwitterungsprodukt von Serpentingesteinen (z. B. Cornwall).

Meerschaum (Sepiolith). Die Umsetzung des Olivins Mg_2SiO_4 geht zunächst auf hydrothermalem Wege unter Verarmung an Mg zu Serpentin $(OH)_4Mg_3Si_2O_5$ (S. 34) und dann weiter im Wege der Verwitterung unter fortgesetzter Mg-Abgabe und Wasseraufnahme zum Meerschaum $(OH)_4Mg_2Si_3O_6 \cdot 2 H_2O$ (?) vor sich. Die erdig-knolligen Massen, teilweise noch in Serpentin eingesprengt, erweisen sich im mikroskopischen Bild als hetero-

---

[1]) In der neueren amerikanischen Literatur wird nun bedauerlicherweise häufig der Halloysit als *Endellit*, der Metahalloysit als Halloysit bezeichnet.

gen, teilweise (α-Sepiolith) als feinstkristallin-faserig (rhombisch), teilweise (β-Sepiolith) anscheinend amorph. Die flach muschelig brechenden Knollen sind wenig härter als 2 und haben eine Dichte von 2, wegen ihrer Porosität schwimmen sie aber in trockenem Zustand auf Wasser. Im angefeuchteten Zustand seifig und weicher, stark an der Zunge klebend. Weiß, gelblich oder grau, seltener rötlich oder grünlich. α-Sepiolith mit positivem Charakter der Faserrichtung; $n_\beta = 1.52$; $\gamma - \alpha = 0.01$. β-Sepiolith mit $n = 1.52$. Beim Erhitzen schrumpft der Meerschaum und wird meist schwarz; er schmilzt (wieder weiß geworden) aber schwer und wird von Salzsäure unter Abscheidung gallertartiger Kieselsäure zersetzt. Ein Teil des Wassers wird beim Erhitzen hartnäckig festgehalten. — Gelegentlich mit Opal und Gelmagnesit in Klüften von Serpentingesteinen oder im Verwitterungsschutt von solchen Gesteinen. Das einzige wichtige Vorkommen liegt bei Eski Schehir in Kleinasien; unbedeutende Vorkommen bei Brussa, bei Theben in Griechenland, auf der Insel Negroponte, Hrubschitz in Mähren, Kraubath in Steiermark, mehrfach in Pennsylvanien usw. — Wird zur Herstellung von kunstgewerblichen Gegenständen, besonders von Rauchrequisiten verwendet.

Chemisch verwandt mit dem Meerschaum sind die wenig gut definierten Mineralien der *Palygorskit*gruppe; sie sind viel wasserreicher und enthalten an Stelle von Mg viel Al. Die Palygorskite bilden in der Regel verfilzte Faseraggregate von oft kork- oder lederähnlichem Aussehen (*Bergkork, Bergleder*); Härte gering; meist schmutzigweiß oder grau; Lichtbrechung (um 1.55) und Doppelbrechung (∼ 0.02) gering. Leicht zu farblosem bis gelblichem Glas schmelzend; in Säuren zersetzlich. — Weit verbreitet, aber selten gehäuft, als in der Verwitterungszone auftretende Verdrängungsprodukte von verschiedenen Mineralien (so z. B. in Pseudomorphosen nach Kalkspat) auf Erzgängen, in Kalksteinen, Dolomiten, Mergeln und meist sauren Tiefengesteinen und Gneisen.

Xylotil (Bergholz) ist dem Palygorskit ähnlich, enthält aber anstatt Al viel Fe′′′; gelb bis braun, oft holzähnlich; nicht selten auch an Serpentingesteine gebunden.

Ebenfalls den Palygorskiten ähnlich ist der dichte, nach dem elektronenmikroskopischen Bild faserige, monokline *Attapulgit* von der Zusammensetzung $(OH)(Mg, Al, Fe)_2Si_4O_{10} \cdot 4\,H_2O$. Seine Struktur ist gekennzeichnet durch entlang der Z-Achse verlaufende Doppelketten von SiO_4-Tetraedern, die aber miteinander zu Gerüsten mit weitlumigen Kanälen zusammengefügt sind, die sich zur Einlagerung von Wassermolekülen, aber auch zur Aufnahme von organischen Langkettenmolekülen eignen. Attapulgit ist Hauptbestandteil der sogenannten Fullererden (bei Mormoiron i. Frankreich, besonders in Georgia), die ähnlich wie die Walkerde als Bleich- und Klärtone in der Ölindustrie Verwendung finden.

Zusammen mit diesen wasserhaltigen Magnesiumsilikaten tritt in den Serpentinen (z. B. Kraubath in Steiermark und Hrubschitz in Mähren) auch der *Hydromagnesit* $(OH)_2Mg_5[CO_3]_4 \cdot 4\,H_2O$ auf. Er kristallisiert rhombisch bipyramidal. Feinstrahlig oder knötchenartige Gebilde auf Serpentinkluftflächen. H über 3; D = 2.2. Weiß, opt. +; $n_\beta = 1.53$; auch in Kontaktdolomiten (Predazziten) pseudomorph nach Brucit (S. 206). — Ebenso trifft man auf Kluftflächen von Serpentingesteinen den weißen, radialfaserigen, in oft aus langen, feinen Nadeln bestehenden, radialstrahligen Aggregaten auftretenden *Artinit* $(OH)_2Mg_2[CO_3] \cdot 3\,H_2O$. Er kristallisiert monoklin domatisch, ist opt. —; D etwas über 2; $n_\beta = 1.534$; das Mineral ist nicht sehr verbreitet, es wird zusammen mit Asbest im Val Brutta im Veltlin, mit Hydromagnesit bei Kraubath in Steiermark und an verschiedenen Orten in den USA. gefunden.

Die Verwitterung der Alumosilikate der magmatischen Gesteine, aber auch von Sedimentgesteinen und kristallinen Schiefern, führt unter ariden Bedingungen nicht zur Bildung von Tonsilikaten, sondern zur Bildung von mehr oder weniger reinen Tonerdeoxydhydraten. In Trockengebieten wandern nämlich die alkalischen Verwitterungslösungen bei geringer Zufuhr von atmosphärischen Wässern nicht rasch genug ab, sondern sie konzentrieren sich und wirken dabei auf die bei der Verwitterung entstehenden Aluminiumhydroxydsole ebenso auf Eisenhydroxyd, Titansäure usw. ausfällend, während die bei der Verwitterung entstandenen Kieselsäuregele in Lösung genommen werden und in die tieferen Schichten wandern, um dort allmählich in Form von Opalkieselsäure zur Ausscheidung zu kommen. Auf diese Weise kommt es zu einer weitgehenden Trennung der Basen von der Kieselsäure. Die hydroxydischen Fällungsprodukte stellen als vielfach rezente Bildungen die oft sehr eisenreichen *Laterite* der Wüstengebiete dar, als fossile Bildungen die eisenarmen bis eisenreichen *Bauxite*. In beiden Fällen handelt es sich um Gesteine, die aus teils kolloidalen, teils kryptokristallinen Gemengen verschiedener Hydroxyde neben untergeordneter Kieselsäure bestehen; die Hauptbestandteile der Bauxite und Laterite sind: $AlO(OH)$, $Al(OH)_3$, $Fe(OH)_3$, $TiO_2 . x\,H_2O$, etwas Manganhydroxyd und etwas Kieselsäurehydrat; dazu kommen noch zeolithische Substanzen.

$\overset{2}{\underset{\infty}{}} [Al^{[6]}(OH)_3]\,m$ wurde als *Hydrargillit* schon unter den hydrothermalen Mineralien behandelt (S. 152); dieses Mineral stellt aber auch einen wichtigen Bestandteil der aus Silikatgesteinen entstandenen Bauxite dar.

Das zweite Aluminiumhydroxyd der leichtmetamorphosierten Bauxite ist der *Diaspor* $AlO(OH)\,r$; er kristallisiert rhombisch bipyramidal, die xx sind dicktafelig entwickelt nach $\{010\}$, sonst ist er blättrig-stengelig, in Bauxiten dicht. Sehr vollkommen spaltbar nach $\{010\}$ und sehr spröde. H fast 7; D um 3.4. Perlmutterglänzend auf den Spaltflächen, sonst glasglänzend; durchsichtig oder durchscheinend, farblos, nicht selten auch violett. $n_\beta = 1.72$; $\gamma - \alpha = 0.05$; $2\,V = 84^0$. Isomorph mit dem Goethit $FeO(OH)$ (S. 235) und dem Manganit $MnO(OH)$ (S. 273). Mit 85% Al_2O_3 ist der Diaspor noch tonerdereicher als der Hydrargillit mit 66% Al_2O_3. Er ist sehr schwer schmelzbar, erst in geglühtem Zustand in heißer Schwefelsäure löslich. Mit Kobaltnitratlösung geglüht wird er wie der Hydrargillit lebhaft blau. xx in kristallinen Schiefern und Tonerdekontaktgesteinen, z. B. neben Korund im Dolomit von Campolongo im Tessin, mit Disthen am Greiner in Tirol, mit Smirgel auf Naxos, kontaktmetamorph in Marmoren in der Mandschurei. Gelegentlich auch in Klüften von tonerdereichen Gesteinen (korundführende Chloritoidschiefer von Kessoibrod im Ural usw.); in dichter Form wichtiger Bestandteil vieler Bauxite, vor allem der härteren Kalkbauxite.

Boehmit ist eine zweite, ebenfalls rhombische Modifikation von $Al_2O_3 . H_2O$; er bildet in Bauxiten mikroskopische Täfelchen und ist isomorph mit dem entsprechenden Eisenhydroxyd, dem Rubinglimmer (S. 236).

Ein weiterer Bestandteil ähnlicher Zusammensetzung in den Bauxiten ist das *Alumogel* $Al_2O_3 . x\,H_2O$; wenn rein, dann weiß und recht weich; in Bauxiten oft oolithisch und mehr oder weniger vollständig in kristallines Hydrat übergegangen.

Unter den Bauxiten sind der Herkunft nach zwei Arten zu unterscheiden:

1. *Silikatbauxite (Laterite)*. Sie sind durch Zersetzung tonerdereicher Silikatgesteine der verschiedensten Art entstanden und meist reich an Eisenoxydhydraten, daher für die Aluminiumgewinnung nicht sehr wertvoll; zwischen ihnen und aluminiumarmen Brauneisensteinen, die ebenfalls durch Zersetzung von basischen Silikatgesteinen entstanden sein können (Lateriteisenerze), gibt es alle möglichen Übergänge; hier wären besonders die durch Zersetzung von Basalten entstandenen

eisenreichen Bauxite vom Vogelsberg zu nennen; ferner zählen hieher auch die thermal zu Bauxit zersetzten, nephelinreichen Gesteine (Nephelinsyenite) von Arkansas.

2. *Kalkbauxite* (Bauxite i. e. S.). Sie sind Verwitterungsrückstände von unreinen Kalksteinen und treten in Mulden und sonstigen Hohlräumen solcher Kalksteine auf, sind aber häufig von dort abtransportiert und in Lagern gesammelt. Hieher gehören die wertvollen Bauxitvorkommen, z. B. von Beaux in Südfrankreich, aus dem Karst und Apennin, von Südsiebenbürgen, Georgia und Alabama; ferner sind hiezu die mit den Namen *Roterde* oder *Terrarossa* bezeichneten relativ jungen Kalkverwitterungsrückstände zu zählen.

Zur technischen Verwendung gelangen im Tagbau abgebaute Bauxite, die arm an Kieselsäure sind und mindestens 50% Al_2O_3 enthalten. Aus Bauxit werden in großem Umfange Tonerde, andere Aluminiumverbindungen und vor allem metallisches Aluminium hergestellt; als zweiter Rohstoff ist dazu noch billiger elektrischer Strom nötig, vor allem Wasserkraftstrom. Deshalb hat sich die Aluminiumgewinnung vielfach in Gebiete verlagert, denen der billige Bauxit erst von weit her zugeführt werden muß. Beträchtliche Mengen von Bauxit werden auch für die Herstellung des schnell härtenden Elektrozementes verwendet, dafür ist auch eisenreicher Bauxit, bei dem sich die Tonerdegewinnung nicht mehr recht lohnt, benutzbar. Ferner wird aus Bauxit durch Brennen in bedeutendem Umfang künstlicher Smirgel als Schleifmaterial hergestellt. Vor allem mit dem enormen Ansteigen der Aluminiumgewinnung für die Zwecke der Leichtmetallindustrie hat sich die Bauxitförderung in den letzten Jahrzehnten von geringen Anfängen an größenordnungsmäßig auf 10 Millionen Jahrestonnen gesteigert; die Weltaluminiumgewinnung selbst liegt über 2 Millionen Jahrestonnen; die bekannten Bauxitvorräte sind aber sehr hoch und verteilen sich über viele Gebiete, z. B. Ungarn, Jugoslawien, Frankreich, Italien, Griechenland, Rumänien, Europäisches und Asiatisches Rußland, Westafrika, Britisch Guyana, Surinam, Niederländisch- und Britisch-Indien; die Hauptvorkommensgebiete in den USA, die aber für deren Versorgung keineswegs ausreichen, wurden früher genannt. Hauptgebiete der Aluminiumproduktion sind aber aus dem früher angeführten Grunde vielfach bauxitarme Gebiete, z. B. Canada, Deutschland, Großbritannien, USA, Rußland, Norwegen, Schweiz, Österreich, Italien und Frankreich.

Ein Umwandlungsprodukt von Spinell (S. 205) ist der rhomboedrische *Hydrotalkit* $Mg_6Al_2(OH)_{16}[CO_3] . 4 H_2O$. Undeutliche Tafeln nach der Basis, meist blättrig und dem Talk (S. 218) ähnlich. Ausgezeichnet nach der Basis spaltend; fettig; H = 2, D = 2.06. Rein- oder schmutzigweiß. Durchscheinend. $\omega = 1.511$, $\varepsilon = 1.495$. Snarum in Norwegen, Amity in New York usw.

Isomorph mit dem H. ist der *Pyroaurit* $Mg_6Fe_2(OH)_{16}[CO_3] . 4 H_2O$. Dem H. sehr ähnlich, Umwandlungsprodukt von Brucit. — Kraubath in Steiermark, Långban in Schweden usw.

B. Ausscheidungssedimente.

1. Mineralien der chemischen Sedimentation.

Die Auslaugung der Gesteine durch die in den Oberflächenschichten zirkulierenden, atmosphärischen Wässer (*vadose* Wässer), die in größeren Zirkulationstiefen oder in der Nähe von oberflächennahen Magmenherden auch stellenweise höhere Temperaturen annehmen und damit ihre Lösungsfähigkeit steigern können, führen in den Gesteinsklüften und -Hohlräumen oder an Quellaustritten zu Mineralbildungen, die sich von den *juvenilen* oft nicht unterscheiden: Viele Zeolithe, ferner Epidot, Prehnit, Anatas, Rutil, Titanit, Hämatit, Calcit (sowohl in Klüften als auch als vadoser *Quellsinter*), Dolomit, Magnesit, Adular, Chlorit, Quarz, Opal usw. können auch derartige Frühbildungen der chemischen Sedimentation aus Verwitterungslösungen jeweils ganz besonderer Zusammensetzung sein, da diese ja ihren Stoffbestand aus Gesteinskomplexen ganz bestimmter Zusammensetzung, oft auch aus stark differenzierten Sedimenten selbst beziehen können. Mengenmäßig treten diese ortsnahen Frühsedimentationen, an denen auch Ausfällungsprodukte beim Zusammentreffen verschiedener Lösungen innerhalb der Gesteinskruste beteiligt sein können (z. B. Schwerspat- und Coelestin-bildungen in Klüften von kalkreichen Sedimenten), stark zurück gegenüber jenen Sedimentbildungen aus Verwitterungslösungen, die in oder nahe an der Erdoberfläche oft sehr lange Wege zurückgelegt haben.

Die rein chemische Ausscheidung aus den an der Erdoberfläche bewegten Verwitterungslösungen erfolgt in großem Umfang hauptsächlich im Bereich von kontinentalen Wasseransammlungen in Trockengebieten oder im Bereiche des Meeres dort, wo die Verdunstung die Wasserzufuhr überwiegt. Die Ausfällung des Eisens und des Mangans in Form von Brauneisenstein und Braunstein, auch in Form von sulfidischen Verbindungen aus den Verwitterungslösungen erfolgt in größerem Umfange schon frühzeitig aus den Wässern; ähnliches gilt von den in den Verwitterungslösungen in sehr viel geringeren Mengen vorhandenen übrigen Schwermetallen; da aber an diesen Ausfällungsvorgängen organische Verwesungsprozesse, Humussäuren usw. maßgebend beteiligt sind, handelt es sich dabei in der Regel nicht um rein anorganische Bildungen.

Die Ausscheidung außerhalb des Meeresbereiches erfolgt in ariden Gebieten mit abflußlosen Seen und ähnlichen Wasseransammlungen oder durch Ausblühung aus dem an die Oberfläche tretenden Grundwasser; derartige chemische Sedimente bezeichnet man als *terrestrische* Sedimente und stellt sie den Ausscheidungen aus dem Meerwasser, den *marinen* oder *ozeanischen* Sedimenten gegenüber. Die Sedimentation aus dem Meerwasser führt mit Rücksicht auf die Ausgeglichenheit des Lösungsinhaltes der Meere (Hauptionen: Ca, Na, K, Mg, Cl, CO_2, SO_4) immer zu denselben Mineralbildungen. Dagegen beziehen die abflußlosen Binnenseen (Endseen; man bezeichnet sie nach dem portugiesischen Worte — sie sind im westlichen Südamerika weit verbreitet — auch als Playas) ihre Zuflüsse aus relativ engen Einzugsgebieten mit oft stofflich besonders charakterisierter Gesteinszusammensetzung. Die Ausscheidungen in derartigen Seengebieten zeigen demnach einen recht wechselnden und für diese oder jene Gegend spezifischen Charakter, wenn sich auch in diesem Falle gewisse Ausscheidungsmineralien überall reichlich neben den spezifischen wiederfinden (z. B. Kalkstein, Gips und Steinsalz). Nach den für die einzelnen Fälle typischen Ausscheidungsmineralien teilt man die abflußlosen Seen ein in: Boratseen, Natronseen, Nitratseen (Salares), Sulfatseen und Chloridseen.

a) Boratseen.

Die Herkunft des beträchtlichen Borgehaltes solcher Seen ist nicht völlig geklärt. Mit Rücksicht auf die Seltenheit des Bors in den magmatischen Gesteinen erscheint es höchst unwahrscheinlich, daß im Verwitterungswege allein derartige Anreicherungen von Boraten entstehen können. In gewissen vulkanischen Seen, z. B. in den sogenannten Lagones von Massa maritima in Toscana ist die Borsäure erwiesenermaßen juvenilen Ursprunges, es handelt sich um von natürlichen Wasserbecken aufgenommene Borsäure-Exhalationen; man muß annehmen, daß auch der hohe Boratgehalt der eigentlichen Boratplayas irgendwie ursprünglichen, vulkanischen Borsäureexhalationen, die heute vielfach schon zum Versiegen gekommen sind, zuzuschreiben ist. Die Boratmineralien, deren Anzahl in solchen Vorkommen nicht unbeträchtlich ist, — es handelt sich überwiegend um Natrium- und Calciumborate — werden in diesen Ablagerungen von Steinsalz, Gips, Anhydrit, Salpeter, Soda usw. begleitet; sie treten stellenweise in sehr bedeutender Mächtigkeit und bedeutender Reinheit auf.

Borax $Na_2B_4O_7 \cdot 10\,H_2O$ mit 37% B_2O_3 ist wegen seiner Wasserlöslichkeit und Unbeständigkeit an der Luft (die xx überziehen sich an der Luft sehr bald mit einer weißen Rinde und zerfallen dann in ein erdiges Aggregat eines wasserärmeren Salzes) nicht in größeren Mengen anzutreffen; er stellt überall nur ein ˙kurzlebiges Übergangsmineral dar. Seine dicksäuligen, monoklin prismatischen xx mit vorherrschendem {100} und {110} sind im Habitus dem Augit nicht unähnlich; wie bei diesem sind Zwillinge nach {100} nicht selten; frische Boraxkristalle sind farblos und zeigen gute Spaltbarkeit nach den Hauptformen, besonders nach {100}; sie sind ziemlich spröde. H über 2; D gegen 1.8. Opt. —; O.A.E. senkrecht zur Symmetrieebene; $n_\beta = 1.469$, $\gamma-\alpha = 0.025$. Leicht schmelzbar zu einem klaren Glas; Geschmack süßlich salzig und zusammenziehend. Anzutreffen an Ufern und im Bodenschlamm von Boratseen in Tibet, Californien, Nevada usw.

Der *Tinkalkonit (Mohawit)* $Na_2B_4O_7 \cdot 5\,H_2O$ wird wegen des okaedrischen Habitus seiner hexagonal skalenoedrischen xx ({10$\bar{1}$1} x {0001}) auch als oktaedrischer Borax bezeichnet. Weich, D $\sim$ 1.9, $\varepsilon = 1.474$, $\omega = 1.461$. Besonders in Californien (Kern Cy) in pulvriger Form auf Borax und Kernit.

Von größter Bedeutung als Bormineral ist heute der im Jahre 1927 in der Mohawewüste in Californien entdeckte *Kernit* $Na_2B_4O_7 \cdot 4\,H_2O$; fast 71% B_2O_3. Er kristallisiert monoklin prismatisch und wird oft in meterlangen, säuligen xx, daneben in weißen, grobspätigen Massen angetroffen. Spaltbarkeit sehr gut nach {100} und {001}, schlecht nach {101}, {011} und {010}. H = 3½; D = 1.95. Opt. —. O.A.E. senkrecht S.E.; n = 1.472, $\gamma-\alpha = 0.034$. Farblos durchsichtig, lebhaft glasglänzend, leicht schmelzbar unter Aufblähen. Leicht löslich in heißem Wasser und Säuren. Einziges Vorkommen das oben genannte u. zw. in Verbindung mit anderen Boraten, Calcit, Realgar und Antimonit als Hauptmineral in einer Masse von etwa 2 Millionen Tonnen auftretend; vermutlich durch thermische Einwirkung (Sedimentüberdeckung) aus ursprünglichen Boraxablagerungen entstanden.

Zusammen mit dem Kernit tritt der monokline *Kramerit (Probertit)* $NaCaB_5O_9 \cdot 5\,H_2O$ in weißen, derben Massen, Rosetten oder farblosen, prismatischen xx auf. H um 3; D = 2.14; $n\beta = 1.525$; $\gamma-\alpha = 0.029$. Er wird auch anderwärtig in Californien gefunden, besonders reichlich in Los Angeles Cy.

Außerdem werden in Californien (Kern Cy, Death valley, Inyo Cy) und Südwestsibirien verschiedene, wasserhaltige Calciumborate $Ca_2B_6O_{11}$ (mit 7 H_2O der trikline *Meyerhofferit*, mit 13 H_2O der monokline *Inyoit*) gefunden. Der monokline, früher als Calciumborathydrat angesehene *Veatchit* hat sich als $Sr_3B_{16}O_{27} \cdot 5\,H_2O$ erwiesen.

Der *Colemanit* ist $Ca_2B_6O_{11} \cdot 5\,H_2O$. Monoklin. H über 4, D = 2.4. Die flächenreichen, an Datolith erinnernden xx spalten vollkommen nach {010} und ziemlich gut nach {001}; sie sind farblos und lebhaft glasglänzend; opt. +; O. A. E. senkrecht S. E.; $n_\beta = 1.59$, $\gamma-\alpha = 0.03$. Löslich in heißer Salzsäure, schwer schmelzbar. Besonders reichlich in Boratseen von Californien und Nevada. — Stofflich verwandt mit dem Colemanit, aber nach dem Röntgenbefund sicher verschieden von diesem, ist der *Priceit (Pandermit)*, wahrscheinlich $Ca_5B_{12}O_{23} \cdot 9\,H_2O$; er kristallisiert triklin, tritt aber nur in derben, sehr feinkörnigen Knollen in Gips und Mergel auf (Panderma in

Kleinasien, auch in Californien). $H > 3$, $D = 2.4$, opt. —; $n_\beta = 1.59$, $\gamma - \alpha = 0.02$. Leicht schmelzbar mit grüner Flamme, in Säuren löslich.

Recht auffallend ist der *Boronatrocalcit* oder *Ulexit* $CaNaB_5O_9 \cdot 8\,H_2O$ (?). Er kristallisiert triklin und bildet weiße, feinstfaserige, filzige, seidenglänzende Knollen, die „cotton balls" genannt werden. H etwa 1, $D = 1.7$; $n_\beta = 1.504$, $\gamma - \alpha = 0.029$; im Wasser schwer löslich, erst bei Erwärmen, leicht löslich in Säuren. Vor allem in Boraxsümpfen im westlichen Nord- und Südamerika, aber auch in Tibet.

Wasserhaltige Magnesiumborate trifft man untergeordnet in den Boratseen an, ferner als Zersetzungsprodukte von anderen Boraten in Kontaktlagerstätten, dort auch wasserhaltige Manganborate, z. B. den rhombischen, seidig faserigen *Sussexit* $Mn_2B_2O_5 \cdot H_2O$; die entsprechende, isomorphe Magnesiumverbindung ist der *Magnesiosussexit* $Mg_2B_2O_5 \cdot H_2O$; über das Kontaktborat *Ludwigit* vgl. man S. 210.

Ferner treten Magnesiumborate in beschränkten Mengen in ozeanischen Salzlagerstätten auf. Das häufigste davon ist der *Boracit* $Cl_2Mg_6B_{14}O_{26}$; seine xx sind hexakistetraedrisch, stets eingewachsen und meist modellartig ausgebildet; verschiedene Kombinationen; die Tracht ist je nach dem Vorwalten einer Form würfelig, dodekaedrisch oder tetraedrisch, ja bei Auftreten der beiden

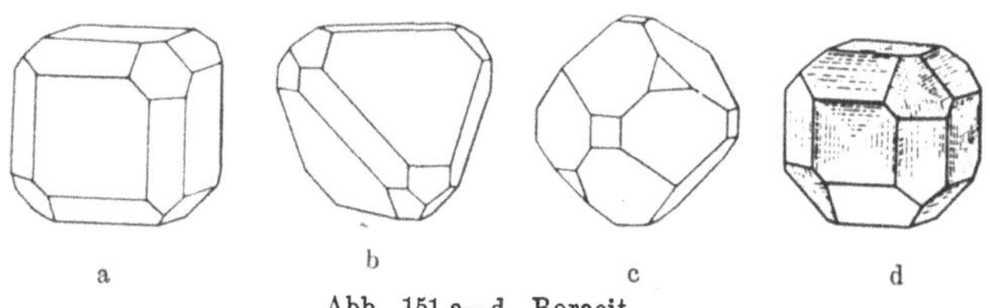

a   b   c   d

Abb. 151 a—d. Boracit.

Tetraeder, von denen der negative matte Flächen hat, sogar oktaedrisch (Abb. 151). Die optische Untersuchung zeigt aber, daß die scheinbar kubischen xx Lamellenzwillinge von 12 nach {100} verzwillingten rhombischen Individuen sind; die 12 Individuen wachsen von den 12 Flächen des scheinbaren Rhombendodekaeders ausgehend ineinander; bei 266⁰ verschwindet bei den eisenfreien Boraciten der Zwillingsbau, bei den eisenhaltigen liegt der Umwandlungspunkt etwas höher; dann werden die xx optisch isotrop und damit tatsächlich kubisch. Auch derb, dann meist in Knollen, kleinen Linsen oder Schnüren. Bruch muschelig, keine Spaltbarkeit; $H = 7$; $D = 2.95$; $n_\beta = 1.667$, $\gamma - \alpha = 0.01$; opt. +; glasglänzend, durchsichtig oder durchscheinend, manchmal mit trüber Kruste; farblos oder graulich, seltener gelblich, bläulich oder grünlich. Stark pyroelektrisch in den Richtungen der trigonalen Achsen der scheinkubischen Kristalle; die Pyroelektrizität verschwindet beim Übergang in die kubische Hochtemperaturform; ziemlich schwer schmelzbar, löst sich in gepulvertem Zustand langsam in Salzsäure. — Der Boracit kommt hauptsächlich in der Carnallitzone einiger deutscher Zechsteinsalzlagerstätten (Staßfurt, Bernburg usw.) vor, ebenso im Gipshut solcher Lagerstätten (bei Lüneburg); auch in Salzen von Louisiana. Boracit wird in Deutschland in geringen Mengen für die Herstellung von Borverbindungen gewonnen. Häufiger ist der kreideartige, feinfaserige derbe Boracit *(Staßfurtit)*, der den schon in der Tieftemperaturform abgeschiedenen Boracit darstellt, während die xx vermutlich bei höheren Temperaturen und Drucken umgebildeter Staßfurtit sind.

Ein anderes Magnesiumborat der ozeanischen Salzlagerstätten, aber viel seltener als der Boracit ist der tetragonale *Pinnoit* $MgB_2O_4 \cdot 3\,H_2O$; meist dichte Knollen von gelber Farbe; verwachsen mit derbem Boracit bei Staßfurt.

Über die Struktur der Borate liegen noch wenig verläßliche Daten vor; es dürfte hier das B''' überwiegend in planarer 3-Koordination, also in Form von einfachen oder zu höheren Verbänden aggregierten [BO_3]-Ionen auftreten, im Gegensatz zu manchen Borosilikaten mit tetraedrischer 4-Koordination um B'''.

In der Boratgewinnung (jährlich etwa eine Viertelmillion Tonnen) stehen heute weitaus an führender Stelle die USA., daneben ist nur noch die türkische und chilenische Förderung von einiger Bedeutung. — Borsäure und Borsalze werden als Flußmittel in Laboratorien und in der Metallurgie verwendet, ferner als Zuschläge zu Silikatgläsern und für die Herstellung von für kurzwellige Strahlen gut durchlässigen Spezialgläsern; außerdem finden die Borverbindungen Verwendung bei der Emailleherstellung, in der Färberei und Gerberei, als Konservierungsmittel, in der Kerzenfabrikation und in der Heilmittelindustrie.

b) Natronseen.

Natronseen und Natronsümpfe gibt es z. B. in größerem Umfange in den Steppen an der Theiß, in den Steppengebieten Asiens, in der Macariaswüste bei Kairo, in der Sahara, in Nord- und Südamerika. Neben Steinsalz und Glaubersalz (S. 187) führen die Natronseen als typische Mineralabscheidungen Natriumkarbonate.

Die *Soda (Natron, Natrit)* $Na_2CO_3 . 10 H_2O$ ist wegen ihrer leichten Löslichkeit und wegen ihrer Neigung zur Verwitterung an trockener Luft unter Wasserabgabe in der Natur verhältnismäßig selten und nur ein Übergangs-mineral. Sie kristallisiert monoklin-prismatisch; H wenig über 1, $D = 1.46$, $n_\beta = 1.425$, $\gamma - \alpha = 0.035$; opt. —. Bildet in der Natur schmutzigweiße, graue oder gelbe, körnig-stengelige Krusten, gelegentlich auch mehlartige Überzüge. Schmilzt bei 32° und geht an der Luft unter Wasserabgabe in den beständigeren und in Wasser weniger leicht löslichen *Thermonatrit* $Na_2CO_3 . H_2O$ über; dieser kristallisiert in rhombischen Tafeln, ist aber in der Natur als Umwandlungsprodukt der Soda nur kristallinisch in Krusten oder mehlartigen Überzügen entwickelt. $H = 1\frac{1}{2}$, $D = 1.46$; $n_\beta = 1.425$; $\gamma - \alpha = 0.035$. Farblos bis schmutzigweiß; schmilzt erst bei höheren Temperaturen.

Trona oder *Urao* $Na_3H(CO_3)_2 . 2 H_2O$ kristallisiert monoklin; farblose, tafelige oder nach der Y-Achse prismatisch gestreckte xx sind selten; meist körnige, weiße oder gelbe Krusten. Spaltbarkeit nach {100} ausgezeichnet; $H = 2\frac{1}{2}$, D gegen 2.2; $n_\beta = 1.492$, $\gamma - \alpha = 0.128$; opt. —. Verwittert an der Luft nicht, löst sich wie Soda in Säuren unter starkem Aufbrausen.

Der rhombisch pyramidale *Pirssonit* $Na_2Ca(CO_3)_2 . H_2O$ tritt in den Ufertonen der californischen Boratseen auf, der monokline *Gaylussit (Natrocalcit)* $Na_2Ca(CO_3)_2 . 5 H_2O$ findet sich in Natronseen (Californien usw.), manchmal zusammen mit dem vorigen.

Die natürlichen Vorkommen an Natriumkarbonaten haben heute höchstens noch lokale Bedeutung, da sich die künstliche Herstellung der Soda als viel günstiger erweist als die Förderung, der Transport und die notwendige Reinigung der natürlichen Natriumkarbonate.

c) Nitratseen.

Die Salpeterarten werden aus diesen in Verbindung mit Steinsalz, Glaubersalz, Bittersalz, Natriumkarbonaten, in Californien auch mit Boraten abgeschieden.

Der *Natronsalpeter (Chilesalpeter)* $Na^{[6]}[NO_3]^{[6]}$rd. kristallisiert ditrigonal skalenoedrisch und ist mit den Karbonaten der Calcitreihe isomorph;

er kann daher mit diesen parallel verwachsen; ihnen entspricht er auch in vielen Eigenschaften, nur ist er viel weicher und leichter löslich, da die Kationen und die komplexen Anionen nur einwertig sind. Vollkommene Spaltbarkeit wie bei Calcit nach $\{10\bar{1}1\}$. H nicht ganz 2, D fast 2.3; deutliche xx sehr selten; glasglänzend und farblos. $\omega = 1.587$, $\varepsilon = 1.336$, $\varepsilon - \omega = -0.251$; meist grobkörnig kristallin in Krusten. Schwach hygroskopisch, leicht löslich in Wasser. — In Europa gelegentlich in unbedeutenden Mengen als Höhlenbildung; in Californien treten eozäne Tone mit Salpeterführung auf; in oberägyptischen Salzlagern Salpeter neben Steinsalz, Vorkommen, die seit langer Zeit für Düngezwecke verwendet werden; stellenweise in Franz.-Nordafrika und Indien. Hauptvorkommen im regenlosen Gebiet zwischen der Küstenkordillere und Hauptkordillere in Chile mit Ausläufern nach Peru und Bolivien. Das salpeterführende Sedimentgestein wird hier *Caliche* genannt und enthält 15—90% Salpeter. Der in diesen Gesteinen und in den austrocknenden Salpetersümpfen (Salares) auftretende Salpeter wurde und wird aus der Hochkordillere mit den Bergwässern zugeführt, befindet sich also auf sekundärer Lagerstätte. Die Frage, wie die primären, hochgelegenen Vorkommen entstanden sind, ist noch nicht völlig eindeutig geklärt; lange Zeit betrachtete man sie als ozeanische Sedimentbildungen, entstanden aus stickstoffhaltigen Organismenresten (Tangen usw.) unter Mitwirkung von Stickstoffbakterien. Heute denkt man mehr an eine anorganische Entstehung: Bildung von Stickoxyden durch häufige luftelektrische Entladungen, Reaktionen derselben mit Wasserdampf zu Salpetersäure und Salpeterbildung durch Einwirkung der letzteren auf Exhalationssalze.

Die Gewinnung des Salpeters aus den chilenischen Lagerstätten für Düngezwecke und Zwecke der chemischen Industrie (Kaliumnitrat- und Ammoniumnitrat für Pulver- und Sprengstoffherstellung), für Konservierungszwecke (Fleisch), für die Stahlindustrie usw. hat durch die seit mehreren Jahrzehnten erfolgende Erzeugung von Stickstoffverbindungen aus dem Luftstickstoff eine starke Einbuße erlitten, ist aber immer noch von größerer Bedeutung.

Wertvoll sind die chilenischen Salpetervorkommen noch durch das Mitvorkommen von Jodsalzen (Calcium-, Kupfer- und Bleijodate). Das wichtigste von diesen ist der *Lautarit* $Ca(JO_3)_2$ mit 65% Jod. Er kristallisiert monoklinprismatisch, ist farblos bis gelblich; xx säulig, oft radial gestellt. Opt. +; $n_\beta = 1.84$, $\gamma - \alpha = 0.096$; H = 4, D = 4.6. — Auch Chrom kommt in dieser Lagerstätte vor und zwar besonders in Form des monoklinen, goldgelb durchscheinenden, feinfaserigen *Dietzeites* $CaJ_2O_6 \cdot CaCrO_4$; er ist opt. —; $n_\beta = 1.842$, $\gamma - \alpha = 0.032$. Die Jodatführung der chilenischen Salpeterlagerstätten kann ebenfalls im rein anorganischen Sinne aus dem relativ hohen Jodgehalt der Luft über dem Meere auf dem Umwege über Jodsäurebildung erklärt werden. Die chilenischen Salpeterlagerstätten sind eine der Hauptquellen für die Weltversorgung mit Jodverbindungen; jährlich werden in Chile als Nebenprodukt der Salpetergewinnung mehrere hundert Tonnen Jodverbindungen gewonnen.

Kalisalpeter $K^{[9]}[N^{[3]}O_3]r$ kristallisiert bei gewöhnlicher Temperatur und Atmosphärendruck rhombisch bipyramidal und ist mit dem Aragonit (S. 158) isomorph; oberhalb 126⁰ geht er in eine ditrigonal skalenoedrische, mit dem Natronsalpeter isomorphe Modifikation über, die in der Natur nicht vorkommt. Gute xx finden sich in der Natur niemals, er bildet faserige oder körnige Krusten, auch haarförmige Aggregate und mehlartige Massen von meist schmutzigweißer Farbe. Keine Spaltbarkeit, muscheliger Bruch, H = 2,

$D = 2.1$; opt. —, $n_\beta = 1.505$, $\gamma - \alpha = 0.171$. Schmilzt bei 335^0, leicht löslich in Wasser, aber nicht hygroskopisch und daher für die Pulvererzeugung verwendbar. Er tritt in den südamerikanischen Salpeterlagerstätten gegenüber dem Chilesalpeter stark in den Hintergrund, reichlicher ist er in einigen bolivianischen Vorkommen vertreten; sonst trifft man ihn in den „Salpeterhöhlen" Westdeutschlands, Kalabriens, Ungarns, Spaniens, in den Steppengebieten Ungarns, in einigen Binnenseeablagerungen und Ausblühungen an, auch vielerorts außerhalb Europas, z. B. in China. Der Kalisalpeter ist vorzugsweise aus organischen Ausscheidungs- und Verwesungsprodukten über Ammoniak und Salpetersäure bei deren Einwirkung auf kalihaltige Gesteinsunterlagen entstanden. Der technisch viel verwendete Kalisalpeter wird überwiegend künstlich aus Natronsalpeter (in Wechselwirkung mit Kaliumchlorid) hergestellt; wo natürlicher Kalisalpeter gewonnen wird, dient er im wesentlichen örtlich als Düngemittel.

Bedeutungslos ist der hexakistetraedrische *Nitrobaryt* oder *Barytsalpeter* $Ba(NO_3)_2$, der untergeordnet in den chilenischen Salpeterlagerstätten auftritt, ebenso der *Kalk-* und der *Magnesiumsalpeter*, zwei wasserhaltige Nitrate von der Zusammensetzung $Ca(NO_3)_2 . H_2O$ (*Nitrocalcit*) und $Mg(NO_3)_2 . H_2O$ (*Nitromagnesit*). Sie treten selbständig oder zusammen mit Kalisalpeter verschiedenen Orts in flockigen Ausblühungen auf.

d) Die Sulfatseen.

Aus ihnen scheidet sich neben Sulfaten vorwiegend Steinsalz ab. Rezente Sulfatseen gibt es besonders in Sibirien, Californien und Nevada, fossile (tertiäre) Ausscheidungen aus solchen in Sizilien, Spanien, Argentinien usw. Die wichtigsten Mineralsalze der Sulfatseen sind das Glaubersalz und das Bittersalz.

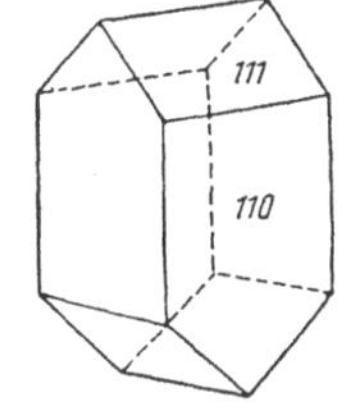
Abb. 152. Bittersalz.

Glaubersalz (*Mirabilit*) $Na_2SO_4 . 10 H_2O$ kristallisiert monoklin prismatisch; in der Natur fast nur körnige bis faserige Krusten, die mehlartig verwittern. Die xx zeigen gute Spaltbarkeit nach {100}; $H = 1\frac{1}{2}$, $D = 1.49$; $n_\beta = 1.396$, $\gamma - \alpha = 0.004$. Opt. —. Ursprünglich farblos, aber durch Wasserverlust an der Luft bald weiß werdend. Geschmack salzig bitter, in Wasser leicht löslich. — In den eigentlichen Sulfatseen, aber auch in sonstigen Salzseen (z. B. großer Salzsee in Utah); auch in den alpinen marinen Salzlagerstätten; als Ausblühung aus salzreichen Böden und auf Mauern, in Mineralwässern, gelegentlich auch an Vulkankratern, hier wohl sekundär aus Thenardit entstanden. — Das technisch verwendete Glaubersalz wird künstlich aus Steinsalz mit Schwefelsäure hergestellt.

Thenardit Na_2SO_4. Rhombisch bipyramidal, an den farblosen xx häufig nur die Bipyramide {111} entwickelt. Sehr gut nach {100} spaltend. $H = 2\frac{1}{2}$, $D = 2.65$; opt. +; n bei mäßiger Doppelbrechung um 1.48. — Als Ausscheidung aus Salzseen (Chile, Peru, Arizona usw.) und als Exhalationsprodukt von Vulkanen.

Epsomit (*Bittersalz*) $MgSO_4 . 7 H_2O$. Rhombisch bisphenoidisch, pseudotetragonal; isomorph mit dem Zinkvitriol (Goslarit) und dem Nickelvitriol (Morenosit). Prismatisch bis nadelig. Hauptformen sind das Prisma {110} mit einem Winkel von fast genau 90^0; Abschluß durch das Bisphenoid {111} (Abb. 152). In der Natur fast nur faserig oder erdig als Ausblühung, auch in stalaktitischen Formen. Sehr gut spaltbar nach {010}, H über 2, $D = 1.68$, farblos bis weiß; opt. —; O. A. E. parallel {001}; $n_\beta = 1.455$, $\gamma - \alpha = 0.028$;

$2\,V = 51^0$; opt. aktiv (Drehung der Schwingungsebene mehrere Grad pro Millimeter). In Wasser löslich, geht beim Erhitzen auf 150^0 in das Monohydrat (Kieserit, S. 193) über. — Als Ausblühung in Steppengebieten (am Eltonsee und anderen Orts in Sibirien usw.); in marinen Salzlagerstätten unter dem Namen *Reichardtit* als Hydratisierungsprodukt von Kieserit; in Erzlagerstätten als Verwitterungsprodukt in Stollen und Schächten (z. B. vielfach in Californien); dort auch als Thermalabscheidung. Die Mineralquellen von Karlsbad in Böhmen z. B. enthalten sehr viel Magnesiumsulfat (Bitterwässer). — Das in der Gerberei, chemischen Industrie, Textilindustrie und Medizin verwendete Bittersalz wird meist künstlich aus dem Kieserit der marinen Kalisalzlagerstätten hergestellt.

e) Die Mineralien der ozeanischen Salzlagerstätten.

Der Salzbestand des Meerwassers beträgt durchschnittlich $3\frac{1}{2}\%$. Örtliche Schwankungen zwischen 1% (z. B. Ostsee, Kaspische See) und starken Anreicherungen (25% im Toten Meer, 28% in der Karabugasbucht in der Kaspischen See) in kleineren Meeresteilen gleichen sich aus. Das Meerwasser ist daher im Durchschnitt weitaus nicht gesättigt an Salzen. Der gesamte Salzgehalt des Meerwassers beläuft sich auf 5×10^{16} Tonnen, die jährliche Salzzufuhr durch die Flüsse auf etwa 2×10^9 Tonnen. Die Zusammensetzung des Salzbestandes der Meere ist stark von der des Salzbestandes des Flußwassers, aus dem die Meere gespeist werden, verschieden. In Prozenten der Trockensubstanz ergeben sich folgende Werte:

	Meerwasser	Flußwasser [1]	
Cl^-	55.1%	5.7%	
Br^-	0.2	sp	
SO_4^{--}	7.7	12.1	
HCO_3^-	0.2	35.1	
Na^+	30.6	5.8	
K^+	1.1	2.1	
Ca^{++}	1.2	20.4	
Mg^{++}	3.7	3.4	
NO_3^-	sp	0.9	
$Fe_2O_3,\ Al_2O_3$	sp	2.8	(Al in kolloidalen Tonsilikaten)
SiO_2	sp	11.7	(kolloidal gelöst)

Die starke Herabsetzung des Kieselsäure- und Calciumbikarbonatgehaltes des Meerwassers gegenüber dem Flußwasser ist durch den Verbrauch dieser Substanzen für den Skelettaufbau der Meeresorganismen zu erklären. Trotzdem ist noch soviel Calcium im Meerwasser enthalten, daß stellenweise die Sättigungskonzentration stark überschritten wird (1 Liter reines Wasser vermag bei 18^0 C nur 13 mg $CaCO_3$ zu lösen). Jedoch ist die anorganische Ausfällung des Calciumkarbonates aus dem Wasser keineswegs allein an den Übersättigungsgrad, bezogen auf reines Wasser, gebunden, sondern sie hängt von lokalen Bedingungen stark ab: Kohlensäuredruck, Wasserstoffionenkonzentration, Temperatur, hydrostatischer Druck (weitgehende Dissoziierung in größeren Meerestiefen!), Meeresströmungen (die für gute Durchmischung der oberen und unteren Schichten sorgen!); denselben Umständen ist die Wieder-

---

[1] Salzgehalt in der Regel 0.1—0.2%.

auflösung von Kalkskeletten unterworfen. Die Tonerde des Flußwassers wird zusammen mit der Kieselsäure in Form von Tonsilikaten ausgefällt, die im Wege der Absorption auch einen Teil des Kaliums des Süßwassers an sich ziehen. SO_4 des Flußwassers verfällt teilweise der Reduktion durch die Organismen und wird in Form von Eisendisulfid abgestoßen. Der relativ hohe durchschnittliche Chlorgehalt des Flußwassers erklärt sich aus der Aufnahme von Chloriden aus dem Einzugsgebiet angehörigen marinen Sedimenten, die bei ihrer Bildung Chloride inkludierten. — Der hohe Natrium- und Chlorgehalt des Meerwassers kann nicht allein aus dem Süßwasser stammen. Er muß sich noch teilweise aus der Zeit der ersten Bildung der Hydrosphäre herleiten (Aufnahme von Chloriden aus der Atmosphäre), zum Teil mag er auch auf submarine, chloridreiche, vulkanische Exhalationen zurückzuführen sein.

Die Ausscheidung der Salze vollzieht sich überwiegend im Wege der isothermen Kristallisation unter Verdunstung des Lösungsmittels. Voraussetzung dafür ist, daß in bestimmten Meeresteilen die Süßwasserzufuhr von der Verdunstung übertroffen wird, was nur unter ganz bestimmten Bedingungen im Bereiche stark abgeschlossener Meeresbecken möglich ist. Man vergleiche in diesem Zusammenhang die Barrentheorie von LYELL, OCHSENIUS, BISCHOF und MILLER und die Salzsumpftheorie von Joh. WALTER.

Experimentell wurde die Folge der Abscheidung der Salze aus dem Meerwasser bei verschiedenen Temperaturen von Van't HOFF und seinen Mitarbeitern eingehend untersucht. Infolge weitgehender sekundärer Veränderungen in den fossilen Salzlagerstätten der Natur trifft man aber nur selten die nach den physikalisch-chemischen Gesichtspunkten zu erwartenden Salzgesellschaften an, da die leicht löslichen und reaktionsfähigen Salze sehr stark dem Einfluß der in den Lagerstätten zirkulierenden Wässer und der Temperatur- und Druckwirkung bei Überlagerung mit weiteren Sedimenten (Metamorphose) unterliegen. Auch allein die Einwirkung des atmosphärischen Wassers in den oberen Zonen der Salzablagerungen ruft Veränderungen im Mineralbestand der Salzlagerstätten hervor (Bildung des „Salzhutes").

In großen Zügen erfolgt die Ausscheidung in folgender Richtung:

1. Abscheidung von Calciumkarbonat auf dem Umwege über Skeletteile und auf anorganischem Wege in Verbindung mit Bildung und Absetzung von Tonsilikatmineralien und Kieselskeletten.

2. Abscheidung von Calciumsulfat (aus reinen Lösungen unterhalb 63.5° als Gips, darüber als wasserfreier Anhydrit, wobei sich in komplex zusammengesetzten Lösungen die Ausscheidung von Anhydrit stark nach Richtung tieferer Temperaturen hin verschiebt); daneben noch Ausscheidung von Natriumchlorid bis zur reinen Steinsalzabscheidung.

3. Ausscheidung der Kaliummagnesiumsalze. Dieser letzte Akt verlangt sehr hohe Konzentrierung der Salzlösungen, die nur selten erreicht wird; außerdem müssen die einmal ausgeschiedenen Kaliummagnesiumsalze durch Tonsedimentüberdeckung baldigst vor der Wiederauflösung durch Wassereinbrüche und durch die atmosphärischen Wässer geschützt werden; daraus erklärt sich die Beschränkung der marinen Kalimagnesiumsalzbildungen auf verhältnismäßig wenige Stellen an der Erdoberfläche.

Durch erneute Wassereinbrüche sind Unterbrechungen der Ausscheidung und Neuaufbau des Ausscheidungszyklus nicht selten.

Steinsalz (Halit) Na[6]Cl[6]k. Die hexakisoktaedrischen xx treten in Drusen und Klüften auf, aber auch eingewachsen in anderen Salzmineralien und

Ton. Die in Ton eingewachsenen Würfel sind häufig unter Druckeinwirkung rhomboedrisch verzerrt (Translationen!). Die xx zeigen meist nur die Würfelflächen, selten in Kombination mit Oktaeder, Rhombendodekaeder oder dem Pyramidenwürfel {210}. Solche Zusatzformen bilden sich unter dem Einfluß von Lösungsgenossen (ägyptische Natronseen und Salzlagerstätten in Galizien); sehr selten sind reine Oktaeder; sonst ist das Steinsalz derb, oft sehr grobspätig, auch faserig (*Fasersalz*) oder feinkörnig stalaktitisch; haarförmige Ausblühungen nennt man *Haarsalz*.

Über die Kristallstruktur gibt die Abb. 153 Aufschluß; die vollkommene Spaltbarkeit nach den Würfelflächen erklärt sich ähnlich wie die nach den Rhomboederflächen beim Kalkspat aus den großen Abständen der Würfelnetzebenen und ihrer elektrostatisch ausgeglichenen Besetzung; Gleitform ist das Rhombendodekaeder, die Gleitfähigkeit ist die Ursache für die Verbiegbarkeit und Drillfähigkeit von prismatischen Steinsalzspaltstücken bei höheren Temperaturen. Auch die vierstrahlige Schlagfigur (Abb. 154) ist eine Folge der Gleitung nach den Rhombendodekaederflächen. Bruch muschelig, mäßig spröde; H etwas über 2; D = 2.17, n = 1.5443. In reinem Zustand farblos durchsichtig, sonst häufig rot, gelb oder grau; partienweise blaues bis violettes, durchsichtiges Steinsalz enthält kolloidal verteilte, neutrale Natriumatome; diese Färbung kann durch radioaktive Bestrahlung, die zuerst zu braungelber Farbe führt, und nachherige Erhitzung auf etwa 200⁰ künstlich erzeugt werden; blaues Steinsalz kann aber auch durch Einwirkung von Natriumdämpfen auf Steinsalz (Gelbfärbung) und nachträgliche Erwärmung hergestellt werden. Auch gelbes Steinsalz (ohne Verunreinigungen!) wird gelegentlich in der Natur gefunden (Hall in Tirol); diese Gelbfärbung ist gegenüber Belichtung wenig stabil. Die Bestrahlungswirkung in der Natur geht teilweise von den im Bereich der Salzlagerstätten zirkulierenden juvenilen Wässern aus, teilweise vom radioaktiven Zerfall des begleitenden Kaliums; deshalb sind an Sylvin angrenzende Steinsalzpartien und darin eingewachsenes Steinsalz besonders häufig blau; auch durch Pressung hervorgerufene oder durch rasches Wachstum bedingte Gitterstörungen begünstigen die Blaufärbung. Lebhaft glasglänzend, durch Feuchtigkeitseinwirkung (feuchte Luft, wiederholtes Betasten) bald matt werdend. Stark diatherman. Leicht löslich in Wasser, typisch salziger Geschmack. Große xx oft mit Gas- und Mutterlaugeneinschlüssen.

Bei gewöhnlicher Temperatur kaum mischbar mit Kaliumchlorid, dagegen vollkommen mischbar bei 500⁰.

Weit verbreitet in Salzlagerstätten aller Art, nicht nur in den ozeanischen, wo es allerdings stark vorwiegt, da der Salzbestand des Meerwassers zu über 70% aus Natriumchlorid besteht; auch in Steppen- und Wüstengebie-

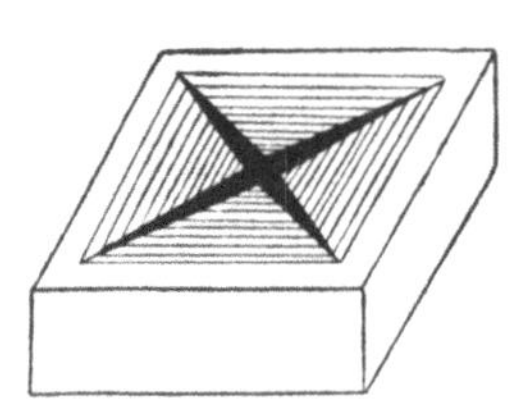

Abb. 153. Elementarkörper von Steinsalz; analog Bleiglanz.

ten als Ausblühung; ferner als Sublimationsprodukt an Vulkanen, dann wegen der hohen Entstehungstemperaturen meist kalihaltig; in primär magmatischen Gesteinen (Graniten, Pegmatiten) in Form von kleinen Würfelchen in den meist mikroskopischen Flüssigkeitseinschlüssen des Quarzes und verschiedener Silikate (Topas, Beryll).

Sylvin $K^{[6]}Cl^{[6]}k$, entsprechend 64% K_2O. Die in Drusen in Salzlagerstätten auftretenden xx zeigen in der Regel an den Würfelecken Oktaederflächen. Isomorph mit Steinsalz; meist körnig spätige, seltener stengelige Massen. Spaltbarkeit wie beim Steinsalz, etwas weicher als dieses; D = 1.99; n = 1.4904; wird bei Röntgenbestrahlung unbeständig violett. Reiner Sylvin färbt die Flamme violettrot, nicht gelb wie Steinsalz. Leicht löslich in Wasser; Geschmack bittersalzig. — Wichtiges Mineral der Kaliummagnesiumsalzzone der ozeanischen Salzlagerstätten, oft sekundär aus Carnallit (s. u.) gebildet. Untergeordnet als Ausblühung in Steppengebieten und als Ausscheidung an den Ufern von Salzseen; auch als vulkanisches Sublimationsprodukt.

Bischofit $MgCl_2 . 6 H_2O$. Monoklin prismatisch, pseudohexagonal. Derb, körnig oder blättrig. H fast 2; D = 1.59; n_β = 1.507, $\gamma - \alpha$ = 0.033; opt. +. Sehr zerfließlich. — In ozeanischen Kalisalzlagerstätten, aber niemals als ursprüngliche Ausscheidung, sondern sekundär aus Carnallit entstanden; im Kristallisationsdiagramm erscheint der Bischofit als jüngste Bildung.

Das Doppelchlorid *Carnallit* $MgCl_2 . KCl . 6 H_2O$ entspricht 17% K_2O. Das Mineral zählt zu den wertvollsten Kaliummagnesiumsalzen. Rhombisch prismatisch, pseudohexagonal; nur selten gute xx mit {111}, {011}, {110} und {010}; meist mehr oder weniger grobkörnig, ohne Spaltbarkeit mit muscheligem Bruch. H > 2; D = 1.60; nβ = 1.475, $\gamma - \alpha$ = 0.028; opt. +; O. A. E. parallel {010}; stark phosphoreszierend; farblos oder gelb, meist aber rot mit metallischem Schimmer wegen massenhaft eingewachsener Schüppchen von Eisenglanz. Zerfließlich. Fettiger Glasglanz, aber an der Luft bald matt werdend. Leicht schmelzbar, in Wasser unter Abscheidung von Sylvin löslich; Geschmack sylvinähnlich. — Wohl das wichtigste der ozeanischen „Edelsalze" (früher „Abraumsalze" genannt); herrschend in der Carnallitregion der Salzlagerstätten. — Enthält in geringen Mengen Rubidium und Brom, die als Nebenprodukte gewonnen werden können.

Der *Rinneit* $K_3NaFeCl_7$ kristallisiert ditrigonal skalenoedrisch; er ist farblos oder rötlich; H = 3; D = 2.35. Lichtbrechung um 1.59 bei äußerst schwacher Doppelbrechung; opt. +; in Säuren löslich, leicht schmelzbar. — Er ist ein seltenes Chlorid der mitteldeutschen ozeanischen Kalisalzvorkommen und wurde auch gelegentlich als vulkanisches Exhalationsprodukt angetroffen. Im Salzhut geht er in den rhombischen *Erythrosiderit* $K_2FeCl_5 . H_2O$ über, der von roter Farbe und leicht zerfließlich ist; auch dieses Mineral kommt außerhalb der Salzlagerstätten als seltenes vulkanisches Exhalationsprodukt vor (Vesuv usw.).

Der *Gips* $\overset{2}{\underset{\infty}{}} Ca[SO_4] . 2 H_2O$ kristallisiert monoklin prismatisch und ist das häufigste der natürlichen Sulfate. Die häufig in Drusen aufgewachsenen oder in allseitig entwickelten Gruppen eingewachsenen xx sind meist dicktafelig nach {010} oder nach der Z- oder X-Achse gestreckt ausgebildet. Die gewöhnlichen Formen (Abb. 155) sind {010), {110} und {111}; auch linsenförmige xx mit gerundeten Flächen und Kanten unter Vorherrschen von {$\bar{1}11$} und {$\bar{1}03$} sind nicht selten. Größere prismatische xx können gebogen mit welligem Aussehen der (010)-Flächen sein (Translationsbiegung; Translationsebene ist (010), Translationsrichtung [001]). Sehr häufig Zwillinge.

Berührungs- oder Durchkreuzungszwillinge nach {100} mit einem einspringenden Winkel von ungefähr 105⁰ (Abb. 156); sie werden als Schwalbenschwanzzwillinge bezeichnet; ferner gibt es Zwillinge nach {101} mit einem einspringenden Winkel von 124⁰; sie sind häufig bei den xx mit gerundeten {110}, {$\bar{1}$03} und {$\bar{1}$11}-Formen (Abb. 157). Der derbe Gips ist oft sehr grobspätig, aber auch faserig mit Seidenglanz (*Fasergips*); feinkörniger derber Gips heißt, wenn rein weiß, *Alabaster;* dichter oder erdig schuppiger Gips (*Schaumgips*) ist nicht selten. Pseudomorphosen häufig nach Anhydrit und Steinsalz. Oft mit Einschlüssen von gut ausgebildeten xx von anderen Salzen und Schwefel oder mit Mutterlaugeneinschlüssen und Libellen; Gesteinsgips, verunreinigt durch tonige und bituminöse Substanzen, führt den Namen *Stinkgips.* — Die Gipskristalle spalten sehr vollkommen nach {010}, diese Spaltflächen zeigen Perlmutterglanz. Daneben gibt es eine gute Spaltbarkeit nach {$\bar{1}$11}, die sich aber häufig infolge Translation nach {010} als faseriger, seidenglänzender Bruch nach {$\bar{1}$01} äußert; schlechte Spaltbarkeit nach {100}

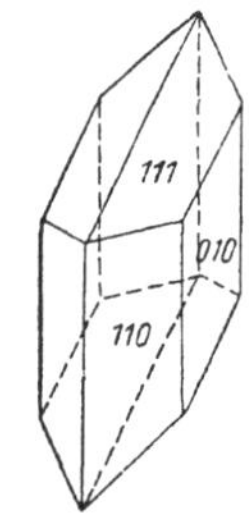

Abb. 155. Gips.

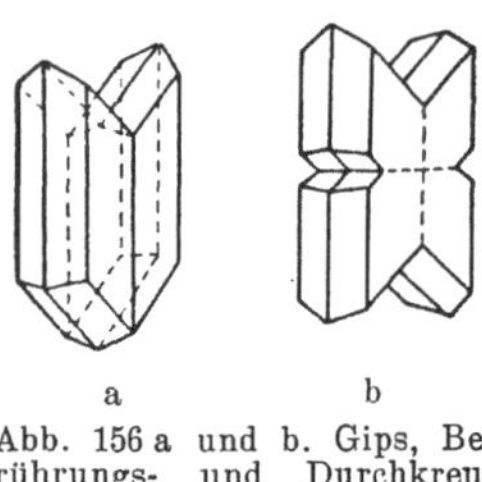

Abb. 156 a und b. Gips, Berührungs- und Durchkreuzungszwilling nach (100).

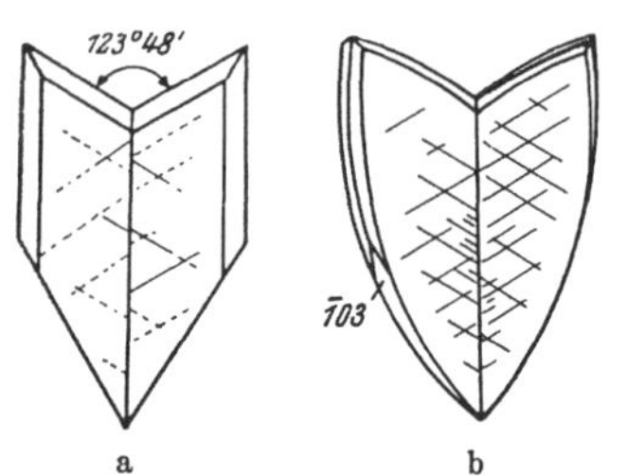

Abb. 157 a und b. Gips, Zwillinge nach (101).

mit muschelig-fettigen Trennungsflächen. Kristallflächen glasglänzend. Mild; H fast 2; D = 2.32. Ausgesprochenes Schichtgitter nach {010}, die Sulfatschichten durch Lagen von Wassermolekülen voneinander abgegrenzt. Durchsichtige Spaltplatten nach {010} werden als *Marienglas, Fraueneis* oder *Selenit* bezeichnet, letzteres wegen des mondlichtartig-milden, durchgelassenen Lichtes. $n_\alpha = 1.520$, $n_\beta = 1.523$, $n_\gamma = 1.530$; opt. —; O. A. E. parallel S. E.; deutlich geneigte Dispersion; 2 V = 58⁰. Der feinkörnige Alabaster ist marmorähnlich, fühlt sich aber, da Gips ein schlechter Wärmeleiter ist, nicht so kalt wie letzterer an. Wird bei Erhitzen unter Wasserabgabe trüb und schmilzt zu einem weißen Glas; schwer löslich in Wasser und Säuren, gut löslich in kochender Kalilauge; mit Sodalösung reagiert Gips in der Kälte unter Kalkspat-, in der Hitze unter Aragonitbildung; in kochender Salzlösung geht er in Anhydrit über, ebenso beim Erhitzen auf 200⁰, beim Erhitzen auf 130⁰ in das Halbhydrat.

Weit verbreitet in den Salzlagerstätten, in riesigen Mengen besonders in den ozeanischen; als Frühausscheidung direkt gebildet, später mit Zunahme der Konzentration des Salzgehaltes bildet sich zuerst Anhydrit, der dann nachträglich vielfach unter Wasseraufnahme in Gips übergeht; da diese Umwandlung unter bedeutender Volumszunahme vor sich geht, erscheinen derartige Gipsgesteine oft grobgefältelt (*Gekrösestein*); Gips bildet auch Ausblühungen in Trockengebieten; in guten xx in Kristallgruppen vielfach in Tonen und Mergeln, entstanden durch Einwirkung von aus zersetztem Schwefelkies stammender Schwefelsäure auf dem Karbonatgehalt dieser Sedimente; als Mineral der Oxydationszone sulfidischer Erzlagerstätten ist der

Gips ähnlicher Entstehung; als Absatz von Thermen wird Gips durch Einwirkung des darin enthaltenen Schwefelwasserstoffs auf Calcit oder Aragonit gebildet; Ausscheidungsprodukt aus Grubenwässern.

Anhydrit $Ca[SO_4]$ kristallisiert rhombisch bipyramidal; gute ein- und aufgewachsene xx verhältnismäßig selten; sie sind würfelähnlich mit den drei Endflächenpaaren (alpine Salzlagerstätten) oder prismatisch mit vorherrschendem $\{101\}$ in Verbindung mit $\{010\}$ und $\{011\}$ (mitteldeutsche Salzlagerstätten). Häufig Zwillingslamellierung nach $\{101\}$; Pseudomorphosen nach Gips sind häufig, auch solche nach Steinsalz kommen vor. Meist körnig, spätig, stengelig, faserig bis dicht. — Spaltbarkeit verschieden vollkommen nach den drei Endflächenpaaren, am vollkommensten nach $\{001\}$ mit Perlmutterglanz auf diesen Spaltflächen, am schlechtesten nach $\{100\}$ mit fettigem Glanz. Bei Beachtung der verschiedenen Güte der drei Spaltrichtungen können die „würfeligen" Spaltstücke gut orientiert werden. Spröd. $H = 3\frac{1}{2}$; $D = 2.93$. Glasglänzend, durchsichtig, farblos, häufig trüb, grau, bläulich oder rötlich. Opt. $+$; $2V = 42^0$; O. A. E. parallel $\{010\}$; $n_\beta = 1.575$, $\gamma - \alpha = 0.044$. — Er schmilzt schwer zu weißem Glas; feinst gepulvert in konzentrierter Schwefelsäure löslich; in Wasser nimmt das Pulver langsam Wasser auf und bildet sich zu Gips um, ein Schicksal, das einmal ausgeschiedener Anhydrit auch in der Natur häufig unter dem Einfluß der Oberflächenwässer erleidet.

Überwiegend in den ozeanischen Salzlagerstätten als Bildung stark konzentrierter Salzlösungen, nicht so reichlich wie Gips, aber doch häufig gesteinsbildend wie dieser; in der Oxydationszone von Erzlagerstätten, in geringen Mengen als pneumatolytische Kontaktbildung in Laven und als Kalkkontaktmineral; in Klüften von Sedimenten und kristallinen Schiefern aus vadosen Wässern abgeschieden.

Kieserit $MgSO_4 . H_2O$ kristallisiert monoklin prismatisch; farblose xx sind selten (z. B. Hallstatt); sie zeigen bipyramidale Tracht ($\{111\}$ x $\{\overline{1}11\}$); nach verschiedenen Flächen gut spaltend; feinkörnig bis grobkörnig; graulich bis gelblich. H über 3; $D = 2.57$. Opt. $+$; O.A.E. parallel S.E.; $n_\beta = 1.535$, $\gamma - \alpha = 0.063$; $2V = 57^0$. Wasserabgabe bei 200^0; an feuchter Luft in Bittersalz übergehend; leicht schmelzend, in Wasser langsam löslich. — Wichtiges Mineral der Kieseritregion der norddeutschen Salzlagerstätten, auch in den alpinen und galizischen Lagerstätten anzutreffen.

Kainit $KCl . Mg[SO_4] . 3 H_2O$ mit über 19% K_2O. Monoklin prismatisch; xx selten und flächenreich, tafelig nach $\{001\}$ mit guter Spaltbarkeit nach $\{100\}$, mit schlechterer nach $\{110\}$; meist feinkörnig; $H = 3$, $D = 2.13$; $n = 1.505$, $\gamma - \alpha = 0.022$; opt. $-$; O. A. E. parallel S.E.; $2V = 85^0$. Durchscheinend, nicht hygroskopisch, die feinkörnigen Aggregate zeigen schimmernde Bruchflächen, die Farbe ist meist gelblich oder grau, aber auch rot. Leicht löslich in Wasser; leicht schmelzbar. — Stellenweise reichlich in der Carnallitregion der norddeutschen Salzlagerstätten, aus dem Carnallit hervorgegangen; sonst noch von den galizischen Salzlagerstätten bekannt.

Polyhalit $Ca_2MgK_2[SO_4]_4 . 2 H_2O$ mit 16% K_2O. Triklin pinakoidal. xx sehr selten, nach der Z-Achse gestreckte, prismatische Aggregate ohne Abschlußflächen; meist aber ausgesprochen derb, stengelig bis faserig. Sehr gut nach $\{100\}$ spaltend; H über 3, $D = 2.78$; schwach fettglänzend, meist dunkelziegelrot infolge von Eisenoxydeinschlüssen, seltener grau oder gelb. Opt. $-$; $n_\beta = 1.562$, $\gamma - \alpha = 0.020$; $2V = 62^0$. Leicht schmelzbar. — In den verschie-

densten ozeanischen Salzlagerstätten, besonders reichlich in der Polyhalit-
region der norddeutschen Salzlagerstätten.

An anderen Mineralien der ozeanischen Salzlagerstätten wurden schon in anderem
Zusammenhang behandelt: *Boracit* (S. 184), *Thenardit* (S. 187), *Glaubersalz* (S. 187)
und *Bittersalz* (S. 187). An selteneren Mineralien dieser Lagerstätten aus der Zone der
Edelsalze sind zu nennen:

Der monokline *Glauberit* $Na_2Ca[SO_4]_2$
Der kubische *Langbeinit* $Mg_2K_2[SO_4]_3$
Der trigonale *Glaserit* $K_3Na[SO_4]_2$
Der monokline *Syngenit* $CaK_2[SO_4]_2 . H_2O$
Der vermutlich trigonale *Löweit* $Mg_2Na_4[SO_4]_4 . 5 H_2O$
Der monokline *Astrakanit (Blödit)* $MgNa_2[SO_4]_2 . 4 H_2O.$
Der *Leonit* als entsprechende Kaliumverbindung $MgK_2[SO_4]_2 . 4 H_2O.$
Der monokline *Schoenit (Pikromerit)* $MgK_2[SO_4]_2 . 6 H_2O.$

Die wichtigsten Salzgesteine der marinen Salzlagerstätten sind:

Die vielfach monomineralischen *Gips-, Steinsalz- und Anhydrit*gesteine.
Carnallitit (Hauptsalz): Steinsalz, Carnallit und Kieserit.
Hartsalz: Steinsalz, Sylvin und Kieserit.
Sylvinit: Steinsalz, Sylvin.
Kainitit: Steinsalz, Kainit.

In den Salzlagerstätten, besonders in den mit Erdöllagerstätten verknüpften,
trifft man gelegentlich auch auf Gasmassen, die besonders aus Wasserstoff, Kohlensäure und Kohlenwasserstoffen (Methan usw.) bestehen und auch Helium enthalten; diese teilweise unter hohem Druck stehenden Gase können beim Anbohren
explosionsartig entweichen, wobei sich die Durchschlagsschlote mit zertrümmerten
Salzgesteinen füllen („Salztuffe").

Die früheren Salzabscheidungen, hauptsächlich bestehend aus Calciumsulfaten und
Steinsalz, sind allgemein verbreitet und in den verschiedensten geologischen Epochen
entstanden. An Steinsalzvorkommen sollen besonders genannt werden:

Permische Salzlager: Rotliegendes mit kleinen Steinsalzvorkommen in Sandstein,
die durch Auslaugung und Aussieden genutzt werden können; z. B. in Mittel- und
Norddeutschland, Polen und Rußland. — Das Liegende der Zechsteinsalze wird
weitgehend von bituminösen Tonschiefern, die bei reicherer Führung an Kupfersulfiden als Kupferschiefer bezeichnet werden, gebildet. Die Zechsteinsalze werden
durch riesige, oft sehr reine Steinsalzlager von stellenweise mehreren hundert Metern
Mächtigkeit (älteres und jüngeres Steinsalz), vielfach in Wechsellagerung mit An-
hydritgesteinen (älterer und Hauptanhydrit) dargestellt.

Triadische Salzlager: Die Salzlagerstätten der Werfener Schichten der älteren
alpinen Trias in den nördlichen Kalkalpen enthalten außer Calciumsulfat und Steinsalz nur untergeordnet die Edelsalze. Sie treten im sogenannten Haselgebirge auf;
dabei handelt es sich um eine durch tektonische Wirkungen bedingte, enge mechanische Durchmengung von Ton, Anhydrit und Steinsalz; letzteres kann daher im
allgemeinen aus diesen Lagerstätten nicht bergmännisch gewonnen werden, sondern
das Haselgebirge wird in Sinkwerken ausgelaugt und die gewonnene Sole in Sud-
hütten zu Salz verarbeitet; auch die verbleibenden, an Magnesiumsalzen reichen
Restsolen können nach der Steinsalzabscheidung weiter verarbeitet werden. Bergmännischer Abbau der Salzmassen ist in größerem Umfange nur bei Aussee möglich.
Die Vorkommen des Haselgebirges liegen in Österreich (Hall, Hallein, Ischl, Hallstatt, Aussee), Bayern (Berchtesgaden) und in der Schweiz. Die Salzgewinnung in
den österreichischen Salzlagerstätten geht teilweise auf vorgeschichtliche Zeit zurück.
— Frühtriadische (Oberer Buntsandstein) Steinsalzlager liegen in größerem Umfange im
Verbreitungsgebiet der Zechsteinsalze über diesen, ausgewertet werden für medizinische und sonstige Zwecke, vor allem die aus ihnen stammenden natürlichen Solquellen.

Ausgedehnte Steinsalzlager des mittleren Muschelkalkes gibt es in Mitteldeutschland und im östlichen Schwarzwaldvorland; kleinere Steinsalzlager vor allem im

westlichen Mitteldeutschland gehören dem mittleren Keuper, oberen Jura und dem Oligozän an.

Tertiäre Steinsalzlager gibt es z. B. noch in Polen (Nordrand der Karpaten bei Kalusz, Wielicka und Bochnia — mit untergeordneten Kalisalzen), Italien (Kalabrien, Sizilien, Toscana), Spanien (zusammen mit reichen Kalisalzen in Catalonien, Navarra und Aragonien). — Über andere große Steinsalzvorkommen verfügen Frankreich, England, Rumänien, USA., die Gebiete am West- und Südabfall des Himalaya usw.

Aus den schon erwähnten Gründen wenig verbreitet sind die Kaliummagnesiumsalzlager; für die Weltversorgung von größter Bedeutung sind die mittel- und norddeutschen Zechstein-Kalisalze in mehreren Salzbecken (Hannover, Brandenburg, Provinz Sachsen, Hessen-Thüringen, Südharz); ihre Ausläufer erstrecken sich in die Niederlande und andererseits nach Polen; derartige Lager tauchen wieder im westlichen Uralvorland in bedeutender Mächtigkeit auf; diese Kaliummagnesiumsalze wurden lange Zeit hindurch auf der Suche nach den liegenden Steinsalzen als „Abraumsalze" verworfen, erst seit dem Jahre 1861 wird ihr ungeheurer Wert beachtet. In der Höhe des perzentuellen Kaligehaltes werden diese Zechsteinvorkommen von den viel jüngeren (oligozänen), weniger ausgedehnten Lagern am Mittelrhein (Wittelsbacher Becken im Elsaß, Buggingen in Baden) übertroffen; der K_2O-Gehalt der Edelsalze beläuft sich hier im Durchschnitt auf 17%, während die mitteldeutschen Edelsalze durchschnittlich 13% K_2O führen. Größere Kalisalzlager gibt es noch südlich von Bordeaux (Keupersalze), an den Südhängen der Pyrenäen (Oligozänsalze), in Katalonien und anderenorts in Spanien; Rußland verfügt noch über sehr reiche Kalisalzlager von geringerer Mächtigkeit in Usbekistan, Kalisalze gibt es auch am Nordufer des Kaspischen Meeres, am Mittellauf des Ganges (Jurasalze), in Abbessinien, Mexiko, Texas und Neu-Mexiko, Canada, Neuschottland und Neubraunschweig; auch das salzreiche Tote Meer liefert im Wege der künstlichen Verdampfung gewisse Mengen von Kalisalzen.

Gips- und Anhydritgesteine trifft man in Verbindung mit allen Steinsalzvorkommen und auch in selbständigen Lagerstätten.

Salz wird in warmen, küstennahen Gebieten auch durch natürliche Verdampfung in künstlich angelegten Salzgärten gewonnen. — Die Jahresweltgewinnung an Steinsalz beläuft sich auf 30 bis 40 Millionen Tonnen, wovon ungefähr ein Viertel auf die USA. und je ungefähr ein Achtel auf Deutschland und Rußland entfallen. Bedeutend ist noch die Steinsalzgewinnung in Großbritannien, Frankreich, Indien, China, Italien, Polen und Spanien. Die ziemlich kostspielige Gewinnung von Steinsalz aus dem alpinen Haselgebirge beläuft sich in Österreich jährlich nur auf etwas über 100.000 Tonnen, ist aber auch für die umliegenden, steinsalzarmen Gebiete von einer gewissen Bedeutung.

Steinsalz wird in größten Mengen in der chemischen Industrie zur Herstellung von Salzsäure, Soda, Natriumsulfat usw. verwendet; ferner als Speise- und Viehsalz und als Konservierungsmittel für Fleisch, Fische, Butter, Häute usw.; Speisesalz wird in der Regel durch Umkristallisation (Sudsalz) oder durch Umschmelzen (Schmelzsalz) gereinigt; vielseitig ist die Anwendung des Steinsalzes in der Hütten-Seifen- und Glasindustrie und Glasurherstellung; ferner werden die spezifisch schweren Salzlaugen für die Trennung von Kohlengrus von den schwereren, begleitenden Tonteilchen verwendet; auch die Verwendung des Steinsalzes in der Medizin ist noch zu nennen. Reinste, natürliche und künstlich gezogene Steinsalzkristalle werden in der optischen Industrie wegen ihrer Wärmestrahlendurchlässigkeit für die Herstellung von Prismen und Linsen verwendet, ferner als Standardkristalle (neben Calcit) in der Röntgenspektroskopie.

Die Kaliummagnesiumsalze (Edelsalze) werden jährlich in Mengen von etwa 30 Millionen Tonnen (mit über drei Millionen Tonnen K_2O) gewonnen; daran ist Deutschland mit etwa der Hälfte beteiligt, etwa ein Sechstel entfällt auf Frankreich, je ein Zehntel auf die russische, nordamerikanische und spanische Produktion. Die besten Kalisalze können nach Vermahlen unmittelbar als Düngemittel, deren Produktion ungefähr 90% der jährlich gewonnenen Kalisalze dienen, verwendet werden; sonst werden die Salze soweit gelöst, daß der größte Teil von Kieserit und Steinsalz noch im Rückstand zurückbleibt, die Lauge liefert dann hochprozentige Kalisalze; aus den Rückständen werden Bittersalz, Glaubersalz, Steinsalz, Chlormagnesium und Bromsalze gewonnen. Die konzentrierten Kalisalze dienen in der chemischen Industrie zur Herstellung zahlreicher wertvoller Kaliverbindungen (Kaliumpermanganat, Kaliwasserglas, Blutlaugensalz, Chlorkalium, Kaliumchlorat, Kaliumchromat, Bromkalium, Jodkalium usw.). Besonders aus reinem geschmolzenen Carnallit wird in großem Umfang auf elektrolytischem Wege oder durch Reduktion im elektrischen Ofen mit Kohle Magnesiummetall gewonnen. Die Produktion an diesem wertvollen Leichtmetall nahm in den 20er Jahren dieses Jahrhunderts mit einigen hundert Jahrestonnen ihren Anfang, hat aber heute schon eine Höhe von mehreren hunderttausend Jahrestonnen erreicht.

Der allgemein in Massen verbreitete Gips wird in großem Umfang bei 130⁰ zu dem leicht anzumachenden und leicht härtenden Stuckgips, oder bei 500⁰ bis 1000⁰ (unter teilweiser Dissoziation des Calciumsulfates) zu dem langsamer härtenden, aber dann widerstandsfähigeren Estrichgips gebrannt; ersterer dient als Zierbaustoff, auch für die Herstellung von Modellen und Verbänden, der letztere in der Bauindustrie zu verschiedensten Zwecken. — Alabaster findet für kunstgewerbliche und architektonische Arbeiten Verwendung; Fasergips wird zu kleinen Schmuckobjekten verarbeitet (z. B. „römische Perlen"). Marienglas findet Verwendung als Ersatz für Glas; klarste Gipsspaltstücke für Kompensationseinrichtungen in der Polarisationsmikroskopie (z. B. Gipsblättchen vom Rot I. Ordnung). Es besteht auch die Möglichkeit zur Gewinnung von Schwefelsäure und Schwefel aus Gips und Anhydrit. Abfallgips (Gipsstein) stellt ein brauchbares Düngemittel besonders für Tabak, Leguminosen und Baumwolle dar. — Anhydrit findet in seinen feinkörnigen, gleichmäßig gefärbten Abarten als Baustein und für Bildhauerarbeiten, sonst als Düngemittel beschränkte Verwendung.

2. Die gemischt organogen-minerogenen Sedimente.

Daß das Calciumkarbonat aus den Verwitterungslösungen unter Bildung der Kalksteine, die nachträglich in dolomitische Kalksteine und Dolomite durch Kationenaustausch übergehen können, überwiegend auf dem Umwege über Organismenskelette, teilweise durch chemische Ausscheidung abgeschieden wird, wurde schon erwähnt; derartige Sedimente sind charakteristische Beispiele für die hier zu behandelnde Gruppe.

Das Eisen und das Mangan werden aus den Verwitterungslösungen teilweise schon sehr frühzeitig unter Oxydation durch den Luftsauerstoff oder unter Mitwirkung von im Verwesungswege entstandenem Schwefelwasserstoff in Form von Eisen- und Manganoxydhydraten (*Brauneisenstein*, bzw. *Braunstein*, S. 235 u. 271) oder von Sulfiden (besonders *Schwefelkies*, S. 227) abgeschieden. Auch die eben genannte Brauneisensteinbildung stellt keinen rein anorganischen Abscheidungsprozeß dar, sondern vollzieht sich vielfach unter Mitwirkung der Humussäuren und von eisenspeichernden Bakterien. Die Wirkung der Humussäuren besteht in der Bildung von humussauren Salzen des Eisens, wobei die löslichen Ferrohumate erst in unlösliche Ferrihumate übergeführt werden müssen; nach ihrer Abscheidung werden diese wiederum durch die Zersetzungstätigkeit von Organismen in Oxydhydrate übergeführt. Mit den Eisen- und Manganverbindungen fällt auch ein

Teil der Phosphorsäure und Kieselsäure in Form von Phosphaten und Silikaten aus. Süßwasserbildungen dieser Art sind die *Seeerze, Wiesenerze, Sumpf-
erze, Raseneisenerze, Toneisensteine* usw., die wechselnde Mengen von Mangan enthalten, während es sonst wegen der verschiedenen Fällungsbedingun-
gen für Eisen und Mangan und der sehr verschiedenen Konzentration der
beiden Metalle in den Verwitterungslösungen zur Bildung von Lagerstätten
mit überwiegendem Eisengehalt und solchen mit überwiegendem Mangangehalt kommt. Abscheidungen ähnlicher Art im Bereiche des Meerwassers in
Küstennähe an der Eintrittsstelle der Zuflüsse nehmen vielfach oolithischen
Charakter an; unter stark reduzierenden Bedingungen kann das Eisen auch
als Ferrokarbonat (Siderit, S. 236) ausgefällt werden. Die hier auftretenden
Mineralien werden im Zusammenhang mit den Eisen- und Manganerzen im
letzten Abschnitt behandelt, ebenso wie die sedimentären, überwiegend aus
Sulfiden bestehenden Abscheidungen der übrigen Schwermetalle aus den Ver-
witterungslösungen, die vielfach verwandter Entstehung sind.

Ferner gehören hieher die Phosphorite in ihrer mannigfaltigen Entstehung
und Ausbildung (S. 114) und eine Reihe anderer Phosphate, von denen hier
als Beispiel für die verschiedenen Aluminiumphosphate (vgl auch S. 153)
nur der *Variscit* genannt sei. Dieses wasserhaltige Aluminiumphosphat
$Al[PO_4] \cdot 2\,H_2O$ kristallisiert rhombisch, bildet aber meist nur derbe Krusten
oder Knollen; die spröden, muschelig brechenden Massen fühlen sich seifig an.
$H = 4—5$, $D = 2.52$. Opt. —; $n_\beta \sim 1.57$. Schmutzigweiß bis apfelgrün. xx farblos bis blaugrün, durchsichtig, bei schöner Farbe unter dem Namen *Utahlit*
als Schmuckstein verwendet. Der Variscit kommt in Phosphathöhlen, in Kiesel-
schiefern und anderen Sedimenten vor, z. B. in Steiermark bei Leoben und in
der Drachenhöhle bei Mixnitz, bei Plauen in Sachsen, in Utah und Nevada.

Die zahlreichen Eisenphosphate kommen meist mit Brauneisenstein verwachsen oder in Höhlungen desselben vor. Hier sei nur der auch in tonigen
Sedimenten nicht selten auftretende und auffallende *Vivianit* $Fe_3[PO_4]_2 \cdot 8\,H_2O$
erwähnt. Er kristallisiert monoklin holoedrisch, die xx sind nach der Z-Achse
säulig entwickelt und finden sich nicht selten im Inneren von fossilen Knochen und Muschelschalen oder sonstigen Hohlräumen von Sedimenten, aber
auch in der Oxydationszone von sulfidischen Eisenerzlagerstätten. Hauptformen sind das Prisma $\{110\}$, daneben erscheinen die Endflächenpaare,
ferner $\{310\}$, $\{\bar{1}11\}$, $\{\bar{1}01\}$ usw. Meist stengelig, auch faserig radialstrahlig
zu Kugeln aggregiert oder als lebhaft blaue *Blaueisenerde* in Sedimenten und
am Grunde von Torfmooren. Die xx spalten sehr gut nach $\{010\}$, sie sind mild,
dünnblättrig und biegsam. $H = 2$, $D = 2.65$; auf den Spaltflächen perlmutterglänzend mit metallischem Schimmer, sonst glasglänzend. In frischem Zustand farblos, wird er an der Luft sofort blau, ebenso verfärbt sich der Strich
von weiß rasch in blau; die xx erscheinen deshalb meist schwarzblau. Opt. +,
$n_\beta = 1.598$, $\gamma — \alpha = 0.047$; O.A.E. senkrecht S.E. Stark pleochroitisch; Brechungsexponenten und Doppelbrechung mit zunehmender Blaufärbung zu-
nehmend. Schmilzt leicht und wird dabei magnetisch; löslich in Salzsäure.
Der Vivianit entsteht vor allem durch die Einwirkung von Phosphorsäure
organischen Ursprungs auf Eisensulfide.

Größere Lagerstätten von sehr verschiedenen Eisenphosphaten — entstanden durch
Einwirkung von Fledermausexkrementen auf Brauneisen — sind z. B. aus Liberia
bekannt.

Auch Phosphate von anderen Schwermetallen (z. B. Pyromorphit, S. 257) im
Eisernen Hut von Erzlagerstätten verdanken ihre Entstehung Phosphorsäure organi-

schen Ursprungs. — Isomorph mit dem Vivianit ist die Nickelblüte (S. 267) und die Kobaltblüte (S. 269).

Als Zersetzungsprodukt auf Klüften aluminiumreicher Gesteine, wohl auch entstanden durch Mitwirkung von Phosphorsäure organischen Ursprungs, tritt der *Türkis* oder *Kallait* auf. Er ist ein wasserreiches Aluminiumphosphat, mehr oder weniger Kupfer enthaltend und von nicht gesicherter Formel; er dürfte (Al··· statt Fe···!) mit dem seltenen *Chalkosiderit* $(OH)_8CuFe···_6[PO_4]_4 . 4 H_2O$ isomorph sein. Seine triklinen xx sind sehr klein; sehr feinkörnig sind auch die gewöhnlichen, derben, traubig niedrigen Platten und Krusten, die von der Entstehung aus einem Gel Zeugnis abgeben. H fast 6; D = 2.7. Undurchsichtig (nur in gepulvertem Zustand durchsichtig, pleochroitisch), himmelblau, blaugrün bis grün mit weißem Strich. Bruch muschelig, wachsglänzend, zerspratzt beim Erhitzen und ist in Säuren löslich. Farbe gegenüber dem Sonnenlicht nicht sehr beständig. — Oft zusammen mit Brauneisen und Chalcedon in Klüften von Eruptivgesteinen und Sedimenten: In Persien (Provinz Korassan) in Trachyt, dort schon seit Jahrhunderten abgebaut; bei Samarkand in Turkestan, in Tibet, auf der Sinaihalbinsel (schon von den alten Ägyptern ausgebeutet), in Neumexiko. Vielfach mugelig geschnitten als Schmuckstein verwendet.

Die *Falschen Türkise (Beintürkis, Zahntürkis, Odontolith)* sind fossile Knochenreste, die natürlich oder künstlich blau gefärbt sind; etwas weicher als echter Türkis und in Salzsäure aufbrausend.

3. Rein organogene oder überwiegend organogene Bildungen.

Hier wäre zunächst an die Ansammlungen von Kieselsäureskeletten niedriger Organismen (Radiclarien, Diatomeen usw.) zu erinnern, die beim Quarz und Opal unter dem Namen Kieselgur, Polierschiefer, Kieselschiefer, Lydit, aus denen durch Umlagerung die Feuersteine, Hornsteine usw. hervorgehen, behandelt worden sind, ferner an die Phosphate, soweit sie reine Knochenansammlungen darstellen (S. 114).

Rein organischer Entstehung sind die sedimentären, nichtkarbonatischen Kohlenstoffverbindungen: Torf-Kohle-Graphit. Stofflich inhomogene Gesteine sind die am Grunde von stehenden Wässern auftretenden Torfablagerungen; sie bestehen im wesentlichen aus noch mehr oder minder gut erhaltenen Pflanzenresten, deren Kohlehydrate bei Sedimentüberlagerung im Wege der Diagenese und der Metamorphose unter Anreicherung des Kohlenstoffes über die *Braunkohlen* (meist tertiären Alters; färben Kalilauge dunkelbraun) und *Steinkohlen* (meist höheren Alters; färben Kalilauge kaum) in verschiedenen Formen in den *Anthrazit* (färbt Kalilauge nicht) und schließlich in den *Graphit* (S. 220) übergehen. Die durchschnittliche Zusammestellung dieser rein organogenen Naturprodukte ist:

	C	H	O
Holz	50%	6%	44%
Torf	60%	5%	35%
Braunkohle	74%	5%	21%
Steinkohle	85%	5%	10%
Magersteinkohle	90%	3%	7%
Anthrazit	96%	2%	2%
Graphit	100%	—	—

Hauptgebiete der Steinkohlenförderung: USA., Großbritannien, Rußland, Deutschland, Polen; für Braunkohle: Deutschland, Canada und Tschechoslowakei; Gesamtförderung gegen 2 Milliarden Jahrestonnen bei reichlichen Vorratsreserven.

Erdöl, Erdgas und *Erdwachs.* Stofflich inhomogen, also zu den Gesteinen zu zählen. Rein organogene Sedimente, entstanden aus tierischen und pflanzlichen Verwesungsstoffen (besonders aus dem Plankton) unter Luftabschluß. Diese Gesteine bestehen vorzugsweise aus Paraffinen, Naphtenen, Olefinen und aromatischen Verbindungen in recht wechselndem Verhältnis und enthalten außer Kohlenstoff (um 85%) und Wasserstoff (über 10%) meist noch einige Prozent Sauerstoff, etwas Stickstoff und Schwefel; Erdgas besteht meist aus etwa 90% Methan, dann öfters reichlich Stickstoff und Kohlensäure, ausnahmsweise wiegt Äthan vor.

Erdöl ist schwarzbraun, auch gelb; $D = 0.6—0.9$, Siedepunkt je nach der Zusammensetzung zwischen 30 und 300^0; fluoreszierend; häufig radioaktiv; in den begleitenden Erdgasen ist Helium (bis 2%) vorhanden, besonders in Texas und Kansas (Hauptquellen für die Heliumgewinnung); die das Erdöl häufig begleitenden Salzwässer sind relativ jodreich (bis zu mehreren hundert mg Jod pro 1); manche derartige Salzwässer (besonders Rumänien, USA., auf Java) stellen eine wichtige Gewinnungsquelle für Jodverbindungen dar. — In Form flüssiger Quellen von wechselnder Konsistenz oder als bituminöse Imprägnationen in Kalksteinen, Tonschiefern (Ölschiefer mit 20—40% Bitumen) und Sanden (Ölsande); auch als Einschluß in Salz.

Die wichtigsten Erdölgebiete liegen in den USA. (Texas, Louisiana, Kansas, Pennsylvanien usw.), Venezuela, Rußland (Kaukasus, Gebiete östlich der Wolga usw.), Oran, Saudi-Arabien, Mexiko, Kowait, Niederländisch-Indien (besonders Sumatra), Irak usw. Neben diesen Erdölgebieten treten die polnischen, österreichischen, rumänischen und norddeutschen in der Förderkapazität stark zurück. Weltgesamtjahresförderung (1951) über 500 Millionen Tonnen bei sehr begrenzten Vorräten.

In vielen ölführenden Sedimenten als Imprägnation und in deren Klüften findet sich das *Erdwachs* oder der *Ozokerit,* der aus dem Erdöl entsteht und die nicht flüchtigen Anteile desselben enthält (Zusammensetzung ähnlich wie Erdöl); Erdwachs besteht hauptsächlich aus hochmolekularen Kohlenwasserstoffen der Methanreihe; der Schmelzpunkt liegt zwischen 50 und 90^0. Es ist derb, wachsähnlich, erweist sich im mikroskopischen Bild als Aggregat feinster Nädelchen, n um 1.53 schwankend; muschelig brechend, teilweise knetbar. Dichte um 0.9. Meist grünlichbraun oder gelbbraun bis schwarz, leicht löslich in Benzol und Terpentin. Enthält etwa 85% C. — An Austrittsstellen von Erdöl an die Oberfläche.

Erdwachs wird besonders in galizischen Ölgebieten, ferner in den kaukasischen Ölgebieten und in verschiedenen Ölgebieten der USA. gewonnen; es dient der Herstellung des Ceresins, ferner als Isoliermaterial und als Imprägnationsmittel für Stoffe und Holz.

Die dickflüssige Form des Erdöls bildet den *Erdteer.* — Von den dem Erdwachs ähnlichen Kohlenwasserstoffen sei nur der in Braunkohlen nicht selten in kleinen Mengen eingelagerte (z. B. bei Köflach in Steiermark, Oberhart in Niederösterreich) wachsartig weiche, weiße oder graue *Hartit* genannt, welcher im wesentlichen aus Iosen ($C_{18}H_{30}$) besteht; ferner der farblose bis weiße, fettigglänzende, monoklin sphenoidische *Fichtelit,* $C_{18}H_{32}$ (Nordböhmen, England).

Unter den fossilen Harzen ist am bekanntesten der *Bernstein* oder *Succinit.* Da er ebenfalls inhomogen ist, kann er eigentlich auch nicht als Mineral bezeichnet werden; er ist ein Gemenge von verschiedenen, in Alkohol löslichen und unlöslichen Verbindungen, enthält 3—8% Bernsteinsäure. Amorph mit muscheligem Bruch, spröde; H etwas über 2, $D = 1.0—1.1$; fettglänzend; bildet durchsichtige bis trübe Knollen oder Platten von honiggelber, brauner, roter oder gelbweißer Farbe; in seltenen Fällen ist er auch grün oder blau. $n = 1.53$; wird beim Reiben elektrisch und angenehm riechend; Nichtleiter. Er schmilzt bei etwa 300^0, also bei höheren Temperaturen als ähnliche, rezente Harze (Schmelzpunkt etwa 220^0). Brennbar. — Fossiles Harz der Bernsteinkiefer in Ostpreußen, eingeschwemmt in ein grünes, tonigsandiges, frühtertiäres Sediment, das als „Blaue Erde" bezeichnet wird. Von hier in jüngere Sedimente nach Norddeutschland verlagert; sonst besonders noch in Galizien, West- und Südrußland. Abbauwürdige Mengen nur im ostpreußischen Samland. — Verwendet für Schmuckzwecke und kunstgewerbliche Gegenstände, besonders für Rauchrequisiten, ferner als Isolationsmaterial und zur Herstellung von Bernsteinlack und Bernsteinöl.

Es gibt in Braunkohlen, Sanden und Tonsedimenten noch verschiedene andere, bernsteinähnliche Harze; zu ihnen gehört z. B. der nicht seltene *Retinit*; ungefähr $C_{10}H_{14}O$. Amorph; derbe, rissige Stücke oder Körner und Knollen von oft beträchtlicher Größe, auch als Überzug und erdig. $H = 1\frac{1}{2}$, $D = 1.1$. Gelbbraun bis bräunlichgrau. Schmilzt bei 120^0 unter Aufschäumen zu bräunlichschwarzer Masse zusammen. Vielfach in Braunkohlen (Sachsen, Rheinprovinz, Böhmen, Schottland, Utah usw.). — Der *Kopalit (Copalin)* entspricht weitgehend dem Kopalharz, bernsteinähnlich, aber stärker zerklüftet. Amorph, spröde, fast durchsichtig hellgelb bis undurchsichtig braun; muscheliger Bruch, fettglänzend. H über 2, D über 1.0. Schmilzt bei 160^0 zu klarer Flüssigkeit; enthält im Gegensatz zum Retinit auch etwas Bernsteinsäure. Körner oder Knollen bis zu mehreren Zentimetern Durchmesser in tertiären, mergelig-sandigen oder tonigen Sedimenten; reichlich westlich von Wien, auch in England und Rumänien. — *Idrialin*, ungefähr $C_{80}H_{56}O_2$, hellgrün, erdig, kommt in mit Zinnober imprägnierten, bituminösen Schiefern bei Idria in Slovenien vor; auch andere Kohlenwasserstoffe werden in zinnoberführenden Sedimenten gefunden, z. B. in Brit.-Columbien.

Asphalt (Erdpech) stellt ein Gemenge hochmolekularer Kohlenwasserstoffe dar, das durch Oxydation von Erdöl entsteht. Amorph; $H = 1—2$; $D = 1.1—1.2$; schwarz, fettglänzend. Lagerartig im Toten Meer, besonders auf dem La Brea-See auf Trinidad, in Venezuela usw.; ferner als Kluftfüllung, manchmal zusammen mit Erzen; von besonderem Interesse ist das Zusammenvorkommen des Asphalts mit Patronit VS_4 (S. 280) und anderen aus diesem sekundär entstandenen Vanadiumverbindungen in einer mächtigen Kluft bei Minasragra in Peru; als Imprägnation in Asphaltkalken (z. B. bei Hannover) und in Asphaltsandsteinen (Val de Travers in der Schweiz); selbst in Poren von Graniten und in Magnetitlagern (Schweden). Zusammensetzung ähnlich der des Erdöles; kann aber je bis 10% O oder S enthalten. Nach Zusammensetzung und Löslichkeit werden verschiedene Arten unterschieden *(Gilsonit, Grahamit, Manjak, Wurtzelit, Anthracolith* usw.).

Asphalt wird besonders für die Herstellung von Straßendecken, zur Imprägnation von Dachpappe und zur Herstellung von Firniß verwendet.

Mit dem Asphalt verwandt ist z. B. *Piauzit*; grünlichbraun bis schwarz mit gelbbraunem Strich; muschelig brechend. $H < 2$; D ca. 1.2. — In Gängen und Bänken in Braunkohle und Tegeln (verschiedentlich in Altösterreich).

Salze organischer Säuren: Whewellit, Calciumoxalat-Monohydrat $CaC_2O_4 \cdot H_2O$. Monoklin prismatisch. xx sehr formenreich (Abb. 158), überwiegend Zwillinge nach $\{10\bar{1}\}$ von herzförmiger Gestalt (Abb. 159). Nach der Zwillingsebene vollkommen spaltbar. H fast 3, $D = 2.23$. Farblos, glasglänzend. $n_\beta = 1.55$, $\gamma — \alpha = 0.16$. Optisch $+$. $2V = 86^0$. O.A.E. senkrecht S.E. $r < v$. In Wasser unlöslich, in Säuren löslich. In Klüften von Kohlebegleitgesteinen, aber auch zusammen mit Erzmineralien in der Oxydationszone: Böhmen (Brüx, Dux usw.), Sachsen (bei Dresden), Siebenbürgen usw.

Seltener ist der *Oxalit* $FeC_2O_4 \cdot 2\,H_2O$. Rhombisch, meist haarförmig bis dicht. $H = 2$; D um 2.3. Strohgelb mit ebensolchem Strich; in Klüften von Kohlengesteinen (Westdeutschland, Böhmen).

Mellit $Al_2C_{12}O_{12} \cdot 18\,H_2O$. Tetragonal-trapezoedrisch mit pyramidaler
oder säuliger Tracht: {111}, {100},
{001}, {110}. Meist dicht. H über 2;
$D = 1.6$. Gelb bis orangebraun, selten
weiß, durchscheinend; Strich weiß,
harzglänzend, $\omega = 1.54$, $\varepsilon = 1.51$; opt.
—, meist anomal zweiachsig. Starke
Dispersion der Licht- und Doppelbrechung. In Braunkohlen und kohle-
führenden Gesteinen; Hannover,
Nordböhmen usw.

Dopplerit. Ein amorphes Calcium-
salz von Huminsäuren. Dicht, schneidbar, elastisch, schwarz, braun kantendurchscheinend mit dunkelbraunem

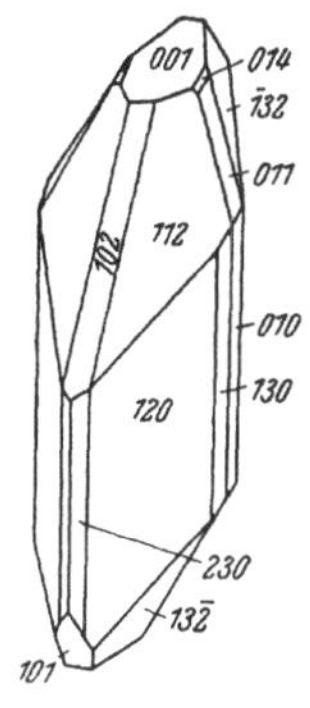
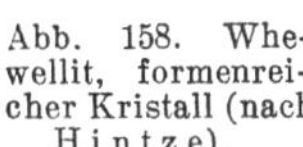

Abb. 158. Whe-
wellit, formenrei-
cher Kristall (nach
Hintze).

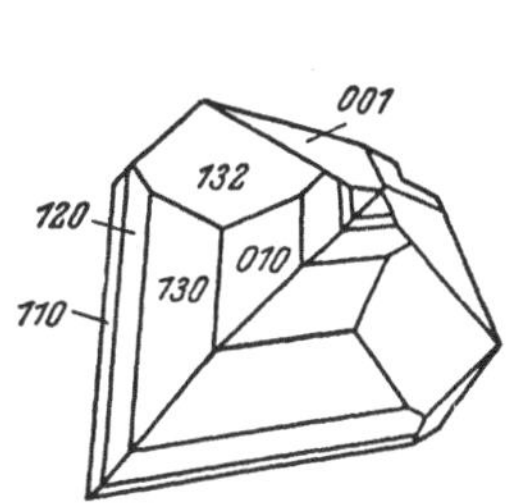

Abb. 159. Herzzwilling nach
$(10\bar{1})$ von Whewellit (nach
Hintze).

Strich und muscheligem Bruch. Fettglänzend. $D = 1.09$; beim Trocknen an
der Luft härter und dichter werdend. Unlöslich in Wasser, löslich in Alkalien,
mit Säuren wieder ausfällbar. Vertorfungsprodukt. In Mooren in Form von
Knollen oder Lagen: Aussee in Steiermark, Norddeutschland, England.

C. Die Diagenese.

Im Zuge der Wiederverfestigung (D i a g e n e s e) ursprünglich lockerer Sedimentmassen als Folge leichter Sedimentbedeckung kommt es unter Mitwirkung
der Oberflächenwässer und durch diese geförderte Reaktionen zwischen den oft
kolloidalen Mineralkomponenten der Sedimente zu Mineralneubildungen. Abgesehen von reinen Kristallisations- und Kornvergrößerungsprozessen kommt
hier besonders die beginnende Glimmerbildung in Sedimenten in Frage. In
vielen Sedimenten treten Glimmer in Form des *Glaukonits* (S. 54) (z. B. in
Glaukonitsandsteinen und Glaukonitmergeln) oder als äußerst feinschuppige
Tonerdeglimmer auf; sie bilden sich mit oder ohne Beteiligung von Eisen
aus den kolloidalen Kieselsäure-, Tonsilikat- und Aluminiumhydratteilchen
unter Mitwirkung des von diesen Teilchen absorbierten Kaliums [1]. Ältere diagenetische Tongesteine, die den Übergang zu den metamorphen Gesteinen bilden und die überwiegend aus feinschuppigem Sericit bestehen, bezeichnet man
als *Phyllite;* auch in den jüngeren, verfestigten *Schiefertonen* haben schon
Mineralneubildungen aus den früher genannten, anscheinend kolloidalen Teilchen stattgefunden; in ihnen ist es hauptsächlich zur Bildung von feinst-
kristallinen Tonsilikaten (Montmorillonit, Halloysit usw.) gekommen;
über die härteren *Tonschiefer* führen auch sie zu den vollkristal-
linen, regionalmetamorphen Gesteinen. Den Einflüssen der Diagenese stark
unterworfen sind auch die Salzmineralgesellschaften mit ihrem besonders
gegen die Wirkung der Oberflächenwässer reaktionsfähigen Mineralbestand.
Die Folge davon ist, daß die „primären" Salzparagenesen fast überall
„sekundären" Salzparagenesen gewichen sind.

---

[1] Tatsächlich kolloidale Anteile dürften schon in den lockeren, tonigen Sedimenten
stark zurücktreten.

Die Metamorphose der Mineralien und Gesteine.

A. Die Mineralien der Kontaktmetamorphose.

Wie einleitend bemerkt, versteht man unter *Kontaktmetamorphose* im weitesten Sinne alle Umbildungen in Struktur und Mineralbestand, die schon verfestigte magmatische oder sedimentäre Gesteine erleiden, soferne derartige Umbildungen irgendwie unter dem Einfluß von Schmelzflußmassen oder deren Restlösungen erfolgen; an derartigen Umbildungen haben folgende Umstände, die in der Natur in der verschiedensten Weise miteinander verbunden sein können, Anteil:

1. Rein thermische Beeinflussung (*Pyrometamorphose*); auf sie reagieren besonders die an der Oberfläche bei tieferen Temperaturen gebildeten Sedimente; sie führt vor allem zur Bildung von wasserfreien Mineralien an Stelle von wasserhaltigen, zur Frittung der Gesteine und wirkt sich sonst oft rein in einer Kornvergrößerung aus, ruft aber auch Reaktionen besonders zwischen den Bestandteilen von Sedimenten hervor, die unter den Temperaturbedingungen der Erdoberfläche ohne weiteres nebeneinander existieren können; so reagieren z. B. Kieselsäure und Karbonate der Sedimente bei Einwirkung höherer Temperaturen unter Bildung von verschiedenen Calcium- und Magnesiumsilikaten.

2. Eindringen von liquidmagmatischen und liquidmagmatisch-pneumatolytischen Schmelzen in die benachbarten, schon verfestigten Gesteine, besonders entlang von Klüften und Schichtflächen in diesen (*Injektionsmetamorphose*). Sie wirkt sich in allen Übergängen von einer grobgangförmigen Durchdringung bis zur feinsten Durchaderung und schließlich vollkommenen Verschmelzung der einander fremden Gesteinsmassen aus (z. B. Adergneise oder Arterite, Injektionsgneise → Mischgesteine = Migmatite).

3. Vor allem tonige und sandige Sedimente können durch pneumatolytische bis hydrothermale Restlösungen der verschiedensten Art weitestgehend imprägniert werden (*Imprägnationsmetamorphose*; z. B. viele Imprägnationserze).

4. Besonders karbonatische Sedimente werden von eindringenden, pneumatolytischen bis hydrothermalen Restlösungen durch Ionenaustausch oder mehr oder weniger weitgehende Weglösung weitestgehend umgewandelt (*Verdrängungsmetamorphose* oder *Metasomatose*; z. B. metasomatische Spateisenstein-, Magnesit- und Bleizink-Lagerstätten).

Schon die rein thermische Kontaktmetamorphose erzeugt in den umliegenden Gesteinen oft mehrere Kilometer mächtige Kontakthöfe, die besonders in Sedimenten genau verfolgt werden können. In der Regel zeigen diese Kontakthöfe deutlich ein Abklingen der Kontaktwirkung vom Magmenherd ausgehend nach außen zu; in Tonschiefern z. B. äußert sich in den magmenfernsten Teilen der Kontakthöfe die Kontaktwirkung in einer Sammlung der das Sediment dunkelfärbenden organischen Pigmentreste unter Graphitisierung zu Flecken (*Fleckschiefer*). Im mittleren Teil des Kontakthofes kommt es unter Verdrängung des Wassers zur Neubildung von wasserfreien Kristallarten in Form von Knoten oder Leisten innerhalb des feinschuppigen Tongesteines *(Knotenschiefer, Fruchtschiefer)* und schließlich im innersten Kontakthof zu einer völligen Umkristallisation des Tonschiefers zu einem meist gleichmäßig und ziemlich feinkörnigen, harten, splittrig brechenden, praktisch wasserfreien Gestein (*Hornfels; Schieferhornfels*, wenn die ursprüngliche Schiefertextur erhalten geblieben ist).

Die kontaktmetamorph veränderten Sedimente haben je nach der chemischen Zusammensetzung des Ausgangssedimentes und des eventuell zugeführten Stoffmaterials verschiedenen Mineralbestand: *Kalksilikathornfelse* sind z. B. durch intensive Kontaktwirkung aus sehr unreinen Kalksteinen und Mergeln hervorgegangen; in den Kontakthöfen treten an ihrer Stelle grobkörnige Marmore mit Hedenbergit, Zoisit, Grossular, Andradit, Vesuvian, Titanit, Wollastonit, Gehlenit usw. auf. Die thermische Kontaktmetamorphose reiner Kalksteine führt zu den oft sehr grobkörnigen *Kontaktmarmoren;* bei pneumatolytischer Einwirkung bilden sich in den Kontaktkalksteinen noch Turmalin, Axinit, Danburit, Datolith, Vesuvian, Humit, Chondrodit usw.; aus Dolomitgesteinen werden körnige Marmore mit Periklas (MgO), Hydromagnesit (S. 179) und Brucit $Mg(OH)_2$; ein solches Gestein ist der *Predazzit* aus dem Predazzogebiet in Südtirol und von Suian in Korea. — *Skarne* sind kontaktmetasomatische Kalksteine mit meist teilweiser Erhaltung des Kalkspates in mehr oder weniger grobkörniger Form; auch in ihnen trifft man reichlich Hedenbergit, Diopsid, Tremolit, Hornblende, Andradit, aber daneben auch Magnetit und mancherlei Schwermetallsulfide, besonders Schwefelkies FeS_2, Zinkblende ZnS, Bleiglanz PbS und Kupferkies $CuFeS_2$; je nach dem vorherrschenden Mineral unterscheidet man zwischen Andraditskarnen, Tremolitskarnen usw. — Von Vulkanen werden häufig Bruchstücke der vom aufdringenden Schmelzfluß durchbrochenen Gesteine ohne vollständige Assimilation, aber mit weitgehenden, kontaktmetamorphen Veränderungen ausgeworfen. Hiezu gehören z. B. die *Sanidinite* (Westdeutsche Vulkangebiete, Vesuv); das sind durch Alkalizufuhr weitestgehend veränderte Tonsedimente, die neben Sanidin die verschiedensten Kontaktmineralien, vielfach pneumatolytischer Natur führen.

Sedimentärer Brauneisenstein geht durch thermische Kontaktmetamorphose in Roteisenstein oder auch in Magneteisenstein über. — In kontaktmetamorph veränderten sedimentären Manganoxyderzen treten verschiedene Mangansilikate auf, z. B. Rhodonit (S. 273).

In Oberflächennähe führt die thermische Beeinflussung von Tonschiefern und Schiefertonen durch austretende Lavamassen zu deren Röstung und Frittung, das heißt zur Bildung von dichten, muscheligsplittrig brechenden, zähen Entwässerungsprodukten von schieferhornfelsartiger Zusammensetzung, die als *gefrittete Tone* oder wegen ihrer oft jaspisähnlichen (S. 81) Beschaffenheit als *Porzellanjaspis* bezeichnet werden; ebenso gibt es thermisch beeinflußte, *gefrittete Sandsteine* im Gefolge von vulkanischen Gesteinen, die häufig eine charakteristische, säulige Absonderung zeigen.

Metasomatosen zeigen oft apo- oder telemagmatischen Charakter; vielfach ist die Herkunft der Restlösungen, welche die Umbildungen hervorgerufen haben, hinsichtlich ihres Zusammenhanges mit bestimmten magmatischen Komplexen nicht bekannt.

Bisher wurde die Kontaktmetamorphose in Richtung der Einwirkung eines magmatischen Komplexes auf ein Nachbargestein in Erwägung gezogen. Diese Form der Kontaktmetamorphose bezeichnet man als die *exogene.*

Es können aber Restlösungen auch nachträglich den eigenen liquidmagmatischen Komplex mehr oder weniger intensiv verändern, dann spricht man von einer *Autometamorphose,* die in ihren äußersten Auswirkungen die Form einer *Autometasomatose* unter weitestgehender Verdrängung des ursprünglichen Mineralbestandes annehmen kann. — Unter *endogener* Kontaktmetamorphose versteht man die Veränderungen eines magmatischen Schmelzflusses und damit seiner Kristallisationsprodukte durch vollständige Aufnahme (Aufschmelzung, Assimilation) von verfestigten Nachbargesteinen, besonders von Sedimenten.

Verschiedene Formen der Autometasomatose, die sich unter vergleichbaren Umständen auch als exogene Metasomatosen entwickeln können, wurden schon in anderem Zusammenhang genannt. Die wichtigsten derartigen Prozesse seien hier noch einmal angeführt. Viele von ihnen äußern sich nur in der Aufnahme von Wasser unter Wegführung eines Teiles der großen Kationen und damit durch die Bildung von wasserhaltigen Silikaten auf Kosten der ursprünglichen, wasserfreien oder wasserarmen, auf hydrothermalem Wege. Diese Umwandlung spielt sich innerhalb der Erdkruste ohne Oxydation des Eisens ab, während die ebenfalls durch Wasseraufnahme gekennzeichneten Verwitterungsvorgänge an der Erdoberfläche sich bei tiefen Temperaturen unter mehr oder weniger weitgehender Oxydation des Eisens vollziehen. Zu diesen metamorphen Prozessen gehören vor allem:

Serpentinisierung: Umwandlung der basischen Magnesiumeisensilikate, besonders des Olivins und der Orthopyroxene, in Serpentin.

Chloritisierung: Umwandlung der basischen Magnesiumeisensilikate, besonders der Pyroxene, Hornblenden und des Biotits, in Chlorit.

Uralitisierung: Umbildung der Augite in Hornblenden.

Epidotisierung: Bildung von Epidot auf Kosten der dunklen Gemengteile.

Kaolinisierung: Umbildung der Feldspäte und Feldspatvertreter in Kaolin.

Propylitisierung (Grünsteinbildung): Umwandlung der dunklen Gemengteile in Chlorit und Epidot, der hellen in Kaolin.

Saussuritisierung: Bildung von Zoisit und anderen Mineralien auf Kosten der Plagioklase.

Albitisierung: Zufuhr von wässerigen Natriumsilikatlösungen unter Bildung von Albit neben Zoisit auf Kosten der Plagioklase.

Skapolithisierung: Skapohithbildung auf Kosten der Plagioklase, aber auch des Kalksilikatanteiles der Hornblenden unter Zufuhr von Wasser und Chlor.

Sericitisierung: Sericitbildung auf Kosten der Feldspäte und Feldspatvertreter.

Biotitisierung (Kalimetasomatose): Umwandlung von Hornblende in Biotit.

Zeolithisierung: Zeolith- (besonders Natrolith-)bildung auf Kosten der Feldspäte und Feldspatvertreter.

Silicifizierung: Zufuhr von Opalkieselsäure, besonders in Oberflächengesteinen.

Alunitisierung: Umwandlung der Tonerdesilikate saurer Oberflächengesteine (Trachyt, Andesit) unter Einfluß der Schwefelsäure und des Schwefelwasserstoffes vulkanischer Exhalationen in Aluminiumsulfate, besonders in Alunit.

Pyritisierung: Hydrothermale Umbildung unter Zufuhr von Schwermetallsulfiden, besonders unter Eisendisulfidbildung.

Turmalinisierung: Bildung von Turmalin unter Borzufuhr, besonders auf Kosten der dunklen Glimmer, teilweise auch der Feldspäte; erfaßt besonders saure Tiefen- und auch Oberflächengesteine (*Luxullianit* = turmalinisierter Granit); in basischen Gesteinen (z. B. in Diabasen) treten im Falle der Bormetasomatose Axinit und Datholit auf; die *Limurite* der Pyrenäen sind durch Bormetasomatose axinitreich gewordene Kontaktkalksteine.

Ein rohstoffwirtschaftlich besonders wichtiger, verwandter, überwiegend autometasomatischer (autopneumatolytischer) Umwandlungsprozeß ist die *Greisenbildung* aus Graniten, Quarzporphyren, Apliten und verwandten Gesteinen; sie vollzieht sich unter Zufuhr von pneumatolytischen Restlösungen, die reich an Fluor, Bor, Lithium, Zinn, Wolfram und Molybdän sind. Die wichtigsten Mineralien der Greisengesteine sind daher: Quarz, Muskovit und Zinnwaldit, Zinnstein SnO_2 (S. 274), Wolframit (Fe, Mn) $[WO_4]$ (S. 276) und gelegentlich auch Molybdänglanz MoS_2 (S. 278); dazu kommen noch Turmalin, Topas, Fluorit, Apatit, Kaolin und weitere sulfidische Schwermetallverbindungen; im Gefolge dieser Greisengesteine treten pneumatolytische Zinnerzgänge, zinnsteinführende Pegmatite und pneumatolytisch-hydrothermale Uranerzgänge auf.

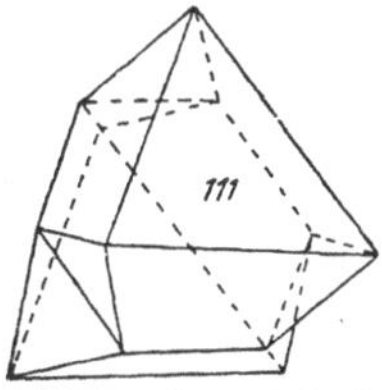

Abb. 160. Spinell, Zwilling nach (111).

Verbreitete, bisher noch nicht näher behandelte Kontaktmineralien, soweit sie nicht erst bei den Erzen erwähnt werden, sind:

Spinell $Al_2^{[6]}Mg^{[4]}O_4$ k. Hexakisoktaedrisch; xx meist scharf ausgebildete oder gerundete Oktaeder; andere Formen, z. B. Würfel und Rhombendodekaeder, sind auch in Kombination mit dem Oktaeder nicht häufig. Zwillinge nach dem Spinellgesetz (Zwillings- und Verwachsungsebene ist (111): Abb. 160) sind weit verbreitet; dann sind die Oktaeder fast immer nach dem Verwachsungsflächenpaar dicktafelig ausgebildet. Schlechte Spaltbarkeit nach {111} bei muscheligem Bruch. H = 8; D = 3.5 bei den eisenfreien Gliedern, sie steigt bei den eisenreichen auf über 4. — Struktur ruhend, ähnlich wie bei Korund, auf einer dichtesten Packung der O-Ionen, die aber bei den Spinellen eine kubische ist. — Glasglänzend, durchsichtig bis undurchsichtig, farblos, häufig rot (*Rubinspinell* aus Ceylon und Birma), auch blau (*Saphirspinell* mit etwa 3% FeO) oder grasgrün (*Chlorospinell* mit etwa 12% Fe_2O_3); häufig auch schwarz, dann im durchfallenden Lichte tiefgrün oder dunkelbraun. Strich weiß; n = 1.72 bei den eisenfreien Gliedern, bei den eisenhaltigen über 2.0 ansteigend. Schmelzpunkt des reinen Magnesiumtonerdespinells bei 2135°; sehr widerstandsfähig gegen Säuren; geglühtes Pulver wird, mit Kobaltnitratlösung erhitzt, blau. — Kontaktmineral in Kontaktkalken und Kontaktdolomiten, ebenso in Kalkauswürflingen (z. B. Vesuv); blauer Spinell im Kontaktkalk von Åker, Schweden, Amity in New York usw.; gelegentlich als Übergemengteil in Graniten und Gneisen (endogen kontaktmetamorph). Die guten Steine stammen fast ausschließlich aus Seifen (Südostasien); der etwas kupferhaltige Chlorospinell aus Chloritschiefern von Slatousk im Ural. — *Pleonast (Ceylanit)* ist fast schwarz und enthält einige Prozent FeO und Fe_2O_3, im Dünnschliff grün durchsichtig; Nebengemengteil in basischen Eruptivgesteinen (Gabbrodifferentiation), ferner in kontaktmetamorphen Kalken (Monzoni in Süd-tirol) und Kalkauswürflingen (Vesuv); auch in Kalksilikatgneisen. — *Her-cynit* ist fast reines $FeAl_2O_4$; schwarz, Strich graugrün, im Dünnschliff oft grün durchsichtig; auf magmatischen Titanmagnetitlagerstätten, gelegentlich auch in Granuliten. — *Picotit* oder *Chromspinell* enthält Cr_2O_3 neben FeO und Fe_2O_3; schwarz, im Dünnschliff gelb oder braun durchsichtig; Nebengemeng-teil in sehr basischen, magmatischen Gesteinen oft zusammen mit dem iso-morphen Chromit $FeCr_2O_4$ (S. 279); auch in Olivinbomben von Basalten. — Weiters gehören zur Spinellgruppe der *Gahnit* $ZnAl_2O_4$ (S. 263), der *Magnetit* $Fe''Fe_2'''O_4$ (S. 232) und der *Franklinit* $(Zn, Mn)Fe_2O_4$ (S. 263); ferner im wei-teren Sinne einige Doppelsulfide (S. 268).

Durchsichtige Spinelle werden in großen xx in sehr vielen Farben synthetisch her-gestellt und dienen als Nachahmungen für verschiedene natürliche Edelsteine; künst-licher Spinell wird wegen des hohen Schmelzpunktes auch zur Herstellung von Hochtemperatur-Laboratoriumsgeräten verwendet.

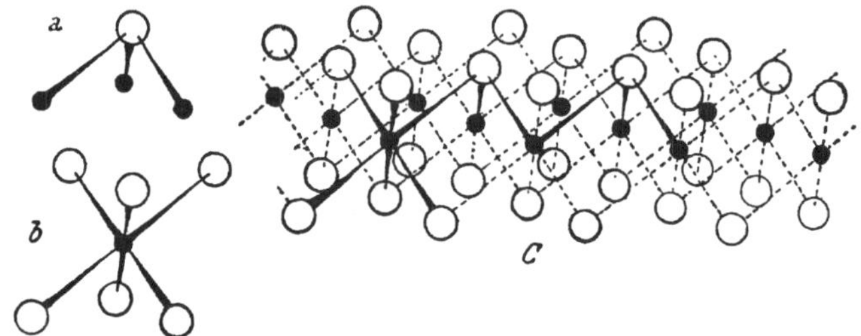

Abb. 161 a—c. Brucit. (c) Schichtmolekül, (a und b) Koordinations-polyeder aus diesem. Kleine Scheiben Mg''. Kreise $(OH)'$. (Ähnlich Hydrargillit S. 152).

Periklas $Mg^{[6]}O^{[6]}$ k. Hexakisoktaedrisch, isomorph mit Steinsalz, aber viel härter als dieses; sehr kleine Oktaeder und Würfel, meist gerundet, vollkom-men spaltend nach {100}; H = 6; D um 3.7; n = 1.736; glasglänzend, meist graugrün; sehr schwer schmelzbar. Gepulvert in Säuren löslich. — In Kon-taktdolomiten (Predazzo in Südtirol) und Kalkauswürflingen (Vesuv).

Brucit $\overset{2}{\infty}$ $[Mg^{[6]}(OH)_2^{[3]}]$ h. Typisches Schichtgitter, ähnlich wie Hydrar-gillit (S. 152); die Schichten entsprechen im Aufbau dem Mittelteil der kom-plexen Schichten des Phlogopits (S. 52) und Talks (S. 218), nur sind alle Anionen Hydroxylionen (Abb. 161); ditrigonal skalenoedrisch; xx tafelig nach {0001} (Abb. 162) oder spitzpyramidal, meist derb, blättrig bis schuppig, selten auch feinfaserig; sehr vollkommen spaltbar nach der Schichtebene (0001); mild. H = 2½; D = 2.4; Spaltblätter elastisch biegsam; Perlmutterglanz auf Spaltflächen, sonst Glasglanz; durchsichtig bis durchscheinend, farblos oder grünlich; opt. +; $\omega = 1.56$, $\varepsilon = 1.58$; in verdünnten Säuren leicht löslich, schwer schmelzbar; oft eisen- oder manganhaltig. Wandelt sich in Hydromagnesit (S. 129) um und hat sich vielfach aus Periklas gebildet. — In Kontaktdolo-miten (Predazziten), in Klüften von Serpentin (Pitkäranta am Ladogasee, bei Texas, Pa., usw.).

In kontaktmetamorphen, dolomitischen Kalksteinen nicht selten ist der *Chondrodit* $(OH, F)_2Mg_5[SiO_4]_2$ m. Kleine, flächenreiche xx oder runde Kör-ner; gute Spaltbarkeit nach {001}, muschelig brechend. H über 6; D = 3.15, glasglänzend oder etwas fettig glänzend; meist durchscheinend in verschiede-nen Tönen von gelb, rot oder bräunlich. Opt. + oder —; $n_\beta = 1.62$. Sehr schwer schmelzbar. Struktur des Silikatanteiles olivinartig mit gesetzmäßig eingeschobenen Hydroxydanteilen, in welchen die dichteste Anionenpackung des Olivins beibehalten ist. — Kommt in Kontaktkalken (z. B. Pargas in Finnland) und Auswürflingen (Vesuv) vor; auch in Verbindung mit alten Eisenerzlagern. Wandelt sich wie die folgenden Mineralien und wie der Olivin selbst in Serpentin um.

Recht ähnliche, aber viel seltenere Kontaktmineralien sind der rhombische *Norbergit* $(OH, F)_2 Mg_3 [SiO_4]$, der rhombische *Humit* $(OH, F)_2 Mg_7 [SiO_4]_3$, in welchem $Mg^{..}$ häufig merklich durch $Ti^{....}$ ersetzt ist und der besonders vom Vesuv bekannt ist, und schließlich der monokline *Klinohumit* $(OH, F)_2 Mg_9 [SiO_4]_4$ (Vesuv, Andalusien). — Bei allen drei Mineralien Aufbau ähnlich wie beim Humit, nur mit anderem Verhältnis zwischen dem Silikat- und Hydroxydanteil.

Der monokline *Spurrit* $Ca_5 [SiO_4]_2 [CO_3]$ ist recht unscheinbar, farblos bis weiß. Opt. —. Als Kontaktmineral wohl nicht sehr häufig, sicherlich aber oft übersehen; er ist z. B. von Velardeña in Mexiko bekannt; dasselbe gilt wohl auch für den monoklinen *Tilleyit* $Ca_5 [Si_2O_7] [CO_3]_2$ und den monoklinen tafeligen *Scawtit* $Ca_4 Si_3 O_8 [CO_3]_2$, die beide aus Kalk-Basaltkontakten aus der Gegend von Antrim in Irland bekannt geworden sind.

Vesuvian (Idokras) $(OH, F)_8 Ca_{19} (Al, Mg, Fe, Ti)_{13} [SiO_4]_{10} [Si_2O_7]_4$ te ist ein weit verbreitetes Kalkkontaktmineral und in vieler Beziehung dem Gros-sular (S. 132) sehr ähn-lich; dies bezieht sich so-wohl auf die Zusammensetzung

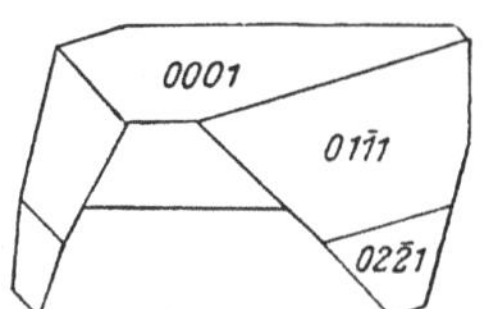

Abb. 162. Brucit, dicktafeliger Kristall.

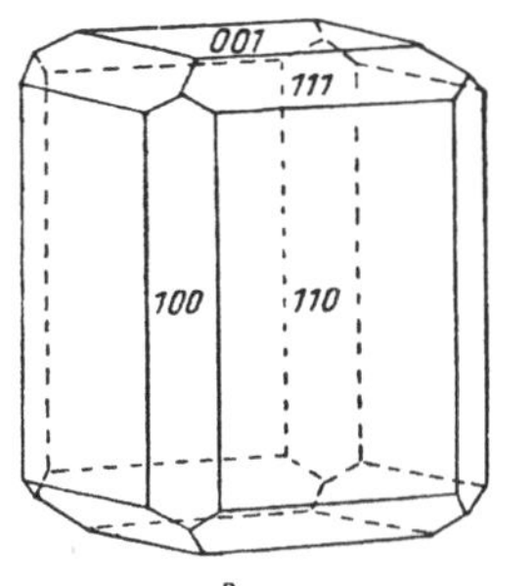

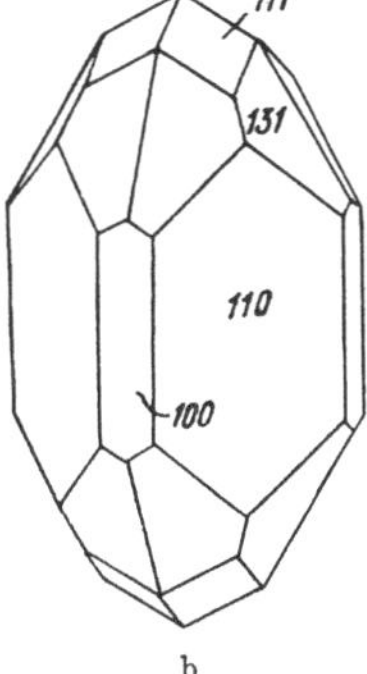

a   b

Abb. 163 a und b. Vesuvian, zwei Trachttypen.

(die 6 fache Grossularformel ist nämlich $Ca_{18} (Al, Fe)_{12} Si_{18} O_{72}$ verglichen mit der Vesuviansummenformel $Ca_{19} (Al, Mg, Fe)_{13} Si_{18} O_{68} (OH, F)_8$), als auch auf die Eigenschaften. Ditetragonal bipyramidal. xx oft groß und modellartig aus-gebildet, meist dicksäulig, selten flach bipyramidal, auch nadelförmig, meist parallel zur Z-Achse gestreift (Unterschied von Grossular!, die Vesuvian-kombination {100} x {111} ist nämlich dem Rhombendodekaeder des Grossu-lars sehr ähnlich). Die häufigsten Formen sind: {110}, {100}, {111}, {001}, auch {101} und ditetragonale Bipyramiden und Prismen (Abb. 163); auch derb, körnig oder strahlig; letzteres ist bei der *Egeran* genannten Abart der Fall. Oft mit Grossular zusammen und mit diesem leicht zu verwechseln; in Hornfelsen kleinkörnig. Keine Spaltbarkeit, splittriger Bruch. $H = 6\frac{1}{2}$, D um 3.4; glasglän-zend, Bruch fettig; meist nur durchscheinend; Farbe von braun bis gelbgrün, auch rotbraun, gelb, orangerot, bei geringem Kupfergehalt blau (*Cyprin*). Meist opt. —; n um 1.72; Doppelbrechung höchstens 0.005; häufig opt. ano-mal. Leicht unter Wasserabgabe schmelzbar, im geglühten Zustand durch Säuren unter Abscheidung gallertiger Kieselsäure zersetzlich. — *Wiluit* ist ein borhaltiger Vesuvian; das Bor tritt an Stelle von Si in das Gitter ein; bekannt vom Wiluifluß in Ostsibirien. — Ca meist in geringem Umfange durch Na ersetzt, im $R^{[6]}$-Anteil gelegentlich auch Mn und Ti, $Si^{....}$ manchmal in

geringem Umfange durch Be¨ ersetzt. — In Kontaktkalken und Skarnen eingewachsen und auf deren Klüften (Predazzo in Südtirol, Auerbach an
der Bergstraße, in Kalkauswürflingen des Vesuvs, Cziklowa und Dognaska
im Banat usw.); strahliger Egeran von Haslau in Nordwestböhmen. In den
Alpen, in Skandinavien und im Ural gelegentlich auch in Klüften von kristallinen Schiefern.

Die Struktur des Vesuvians steht in eigenartiger Beziehung zur Granatstruktur.
Wenn man die Elementarzelle des Granat in vier prismatische Teile zerlegt und
diese Teile, um 45⁰ gegeneinander verdreht, miteinander in Verbindung bringt, wobei
es zu einer Vereinigung einzelner der selbständigen SiO_4-Tetraeder des Granats zu
gekoppelten $[Si_2O_7]$-Gruppen kommt, ergibt sich die Vesuvianstruktur.

Cordierit (Dichroit, Iolith) $Mg_2^{[6]}Al_3^{[4]}[AlSi_5O_{18}] . H_2O$ r. Rhombsich bipyramidal, pseudohexagonal; im Aufbau dem Beryll (S. 103) entsprechend,
dessen $[Si_6O_{18}]^{-12}$-Ringe im Cordierit durch $[AlSi_5O_{18}]^{-13}$-Ringe ersetzt sind.
An Stelle der Be-Ionen des Berylls treten Al-Ionen in tetraedrischer 4-Koor-
dination in das Gitter ein [1]) und die 6-koordinierten Al-Ionen des Berylls sind
durch Mg-Ionen ersetzt; Einbau der Wassermoleküle wie beim Beryll in die

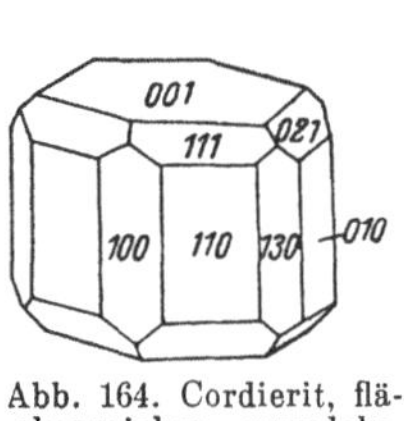

Abb. 164. Cordierit, flä-
chenreicher, pseudohe-
xagonaler Kristall.

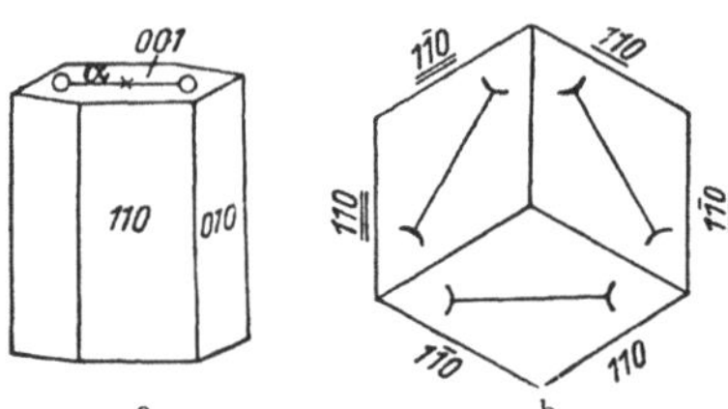

Abb. 165 a und b. Cordierit, einfacher Kristall
und Drilling; die Lage der optischen Achsen-
ebenen ist angegeben.

Kanäle entlang der Z-Achse; das Wasser kann wie beim Beryll ohne Zerstörung der Struktur ausgetrieben werden; der Fe¨-Gehalt (an Stelle von Mg)
übersteigt selten einige wenige Prozent (*Eisencordierit*), dagegen enthalten
die Cordierite wie die Berylle eine gewisse Menge von Alkali-Ionen, die wie
bei diesen in den Kanälen sitzen. In den Eigenschaften ist der Cordierit den
Feldspäten sehr ähnlich, xx (Abb. 164) nur eingewachsen mit matten Flächen
und gerundeten Kanten, kurzsäulig, vorwiegend {110} x {010}, die zusammen
ein pseudohexagonales Prisma bilden, da der Winkel zwischen (110) zu (1̄10)
nicht ganz 61⁰ beträgt; das pseudohexagonale Prisma ist durch {001} abgeschlossen. Zwillinge (Durchkreuzungszwillinge) nach {110} wie bei Aragonit (Abb.165); ähnlich, aber nicht so häufig wie die Plagioklase polysynthetisch verzwillingt. Meist derb, körnig, abgerollt in Seifen. Schlechte Spaltbarkeit nach {010} und Absonderung nach {001}. Spröd, muschelig brechend.
H über 7, D = 2.6. Fettig glänzend, besonders auf den Bruchflächen. Die
durchsichtigen bis durchscheinenden xx und Körner sind graublau bis tiefblau, seltener grünlich oder gelb. Pleochroismus in durchscheinenden, prismatischen Stücken ohne weiteres erkennbar (dunkelviolettblau - hellviolettblau -
gelb), daher der Name Dichroit. O.A.E parallel {010}; opt. —; $n_β \sim 1.54$,
vom Eisengehalt abhängig; $γ — α =$ nur wenig höher als 0.01. Pleochroitische Höfe von eigelber Farbe um winzige Zirkon- und Xenotimeinschlüsse.

---

[1]) Über die Möglichkeit der Deutung der Struktur als $\frac{3}{\infty}$-Gerüstsilikatstruktur
siehe S. 104.

Schwer schmelzbar und von Säuren nicht angegriffen. Im Dünnschliff von den Feldspäten am besten durch die eventuell vorhandenen, gelben pleochroitischen Höfe und die fast immer wenigstens am Rande und an Rissen angedeutete, feinschuppig blättrige Zersetzung in Sericit und Chlorit, ebenso durch die häufigen Einschlüsse von Sillimanit-Nadelzügen zu unterscheiden. Häufig vollständig umgewandelt in Sericit und Chlorit; solche Pseudomorphosen führen verschiedene Namen, z. B. *Pinit* oder *Aspasiolith*. — Als Tonschieferkontaktmineral weit verbreitet in Hornfelsen, Knotenmineral der Knotenschiefer; in Tonschiefereinschlüssen im Basalt, in vulkanischen Auswürflingen (Laacher See); das Auftreten in Graniten (z. B. bei Turku in Südwestfinnland) und (bei Pöchlarn in Niederösterreich, Abo in Finnland, in Colorado, bei Pisek in Böhmen usw.) in Pegmatiten und Syeniten beruht auf endogener Kontaktmetamorphose (Assimilation von Tonschiefersedimenten), ebenso das Auftreten mit Andalusit und Granat in Andesiten (Lipari); ferner mit Pleonast, Magnetkies, Kupferkies, Almandin, Sillimanit, Quarz und Feldspäten in regionalmetamorphen Gneisen (Cordieritgneise); so bei Bodenmais im Bayrischen

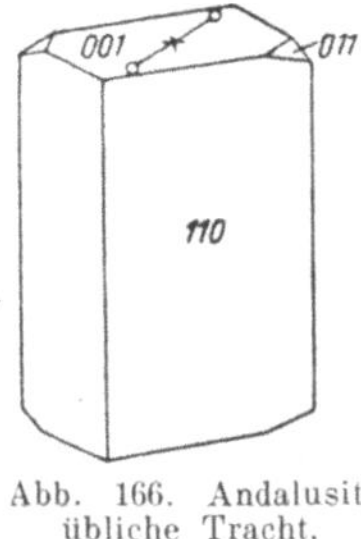

Abb. 166. Andalusit, übliche Tracht.

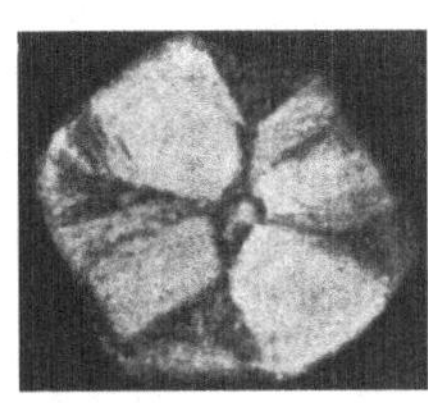

Abb. 167. Andalusit; Chiastolith im Querschnitt.

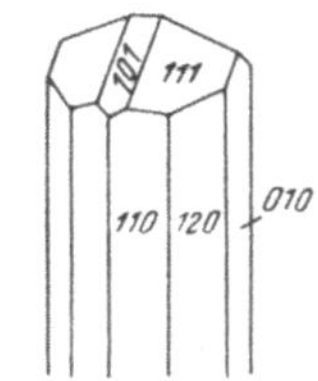

Abb. 168. Lievrit.

Wald, Orijärvi in Finnland und bei Falun in Mittelschweden; in Seifen (besonders auf Ceylon). Durchsichtige Cordierite werden manchmal als Schmucksteine verschliffen und kommen unter dem Namen *Luchssaphir* oder *Wassersaphir* in den Edelsteinhandel.

Andalusit ist die in kontaktmetamorphen Tonschiefern auftretende Modifikation von Al_2SiO_5. Rhombisch bipyramidal; im Gitter sind die Al-Ionen zur Hälfte von 6, zur anderen Hälfte von 5 O-Ionen umgeben; 1 O der Summenformel ist nur den Al-Ionen zugeordnet; die Strukturformel ist daher $OAl^{[6]}Al^{[5]}[SiO_4]$ r. Die oft ziemlich großen xx sind recht häufig, meist rhombische Prismen {110} mit quadratähnlichen Querschnitten und abgeschlossen durch die basischen Endflächen (Abb. 166). Die dickstengeligen *Chiastolith*-Kristalle zeigen bei gelbweißer Grundfarbe im Querschnitt meist kreuzförmig verteilte Ansammlungen von schwarzgrauem, kohligem Pigment (Abb. 167). — Ziemlich gute Spaltbarkeit nach {110}; H = 7½; D = 3.2; die glasglänzenden xx sind meist trüb, durchscheinend oder undurchsichtig, seltener (Californien, Brasilien) rot oder grün durchsichtig. Stark pleochroitisch (braunrot — hellgrün). O.A.E. parallel {010}. Opt.—; 2 V = 85°, $n_\beta = 1.64$, $\gamma - \alpha = 0.01$. Andalusit enthält immer etwas Fe und Mn; wenn der Fe- und Mn-Gehalt mehrere Prozent beträgt, werden die xx *Viridin* genannt. Viridin ist viel kräftiger pleochroitisch (Hornfelse bei Darmstadt; in Glimmerquarzit in Schonen in Schweden). Sehr schwer schmelzbar, mit Kobaltnitratlösung geglüht blau werdend; selbst Flußsäure greift den Andalusit nur sehr langsam an. — Leistenförmig in Fruchtschiefern und kleinkörnig in Hornfelsen (Gefrees im Fichtelgebirge, Pyrenäen usw.), teilweise als endogenes Kontaktmineral in die Granite und Pegmatite übergehend; auch vulkanische Auswürflinge und regionalmetamorphe Gneise führen gelegentlich Andalusit; schöne, große xx z. B. in Quarzgängen von der Lisenzalpe in Tirol, auch im bayrischen Wald; pneumatolytisch-hydrothermal mit goldhaltigem Arsenkies in der Boliden-Lagerstätte in Nordschweden.

Verschleifbare, abgerollte Kristalle in der Provinz Minas Geraes in Brasilien; durchsichtige Andalusite und schön gezeichnete Chiastolithe finden als Schmucksteine Verwendung. Technisch zur Herstellung hochfeuerfester Geräte verwendet, ferner zur Herstellung von Zündkerzen für Automobile; solcher Andalusit stammt hauptsächlich aus Californien (White Mountains). — Oft umgewandelt in Sericit, gelegentlich auch in Disthen.

Die beiden anderen Formen von Al_2SiO_5, Disthen (S. 216) und Sillimanit (S. 217) haben mit kontaktmetamorphen Gesteinen wenig zu tun und werden deshalb später bei der Regionalmetamorphose besprochen.

Der *Lievrit (Ilvait)* $(OH)CaFe_2\cdot\cdot Fe\cdot\cdot\cdot[SiO_4]_2$ kristallisiert rhombisch bipyramidal; langsäulige bis nadelige, aufgewachsene xx mit Längsstreifung. Hauptformen $\{110\}$, $\{120\}$, $\{010\}$, $\{111\}$ und $\{101\}$ (Abb. 168); sonst derb, strahlig oder seltener körnig. Deutlich spaltbar nach $\{010\}$, schlecht nach den anderen Endflächen. H fast 6, D um 4.0; frisch glasglänzend, meist aber metallisch fettig; schwarz oder braunschwarz, undurchsichtig; bei starker Doppelbrechung n_β um 1.9. Sehr stark pleochroitisch (schwarzgrün-blaßgelbbraun). Leicht schmelzend zu magnetischer Masse, in Salzsäure zersetzlich. — Kalkkontaktmineral oder kontaktpneumatolytisch; schöne xx an Kalksteinkontakten auf Elba und auf der griechischen Insel Seriphos; weitere Vorkommen in Toscana (Campiglia), Nassau, im Sodalithsyenit von Kangardluarsuk auf Grönland und auf Hohlräumen der Lava von Capo di Bove bei Rom. — Kann mit Turmalin verwechselt werden.

Wohl auch als Kontaktbildung zu betrachten ist das einmalige Vorkommen von *Benitoit* und anderen Titansilikaten in San Benito Cy (Gem mine), Californien.

Der Benitoit $Ba^{[6,\,6]}Ti^{[6]}[Si_3O_9]$ kristallisiert ditrigonal bipyramidal. Strukturelemente sind Dreierringe von SiO_4-Tetraedern $[Si_3O_9]^{-6}$ ähnlich wie beim Wollastonit (S. 86). Die meist bipyramidalen xx fallen bei zonarem Farbwechsel durch ihre blaß- bis dunkelblaue Farbe auf; sie wurden anfangs mit Saphir verwechselt. Keine deutliche Spaltbarkeit, muscheliger Bruch. H über 6; $D = 3.6$. Glasglanz; $\varepsilon = 1.802$, $\omega = 1.756$; stark pleochroitisch (farblosgrünlich- bis purpurblau). — In schönen xx eingebettet in Natrolithadern am Kontakt von Schiefern mit Serpentin, der auch Anreicherungen von Grossular und Vesuvian führt.

Begleitet wird der Benitoit vom monoklin prismatischen, schwarzen, glasglänzenden *Neptunit* $Na_2(Fe, Mn)Ti[Si_4O_{12}]$; in dünnen Splittern blutrot durchscheinend, brauner Strich. H fast 6; $D = 3.2$; spaltbar ausgezeichnet nach $\{110\}$. $n_\beta = 1.700$, $\gamma - \alpha = 0.04$; 2 V ca. 40°. Gitter vielleicht mit viergliedrigen $[Si_4O_{12}]$-Ringen. Leicht schmelzbar wie Benitoit. Wird auch in Nephelinsyenit (Grönland, Halbinsel Kola) gefunden. — Ein weiterer Begleiter des Benitoits ist der *Joaquinit*; rhombische, honiggelbe bis braune, winzige xx, die nach der Basis tafelig entwickelt sind; ebenfalls ein Na-Ba-Ti-Silikat, aber von unsicherer Formel. H fast 6, D = 3.9.

Ein selteneres Kalkkontaktmineral ist der *Ludwigit* $O_2(Fe, Mg, Mn)_2\cdot\cdot(Fe, Mn)\cdot\cdot\cdot[BO_3]$. Rhombisch, aber nie in xx, sondern dicht oder meist in seidenglänzenden, radialfaserigen Aggregaten. $H = 5$; D um 4.0; n_β um 1.95, $\gamma - \alpha$ ungefähr 0.02. Undurchsichtig, schwarz, im feinsten Pulver blau durchscheinend. — In kalkreichen Eisenmangankontaktlagerstätten, zusammen mit Magnetit (Morawitza im Banat, Sjögrube und Långban in Schweden usw.); im metasomatischen Kalkstein (Salla in Finnland), auch mit Zinnstein (Lost River in Alaska).

Ebenfalls rhombisch kristallisiert der *Kotoit* $Mg_3[BO_3]_2$. Weiß, feinkörnig; mit sehr guter Spaltbarkeit nach {110}. H über 6, $D = 3.1$; $n_\beta = 1.65$, $2 V = 21^0$. Schmilzt oberhalb von 1300^0. — In Predazzit (Oravicza im Banat, in großen Mengen bei Sŭan, Korea).

B. Die Mineralien der kristallinen Schiefer (Regionalmetamorphose).

Verlagerungen der Gesteine innerhalb der festen Erdkruste führen zu Änderungen der thermodynamischen Bedingungen; dadurch werden einerseits bestimmte Mineralien instabil, ferner werden durch die höheren Temperaturen und Drucke Reaktionen zwischen benachbarten Gesteinsgemengteilen hervorgerufen. Eine zusätzliche Rolle als Substanzüberträger spielen in der Erdkruste auch die dort zirkulierenden, oft kohlensäurehaltigen, heißen Wässer [1]; sie befördern die Angleichung des Mineralbestandes an die jeweils gegebenen Temperatur-Druckbedingungen. Es ist klar, daß derartige Veränderungen besonders die unter Oberflächenbedingungen entstandenen, wasserreichen Sedimentgesteine einschneidend berühren. Derartige Umwandlungen der Mineralgesellschaften, die sich in extremer Form unabhängig von irgendwelchen magmatischen Beeinflussungen abspielen und die, im Gegensatz zu den örtlich beschränkten Wirkungen der Kontaktmetamorphose, oft sehr große Partien der Erdkruste umfaßt haben und umfassen, bezeichnet man als *Regionalmetamorphose*, unter besonderer Betonung des Druckeinflusses auch als *Dynamometamorphose* und unter Betonung der wirksamen Verschiebungen und Verlagerungen innerhalb der Erdkruste als *Dislokationsmetamorphose*. Die sie auslösenden Faktoren sind Überdeckungen mit jüngeren Sedimentmassen, wodurch der allseitige oder hydrostatische Druck und die Temperatur erhöht werden; bei Sedimenten wirkt sich die Temperaturerhöhung vielfach im selben Sinne aus wie bei der Kontaktmetamorphose. Von großer Wichtigkeit sind aber auch tektonische Bewegungen innerhalb der Erdkruste, Bewegungen, die nicht nur als Vertikalbewegungen zu einschneidenden Tiefenlagenveränderungen führen (sowohl im positiven wie auch im negativen Sinn), sondern deren Tangentialkomponente die Gesteinsmassen unter den Einfluß gerichteten Druckes (Stress) stellt, was vor allem die Struktur und Textur dieser Art von metamorphen Mineralgesellschaften beeinflußt; unter dem Einfluß des Stresses erfolgt eine Einordnung der vorhandenen und mehr noch der sich neu bildenden Mineralteilchen nach ganz bestimmten Richtungen, ähnlich wie das bei der Sedimentation flächenartiger Mineralteilchen der Fall ist, die Anlaß zur Schichtung der Sedimente mit solchen Mineralteilchen gibt. Diese tritt am deutlichsten bei den tonig-glimmerigen Sedimenten ein; Eruptivgesteine dagegen zeigen nur in Ausnahmsfällen derartige Einordnung der Teilchen; sie

---

[1] Dabei beladen sich diese überwiegend vadosen Wässer oft mit Auslaugungsprodukten, die sie bei wieder erfolgender Abkühlung, soweit sie sie nicht an die Oberfläche fördern, in Gesteinsklüften unter Bildung sehr verschiedener Mineralien zum Absatz bringen. Solche Kluftmineralassoziationen sind oft von echten hydrothermalen Restlösungskristallisationen nicht zu unterscheiden und daher vielfach ihrer Entstehung nach sehr umstritten.

sind meist im Gegensatz zu den geschichteten Sedimenten richtungslos körnig, immer dann, wenn sich bei ihrer Entstehung nicht besondere, gerichtete
Druckeinflüsse geltend gemacht haben. Die regionalmetamorphen Gesteine,
mögen sie aus Sedimenten hervorgegangen sein (*Paragesteine, Paraschiefer*)
oder aus Eruptivgesteinen (*Orthogesteine, Orthoschiefer*)[1]) zeigen immer
dann, wenn die Wirkung des gerichteten Druckes die des allseitigen Druckes
überwiegt, was besonders in den höher liegenden Zonen der Fall ist, eine
mit der Schichtung der Sedimentgesteine äußerlich vergleichbare Parallel-
textur unter Paralleleinordnung der blättrigen und stengeligen Mineralparti-
kel, die man als *Schieferung* bezeichnet. Dies hat den regionalmetamorphen Gesteinen, ganz unabhängig davon, ob sie diese Schieferung zeigen
oder nicht, die Benennung „*Kristalline Schiefer*" eingetragen; dadurch soll
zum Ausdruck gebracht werden, daß diese Gesteine eine den diagenetischen
Schiefertonen ähnliche Schieferung aufweisen k ö n n e n, andererseits, daß sie im
Gegensatz zu den letzteren, die noch in größerem oder geringerem Umfang
kolloidale Teilchen enthalten, stets vollkristallin und zwar in der Regel recht
grobkristallin ausgebildet sind. Mit der Schieferung, die bei Paragesteinen
keineswegs mit der ursprünglichen Sedimentschichtung zusammenfallen muß,
sondern diese sogar meistens durchquert[2]) (bei weitgehender Neukristallisa-
tion auch wenigstens äußerlich vollkommen unterdrückt), steht ähnlich
wie bei den geschichteten Sedimenten eine bevorzugte Trennbarkeit entlang
der Schieferungsflächen in Zusammenhang.

Gar nicht selten verwischen sich die rein regionalmetamorphen Gesteine
mit den verschiedenen Typen der kontaktmetamorphen Gesteine insoferne,
als sich mit den Faktoren der Regionalmetamorphose Kontakteinflüsse kom-
binieren; Injektionen, Teilmetasomatosen führen zur Bildung der Mischschie-
fer (z. B. Mischgneise) und zum Auftreten von typisch pneumatolytischen
Mineralien in kristallinen Schiefern, auch bei solchen sedimentärer Herkunft
(*Piezokontaktmetamorphose*).

Eruptivgesteine sind gegen die Faktoren der Regionalmetamorphose weniger empfindlich, sie sind ja ohnehin bei hohen Entstehungstemperaturen als
Tiefengesteine höheren Druckbedingungen angepaßt; aber der gerichtete Druck
macht sich doch auch bei ihnen schon im Stadium der beginnenden Metamorphose bemerkbar: gewisse Kristalle (besonders Quarz, aber auch Feldspäte)
werden ohne Verlust des Zusammenhaltes deformiert; dies äußert sich im Auftreten einer unregelmäßigen Auslöschung, die wogenartig über den Kristall
wandert (undulöse Auslöschung) und bei Plagioklasen in einer im mikroskopischen Bild leicht erkennbaren, zunächst bruchlosen Verbiegung der Zwillingslamellen; bei Glimmern in einer oft starken Verbiegung der Kristallblätt-
chen, die am Verlauf der Spaltrisse und auch an der nicht einheitlichen Auslöschung erkennbar ist. Das nächste Stadium besteht in einer von außen
beginnenden Zertrümmerung der größeren, plastisch und elastisch wenig de-
formierbaren Kristalle; die mikroskopische Untersuchung zeigt dann noch
größere Kristallteile[3]), die von kleinen Bruchstücken umgeben sind, wobei es
gleichzeitig zu einer linsenförmigen Auswalzung des ursprünglichen Kristall-

---

[1]) Bei sonst ähnlichen metamorphen Gesteinen werden zur Kennzeichnung der
Herkunft, nach H. ROSENBUSCH, in der Regel die Bezeichnungen Ortho- und Para-
vor den Gesteinsnamen gesetzt; z. B. Orthogneis — Paragneis, Orthoamphibolit — Para-
amphibolit.

[2]) Im mikroskopischen Bild ist der Verlauf der ursprünglichen Schichtung der
Sedimente häufig noch innerhalb der Mineralkörner der kristallinen Schiefer durch
die Anordnung der Einschlüsse als „Relikttextur" erkennbar.

[3]) Diese Reste werden *Porphyroklasten* genannt.

raumes kommt. Man bezeichnet diesen Vorgang als *Kataklase* und die neue Gefügeform als *Mörteltextur*; auf diese Weise mechanisch mehr oder weniger vollständig durchgearbeitete, feinkörnig gewordene Gesteine nennt man *Mylonite*. Kataklase ist immer schon mit einer äußerlich erkennbaren Schieferung (*Vergneisung*, z. B. vergneiste Granite, vergneiste Pegmatite) verbunden. Die Zertrümmerung begünstigt Mineralneubildungen, da dadurch die reaktionsfähigen Oberflächen stark vergrößert werden; viele Mineralien (Plagioklas, Karbonate usw.) reagieren auf den gerichteten Druck auch durch Auslösung von Translationen unter Ausflachung und unter Druckzwillingsbildung.

Es kommt auch nicht selten vor, daß unter dem Einfluß hohen Druckes hervorgerufene Metamorphose *(Belastungsmetamorphosen)* durch Krustenverschiebungen in Bereiche geringeren Druckeinflusses verlagert werden *(Entlastungsmetamorphose, Retrometamorphose)*; diese äußert sich besonders im Mineralbestand, indem unter hohem Druck gebildete wasserfreie oder wasserarme Mineralien unter den gemilderten Bedingungen wieder in wasserreichere übergeführt werden; z. B. Übergang von Biotit oder Granat in Chlorit; da auf diese Weise Mineralbildungen der Belastungsmetamorphose wieder zerstört werden, spricht man von einer *Diaphthorese* [1]). Der Diaphthorese sind besonders die schon unter hohem Druck und hohen Temperaturen gebildeten Tiefengesteine während der Metamorphose unterworfen.

Wenn die Zertrümmerungserscheinungen durch Aufbau neuer Mineralkomponenten abgelöst werden, so kommt es bei den kristallinen Schiefern häufig zu Strukturen, die an die porphyrischen Strukturen der magmatischen Gesteine erinnern. Einzelne Mineralkomponenten treten in oft sehr großen und vielfach modellartig ausgebildeten xx in einem feinschuppigen, in der Regel aus Sericit, Talk oder Chlorit, also aus Schichtmineralien gebildeten Grundgewebe auf. Derartige Kristalle, die sehr verschiedener Art sein können (Granat, Staurolith, Aktinolith, Disthen, Karbonate, Magnetit, Chloritoid, Apatit usw.), bezeichnet man nicht wie bei den magmatischen Gesteinen als porphyrische Einsprenglinge, sondern mit Rücksicht darauf, daß es sich um Neubildungen innerhalb eines schon verfestigten Gesteins handelt, als *Porphyroblasten*; die Porphyroblasten sind meist flächenarm.

Die Unterscheidung von Ortho- und Paragesteinen ist häufig nicht leicht durchzuführen; vielfach hilft dabei die Beobachtung des geologischen Verbandes; in anderen Fällen sind Besonderheiten der chemischen Zusammensetzung für die Entscheidung in Betracht zu ziehen; so zeigen im allgemeinen die magmatischen Gesteine und damit auch die Orthoschiefer im Verhältnis $Na_2O + K_2O + CaO$ zu Al_2O_3 einen Abgang an Tonerde (wenn sie nicht durch Tonsedimentassimilation an Tonerde besonders angereichert worden sind, was in der Regel nur kleine Gesteinsbereiche betrifft); zeigen somit kristalline Schiefer einen Tonerdeüberschuß, so ist mit hoher Wahrscheinlichkeit anzunehmen, daß sie aus einem Sediment hervorgegangen sind oder zumindest aus einem Mischgestein sedimentärer Natur mit magmatischen Injektionen. Das reichlichere Vorkommen von Nickel, Kobalt, Chrom und Platinmetallen deutet bei basischeren kristallinen Schiefern auf die Herkunft von magmatischen Gesteinen, da sich diese Grundstoffe in den Sedimenten nicht anreichern. Bor in Mengen von 0.001—0.1% in kristallinen Schiefern deutet auf deren Herkunft von marinen Tonsedimenten, da in den magmatischen Gesteinen (von den mengenmäßig stark zurücktretenden, ausgespro-

---

[1]) = Zerstörung.

chenen Restlösungsgesteinen abgesehen) der Gehalt an B_2O_3 die Höhe von 0.001% nicht überschreitet; ebenso deutet Führung von Graphit und kohligem Pigment auf die Paraschiefernatur des betreffenden Gesteins hin. In die Porphyroblasten eingelagerte Schichten von kohligem Pigment oder von sonstigen Einschlüssen zeugen als Relikte der ursprünglichen Schichtung ebenfalls für die sedimentäre Herkunft eines kristallinen Schiefers.

Ein anderes Mittel zur Unterscheidung von Ortho- und Paraschiefern liefern die sogenannten Gesteinsprojektionen: Durch geeignete Zusammenfassung kann man in verschiedener Weise den Stoffbestand eine Gesteines auf eine geringe Anzahl von Komponenten (3 oder 4) reduzieren und auf diese Weise für jedes Gestein einen Projektionspunkt in einer Dreiecks- oder Tetraederprojektion errechnen. Es zeigt sich nun, daß bei geeigneter Zusammenfassung die Eruptivgesteine in ihrer Gesamtheit innerhalb der Projektionen ein verhältnismäßig eng abgegrenztes Feld einnehmen, ebenso die einzelnen Eruptivgesteinsgattungen innerhalb dieser Felder wieder charakteristische Bereiche; wenn nun der Projektionspunkt eines kristallinen Schiefers außerhalb des Eruptivgesteinsfeldes fällt, wird man mit großer Sicherheit sagen können, daß es sich um ein Paragestein handelt; wenigstens für den Fall, daß die Metamorphose ohne größere stoffliche Veränderungen vor sich gegangen ist; fällt jedoch der Projektionspunkt eines Gesteins in das Eruptivgesteinsfeld, so kann unter Mitberücksichtigung anderer Momente dieses als Orthoschiefer angesprochen werden.

Nach einem Vorschlag von U. GRUBENMANN teilt man die kristallinen Schiefer ohne Rücksicht auf den Stoffbestand und die Herkunft nach den Temperatur-Druckbedingungen ihrer Entstehung in *drei* Tiefenstufen ein:

1. *Epischiefer* oder *kristalline Schiefer der Epizone*. Bildungsbedingungen: Niedrige Temperatur und niedriger allseitiger Druck, meist starkes Hervortreten des gerichteten Druckes. Diese Gesteine sind stets deutlich geschiefert und enthalten reichlich hydroxylwasserreiche Kristallarten, z. B. Chlorite, Glimmer, Talk [1]).

2. *Mesoschiefer* oder *kristalline Schiefer der Mesozone*. Bildungsbedingungen: Mittlere Temperatur und mittlerer hydrostatischer Druck bei noch meist starker Betonung des gerichteten Druckes. Schieferung meist noch deutlich ausgeprägt. Die Silikate enthalten höchstens geringe Mengen von Hydroxylwasser (Glimmer, Amphibole, Staurolith).

3. *Kataschiefer* oder *kristalline Schiefer der Katazone*. Bildungsbedingungen: Bei hohen Bildungstemperaturen Überwiegen des allseitigen Druckes über den gerichteten Druck so stark, daß die Schiefertextur sehr stark zurücktritt oder häufig vollständig fehlt; so haben diese Gesteine oft richtungslos körnigen Charakter wie die meisten magmatischen Gesteine. Im Mineralbestand kommen nur wasserfreie Mineralkomponenten von verhältnismäßig kleinem Molekularvolumen vor.

Es ist ganz allgemein festzustellen, daß mit zunehmendem Grad der Metamorphose von polymorphen Kristallarten sich jene mit kleinerem Molekularvolumen einstellen; ebenso verlaufen die zu Mineralneubildungen führenden Reaktionen in dem Sinne, daß in Katagesteinen Mineralgesellschaften von größerem Gesamtmolekularvolumen durch solche von kleinerem abgelöst werden.

---

[1]) Die Sedimentmineralien mit Kristallwasser sind auch in der Epizone verschwunden!

Alle diese Umstände haben zur Folge, daß die kristallinen Schiefer der verschiedenen Zonen durch das Auftreten bestimmter Mineralarten gekennzeichnet sind, die man, soferne sie für eine bestimmte Tiefenstufe charakteristisch sind, als *typomorphe* Mineralarten bezeichnet. So treten z. B. an Stelle der Chlorite der Epizone in der Mesozone Amphibole und in der Katazone Pyroxene oder an Stelle der feinschuppigen Glimmer der Epizone in der Mesozone unter Kornvergrößerung grobschuppige Glimmer und in der Katazone Sillimanit und Disthen. Andere Mineralien allerdings sind in allen Tiefenstufen anzutreffen, man bezeichnet sie als *Durchläufer;* zu ihnen gehören der Quarz und der Kalkspat, welch letzterer mit zunehmenden Grad der Metamorphose einzig und allein eine Kornvergrößerung erfährt.

Die verbreitetsten Mineralien der kristallinen Schiefer, von denen viele schon in anderem Zusammenhang behandelt worden sind[1]), sind: Quarz, Feldspäte, Z o i s i t, Epidot, Muskovit, Biotit, Paragonit, Pyroxene, Amphibole, Chlorit, T a l k, C h l o r i t o i d, D i s t h e n, S i l l i m a n i t, Granat, (Almandin), S t a u r o l i t h, L a w s o n i t, Cordierit, Sapphirin, Olivin, Serpentin, Kalkspat, Dolomit, Hämatit, Magnetit, Korund (Smirgel), G r a p h i t, S c h w e f e l k i e s und fallweise unter bestimmten Bedingungen noch manche andere Mineralien. Im Vergleich zu den Eruptivgesteinen und kontaktmetamorphen Gesteinen treten in den kristallinen Schiefern der Epi- und Mesozone (so wie in den tonigen Sedimenten) Mineralien mit Schichtgittern stark in der Vordergrund.

In regionaler Verbreitung bauen die kristallinen Schiefer das archaiische Grundgebirge auf; sie sind die ältesten, uns zugänglichen Gesteine und leiten sich von sehr alten Erstarrungs- und Sedimentgesteinen ab; sie tragen auf ihrem Rücken die Sedimente und werden von den jüngeren Eruptivgesteinen intrudiert oder nach der Erdoberfläche zu durchbrochen; in geringerem Ausmaß und dementsprechend in örtlich begrenzter Ausdehnung gehören die kristallinen Schiefer auch jüngeren geologischen Formationen an und können dann bei nicht sehr tief greifender Metamorphose als Paraschiefer auch noch fossilführend sein.

Auch in der Frage der Deutung der Entstehung von kristallinen Schiefern, besonders der sauren Orthogneise (soweit sie reliktfrei, d. h. ohne direkte Reste eines Ursprunggesteines, sind) machen sich seit einigen Jahrzehnten ähnliche Bedenken geltend wie in der Frage der Entstehung besonders der sauren Tiefengesteine (S. 95); sind die Orthogneise in ihrer Masse tatsächlich nachträglich umgeformte Tiefengesteine oder sind sie, ähnlich wie z. B. von vielen Graniten angenommen wird, tonigkieselige Sedimente, die unter Stoffzufuhr aus der Tiefe unter hohem Druck und bei hohen Temperaturen, aber unter Mitwirkung gerichteten Druckes statt zu richtungslos körnigen Graniten, unmittelbar zu Gneisen geworden sind? Diese Auffassung trifft in zahlreichen Fällen sicherlich zu (man vergl. auch Piezokontaktmetamorphose auf S. 212).

Die noch nicht behandelten Schiefermineralien:

Der *Zoisit* $(OH)Ca_2Al_3Si_3O_{12}$ mit geringem Ersatz von Al durch Fe und manchmal von Ca durch Mn. Er kristallisiert rhombisch bipyramidal und stellt eine zweite Modifikation neben dem monoklinen Klinozoisit (S. 136) dar; Zoisit steht zum letzteren strukturell wohl in derselben Beziehung wie die Orthopyroxene zu den Klinopyroxenen und die Orthoamphibole zu den Klinoamphibolen; jeweils befinden sich zwei Elementarzellen des Klinozoisits zueinander in Zwillingsstellung nach {100}, damit einen Elemen-

---

[1]) Die in der Folge noch zu behandelnden Mineralien sind gesperrt gedruckt.

tarkörper von rhombischer Symmetrie mit doppeltem Volumen bildend. (Vgl. Epidot S. 136). xx stets eingewachsen, nach der Z-Achse prismatisch, nicht selten gekrümmt oder geknickt, meist ohne Endflächen, in der Längsrichtung stark gestreift; meist breitstengelig, selten faserig oder körnig. Trübe, grau, graugrün, gelbbraun, grün; manganhaltige Zoisite sind rosafarben; sie werden *Thulit* genannt (Telemarken in Norwegen und Traversella in Piemont). Vollkommene Spaltbarkeit nach {010}, schlechte Spaltbarkeit nach {100}; sonst rauher Bruch. H über 6, D um 3.3. O.A.E. meist parallel {010}, seltener parallel {001}. Opt. +; $n_\beta = 1.703$, $\gamma - \alpha = 0.006$. 2 V schwankend (0—60⁰); stärkere Achsenwinkeldispersion r > v oder umgekehrt. Meist anomale Interferenzfarben. Schmilzt unschwer zu farblosem Glas und wird von Säuren im ungeglühten Zustande kaum angegriffen. Kristallstruktur wie die des Epidotes nicht sicher bekannt. — Besonders in amphibolreichen kristallinen Schiefern (Amphibolite, Eklogite) und in Quarzadern von solchen; auch gelegentlich mit Eisen- und Kupfererzen und in kontaktmetamorphen Kalksilikathornfelsen: Saualpe in Kärnten, Koralpe in Steiermark, bei Sterzing in Tirol, Zermatt in der Schweiz usw.; wichtiger Bestandteil von saussuritisierten Gesteinen (S. 204), z. B. Gabbros, Dioriten, Anorthositen usw. Kann mit Disthen oder Tremolit verwechselt werden.

Der rhombisch bipyramidale *Ardennit* ist ein seltenes, im Aufbau dem Zoisit nahe verwandtes Mineral, das aus Quarzgängen in den Ardennen (Salm Chateau) und von Ceres in Piemont bekannt geworden ist. Entspricht in der Zusammensetzung dem Zoisit, nur ist ungefähr ein Sechstel von Si'''' durch V''''' und As''''', ferner Ca vollständig und Al in geringem Umfang durch Mn ersetzt. Ausbildung und Eigenschaften in jeder Beziehung dem Zoisit ähnlich; Farbe stets gelbbraun bis rotbraun, häufig mit schwarzer Verwitterungsrinde; n_β um 1.79, leicht schmelzbar; widerstandsfähig gegen Säuren. — Nur eingewachsen in Quarz.

Lawsonit $(OH)_2 Ca^{[5+3]} Al_2^{[6]} [Si_2 O_7] . H_2 O$ r kristallisiert ebenfalls rhombisch bipyramidal. Große, nach der Y-Achse gestreckte, aufgewachsene xx; wenn eingewachsen, dann tafelig nach {010}; gute Spaltbarkeit nach {010} und {100}. Spröde. H = 6, D = 3.1; $n_\beta = 1.67$, $\gamma - \alpha = 0.02$. Opt. +. Glasglänzend, farblos bis graublau. O.A.E. parallel {100}. — In basischen Orthoschiefern, besonders in Glaukophanschiefern (Californien, Piemont, Korsika usw.), entstanden auf Kosten des Anorthitanteiles der Plagioklase von Gabbros und Diabasen; xx in Klüften von metamorphen Gesteinen.

Ebenso tritt in Glaukophanschiefern (und Chloritschiefern) der monokline *Pumpellyit* mit zoisitähnlicher Zusammensetzung und vermutlich auch zoisitähnlichem Aufbau auf. Nadelig parallel zur Y-Achse oder nach {001} spaltende Tafeln von grünlichblauer Farbe. H = 5½, D = 3.2; n_β um 1.71, $\gamma - \alpha$ ungefähr 0.02; pleochroitisch (farblos-bläulichgrün). — Er kommt auch als hydrothermale Bildung in kupferführenden Melaphyrmandeln am Oberen See in Nordamerika vor und auch sonst hydrothermal mit Zeolithen, weshalb man ihn früher, wohl mit Unrecht, zu diesen gestellt hat.

Disthen (Kyanit, Cyanit) $OAl_2^{[6]} [SiO_4]$ trk ist die verbreitetste Form von $Al_2 SiO_5$ (man vergleiche Andalusit S. 209). Struktur eine dichteste Packung von O-Ionen, in welche die Si- und Al-Ionen in entsprechender Weise mit 4- und 6-Koordination eingelagert sind. Triklin pinakoidal; xx breitstengelig (Abb. 169), in Richtung der Z-Achse gestreckt oder linealartig, eingewachsen, meist ohne Endigungen. Vorherrschende Formen sind die Endflächenpaare, dazu kommen noch {110}, {1$\bar{1}$0}, {210} usw.; häufig sind Zwillinge nach {100}, oft mit polysynthetischer Wiederholung und dieser entsprechender Zwillingsstreifung; {100} ist häufig infolge Translation parallel [001] quergestreift; bei anderen Zwillingen sind [001] oder [010] Zwillingsachsen.

Meist verworrenstrahlig oder radialstrahlig, auch blättrig-strahlig. Ist auch in Seifen anzutreffen. Spaltbarkeit vollkommen nach {100}, schlecht nach {010} und {001} (faserig); {100} ist Gleitfläche mit [001] als Gleitrichtung wodurch die Spaltbarkeit parallel {001} den Charakter eines faserigen Bruches annimmt. xx infolge von Translationen in den kristallinen Schiefern oft wellig verbogen. Spröd, bedeutende Härteanisotropie (Name!); H in der Richtung der Z-Achse etwas über 4, senkrecht dazu 6—7; D fast 3.7, damit ist der Disthen die spezifisch schwerste der drei Formen von Al_2SiO_5, was sein Auftreten bei höheren Drucken begünstigt. Perlmutterglanz oder Glasglanz, durchsichtig bis durchscheinend, meist blau (daher der Name Kyanit); sonst gelblichweiß (*Rhätizit*), auch rötlich. O.A.E. fast senkrecht auf {100}; opt. —; $n_\beta = 1.72$, $\gamma—\alpha = 0.016$, $2 V \sim 82^0$. — Sehr verbreitet in kristallinen Schiefern der Kata- und Mesozone (Granulite, Eklogite, Glimmerschiefer usw.): Sachsen, Niederösterreichisches Waldviertel, Greiner in Tirol, Fichtelgebirge, Karelien usw.; schöne xx eingewachsen mit Staurolith in den Paragonitschiefern von Faido im Tessin. Gelegentlich pseu-
momorph nach Andalusit (Koralpe in Steiermark); selten in Kontaktgesteinen; stellenweise in größeren Lagern, z. B. mit Quarz und Turmalin in Californien (Imperial Cy) und mit Korund in Assam usw.; wird in diesen Fällen abgebaut und wie Andalusit für Zwecke der Hochtemperaturkeramik verwendet.

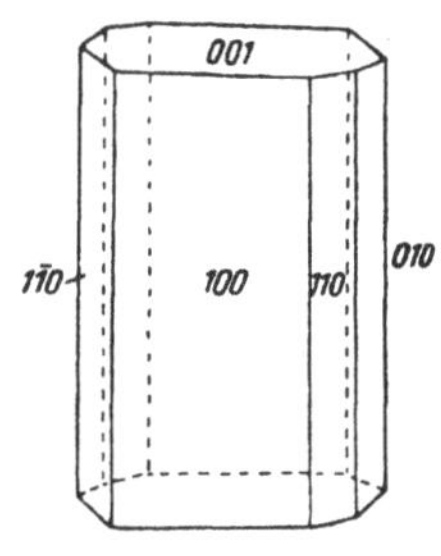

Abb. 169. Disthen.

Sillimanit (Fibrolith) $\frac{1}{\infty}$ $Al^{[6]}[Al^{[4]}Si^{[4]}O_5]$ r. Im Gitter sind AlO_4- und SiO_4-Tetraeder zu in Richtung der Z-Achse verlaufenden Doppelketten von der Zusammensetzung $\frac{1}{\infty}[AlSiO_5]^{-3}$ miteinander verbunden. Dies erklärt die stets stengelige bis faserige Entwicklung der xx, die meist in strahligen bis verfilzten Aggregaten auftreten. Die rhombisch bipyramidalen xx zeigen nie Endigungen, spalten vollkommen nach {010} und brechen uneben; Prismenwinkel {110} ca. 92°. H = 6—7, D = 3.2; glasglänzend, bei faseriger Ausbildung seidenglänzend, durchsichtig bis durchscheinend. Grau, bräunlich, graugrün. Opt. +; $n_\beta = 1.66$, $\gamma—\alpha = 0.02$, $2 V = 30^0$. Wie die anderen Formen von Al_2SiO_5 sehr schwer schmelzbar und sehr widerstandsfähig gegen Säuren. — Sehr verbreitet mit sauren kristallinen Ortho-, Para- und Mischschiefern (Granulite, Gneise, Glimmerschiefer usw.); auch in diese durchsetzenden Pegmatit- und Quarzgängen; in Kontaktgneisen (Cordieritgneis von Bodenmais usw.); in Eruptivgesteinen nur in Fremdeinschlüssen. Sillimanit ist die bei hohen Temperaturen und niedrigeren Drucken stabile Form von Al_2SiO_5; Disthen und Andalusit gehen bei 1300° in Sillimanit über, dieser wieder bei etwas höherer Temperatur unter Ausscheidung von SiO_2-Glas in den kieselsäureärmeren *Mullit* $Al_6Si_2O_{13}$, der rhombisch wie der Sillimanit kristallisiert und ganz ähnliche Struktur wie dieser aufweist; Lichtbrechung und Doppelbrechung des Mullits sind etwas niedriger als die des Sillimanits. Mullit findet sich in von Basaltlaven gesinterten Tonsedimenten (Insel Mull in Schottland) und ist weit verbreitet im Porzellan und ähnlichen keramischen Massen.

Staurolith $(O, OH)_4(Fe, Mg, Al)_3^{[6]} . 4 OAl_2^{[6]}[SiO_4]$ r. Rhombisch bipyramidal; xx nur eingewachsen, aber als Porphyroblasten oft modellartig ausgebildet; prismatisch nach der Z-Achse; meist (Abb. 170) nur {110}, {010} und {001}, dazu gelegentlich {101}, auch {011}. Zwillinge sehr häufig

(Abb. 171), und zwar Durchkreuzungszwillinge entweder nach {032} (die beiden Individuen stehen dann fast rechtwinkelig zueinander) oder nach {232} (die beiden Individuen kreuzen sich unter ungefähr 60°). Im Aufbau des Kristallgitters bestehen enge Beziehungen zum Disthen insofern, als der Alumosilikatanteil der Formel grundsätzlich so wie dieser aufgebaut ist, dieser Aufbau aber parallel {010} von Zwischenlagen von Hydroxydaufbau gesetzmäßig unterbrochen wird, ohne daß dadurch der dreidimensionale Koordinationsverband einem Schichtgitter weichen würde, sondern die beiden Teile greifen koordinativ ineinander; man vergleiche die analogen Verhältnisse zwischen Olivin und Chondrodit usw. (S. 206); daraus erklären sich die häufig zu beobachtenden, sehr auffallenden Parallelverwachsungen von schwarzbraunem Staurolith mit blauem Disthen (Abb. 172). Gute Spaltbarkeit nach {010}, sonst muschelig-splittriger, fettglänzender Bruch. H über 7; D = 3.75, oft mit reichlichen Quarzeinschlüssen; glasglänzend, aber häufig matt mit angerauhten Flächen. Rot- bis schwarzbraun, manchmal schwach durchscheinend. O. A. E. parallel {100}, opt. +, kräftiger Pleochroismus (orangegelb-blaßgelb); $n_\beta = 1.75$, $\gamma-\alpha = 0.012$ mit

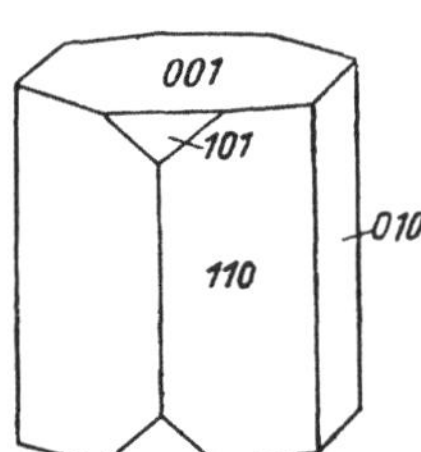

Abb. 170. Staurolith, gewöhnliche, gedrungen-prismatische Tracht.

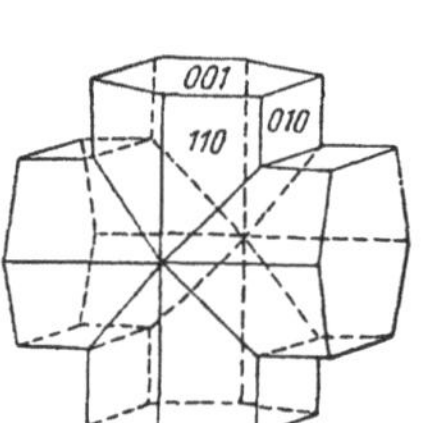

a   b

Abb. 171 a und b. Staurolith, Zwillinge nach (032) (a) und nach (232) (b).

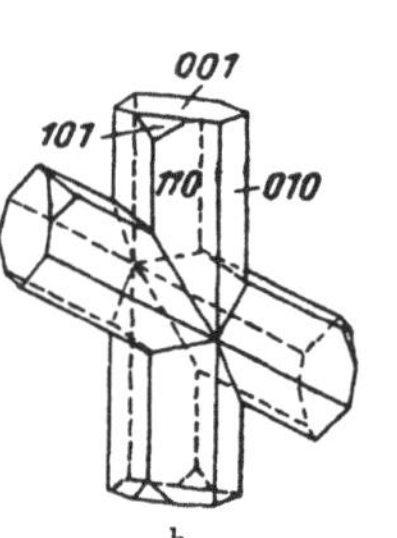

Abb. 172. Gesetzmäßige Aufwachsung von Disthen auf Staurolith.

deutlicher Dispersion der Doppelbrechung. Sehr schwer schmelzbar und von Säuren kaum angegriffen, selbst von kalter Flußsäure nicht. — In Gneisen und Glimmerschiefern weit verbreitet, oft zusammen mit Disthen und Chloritoid (z. B. Radegund und Gleinalpe in Steiermark, Sterzing in Tirol, mehrfach im Tessin, Goro-Mine in Südwestafrika, Fannin Cy in Georgia); auch in Seifen; sehr selten mit Disthen in durch Sedimentassimilation veränderten Granitpegmatiten und begleitenden Quarzgängen.

Lusakit ist ein Staurolith von schwarzer Farbe (im Pulver kobaltblau), der deswegen bemerkenswert ist, weil er in Vertretung von Eisen 6% Kobalt und 1% Nickel enthält; er stellt damit das einzige bekannte Silikat dar, das als Kobaltsilikat angesprochen werden kann. Er ist etwas härter als Staurolith und sehr stark pleochroitisch. Er bildet ein Drittel eines sonst aus Quarz, Disthen und Magnetit bestehenden Gesteins aus der Gegend von Lusaka in Nordrhodesien.

Ein wichtiges Schiefermineral der Epizone ist der *Talk* $\overset{2}{\infty}$ {$(OH)_2Mg_3^{[6]}[Si_4O_{10}]$}m. Sein Aufbau wurde im Zusammenhang mit der Phlogopitstruktur schon auf Seite 52 (Abb. 24) erörtert. Monoklin pseudohexagonal, selten in gut abgegrenzten Blättchen; blättrige oder breitstengelige Aggregate und Massen, auch sehr feinschuppig bis dicht, dann plattig knollig (*Speckstein* oder *Steatit*; wenn mit Chlorit durchmischt, *Topfstein*). In seinen Eigenschaften dem Phlogopit ähnlich, nur noch viel leichter spaltbar nach den Schichtflächen parallel {001}, da die Schichten nur durch van der Waals'sche Kräfte miteinander verbunden sind. Perlmutterglänzend auf den Spaltflächen, Spaltblätter biegsam, aber nicht elastisch; eine Richtung der Schlagfigur läuft der O. A. E. ($\{010\}$) parallel. Spitze negative Mittellinie fast senkrecht auf $\{001\}$, daher fast gerade Auslöschung zu den Spaltrissen; $n_\beta = 1.59$, $\gamma - \alpha = 0.05$; meist fast optisch einachsig ($2 V = 6\text{—}30^\circ$); da im Dünnschliffe farblos, von den farblosen Glimmern in feinschuppiger Form schwer unterscheidbar. Sehr mild, fühlt sich fettig an und färbt ab; Steatit mit splittrigem Bruch. $H = 1$; D um 2.75; Spaltblättchen durchscheinend; weiß bis apfelgrün, Steatit schmutzigweiß, graugelb bis braun; Mg nur in geringem Umfange durch Fe ersetzt. Sehr schwer schmelzbar und sehr widerstandsfähig gegen Säuren. — Bildet häufig Pseudomorphosen nach vielen anderen Mineralien, besonders nach Enstatit, Hornblende, Dolomit und Quarz. — Der *Pimelit*, der als Verwitterungsprodukt von Olivin- und Serpentingesteinen auftritt (besonders zusammen mit Garnierit (S. 141) bei Numea auf Neukaledonien) ist ein Talk, der an Stelle von Mg mehrere Prozent Nickel enthält; er ist dicht, specksteinähnlich, aber von dunkelapfelgrüner Farbe; als Nickelerz verwendbar. — Talk ist ein Hauptbestandteil der zu den Epischiefern zu zählenden *Talkschiefer* und *Topfsteine*; ferner tritt er als hydrothermales Umwandlungsprodukt von sehr vielen Magnesiumeisensilikaten der Eruptivgesteine auf; auch in Klüften von Serpentingesteinen und mit metasomatischem Magnesit. Allgemein verbreitet und oft in großen, sehr reinen Massen auftretend (z. B. Ober- und Oststeiermark); Speckstein besonders bei Göpfersgrün im Fichtelgebirge.

Talk wird sehr vielseitig verwendet: Talkum oder Federweiß ist gemahlener Talk, der für kosmetische Zwecke und in der Industrie als Einstaub-, Schmier- und Poliermittel, in der Glasindustrie als Trübungsmittel, in der Farbindustrie als Träger von Pastell-Farben und -Stiften und als Schneiderkreide, in der Textilindustrie als Appretiermittel, in der Papierindustrie als Füll- und Glättmittel Verwendung findet. Steatit ist das Ausgangsmaterial für die Steatitkeramik. Er ist schneidbar und trocken formbar, die Schnittprodukte halten beim Brennen bei geringem Schwund sehr gut die Formen; hauptsächlich verwendet als Hochfrequenzisolierstoff. Steatitporzellane werden auch durch Brennen von Talkum, Ton, Feldspat, teilweise unter Zugabe von Magnesit hergestellt, sie sind nie reinweiß, sondern gelblich bis bräunlich, stellen aber ein sehr feuerfestes Material von höherer Festigkeit als die reinen Tonporzellane dar; aus dem unreinen, dichten Topfstein werden Haushaltungsgegenstände geschnitten. — Die Jahresproduktion an Talk beläuft sich auf etwa eine halbe Million Tonnen; daran sind mit vorzüglichen Qualitäten Bayern (Steatit von Göpfersgrün im Fichtelgebirge) und Österreich (eine Reihe von Vorkommen in Ober- und Oststeiermark sowie Tirol) beteiligt: mehrere hunderttausend Tonnen werden jährlich in den USA. aus verschiedenen Vorkommen gefördert, bedeutende Mengen auch in Italien, Frankreich, Norwegen, Canada, Spanien und China.

Der *Chloritoid* oder *Chloritspat* wird häufig zu den Sprödglimmern gestellt (S. 56), unterscheidet sich aber in Zusammensetzung, Struktur und Eigenschaften in bemerkenswerter Weise von diesen. Seine Formel ist wie folgt zu schreiben: $_\infty^2 (OH)_2Fe\{(OH)_2(Fe, Al, Mg, Mn)_3[(Si, Al)_4O_{10}]\}$ m. Der einigermaßen elektrostatisch ausgeglichene Teil der Formel in $\{\ \ \}$ entspräche dem Aufbau eines Talkes von hohem Al- und Fe-Gehalt. Jedoch werden die komplexen Schichten (S. 52) derart zusammengehalten, daß in die Basis-Sauerstofflagen der Tetraedernetze Hydroxyl-Ionen eintreten, wodurch diese eine elektronegative Überschußladung erhalten; diese Ladung wird dadurch ausgeglichen, daß Fe-Ionen zwischen die nun nach Art einer dichtesten Anionenpackung aufgebauten und aneinandergefügten Abschlußanionenlagen zweier aufeinanderfolgender Schichten in geeignete oktaedrische

Lücken eintreten; dadurch werden die Schichten fester aneinandergefügt, als dies beim Talk, bei den Glimmern und Chloriten der Fall ist. Damit wird eine starke Angleichung der Gesamtbindungsverhältnisse an die dreidimensionalen Koordinationsgitter erreicht, wenn auch die stärksten Bindungen schichtartig verteilt bleiben. Diesen Aufbauunterschieden entsprechen auch die Eigenschaften: schlechtere Basisspaltbarkeit, bedeutendere Härte usw. Im Querschnitt ergibt sich ein Aufbaubild nach Abb. 173.

Monoklin prismatisch, eingewachsen in Form von nach {001} mehrfach verzwillingten, sechsseitigen Tafeln oder derb, büschelig blätterig. Sehr gute Spaltbarkeit nach {001}; zusätzliche Spaltbarkeit nach drei, die Basisfläche schneidenden Richtungen (Spaltstücke manchmal rhomboederähnlich: Chloritspat!). Spröde; H = 6½, D um 3.5. Glasglänzend, höchstens durchscheinend. Schwarzgrün, durch Oxydation des Eisens öfters braun, auch dunkelblau bis schwarz; Strich grünlichweiß. Im Dünnschliff grünlich oder bläulich mit starkem Pleochroismus: Gelbgrün-oliv-grün-blau; glasglänzend, manchmal fast metallisch. Opt. +; O.A.E. parallel S.E.; Auslöschung zu den Spaltrissen beträchtlich schief; n_β um 1.72, $\gamma - \alpha$ gewöhnlich etwas größer als 0.01; meist reich an Einschlüssen von kohligem Pigment, das oft sanduhrartig angeordnet ist, häufig, ähnlich wie Staurolith, Quarzkörnchen in größeren Mengen enthaltend. Schwer schmelzbar und auch schwer zersetzlich in Säuren. — In kristallinen Schiefern der Epizone als Porphyroblast: In Phylliten, Sericit- und Chloritschiefern; mehrfach in den Ostalpen, Tirol, Schweiz,

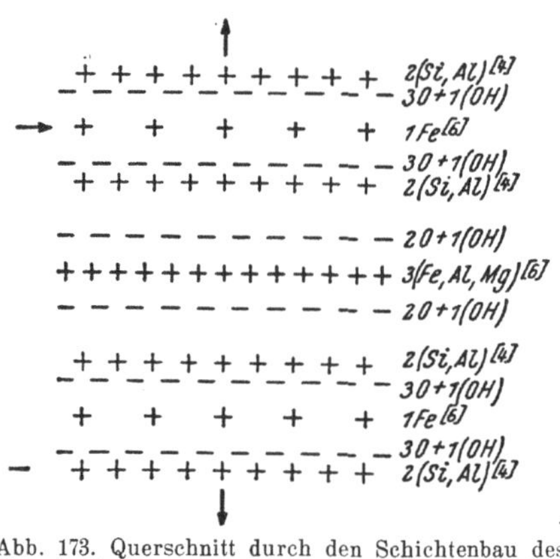

Abb. 173. Querschnitt durch den Schichtenbau des Chloritoids; Ionenverteilung auf die einzelnen Lagen der Schichten.

USA. (Inyo Cy in Californien usw.) und Canada; mit Korund und Spinellen in der Oststeiermark; auch grobblättrig in Marmoren, zusammen mit Diaspor und Smirgel bei Kossoibrod im Ural und am Gumuch-Dagh in Kleinasien, ausnahmsweise als hydrothermale Bildung in sericitisierten Laven (Westaustralien, Ontario). — Der *Ottrelith* von Ottrez in den Ardennen (in Ottrelithschiefern) führt besonders reichlich Mangan und etwas mehr Silizium.

Graphit $\overset{2}{\infty}$ C[3]h stellt das Endprodukt der Metamorphose organischer Verwesungsprodukte dar. Da solche in Form von dunklen, vorwiegend bituminösen Substanzen (Bitumina) in größeren oder geringeren Mengen in vielen (besonders in tonigen) Sedimenten enthalten sind, tritt der Graphit bei der Metamorphose solcher Sedimente in Erscheinung, in den Schiefern der Epizone häufig noch in der dichten Übergangsform des *Schungites*. Letzterer kommt gelegentlich auch in größeren Mengen in archaiische Sedimente eingelagert vor (z. B. Schunga bei Olonez in Rußland) und läßt, an sich stark an Kohlen erinnernd, schon Anklänge an den kristallinen Charakter des Graphites erkennen.

Die dihexagonal bipyramidale (möglicherweise nur rhombisch bipyramidale) stabile Form des Kohlenstoffes, der Graphit, tritt nur sehr selten in Form von gut entwickelten, nach {0001} tafeligen xx mit {11$\bar{2}$0} und Dreieckstreifung auf der Tafelfläche auf (z. B. in Kontaktkalken von Pargas in Finnland); meist ist der Graphit derb ausgebildet, blättrig, schuppig, dicht, erdig, gelegentlich auch blättrig-stengelig. Der Aufbau nach dem Schema eines Schichtgitters einfachster Art (Abb. 174) erklärt die höchst vollkommene Spaltbarkeit nach {0001}; die Spaltblättchen sind biegsam, fühlen sich fettig an und färben ab. Milde; H = 1, aber stark härteanisotrop, weil sich die geringe Härte nur aus den Translationen parallel {0001} erklärt. D = 2.255. Undurchsichtig, hell oder dunkel stahlgrau. Im dichten Zustand schwarz, matt; Strich grau, nach dem Verreiben metallisch glänzend. Aus der Bindung der Schichten aneinander durch lose verankerte Elektronen erklärt sich der metallische Glanz des blättrig schuppigen Graphites und sein gutes Leitvermögen für Wärme und Elektrizität; für ultrarote Strahlen ist der Graphit durchsichtig und pleochroitisch. Sehr schwer schmelzbar und bei Luftabschluß feuerbeständig; an der Luft verbrennt er bei etwa 1000⁰; gegen Säuren sehr widerstandsfähig; bei Behandlung mit Kaliumchlorat und rauchender Salpetersäure bildet sich grüngelbe, beim Trocknen braun werdende Graphitsäure. — Bestandteil von vielen Paragesteinen, oft linsen- oder lagerförmig angereichert, z. B. in Glimmerschiefern, Phylliten, Kalksteinen, Quarzitschiefern und Graphitschiefern; auch in Kontaktgneisen (z. B. in Hornfelsen und Cordieritgneisen); auf Ceylon (auch in Travancore und auf Madagaskar) als Ganggraphit, begleitet von typischen pneumatolytischen Mineralien (Turmalin, Topas, Schwefelkies) in Graniten und Gneisen, vermutlich selbst pneumatolytisch abgeschieden aus Schmelzflüssen,

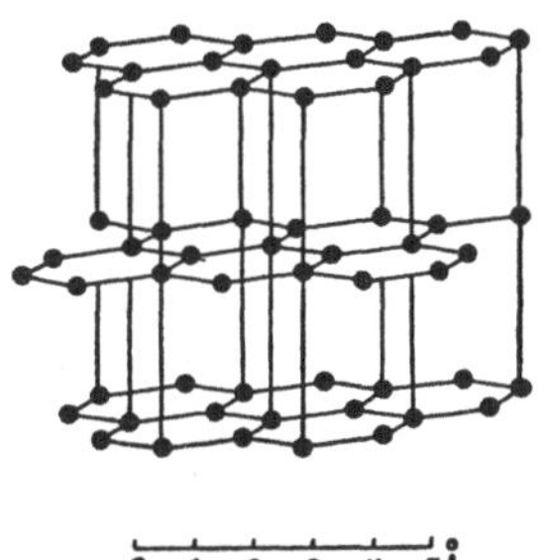

Abb. 174. Graphit, Schichtgitter.

die kohlige Sedimente assimiliert hatten; in ähnlicher Weise mögen die Vorkommen in Form von kleineren Ausscheidungen in verschiedenen Eruptivgesteinen (Graniten, Porphyren, Gabbros, Basalten usw.) zu erklären sein; eigenartig ist auch das Auftreten von Graphit in manchen Eisenmeteoriten.

Die Technik unterscheidet zwischen stengeligem (vorzugsweise aus Ceylon), schuppigem (Flinzgraphit; Passau, Böhmen, Madagaskar) und dichtem (fälschlich „amorphem") Graphit. Letzterer wird z. B. in Steiermark und bei Jenisseisk in Sibirien gefördert. — Graphit wird zusammen mit Quarz und Tiegelton in erster Linie zur Herstellung von Schmelztiegeln verwendet; dazu eignet sich besonders der grobschuppige Graphit von Ceylon und Madagaskar, ebenso der bayrische (Tiegelgraphit)[1]; weitere bedeutende Mengen von Graphit finden als Anstrichmasse in der Gießereiindustrie, als Ofenverputzmittel, Maschinenschmiermittel und für Rostschutzfarben Verwendung; Bleistiftminen bestehen zu etwa 60% aus feinst gemahlenem Graphit neben Antimonit, Ton und Talk; die galvanoplastische Reproduktionstechnik verwendet den fettig haftenden Graphit für die Herstellung von gut leitenden Überzügen; vielseitig ist auch die Verwendung des Graphites in der Elektroindustrie, z. B. für die Herstellung von Trockenbatterien, Dynamobürsten und Elektroden. — Die Jahresgewinnung an Graphit beläuft sich auf etwa 200.000 Tonnen; daran sind Österreich (Steiermark, Niederösterreich), die Tschechoslowakei, Ostbayern (Passau-Kropfmühl), Ceylon, Madagaskar, Mexiko mit je etwa 10%, ferner Korea und Sibirien (Jenisseigeb.) in bedeutendem Umfange beteiligt; die Graphitproduktion der USA. ist relativ gering, daher werden dort beträchtliche Mengen von Graphit unter Ausnutzung billigen elektrischen Stromes in Elektroöfen aus Anthrazit künstlich hergestellt.

---

[1]) Grobschuppige Graphite sind schwer vermahlbar und daher z. B. für die Farbindustrie und Bleistiftindustrie schlecht verwendbar.

C. Die Haupttypen der kristallinen Schiefer.

U. GRUBENMANN hat die kristallinen Schiefer (unter Ausschluß der rein organogenen Metamorphite und der metamorphen Salzgesteine) nach dem chemischen Bestand in 12 Gruppen eingeteilt, denen jeweils einerseits Ortho-, andererseits Paragesteine der drei verschiedenen Tiefenstufen zugeordnet werden können, was insgesamt 72 Hauptgattungen der kristallinen Schiefer ergäbe; da aber jeweils in den Tiefenstufen und Herkunftsklassen einzelne Typen fehlen oder z. B. von solchen einer anderen Typenstufe nicht unterscheidbar sind, reduziert sich die Zahl der Hauptgattungen nicht unbeträchtlich. Hier seien nur die verbreitetsten Gattungen genannt:

Gneise. Sie erstrecken sich auf die drei ersten Grubenmannschen Gruppen der Alkalifeldspatgneise, Tonerdesilikatgneise und Kalknatronfeldspatgneise; sie können Ortho- oder Paragneise sein und sie können den verschiedenen Tiefenstufen angehören. Im allgemeinen ist für Gneise das reichliche Auftreten von Quarz und einem oder mehreren Feldspäten charakteristisch. Häufig, wenn es sich um Orthogneise handelt, leiten sie sich von Graniten ab und weisen auch den mehr oder weniger unveränderten Mineralbestand der Granite in Verbindung mit Schiefertextur auf. Die zusätzlichen Mineralien charakterisieren die Art der Gneise: Muskovitgneis, Biotitgneis, Zweiglimmergneis, Hornblendegneis, Augitgneis, Cordieritgneis, Sillimanitgneis, Epidotgneis usw. — Die Gneise sind häufig in verschiedenem Grade kontaktmetamorph beeinflußt. Vielfach sind sie Mischgesteine (Arterite und Adergneise); sehr feinkörnige Gneise von aplitischer Zusammensetzung sind die *Leptite. Granulite* oder *Weißsteine* sind in der typischen Form feinkörnige Katagneise, oft ohne Andeutung einer Schiefertextur; sie führen neben Quarz und perthitischen Feldspäten als Übergemengteile noch Almandin und Disthen, weniger Biotit und Muskovit. — Die Gneise sind, abgesehen von den Mischgneisen, metamorphe Äquivalente von Graniten, Syeniten und Dioriten, oder von klastischen Sedimenten, besonders von feldspatreichen Sandsteinen (Arkosen) und entsprechend zusammengesetzten Breccien und Konglomeraten.

Bei den *Glimmerschiefern* treten neben Quarz die Glimmer in den Vordergrund, während die Feldspäte ganz oder fast ganz fehlen. Man unterscheidet u. a.: Muskovitschiefer, Biotitschiefer, Paragonitschiefer, Zweiglimmerschiefer und Sericitschiefer. Nach den begleitenden Porphyroblasten spricht man von: Granat-, Hornblende-, Staurolith-, Disthenglimmerschiefern usw. Die Schiefertextur ist bei diesen Gesteinen stets ausgeprägt. Über die Glimmer- und Sericitquarzite sind die Glimmerschiefer mit den Quarziten verbunden, über die Kalkphyllite und Kalkglimmerschiefer mit den Silikatmarmoren. Nach der Klassifikation von GRUBENMANN gehören die Glimmerschiefer zur II. Gruppe der Tonerdesilikatgneise; sie sind Paragesteine, meist der Mesozone, und leiten sich über die diagenetisch-epizonalen Phyllite (Sericitphyllite, Chloritoidphyllite, Ottrelithphyllite) hinweg von Tonsedimenten (Tonschiefern usw.) ab, die Kalkphyllite und Kalkglimmerschiefer von Mergeln.

Keineswegs mit den Glimmerschiefern zusammenzuwerfen sind die *Eisenglimmerschiefer* (in Brasilien als wertvolles Eisenerz *Itabirite* genannt). Sie sind nach der blättrig schuppigen Form des Hämatites Fe_2O_3 (Eisenglimmer) so benannt und bestehen mehr oder weniger vollständig neben Quarz aus diesem Mineral. Sie bilden die XI. Gruppe nach GRUBENMANN und gehören der Epi- oder Mesozone an; sie können der Herkunft nach Ortho- oder Para-

gesteine sein; meist leiten sie sich wohl von sedimentärem Brauneisenstein
ab. In der Katazone werden sie durch die massigen *Magnetitgesteine* abgelöst.

Die *Chlorit-* und die *Talkschiefer* enthalten als Hauptbestandteil Chlorit,
bzw. Talk, in den Topfsteinen beide nebeneinander; in diesen deutlich ge-
schieferten Gesteinen treten als Porphyroblasten auf: Magnetit, Almandin,
Dolomit, Magnesit, Strahlstein, Epidot, Zoisit, Apatit, Pyrit usw. Es sind
Epischiefer der V. Gruppe nach GRUBENMANN und leiten sich vorzugsweise
von sehr basischen Tiefengesteinen und von dolomitisch-mergeligen Sedimenten ab. Ihnen stehen die *Antigoritschiefer* sehr nahe. In der Mesozone treten
an ihre Stelle die verschiedenen Arten der *Hornblendeschiefer* (Strahlstein-
schiefer, Antophyllitschiefer, Nephrite), in der Katazone die seltenen *Augit-*
und *Olivinschiefer.*

Die IV. Gruppe nach GRUBENMANN umfaßt die mesozonalen, selten epizona-
len *Amphibolite*, die sich wohl in der Regel von gabbroiden Tiefengesteinen
ableiten (Orthoamphibolite). manchmal aber sicher auch von dolomitisch-
mergeligen Sedimenten (Paraamphibolite). Neben den vorherrschenden Amphibolen enthalten sie wechselnde Mengen von Feldspat und Quarz, daneben
als Porphyroblasten Almandin, Zoisit oder Epidot und als Nebengemengteile
Rutil und Magnetit. Man unterscheidet demgemäß z. B. Plagioklasamphibolite,
Zoisitamphibolite, Granatamphibolite, Glaukophanite usw. — In der Katazone
treten an ihre Stelle die richtungslos körnigen *Eklogite* oder die seltenen
Plagioklasaugitfelse. Die typischen Eklogite enthalten Omphazit und magnesiumreichen Granat, daneben in der Regel noch Disthen, Smaragdit, Rutil,
Titanit usw.

Ein Teil der natronreichen und eisenarmen *Glaukophanite* fallen als
Schiefer der Mesozone in die VI. Gruppe nach GRUBENMANN; in der Katazone
treten an deren Stelle die *Jadeitgesteine* mit vielfach massiger Textur; es
handelt sich hier wohl ausschließlich um Orthogesteine.

Die VII. Gruppe nach GRUBENMANN bilden die *Chloromelanitgesteine*, die
in der Mesozone neben saurem Plagioklas natronreiche Hornblenden und
Biotit und in der Katazone neben den Plagioklasen natron- und tonerdereiche Augite enthalten; sie leiten sich als Orthoschiefer von Theraliten und
Monzoniten ab.

Während die beiden letzten Gruppen eine verhältnismäßig beschränkte
Verbreitung haben, sind die Gesteine der VIII. Gruppe wieder sehr häufig;
es sind dies die schiefrigen oder massigen *Quarzite*, deren Zoneneingliederung
wegen des Durchläufercharakters des Quarzes nur aus dem geologischen
Verband und aus eventuell in diesen Gesteinen vorhandenen Begleitmineralien des Quarzes erschlossen werden kann. Es sind fast ausschließlich Paragesteine (ehemalige Sandsteine). — Ähnliches gilt von der X. Gruppe, nämlich von den *Marmoren*, Gesteine verschiedener Tiefenzonen, die Abkömm-
linge von sedimentären Kalksteinen, dolomitischen Kalksteinen oder Dolomiten
darstellen; die Marmore führen häufig zusätzlich verschiedene Silikate (Sili-
katmarmore); letztere bilden den Übergang zu den *Kalksilikatgesteinen* der
IX. Gruppe, die verschiedene Calciumsilikate (basische Plagioklase, Wollastonit und Augite in der Katazone, Kalkgranat, Glimmer und Sericit in der
Meso- und Epizone) enthalten, daneben auch noch Reste von Calcit oder Dolomit; auch sie sind ausschließlich Paragesteine und können als Katagesteine
ohne Schiefertextur den Kalksilikatathornfelsen sehr ähnlich sein.

Wenig verbreitet sind die *Aluminiumoxyd-* oder *Smirgelgesteine* der
XII. Gruppe nach GRUBENMANN; es sind dies Paragesteine, nämlich metamorphe Bauxite, von schiefriger bis massiger Textur, die vornehmlich Smirgel,
daneben Magnetit, Hämatit, Margarit, Disthen, Rutil usw. führen.

Die Schwermetallmineralien (Erzmineralien i. e. S.).

Der Begriff Erz ist kein wissenschaftlicher, sondern ein praktisch bergmännischer, der dementsprechend seinem Inhalt nach auch gewissen Schwankungen unterworfen ist. Es sind auch allein derartige Gesichtspunkte, welche es rechtfertigen, die Erzmineralien in einer sonst nach genetischen Gesichtspunkten aufgebauten Mineralkunde gesondert zu behandeln, denn ihrer Entstehung nach gliedern sich diese Mineralien in jeder Beziehung und in jeder Entwicklungsphase an die übrigen Mineralassoziationen an. Ein äußerer Grund für die Abtrennung der Erzmineralien von den übrigen ist auch der, daß an die Erzmineralien im Gegensatz zur Masse der übrigen Mineralien wegen ihrer überwiegenden Undurchsichtigkeit (Opacität) auch im dünngeschliffenen Zustand in optischer Hinsicht mit anderen Untersuchungsmitteln herangetreten werden muß als an die übrigen Mineralien. Sie können nicht so wie die übrigen Mineralien im durchfallenden Licht untersucht werden, sondern zu ihrer Untersuchung mußten besondere Methoden ausgearbeitet werden, die eine Prüfung im glattpolierten „Anschliff" unter Benutzung des reflektierten Lichtes gestatten; diese Art der mikroskopischen Untersuchung, die heute für die Aufklärung des Mineralbestandes und der Entstehungsgeschichte von Erzgesteinen unerläßlich ist, bezeichnet man als die Auflicht- oder Erzmikroskopie. Die entsprechenden Untersuchungsmethoden wurden unter teilweiser Übernahme von der Metallographie her erst etwa seit dem Jahre 1914 der Erzuntersuchung dienstbar gemacht. Die Entwicklung dieser Methoden, zeitlich geordnet, knüpft sich vornehmlich an die Namen GRANIGG, MURDOCH, SCHNÉIDERHÖHN, RAMDOHR, BERECK und ORCEL.

Im allgemeinen versteht man unter *Erz* ein Mineral oder Gestein, aus welchem ein Metall, je nach dem Stande der technischen Entwicklung und des Bedarfes, nach wirtschaftlichen Gesichtspunkten gewonnen werden kann. Es ist zweckmäßig, zwischen *Erzmineralien* und *Erzgesteinen* zu unterscheiden. Die homogenen Erzmineralien sind die Träger des Metallgehaltes der oft sehr bunt zusammengesetzten Erzgesteine, in welchen verschiedene Erzmineralien mit verschiedenen, nicht für die Metallgewinnung geeigneten Begleitmineralien (*Gangarten*) [1]) vergesellschaftet sind. Vom Standpunkt der Erforschung der Entstehung der Erzlagerstätten sind diese Gangarten, die vielfach den Erzmineralinhalt stark überwiegen können, deswegen wichtig, weil aus ihrer Art und auch Kristalltracht Schlüsse auf die Entstehungsbedingungen gezogen werden können. — Der Begriff Erz hängt nicht vom absoluten Metallinhalt ab; so zählt man heute ein Gestein mit weniger als 25% Eisen

---

[1]) Als in anderen Zusammenhängen behandelte, häufige Gangarten auf Erzvorkommen wären zu nennen: Quarz-Chalcedon, Karbonate (Calcit, Dolomit, Ankerit, Siderit (letzterer kann auch selbst Erzmineral sein), Rhodochrosit, Aragonit, Strontianit, Witherit), Sulfate (Baryt, Coelestin, Gips, Anhydrit), Fluorit, Turmalin, Axinit, verschiedene Zeolithe, Apophyllit, Prehnit u. a.

kaum zu den Eisenerzen, wenn es auch in großen Massen auftritt, ein Gestein jedoch, das nur wenige Gramm Gold pro Tonne enthält, kann unter günstigen Förderungs- und Verarbeitungsbedingungen ein wervolles Golderz darstellen; d. h., in ersterem Fall müssen die Erzmineralien im Erzgestein überwiegen, im letzteren treten sie gegenüber den Gangarten mengenmäßig völlig in den Hintergrund.

Der Begriff Erz ändert sich damit auch zeitlich wie örtlich sehr stark. Viele heute gesuchte Erzgesteine fanden als solche vor einigen Jahrhunderten oder sogar vor einigen Jahrzehnten noch keine Beachtung, weil man entweder die darinnen enthaltenen Metalle nicht gewinnen konnte oder für sie keine Verwendung hatte. Vom Bergmann wurden solche Erzmineralien daher oft mit verächtlichen Namen bedacht, da sie sich für ihn bei seiner Suche nach wertvollen Erzmineralien hinderlich erwiesen, ihn sogar oft täuschten; daher stammen z. B. die Metallnamen Nickel und Kobalt, von den mittelalterlichen Bergleuten jenen Metallen und ihren Erzen zugedacht, weil sie sich durch die bösen Berggeister betrogen fühlten, wenn sie auf solche Mineralien statt auf die von ihnen gesuchten und erwarteten Silbermineralien stießen. Im damaligen Sinne waren die Nickel- und Kobaltmineralien, die dann später sehr gesuchte Erzmineralien wurden, wie viele andere Erzmineralien, Gangarten, die noch dazu zu manchen Enttäuschungen Anlaß gaben.

Die erst seit der Jahrhundertwende in gewaltig steigendem Umfang in Erscheinung tretende Ingebrauchnahme der Leichtmetalle bringt es mit sich, daß man im lange geltenden Sinn den Begriff Erz auf Gesteine mit nutzbarem S c h w e r metallinhalt beschränkt und daher vielfach die der Gewinnung von Magnesium, Aluminium und anderen Leichtmetallen dienenden Mineralien aus dem Begriff der Erze ausschließt; es kommt noch dazu, daß diese Leichtmetalle meist viel weiter verbreitet sind als die Schwermetalle (mit Ausnahme des Eisens); dies ist auch der Grund, warum die der Leichtmetallgewinnung dienenden Mineralien als Leichtmetallerze auch hier schon in anderem Zusammenhang besprochen worden sind.

Örtlich ändert sich der Begriff Erz in dem Sinn, daß man z. B. in den Vereinigten Staaten von Nordamerika oder in Schweden wegen des Reichtums dieser Länder an hochprozentigen Eisenerzen eisenführende Gesteine mit einem mittleren Eisengehalt unter 45% nicht mehr zu den Erzen rechnet, während z. B. in Mitteleuropa Gesteine mit durchschnittlich 30% Eisengehalt noch wertvolle Eisenerze darstellen.

Die Erzmineralien sind meist einfache oder komplexere Verbindungen der Schwermetalle mit den Metalloiden Schwefel, Arsen, Antimon, Wismut, Selen, Tellur und dem Sauerstoff, seltener mit den Halogenen. Besonders die ersteren hat man nach dem physikalischen Verhalten seit längerer Zeit in vier Gruppen eingeteilt, die sich in den geläufigen Erzmineralnamen noch vielfach bemerkbar machen:

1. *Kiese* oder *Pyritoide:* Meist einfache Verbindungen der genannten Metalloide mit Eisen, Nickel, Kobalt, Silber, Kupfer und Zinn. Sie sind stark metallisch glänzend, haben helle Metallfarben, zeigen aber dunklen Strich; sie sind überwiegend sehr hart und (mit Ausnahme des Buntkupferkieses) spröde. Beispiele hiefür sind: Schwefelkies (Pyrit) FeS_2, Kupferkies $CuFeS_2$, Rotnickelkies $NiAs$, verschiedene andere Nickel- und Kobaltkiese.

2. *Glanze* oder *Galenoide.* Einfache Verbindungen, besonders von Silber, Blei, Kupfer, Molybdän, Antimon, Wismut mit den Metalloiden, ferner einige Sulfosalze des Silbers und Bleies; auch sie sind metallglänzend, haben aber dunklere Farben und dunklen Strich; die Härte ist gering, nur in seltenen Fällen überschreitet sie den Wert 3. Beispiele: Bleiglanz (Galenit) PbS, Antimonglanz Sb_2S_3, Silberglanz Ag_2S.

3. *Blenden* oder *Cinnabarite.* Schwefelverbindungen und Sulfosalze der Schwermetalle. Sehr stark glänzend (Diamantglanz oder sehr lebhafter Glasglanz), Strich hell; meist nicht opak, sondern zumindest in dünnen Splittern durchscheinend. Beispiele: Zinkblende ZnS, Zinnober HgS, Pyrargyrit Ag_3SbS_3, Realgar AsS.

4. *Fahle* oder *Poliophane.* Sulfosalze des Arsens und Antimons mit Silber, Kupfer und Blei. Matte, dunkelmetallisch graue Farbe, schwacher, mehr oder weniger fettiger Glanz auf Bruchflächen. Geringe Härte und dunkler Strich. Beispiele: Fahlerz $(Cu, Ag, Fe, Zn)_3(Sb, As)S_{3-4}$, Bournonit $CuPbSbS_3$.

Die Entstehung der Erzlagerstätten ist ebenso mannigfaltig wie die Entstehung der übrigen Minerallagerstätten. Es gibt Erzlagerstätten als frühmagmatische Abspaltungen, Erzkonzentrationen in unmittelbarer Verbindung mit basischen, frühmagmatischen Silikatgesteinen, mehr oder weniger mächtige, gangförmig entwickelte, seltener stockförmige, pneumatolytische und hydrothermale Lagerstätten, vulkanische Exhalationslagerstätten, Verwitterungslagerstätten und sedimentäre Lagerstätten (chemische Ausscheidungssedimente und chemisch organogene Sedimente, ferner klastische Sedimente von widerstandsfähigen Erzmineralien: Edelmetallseifen, Magnetitsande, Ilmenitsande, Zinnstein- und Wolframitseifen usw.), kontaktmetamorphe Erzlagerstätten der verschiedensten Art einschließlich der Imprägnations- und metasomatischen Lagerstätten und schließlich auch stark regionalmetamorph überprägte Lagerstätten verschiedener Primärbildung. Die Verwitterungszone primärer und auch sekundärer Erzlagerstätten bezeichnet man als deren „*Eisernen Hut*“ [1]). Die Verwitterung vollzieht sich wie bei den sonstigen Minerallagerstätten durch klimatische Einflüsse aller Art, teilweise auch unter Mitwirkung der Organismen. Die Verwitterung steht in den oberflächennahen Zonen des Eisernen Hutes im Zeichen der Oxydation und Hydratbildung, die die sulfidischen und ähnlichen Verbindungen unter Bildung von schwefelsauren, arsensauren, phosphorsauren und besonders von beständigen kohlensauren Salzen und von Oxydhydraten umbildet; auch die chemisch resistenten Edelmetalle reichern sich hier an; diesen Teil des Eisernen Hutes, der oberhalb des Grundwasserspiegels liegt, bezeichnet man als *Oxydationszone.* Die in größeren Tiefen, im Bereiche des Grundwassers vor sich gehenden Umsetzungserscheinungen spielen sich in sauerstoffarmen Bezirken ab. Es kommt hier zur Konzentration von Edelmetallen und zur neuerlichen Sufidbildung von edleren Metallen durch Wechselwirkung zwischen den von oben aus der Oxydationszone herabdringenden Verwitterungslösungen dieser Metalle mit den hier lagernden Sulfiden weniger edler Metalle. Diese Zone wird als *Zementationszone* bezeichnet; vielfach sind Erzlagerstätten nur in der Oxydations- und Zementationszone abbauwürdig, weil nur in diesen Bereichen eine genügende Anreicherung des in den primären Erzen zu geringen Metallgehaltes durch die Verwitterung stattfindet. Vergl. auch S. 100.

Die Schwermetalle selbst teilt man metallwirtschaftlich in drei Gruppen ein:

1. *Hauptmetalle;* sie finden entweder für sich allein als technische Metalle Verwendung oder stellen zumindest die vorherrschenden Metalle von Legierungen dar: Eisen, Kupfer, Blei, Zink, Nickel, Zinn, Quecksilber, in neuester Zeit auch Titan.

---

[1]) Die Bezeichnung „Eiserner Hut“ rührt daher, daß in dieser Verwitterungszone das Eisen aus der ursprünglichen, vielfach sulfidischen Form in verwertbare hydroxydische Form übergeht und daß dieses Brauneisen das Aussehen der Lagerstätten in diesen Bereichen ohne Rücksicht auf die sonstige Metallführung vielfach bestimmend beeinflußt.

2. *Nebenmetalle* oder *Veredlungsmetalle;* sie sind wertvolle Bestandteile von Legierungen: Kobalt, Mangan, Molybdän, Wolfram, Vanadium, Chrom, Niob, Tantal, Cadmium, Antimon, Wismut.

3. *Edelmetalle:* Silber, Gold, Platinmetalle.

A. Eisenmineralien.

Geochemie des Eisens: Eisen ist auch in den obersten Teilen der Erdkruste mit 5 Gewichtsprozent Beteiligung an ihrer Zusammensetzung weitaus das häufigste Schwermetall. V. M. GOLDSCHMIDT hat dieses Element, das in den tieferen Teilen des Erdballes unzweifelhaft noch häufiger ist als im Silikatschmelzfluß, als das geochemische Bezugselement bezeichnet, in dem Sinne, daß jene Elemente, die zu Schwefel eine größere Affinität als das Eisen haben, chalkophil, jene Elemente, die eine größere Affinität zum Sauerstoff haben als das Eisen, lithophil sind; ist keines von beiden der Fall, so sind die betreffenden Elemente siderophil. In der Erdkruste tritt das Eisen in großen Mengen in den oxydischen und sulfidischen Frühkristallisationen auf, dann in den basischen Gesteinen der silikatischen Hauptkristallisationen, hier in Form von Magnesiumeisensilikaten und oxydischen und sulfidischen Neben- und Übergemengteilen, später besonders in karbonatischer, oxydischer und sulfidischer Form als Haupterz oder als Gangart auf verschiedenen hydrothermalen Gangsystemen; weiters sind von Bedeutung damit im Zusammenhang stehende Anreicherungen metasomatischer Natur, Anreicherungen in den Rückstandssedimenten und chemisch-organischen Ausscheidungssedimenten, in letzteren Fällen besonders in Form des Brauneisensteins und Schwefelkieses; solche Lagerstätten erleiden vielfache Umbildungen im Wege der Regional- und Kontaktmetamorphose; daraus kann das Eisen wiederum ebenso wie aus den primären Vorkommen in die Verwitterungslösungen eintreten.

Der großen Verbreitung des Eisens in der Natur entsprechend ist die Zahl der Eisenmineralien eine sehr große. Viele von ihnen sind schon in den verschiedensten Zusammenhängen behandelt worden, jedoch waren darunter kaum welche, die als ausgesprochene Eisenerzmineralien zu bezeichnen wären. Diese sind überwiegend oxydischer, hydroxydischer, karbonatischer, untergeordnet sulfidischer, arsenidischer und silikatischer Natur.

Sulfide, Arsenide und Sulfosalze.

Pyrit (Schwefelkies, Eisenkies) $Fe^{[6]}[S_2]^{[6]}k$ mit 46% Fe. Dyakisdodekaedrisch. Gute, oft modellartige xx eingewachsen und aufgewachsen, einfache Formen oder Kombinationen. Am häufigsten sind als einfache Formen der Würfel und das Pentagondodekaeder (Pyritoeder) {210}. Selten ist das Oktaeder; mannigfaltig sind die Kombinationen dieser Formen untereinander oder mit verschiedenen Dyakisdodekaedern und weiteren Pentagondodekaedern (Abb. 175), von welchen sowohl positive wie negative Formen auftreten. Besonders bemerkenswert ist die in Abb. 176 dargestellte, von 20 Dreiecksflächen begrenzte Kombination von {111} mit {210}, welche dem regelmäßigen Ikosaeder der Stereometrie, das selbst als Kristallform nicht möglich ist, ähnelt. Die Würfelflächen sind fast stets nach den abwechselnden Kanten gestreift (Abb. 177), was durch den vielfachen Wechsel von Würfel- und Pentagondodekaederflächen zu erklären ist; auch auf den Flächen anderer Formen ist eine derartige Streifung häufig. Nicht selten bilden zwei xx (besonders Pentagon-

15*

dodekaeder) miteinander einen Durchkreuzungszwilling, bei welchem die Ecken des einen Individiums aus den Flächen des anderen Individiums herausragen; Zwillingsebene ist eine Fläche des Rhombendodekaeders; man nennt solche Zwillinge Zwillinge des „Eisernen Kreuzes" (Abb. 178). Pyrit kann auch mit der zweiten Modifikation von FeS_2, dem Markasit (s. u.) gesetzmäßig verwachsen sein. Die Pyriterze selbst sind mehr oder weniger grobkörnig, auch strahlig (in letzterem Falle meist paramorph nach dem instabilen Markasit); knollig, nierig oder dendritisch; nicht selten als dichtes oder feinkörniges Versteinerungsmaterial, weiters in Form von Pseudomorphosen nach verschiedenen anderen Mineralien. — Die Kristallstruktur steht insofern in enger Beziehung zur Steinsalzstruktur, als die Positionen der Cl-Ionen der letzteren durch zwei homöopolar miteinander verbundene S-Atome ersetzt sind; der Abstand dieser beiden S-Atome voneinander, die diagonal über die Kanten in das Gitter eingefügt sind, beträgt nur wenig über 2 Å. (Abb. 179). — Spaltbarkeit nach {100} schlecht; muscheliger Bruch und spröde; H über 6, läßt sich zum Unterschied von dem sonst ähnlichen Kupferkies mit dem Messer nicht ritzen und gibt mit Stahl angeschlagen Funken und Schwefel-

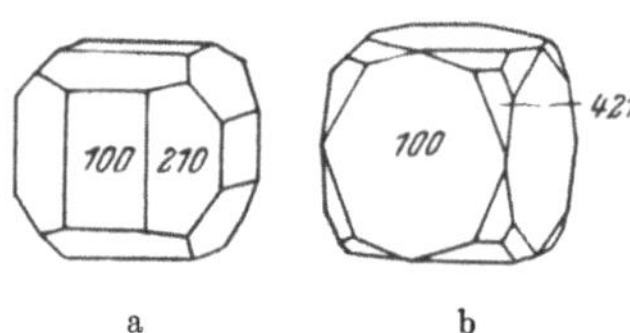

a   b
Abb. 175 a und b. Pyrit, {100} x Pentagondodekaeder {210} (a) und {100} x Dyakisdodekaeder {421} (b).

Abb. 176. Pyrit „Ikosaeder" = {111} x {210}

Abb. 177. Pyrit, Würfel mit Kombinationsstreifung.

dioxydgeruch. Undurchsichtig. lichtmessinggelb, metallisch glänzend, nur die dichten Formen erscheinen graugrün und matt; Strich grünlichschwarz; bei Verwitterung erst goldgelb werdend, dann Bildung von bunten Anlauffarben und schließlich sich mit einer braunen Verwitterungsrinde von Eisenoxydhydrat überziehend. Fast unmagnetisch. Verbrennt mit bläulicher Flamme unter Entwicklung von Schwefeldioxyd und schmilzt zu einer schwarzen, magnetischen Kugel; bei gewöhnlichem Druck gibt der Pyrit bei 570⁰ Schwefel ab und wandelt sich dabei in Magnetkies um. In Salpetersäure löslich, von Salzsäure aber wenig angegriffen. Die geringen Gehalte an anderen Metallen sind teilweise durch Einbau in das Gitter an Stelle des Eisens zu erklären, meist handelt es sich aber um Verwachsungen mit anderen Erzmineralien oder um fein verteilte Einlagerungen derselben zwischen die Körner des derben Pyrits; so ist auch der für manche derbe Pyrite charakteristische, geringe Goldgehalt als mechanische Beimengung aufzufassen; auch die wertvollen, kupferhaltigen Pyriterze führen als Träger des Kupfergehaltes mit dem derben Pyrit verwachsenen Kupferkies.

Pyrit ist ein sehr häufiges Mineral: Akzessorisch in vielen Eruptivgesteinen, in saure Oberflächengesteine häufig im Wege der Pyritisierung (S. 205) nachträglich eingewandert; hydrothermale, reine Schwefelkiesgänge sind nur, wenn sie genügend Gold führen, wertvoll. Jedoch gibt es gewaltige hydrothermalmetasomatische Schwefelkieslager mit einigen Prozenten Kupfergehalt und bescheidener Gold- und Silberführung (s. u. Huelvadistrikt). Eingesprengt oder in guten, allseitig ausgebildeten xx in Sedimentgesteinen,

besonders in tonigen und mergeligen, aber auch in Sandsteinen, Kalksteinen
und Kohlen, ebenso in daraus entstandenen kristallinen Schiefern; in Form
von Kieslagern oft bedeutender Mächtigkeit in paläozoische Sedimente und
kristalline Schiefer eingelagert, dann häufig vermengt mit anderen Schwer-
metallsulfidmineralien; die Entstehung dieser Lager kann rein sedimentärer
Natur sein, häufig spielen aber dabei sicherlich kontaktmetamorphe Prozesse
der verschiedensten Art eine wichtige Rolle. Als wenig wünschenswerter
Begleiter in den verschiedensten Schwermetallsulfidlagerstätten und auf oxydischen Eisenerzlagern. — Die bedeutendsten Schwefelkieslager, die teilweise
auch wegen ihrer Kupferführung (Beimengung von Kupferkies) wertvoll
sind, sind die Kieslager (größte Kieslager der Welt) vom Huelvadistrikt an
der portugiesisch-spanischen Grenze (hydrothermal), das Schwefelkies-
Schwerspatlager von Meggen in Westfalen (sedimentär), die ebenfalls Kupfer
führenden Kiesvorkommen vom Rammelsberg im Harz (sedimentär), von
Röros in Norwegen (hydrothermal), von Sulitjelma an der nördlichen Grenze
von Schweden und Norwegen (hydrothermal-metamorph), von Falun in

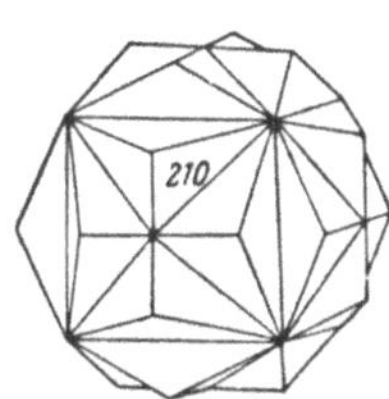

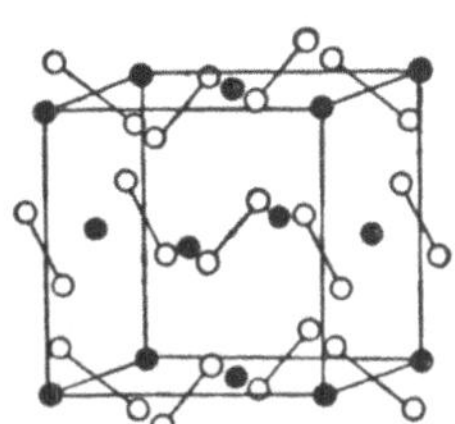

Abb. 178. Pyrit, Durch-
kreuzungszwilling von
zwei Pentagondodeka-
edern nach (110).

Abb. 179 a und b. Pyrit, Kristallstruktur; (a) Schwerpunktgitter,
(b) Fe und S_2 im richtigen Größenverhältnis, die homöopolare Bindung je zweier Schwefelatome (Abstand S—S etwa 2.10 Å) veran-
schaulichend.

Schweden (kontaktmetamorph), Agordo in Norditalien (hydrothermal-metamorph), Toscana, Cypern, Ural, Kaukasus, Tennessee usw.

Pyrit ist kein Eisenerz im eigentlichen Sinne, da er höchstens in zweiter Linie
in Form der Kiesabbrände der Eisengewinnung zugeführt wird; auf die Wichtigkeit der Kupferführung, gelegentlich auch Gold- und Zinkführung der letzteren
wurde schon verwiesen. Die Hauptverwendung des Schwefelkieses liegt in der
Schwefelsäure- und Sulfitlaugenherstellung; daneben wird u. a. noch Eisenvitriol,
der vielfach in der Färberei, für Tintenerzeugung und als Konservierungs- und Desinfektionsmittel Verwendung findet, aus Pyrit hergestellt. Die nach dem Abrösten verbleibenden schwefelarmen Kiesabbrände sind das Ausgangsprodukt für die Gewinnung der
im Schwefelkieserz mitvorkommenden Metalle, besonders des Kupfers; sie können
schließlich als oxydische Zuschlagerze der Eisengewinnung zugeführt werden. Außerdem werden aus ihnen Anstrichfarben (Eisenrot usw.) hergestellt. Pyritkristalle
verwendet man in der Radiotechnik als Detektoren, gelegentlich werden sie auch für
Schmuckzwecke verschliffen. — Die Weltjahresgewinnung an Schwefelkies beläuft
sich auf über 10 Millionen Tonnen, ungefähr ein Drittel davon stammt aus dem Huelvadistrikt, dann folgen Japan, Norwegen, Italien, Schweden, die USA. und Deutschland.

Die zweite Form des Eisendisulfides ist der *Markasit*[1] $Fe^{[6]}[S_2]^{[6]}r$.
Rhombisch bipyramidal; die meist aufgewachsenen, tafeligen xx (Abb. 180)
sind stockartig parallel zu kammförmigen oder gezähnelten (Abb. 181) Bildungen miteinander verwachsen (*Kammkies*, Abb. 182). An den einzelnen xx

---

[1] Eine altertümliche Bezeichnung ist *Wasserkies* (= Weißer Kies) unter Anspie-
lung auf die im Vergleich zum Schwefelkies weniger lebhaft gelbe Farbe.

herrschen in der üblichen Aufstellung {101} neben der Tafelfläche {010}, {110} und {130} vor; {010} und {130} sind parallel zur Z-Achse gestreift. Zwillinge, bzw. Viellinge sind häufig; Zwillingsform ist meist {110}; Viellinge nach Abb. 183 bezeichnet man als *Speerkies*, Zwillinge nach {011} sind verhältnismäßig selten. Sonst derb, strahlig bis faserig *(Strahlkies)*, meist schon zu Pyrit paramorphosiert; in Krusten, stalaktitisch, traubig, knollig *(gelber Glaskopf)*; Pseudomorphosen nach Magnetkies bildend und als Versteinerungsmaterial. Schlechte Spaltbarkeit nach {101}, dem Pyrit in sonstiger Beziehung ähnlich; Farbe im frischen Zustand etwas ins Grünliche gehend. D = 4.9. — Markasit bildet sich bei tieferen Temperaturen bei hoher Säurekonzentration der Lösung und geht bei 450° monotrop in den Pyrit über; als metastabile Bildung ist er leichter löslich und leichter chemisch angreifbar als Pyrit; er ist deshalb besonders in feinkörniger Form an der feuchten Luft weniger beständig als dieser.

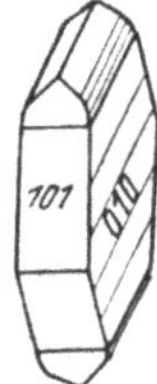  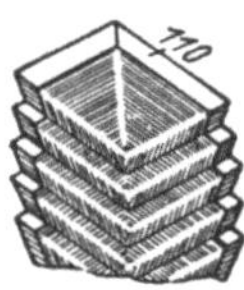 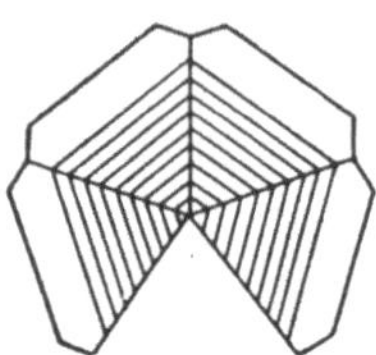

Abb. 180. Abb. 181. Abb. 182. Abb. 183.

Abb. 180. Markasit, nach (010) tafeliger Kristall mit zahlreichen Prismen in der Zone [001] (Z-Achse von hinten nach vorne laufend!).
Abb. 181. Markasit, kammartiges Aggregat von subparallel verwachsenen Kristallen.
Abb. 182. Markasit-Kammkies, Aggregat von parallel verwachsenen Kristallen.
Abb. 183. Markasit-Speerkies; Vierling nach {110}.

Weit verbreitet, besonders in Sedimenten (Tonen, Mergeln, Kohlen, z. B. in den Kohlenlagern von Brüx in Nordböhmen und bei Littmitz in Böhmen); niemals in solcher Masse auftretend wie häufig der Pyrit, fast immer in Begleitung des letzteren und häufig in diesen unter Erhaltung der Kristallform umgewandelt; vielfach auch als junge hydrothermale Bildung tieferer Temperaturen auf Erzgängen und in metasomatischen Erzlagerstätten (z. B. bei Aachen, Wiesloch in Baden, Harz, Sachsen). — An sich ebenso verwendbar wie der Pyrit, wird er wegen der Unbedeutendheit der Vorkommen kaum irgendwie selbständig abgebaut.

Der *Magnetkies (Pyrrhotin, Magnetopyrit)* ist das Eisenmonosulfid $Fe^{[6]}S^{[6]}h$ mit 64% Fe. In der Regel mit einem mehrprozentigen Überschuß an Schwefel gegenüber der Idealformel. Das entsprechende Meteoritenmineral wird *Troilit* genannt (S. 231); dieser zeigt keinen Schwefelüberschuß. Dihexagonal bipyramidal. xx sind selten, entweder aufgewachsen in Form von sechsseitigen, zu rosettenförmigen Gruppen zusammengefaßten Tafeln auf Erzgängen (Kisbanya in Siebenbürgen) oder dicktafelig in Granitpegmatiten (z. B. Ise in Südnorwegen); bei Zwillingen nach {10$\bar{1}$2} stehen die Tafeln fast senkrecht zueinander. Meist derb, eingesprengt oder grobblättrige bis dichte Massen. Spaltbarkeit besonders nach {0001}, weniger gut nach {10$\bar{1}$0}; spröde; H = 4, D = 4.6; undurchsichtig, metallisch glänzend, tombakbraun; leicht anwitternd, dann matt und dunkelbraun werdend; Strich grauschwarz. Stark magnetisch mit starker magnetischer Anisotropie (der permanente

Magnetismus, der die Richtung parallel zur Z-Achse kennzeichnet, fehlt in Richtung senkrecht dazu fast vollständig). — Der Schwefelüberschuß erklärt sich daraus, daß die Metallpositionen des Gitters (Abb. 184) nicht vollständig besetzt sind. Sehr wichtig ist der Umstand, daß die magmatisch gebildeten Magnetkiese als Vertreter des Eisens in der Regel mehrere Prozent Nickel enthalten (nickelhaltige Magnetkiese), ebenso einige Zehntel Prozent Kobalt; wichtig ist auch das Mitvorkommen von Platinmetallen als mechanische Einwachsung in derartigen Magnetkiesen oder sonst als Begleiter derselben. Der Nickelgehalt ist nicht allein durch isomorphen Einbau in das Magnetkiesgitter, sondern überwiegend durch Beimengung von *Pentlandit* (S. 266), der durch Entmischung ursprünglich einheitlicher Magnetkies-Mischkristalle entstanden ist, zu erklären. — Nebengemengteil, manchmal auch Übergemengteil, besonders in basischen Tiefengesteinen; mit solchen basischen Tiefengesteinen hängt eine Anzahl von größeren Magnetkieslagerstätten zusammen, in welchen der Magnetkies in Verbindung mit Pentlandit und Kupferkies platinmetallführend auftritt; die Sulfide haben sich durch Schmelzflußentmischung vom Silikatschmelzfluß abgeschieden, bilden größere Lager oder Stöcke oder sind linsenförmig in die Silikatgesteine eingestreut oder in diese eingesprengt (Sudbury Distrikt in Canada. Bushveld Massiv in Südafrika, Petsamo in dem an Rußland gefallenen Teil Nordfinnlands, kleinere Vorkommen in Südnorwegen, in Schweden, Norditalien, Schwarzwald usw.); in Granitpegmatiten (Südnorwegen usw.) und auf pneumatolytischen Zinnerzgängen, auf pneumatolytisch kontaktmetasomatischen Lagerstätten (z. B. Bodenmais in Bayern, Tunaberg in Schweden; in allen diesen Fällen nickelfrei!); auf pneumatolytisch-hydrothermalen, weniger auf hydrothermalen Gängen; durch natürliche Abröstung aus Pyrit entstanden als Kontaktprodukt, so auch als knolliger Einschluß in Basalten (z. B. Westdeutschland) und schließlich auf regionalmetamorphen Lagerstätten neben Pyrit und in verschiedenen kristallinen Schiefern; der *Troilit* der Meteoriten bildet dort knollige oder leistenförmige Ausscheidungen.

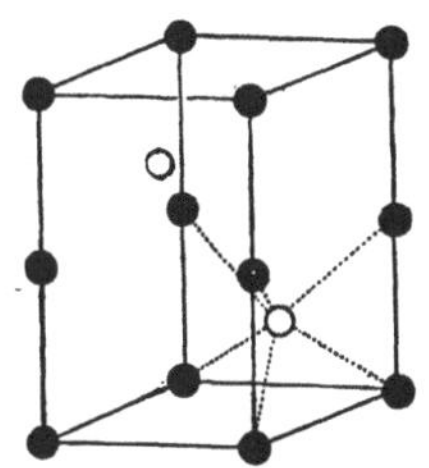

Abb. 184. Elementarkörper von Magnetkies; Scheiben = Fe, Kreise = S (analog Nickelin NiAs).

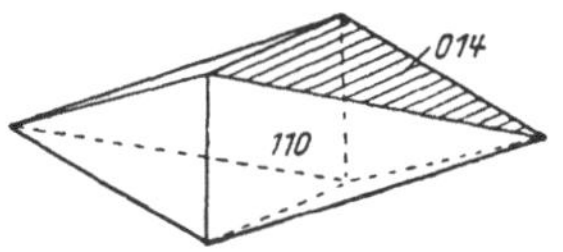

Abb. 185. Arsenkies, anscheinend spitzpyramidal durch Kombination von {110} mit {014}.

Wenn der Magnetkies nicht wie in den magmatischen Vorkommen mit Nickel- und Platinmetallen vergesellschaftet ist, findet er nur untergeordnet Verwendung; lokal (z. B. Bodenmais) wird er zur Gewinnung von Eisenvitriol und Polierrot herangezogen.

Der *Berthierit* FeSb$_2$S$_4$ kristallisiert rhombisch bipyramidal, tritt aber nie in xx, sondern immer nur strahlig, faserig oder dicht auf. Er hat eine gewisse Ähnlichkeit mit dem Antimonit (S. 292), spaltet auch ziemlich deutlich nach der Längsrichtung. H = 2—3, D in der Regel etwas über 4. Metallisch dunkelstahlgrau, bunt anlaufend mit bräunlichgrauem Strich. Ziemlich leicht zu magnetischer Masse schmelzend. — Nicht sehr verbreitet (Freiberg i. Sa., Cornwall, Auvergne usw.); praktisch bedeutungslos.

Weitere Eisenschwefelverbindungen erfahren bei den Nickel- und Kupfererzen ihre Behandlung.

Der *Arsenkies (Arsenopyrit, Mispickel)* Fe[AsS]m mit 34% Fe und 46% As. Monoklin prismatisch, pseudorhombisch. Entspricht im Aufbau nahe dem

Markasit, dessen S_2-Gruppen hier durch AsS-Gruppen ersetzt sind. Die aufgewachsenen Einzelkristalle[1]) sind säulig oder anscheinend spitzbipyramidal; meist {110} mit {014}, dazu häufig noch {011} und {101}; {014} in der Regel kräftig nach der X-Achse gestreift. Durchkreuzungszwillinge häufig, auch Viellinge. Derb und eingesprengt, strahlig bis körnig. Nicht besonders gut spaltbar nach {110}. Spröd, Bruch uneben. H fast 6, D etwas über 6.0; metallglänzend, lichtstahlgrau oder zinnweiß, oft gelblich angelaufen; Strich schwarz. Gibt mit Stahl angeschlagen Arsengeruch. Oft kobalt- und nickelhaltig; *Glaukodot* ist Arsenkies, in welchem Fe zur Hälfte oder fast vollständig durch Co ersetzt ist. Der Goldgehalt mancher Arsenkiese ist auf selbständige Einlagerungen zurückzuführen. Beim Erhitzen im Kölbchen zuerst ein Sublimat von braunrotem Schwefelarsen bildend, dann den schwarzen Arsenspiegel zeigend; schmilzt zu schwarzer magnetischer Kugel. In Salpetersäure unter Schwefelabscheidung löslich. — Sehr verbreitet auf pneumatolytisch-hydrothermalen Gängen und ebensolchen metasomatischen Lagerstätten, auch in Pegmatiten und mit Zinnerzen; ferner in Kontaktkalken (Reichenstein in Schlesien usw.); auf Goldquarzgängen (Hohe Tauern, Fichtelgebirge); auf Silbererzgängen und auf Kupferkies-Spateisensteingängen. Auch in regionalmetamorphen Lagerstätten (Goldlagerstätte von Boliden in Nordschweden, der größten Lagerstätte der Welt an goldhaltigem Arsenkies); mit Schwefel- und Kupferkies in schönen, modellartigen xx eingewachsen bei Sulitjelma in Nordschweden.

Kein Eisenerz, sondern wie der Löllingit (s. u.) verwendet zur Herstellung von Arsenverbindungen, besonders von Arsenik As_2O_3, der als Tiergift, Präparationsmittel, in der Farben- und Glasindustrie usw. verwertet wird; goldhaltige Arsenkiese mit in der Regel 5—20 Gramm Gold pro Tonne dienen in erster Linie der Goldgewinnung.

Sehr selten ist die entsprechende, mit dem Arsenkies isomorphe Antimonverbindung, der *Gudmundit* Fe[SbS], der wesentlich weicher (H = 4) und in der Farbe etwas heller als der Arsenkies ist; z. B. Boliden und Gudmundstorp in Schweden, Waldsassen in Bayern.

Der *Arsenikalkies* oder *Löllingit* Fe[As_2] ist dem Arsenkies recht ähnlich; er kristallisiert rhombisch bipyramidal; xx sind seltener als beim Arsenopyrit, immer nur klein und nadelig prismatisch mit den Formen {110} und {101}, seltener auch mit {011}. Überwiegend derb, eingesprengt oder körnige bis stengelige Massen. Ziemlich gut spaltbar nach {001}, spröde, Bruch uneben; H = 5, D = 7.3; metallglänzend, silberweiß, grau anlaufend mit grauschwarzem Strich; schmilzt schwer zu magnetischer Kugel und gibt im Kölbchen sofort den Arsenspiegel. — Seltener als der Arsenkies; auf pneumatolytischen (mit Zinnerzen) und hydrothermalen Gängen (Lölling i. Kärnten, Schladming i. Steiermark, Andreasberg i. Harz) und kontaktmetasomatisch; gelegentlich in Pegmatiten (Varuträsk in Schweden, Langesundfjord in Norwegen) und in Serpentin (Reichenstein in Schlesien).

Oxyde und Hydroxyde.

Magnetit oder *Magneteisenstein* Fe_3O_4, bzw. $Fe^{\cdot\cdot[4]}Fe_2^{\cdot\cdot\cdot[6]}O_4k$ ist nach dem Gediegenen Eisen das eisenreichste Mineral, enthält im reinen Zustand über 72% Fe. Hexakisoktaedrisch, isomorph mit den Spinellen (S. 205), daher

---

[1]) Hier wurde die alte Aufstellung gewählt; die wahrscheinliche Strukturzelle verlangt folgende Vertauschung der Achsen: X' = Z, Y' = X und Z' = Y; damit wird {110} zu {011} und {014} zu {401}.

kann er auch als Ferroferrispinell bezeichnet werden. xx — ein und aufgewachsen — meist Oktaeder, die vielfach besonders bei Zwillingen tafelig verzerrt sind (Abb. 160); nicht selten ist auch das Rhombendodekaeder mit
entlang der Längsdiagonale gestreiften Flächen; der Würfel und verschiedene
andere flächenreichere Formen, darunter verschiedene {hkl}-Formen, sind
seltener. Häufig Zwillinge nach {111}, auch polysynthetisch; sonst derb,
körnig bis dicht, eingesprengt oder in ausgedehnten Massen; lose in den
Magnetitseifen (Ostafrika usw.). Nach {111} lamellare Absonderung; spröde,
muschelig brechend; fettiger Metallglanz oder matt, als Einschluß in Basalten
von schlackigem Aussehen; undurchsichtig, nur in dünnsten Häuten dunkelbraun durchscheinend, eisenschwarz mit schwarzem Strich. Stark magnetisch, in leicht angewittertem Zustand auch polarmagnetisch (Naturmagnet).
Teilweise Mn, Mg, Al und besonders Ti enthaltend; diese Bestandteile entmischen sich mit sinkender Temperatur, dann treten Einschlüsse von kleinen
Spinellkörnchen und häufig reichlich tafelige Einschlüsse von Ilmenit $FeTiO_3$
im Magnetit auf; die Entmischung unterbleibt bei rascher Abkühlung; die titan-
haltigen Magnetite, ob entmischt oder nicht entmischt, bezeichnet man als *Titano-
magnetite*. Struktur die Spinellstruktur (S. 205) nach der Formel $Fe^{[4]}[Fe_2^{[6]}O_4k$,
wobei aber Fe·· und Fe··· sich auch regellos im Gitter vertauschen können, wie
dies auch bei anderen Spinellen bezüglich der zwei- und dreiwertigen Ionen der
Fall ist. Der *Martit* ist ein in Fe_2O_3 umgewandelter Magnetit; diese Umwandlung geht teilweise *(Maghemit)* ohne Veränderung der Struktur unter
Oxydation des Ferroeisens vor sich und zwar so, daß die dichteste Sauer-
stoffpackung erhalten, eine Anzahl von Kationenpositionen aber statistisch
unbesetzt bleibt. — Schmilzt bei 1527° und ist im gepulverten Zustand in
heißer Salzsäure löslich.

Magnetit ist ein ungemein verbreitetes Mineral: In großen Massen als
magmatisch-oxydisches Entmischungsprodukt, ebenso als frühmagmatisches
Kristallisationsprodukt, im ersten Fall von ziemlich viel Apatit begleitet, im
letzteren Falle (was den Wert der oft in riesigen Massen auftretenden Magne-
titerze sehr herabsetzt) von viel Olivin, Spinell, Ilmenit usw.; hieher gehören zahlreiche Vorkommen, besonders in Skandinavien, darunter die enormen schwedisch-lappländischen Vorkommen von Kirunavaara und Gelli-
vaara; ferner Vorkommen in USA., Transvaal, Mexiko und Chile; akzessorisch allgemein verbreitet in magmatischen Gesteinen; in Pegmatiten; pneu-
matolytisch-metasomatisch in Kalksteinen (Magnetitskarne) meist mit verschiedenen Eisensilikaten (z. B. Schmiedeberg in Thüringen); auch sonst
kontaktmetamorph und oft regionalmetamorph aus Brauneisenstein und Spateisenstein entstanden (vielfach in Skandinavien); Porphyroblast in kristallinen Schiefern, besonders in Chloritschiefern, gelegentlich auf pneumatolytisch-hydrothermalen Gängen und in Klüften. Auf Seifen, auch in Meteoriten.

Hämatit (Roteisenstein) $Fe_2^{[6]}O_3^{[2]}rd$; isomorph mit dem Korund (Abb.
108, S. 134); 70% Fe, dieses in geringem Umfang durch Ti und Mg ersetzt.
Hexagonal skalenoedrisch. In der Ausbildung sehr mannigfaltig. Gute xx
eingewachsen und aufgewachsen mit sehr wechselnder Tracht (Abb. 186).
Bei hohen Temperaturen gebildete xx sind entweder bipyramidal mit vorherrschendem {$2\bar{2}43$} oder würfelähnlich rhomboedrisch mit vorherrschendem
{$10\bar{1}1$}; wenn auch diese Formen fast immer vorkommen, ist doch bei den
bei tieferen Temperaturen gebildeten Kristallen der Habitus linsenförmig oder
dick- oder dünntafelig nach der oft dreiecksgestreiften Basis, daneben treten
besonders noch verschiedene Rhomboeder auf. Tafelige xx häufig nach {0001}

mit verschiedenen Verwachsungsebenen und nach {10$\bar{1}$1} verzwillingt; nach letzterem Gesetz auch polysynthetische Druckverzwillingung mit Absonderung nach den Flächen der Zwillingsform. Die kristallisierten und die grobkristallinen Formen mit metallischem Glanz werden als *Eisenglanz* i. e. S. bezeichnet; *Eisenrosen* sind rosettenförmige (bis 1 dm Durchmesser), subparallele Verwachsungen von tafeligem Eisenglanz. Vielfach derb, grobblättrig, schuppig, körnig, stengelig-blättrig, radialfaserig, dicht oder erdig. Divergentfaserige Aggregate zeigen häufig kugelig traubige Oberflächen; man spricht dann von *Rotem Glaskopf*, der vielfach aus braunem Glaskopf hervorgegangen ist; ganz dichte Formen von rotschwarzer Farbe, die gelegentlich zu Schmuckstücken verschnitten werden, führen den Namen *Blutstein*.

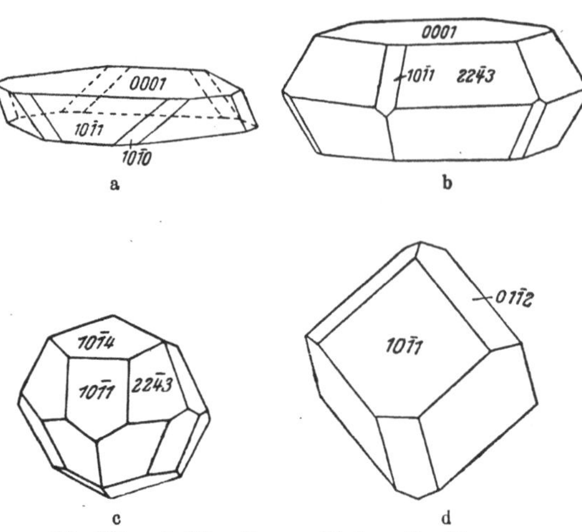

Abb. 186 a—d. Hämatit, verschiedene Trachttypen.

Allgemein werden die derben, grobblättrigen Formen als *Eisenglimmer*, die feinkristallinen bis dichten als *Roteisenstein* bezeichnet; *Rötel* oder *Roter Eisenocker* ist hellroter, erdiger Hämatit, *Roter Toneisenstein* dichter Hämatit, gemengt mit Tonsubstanz.

xx zeigen, abgesehen von der gelegentlichen Zwillingsabsonderung nach {10$\bar{1}$1}, recht vollkommene Absonderung nach der Gleitform {0001}. Spröde, muscheliger Bruch; H = 6½ bei Kristallen, in Aggregaten meist geringer, beim Rötel unter 1. D = 5.3. Abgesehen vom metallisch glänzenden Eisenglanz und Eisenglimmer matt; durchscheinend in sehr dünnen Blättchen, im allgemeinen undurchsichtig. xx stahlgrau bis eisenschwarz, oft bunt angelaufen (Elba), derbe Formen rotschwarz bis hellrot, Strich kirschrot, bei beginnender Verwitterung rotbraun; Lichtbrechung sehr hoch (fast 3.0), ebenso die Doppelbrechung (über 0.2). — Sehr schwer schmelzbar und auch gepulvert in Säuren schwer löslich; höchstens sehr schwach magnetisch. Geht bei der Verwitterung in Brauneisen über und bei thermischer Kontaktwirkung in Magnetit.

Nebengemengteil besonders in kristallinen Schiefern und Sedimenten; in selbständigen Gängen pneumatolytisch-hydrothermal, nicht selten vulkanisches Exhalationsmineral (S. 168); metasomatisch in Kalkstein (Banat, Elba); in größtem Umfang regionalmetamorph aus Brauneisen hervorgegangen; manchmal oolithisch, häufig wechsellagernd mit Quarz (Eisenglimmerschiefer, in Brasilien *Itabirit* genannt); auch die sehr ausgedehnten Roteisensteinvorkommen von Neufundland und von anderen Stellen in Nordamerika sind hieher zu zählen; in Klüften und Drusen von Graniten, Pegmatiten, Quarzporphyren, Gneisen usw. in oft schön ausgebildeten tafeligen xx (z. B. die Eisenrosen von Cavradi in Graubünden). Vielfach rotfärbendes, feinst verteiltes oder feinstschuppiges Pigment in vielen Mineralien (z. B. in Carnallit,

Heulandit, Orthoklas, Sonnenstein und Eisenkiesel) und oft in Eruptiv- und Sedimentgesteinen.

Ilmenit (Titaneisenerz, Titaneisen) $Fe^{[6]}Ti^{[6]}O_3^{[2+2]}$rd. Fast immer in beträchtlichem Umfang mit Fe_2O_3 gemischt, auch gelegentlich Mn- und Mg-haltig. Fe_2O_3 häufig durch Entmischung bei tieferen Temperaturen ausgeschieden. Hexagonal rhomboedrisch, analog gebaut wie Hämatit und Korund, aber mit gesetzmäßiger Verteilung der Kationen und dadurch bedingter Symmetrieerniedrigung. Sehr ähnlich dem Eisenglanz und gegen ihn schwer abgrenzbar, von ihm am besten zu unterscheiden durch den braunschwarzen oder schwarzen Strich. xx eingewachsen oder aufgewachsen mit rhomboedrischem oder tafeligem Habitus (die „Eisenrosen" mit schwarzem Strich sind titanreicher Eisenglanz). An Formen (Abb. 187) treten hauptsächlich das würfelähnliche Rhomboeder $\{10\bar{1}1\}$, dann die Basis, ferner $\{01\bar{1}2\}$ und verschiedene andere Rhomboeder auf. Zwillingsbildung wie bei Eisenglanz. Derbe, körnige Massen oder dicktafelig eingewachsen, vielfach in Seifen. Keine Spaltbarkeit, sondern nur lamellare Absonderung nach $\{10\bar{1}1\}$; muschelig brechend. Matter Metallglanz oder glanzlos, undurchsichtig, in dünnsten Blättchen braun durchscheinend. Frisch eisenschwarz; höchstens schwach magnetisch. H = 5—6, D um 4.7, schwankend mit dem Gehalt an Fe_2O_3. — Im Gestein häufig in *Leukoxen* (S. 121) umgewandelt. — Weit verbreiteter Nebengemengteil in Eruptivgesteinen, große Massen als frühmagmatische Abspaltungsprodukte (Skandinavien, Canada); in Pegmatiten, besonders in Gabbropegmatiten, mit Apatit (z. B. Kragerö in Südnorwegen); in Klüften von Silikatgesteinen aufgewachsen, vielfach in Form von Eisenrosen (S. 234); auf Seifen.

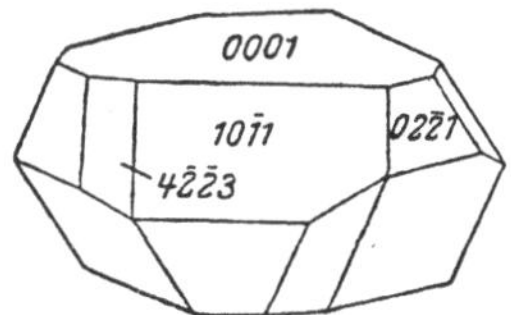

Abb. 187. Ilmenit, nach der Basis dicktafeliger Kristall mit verschiedenen Rhomboedern.

Wird wegen der ungünstigen Beeinflussung der Schlackenbildung durch höhere Titangehalte des Erzes trotz riesiger Dimensionierung frühmagmatischer Lagerstätten nicht als Eisenerz verwendet, wohl aber wie Rutil zur Erzeugung von Titanweiß, braunen Glasurfarben und von Ferrotitan; Titan gewinnt außerdem als Haupt- und Legierungsmetall steigend an Bedeutung. Wird besonders in Norwegen (Soggendal), Finnland und Canada gewonnen.

Wie im Bauxit sind im *Brauneisenstein (Limonit)* $Fe_2O_3 \cdot x\,H_2O$ (s. auch S. 196), der ähnlicher Entstehung und Herkunft wie ersterer sein kann, drei Hauptmineralkomponenten enthalten: *Eisenhydroxydgel,* dann besonders feinstkörniges, nadeliges *Nadeleisenerz* und mehr zurücktretend feinstschuppiger *Rubinglimmer.* Die beiden kristallinen Formen entsprechen der Pauschalformel $Fe_2O_3 \cdot H_2O$ mit 63% Fe; das Wasser ist aber Hydroxylwasser; diese beiden Formen treten in makroskopisch kristallinen Aggregaten selbständig nur in geringen Mengen auf:

Nadeleisenerz oder α—FeO(OH)r, auch *Goethit*[1]) genannt; ist mit dem *Diaspor* (S. 180) und dem Manganit (S. 273) isomorph. Rhombisch bipyramidal. xx stets prismatisch nach der Z-Achse gestreckt, meist nadelförmig und stark längsgestreift; Formen besonders $\{110\}$, $\{010\}$, $\{100\}$ und $\{111\}$; meist strahlig faserige Aggregate oder dicht, oft pulverige Massen; dicht in Pseudomorphosen nach vielen anderen Eisenmineralien (Hämatit, Siderit, Pyrit, Markasit usw.). Vollkommen spaltbar nach $\{010\}$; H über 5; D = 4.2; Farbe

---

[1]) Ursprünglich wurde der Rubinglimmer Goethit genannt, so daß diese Bezeichnung besser zu vermeiden ist.

kompakter Prismen schwarzbraun, in feineren Aggregaten bis gelbbraun, ebenso der Glanz diamantartig bei xx, sonst matt. In dünnen Splittern braun durchscheinend; $n_\beta = 2.29$, $\gamma - \alpha = 0.14$; opt. —; 2 V sehr klein; schwer schmelzbar, in Säuren löslich. — Als *Samtblende* bezeichnet man braune, kugelig faserige Aggregate mit samtartiger Oberfläche. — Goethit ist ein Hauptbestandteil des Brauneisensteins, verbreitet in der Oxydationszone von Eisenerzlagerstätten.

Rubinglimmer (Lepidokrokit) γ-FeO(OH)r. Kristallisiert ebenfalls rhombisch bipyramidal, bildet aber dünne Tafeln nach {010}, die oft rosettenförmig angeordnet sind; auch derb, glaskopfartig oder erdig. Isomorph mit dem Böhmit (S. 180). Ausgezeichnet spaltbar nach {010}; $H = 5$, $D = 4.0$; sonst sehr ähnlich dem Nadeleisenerz. Blättchen diamantglänzend, in Splittern lebhaft rot durchsichtig. $n_\beta = 2.20$, $\gamma - \alpha = 0.57$, 2 V fast 90°; meist opt. —. xx viel seltener als jene von Nadeleisenerz; kommt aber in vielen Brauneisensteinen neben Goethit reichlich vor, besonders in den aus Schwefelkies durch Verwitterung entstandenen.

Toneisenstein ist stark tonig verunreinigter, sedimentärer Brauneisenstein, gelegentlich mit reichlicher Sideritführung; ungleichförmige Schrumpfungen bei seinem Austrocknen in Sedimenten liefern die knolligen *Klappersteine* („gebärende Steine" des Mittelalters). *Brauner Glaskopf* ist dichter, stalaktitischer oder nierig-traubiger Limonit mit fast schwarzer, glänzender Oberfläche, gelber *Eisenocker* erdiger, brauner bis gelber Brauneisenstein (s. auch S. 197).

<h3 style="text-align:center">Sauerstoffsalze.</h3>

Der *Siderit (Eisenspat, Spateisenstein)*, Fe[6][CO$_3$]rd mit 48% Fe, ist isomorph mit dem Kalkspat (S. 154), kristallisiert somit ditrigonal skalenoedrisch. Die xx in den Drusen zeigen häufig infolge Aufbaues aus zahllosen, nicht völlig parallel gestellten Subindividuen bei linsenförmiger Gestalt oder sattelförmiger Krümmung der Rhomboeder gerundete Flächen. Vorherrschende Form ist das Rhomboeder {10$\bar{1}$1}. Als Nebenformen treten die Basis, verschiedene andere Rhomboeder und die beiden hexagonalen Prismen auf. Meist ist der Siderit derb, grobspätig bis feinkörnig; als *Sphärosiderit* bezeichnet man radialstrahlig aufgebaute, kugelige oder nierenförmige Bildungen; auch oolithische Massen sedimentärer Entstehung kommen vor; lamellare Zwillinge sind selten. — Ausgezeichnete Spaltbarkeit nach {10$\bar{1}$1}; H über 4, D um 3.8 [1]). In frischem Zustand gelblichweiß oder grau, oft unter fortschreitender Umsetzung in Brauneisenstein auf schwarzbraun nachdunkelnd, gelegentlich auch bunt angelaufen. Bei Mangangehalt blauschwarz verwitternd (*Blauerz*); dieser Umsetzungsprozeß stellt unter Anreicherung des Eisengehaltes einen natürlichen Veredlungsprozeß des Spateisensteins dar. $\omega = 1.873$, $\varepsilon = 1.633$; oft reich an Mangan (bis etwa 10%). — Infolge Dissoziation bei 450° in Kohlensäure und Magnetit vor dem Lötrohr unschmelzbar; dabei wird er schwarz und magnetisch. In heißer Salzsäure unter Aufbrausen zersetzlich. — Hydrothermal oder metasomatisch, seltener sedimentär.

Der *Ankerit* (S. 164) ist das dem Dolomit entsprechende Doppelkarbonat mit weitgehendem Ersatz des Magnesiums des Dolomits durch Eisen, auch durch Mangan. Er tritt besonders in den metasomatischen Sideritlagerstätten als Übergangsglied zwischen dem Kalkstein und dem Spateisenstein auf und wird in den alpinen metasomatischen Sideritlagerstätten als „Rohwand" bezeichnet; als Eisenerz ist er schlecht verwertbar.

---

[1]) Weitere Daten in Tabelle auf S. 164!

Sehr groß ist die Zahl der Eisensauerstoffsalze, die sich in der Verwitterungszone der Eisenerzlagerstätten neben Brauneisenstein unter Einwirkung des Luftsauerstoffes und des in den Oberflächenwässern gelösten Sauerstoffes bilden; Fundorte für derartige Neubildungen anzuführen, hat wenig Zweck, weil sie sich allenthalben bilden können und vielfach nur beschränkte Existenzzeit haben.

Eisensulfate: verhältnismäßig selten ist der leicht lösliche *Eisenvitriol (Melanterit)* $Fe[SO_4] . 7 H_2O$, der monoklin prismatisch kristallisiert und ziemlich formenmannigfaltig ist; meist nadelförmig oder in traubigen und stalaktitischen Bildungen, in Form von Krusten und Ausblühungen, gut spaltend nach {001} bei sonst muscheligem Bruch; Farbe hellgrün bei weißem Strich; $H = 2$, $D = 1.9$; $n_\beta = 1.478$; opt. $+$; durchscheinend; tintenähnlicher Geschmack.

Über den Halotrichit vergl. man S. 171. — Blaßgelbe Nadeln bildet der monokline *Amarillit* $NaFe^{'''}[SO_4]_2 . 6 H_2O$ (Tierra Amarilla in Chile). — Der *Ferrinatrit (Gordait)* $Na_3Fe^{'''}[SO_4]_3 . 3 H_2O$ kristallisiert rhomboedrisch und bildet radialstrahlig aufgebaute Kugeln; er ist dem Wavellit (S. 153) ähnlich; Sierra Gorda in Chile.

Der *Jarosit (Gelbeisenerz)* $\overset{3}{\infty}$ $K\{Fe_3^{'''}(OH)_6[SO_4]_2\}$rd wurde auf S. 170 erwähnt.

Wohl das häufigste natürliche Ferrisulfat ist der *Copiapit* $MgFe_4^{'''}(OH)_2[SO_4]_6 . 18 H_2O$. Er kristallisiert triklin in pseudorhombischen, sechsseitigen Tafeln; sonst körnig. $H = 2\frac{1}{2}$, $D = 2.1$; gelb oder grüngelb, durchscheinend mit Perlmutterglanz; $n_\beta = 1.546$, $\gamma - \alpha = 0.066$. Häufiges Verwitterungsprodukt von Eisensulfiden; in Trockengebieten ziemlich beständig. — Ein ähnlich zusammengesetztes Mineral ist der monokline *Botryogen* $MgFe^{'''}(OH)[SO_4]_2 . 7 H_2O$, der meist in nierigen Aggregaten auftritt und lebhaft rote Farbe hat.

Braun mit rötlichgelbem Strich ist der trikline *Amarantit* $Fe^{'''}(OH)[SO_4] . 3 H_2O$. Er bildet breitstrahlige Aggregate. — Der *Coquimbit* $Fe_2^{'''}[SO_4]_3 . 9 H_2O$ bildet hexagonale, dicktafelige kleine xx oder feinkörnige Aggregate, ist in kaltem Wasser löslich; farblos, grünlich oder bläulich.

Ferriferrosulfate sind der trikline *Römerit* $Fe_2^{'''}Fe^{''}[SO_4]_4 . 14 H_2O$; kleine dünntafelige xx oder körnige Aggregate von gelber bis rotbrauner Farbe; ferner der kubische *Voltait* $Fe_2^{'''}Fe_3^{''}[SO_4]_6 . 9 H_2O$ mit teilweisem Ersatz des Eisens durch Al, Zn, Cu, Ni usw.; er ist dunkelgrün bis schwarz, kantendurchscheinend; kommt auch als Solfatarenbildung vor und geht im Verlaufe weiterer Zersetzung in den wasserreicheren, hexagonalen, ockergelben *Metavoltin* über.

Eisenphosphate und -Arsenate: Selten ist der lebhaft ziegelrote, glasglänzende, rhombische *Karminit* $Fe_2^{'''}Pb(OH)_2[AsO_4]_2$; feinnadelig-büschelige oder traubige Aggregate; sehr starker Pleochroismus und hohe Lichtbrechung ($n_\beta = 2.07$).

Strengit $Fe^{'''}[PO_4] . 2 H_2O$ (manganhaltig) kristallisiert rhombisch, pseudohexagonal; kugelige, radialfaserige Aggregate; glasglänzend, farblos bis rot, stark pleochroitisch.

Phosphosiderit $Fe^{'''}[PO_4] . 2 H_2O$: monokline, pfirsichblütenrote Kriställchen; stark pleochroitisch; mit ihm isomorph ist der *Metavariszit* $AlPO_4 . 2 H_2O$.

Der *Kraurit*, auch *Grüneisenerz* genannt, hat die Zusammensetzung $Fe_2^{'''}(OH)_3[PO_4]$ und enthält manchmal auch etwas $Fe^{''}$ und $Cu^{''}$; er kristallisiert vermutlich rhombisch, die seltenen xx erscheinen würfelig. Sehr spröd; radialfaserige kugelige und nierige Aggregate werden als *Grüner Glaskopf* bezeichnet. Matt, fettglänzend, grün in verschiedenen Tönen mit gelbgrünem Strich; $n_\beta = 1.840$, $\gamma - \alpha = 0.055$; opt. $+$.

Gelegentlich tritt in zersetzten Raseneisensteinen auch der *Vivianit (Blaueisenerz)* $Fe_3^{''}[PO_4]_2 . 8 H_2O$ auf; er wurde auf S. 197 behandelt.

Gelbbraun, seidenglänzend ist der ebenfalls nicht seltene *Kakoxen* $Fe_4^{'''}[PO_4]_3(OH)_3 . 12 H_2O$. Er kristallisiert hexagonal, bildet feinnadelige und radialkugelige oder nierige Aggregate. $H = 3$, D gegen 2.8; $\omega = 1.64$, $\varepsilon = 1.50$. Der Name Kakoxen (schlechter Gast) rührt davon her, daß das Auftreten von Phosphaten in Brauneisenstein vor der Einführung des Thomasverfahrens sehr ungern gesehen wurde.

Mit dem Strengit isomorph ist der *Skorodit* $Fe^{'''}[AsO_4] \cdot 2 H_2O$, der in Drusen in guten xx, sonst in radialstrahligen, traubigen Aggregaten auftritt. H fast 4, D um 3.2; glasglänzend, splittrig brechend; lauchgrün, bläulichgrün oder schwarzgrün mit grünlichweißem Strich; n um 1.80; opt. +.

Der *Symplessit* $Fe_3^{''}[AsO_4]_2 \cdot 8 H_2O$ mit seinen blaßblauen bis grünlichen Kristallnädelchen ist isomorph mit dem Vivianit.

Kubisch kristallisiert der *Pharmakosiderit* (*Würfelerz*) $KFe_4^{'''}(OH)_4[AsO_4]_3 \cdot 6 H_2O$. Hexakistetraederisch. Die in Drusen auftretenden kleinen xx sind Würfel, gelegentlich mit Tetraeder und Rhombendodekaeder kombiniert; auch körnig. Schlecht spaltbar nach den Würfelflächen; $H = 2\frac{1}{2}$, $D = 3.0$; lebhafter Glasglanz; $n = 1.69$, öfters anomal doppelbrechend. Lauchgrün oder gelb- bis rotbraun mit grünlichem oder gelblichem Stich. Pyroelektrisch.

Eisensinter (*Pittizit*) ist ein amorphes Gemenge von Ferrisulfaten und Ferriarsenaten.

Eisensilikate. Bei der Häufigkeit des Eisens in der Erdkruste (ungefähr 5 Gewichtsprozent) sind Eisensilikate weit verbreitet; sie sind reichlich in den magmatischen Gesteinen, kristallinen Schiefern und Kontaktgesteinen anzutreffen; ihr Eisengehalt reicht aber im allgemeinen für die Verwendung als Eisenerze nicht aus; die eisenreicheren unter ihnen können höchstens als Verhüttungszuschläge Verwendung finden. Jedoch treten in Kontaktgesteinen, metasomatischen Gesteinen und unter den kristallinen Schiefern Eisensilikate mit hohen Eisengehalten (30 und mehr Prozent Fe) gelegentlich in so großen Mengen auf, daß diese wenigstens in Verbindung mit anderen Erzen für die Metallgewinnung verwendet werden können. Diese Eisensilikate sind zu den Chloriten i. w. S. zu zählen; es handelt sich um wasserreiche Schichtsilikate von chlorit- oder kaolinähnlichem Aufbau: der aluminiumhaltige *Chamosit* und der magnesiumhaltige *Thuringit* sind dichte oder kleinkörnige, häufig oolithische, pleochroitische Mineralien von graugrüner bis schwarzgrüner Farbe, säurezersetzlich mit einer Härte von $2\frac{1}{2}$ und einer Dichte, die um 3.2 liegt; sie sind schichtförmig in Tonschiefer, Brauneisensteine, Quarzite usw. eingelagert und werden häufig von Siderit und Magnetit begleitet: Thüringen, Böhmen, Bretagne usw.

In schönen xx tritt auf Erzgängen als hydrothermale Bildung der besonders eisenreiche *Cronstedtit* $\overset{2}{\infty} Fe_2^{''}Fe^{'''}(OH)_4\{Fe^{'''}O[SiO_4]\}$ auf; sein Gitter ist wie das des Chamosits kaolinähnlich und es scheint sich hier um ein Silikat zu handeln, in welchem Si in den Tetraedernetzverbänden (siehe Kaolin, S. 148) etwa zur Hälfte durch $Fe^{'''}$ ersetzt ist; die monoklin-pseudohexagonalen Kristalle bilden sechs- oder dreiseitige spitze Pyramiden, die nach einer Seite durch die Basis abgeschlossen sind; auch nierig, radialfaserig; vollkommene Spaltbarkeit nach $\{001\}$; $H = 3\frac{1}{2}$, $D = 3.3$; tiefgrün bis schwarz mit dunkelgrünem Strich; $n_\beta = 1.80$; opt. —. Starke Doppelbrechung und starker Pleochroismus (braun-schwarz); $2 V \sim 0^0$; Příbram und Kuttenberg in Böhmen, Cornwall usw.

Der *Stilpnomelan* bildet grobblättrige, auch stengelige bis faserig dichte Massen mit sehr vollkommener Spaltbarkeit nach der Basis; er ist dunkelolivgrün oder graugrün. Sein Verwitterungsprodukt unter weitgehender Oxydation des zweiwertigen Eisens ist der dunkelgelbe bis ockerfarbige *Stilpnochloran.*

Über die übrigen Eisensilikate und über das Eisen-Manganborat *Ludwigit* s. man a. a. O.

Die Eisenerzlagerstätten sind sehr mannigfaltiger, oft komplexer Entstehung: Magmatische Abspaltungsprodukte mit Magnetit, Hämatit und Ilmenit

(z. B. Kirunavaara im Schwed. Lappland); hydrothermal mit Siderit oder Hämatit (Siegerland in Westdeutschland); Ausscheidungssedimente mit Brauneisenstein, seltener Siderit, Chamosit und Thuringit (Lothringen, Süddeutschland, Thüringen); klastisch-sedimentär (Magnetit, Ilmenit, Trümmerkonglomerate von Salzgitter); metasomatisch mit Siderit, auch Hämatit (Erzberg, Hüttenberg, Thüringen, Bilbao in Nordspanien); submarine Exhalationen mit Hämatit, auch Magnetit (Lahn-Dillgebiet in Westdeutschland); regionalmetamorph mit Hämatit (Oberer See, Brasilien, Ukraine); kontaktmetamorph mit Magnetit, auch Ludwigit und Eisensilikaten (Mittelschweden, Banat, Ural) usw.

Die an Eisenerzen reichsten Länder der Erde (Vorräte an hochwertigen Erzen je mehrere bis viele Milliarden Tonnen) sind: U.S.A., Rußland, Neufundland, Brasilien, Indien, franzlös. Westafrika, Schweden und Frankreich (Lothringen); dagegen belaufen sich die österreichischen Vorkommen an metasomatischem Spateisenstein (besonders Erzberg in Steiermark und Hüttenberg in Kärnten) nur auf einige hundert Millionen Tonnen. — Die Weltjahresförderung an Eisenerzen beläuft sich ebenso wie die Eisen- und Stahlproduktion selbst auf mehrere hundert Millionen Tonnen.

Das Gediegene Eisen.

1. Terrestrisches (Tellurisches) Eisen. Irdisch gebildetes Eisen ist verhältnismäßig selten. Eisen kristallisiert hexakisoktaedrisch; das Gitter ist ein körperzentriert kubisches (Abb. 188), das zwischen 906^0 und 1401^0 die Form des γ-Eisens mit flächenzentriert-kubischem Gitter annimmt. In der Natur kommt das Eisen immer nur derb eingesprengt, in Körnern oder Klumpen vor. Bruch hackig; dehnbar. H gegen 5, $D = 7.9$. Frisch graumetallisch glänzend mit fast schwarzem Strich; wird vom Magneten angezogen; säurelöslich, schwer schmelzbar (S. P. 1530^0). Terrestrisches Eisen enthält fast immer Kohlenstoff, das grönländische auch geringe Mengen von Nickel (1—3%) und Kobalt (einige Zehntel %). Der Kohlenstoffgehalt hängt auf das engste mit der Entstehung zusammen: Terrestrisches Eisen bildet sich

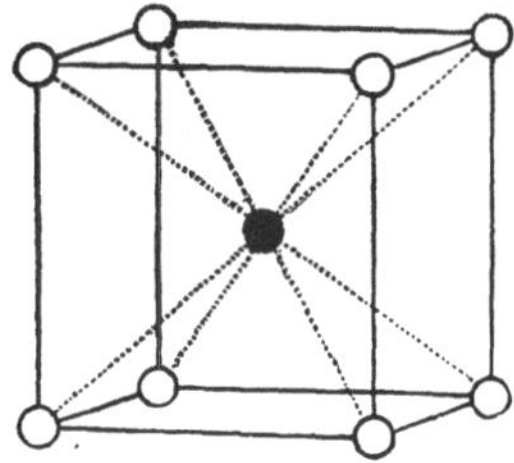

Abb. 188. Elementarkörper des α-Eisens.

nämlich neben Magnetkies beim Durchbruch von eisenreichen Schmelzflüssen durch schwefelkieshaltige Ton- und Kohleschichten als Reduktionsprodukt. Die bekanntesten Vorkommen sind die Eiseneinschlüsse im Basalt von Disko auf Grönland (Klumpen bis zu 25 Tonnen Gewicht) und vom Bühl bei Kassel; auch in Trachyten, Andesiten und Quarzporphyren. — Über die nickelreichen irdischen Eisen vergleiche man S. 268.

2. Meteoreisen. In größerem Umfange tritt das Eisen in Metallform als *Meteoreisen* auf; dieses stammt von fremden Himmelskörpern und bildet einen Bestandteil der Meteoriten oder setzt diese überwiegend zusammen. Unter den Meteoriten, deren Herkunft von dem Sonnensystem angehörigen [1] Himmelskörpern noch nicht mit aller Sicherheit beweisbar ist, unterscheidet man drei Gruppen:

---

[1] Die häufig hyperbolischen Bahnen der Meteoriten, die außerdem recht- oder rückläufig durchlaufen werden, sprechen dafür, daß sie Fremdlinge im Sonnensystem sind.

1. *Eisenmeteoriten;* überwiegend aus Meteoreisen bestehend, können sie größere Mengen von tropfenförmig verteiltem *Troilit* (entsprechend dem irdischen Magnetkies, S. 230) enthalten; der Troilit kann auch in dünnen Platten gesetzmäßig in das Meteoreisen eingelagert sein (Abb. 191); er unterscheidet sich vom irdischen Magnetkies dadurch, daß seine Zusammensetzung genau der Formel FeS entspricht, während der irdische Magnetkies meist einen deutlichen Schwefelüberschuß aufweist. Dazu kommen noch Eisenkarbide und -Phosphide.

2. Die *Steinmeteoriten* entsprechen im Chemismus basischen Silikatgesteinen der Erdkruste; sie enthalten neben überwiegenden Silikaten häufig kleinkörnig verteiltes Nickeleisen und auch Troilittropfen.

3. Die *Mischmeteorite* enthalten sowohl Silikate wie auch Nickeleisen in beträchtlichen Mengen; letzteres bildet häufig ein wabiges Gerüst, in welches die Silikate großtropfig eingelagert sind; so ist es z. B. bei den *Pallasiten,* von denen in Abb. 189 ein Anschliff wiedergegeben ist; in ein schwammiges Gerüst von Nickeleisen (in

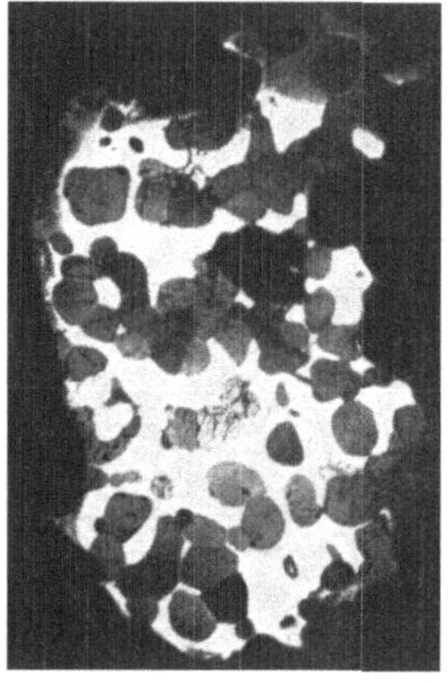

Abb. 189. Pallasit (Brenham), hell Nickeleisen, dunkel Olivin (nach H e i d e).

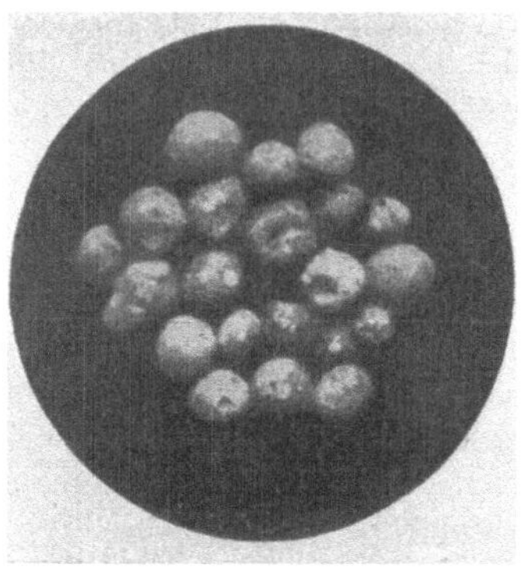

Abb. 190. Lose Chondren (nach M e r r i l)

der Abb. weiß) sind hier bräunlichgelbe Olivinkristalle in Tropfenform oder auch mit eckiger Abgrenzung eingelagert; ähnlich ist es bei den *Siderophyren* der Fall; nur tritt hier an Stelle des Olivins der Bronzit.

Außer Nickeleisen und Troilit beteiligen sich am Aufbau der Meteorite den magmatischen Silikaten entsprechende Kristallarten und eine Reihe anderer Mineralien, von denen einige auf die Meteoriten beschränkt sind.

Unter den (stets wasserfreien!) Silikaten stehen dem basischen Charakter der Steinmeteorite entsprechend die Mg-Fe-Silikate und basischen Plagioklase im Vordergrund; man beobachtet:

Olivin,
Enstatit, Bronzit-Hypersthen,
Klinoenstatit,
Diopsid-Hedenbergit-Augit,
Plagioklase mit 100—25% Anorthitanteil.

Eigenartig und aus irdischen Gesteinen nicht bekannt ist der glasig- amorphe *Maskelynit,* welcher in der Zusammensetzung ungefähr einem Plagioklas mit 50% Anorthit entspricht.

In Steinmeteoriten wird in seltenen Fällen auch Tridymit und noch seltener Quarz beobachtet. Ferner beobachtet man in Meteoriten Magnetit und noch häufiger Chromit.

Diamant wurde in einigen Stein- und Eisenmeteoriten in mikroskopischen, farblosen bis schwarzen Körnchen festgestellt.

Graphit ist besonders in Meteoreisen in Schüppchen oder kleinen Knollen anzutreffen, auch in Pseudomorphosen nach Diamant (*Cliftonit*); Orientierung der Graphitschichten parallel zu den Würfelflächen des Diamanten (s. S. 89).

Das gelegentliche Auftreten von Kohlenwasserstoffen in Meteoriten zeigt, daß diese während ihres Flugweges nur in den äußersten Rindenpartien stark erhitzt worden sein können.

Der durchscheinende, lichtbraune *Oldhamit* ist ein Calciumsulfid CaS mit Steinsalzstruktur; er fehlt in den irdischen Gesteinen und ist auch in den Meteoriten selten. $D = 2.6$, $n = 2.14$; lebhaft glasglänzend, zersetzlich bei Einwirkung von feuchter Luft unter Gipsbildung.

Ebenfalls in irdischen Gesteinen nicht bekannt ist der *Daubréelith* $FeCr_2S_4$, der in Meteoreisen neben Troilit und nicht selten plattenförmig in diesen eingelagert auftritt.

Der grüne, hexagonale *Moissanit* ist die in Meteoriten auftretende Form des Karborundums CSi; $H = 9\frac{1}{2}$.

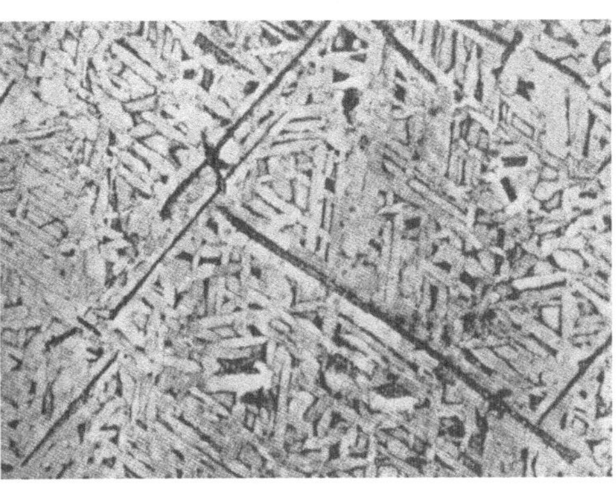

a   b

Abb. 191. a und b Lamellare, gesetzmäßige Einwachsung von Troilit und Cohenit in oktaedritisches Meteoreisen. a Oktaedrit von Henbury, Austr., parallel zu einer Würfelfläche geschnitten mit parallel zu den Rhombendodekaederflächen des Eisens eingewachsenen Troilitbändern (schwarz); b Oktaedrit von Breece, Neumex., parallel zu einer Oktaederfläche geschnitten, mit parallel zu den Rhombendodekaederflächen des Eisens eingewachsenem Cohenit (schwarz). (n. S p e n c e r).

Das tetragonal skalenoedrische Nickeleisenphosphid *Schreibersit* $(Fe, Ni, Co)_3P$, dessen Nickel- und Kobaltgehalt in weiten Grenzen um 20% schwankt, ist im Meteoreisen nicht selten; Ausbildung unregelmäßig oder radialstrahlig oder dem Troilit eingelagert; seine nadelförmigen Kriställchen (in diesem Falle *Rhabdit* genannt) sind häufig gesetzmäßig in Meteoreisen eingewachsen. Er bildete sich entweder durch Abscheidung von Phosphoreisen noch in flüssigem Zustand oder, und dies gilt für den Rhabdit, durch Entmischung; silberweiß, metallglänzend, gelb anlaufend, spröde; $H = 6$, $D = 7.1$.

Viel seltener ist der *Cohenit* $(Fe, Ni, Co)_3C$; er entspricht dem Zementit der Eisentechnik und ist dem Schreibersit recht ähnlich; wird auch in terrestrischem Eisen angetroffen; wie *Troilit* und *Schreibersit* manchmal in Lamellen gesetzmäßig nach den Flächen des Rhombendodekaeders oder Würfels in Oktaedrite eingelagert (Abb. 191).

Der grüne, an der Luft nicht beständige, sondern sich unter Wasseraufnahme lösende *Lawrencit* der Meteoriten hat die Zusammensetzung $(Fe, Ni)Cl_2$; er ist für das leichte Rosten der ihn enthaltenden Meteoreisen verantwortlich.

Die Struktur der Steinmeteorite ist meist chondritisch (*Chondrite*), d. h. die Silikatmineralien sind zu kugeligen Bildungen (Abb. 190), die Erbsengröße erlangen können, zusammengefügt. Die Chondrenmineralien sind überwiegend Olivin und Enstatit; die Grundmasse, in welche die Chondren dicht eingelagert sind, ist tuffartig. Bei

M a c h a t s c h k i , Spezielle Mineralogie.   16

einer kleineren Anzahl der Steinmeteorite fehlen die Chondrenbildungen; ihre Struktur erinnert an die von irdischen Eruptivgesteinen (*Achondrite*); sie enthalten wenig Olivin, sehr viel Pyroxen, ferner auch Kalkfeldspat. — Chondren sowie Eisenkügelchen wurden auch im Tiefseeschlamm gefunden.

Das Meteoreisen der Eisenmeteoriten ist eine Legierung mit 5—17% Nickel und durchschnittlich einem halben % Kobalt; im Eisenanteil von Steinmeteoriten kann der Nickelgehalt auf 20% ansteigen. Beim Anätzen polierter Meteoreisenplatten, z. B. mit stark verdünnter, alkoholischer Salpetersäure, zeigt sich meist ein eigenartiges Strukturbild. Das Meteoreisen erweist sich als aus Systemen von Lamellen aufgebaut, die sich unter verschiedenen Winkeln kreuzen und kleinere oder größere Felder einschließen. Die Breite der Lamellen schwankt von Vorkommen zu Vorkommen von **einigen Zehntel Milli-**

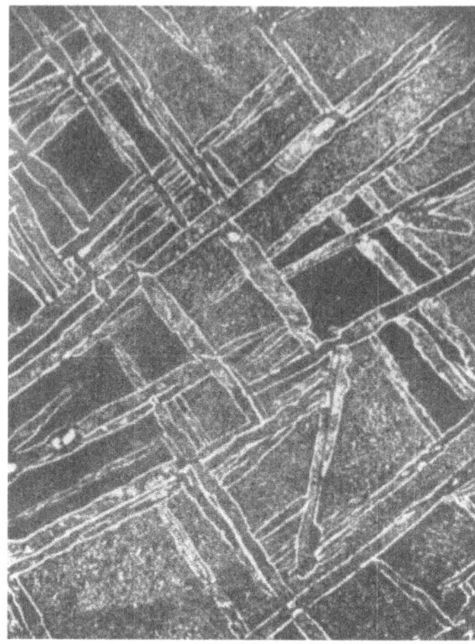

Abb. 192. Angeätzte Platte eines Oktaedriten mit *Widmannstetter*schen Figuren; die hellen Taenitbänder und die Plessitmassen gut erkenntlich (nach V o g e l).

Abb. 193. Eisenmeteorit mit N e u m a n n schen Linien (nach H e i d e).

metern bis zu einigen Millimetern. Diese charakteristischen Figuren nennt man nach ihrem Entdecker *Widmannstettersche* Figuren[1]) (Abb. 191 u. 192). Es handelt sich dabei um Lamellen von nickelärmerem Eisen (*Kamacit =Balkeneisen;* 5—7% Ni; Struktur Fe[8]k), auf welche beiderseits eine dünne Schichte von nickelreichem Eisen (*Taenit = Bandeisen;* 25—35% Ni; Struktur Fe[12]k wie Cu usw.) aufgelagert ist; die Zwischenräume zwischen den Balken werden vom *Plessit* oder *Fülleisen* eingenommen, d. i. ein fein verteiltes Gemenge von Balken- und Bandeisen. Die so aufgebauten Meteoriten, welche die Masse der Eisenmeteoriten bilden, nennt man *Oktaedrite*, da die Anordnung der Lamellen den vier Flächenlagen des Oktaeders entspricht; in den Anschliffen kreuzen sich die Lamellen je nach der Schnittlage unter verschiedenen Winkeln; auf Würfelflächen z. B. unter rechten Winkeln, auf Oktaederflächen unter 60⁰ usw.; die Kreuzzeichnung kann auch

---

[1]) Die Widmannstetterschen Figuren wurden im Jahre 1808 gleichzeitig und unabhängig voneinander von dem Wiener Freiherrn v. WIDMANNSTETTER (der Name wird verschieden geschrieben!) und vom Engländer (Wahlitaliener) WILLIAM (später GIULIELMO) THOMSON beschrieben.

durch kurzfristiges Erhitzen von Meteoritenplatten hervorgerufen werden, da die Eisen mit ihren verschiedenen Nickelgehalten beim Erhitzen verschieden stark anlaufen. Sehr große Meteoriten können nach dem Prinzip eines einzigen Oktaeders aufgebaut sein; auch Viellinge kommen vor; an künstlichen Nickeleisenlegierungen konnte bisher eine solche Struktur noch nicht hervorgebracht werden. — Die nickelärmeren *Hexaedrite* sind nach den Flächen des Würfels spaltende Eisenmeteorite und einheitlich aus Kamacit aufgebaut; im polierten und geätzten Anschliff zeigen solche Meteorite Parallelscharen von feinen Linien, die nach ihrem Entdecker *Neumannsche* Linien genannt werden (Abb. 193); es handelt sich dabei um dem Haupteisenkristall parallel eingelagerte, äußerst dünne, durch Druck hervorgerufene Zwillingslamellen, die sich in verschiedener Weise kreuzen können. — Die *Ataxite* sind sehr feinkörnig und lassen beim Anätzen keine Struktur erkennen; sie lassen sich auch nicht nach den Würfelflächen spalten; in manchen Fällen ist es sicher, daß sie aus Oktaedriten durch nachträgliche, künstlich hervorgerufene Erhitzung hervorgegangen sind, denn die Oktaedritstruktur weicht beim

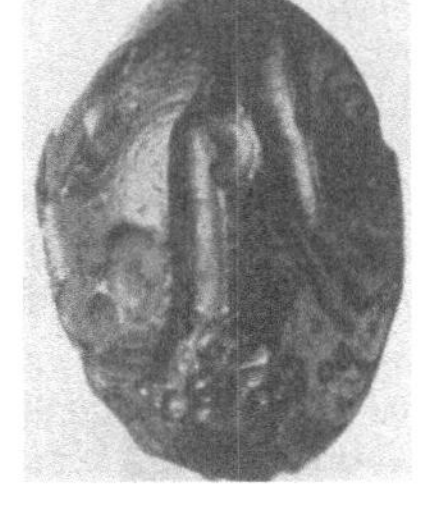

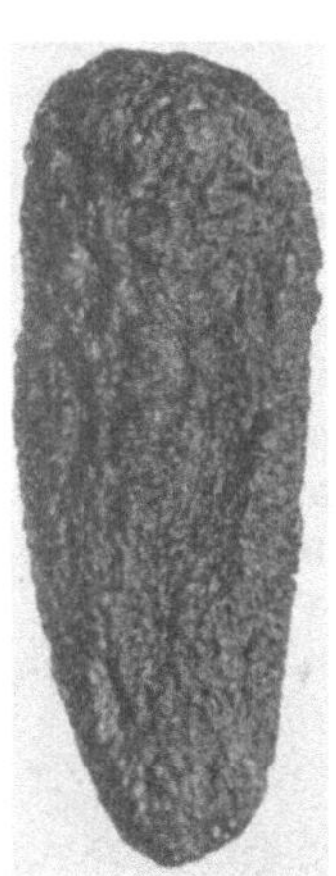

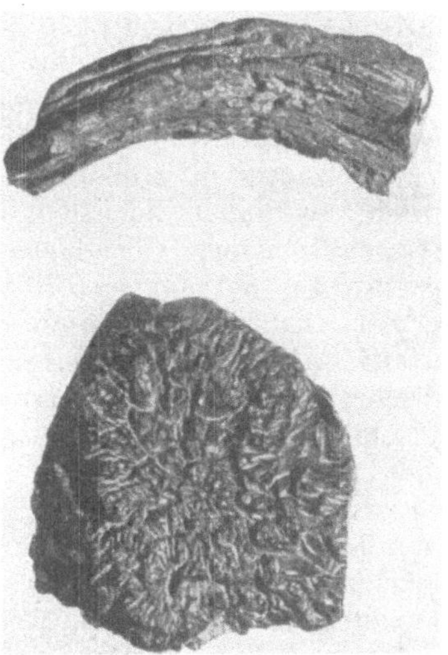

Abb. 194. Verschieden geformte und skulpturierte Tektite (nach H e i d e).

Erhitzen auf 900° einem feinkörnigen Gefüge, das auch beim Wiedererkalten erhalten bleibt.

Bisher sind an der Erdoberfläche über 1000 Meteoriten gefunden worden, davon über 400 Meteoreisen; an den direkt beobachteten und aufgefundenen Fällen sind aber die Eisenmeteoriten in sehr viel kleinerem Prozentsatz beteiligt; von den nicht im Fall beobachteten Meteoriten entgehen nämlich die unscheinbaren Steinmeteorite leicht der Beobachtung. Vermutlich erreichen jährlich mehrere tausend Meteorite verschiedener Größe die Erdoberfläche, aber nur durchschnittlich fünf werden jährlich auch wirklich gefunden. Das Gewicht der Meteoriten geht von Staubkornschwere bis 60 Tonnen. Der schwerste bekanntgewordene Meteorit ist der Eisenmeteorit von der Hobafarm in Südwestafrika. Der schwerste bisher gefundene Stein-

meteorit (Südnebraska) wiegt über eine Tonne. — Nach den radioaktiven Alters-
bestimmungen sind seit der Bildung der ältesten Meteoriten ca. 3 Milliarden Jahre
vergangen; diese sind somit so alt wie die ältesten Gesteine der Erdkruste. —
Durch Zerspratzen am „Hemmungspunkt", jenem Punkt über der Erdoberfläche, an
welchem die ursprüngliche Geschwindigkeit des Meteoriten durch die Luftreibung
auf Null reduziert wird und in die Fallgeschwindigkeit übergeht, lösen sich größere
Steinmeteorite häufig in Steinregen auf, die tausende von Steinen umfassen können.

Fälle von großen Meteoriten auf die Erdoberfläche stellen Zusammenstöße dieser
Körper mit der Erde dar, da von einer gewissen Größe ab die ursprüngliche Geschwindigkeit durch die Reibung in der Atmosphäre nicht aufgehoben werden
kann; diese Zusammenstöße führen zur Bildung von sehr bedeutenden Vertiefungen
(bis einige hundert Meter) und damit zur Bildung der sogenannten Meteoriten-
krater (Arizona, Durchmesser 1200 m, Tiefe fast 200 m; Henbury in Zentralaustra-
lien, Kraterfeld mit 13 Kratern. der größte mit einem Durchmesser von 150 und
einer Tiefe von 20 m usw.); der Meteorit zersplittert dabei vollkommen und ver-
dampft wohl auch größtenteils; Bruchstücke solcher Meteorite, im Falle des Arizona-
kraters muß er ein Gewicht von mehreren Millionen Tonnen gehabt haben, werden meist in den Kraterwällen und in der Umgebung der Krater gefunden.

Tektite sind flaschengrüne bis schwarzgrüne, glasartige, sehr kieselsäurereiche Körper (70—85% SiO_2) [1]. In einzelnen dieser Gläser wurden Kristalle
von Andalusit, Feldspat und anderen Silikaten gefunden. Durch den hohen Kieselsäuregehalt unterscheiden sie sich allein schon stofflich von den Steinmeteoriten.
Wegen der grünen Farbe werden sie auch als *Bouteillensteine* bezeichnet,
nach dem Fundgebiet als *Moldawite* (Böhmen), *Billitonite* (Insel Billiton und
Borneo), *Australite* (Tasmanien) usw. Immer werden sie über ein größeres
Areal verstreut in größerer Menge in jüngeren Schotterablagerungen angetroffen; sie haben höchstens einige cm Durchmesser und eine eigenartig
riffig skulpturierte Oberfläche (Abb. 194). Man nimmt gegenwärtig an, daß
sie entweder der sauren Silikatkruste der Erde entsprechende Bruchstücke
fremder Himmelskörper sind oder daß sie beim Auftreffen von Riesenmeteori-
ten auf sandige Sedimente der Erdoberfläche entstandenes, umgeschmolzenes
irdisches Tonsandmaterial darstellen. Der Nickelgehalt der Tektite beläuft sich
auf einige Zehntausendstel oder Tausendstel des Eisengehaltes und liegt
damit in ähnlicher Höhe wie der Nickelgehalt von sandig-tonigen
und von geschmolzenen sandigen Sedimenten, die im Bereiche von Meteoriten-
kratern gefunden werden. Ihr Chromgehalt ist meist mehrfach höher als der
Nickelgehalt; möglicherweise sind sie auch Reste von Kometen, die ihren
Hauptstoffbestand, Wasser (Eis) und Ammoniak in Sonnennähe durch Ver-
dampfen verloren haben. — Ihr Alter wurde mit maximal 10 Millionen Jahren
bestimmt.

B. Kupfermineralien.

Geochemie des Kupfers: An der Zusammensetzung der Erdkruste ist das
Kupfer mit etwa 0.01% beteiligt. Zu Anreicherungen kommt es in den frühmagmatischen Sulfidabscheidungen und im pneumatolytisch-hydrothermalen
Bereich im Gefolge verschiedener liquidmagmatischer Kristallisationsphasen;
später im Wege der organogen-chemischen Sedimentation, welche Lagerstätten
durch Metamorphosen vielfache Umbildungen erfahren können; dem chalkophilen Charakter des Kupfers entsprechend herrschen Kupfersulfide in der
Natur weitaus vor.

---

[1] Durchschnittszusammensetzung der Tektite: 51% O, 36% Si (entsprechend 77%
SiO_2), 6% Al, 2.7% Fe (+ Mn), 0.6% Mg, 1.6% Ca, 0.3% Na und 2% K.

Kupfersulfide, Gediegen Kupfer und Kupferoxyde.

Weitaus das häufigste und wichtigste Kupfermineral ist der *Kupferkies* oder *Chalkopyrit* $Cu^{[4]}Fe^{[4]}S_2$te mit 34% Kupfer und 30% Eisen. Tetragonal skalenoedrisch; die Bisphenoide {111} sind sehr tetraederähnlich, da das Achsenverhältnis wenig von 1 : 1 abweicht. Die Kristallstruktur ist jener von Zinkblende sehr ähnlich; die tetragonale Deformation des kubischen Zinkblendegitters ist dadurch bedingt, daß sich die Cu- und Fe-Atome gesetzmäßig über die Positionen der Zn-Atome verteilen[1]). Die gewöhnliche Tracht der oft stark verzerrten xx ist bisphenoidisch (pseudotetraedrisch). Wichtigste Formen neben {111} mit meist matten oder gerieften Flächen sind: das negative Bisphenoid {1$\bar{1}$1} mit glatten Flächen (Abb. 195), die Bipyramiden {201} und {101}, die Basis {100} und das Prisma {110}; auch steilere Bisphenoide und Bipyramiden treten auf, seltener sind Skalenoeder. Zwillinge sehr häufig, besonders Durchdringungszwillinge nach {100}; oft auch Zwillinge nach {111}, wel-

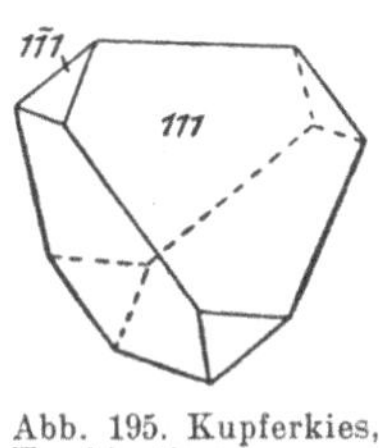

Abb. 195. Kupferkies, Kombination von positivem und negativem Grundbisphenoid.

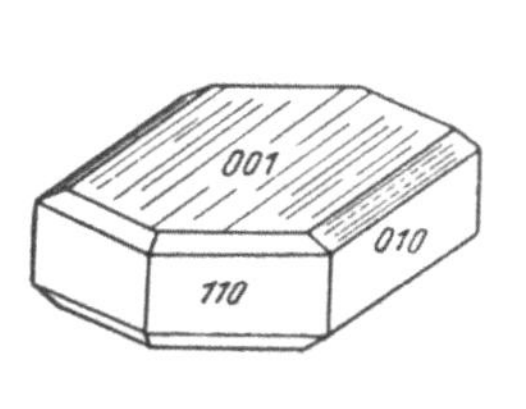

a

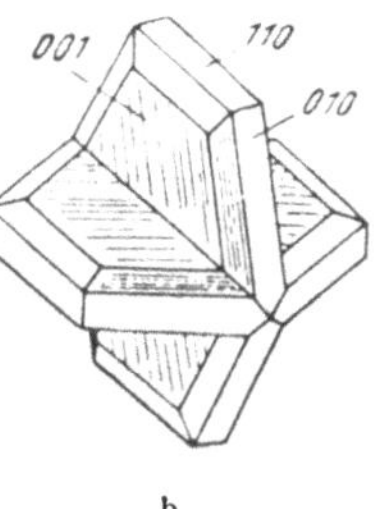

b

Abb. 196. a und b. Kupferglanz, tafeliger Kristall und Durchkreuzungsvielling.

che wegen der oktaederähnlichen Kombination von positivem und negativem Bisphenoid den Spinellzwillingen ähnlich sind und sich auch lamellar wiederholen können. Sonst körnig bis dicht, auch in Form von feinstkörnigen Bestäubungen orientiert aufgewachsen auf den strukturverwandten xx von Zinkblende und Fahlerz; traubig nierige Massen sind selten. — Keine deutliche Spaltbarkeit, Bruch muschelig; H fast 4, D um 4.2; nicht sehr spröde. Metallisch messinggelb mit leichtem Stich ins Grünliche, bei beginnender Oberflächenoxydation goldgelb, vielfach bunt bis schwarz angelaufen. Strich grünlichschwarz. In derber Form dem Pyrit äußerlich sehr ähnlich, aber leicht von ihm durch die viel geringere Härte unterscheidbar. — Geringe Gold- und Silbergehalte sind wohl nur auf Einwachsungen zurückzuführen. Oft mit Pyrit verwachsen. Auf Kohle leicht zu schwarzer, magnetischer Kugel schmelzend; in Salpetersäure löslich, nicht aber in Salzsäure. — Angereichert mit Magnetkies und Pentlandit in basischen magmatischen Gesteinen; Nebengemengteil in vielen Eruptivgesteinen; auf pneumatolytischen Gängen und Kontaktlagerstätten; besonders in hochtemperierten hydrothermalen Vorkommen (Stöcke, Gänge, Imprägnationen); in sedimentären Schwefelkiesvorkommen, auch gelegentlich in Kohlen.

Dem Magnetkies ähnlich ist der rhombisch bipyramidale pseudohexagonale *Cubanit* $CuFe_2S_3$ mit 23% Kupfer. xx selten, stark gestreift und nach der Z-Achse gestreckt; meist in Kupferkies dünntafelig eingelagert, daher viel-

---

[1]) Das Gitter nimmt aber ähnlich wie das des Stannins (S. 275) beim Erhitzen ungeordnete Kationenverteilung und damit Zinkblendestruktur an.

fach übersehen. H fast 4. D etwas über 4. Stark magnetisch; metallisch bronzefarben. Zusammen mit Kupferkies auf frühmagmatischen und hydrothermalen Vorkommen. Oft zerfallen in ein Gemenge von Magnetkies und Kupferkies.

Strukturverwandt mit dem Kupferkies ist der *Zinnkies* Cu_2FeSnS_4 te; man vergleiche darüber S. 275.

Die übrigen sulfidischen Kupfermineralien sind überwiegend unter zunehmender Anreicherung des Kupfergehaltes im Wege der Verwitterung aus erstgebildetem Kupferkies hervorgegangen.

Bornit oder *Buntkupferkies*, ungefähr Cu_5FeS_4 mit ca. 60% Cu. Kubisch[1]) mit fahlerzähnlicher Struktur. Hexakisoktaedrisch. xx sehr selten, rauhflächige Würfel, gelegentlich mit {111} und {110}; auch Zwillinge nach {111}; meist derb, eingesprengt oder in plattigen Massen. Schlecht spaltbar nach dem Würfel, muschelig brechend, mild. H = 3; D um 5.1. Frisch angeschlagen metallisch tombakbraun, aber sehr schnell bunt anlaufend (Name!); Strich grauschwarz. Vorkommen ähnlich wie Kupferkies, besonders in der Zementationszone von dessen Lagerstätten und in sedimentären Kupfererzlagerstätten.

Der *Kupferglanz (Chalkosin)* ist die rhombisch bipyramidale Form von Cu_2S mit 80% Cu. xx meist tafelig (Abb. 196) oder dicksäulig, pseudohexagonal, da der Prismenwinkel {110} nur wenig größer als 60⁰ ist. Hauptformen sind {110}, {010} und {001}, dazu verschiedene Bipyramiden und das Prisma {023}. Auf der Basis parallel zur X-Achse gestreift; Zwillinge besonders nach {110}, mimetisch hexagonale Durchwachsungsdrillinge auch Kreuzzwillinge nach {112} (Abb. 196). Meist derbe kompakte Massen mit muscheligem Bruch, vielfach als erdiger Überzug auf anderen Kupfererzen. Schlecht spaltbar nach {110} und {001}. Muscheliger Bruch, milde. H fast 3, D = 5.8. Dunkelgrau metallisch glänzend, aber nur auf frischem Bruch, wird bald matt und schwarz. Strich metallisch glänzend. Häufig etwas Eisen und Silber enthaltend. Schmilzt zu spröder Kugel und gibt auf der Kohle mit Soda Kupferkorn. In Salpetersäure mit grünlicher Farbe löslich. — Besonders in der Zementationszone der Kupferkieslagerstätten und auf sedimentären Lagerstätten, auch hydrothermale bis pneumatolytische Neubildung.

Im letzteren Falle handelt es sich meist um die Hochtemperaturform von Cu_2S, den hexakisoktaedrischen *Hochchalkosin*, der herunter bis 91⁰ stabil ist, bei Schwefelüberschuß aber auch noch bei wesentlich tieferen Temperaturen. Seine Struktur ist eine Antifluoritstruktur[2]). Die Paramorphosen von rhombischem Kupferglanz nach kubischem Kupferglanz bestehen aus parallel den ursprünglichen Oktaederflächen orientierten Zwillingslamellen. Bei Schwefelüberschuß (ca. Cu_9S_5) kubisch gebliebener Kupferglanz wird wegen seiner blauen Farbe auch als *Blauer Kupferglanz (Neodigenit)* bezeichnet.

Der *Covellin (Kupferindig)* CuS mit 66% Cu kristallisiert dihexagonal bipyramidal. Gute xx sind selten; tafelig mit den Formen {10$\bar{1}$0} und {0001}; sehr

---

[1]) Nach neueren Untersuchungen wird der Bornit unterhalb 220⁰ unter Ordnung der Metallatomverteilung tetragonal (rhombisch?)-pseudokubisch; durch Abschrecken kann aber die kubische Form mit ungeordneter Verteilung der Metallatome erhalten bleiben.

[2]) Flußspatgitter (Abb. 84) mit Vertauschung der Positionen der pos. und neg. Ionen. — Es gibt auch eine hexagonale Form von Cu_2S, die sich aus der rhombischen bei 103⁰ bildet und unter dieser Temperatur nicht beständig ist.

vollkommene Spaltbarkeit nach der Basis. Meist derb, blättrig bis feinkörnig, in Platten, Adern und größeren Massen; auch erdig. H fast 2, D = 4.7. Frisch metallisch fettiger Glanz, sonst matt, in dünnen Splittern durchscheinend, an der Luft blauschwarz. Sehr hohe Lichtdispersion ($\omega_{Li} \sim 1.0$, $\omega_v \sim 1.9$); eine Folge davon ist die bei Einbettung in verschiedenen Medien von deren Brechungsexponenten abhängige Farbe, die zwischen blau und gelb liegt und umsomehr gegen das langwellige Ende des Spektrums verschoben ist, je höher der Brechungsexponent des Einbettungsmediums ist (in Wasser z. B. blauviolett, in Monobromnaphthalin scharlachrot, in Jodmethylen orangerot). — Leicht schmelzend, mit blauer Farbe brennend, in Salpetersäure unter Abscheidung von Schwefel löslich. — Weit verbreitet in der Verwitterungszone von Kupfersulfidlagerstätten; selten als Sublimationsprodukt an Vulkanen (Vesuv).

Eine ähnliche Formel, aber mit starkem Ersatz des Kupfers durch Eisen, Zinn, Zink und Molybdän und des Schwefels durch Arsen, Antimon und Tellur hat der seltene, hexakistetraedrische *Colusit*, dessen Struktur jener der Zinkblende entspricht.

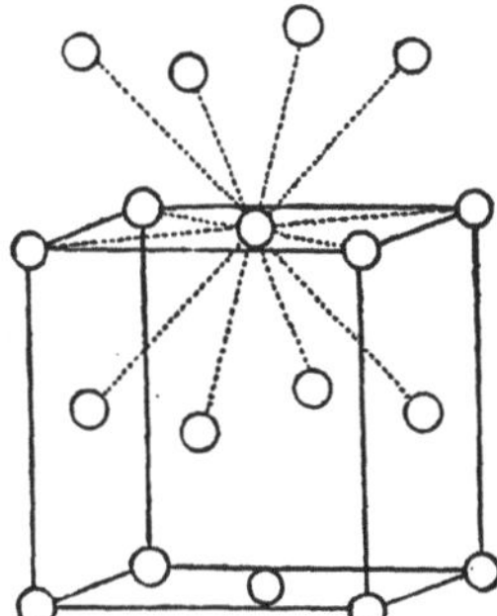

Abb. 197. Kristallstruktur von Kupfer (ebenso Ag, Au, Pt, Ir, Pd, Rh und die Edelgase außer He).

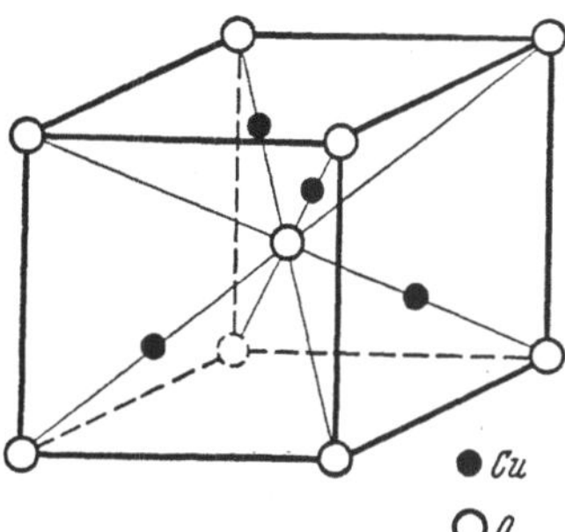

Abb. 198. Elementarkörper des Cuprit.

Auch das *Gediegene Kupfer* ist überwiegend aus Kupfersulfiden durch Reduktions-Oxydationsvorgänge entstanden und findet sich deshalb vor allem im Grenzgebiet zwischen der Oxydations- und Reduktionszone der Kupferlagerstätten. Die hexakisoktaedrischen xx, deren Struktur (flächenzentriertes kubisches Gitter oder kubisch dichteste Kugelpackung) in Abb. 197 dargestellt ist, sind meist verzerrt und vielfach zu fiederig gestrickten oder baumartig verästelten Bildungen zusammengefügt. Die häufigsten Formen sind: {100}, {110}, {111} und {210}; Zwillinge nach {111}, meist Repetitionszwillinge. — Derb, oft dendritisch, drahtförmig, in Platten und Blechen, Körnern und Klumpen; gelegentlich in Pseudomorphosen nach Aragonit und Calcit. Bruch hackig, gut dehnbar. H gegen 3, D gegen 9. Kupferrot, oberflächlich häufig verwittert, in dünnsten Schichten grün durchscheinend; metallglänzend; Lichtbrechung nur 0.64 für Na-Licht; Strich kupferrot. — V. d. L. schmelzbar, in Säuren leicht löslich. — Entsteht meist durch wechselseitige Reduktion und Oxydation von Kupfersulfiden zu Gediegenem Kupfer, Cuprit und Sauerstoffsalzen, besonders auch in Gegenwart von unedleren Metallen und organischen Substanzen. Das größte Vorkommen an Gediegenem Kupfer (Oberer See) mit Massen bis zum Gewicht von mehreren Hundert Tonnen, ist an alte Oberflächengesteine gebunden und wie die begleitenden

Zeolithe wohl thermaler Entstehung; auch andere kleinere Vorkommen an Gediegenem Kupfer sind ähnlicher Entstehung. Gelegentlich fein eingesprengt in Laven.

Die Oxydation der Kupfersulfide führt schließlich u. a. zur Bildung von Kupferoxyden:

Cuprit oder *Rotkupfererz* Cu_2O mit 89% Cu, hexakisoktaedrisch; gute aufgewachsene xx häufig, {111} oder {110}, auch mit {100} und verschiedenen {hhl}-Formen. Kristallstruktur nach Abb. 198. Deutliche Spaltbarkeit nach {111}; muscheliger Bruch, spröde; H gegen 4, D um 6.0. Frische Kristallflächen und frische Bruchflächen mit Diamantglanz. Durchscheinend bis undurchsichtig; lebhaft rot bis schwarzrot, derbe Stücke rotbraun bis dunkelrötlichgrau; auch körnig bis dicht, nicht selten in haarförmigen Aggregaten *(Kupferblüte, Chalkotrichit)*; in diesem Falle hellkarminrot; erdig und mit Brauneisen vermengt bildet er das *Kupferziegelerz*. Strich braunrot. Sehr starke Lichtbrechung (n bei 2.85). Die xx sind häufig äußerlich oder durchgreifend zu grünem Malachit pseudomorphosiert. — V. d. L. zu Cu reduzierbar. In Säuren und Ammoniak löslich. — Weit verbreitet im Eisernen Hut von Kupferlagerstätten, meist in Begleitung von Gediegenem Kupfer und Kupferkarbonaten; selten auf vulkanischen Auswürflingen.

Viel seltener ist der monoklin prismatische *Tenorit* $Cu^{[4]}O^{[4]}$ mit 80% Cu. xx nur in Form von kleinen Täfelchen als vulkanisches Sublimationsprodukt (Vesuv); pseudohexagonal, schwarz; H = 3—4, D = 6; dünnste Blättchen braun durchscheinend, Brechungsexponenten ebenfalls sehr hoch, Doppelbrechung 0.54! Auf Kupfererzvorkommen in deren Oxydationszone weit verbreitet, aber stets nur als erdiges Umwandlungsprodukt von braunschwarzer bis schwarzer Farbe. — Die erdige *Kupferschwärze* und das ebenfalls braunschwarze bis schwarzbraune *Kupferpecherz* sind Gemenge von Tenorit, Cuprit und Brauneisen.

Kupferarsenide treten stellenweise in größerem Umfang in hydrothermalen Kupferlagerstätten Nord- und Südamerikas auf, z. B. am Oberen See und in Chile, sie enthalten 70 bis 90% Cu.

Domeykit Cu_3As. Hexakistetraedrisch; nur feinkristallin, massig bis traubig, Spröde. H über 3, D etwa 7.5; zinnweiß, gelblich anlaufend[1]).

Algodonit, ungefähr Cu_5As, und *Whitneyit*, ungefähr Cu_9As, sind lebhaft metallisch glänzend, gelb- bis rötlichweiß, leicht dunkel anlaufende, uneinheitliche Kupferarsenide. Algodonit (H ca. 4, D ca. 8.5) besteht im wesentlichen aus einer hexagonal dichtest gepackten Kupferarsenidphase, während im Whitneyit dieselbe Phase verwachsen mit gediegenem, kubisch flächenzentriertem Kupfer ist; im Gitter des letzteren sind einige Prozent der Cu-Atome durch As-Atome ersetzt.

Der *Horsfordit (Antimonkupfer)* ist ein silberweißes, derbes, stark metallisch glänzendes, sprödes Kupferantimonid von der Zusammensetzung Cu_6Sb, H = 4½, D fast 9.0.

Sulfosalze.

Die Zahl der Sulfosalze des Kupfers ist nicht unbeträchtlich, manche von ihnen sind stellenweise praktisch von größerer Bedeutung. Auch sie sind hydrothermaler Entstehung.

Am häufigsten sind die sehr wechselnd zusammengesetzten *Fahlerze* (30—50% Cu), deren mineralogischer Name *Tetraedrit* oft auf die antimonreichen Glieder beschränkt wird. Hexakistetraedrisch. Im Aufbau der Zinkblende ähnlich. Allgemeine Formel: $(Cu, Zn, Fe, Ag, Hg)_3(Sb, As, Bi)S_{3—4}$. xx meist mit tetra-

---

[1]) Künstliches Cu_3As kristallisiert in hexagonalen Blättchen.

edrischem (Abb. 199) Habitus (Name!), selten rhombendodekaedrisch; aufgewachsen, oft sehr flächenreich und schön ausgebildet: Das positive Tetraeder mit in frischem Zustand lebhaft glänzenden, parallel zu den Kanten gestreiften Flächen; daneben {110}, {211}, {$\bar{1}$11} (mit rauhen Flächen), {100}, {130} usw. Nicht selten Durchkreuzungszwillinge nach {111} (Abb. 200). Häufig von orientiert aufgewachsenen Kriställchen von Kupferkies oder auch Zinkblende überwachsen. Sonst derb, körnig bis dicht. Keine Spaltbarkeit, muscheliger Bruch, fettig glänzend, spröde. H = 3—4; D um 5.0 stark schwankend. Metallisch grau, je nach der Zusammensetzung heller oder dunkler, auch mit bläulichem oder olivfarbenem Stich, As-Fahlerze in dünnsten Splittern rot durchscheinend; Strich schwarz, aber beim Verreiben braun werdend. — Leicht schmelzend zu grauer Kugel, in Königswasser zersetzlich.

In den meisten Fahlerzen herrschen Kupfer und Antimon vor: Der hellere *Tennantit* ist fast reines Kupferarsenfahlerz, aber selten: als *Freibergit* bezeichnet man die hellen, silberreichen Fahlerze (bis 35% Ag), im *Schwazit* (xx meist infolge Zersetzung oberflächlich schwarz und matt) ist das Kupfer reichlich durch Quecksilber ersetzt, im seltenen *Annivit* das Antimon durch Wismut. Die Antimonfahlerze liefern beim Verwittern gelbe bis rotbraune Überzüge von Antimonockern (S. 295). Die Fahlerze dienen über

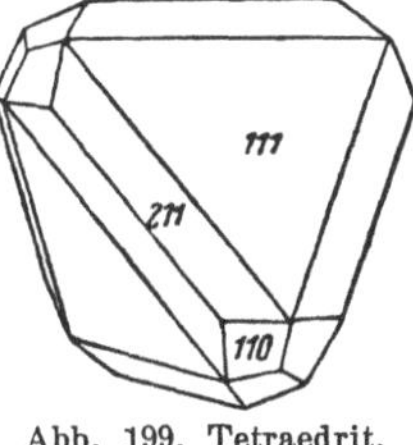

Abb. 199. Tetraedrit, tetraedrische Tracht.

Abb. 200. Tetraedrit, Durchkreuzungszwilling nach {111}.

wiegend der Kupfergewinnung, nebenbei aber auch in besonderen Fällen der Silber- und Quecksilbergewinnung. — Die Vorkommen in Pegmatiten sind unbedeutend, auf hydrothermalen Gängen sind besonders die Antimonfahlerze in Begleitung von Pyrit, Zinkblende, Bleiglanz und Silbermineralien weit verbreitet; Schwazit u. a. bei Schwaz in Tirol, Tennamit im Binnental, Schweiz, und bei Redruth in Cornwall.

Dem Fahlerz verwandt und vielleicht mit ihm isomorph ist der seltene *Germanit* Cu_6FeGeS_8 mit ca. 8% Ge und 2% Ga[1]), zinkhaltig; er kann als Kupferfahlerz aufgefaßt werden, in welchem Sb vollständig und zwar je halbteilig durch Fe und Ge (und etwas As) ersetzt ist. xx nicht bekannt; H = 3, D = 4.3. Rötlichviolett, metallisch glänzend, beim Liegen an der Luft kräftig violett; nur bekannt mit Arsenfahlerz und Zinkblende von *Tsumeb* in Südwestafrika. — Ein seltenes, im Aufbau der Zinkblende ebenfalls ähnliches Mineral ist der metallisch gelbliche, rasch dunkel anlaufende *Sulvanit* Cu_3VS_4 mit schwarzem Strich.

Ein weiteres wichtiges Kupfersulfosalz ist der *Enargit* Cu_3AsS_4 mit 48% Cu. Rhombisch bipyramidal, pseudohexagonal. xx nach der Z-Achse gestreckt und grob gestreift, vorzugsweise mit den Formen {110}, {001}, {100}, {010} und {011}; manchmal Durchkreuzungszwillinge oder Drillinge nach {320}; meist derb, strahlig bis spätig oder feinkörnig. Vollkommen spaltbar nach {110}, deutlich nach {100} und {010}; spröde. H = 3½, D = 4.4. Lebhaft metallisch glänzend, eisenschwarz bis stahlgrau, mit grauschwarzem Strich. Beim Erhitzen Arsendampf, auf Kohle Kupferkorn; in Salpetersäure löslich. — Hydrothermales Gangmineral, ferner auf metasomatischen und Imprägnationslagerstätten, besonders in Nord- und Südamerika (wichtiges Kupfererz bei Butte, Montana), in Europa in geringerem Umfang bei Brixlegg in Tirol und bei Bor in Serbien.

---

[1]) Ga- und (neben Argyrodit) Ge-reichstes Mineral!

Isomorph mit dem Enargit ist der viel seltenere *Famatinit* Cu_3SbS_4; von rötlich stahlgrauer Farbe; bildet auch Mischkristalle in beschränktem Umfang mit dem Enargit.

Verbreitet ist ferner der *Bournonit* $CuPbSbS_3$ mit 43% Pb, 13% Cu und 25% Sb. Rhombisch bipyramidal, pseudotetragonal. Die oft großen xx sind dicktafelig nach der Basis entwickelt, daneben unter Vorwiegen von {011}, {101} und {110} sehr formenreich (Abb. 201). Zwillinge nach {110} (Abb. 202) sehr verbreitet, häufig als Viellinge in Form von randgekerbten, dicken Tafeln, welche Ausbildung dem Mineral den Namen *Rädelerz* eingetragen hat; auch polysynthetisch verzwillingt, sonst körnig bis dicht. Schlecht spaltbar nach {010}; muscheliger Bruch; Metallglanz, bleigrau bis eisenschwarz, grauer Strich. H = 3. D = 5.7. V. d. L. leicht schmelzbar; auf Kohle Bleibeschlag, mit Soda Kupferkorn. Ebenfalls vielfach in Bleiantimonocker (S. 295) umgewandelt; große derar

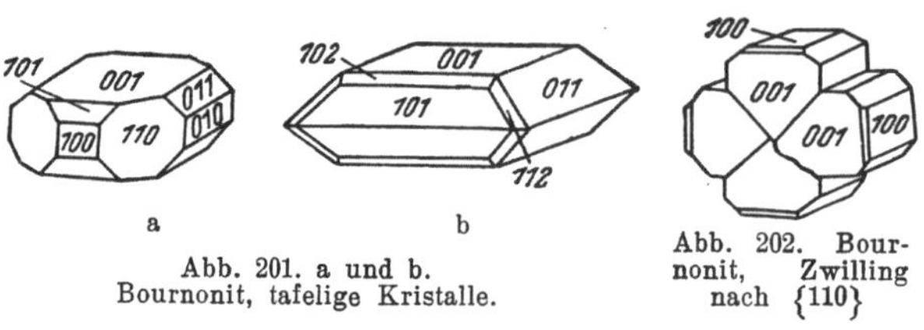

a   b
Abb. 201. a und b.
Bournonit, tafelige Kristalle.
Abb. 202. Bour
nonit, Zwilling
nach {110}

tige Pseudomorphosen von Hüttenberg in Kärnten. — Auf hydrothermalen Bleiantimongängen sehr verbreitet und wichtiges Mineral für die Blei- und Kupfergewinnung.

Isomorph mit dem Bournonit ist der seltene (Schweiz: Binnental; Utah: Bingham usw.) *Seligmannit* $CuPbAsS_3$; xx nur sehr klein, ähnlich den Bournonitkristallen. — Noch seltener (Ural: Beresowsk; Frankreich: Bourg d' Oisans; verschiedentlich in USA.) ist die entsprechende Wismutverbindung $CuPbBiS_3$, der *Aikinit* oder *Patrinit*, wegen der längsgerieften, nadelförmigen xx auch *Nadelerz* genannt; ebenfalls sonst dem Bournonit ähnlich, aber leicht bunt bis schwarz anlaufend.

Sauerstoffsalze und Halogenide.

Die Sauerstoffsalze des Kupfers treten, kenntlich an ihrer grünen bis blauen Farbe, in großer Mannigfaltigkeit in der Oxydationszone der Kupferlagerstätten auf; sie sind vielfach schwer voneinander zu unterscheiden. Am verbreitetsten sind wohl die beiden basischen Karbonate *Malachit* und *Azurit*.

Malachit („*Berggrün*") $Cu_2(OH)_2[CO_3]$ mit 57% Cu; monoklin prismatisch; gute xx selten; nadelig in Büscheln und Bündeln mit den Endflächen und dem Prisma {110}; Zwillinge nach {100} häufig. Meist derb, radialfaserig bis dicht, nierig, traubig, knollig oder stalaktitisch, oft gebänderte Aggregate mit glatten, halbkugelig gerundeten Oberflächen (*Grüner Glaskopf*); auch erdig und vielfach in Pseudomorphosen nach Cuprit, Kupferglanz, aber auch nach Calcit usw. Schön gezeichnete Massen werden für kunstgewerbliche Gegenstände, ja selbst für Schmucksteine verschliffen. Gut spaltbar nach {001}, sonst muschelig brechend; H = 4, D = 4.0. xx dunkelgrün, die Aggregate meist heller, am Bruch seidenglänzend bis matt; Strich lebhaft grün, durchscheinend bis undurchsichtig; lebhaft pleochroitisch. $n_\beta = 1.875$, $\gamma - \alpha = 0.254$; opt. —; O.A.E. parallel {010}; 2 V = 43°. — Gibt im Kölbchen unter Schwarzwerden Wasser ab, in Säuren und Ammoniak löslich; auf Kohle zu Kupfer reduzierbar.

Seltener und weniger beständig, daher oft in Malachit umgewandelt ist der *Azurit* oder *Kupferlasur* („*Bergblau*") $Cu_3(OH)_2[CO_3]_2$ mit 55% Cu; ebenfalls monoklin prismatisch; gute xx sehr häufig und oft von beachtlicher Größe; flächenreich, kurzsäulig bis tafelig, nicht selten zu rundlichen Gruppen verbunden. Wichtigste Formen: {110}, {221}, {001} und {023} (Abb. 203); auch in Pseudomorphosen, z. B. nach Cuprit und Fahlerz; sonst derb, strahlig bis dicht oder erdig, auch traubige Aggregatbildungen. Gut spaltbar nach {100}, muscheliger Bruch, spröde; H fast 4, D um 3.8. xx dunkelblau durchscheinend mit Glasglanz, derbe Massen und Strich heller blau; $n_\beta = 1.76$, $\gamma - \alpha = 0.11$; opt. +; O.A.E. senkrecht zur S.E.; 2 V = 68°. Schwach pleochroitisch. Verhält sich v. d. L. wie Malachit.

Kupfersulfate: Chalkanthit oder *Kupfervitriol* $Cu[SO_4] . 5 H_2O$ mit 37% Cu kristallisiert triklin holoedrisch; in der Natur sind xx immer nur selten und immer recht klein (Abb. 204); fast stets körnig bis faserig, in Krusten, Stalaktiten oder lockeren Ausblühungen. xx schlecht spaltbar nach verschiedenen Flächen; Bruch muschelig; H = 2½, D = 2.3. Blau, glasglänzend, durchscheinend; $n_\beta = 1.539$; $\gamma - \alpha = 0.29$; 2 V = 56°. — Hält sich als Verwitterungsprodukt besonders in Trockengebieten und tritt z. B. bei Chuquicamata in Chile als Hauptmineral auf.

Auch das basische Kupfersulfat *Bronchantit* $Cu_4(OH)_6[SO_4]m$ hält sich als Verwitterungsprodukt am besten in Trockengebieten.

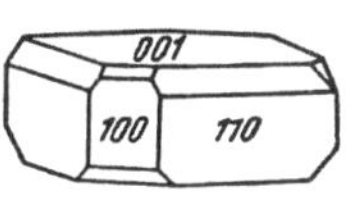

Abb. 203. Azurit, tafeliger Kristall.

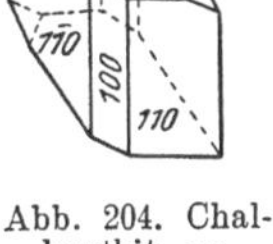

Abb. 204. Chalkanthit, gewöhnliche Kombination.

Monoklin prismatisch. xx kurzsäulig, aufgewachsen, längsgestreift, von geringer Größe mit Basis und vorderen Endflächen, ferner mit {110} und {101}. Meist derb, faserig oder körnig in Krusten. Sehr gut spaltend nach {010}, H fast 4, D = 3.9. Smaragdgrün bis schwärzlichgrün, glasglänzend, durchsichtig bis durchscheinend: $n_\beta = 1.78$; $\gamma - \alpha = 0.07$, 2 V = 77°; opt. —; O.A.E. senkrecht S.E.; schwach pleochroitisch; neben Malachit leicht zu übersehen!

Seltener sind der smaragdgrüne bis blaugrüne, in monoklinen, sechsseitigen Täfelchen kristallisierende *Devillin (Herrengrundit)*, ein calciumhaltiges, basisches Kupfersulfat, der smaragdgrüne, monokline *Natrochalcit* mit spitzpyramidalen Kriställchen, ein natriumhaltiges basisches Kupfersulfat, und der rhombische, smalteblaue *Kyanotrichit* (auch *Lettsomit* oder *Kupfersamterz* genannt), ein aluminiumhaltiges basisches Kupfersulfat, das kurze, haarförmige, radialstrahlig aggregierte Kriställchen bildet.

Der *Linarit (Bleilasur)* $CuPb(OH)_2[SO_4]m$ bildet flächenreiche, nach der Y-Achse gestreckte xx, die nach {100} vollkommen spalten, schlechter nach {001}. H = 2½, D um 5.4. Tief himmelblau mit hellblauem Strich, lebhaft glasglänzend; durchscheinend; $n_\beta = 1.84$, $\gamma - \alpha = 0.04$; opt. —; 2 V = 80°; O.A.E. senkrecht S.E. Vom ähnlichen, aber viel häufigeren Azurit dadurch leicht zu unterscheiden, daß beim Lösen mit Salzsäure weißes Bleichlorid ausfällt.

Von den zahlreichen Kupferarsenaten und -Phosphaten seien genannt: *Olivenit* $Cu_2(OH)[AsO_4]$ r mit 56% Cu; rhombisch bipyramidal; die kleinen xx sind prismatisch nach der Y-Achse oder tafelig nach der Basis ausgebildet. Auch feinkörnig bis erdig, traubig nierige Krusten und feinfaserige Aggregate; Bruch muschelig; H = 3, D um 4.3. xx schwarzgrün mit Glasglanz, die derben Aggregate lauchgrün bis braun; Strich olivgelb. Optischer Charakter wechselnd, 2 V um 90°; n_β um 1.80 schwankend, $\gamma - \alpha \sim$ 0.08; sehr schwach pleochroitisch. — Verbreitet in der Verwitterungszone von Kupferarsenerzen.

Isomorph damit ist der *Libethenit* $Cu_2(OH)[PO_4]$ r. Kleine xx mit $\{110\}$ und $\{101\}$ von oktaederähnlichem Aussehen, in Drusen oder einzeln; nierige und kugelige, derbe Aggregate. Schlecht spaltend, muschelig brechend und spröde. $H = 4$, $D \sim 3.8$; fettglänzend und nur schlecht durchscheinend; lauch- bis schwarzgrün mit olivgrünem Strich; $n_\beta = 1.745$; opt. —; O.A.E. parallel (001); pleochroitisch. — In der Oxydationszone von Kupferlagerstätten nicht selten. Die Struktur von Olivenit und Libethenit ist der des Andalusites (S. 209) sehr ähnlich!

Ein wasserhaltiges Kupferarsenat ist der *Euchroit* $Cu_2(OH)[AsO_4] . 3 H_2O$ r. Die längsgestreiften, kurzsäuligen xx bilden Drusen und feinkörnige Krusten; Bruch muschelig, glasglänzend, durchscheinend, smaragdgrün; dem Dioptas (s. unten!) nicht unähnlich. $H = 3\frac{1}{2}$, $D = 3.3$; n_β fast 1.7; opt. —.

Nicht selten ist auch der *Tirolit* oder *Kupferschaum* $Cu_5(OH)_4[AsO_4]_2 . 7 H_2O$. Rhombisch, strahlig, nierig oder kugelig. Sehr vollkommen nach $\{001\}$ spaltend. H unter 2, D ca. 3.1; hellgrün bis kräftig blaugrün; opt. —; $n_\beta \sim 1.73$.

Der *Chalkophyllit* oder *Kupferglimmer* $Cu_4(OH)_5[AsO_4] . 3 H_2O$ kristallisiert hexagonal skalenoedrisch und bildet kleine, nach $\{0001\}$ tafelige xx oder blättrige Aggregate mit sehr vollkommener Spaltbarkeit nach der Tafelfläche; smaragdgrün bis bläulichgrün mit hellgrünem Strich, Blättchen mit Perlmutterglanz. $H = 2$, D um 2.5; $\varepsilon = 1.575$, $\omega = 1.632$.

Der monoklin prismatische *Phosphorochalcit (Phosphorkupfererz, Pseudomalachit)* $Cu_5(OH)_4[PO_4]_2$ mit 55% Cu bildet strahlig faserige Aggregate mit glaskopfähnlicher Oberfläche. $H = 4\frac{1}{2}$, $D = 3.6$; spangrün mit dunkleren Flecken und spangrünem Strich; n um 1.8. Nicht selten. Oft überwachsen von schwarzgrünen, undeutlichen, triklinen Kriställchen von *Dihydrit* $Cu_5(OH)_4[PO_4]_2$; diese kristallisierte Abart hat eine höhere Dichte (um 4.2). Der Phosphorochalcit ist vielleicht identisch mit dem grünlichblauen, rhombischen *Cornetit* $Cu_3(OH)_3[PO_4]$ (?).

Der *Lirokonit (Linsenerz)* $Cu_9Al_4(OH)_{15}[AsO_4]_5 . 20 H_2O$ m bildet kleine, aufgewachsene xx von gerundet linsenförmiger Gestalt oder ist feinkörnig, derb; himmelblau bis grünlichblau, glasglänzend, durchscheinend. H über 2, D ca. 2.9.

Kupfersilikate: Häufig ist *Chrysokoll* oder *Kieselkupfer*, ein amorphes bis feinkristallines, gelegentlich sphaerolithisches Kupfermetasilikat mit wechselndem Wassergehalt, also $CuSiO_3 . x H_2O$. Traubig-nierige oder stalaktitische Formen, Krusten oder erdig; nur sehr selten in feinen Nadeln oder Schüppchen, die optisch zweiachsig mit kleinem Achsenwinkel sind, meist opt. —; vielfach opalähnlich, aber im allgemeinen weicher als dieser. H recht schwankend, meist zwischen 2 und 4; D wenig über 2. Fettiger Glanz, meist undurchsichtig; smaragdgrün bis blau mit grünlichweißem Strich. Brechungsexponent stark um 1.4 schwankend. Nicht selten reich an Al_2O_3 und ZnO; Struktur montmorillonitähnlich (?). Sehr schwer schmelzbar, in Salzsäure unter Abscheidung von pulveriger Kieselsäure zersetzlich. — Kann in der Zersetzungszone von Kupferlagerstätten in großen Mengen auftreten.

In schönen, smaragdgrünen xx tritt der *Dioptas* $CuSiO_3 . H_2O$ auf. Rhomboedrisch; kurzsäulige xx (Abb. 205) mit dem hexagonalen Prisma $\{10\bar{1}0\}$, dem Rhomboeder $\{02\bar{2}1\}$ und meist noch einem Tritorhomboeder. Spaltet vollkommen nach $\{10\bar{1}1\}$; spröde; $H = 5$, $D = 3.1$; Glasglanz, mehr oder weniger durchsichtig; Strich grün, $\varepsilon = 1.70$, $\omega = 1.65$. Schwer schmelzbar, färbt sich beim Erhitzen unter Wasserabgabe braunschwarz, dabei bleibt bei vorsichtigem Erhitzen das Kristallgebäude erhalten, wodurch sich die früher vielfach angewendete Formel H_2CuSiO_4, ebenso die durch die Ähnlichkeit im kristallographischen Verhalten erweckte Vermutung einer engen strukturellen Verwandtschaft mit dem Phenakit (S. 105) und dem Willemit (S. 263) ausschließt. Die Struktur scheint ähnlich wie beim Beryll Sechserringe von SiO_4-Tetraedern aufzuweisen ($Cu_6[Si_6O_{18}] \cdot 6H_2O$). Nie in größeren Massen auftretend, wird er wegen seiner schönen Farbe gelegentlich als Schmuckstein verschliffen (Kirgisensteppe, Otavibergland, Katanga, Chile, Arizona usw.).

An die *Kupferuranglimmer* (S. 129) sei in diesem Zusammenhang erinnert.

Kupferhalogenide: Wo die Zersetzungszone von Kupferlagerstätten in Berührung mit halogenreichem Wasser steht (im Bereich von Salzseen, also in ariden Gebieten, unter dem Einfluß der Meeresbrandung) treten Kupferhalogenide, besonders Chloride auf. Das häufigste von ihnen ist der *Atacamit* $Cu_2(OH)_3Cl$ mit 59% Cu. Dieser kristallisiert rhombisch bipyramidal; die kleinen xx sind meist nach den vorherrschenden Formen {110} oder {011} prismatisch ausgebildet und längsgestreift; sonst stengeligstrahlig, körnig oder locker erdig. Vollkommen spaltbar nach {010}, sonst muscheliger Bruch. H über 3, D = 3.76. Grasgrün bis schwarzgrün mit hellgrünem Strich. Glasglänzend, durchscheinend. $n_\beta = 1.86$, $\gamma - \alpha = 0.049$; O.A.E. parallel {100}, opt. —, $2V = 75°$ mit starker Dispersion r > v, deutlich pleochroitisch. Löst sich leicht in Säuren und Ammoniak. — Besonders häufig in den Trockengebieten des westlichen Amerikas, Südwestafrikas und Australiens, gelegentlich auch als vulkanisches Exhalationsprodukt (Vesuv und Ätna). — Andere basische Kupferchloride sind der *Atelit* $Cu_2(OH)_3Cl$, *Tallingit* usw.

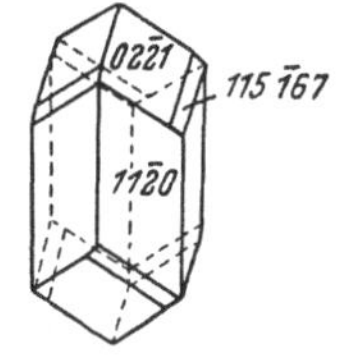

Abb. 205. Dioptas.

Das einfache, natürliche Kupferchlorid ist der recht seltene *Nantokit* CuCl, der hexakistetraedrisch kristallisiert und Zinkblendestruktur besitzt; kommt in der Natur immer nur in derber Form vor und geht an der Luft in Atacamit über. Farblos bis weiß. — Isomorph damit ist das natürliche Cuprojodid, der seltene *Marshit* CuJ, der in Form von kleinen, bräunlichen, stark lichtbrechenden Tetraedern (n = 2.35) auftritt. — Beide in Chile und Neusüdwales (Broken Hill).

Die Kupferlagerstätten sind sehr mannigfaltiger Entstehung, die vielfach nicht eindeutig geklärt ist; frühmagmatisch sind die kupferhaltigen Nickelmagnetkiesvorkommen (Sudbury, verschiedentlich in Norwegen, Petsamo; siehe bei Nickel). Große Kieslagerstätten hydrothermaler Entstehung mit weit überwiegendem Schwefelkies, häufig auch mit mehr oder weniger bedeutenden Mengen von Magnetkies, treten in Verbindung mit mittelbasischen bis sauren Eruptivgesteinen auf; sie sind vielfach metamorph stark überprägt und sowohl für die Kupfergewinnung wie auch für die Gewinnung von Schwefelprodukten von Bedeutung; solche Lager gibt es z. B. bei Röros, Sulitjelma und andernorts in Norwegen; pneumatolytische und reiche hydrothermale Gangsysteme mit Kupferführung sind heute meist weitgehend abgebaut; hydrothermale Imprägnationsvorkommen oft ungeheuren Ausmaßes ("Disseminated copper ores" von Nevada, Utah, Arizona, Mexiko, Chile) sind gegenwärtig meist nur im Eisernen Hut abbauwürdig und führen dort 1—2% Cu; sie sind aber heute an der Weltversorgung mit Kupfer führend beteiligt; ihre Erzvorräte belaufen sich hier auf mehrere Milliarden Tonnen; andere Vorkommen ähnlicher Art im asiatischen Rußland, solche mit reichlicherer Kupferführung (ungefähr 5% Cu) liegen am Oberen See, im Katangagebiet und in Rhodesien; kontaktpneumatolytische Kupferlager gibt es in den USA., Mexiko, Japan usw.; Ausscheidungssedimente sind z. B. die Mansfelder Kupferschiefer in Mitteldeutschland.

In der Weltkupferproduktion von über 2 Millionen Jahrestonnen sind die Länder der westlichen Hemisphäre von Canada bis Chile, dann das Katanga-Rhodesienrevier führend; in Europa hat noch Bedeutung die Kupferproduktion von Spanien-Portugal, Jugoslawien, Finnland, Norwegen und Mitteldeutschland; die österreichischen Vorkommen von Mitterberg, Brixlegg und Schwaz sind heute nur noch von geringer Bedeutung. — Kupfer findet bekanntlich überwiegend Verwendung als Reinmetall und Legierungsmetall (Bronze, Messing, Tombak, Nickelin, Neusilber usw.), ferner für die Herstellung von Kupferverbindungen (Kupfervitriol, Kupferarsenbrühen zur Schädilngsbekämpfung usw.).

C. Bleimineralien.

Geochemie des Bleis: Wie das Kupfer ist auch das Blei ein ausgesprochen chalkophiles Element. Bei einem Durchschnittsgehalt in der Erdrinde von 0.002% treten Anreicherungen erst in der pneumatolytischen und besonders in der hydrothermalen Sulfidphase in Form von Gangsystemen, Imprägnationen und besonders von Metasomatosen auf; die sedimentären Anreicherungen sind von geringerer Bedeutung, da angesichts der relativen Seltenheit des Bleis nur wenig Blei in die Verwitterungslösungen eintritt.

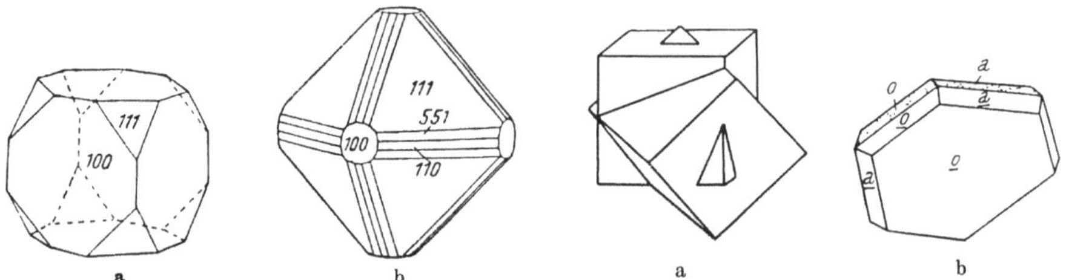

<table>
<tr><td>Abb. 206. Bleiglanz, würfelige und oktaedrische Kristalltracht.</td><td>Abb. 207. Bleiglanz. (a) Durchkreuzungszwilling von 2 Würfeln nach {111}; (b) Verwachsungszwilling von nach der Zwillingsfläche tafelig verzerrten Kristallen.</td></tr>
</table>

Weitaus am wichtigsten neben seinen eigenen Umsetzungsprodukten in der Zersetzungszone ist der *Bleiglanz* oder *Galenit* $Pb^{[6]}S^{[6]}k$ mit fast 87% Pb. Die hexakisoktaedrischen xx sind meist in Drusen aufgewachsen und können Kopfgröße erlangen; sie zeigen (Abb. 206) würfelige oder oktaedrische Tracht; am häufigsten ist der Würfel, oft in Kombination mit dem Oktaeder; dieses wie der Würfel häufig in Kombination mit dem Rhombendodekaeder, den Triakisoktaedern {221} und {331} und dem Deltoidikositetraeder {211}. Flächen oft gekrümmt, auch gerundete, geflossen erscheinende xx. Häufig sind Zwillinge nach {111} (Abb. 207 a), wobei auch hier tafelige Verzerrung nach der Verwachsungsfläche (Oktaederfläche) nicht selten ist (Abb. 207 b); sonst derb, sehr grobspätig bis dicht, manchmal gestriemte Massen oder eingesprengt, seltener faserig oder erdig; auch feinkörnige, traubige bis stalaktitische Aggregate; hin und wieder in Pseudomorphosen und in Sedimenten als Versteinerungsmaterial; „*Bleischweif*" ist sehr feinkörniger, durch Gebirgsdruck dünnblattig ausgewalzter Bleiglanz. — Sehr vollkommene Spaltbarkeit nach dem Würfel, manchmal Absonderungen nach dem Oktaeder, auf Spaltflächen nicht selten feine Zwillingsstreifung nach verschiedenen Zwillingsgesetzen. — Dem Steinsalz strukturgleich (Abb. 153). — Mild, H = 2½, D = 7.5. Sehr lebhafter Metallglanz, besonders auf den frischen Spaltflächen; starke Lichtbrechung ($n_{Na} \sim 4.3$); heller oder dunkler bleigrau; matter, grauschwarzer Strich. — Fast immer etwas silberhaltig (0.01—1.0% Ag), der Silbergehalt wohl meist durch Fremdeinlagerung von feinstkörnigem Silberglanz und anderen Silbermineralien bedingt; dieser Silbergehalt des Bleiglanzes bringt es mit sich, daß er heute nach weitgehender Erschöpfung der eigentlichen Silbererze das wichtigste Silbererz ist. Auch der Gehalt an anderen Metallen wie Zn, Fe, Sb, Cu, ist überwiegend durch Feinstverwachsung mit anderen Erzmineralien zu erklären. — Beim Erhitzen zerknisternd, gibt der Bleiglanz auf Kohle einen gelben Beschlag von Bleioxyd und daneben einen weißen von Bleikarbonat; er schmilzt in Soda zu einem Bleikorn, das durch Abtreiben bis auf den Silberrest verflüchtigt werden kann. In Salzsäure unter Bildung eines weißen Niederschlages von Bleichlorid löslich. — Wichtigstes primäres Bleimineral auf den Bleilagerstätten aller Art.

Viel seltener (Harz, Sachsen, Huelvadistrikt usw.) ist das *Selenblei (Clausthalit)* Pb[6]Se[6]k; isomorph mit Bleiglanz. Derb, dem Bleiglanz sehr ähnlich; D = 7.7; gibt v. d. L. starken Selengeruch. — Ebenso ist das *Tellurblei (Altait)* PbTe isomorph mit dem Bleiglanz, aber recht selten (mit anderen Tellurmineralien auf Golderzgängen: Altai, Westaustralien, Californien, Colorado usw.). Es ist zinnweiß und läuft gelb an; D etwa 8.2. Beide in hydrothermalen Ganglagerstätten.

Von geringerer Bedeutung, aber ungemein mannigfaltig entwickelt sind die Bleisulfosalze, vor allem die Antimonsulfosalze. Sie werden vielfach wegen ihrer Tendenz zur dünnstengeligen Ausbildung (kettenförmige Koppelung von pyramidalen SbS_3-Gruppen im Gitter!) unter dem Namen *Bleispießglanze* zusammengefaßt und sind oft sehr schwer voneinander ohne nähere chemische, erzmikroskopische oder röntgenographische Untersuchung zu unterscheiden: auch mit dem Antimonit (S. 292) bestehen Verwechslungsmöglichkeiten. Es sollen von ihnen hier nur die wichtigsten und auffallendsten genannt werden; es handelt sich allgemein um verbreitete, hydrothermale Gangmineralien von der Zusammensetzung x PbS . y Sb_2S_3 (As_2S_3):

Jamesonit $Pb_4(Sb, Fe)_7S_{14}$ mit 40% Pb. Monoklin. Spießige xx mit {001}, {110}, {101} und {101}, ohne gute Endigungen; parallel- oder divergentstrahlig, faserig bis dicht; leicht zerbrechliche Aggregate, sonst mild; H über 2, D um 6.6; metallisch bleigrau mit grauem Strich; oft reich an Eisen, auch an Silber. — *Federerz* oder *Plumosit* nennt man lockeren, haarig verfilzten Jamesonit; *Zundererz* ist Federerz in rotbraunen, verfilzten Lappen. Ziemlich verbreitet auf tiefthermalen Bleierzgängen.

Boulangerit $Pb_5Sb_4S_{11}$ mit ca. 58% Pb kristallisiert monoklin prismatisch, pseudo-rhombisch; stengelige xx sind selten; meist derb, feinkörnig, feinfaserig bis dicht, auch faserig-strahlig. H = 2½. D um 5.8. Matter, bleigrauer Metallglanz, wenn feinfaserig, dann seidenschimmernd. Strich schwarz. Leicht schmelzbar, in Salzsäure unter Abscheidung von Bleichlorid löslich. — Auf hydrothermalen Gängen in Begleitung von Antimonit und Quarz ziemlich verbreitet. — Dem Boulangerit sehr ähnlich ist der *Falkmanit* $Pb_3Sb_2S_6$, ebenfalls monoklin; Boliden in Schweden.

Zinkenit $PbSb_2S_4$ kristallisiert ebenfalls rhombisch. Strahlig-spießige xx, die stets längsgestreifte Drillinge nach {103} mit flachen, pyramidalen Endigungen bilden. H = 3, D = 5.3; mild, leicht zerbrechlich ohne deutliche Spaltbarkeit; metallisch dunkelbleigrau, oft but angelaufen mit schwarzem, bei feinem Verreiben rotbraun werdendem Strich.

Von den Bleiarsensulfosalzen, die viel seltener sind und zuerst aus dem feinkörnigen Dolomit des Binnentales in der Schweiz bekannt geworden sind, sei nur das häufigste genannt: Es ist dies der *Skleroklas (Sartorit)* $PbAs_2S_4$, der monoklin kristallisiert. Die nach der Y-Achse gestreckten und stark gerieften Nadeln sind am Kopf von zahlreichen Flächen abgegrenzt; es kommen auch nach {010} tafelige

Kristalle vor. Keine deutliche Spaltbarkeit, sehr spröde, hellbleigrau mit braunem Strich. $H = 3$, $D = 5.0$. — Dem Skleroklas ähnlich ist der in sehr flächenreichen, langprismatischen oder tafeligen, monoklin prismatischen xx auftretende, vollkommen nach $\{010\}$ spaltende *Dufrenoysit* $Pb_2As_2S_5$.

Sehr selten sind die verschiedenen Wismutspießglanze, z. B. der *Galenobismutit* *(Cannizarit, Bismutoplagionit)* $PbBi_2S_4$ mit 28% Pb und 56% Bi; hellgraue, derbe Massen mit $D = 4.8$ oder in guten, rhombisch bipyramidalen, tafeligen oder nadeligen, flächenreichen, nach $\{110\}$ spaltenden Kristallen; vulkanisches Exhalationsprodukt (Vulcano in Süditalien); auch auf Erzgängen (Ko in Schweden, Montana, Idaho, Brit. Columbien). — Ein seltenes, eigenartig ausgebildetes Mineral ist der nicht zu den Spießglanzen zu zählende *Kylindrit*, der ungefähr die Zusammensetzung $Pb_6Sn_6Sb_2S_{21}$ hat. Er bildet zylindrische, zigarrenähnlich aufgerollte Blätteraggregate unbekannter Kristallgestalt. Farbe dunkelbleigrau, frisch mit starkem Metallglanz; $H = 2\frac{1}{2}$, $D = 5.4$. Nur aus Bolivien bekannt, wo auch andere Bleizinnsulfide, z. B. der rhombische *Teallit* $PbSnS_2$ vorkommen, dieser bildet dem Stannisulfid *(Herzenbergit)* SnS_2 (ebenfalls aus Bolivien bekannt) sehr ähnliche, biegsame, graphitähnliche, metallisch dunkelgraue Blättchen mit schwarzem Strich.

Über Bournonit, Seligmanit und Aikinit vgl. man S. 250.

Gediegenes Blei. Hexakisoktaedrisch, isomorph mit Kupfer, kommt gelegentlich trotz der geringen Beständigkeit in der Natur vor; xx mit Würfel und Oktaeder selten; meist derb in Blechen, Klumpen, auch drahtförmig. Metallisch grau, aber in der Natur schwarz angelaufen oder von einer weißen Karbonatkruste überzogen. Bekannt nur aus Mittelschweden und von Franklin in New Jersey; sonst gelegentlich in Seifen in Form von losen Körnern gefunden.

Groß ist auch die Zahl der meist aus Bleiglanz entstandenen Umwandlungsmineralien im Eisernen Hut der Bleilagerstätten; nur wenige von ihnen haben aber größere praktische Bedeutung für die Bleigewinnung.

Die Oxydation des Bleiglanzes im Eisernen Hut führt zur Bildung von *Anglesit* *(Vitriolbleierz)* $Pb[SO_4]$ mit 68% Pb. Rhombisch bipyramidal, isomorph mit Baryt (S. 167). Schöne, flächenreiche xx, aufgewachsen in Hohlräumen von zersetztem Bleiglanz; die Formen $\{110\}$, $\{011\}$, $\{102\}$, $\{001\}$, $\{111\}$ und $\{122\}$ herrschen in verschiedenen Kombinationen vor. Die xx sind entweder kurzprismatisch nach der X- oder Z-Achse ausgebildet, oder tafelig nach der Basis oder bipyramidal, dann ähnlich wie Milchquarz (Abb. 60); auch derb auf Bleiglanz und pseudomorph nach diesem. Gute Spaltbarkeit nach $\{001\}$ und $\{110\}$. Spröde. $H = 3$, $D = 6.3$. Lebhaft fettig- bis diamantglänzend, farblos, durchsichtig bis durchscheinend. $n_\beta = 1.882$, $\gamma - \alpha = 0.017$; $2V \sim 65^0$, opt. +. Gelegentlich an Stelle von Pb einige Prozent Ba enthaltend. Auf der Kohle zu Blei reduziert, bei starker Sauerstoffzufuhr aber zu farbloser und beim Erkalten weißer Perle schmelzend. Löslich in Kalilauge, gepulvert auch in heißer, konzentrierter Schwefelsäure. — Wird gelegentlich auch als Sublimationsprodukt an Vulkanen beobachtet.

Ein seltenes, basisches Bleikupfersulfat ist der auf S. 251 erwähnte *Linarit*, ein anderes der *Leadhillit* $Pb_4(OH)_2[SO_4][CO_3]_2$; er bildet weiße bis graue, durchscheinende, monoklin pseudohexagonale Täfelchen, die sehr vollkommen nach der Basis spalten.

Cerussit oder *Weißbleierz* $Pb[CO_3]$ ist isomorph mit dem Aragonit. Rhombisch bipyramidal, oft pseudohexagonal; bipyramidale Tracht mit $\{111\}$ und $\{021\}$, auch nach der X-Achse gestreckte xx oder tafelig nach $\{010\}$, seltener nadelig bis spießig. An anderen Formen treten besonders noch $\{110\}$, $\{001\}$, $\{012\}$ und $\{130\}$ auf. Zwillinge nach $\{110\}$ wie bei Aragonit sind häufig; meist

handelt es sich um mimetisch hexagonale Drillinge (Abb. 208). Sonst derb, feinkörnig bis dicht, auch stengelige oder faserige Büschel mit Seidenglanz. In der
Form der *Bleierde* erdig, aber tonig verunreinigt. Pseudomorphosen besonders nach Bleiglanz. Schlecht spaltbar nach {110} und {021}, muscheliger
Bruch, spröde; H über 3, D um 6.5; wenn rein, farblos durchsichtig mit
fettigem Diamantglanz, sonst trübe, weiß, grau oder gelbbraun; Strich weiß.
Das düstere, fast schwarze *Schwarzbleierz* ist ein Gemenge von Cerussit
mit Bleiglanz und bituminösen Substanzen. O.A.E. parallel {010}. Opt. —;
$\alpha \parallel c$; $n_\beta = 2.076$, $\gamma - \alpha = 0.274$, $2 V = 9^0$. Auf der Kohle unter Zerknistern
zuerst gelb werdend und dann zu Blei reduziert; in Salpetersäure unter
Aufbrausen rückstandslos löslich. — Kann in der Verwitterungszone in
großen Massen auftreten.

Viel seltener ist der *Hydrocerussit* $Pb_3(OH)_2[CO_3]_2$. Winzige hexagonale,
farblose bis weiße Blättchen mit vollkommener Spaltbarkeit nach der Basis.
$H = 3.5$, $D = 6.3$. Löslich wie Cerussit.

Weitere Bleisauerstoffsalze der Oxydationszone sind:

Pyromorphit, je nach der Farbe auch *Grün-, Braun-* oder
Buntbleierz genannt, $Pb_5[PO_4]_3Cl$ mit 76% Pb, ist weit verbreitet, aber mit Rücksicht auf den völligen Abbau der Ober-
flächenzonen der Bleilagerstätten heute meist fast verschwunden. Hexagonal bipyramidal, isomorph mit dem Apatit (S. 113).
Die aufgewachsenen xx erreichen ziemliche Größe, sind prismatisch oder nicht selten tonnenförmig entwickelt. Wichtigste
Formen sind: {10$\bar{1}$0}, {10$\bar{1}$1} und {0001}; sonst feinkörnig in
traubig-nierigen Aggregaten, dünnen Krusten oder als

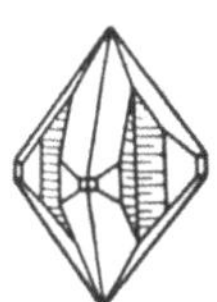

Abb. 208.
Cerussit,
mimetisch
hexagonaler
Durchkreu-
zungsdril-
ling.

erdiger Anflug. Bruch muschelig, spröde. H fast 4, D fast 7;
häufig mit größerem Gehalt an Ca an Stelle von Pb, wodurch die Dichte
herabgedrückt wird, und von As an Stelle von P. Durchscheinend mit
lebhaftem, fettigem Glanz; grün, braun, wachsgelb, orangerot, selten weiß
bis farblos, stets mit fast weißem Strich. $\varepsilon = 2.049$, $\omega = 2.058$. Leicht schmelzbar und zu fazettierter Perle erstarrend (Name!); mit Soda auf Kohle Blei-
korn; löslich in Salpetersäure und Kalilauge. Verbreitet im Ausgehenden der
Bleiglanzlagerstätten, durch Reaktion mit tierischen Abfällen entstanden. —
Blaubleierz sind Pseudomorphosen von Bleiglanz nach Pyromorphit.

Seltener ist der *Mimetesit (Mimetit)*, der auch manchmal als Grünbleierz
bezeichnet wird; er hat die Zusammensetzung $Pb_5[AsO_4]_3Cl$ und ist isomorph
mit dem Pyromorphit. xx wie bei letzterem, aber meist gestreckt prismatisch
oder spitzpyramidal; die faßförmigen xx, die an Stelle von As mehrere Prozent P enthalten, werden als *Kampylit* bezeichnet; auch derb; in den sonstigen Eigenschaften dem Pyromorphit ähnlich. $H = 3\frac{1}{2}$, D um 7.1; $\varepsilon = 2.128$,
$\omega = 2.147$; wie Pyromorphit meist anomal zweiachsig; gelb, braun, grünlich
oder auch farblos, stets mit fast weißem Strich, meist vom Pyromorphit nur
chemisch unterscheidbar. Auf Kohle unter Bildung von Arsendampf zu Blei
reduzierbar. Löslichkeit wie bei Pyromorphit. — Nur dort vorkommend, wo
die Bleierze von Arsenmineralien begleitet sind.

Vanadinit (Vanadinbleierz) $Pb_5[VO_4]_3Cl$, häufig mit kleinerem Ersatz
von V durch P oder durch As (Mischkristalle mit ungefähr halbem Ersatz
von V durch As werden als *Endlichit* bezeichnet). Ebenfalls isomorph mit
dem Pyromorphit. Die meist nur kleinen xx sind oft sehr flächenreich, kurzsäulig oder spitzpyramidal; sonst derb, traubig-nierig oder faserig. Eigen-

schaften im allgemeinen wie bei Pyromorphit, Härte etwas geringer als bei diesem. D um 7.0; $\varepsilon = 2.350$, $\omega = 2.416$ [1]). Gelb, braun, orangerot; oft diamantglänzend. Leicht schmelzbar und in Säuren leicht löslich. — Nicht sehr verbreitet (Obir in Kärnten, Leadhills in Schottland, Mexiko, Pima Cy in Arizona usw.); stellenweise aber wichtiges Vanadiumerz, zusammen mit dem:

Descloizit (OH)Pb(Zn, Cu)[VO$_4$], bei höheren Kupfergehalten als *Cuprodescloizit* bezeichnet; er kristallisiert rhombisch bipyramidal. xx meist undeutlich, kurz prismatisch oder bipyramidal, meist traubig krustig oder stalaktitisch aggregiert. Ferner radialstrahlige, warzige Aggregate. Lebhafter Fettglanz bis Diamantglanz; kirschrot, rotbraun bis dunkelrauchbraun, auch fast schwarz; durchscheinend; bei höheren Kupfergehalten dunkelolivgrün; Strich dementsprechend lichtbraun oder lichtgrün. H = 3½, D stark um 6.0 schwankend. n_β um 2.3, $\gamma - \alpha$ um 0.2; opt. + oder —, da 2 V um 90° schwankt; O. A. E. parallel {010}. Leicht schmelzbar. *Mottramit* ist D., bei welchen der Kupfergehalt den Zinkgehalt überschreitet. — Vorkommen wie Vanadinit, oft mit diesem zusammen, in der Oxydationszone von Bleikupferzinklagerstätten, wobei die Herkunft des Vanadiums häufig unbekannt ist; wenn in größeren Massen auftretend (Südwestafrika, Rhodesien, Katanga), wie der Vanadinit wichtiges Vanadiumerz.

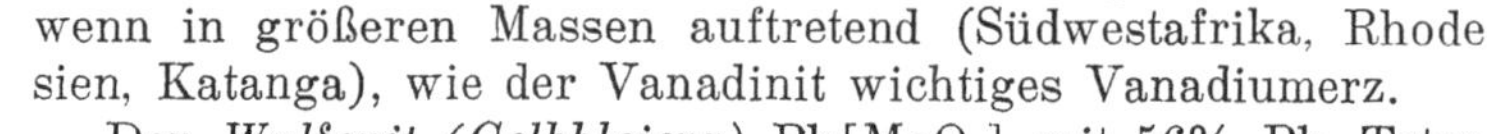

Der *Wulfenit (Gelbbleierz)* Pb[MoO$_4$] mit 56% Pb. Tetragonal (bi-)pyramidal [2]), die aufgewachsenen xx sind meist dünntafelig und in den Drusen zu zelligen Gruppen zusammengestellt; seltener sind sie pyramidal (Abb. 209) oder prismatisch ausgebildet. Außer den beiden Basispedia zeigen sie als häufige Formen: {110}, {111}, {11$\overline{1}$} und {102}. Auch derb in löchrigen Krusten und in Pseudomorphosen nach Bleiglanz. Deutlich spaltbar nach {111}, schlecht nach

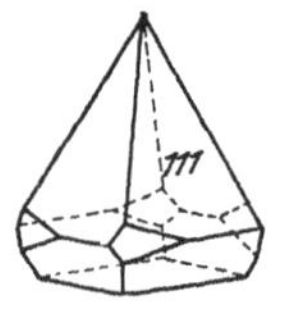

Abb. 209. Wulfenit, anscheinend [2]) hemimorpher Kristall.

der Basis. Ziemlich mild; H = 3, D = 6.9. Lebhaft harzglänzend, meist nur durchscheinend. Gelbweiß, gelb- und braunorange, gelegentlich auch dunkelgrau. Opt. —; $\varepsilon = 2.28$, $\omega = 2.40$. Pb manchmal durch etwas Ca ersetzt. Ziemlich leicht schmelzbar, auf Kohle zu Blei reduzierbar, säurezersetzlich, schwefelsaure Lösungen werden mit Alkohol blau. Herkunft des Molybdäns, das in den primären Erzen fehlt, oft unsicher, vielleicht aus dem Bitumengehalt von Begleitsedimenten stammend. Südkärnten, Przibram in Böhmen, Broken Hill in Neusüdwales, Yuma Cy in Arizona usw.

Der isomorphe *Stolzit (Scheelbleierz)* Pb[WO$_4$] mit meist undeutlichen, steil pyramidal ausgebildeten xx in kugeligen Aggregaten, ist recht selten (Bleiberg in Kärnten, Sachsen, Cumberland usw.). — Der ebenfalls seltene *Raspit* ist die monokline Modifikation von Pb[WO$_4$]; Broken Hill in Neusüdwales, Minas Geraes in Brasilien.

Krokoit (Rotbleierz) Pb[CrO$_4$] mit 64% Pb; monoklin prismatisch, isomorph mit dem Monazit (S. 126). Die prismatischen bis nadeligen, längsgestreiften xx zeigen besonders die Formen {110}, {120} und {111}; ziemlich gute Spaltbarkeit nach {110}; mild; H fast 3; D = 6.0. Diamantglänzend, orangerot mit orangefarbenem Strich. O.A.E. ‖ S.E.; 2 V = 54°. Opt. +. Sehr stark licht- und doppelbrechend: $n_{\beta \mathrm{Li}} = 2.37$, $\gamma - \alpha = 0.37$. Sehr starke geneigte Dispersion mit r > v. Unter Zerknistern leicht schmelzbar. Löslich in Säuren und Kalilauge. Da Cr und Pb in der Natur nur selten zusammentreffen, nicht sehr verbreitet: Ural, Rhodesien, Dundas in Tasmanien, Jnyo Cy in Californien usw.

---

[1]) Ersatz von V durch As und P drückt die Brechungszahlen stark herab!
[2]) Bezüglich der Klassensymmetrie vergl. man Fußnote auf S. 277.

Beresovit ist ein Gemenge von Krokoit und Cerussit. — Seltener ist der *Phönicochroit* $Pb_3O[CrO_4]_2$ mit rhombischen, tafeligen xx oder derb; lebhaft glasglänzend, tiefrot mit ziegelrotem Strich (Beresow im Ural).

Stellenweise kommen in der Oxydationszone von Bleilagerstätten und in kontaktmetamorphen Bleiglanzlagerstätten auch Bleisilikate in geringer Menge vor.

Der monokline *Alamosit* $PbSiO_3$ ist wohl mit dem Wollastonit (S. 86) strukturell verwandt; nach der Y-Achse gestreckte und senkrecht dazu spaltende xx oder divergent strahlige Fasern. $H = 4\frac{1}{2}$, $D = 6.5$. Farblos bis weiß, diamantglänzend. Opt. —; $n_\beta = 1.961$, $\gamma-\alpha = 0.021$, $2 V = 65^0$; O.A.E. parallel S.E. Sonora in Mexiko.

Der *Barysilit* $Pb_3[Si_2O_7]$ bildet krummtafelige xx bei rhomboedrischer Symmetrie; die xx sind grauweiß, perlmutterglänzend; das Mineral schmilzt schon an der Kerzenflamme unter Dekrepitieren und wird von Säuren zersetzt; Wermland, Franklin in New Jersey.

Selten sind in der Natur die Bleioxyde:

Bleiglätte PbO mit 93% Pb. Feinschuppige, gelbe Aggregationen, die nicht einheitlich sind, sondern ein Gemenge von gelbem rhombischen und rotem tetragonalen Bleioxyd darstellen.

Mennige (Minium) Pb_3O_4 mit fast 91% Pb; eingesprengt oder in Form von dünnen, erdigen Überzügen, auch in Pseudomorphosen nach Bleiglanz und anderen Bleimineralien. $H = 2\frac{1}{2}$, $D = 4.6$. Orangerot mit orangegelbem Strich.

Plattnerit PbO_2 mit 87% Pb. Ditetragonal bipyramidal, isomorph mit Rutil (S. 116). Die schwarzen, undurchsichtigen, diamantglänzenden xx mit braunem Strich sind selten; derb in feinkörnigen, warzenförmigen Ansammlungen: Leadhills in Schottland; Idaho.

In der Oxydationszone von Bleilagerstätten, aber auch auf Bleiplattenbeschlägen von historischen Schiffen und auf historischen, in das Meerwasser geworfenen Bleischlacken und Erzrückständen (Laurion i. Griechenland), seltener als vulkanische Exhalationsprodukte, finden sich recht verschiedenartige Bleichloride:

Phosgenit (Bleihornerz) $Pb_2Cl_2[CO_3]$ kristallisiert tetragonal trapezoedrisch. Kurzsäulige xx mit {100}, {001} und {110}, auch pyramidal unter Vorherrschen von {111}. Vollkommen spaltbar nach {110} und {001}. Mild, H fast 3, D um 6.2. Diamantglänzend, weiß, grau, gelb, durchsichtig bis durchscheinend; $\varepsilon = 2.14$, $\omega = 2.11$. Leicht schmelzbar, unter Aufbrausen in Salpetersäure löslich. — Schöne xx in zersetztem Bleiglanz bekannt vom Monte Poni i. Sardinien und Tsumeb i. Südwestafrika.

Der rhombische *Cotunnit* $PbCl_2$ tritt in kleinen, diamantglänzenden, zerbrechlichen, nadeligen xx, die vollkommen nach {001} spalten, auf. Weiß bis grünlich; leicht schmelzbar und schon in heißem Wasser löslich. Als Exhalationsprodukt am Vesuv. — Der weiße, rhombische *Mendipit* $Pb_3Cl_2O_2$ bildet strahlige Aggregate, die gut nach {110} spalten. Löslich in Salpetersäure. — Der ditetragonal bipyramidale *Matlockit* PbFCl bildet nach der Basis dünntafelige xx, die gelblich bis grünlich und diamantglänzend sind. — Rhombisch kristallisiert der farblose *Laurionit* Pb(OH)Cl; er bildet kleine Prismen oder nach {100} tafelige xx, die manchmal nach {001} verzwillingt sind.

D. Zinkmineralien.

Geochemie des Zinks: Bei einer durchschnittlichen Häufigkeit in der Erdkruste von 0.008% ist das chalkophile Zink in der Natur geochemisch mit dem Blei fast immer engstens verbunden. Die Anreicherungen sind dieselben wie beim Blei [1]); die Zinklagerstätten sind damit überwiegend hydrothermaler,

---

[1]) Hievon machen nur die kontaktmetamorphen Lagerstätten in New Jersey eine Ausnahme, in welchen das Zink statt mit Blei eng mit dem Mangan vergesellschaftet ist.

besonders metasomatischer und kontaktmetasomatischer Natur; in den frühmagmatischen Sulfiden, in der pegmatitisch pneumatolytischen Kristallisationsphase und in den Sedimenten spielt das Zinksulfid in Verbindung mit anderen Sulfiden nur eine geringe Rolle.

Das wichtigste Zinkmineral ist das Zinksulfid in der Form der hexakistetraedrisch kristallisierenden *Zinkblende* $Zn^{[4]}S^{[4]}k$, die oft abgekürzt einfach *Blende* genannt wird und den mineralogischen Namen *Sphalerit* führt; die Struktur der Zinkblende entspricht grundsätzlich der Diamantstruktur, wobei sich die Zink- und Schwefelatome so über die Positionen der Kohlenstoffatome des Diamanten verteilen, daß das eine der beiden ineinandergeschobenen flächenzentrierten Gitter von den Zn-Atomen, das andere von den S-Atomen eingenommen wird (Abb. 69). Habitus der xx wechselnd, tetraedrisch (überwiegend bei Frühbildungen) oder dodekaedrisch (überwiegend bei Spätbildungen), auch würfelig. Häufigste Kristallform ist das Rhombendodekaeder, meist kombiniert mit den beiden Tetraedern, von denen das eine glatte, glänzende Flächen, das andere gestreifte, matte Flächen zeigt (Abb. 210); auch bei künstlichen Ätzungen bleiben die Flächen des negativen Tetraeders anfänglich glatt, während die des positiven sofort angerauht werden; eine andere häufige Form ist das Triakistetraeder {311}. Die xx sind vielfach verzerrt, zeigen auch gerundete Flächen und sind sehr häufig verzwillingt, meist nach {111}, seltener nach {211}, im ersteren Falle tafelig verzerrt (Abb. 211) und bei gleichmäßiger Ausbildung der beiden Tetraeder den Spinellzwillingen (S. 205) ähnlich; häufig auch polysynthetisch verzwillingt; die xx sind manchmal von dünnen Krusten feinkörnigen Kupferkieses gesetzmäßig überwachsen; derb in grobspätigen bis feinkörnigen Aggregaten, auch faserig und dicht. Die feinfaserigen, krustenartigen bis nierigen Aggregate mit schaliger Absonderung werden *Schalenblende* genannt, bei nieriger Oberfläche auch *Leberblende;* sie sind nicht immer reine Zinkblende, sondern stellen vielfach ein Gemenge derselben mit mehr oder weniger vorherrschendem Wurtzit (s. u.) dar. Dichte oder feinkörnige Blenden treten auch als Versteinerungsmaterial auf. — Sehr vollkommen spaltbar nach den sechs Flächenrichtungen des Rhombendodekaeders; diese Spaltbarkeit macht sich in den gröber kristallisierten Blenden immer bemerkbar und weicht nur bei den dichten Blenden einem gleichmäßig muscheligen, matten Bruch. Spröde, H fast 4, D je nach dem Eisen- und Cadmiumgehalt 3.9—4.2. Spaltflächen halbmetallisch diamantglänzend, sonst glas- bis fettglänzend oder matt. Vollkommen durchsichtig bis undurchsichtig. Fast farblos oder (mit zunehmendem Eisengehalt) gelb-(grün-)honigfarben-rot-braun-schwarz; Strich gelblichweiß bis hellbraun; n = 2.37 bis (zunehmender Eisengehalt!) 2.47. Diatherman; piezoelektrisch. — Reines Zinksulfid (farblose Blende) enthält 67% Zn; in den natürlichen Blenden ist aber Zn fast immer stark durch Fe ersetzt; der Fe-Gehalt steigt bis zu 20% an: besonders Fe-reiche Blenden hat man als *Marmatit* oder *Cristophit* bezeichnet; ferner enthalten die Zinkblenden manchmal einige Prozent Mn, stets an Stelle von Zn etwas Cd (bis zu 1%) und geringere Mengen von Ga, In und Tl. In die Zinkblenden sind nicht selten feinkörniger Kupferkies, Magnetkies, Zinnkies und

Abb. 210. Zinkblende, tetraedrische Tracht.

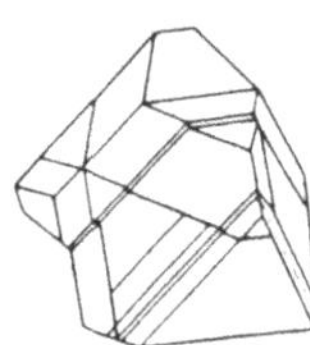

Abb. 211. Zinkblende, Zwilling.

wie bei Bleiglanz auch Silbersulfide eingewachsen; teilweise handelt es sich dabei um Entmischungen von bei höheren Temperaturen gebildeten Mischkristallen. *Kokardenerz* nennt man konzentrisch schalige Verwachsungen von körnigem Bleiglanz mit Zinkblende, eventuell auch zusätzlich mit Pyrit. — Schwer schmelzbar, auf Kohle Zinkbeschlag, in Salpetersäure unter Schwefelabscheidung löslich.

Viel seltener ist die bei gewöhnlicher Temperatur instabile, dihexagonal pyramidale Form des Zinksulfides, der *Wurtzit* $Zn^{[4]}S^{[4]}$ h; die Struktur basiert im Gegensatz zur Zinkblendestruktur, die aus ineinandergestellten kubisch dichtest gepackten Zn- und S-Gittern besteht, auf der Ineinanderstellung von hexagonal dichtest gepackten Zn- und S-Gittern (Abb. 212); die tetraedrische 4-Koordination ist beiden Strukturen gemeinsam. xx sind ziemlich seiten, typisch hemimorph, sie zeigen ein kurzes hexagonales Prisma mit steiler hexagonaler Pyramide oben und eine schwach entwickelte hexagonale Pyramide mit Basis unten; die Flächen des Prismas sind kräftig horizontal gestreift. Meist derb, strahlig faserig bis dicht schalig aufgebaute Lagen, Krusten oder Zapfen. Gut spaltbar nach den Prismenflächen, schlechter nach der Basis. Fettig glasglänzend, licht- bis dunkelbraun mit hellbraunem Strich. $H = 4$; $D \sim 4$, $\varepsilon = 2.38$, $\omega = 2.36$, schwach pleochroitisch. — Verhalten wie Zinkblende, von welcher körniger oder dichter Wurtzit oft nur röntgenographisch unterschieden werden kann. Er enthält ebenfalls stets Fe und Cd, letzteres bis zu mehreren Prozenten. Manganreicher, roter Wurtzit wird *Erythrozinkit* genannt. — Die sogenannte *Strahlenblende*, grob radialstrahlige Massen von braunem Zinksulfid, ist ebenso wie die dichte Schalenblende meist ein Gemenge von Zinkblende und Wurtzit, wobei erstere oft Paramorphosen nach Wurtzit bildet. Der Wurtzit ist die oberhalb von 1020° stabile Form von Zinksulfid, bei starkem Ersatz von Zn durch Fe sinkt der Umwandlungspunkt unter 900°; Wurtzit bildet sich aber aus schwach sauren Lösungen auch bei gewöhnlicher Temperatur; er ist leichter löslich als Blende.

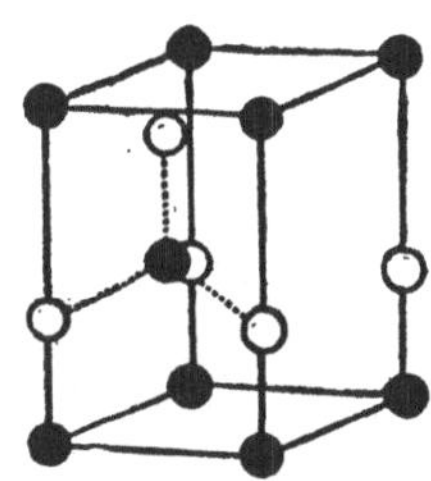

Abb. 212. Elementarkörper des Wurtzit. Scheiben = Zn. Kreise = S; analog gebaut sind Greenockit CdS, Zinkit ZnO und Jodargyrit AgJ.

Voltzin, dem die Formel Zn_5S_4O zugeschrieben wird, ist vermutlich ein Wurtzit mit teilweisem Ersatz von S durch O, also $Zn^{[4]}(S, O)^{[4]}h$. — Wurtzit mit dem oben dargestellten Elementarkörper (2 Zn : 000, $^2/_3$ $^1/_3$ $^1/_2$; 2 S : 00$^3/_8$, $^2/_3$ $^1/_3$ $^7/_8$; a = 3.81 Å, c = 6.23 Å) wird als Wurtzit 2 H bezeichnet; daneben kommen in der Natur unter denselben Entstehungsbedingungen und nebeneinander auch Wurtzite mit verdoppelter oder verdreifachter Z-Achse (Wurtzit 4 H und 6 H) und mit dementsprechend steiler gestellten Grundpyramidenflächen vor; ihre Struktur beruht auf einem gesetzmäßigen Wechsel von hexagonal und kubisch dichtest gepackter Anordnung der beiden Atomarten; daneben treten auch noch Wurtzite mit steilem rhomboedrischen Elementarkörper (c = 46.7 Å), Wurtzit 15 R genannt, auf.

Es sei daran erinnert, daß in der Regel in den Fahlerzen (S. 248) Cu u. a. ziemlich weitgehend durch Zink ersetzt ist; eigentliche Sulfosalze des Zinks kennt man nicht.

Viel größer ist die Zahl der Zinkmineralien in der Verwitterungszone der Zinklagerstätten; auch in sie geht das Cadmium als Vertreter des Zinks ein und reichert sich in ihnen sogar an.

Der *Goslarit (Zinkvitriol)* $ZnSO_4 . 7 H_2O$ kristallisiert rhombisch bisphenoidisch und ist isomorph mit dem Bittersalz (S. 187). Wegen seiner leichten Löslichkeit in

Wasser, ist er selten. Er bildet gewöhnlich nadelig-faserige oder feinkörnige, stalaktitische Aggregate und Überzüge, besonders in alten Stollen. H über 2, D = 2.0. Grauweiß oder gelbweiß, glasglänzend. Opt. —; n_β = 1.480, γ—α = 0.027; 2 V = 46°; O.A.E. parallel (001).

Zinkarsenate und Zinkphosphate sind in der Verwitterungszone wesentlich seltener als derartige Bleisalze. Ein Zinkarsenat ist der rhombische, mit dem Olivenit (S. 251) isomorphe *Adamin* $(OH)Zn_2[AsO_4]$ r; Drusen von glasglänzenden, farblosen, weißen, gelben oder grünen Kriställchen oder kleinkörnige Aggregate. — Ein Zinkphosphat ist der *Hopeit* $Zn_3[PO_4]_2 \cdot 4\,H_2O$; er kristallisiert rhombisch bisphenoidisch und bildet vollkommen nach $\{100\}$ spaltende, lebhaft glänzende, farblose bis gelbliche Kriställchen; besonders Broken Hill in Rhodesien.

Bei Berührung von Kalksteinen oder Dolomiten mit Zinksulfatlösungen im Eisernen Hut bilden sich oft reichlich Zinkkarbonate (*Kohlengalmei* des Bergmanns).

Zinkspat (Smithsonit) $Zn^{[6]}[CO_3]$ rd mit 52% Zn ist isomorph mit Calcit, Magnesit, Siderit usw. Zn kann ziemlich reichlich durch Fe, Mn, Cd und Mg ersetzt sein. Die kleinen, häufig gerundeten xx sitzen der Oberfläche von derben Zinkspatkrusten auf. Sie zeigen meist nur das Grundrhomboeder $\{10\bar{1}1\}$. Meist derb in zelligen oder stalaktitischen Massen und Krusten, körnig, strahlig oder erdig, auch als Versteinerungsmaterial. Spaltbarkeit und Glanz wie Calcit (S. 154). H = 5, D um 4.4, ziemlich schwankend mit der Zusammensetzung; selten farblos, meist gelblich, braun oder grau, nicht selten grün oder

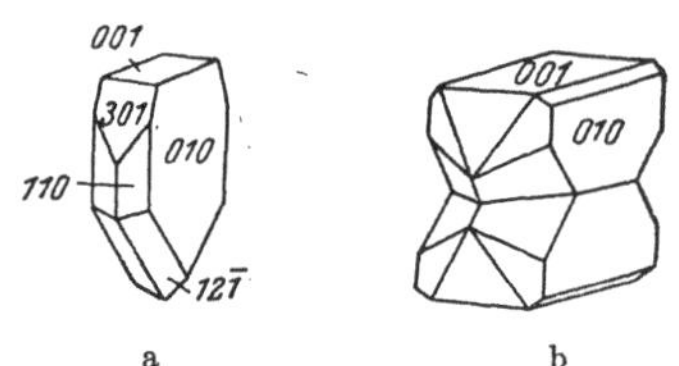

Abb. 213. Kieselzinkerz; (a) einfacher hemimorpher Kristall; (b) Zwilling nach (001).

bläulich. ε = 1.621, ω = 1.849. Sehr schwer schmelzbar, in warmer Salzsäure löslich.

Die *Zinkblüte* oder der *Hydrozinkit* hat die Zusammensetzung $Zn_5(OH)_6[CO_3]_2$ (?) mit etwa 60% Zn. Nur derb, dicht oder erdig, kryptokristallin, wie derber Zinkspat in oft gebänderten Krusten und stalaktitisch. H über 2, D stark um 3.7 schwankend; reinweiß, grauweiß oder gelbweiß; wahrscheinlich monoklin; opt. —, 2 V = 40°, n_β = um 1.736, γ — α um 0.10. Ebenfalls oft cadmiumhaltig, sehr schwer schmelzbar und in Salzsäure löslich. — *Aurichalcit* ist wahrscheinlich Zinkblüte, in welcher Zn reichlich durch Cu ersetzt ist (meist über 20% Cu); er bildet Rosetten von kleinen, nadeligen, grünen bis blauen triklinen (?) xx. H = 2, D = 3.6.

Kieselgalmei ist vornehmlich *Kieselzinkerz (Calamin, Hemimorphit)* $Zn_4(OH)_2[Si_2O_7] \cdot H_2O$ r mit 54% Zn. Rhombisch pyramidal. Die meist nur wenige Millimeter großen xx (Abb. 213) sind oft deutlich hemimorph ausgebildet und meist dick- oder dünntafelig nach $\{010\}$; sonstige wichtige Formen: $\{001\}$, $\{110\}$, $\{12\bar{1}\}$, $\{301\}$ und $\{100\}$. Auch Zwillinge nach $\{001\}$. Die tafeligen xx häufig fächerig aggregiert; sonst derb in ähnlicher Ausbildung wie der Kohlengalmei. Vollkommen spaltbar nach $\{110\}$, schlechter nach $\{101\}$. Spröde, H = 5, D um 3.4. Glasglänzend, durchsichtig oder trübe, farblos, weiß, braun, auch nicht selten grün gefärbt. Opt. +; n_β = 1.617, γ — α = 0.022; 2 V = 45°; starke Dispersion; r > v; O. A. E. parallel $\{100\}$; c parallel γ; pyroelektrisch. — Sehr schwer schmelzbar, die Hälfte des Wassers wird bei 500° abgegeben. In Salzsäure unter Abscheidung von Kieselsäure löslich. — Mit Kohlengalmei zusammen stellenweise in großen Massen.

Seltener und in größeren Mengen nur in den kontaktmetamorphen Zinklagerstätten Nordamerikas (Franklin und Sterling Hill, N. J.) auftretend, ist der *Willemit* $Zn_2^{[4]}[SiO_4]$ rd. Rhomboedrisch, isomorph mit *Phenakit* (S. 105). Die kleinen prismatischen, ziemlich flächenreichen xx sind meist Kombinationen eines hexagonalen Prismas I. Art mit verschiedenen Rhomboedern, auch das hexagonale Prisma II. Art und die Basis kommen vor. Meist derb, grob- bis feinkörnig; mäßige Spaltbarkeit nach $\{0001\}$ und $\{11\bar{2}0\}$, muscheliger bis splittriger Bruch; $H = 5\frac{1}{2}$, $D = 4.1$. Fettig glasglänzend, durchsichtig bis durchscheinend. Farblos, weiß oder verschieden gefärbt (rot, braun, sehr häufig grüngelb). Strich weiß; im Ultraviolett meist stark in gelbgrüner Farbe fluoreszierend. $\varepsilon = 1.719$, $\omega = 1.691$, also opt. $+$. Auf Kohle Zinkbeschlag, von Salzsäure unter Abscheidung gallertiger Kieselsäure zersetzlich. — Manganreicher Willemit von rosa Farbe führt den Namen *Troostit;* Willemit wird auch als Detektor in der Radioindustrie verwendet. — Über *Roepperit* vergl. S. 273.

Mit dem Willemit zusammen kommen in den Zinkkontaktlagerstätten noch andere, seltenere Zinksilikate vor: Der in weißen, körnigen Massen auftretende, tetragonale *Hardystonit* $Ca_2Zn[Si_2O_7]$ gehört in die Melilithgruppe (S. 84); der rhombische *Larsenit* $PbZn[SiO_4]$ ist mit dem Monticellit (S. 35) isomorph; er bildet kleine, weiße, diamantglänzende, längsgestreifte Prismen oder ist tafelig nach $\{010\}$.

Als Kontaktmineral tritt in den erwähnten Zinkmanganlagerstätten von New Jersey auch das *Rotzinkerz (Zinkit)* $Zn^{[4]}O^{[4]}$ h in größeren Mengen zusammen mit Willemit und Franklinit (s. u.) auf. Zinkit kristallisiert dihexagonal pyramidal und ist isomorph mit dem Wurtzit 2 H (S. 261); meist körnig eingesprengt in das Erzgestein, xx recht selten, nach $\{0001\}$ vollkommen spaltbar. Spröde, H fast 5, D (je nach dem Mn-Gehalt) zwischen 5.4 und 5.7. Reines Zinkoxyd enthält 80% Zn, dieses ist aber im Zinkit bis zu 10% durch Mn ersetzt; auf diesen Ersatz ist auch die stets tiefrote Farbe des Zinkits zurückzuführen; Strich orangefarben. Diamantglänzend, durchscheinend; $\varepsilon = 2.03$, $\omega = 2.01$. — Sehr schwer schmelzbar, auf Kohle Zinkbeschlag, Manganperle; in Säuren löslich.

Das Kontaktmineral *Franklinit* $(Zn, Mn)^{[4]}Fe_2^{[6]}O_4$ k gehört in die Spinellgruppe (S. 205). Die eingesprengten xx, entweder reine Oktaeder oder Kombinationen desselben mit dem Rhombendodekaeder, sind häufig gerundet und schlecht spaltbar nach $\{111\}$; Bruch muschelig, H über 6, D um 5.1; $n_{Li} = 2.36$. Matt metallglänzend, schwarz, in dünnsten Splittern tiefrot, Strich rotbraun bis dunkelbraun. Meist unmagnetisch. — Mangangehalt im allgemeinen geringer als der Zinkgehalt (Zn 12—20%); sehr schwer schmelzbar, beim Glühen magnetisch werdend; Zinkbeschlag, Manganperle, in heißer Salzsäure unter Chlorentwicklung löslich. — Nur von den Kontaktlagerstätten von New Jersey bekannt, aber dort in großen Massen als vorherrschendes Mineral auftretend.

Der eigentliche Zinkspinell $Zn^{[4]}Al_2^{[6]}O_4$ k führt den Namen *Gahnit;* die eingewachsenen xx sind Oktaeder, seltener dieses mit dem Würfel kombiniert; auch derb, körnig. $H = 8$, $D = 4.5$; dunkelgrün, blaugrau bis schwarz mit grauem Strich, grün kantendurchscheinend; $n = 1.80$; Zn zu etwa 10% durch Fe ersetzt. Sonst ähnlich wie Franklinit, aber keine Manganperle gebend und sehr schwer zersetzbar. Ebenfalls in Kontaktlagerstätten, auch in Granitpegmatiten und auf Seifen. Besonders Falun in Schweden und New Jersey.

Blei und Zink sind in den Lagerstätten immer auf das engste vergesellschaftet; von dieser Regel machen nur die Kontaktzinklagerstätten von New

Jersey eine Ausnahme. Die Lagerstätten der beiden Metalle sind pneumato-lytisch-hydrothermale und hydrothermale Ganglagerstätten, hydrothermale Imprägnations- und besonders metasomatische, kontaktpneumatoly-tische und rein kontaktmetamorphe Lagerstätten; in die Verwitterungs-lösungen gelangen nur geringe Mengen von Blei und Zink, daher gibt es keine eigentlichen sedimentären Lagerstätten dieser beiden Metalle, aber es kommt zu Anreicherungen derselben in sedimentären Kieslagerstätten; praktisch wichtig sind in den letzten Jahrzehnten besonders die an sich metallärmeren, metasomatischen Lagerstätten geworden.

Auf die Wichtigkeit der Blei- und auch der Zinkerze wegen ihrer Silber-führung sei verwiesen.

Die Jahresgewinnung an Blei und Zink geht jährlich über die 2 Millionen Ton-nen-Grenze stark hinaus; bei beiden Metallen stehen die USA. in Führung; im Ab-stand folgen Australien, Mexiko, Polen, Canada, Kongostaat (Zink), Spanien (Blei), Italien, Deutschland (Zink) usw. — Blei und Zink finden ausgedehnte Verwen-dung als reine und Legierungsmetalle, aber auch für die Herstellung von Verbindun-gen, besonders für die Farbenindustrie (Bleiweiß, Zinkweiß, Lithopone usw.).

Cadmium.

Bei einer durchschnittlichen Häufigkeit in der Erdkruste von 0.00002 Ge-wichtsprozent bildet das Cadmium, das, wie oben erwähnt, in den Zinkmine-ralien, besonders der Oxydationszone [1]), Konzentrationen bis zu mehreren Pro-

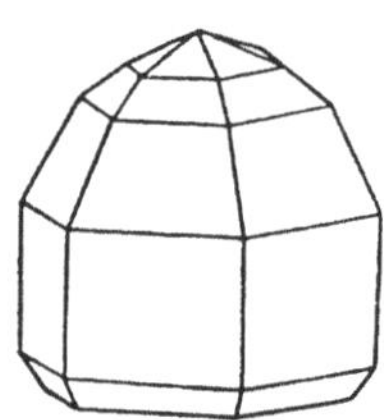

Abb. 214. Greenockit, hemimorpher Kristall.

zent erreichen kann, außer dem auf S. 164 (Fußnote) ange-führtem *Otavit* $CdCO_3$ (nur aus dem Otavitbergland be-kannt) und dem mit Steinsalz isomorphen, gelben, erdigen Cadmiumoxyd (nur Iglesias, Sardinien), nur noch ein ein-ziges, selbständiges Mineral, nämlich den *Greenockit (Cad-miumblende)* $Cd^{[4]}S^{[4]}h$; dieser ist mit dem Wurtzit iso-morph, kristallisiert somit dihexagonal pyramidal (Abb. 214); die kleinen kurz prismatischen xx (hexagonale Pris-men mit einseitig aufgesetzten Pyramiden, am anderen Ende durch ein Basispedion abgegrenzt) sind recht selten und haben orangegelbe bis braune Farbe; meist nur als zarter, gelber bis braungelber, lockerer Anflug. Die xx spalten nach der Basis und nach dem Prisma. Strich gelb, lebhafter, diamantähnlicher Glanz, durchscheinend, Starke Lichtdispersion, $\varepsilon_{Na} = 2.529$, $\varepsilon_{Li} = 2.456$, $\omega_{Na} = 2.506$, $\omega_{Li} = 2.431$, also opt. +. Bildet sich besonders bei der Verwitterung von Cd-reichen Zink-blenden.

Cadmium, früher technisch vom Zink nicht getrennt, findet in zunehmendem Ausmaß in der Legierungsindustrie Verwendung und wird neben Zink besonders in den USA., aber auch in den anderen zinkerzeugenden Ländern gewonnen; als Elek-tronenabsorber und Regulatoren finden Cadmiumplatten in Atomkraftanlagen Ver-wendung. Die Jahresproduktion erreicht gegenwärtig schon etwa 10.000 Tonnen.

E. Gallium, Indium und Thallium.

Wie bei der Zinkblende erwähnt, erfahren diese an sich mit Ausnahme des Galliums recht seltenen Elemente in der Blende gewisse Anreicherungen von unter-geordneter Bedeutung.

---

[1]) Die Anreicherung in der Verwitterungszone betrifft die Kohlengalmeis, wäh-rend im Kieselgalmei eine Verminderung des Cd-Gehaltes gegenüber der Zinkblende festzustellen ist.

Das Gallium hat eine Häufigkeit, welche an die des Bleis gewichtsmäßig heran-
reicht, die sie aber atomzahlenmäßig um das mehrfache übersteigt; in den Zinkblenden ist es in Mengen zwischen 0.001 und 0.01% enthalten. Es zeigt aber ziemlich
stark betonten lithophilen Charakter, insofern als es in Form der mit den Al'''-Ionen
größenähnlichen Ga'''-Ionen in alle Aluminiummineralien der magmatischen Gesteine,
der metamorphen Gesteine und Sedimente eintritt und sich auf diese Weise stark
verzettelt, ohne daß es jemals zu größeren Anreicherungen und zur Bildung von selbständigen Galliummineralien käme. Es verhält sich somit das Gallium gegenüber
dem Aluminium ähnlich wie das Hafnium gegenüber dem Zirkon; in die Zinkblende
geht das Gallium entweder in zweiwertiger Form oder unter Kompensation des La-
dungshaushaltes durch dreiwertiges Arsen für zweiwertigen Schwefel als Vertreter des
Zinks ein. Das galliumreichste Mineral ist aber der sehr viel seltenere Germanit
(S. 249, 2% Ga).

Indium ist hundertmal seltener als das Gallium; es bildet ebenfalls keine selbständigen Mineralien und reichert sich allein in den Zinkblenden etwas an, ausnahmsweise bis zu 1%. In den Verwitterungserzen ist In so wie Ga verschwunden, die
beiden Elemente gehen also in die Verwitterungslösungen ein.

Das Thallium ist gewichtsmäßig etwas häufiger als das Indium und bildet auf
hydrothermalen Arsenantimonlagerstätten sehr selten selbständige Mineralien. Das
häufigste von diesen ist der monokline *Lorandit* $TlAsS_2$, der dem Realgar (S. 291)
ähnlich ist und bei Alchar in Mazedonien in mehreren Millimeter großen, schönen,
diamantglänzenden, tiefroten xx den Erzstufen aufsitzt. Die xx sind tafelig nach
{001} und spalten sehr vollkommen nach {100} und anderen Flächen. H über 2,
D = 5.5. Strich kirschrot. Lichtbrechung enorm hoch (> 2.72). Leicht schmelzbar.
— Zusammen mit dem Lorandit, aber viel spärlicher, tritt der dunkelgraue, in
dünnen Splittern tiefrote, etwas härtere und gut nach {010} spaltende, rhombische
Vrbait $TlAs_2SbS_5$ auf. — Recht reich an Thallium ist auch der sehr seltene, mono-
klin-pseudotetragonale *Crookesit* $(Cu, Tl, Ag)_2Se$ (Skrikerum in Schweden). — Die
Manganknollen der Tiefsee (S. 271) enthalten bis zu 0.01% Tl. — Über das Vor-
kommen des Thalliums in Silikaten vgl. S. 102.

Nur das Gallium hat eine größere praktische Bedeutung, da es für viele Zwecke
angesichts seines niedrigen Schmelzpunktes (29.8⁰) und aus anderen Gründen an
Stelle des Quecksilbers verwendet werden kann, z. B. für Hochtemperaturthermometer
(sein Dampfdruck ist sehr nieder und der Siedepunkt liegt bei 2000⁰). — Thallium-
verbindungen, spielen in der Laboratoriumstechnik als schwere Flüssigkeiten, ferner
als (kostspieliges!) Holzimprägnierungsmittel und wegen ihrer giftigen Wirkung
als Vernichtungsmittel für Schädlinge eine gewisse Rolle. Thalliummetall dient ferner
zur Herstellung von Speziallegierungen.

F. Nickelmineralien.

Geochemie des Nickels. Die durchschnittliche Häufigkeit des Nickels von
0.01% in der Erdkruste ließe eine ähnliche Häufigkeit der Nickellagerstätten
wie der Kupferlagerstätten erwarten; dies ist jedoch nicht der Fall. Die
Ursache dafür ist darin zu suchen, daß das siderophile Nickel als Vertreter
des Magnesiums in die Magnesiumsilikate der magmatischen Gesteine eintritt und sich damit weitgehend über die basischen magmatischen Gesteine
(besonders Olivingesteine und daraus hervorgegangene Serpentine) verzettelt.
Es reichert sich aber in den im Zusammenhang mit den basischen magmatischen Gesteinen auftretenden Magnetkieserzen bis zu mehreren Prozenten in
Form von nickelhaltigem Magnetkies (S. 230) und Pentlandit (S. 266) an; dann
tritt das Nickel erst wieder in den pneumatolytischen und vor allem hydrothermalen Kristallisationen, zusammen mit Kobalt, Silber, auch Wismut und
Uran, besonders in Form von Arseniden in Ganglagerstätten in Erscheinung.
In den Ausscheidungsschwermetallagerstätten spielt es keine Rolle, wohl
aber erfährt es eine Anreicherung durch die Verwitterung der früher ge-

nannten Serpentingesteine, die zur Bildung von nickelreichen, wasserhältigen Magnesiumsilikaten führt. Die löslichen Mineralien des Nickels lösen sich in Säuren mit grünlicher Farbe.

Millerit (Haarkies) NiS mit 65% Ni ist zwar weit verbreitet, tritt aber nie in größeren Mengen auf. Millerit kristallisiert ditrigonal pyramidal. Die xx sind ausgesprochen nadelig bis haarförmig ausgebildet und strahlig gruppiert und nur selten deutlich von Prismen und trigonalen Pyramiden begrenzt. Auch in filzigen Massen, sehr selten ausgesprochen derb. Spaltbarkeit nach $\{10\bar{1}1\}$ und $\{01\bar{1}2\}$ sehr gut, spröde; $H = 3\frac{1}{2}$, $D = 5.3$. Metallisch messinggelb, nur Härchen und Filze matt seidig, schmutziggrün bis braunschwarz; Strich grünlichschwarz. — Schmilzt zu magnetischer Kugel und gibt Nickelperle. — Besonders als Neubildung in der Zementationszone, auch hydrothermal und sedimentär; ferner als Sublimationsprodukt (Vesuv).

Der *Pentlandit*, ungefähr $(Fe, Ni)_9S_8$, in der Regel mit mehr Fe als Ni (Ni 30—35%), kristallisiert hexakisoktaedrisch. Fast nur grobkörnig mit Magnetkies verwachsen; spaltbar nach dem Oktaeder. Spröde, H fast 4, D um 4.8. Helltombakbraun mit schwarzem Strich. Äußerlich dem Magnetkies (S. 230) sehr ähnlich, daher oft übersehen. Nichtmagnetisch. Ni : Fe ungefähr 1 : 1, Kobaltgehalt um 1%. — Überall neben dem Magnetkies in den liquidmagmatischen Magnetkieslagerstätten.

Mit dem Pyrit isomorph ist der sehr seltene *Vaesit* $Ni[S_2]k$; Colorado. — *Bravoit* (Rheinland, Derbyshire, Alaska usw.) nennt man zonar gebaute Mischkristalle zwischen Vaesit und Pyrit; zumeist mit geringem Gehalt an Co.

Der *Penroseit (Blockit)* $(Ni, Co)Se_2$ ist metallisch grau und tritt nur selten in kleinen xx auf; meist grobstrahlige Massen. Dyakisdodekaedrisch, isomorph mit dem Pyrit; enthält stets mehrere Prozent Cu. Selten zusammen mit anderen Selenmineralien; Colquechaca in Bolivien.

Die Nickelarsenide sind überwiegend hydrothermaler Entstehung.

Der *Rotnickelkies (Nickelin, Kupfernickel, Arsennickel)* $Ni^{[6]}As^{[6]}h$ mit 44% Ni. Dihexagonal bipyramidal. Struktur wie Magnetkies (Abb. 184), doch mit stark herabgedrücktem Achsenverhältnis. xx in Form von sechsseitigen Prismen $\{11\bar{2}0\}$ mit aufgesetzten Bipyramide $\{10\bar{1}1\}$ in Hohlräumen sind recht selten; Ausbildung fast stets derb, eingesprengt, in gestrickten Formen und nierigtraubigen Aggregaten. Schlecht spaltbar nach $\{10\bar{1}0\}$ und $\{0001\}$; Bruch muschelig. $H = 5\frac{1}{2}$, D um 7.7. Metallisch lichtkupferrot, an der Luft bräunlichgrau anlaufend und matt werdend, Strich bräunlichschwarz; gut erkennbar an der als Zersetzungsprodukt auf ihm auftretenden grünen Nickelblüte (S. 267); Arsen oft hochprozentig durch Antimon ersetzt, in geringem Umfang auch durch Schwefel, Ni in geringerem Umfang durch Co. Auf Kohle Arsengeruch, Nickelperle. — Hydrothermal, seltener als frühmagmatische Ausscheidung in gabbroiden Gesteinen wie Magnetkies; abgesehen vom Pentlandit wohl das häufigste primäre Nickelmineral.

Das isomorphe Nickelantimonid $Ni^{[6]}Sb^{[6]}h$, der *Breithauptit* mit 33% Ni, ist wesentlich seltener. Im allgemeinen dem Nickelin sehr ähnlich, in der Farbe heller rot mit rötlichbraunem Strich; Harz, Sardinien, Ontario.

Häufiger ist wieder der *Weißnickelkies* oder *Chloanthit* $NiAs_{3-2}$, der stets an Stelle von Ni mehrere Prozent Co und Fe enthält (Ni + Co 20%). Er kristallisiert dyakisdodekaedrisch. xx vorherrschend Würfel oder dieser kombiniert mit Oktaeder und Rhombendodekaeder (Abb. 215); Flächen oft wegen des Aufbaues der xx aus subparallel gestellten Teilkristallen gekrümmt; auch derb, körnig bis dicht, eingesprengt oder grob mit Nickelin verwachsen, auch nierige Massen. Bruch uneben, spröde, H = 5, D um 6.5. Metallisch zinnweiß, dunkelgrau anlaufend. Strich grauschwarz. — Beim Anschlagen kräftiger Arsengeruch; auf Kohle unter starker Arsenrauchbildung zu einer spröden, fast schwarzen, magnetischen Kugel schmelzend; im Kölbchen nur schwacher Arsenspiegel; wegen des Kobaltgehaltes meist blaue Perle; löst sich in Salpetersäure mit grünlicher Farbe. — Hydrothermal; weit verbreitet.

Der rhombisch bipyramidale *Rammelsbergit* $NiAs_2$ zeigt ebenfalls mehrprozentigen Ersatz von Ni durch Co (24% Ni + Co). Isomorph mit Markasit (S. 229). xx klein, zu quirlförmigen Drillingen nach {101} verbunden; meist derb, radialstrahlig. Spröde, H = 5, D um 7.1. In der Farbe ähnlich dem Chloanthit. Strich schwarz. Verhalten ähnlich wie Chloanthit. — Hydrothermal mit anderen Ni-Mineralien, auch mit Arsenkies.

Wahrscheinlich gar nicht so selten, aber wegen seiner engen Verwachsung mit Rot- und Weißnickelkies oft übersehen, ist der *Maucherit* $Ni_{11}As_8$ (?). Tetragonal trapezoedrisch, tafelig nach der Basis oder in horizontalgestreiften spitzen Pyramiden; meist derb, stengelig oder löchrig. Bruch uneben, H = 5; D = 8.0. Metallisch rötlichgrau, Strich schwarzgrau. Enthält meist je etwa 1% Cu, Co, Fe und S. Mansfelder Kupferschiefer, Sudburydistrikt, Ontario usw.

Abb. 215. Smaltin, ähnlich Chloanthit.

Gersdorffit (Arsennickelglanz) Ni[AsS] kristallisiert dyakisdodekaedrisch. Die Kristallstruktur unterscheidet sich von jener des Pyrits (S. 227) nur dadurch, daß ungefähr in jeder S_2-Gruppe des letzteren ein S-Atom in regelloser Verteilung durch ein As-Atom ersetzt ist. xx eingewachsen, selten, meist Würfel, auch mit {111}, {110} oder Pentagondodekaeder {210}. Derb körnig. Sehr gut nach dem Würfel spaltend. Spröde, H = 5, D sehr stark um den Durchschnittswert von 5.9 schwankend. Metallisch silberweiß (xx) bis grau mit grauschwarzem Strich. Ni besonders zu einigen Prozent durch Fe ersetzt, weniger durch Co. As meist zu einigen Prozent durch Sb ersetzt, in einzelnen Fällen weitgehend (*Korynit*, Olsa in Kärnten). Im Kölbchen Schwefelarsenbelag. Unter Arsengeruch zu magnetischer Kugel schmelzend. Selten, z. B. Schladming in Steiermark, Harz, Lobenstein in Thüringen.

Ullmannit (Antimonnickelglanz) Ni[SbS] kristallisiert in der asymmetrisch pentagondodekaedrischen Klasse. Struktur ähnlich der von Gersdorffit, Symmetrie durch den gesetzmäßig orientierten Einbau der SbS-Gruppen herabgedrückt. xx meist Würfel mit beiden gleich stark entwickelten Tetraedern, seltener mit {110} und {210}, nicht häufig; meist derb, körnig. Sehr ähnlich dem Gersdorffit, ohne chemische Prüfung schwer von ihm zu unterscheiden und oft mit ihm zusammen vorkommend, Farbe etwas dunkler. Ni kann ausgiebig durch Co, Sb stark durch As oder Bi ersetzt sein. Auf Kohle Antimonrauch und Antimonbeschlag, letzterer auch im Kölbchen.

Das Umwandlungsprodukt der Nickelarsenide ist der apfelgrüne *Annabergit (Nickelblüte)* $Ni_3[AsO_4]_2 \cdot 8H_2O$. Monoklin, isomorph mit Vivianit (S. 197). xx sehr selten, vollkommen spaltend nach {010}; meist erdig. H = 2½, D etwas über 3.0, milde. Opt. —, n_β = 1.658, $\gamma - \alpha$ = 0.065, 2 V = 84°; O. A. E. senkrecht S. E.; c : γ = 36°.

Der mit dem Bittersalz (S. 187) isomorphe *Morenosit (Nickelvitriol)* $Ni[SO_4] \cdot 7H_2O$ ist weißlichgrün bis smaragdgrün: er bildet derbe Krusten oder haarförmige Ausblühungen, ist in Wasser löslich und recht selten; Ni kann weitgehend durch Mg ersetzt sein.

Außer den nickelhaltigen Magnetkiesen und dem Pentlandit sind heute für die Nickelgewinnung wichtig die aus Serpentin entstandenen Verwitterungssilikate (Neukaledonien, Ural, Frankenstein in Schlesien, San Juan in Argentinien). Es sind dies vor allem der *Nickelgymnit* (S. 141), der *Garnierit* (S. 141), der *Schuchardtit* (S. 139) und der *Pimelit*, bis zu einem gewissen Grade auch der *Chrysopras* (S. 181). Der Pimelit ist ein nickelreicher Talk (S. 218), dicht, specksteinartig, aber von dunkelgrüner Farbe; er zeigt Quellungserscheinungen ähnlich wie der Montmorillonit.

Auf den beträchtlichen Gehalt der Meteoreisen an Nickel und seine Verteilung innerhalb derselben wurde auf S. 242 hingewiesen. In irdischen Gesteinen kommt gediegenes Reinnickel nicht vor; jedoch werden Nickeleisenlegierungen von sehr hohem Nickelgehalt neben Gold (Neuseeland, Canada) und Platin (Ural) in Seifen in Form von kleinen Körnern, Täfelchen oder Schuppen angetroffen, auch in Serpentingeröllen (Hirt in Kärnten, *Josephinit* von Oregon). Meistens werden diese terrestrischen Nickeleisenlegierungen nach dem neuseeländischen Vorkommen als *Awaruit* bezeichnet. Sie enthalten neben Eisen 66—77% Ni und je um 1% Co und Cu; sie sind hämmerbar, am frischen Bruch metallisch silberweiß bis grauweiß. H ungefähr 5, D um 8. Sehr stark magnetisch. Es handelt sich kristallchemisch um Mischkristallbildungen zwischen Nickel und Eisen mit der kubisch flächenzentrierten Struktur der gewöhnlichen Form des metallischen Nickels oder des γ-Eisens (Abb. 197); oft vermengt mit metallischem Kupfer und verschiedenen Sulfiden; sicherlich in Serpentingesteinen wegen der feinen Verteilung oft übersehen.

G. Kobaltmineralien.

Geochemie des Kobalts: Kobalt ist ungefähr viermal seltener als Nickel. In der Natur immer eng vergesellschaftet mit diesem und daher an dieselben Vorkommen gebunden. In den Nickelmagnetkieslagerstätten tritt es stärker gegenüber dem Nickel zurück, in den hydrothermalen Gängen schwankt das Verhältnis Nickel zu Kobalt zwischen 10 : 1 und 0 : 10, d. h. es gibt (in Verbindung mit Uran, Silber und Kupfer) praktisch nickelfreie Kobalterzgänge. Im Verwitterungsverlauf der Serpentingesteine tritt eine Trennung der beiden Metalle insoferne ein, als sich das Nickel in den nickelreichen Magnesiumsilikaten konzentriert, während das Kobalt davon gesondert in oxydischer Form abgeschieden wird.

Die sulfidischen und arsenidischen Kobaltmineralien finden sich auf hydrothermalen Gängen und metasomatischen Lagerstätten.

Der *Kobaltkies* oder *Linneit* Co_3S_4 kristallisiert kubisch und hat Spinellstruktur; Strukturformel ist daher $Co^{[4]}Co_2^{[6]}S_4k$. $Co^{[4]}$ ist oft fast vollständig durch Cu ersetzt *(Carrollit)* in anderen Fällen ist Co teilweise oder fast vollständig durch Ni *(Polydymit* oder *Nickelkies)* oder durch Ni + Fe ersetzt, wobei letzteres stärker zurücktritt *(Violarit)*. Gut ausgebildete xx sind vielfach anzutreffen, entweder Oktaeder allein oder diese kombiniert mit dem Würfel. Spröde; H je nach der Zusammensetzung 4½—5½; D 4.7—4.8. Metallisch weiß mit rötlichgelbem Stich, manchmal auch dunkler grau; Strich grauschwarz. Schmilzt schwer zu magnetischer Kugel unter Abgabe von schwefliger Säure. Kobaltperle. In Salpetersäure unter Schwefelabscheidung löslich: Siegener Land, Riddarhyttan in Schweden, Katanga, Nordrhodesien usw. — In Canada (Goldfields district) wurde auch ein hieher gehöriges (Co, Ni, Cu)-Selenid gefunden.

Mit dem Pyrit isomorph ist der sehr seltene *Cattierit* $Co[S_2]$ k; Katangagebiet.

Der *Speiskobalt* oder *Smaltin* $CoAs_{2-3}$ ist mit dem Chloanthit (S. 266) isomorph und ihm in jeder Beziehung sehr ähnlich; kobaltreiche Mischkristalle zeigen als Verwitterungsprodukt überwiegend violette Kobaltblüte. — Der *Skutterudit* oder *Tesseralkies* $CoAs_3$ ist wohl dem Smaltin als arsenreichstes Glied anzuschließen; seine stark metallisch glänzenden, zinnweißen xx laufen gerne rötlich an; auch bei ihm kann Co fast vollständig durch Ni ersetzt sein. — Verbreitet.

Safflorit $CoAs_2r$ wiederum ist isomorph mit dem rhombischen Rammelsbergit (S. 267) und mit diesem durch eine ununterbrochene Reihe von Mischkristallen verbunden. — Nicht selten.

Kobaltglanz (Glanzkobalt, Cobaltin) $Co[AsS]$ k mit 35% Co ist mit dem Gersdorffit (S. 267) isomorph, xx oft modellartig ausgebildet, eingewachsen, entweder Pentagondodekaeder {210} für sich allein oder diese kombiniert mit dem Oktaeder, was einen zwanzigflächigen Körper ergibt, der dem Ikosaeder der Stereometrie ähnelt (Abb. 176); wenn Würfelflächen vorhanden sind, sind diese wie beim Pyrit gestreift; außerdem derb, körnig eingesprengt. Spaltbarkeit nach den Würfelflächen schwankend gut, Bruch muschelig, spröde. $H = 5\frac{1}{2}$, D um 6.2; metallglänzend; silberweiß mit Stich ins rötliche; derb, mehr mattgrau und rötlich anlaufend; Strich grauschwarz; wird erst beim Erhitzen wirklich isotrop. Co teilweise ersetzt durch Fe. Im Kölbchen kein Arsenspiegel; beim Erhitzen unter Bildung von Arsenrauch zu grauer, schwach magnetischer Kugel schmelzend; Kobaltperle; löslich in heißer Salpetersäure. Besonders als Imprägnation in metamorphen Gesteinen (Modum in Norwegen), weniger auf Gängen.

Die dem Ullmannit entsprechende Co-Verbindung ist rein in der Natur nicht bekannt; jedoch gibt es selten Ullmannite, in denen Ni bis zur Hälfte durch Co ersetzt ist (*Willyamit* $(Ni,Co)[SbS]$). — Über *Glaukodot* vergleiche S. 232.

Auf Kobaltarseniden bildet sich als Verwitterungsprodukt die mit der Nickelblüte (S. 267) isomorphe *Kobaltblüte (Erythrin)* $Co_3[AsO_4]_2 \cdot 8H_2O$. xx viel häufiger als bei letzterer, prismatisch bis nadelig, büschelig gruppiert; auch strahlig mit rauher, nieriger Oberfläche; häufig erdig. Monoklin prismatisch, vollkommene Spaltbarkeit nach {010}; milde. $H = 2\frac{1}{2}$, $D = 2.95$. Sehr lebhaft glasglänzend, durchscheinend, pfirsichblütenrot; opt. + oder —, 2 V um 90°; $n\beta = 1.699$, $\gamma - \alpha = 0.035$; O.A.E. parallel {100}. Kräftig pleochroitisch. Wird beim Erhitzen blau. — Der karminrote *Köttigit* ist zinkreicher Erythrin.

Roselith ist ein ebenfalls monoklines, aber viel wasserärmeres Orthoarsenat mit starkem Ersatz von Co durch Ca und Mg; er bildet rosenrote, kleine xx, die meist zu kugeligen Aggregaten zusammengewachsen sind.

Der *Kobaltspat (Sphärokobaltit)* $Co[CO_3]$, isomorph mit dem Calcit, ist selten; frisch matt pfirsichblütenrot, schwarz anlaufend; derb, spätig: Freiberg in Sachsen, Katanga, Californien usw.

Das oxydische Zersetzungsprodukt der Kobalterze, das besonders in Verbindung mit Verwitterungssilikatlagerstätten in größeren Mengen, sonst im Eisernen Hut von Kobaltlagerstätten, auftritt, ist der *Asbolan* oder *Erdkobalt*. Er bildet knollige, erdige Massen oder Krusten von schwarzbrauner Farbe und recht wechselnder Zusammensetzung im restlosen Übergang zur Manganschwärze (S. 271) und Kupferschwärze (S. 248); neben Kobalt (3—30%) sind in diesem wasserhaltigen Mischoxyd vornehmlich noch Mn, aber auch Cu und Ni in wechselnden Mengen enthalten. — Wichtiges Kobalterz in Neukaledonien und in Katanga.

Das einzige Silikat, das bemerkenswerte Mengen von Co (8%) führt, ist der *Lusakit* (S. 218).

Die enge Verbindung des Nickels und Kobalts in der Natur bedingt die gemeinsame Nennung der Lagerstätten dieser Metalle. Nach der weitgehenden Erschöpfung der hydrothermalen Ganglagerstätten wird nun Ni überwiegend aus in Verbindung mit basischen magmatischen Gesteinen auftretenden Nikkelmagnetkies-Pentlandit-Lagerstätten gewonnen (besonders Canada und Südafrika, in geringerem Umfange bei Petsamo in Nordrußland und in Mittelnorwegen; mindestens 85% der Weltproduktion an Ni). Daneben sind für die Ni- und Co-Gewinnung die Serpentinzersetzungslagerstätten in Neukaledonien und im Ural von Bedeutung, für die Gewinnung von Co die ursprünglich wohl hydrothermalen Cu-Co-Verwitterungserze in Belgisch Kongo und Nordrhodesien, die heute mehr als zwei Drittel der Weltkobaltproduktion liefern; wichtig sind für die Co-Gewinnung noch die hydrothermalen Ag-Co-Gänge in Ontario (Canada; etwa ein Viertel der Weltproduktion).

Letztere überschreitet bei Ni stark die 100.000 Tonnen-Grenze; die Kobaltproduktion beträgt nur knapp 5000 Tonnen jährlich. — Beide Metalle finden vorzugsweise in der Stahlindustrie Verwendung, Nickel auch als selbständiges Metall und in anderen Legierungen, Kobalt auch in der Porzellanfarbenindustrie (Smalte, Kobaltbraun usw.) und als Bestandteil von Hartmetallen.

H. Manganmineralien.

Geochemie des Mangans: Mit 0.1% Beteiligung an der Zusammensetzung der Erdkruste ist das Mangan das zweithäufigste Schwermetall in derselben, steht allerdings gegenüber dem Eisen in weitem Abstand. In geringen Prozentsätzen ist es überall in den Mg-Fe-Silikaten der magmatischen Gesteine enthalten; in den Pegmatiten nimmt die Manganführung so stark zu, daß es hier zur Bildung selbständiger Manganmineralien (z. B. Spessartin, S. 131 und Lithiophilit, S. 102) kommt, die aber mengenmäßig nicht sehr in Erscheinung treten. Bedeutendere Anreicherungen entstehen auf hydrothermalem Wege in Verbindung mit anderen Schwermetallerzen, z. B. zusammen mit Golderzen, aber auch in selbständigen Gängen mit Schwerspat. Die bedeutendsten Mangananreicherungen entstehen als Ausscheidungen aus den Verwitterungslösungen in Form von Oxyden und Oxydhydraten; in metamorphen Gesteinen finden sich, teilweise in Verbindung mit dem Zink, Mangansilikate.

Die violette Boraxperle ist für manganreiche Mineralien charakteristisch.

Die sulfidischen Manganmineralien sind von untergeordneter Bedeutung.

Die *Manganblende (Alabandin)* Mn$^{[6]}$S$^{[6]}$k ist mit dem Steinsalz isomorph. xx sind selten; sie zeigen meist nur Oktaeder- und Rhombendodekaederflächen; meist körnig, derb, eingesprengt; vollkommen spaltend nach den Würfelflächen; spröde; H fast 4, D = 4.0. Frisch gelb metallisch glänzend, aber sehr bald braunschwarz anlaufend, praktisch undurchsichtig; gepulvert grün, ebenso der Strich. n_{Li} = 2.70; schwer schmelzbar. — Neben Manganspat auf Golderzgängen.

Der *Hauerit* Mn[S$_2$] k ist mit dem Pyrit isomorph, aber mit ihm offenbar nur in sehr geringem Umfange mischbar, was mit der Verschiedenheit des Bindungscharakters[1]) zwischen Metall und S$_2$ bei den beiden Mineralien zusammenhängt. xx zeigen

---

[1]) Dementsprechend ist auch die Gitterkonstante von Hauerit (a = 6.09 Å) stark verschieden von jener des Pyrit (a = 5.40Å).

überwiegend die Oktaederflächen und spalten nach dem Würfel; auch derb, stengelig. $H = 4$, $D = 3.5$. Frisch metallisch diamantglänzend, in dünnen Stücken durchscheinend, bräunlichrot. $n_{Li} = 2.69$; wenig beständig, daher meist matt, undurchsichtig und braunschwarz. Strich rötlichbraun. In Salzsäure unter H_2S-Bildung löslich. — Selten; eingewachsen mit Gips und Schwefel in Tonsedimenten (Sizilien), zersetzten Oberflächengesteinen (Neusohl i. d. Tschechoslowakei) und kristallinen Schiefern (Neuseeland).

Manganspat (Rhodochrosit, Himbeerspat) $Mn[CO_3]$ rd mit 48% Mn ist isomorph mit dem Calcit (S. 154); xx meist nur $\{10\bar{1}1\}$, in Drusen aufgewachsen, oft sattel- oder linsenförmig gekrümmt; derb, spätig bis dicht in unebenen, traubigen bis glaskopfartigen Massen. Spaltet vollkommen nach $\{10\bar{1}1\}$, ist spröde; $H = 4$; $D = 3.3$—3.6, also stark wechselnd, weil Mn oft reichlich durch Fe, Mg, Ca und gelegentlich auch durch Zn ersetzt ist. Rosarot bis bräunlich, bei der Verwitterung schwarz werdend; frisch glasglänzend, durchscheinend. $\varepsilon = 1.596$, $\omega = 1.817$. — Schwer schmelzbar, dissoziierbar bei 650°, unter Aufbrausen in warmer Salzsäure leicht löslich. — Hydrothermales Gangmineral auf extrusiven Gängen, besonders mit Au, Ag und Zn; auch im Eisernen Hut.

Die Manganoxyde und Manganoxydhydrate sind hydrothermalen, regional- oder kontaktmetamorphen Ursprunges oder Verwitterungsbildungen, der großen Masse nach Ausscheidungssedimente. Am verbreitetsten sind die in der Technik als „*Braunstein*“ bezeichneten Mineralien, Manganoxyde, die mineralogisch verschiedenen Mineralarten zuzuordnen sind; sie bestehen im wesentlichen aus MnO_2, enthalten vielfach untergeordnet auch zweiwertiges Mangan; unter ihnen wird vielfach zwischen Hart- und Weichmanganerzen unterschieden.

Polianit $Mn^{[6]}O_2^{[3]}$te kristallisiert ditetragonal bipyramidal und ist isomorph mit dem Rutil (S. 116); er ist selten; sehr kleine xx und Aggregate; $H = 6$, $D = 5.0$. Metallisch stahlgrau mit schwarzem Strich.

Psilomelan ist das häufigste „Hartmanganerz“. Kolloidal aus Verwitterungslösungen entstanden, oftmals noch in einem Zwischenzustand, sind keineswegs alle dieser Gruppe zuzuzählenden, meist wasserreichen Manganoxyde (überwiegend MnO_2, doch auch mit zweiwertigem Mn) hart, sondern die Härte schwankt zwischen < 1 und 6, ebenso die Dichte, letztere zwischen 0.2 (bei schaumig lockerem Material) und 4.3. Die ursprüngliche Gelnatur kennzeichnet sich im Reichtum an Fremdbeimengungen (BaO, viel Wasser, besonders in den lockererdigen Abarten, Alkalien, bes. Kalium, auch Tonerde, Kieselsäure und in einzelnen Fällen Li, Co, Ni, Pb und Cu; letztere Abart wird als *Asbolan* (S. 269) bezeichnet, wenn sie kobaltreich ist, als *Kupferschwärze* bei hohem Kupfergehalt. Dunkelbraun bis schwarz mit ebensolchem Strich. — Der Psilomelan i. e. S. ist immer recht hart ($H = 5$—6); er bildet nierige, traubige oder stalaktitische Massen und Knollen (*Schwarzer Glaskopf*). — Als *Wad* oder *Manganschaum* werden feinerdige bis schaumige, braunschwarz gefärbte und braun abfärbende, weiche, nur an der Oberfläche oft mattsilbrig metallisch schimmernde Formen bezeichnet; in der Regel bildet der Wad Knollen oder er tritt in Form von Dendriten auf Kluftflächen in verwitternden Gesteinen auf, auch von solchen mit an sich kleinen Mangangehalten. Die *Manganschwärze*, die zum Asbolan hinüberführt, ist blauschwarz und hat rußiges Aussehen; *Pelagit* sind Psilomelanknollen aus der Tiefsee. *Reissacherit* ist Wad, der aus Thermalquellen U, Ra und Th adsorptiv gebunden hat und daher stark radioaktiv ist. — Der tetragonalen, rutilähnlichen Struktur entspricht die Formel $(Ba, Pb, K)_{<2}^{[8]} (Fe, Mn)_{<8}^{[6]}$ $(O, OH)_{16}$; jedoch strukturell nicht einheitlich; im allgemeinen kristallin, Wad partiell amorph; am verbreitetsten scheint der *Kryptomelan* (kaliumreich, oft auch Zn-reich, Ba- und wasserarm) zu sein. Formen mit anderer Kristallstruktur (monoklin-pseudotetragonal) werden als *Hollandit, Lithiophorit* (Li und Al-haltig), *Coronadit* (Pb-reich) usw. bezeichnet.

Das verbreitetste „Weichmanganerz" ist der *Pyrolusit*. Er kristallisiert rhombisch bipyramidal-pseudotetragonal; die xx treten nur verstreut auf, zeigen die Formen {100}, {001}, {110}, {011} und {010}. Meist in mehr oder minder lockeren, strahlig kristallinen Massen, die anscheinend wie Polianit aufgebaut sind oder zumindest diesem sehr ähnlich kristallisieren[1]; auch feinkristallin, nicht selten oolithisch. Die lockeren Massen dunkelgrau bis schwarz, undurchsichtig. — Überwiegend MnO_2; Wassergehalt gering, maximal 2%. Auch in Pseudomorphosen nach Manganit. — Gibt wie Psilomelan beim Erhitzen Sauerstoff ab und schmilzt nicht; wie alle Braunsteine mit Salzsäure Chlorentwicklung. — Mit Psilomelan Hauptmineral der Verwitte-

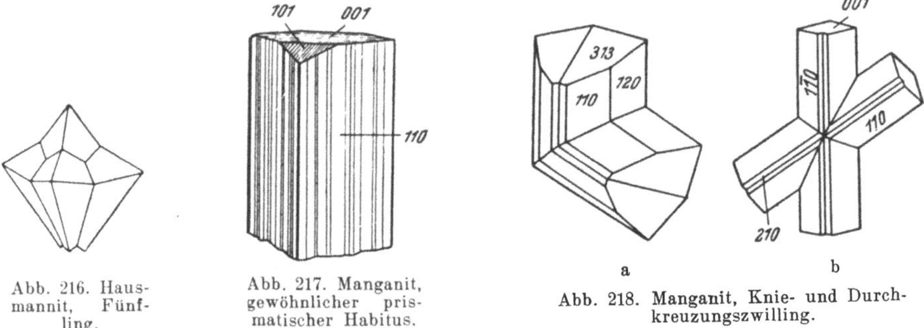

<table>
<tr><td>Abb. 216. Haus-
mannit, Fünf-
ling.</td><td>Abb. 217. Manganit,
gewöhnlicher pris-
matischer Habitus.</td><td>Abb. 218. Manganit, Knie- und Durch-
kreuzungszwilling.</td></tr>
</table>

rungs- und sedimentären Manganlagerstätten. — *Ramsdellit* ist eine in rhombischen Nadeln kristallisierende Form von $MnO_2 (\gamma\text{-}MnO_2)$.

Braunit $3 Mn_2O_3 \cdot MnSiO_3$ mit 70% Mn. Ditetragonal bipyramidal; die kleinen xx ({111}) in Drusen sind Oktaedern sehr ähnlich und zeigen manchmal auch die Basis. Zwillinge nach {101} kommen vor; meist derb, körnig. Schlecht spaltbar, unebener Bruch, spröde, H über 6, also typisches Hartmanganerz. D um 4.8; schwach magmatisch. Undurchsichtig, fettig metallisch glänzend, schwarz mit fast schwarzem Strich. — Sehr schwer schmelzbar; Chlorentwicklung wie bei Braunstein. — Regional- und kontaktmetamorph, seltener auf hydrothermalen Gängen; sehr verbreitet.

Bixbyit $(Mn, Fe)_2O_3$ kristallisiert kubisch; {100} x {211}; spröde, härter als Braunit, D um 5.0. Matt metallisch braunschwarz mit schwarzem Strich; Fe : Mn meist ungefähr 1 : 1, aber manchmal fast eisenfrei, auch Ti-haltig; ist nicht sehr verbreitet, tritt aber stellenweise in metamorphen Manganlagerstätten in größeren Massen auf (Zentralindien, Långban in Schweden), auch pneumatolytisch in Blasenräumen von sauren Oberflächengesteinen (Utah).

Der *Hausmannit* Mn_3O_4 mit 72% Mn kristallisiert ebenfalls ditetragonal bipyramidal; er hat spinellähnliche Struktur. Die ein- und aufgewachsenen xx zeigen bipyramidale Tracht, die Bipyramiden {111} sind aber steiler als beim Braunit und damit deutlich verschieden vom Oktaeder; sonst ist er dem Brau-

---

[1] Es gibt hierher gezählte Manganoxyde mit einer bedeutenden, dem Polianit entsprechenden Härte (H = 6).

nit ähnlich; Zwillinge nach {101}, häufig zu Fünflingen vereinigt (Abb. 216), auch lamellare Zwillinge; derb, körnig, vollkommen spaltbar nach der Basis, nur sehr wenig weicher als Braunit; $H = 5\frac{1}{2}$; D ungefähr 4.8; fettig metallglänzend, fast schwarz, in dünnen Splittern dunkelbraunrot durchscheinend. Strich braun. — Vorkommen wie Braunit, besonders in hochthermalen Gängen und metamorphen Lagern.

Selten ist der *Manganosit* MnO. Hexakisoktaedrisch, isomorph mit Steinsalz. Kleine Oktaeder oder nach den Würfelflächen spätige Massen, frisch smaragdgrün, aber sich bald schwärzend; grün durchscheinend, auch das Pulver grün. $H = 5\frac{1}{2}$, $D = 4.5$. Sehr schwer schmelzbar, säurelöslich.

Manganit MnO(OH) kristallisiert rhombisch bipyramidal oder eigentlich monoklin mit $\beta = 90^0$. In Drusen oft schöne, große, prismatische xx mit längsgerieften Flächen, vielfach nur mit {110} und {001} (Abb. 217), manchmal auch flächenreicher. Knie- und Durchwachsungszwillinge häufig (Abb. 218). Basis oft löcherig; traubig, stengelig, radialstrahlig oder wirr, selten körnig. Vollkommen spaltend nach {010}, deutlich nach {110}. Spröde, $H = 4$; D fast 4.4; metallisch grauschwarz, in ganz frischem Zustand matt metallisch braunschwarz, in dünnen Splittern rotbraun durchscheinend. Strich dunkelbraun; $n_{\beta Li} = 2.24$, $\gamma - \alpha = 0.31$; O.A.E. parallel {100}. Chlorentwicklung bei Auflösung in Salzsäure, meist oberflächlich in Pyrolusit umgewandelt. — Hydrothermales Auslaugungsprodukt mit Baryt und Calcit in Gängen von Oberflächengesteinen (Harz, Thüringer Wald, Cornwall usw.); gelegentlich auch als Abscheidung aus Thermalwässern.

Manganvitriol (Mallardit) $Mn[SO_4] . 7 H_2O$; monoklin prismatisch, isomorph mit Eisenvitriol; faserig; hellrosa; leicht löslich in Wasser und an der Luft zerfallend; recht selten, da ja auch Mangansulfide nicht häufig sind.

In den Pegmatiten tritt das Mangan als mehr oder weniger wichtiger Bestandteil vieler Mineralien auf, z. B. in Spessartin (S. 131), Triphylin, Lithiophilit (S. 102), Triplit (S. 115) und Niobit-Tantalit (S. 120).

Mangansilikate spielen besonders in metamorphen Manganlagerstätten eine wichtige Rolle. In diesem Zusammenhang sei auch an die ebenfalls metamorphen Mineralien Manganophyll (S. 155) und Manganepidot (S. 137) erinnert.

Der *Tephroit* $Mn_2[SiO_4]$, rhombisch bipyramidal, ist isomorph mit dem Olivin (S. 32); er enthält immer etwas Fe und Mg, manchmal auch Zn; die zinkreichen Abarten werden als *Röpperit* bezeichnet; meist derb, $H = 6$; $D = 4.1$; fleischrot, rötlichgrau oder grau; $n_\beta = 1.786$, $\gamma - \alpha = 0.038$; opt. —. Wenig verbreitet (New Jersey, Långban).

Häufig ist der *Rhodonit* $MnSiO_3$, triklin pinakoidal; rein mit 56% Mn. xx besonders bei den häufigen, zinkhaltigen Abarten tafelig nach {001} oder prismatisch nach [001]. Meist derb, grobspätig bis dicht; nach {110} und {1$\bar{1}$0} vollkommen spaltbar, schlecht nach {001}. Spröde, zähe, muscheliger Bruch: $H = 6$, D je nach der Zusammensetzung (Rhodonit enthält oft an Stelle von Mn beträchtliche Prozentsätze von Fe, Zn und Ca) 3.4—3.7. Glasglänzend, meist nur durchscheinend; fleischrot bis braunrot, beim Verwittern schwarz werdend; Strich weiß, n_β um 1.73, $\gamma - \alpha = 0.012 - 0.015$; $2 V \sim 60^0$. Manganperle; gegen Säuren sehr widerstandsfähig. — Wird wegen der Farbe und schönen Zeichnung zu kunstgewerblichen Gegenständen und Auskleidungsplatten verschliffen. — *Fowlerit* ist ein Rhodonit mit 5—8% Zn, mit Fe und einigen Prozent Ca, der in New Jersey derb und in gut entwickelten xx auftritt (kontaktmetamorph).

Mangan ist ein unentbehrliches Stahlveredlungsmetall, wird aber auch in der chemischen Industrie für die Herstellung vieler Manganverbindungen, dann in der Glasindustrie, Porzellanindustrie usw. sowohl zum Färben wie auch zum Entfärben verwendet; Braunstein findet ausgedehnte Verwendung zur Chlorgewinnung aus Salzsäure. — Jährlich werden etwa 8 Millionen Tonnen durchschnittlich 30%iger Manganerze gewonnen; andere Manganmengen für die Stahlindustrie stammen aus den manganhaltigen Eisenerzen. Die Manganerze kommen überwiegend aus sedimentären, allerdings mehrfach (z. B. Brasilien) metamorphen Lagerstätten und zwar zu über 50% aus Rußland (oolithische Ausscheidungssedimente in der Ukraine, Kaukasus), weiters aus Indien, Goldküste, Brasilien, Kapland, Kuba und Philippinen.

I. Zinnmineralien.

Geochemie des Zinns: Zinn verhält sich in der Erdkruste als lithophiles Metall mit schwach chalkophilen Tendenzen; in den Meteoriten erfährt es aber in der Sulfid- und Metallphase eine wesentlich stärkere Anreicherung als in der Silikatphase. Es ist in der Erdkruste wesentlich seltener (0.004%) als das Zink und tritt fast ausschließlich in Pegmatiten und pneu-

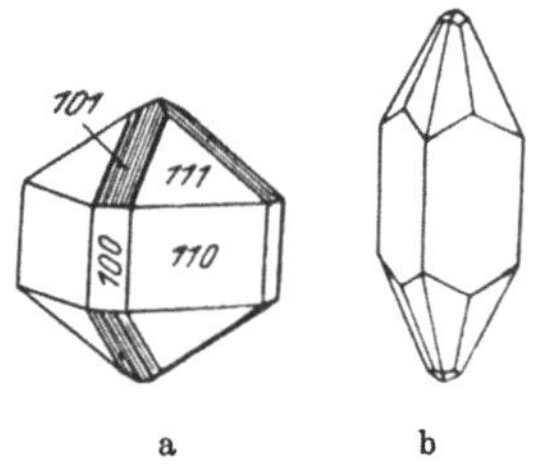

a   b

Abb. 219. a und b. Zinnstein,
säulig-flachpyramidale und
-spitzpyramidale Tracht.

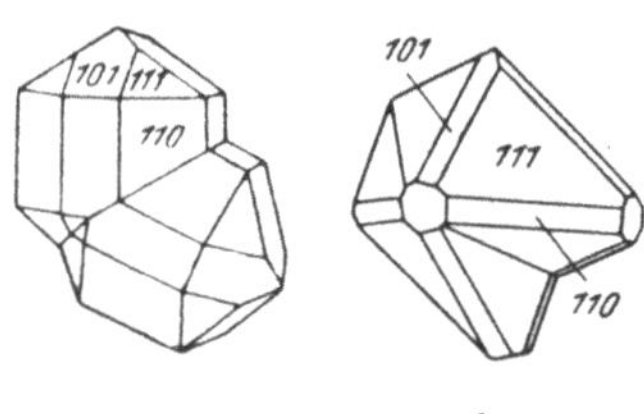

a   b

Abb. 220. a und b. Zinnstein.
(a) Kniezwilling nach {101};
(b) Vielling.

matolytisch-hydrothermalen Restkristallisationen, die mit sauren Eruptivgesteinen in Verbindung stehen, in Erscheinung. Die bedeutende mechanische und chemische Widerstandsfähigkeit des weitaus wichtigsten Zinnminerals, des Zinnsteines, bringt es mit sich, daß sich dieser in Seifen anreichert, daß aber sehr wenig Zinn in die Verwitterungslösungen gelangt, sodaß es in den sonstigen Sedimenten keine Rolle spielt.

Zinnstein (Kassiterit) SnO_2 mit 79% Sn kristallisiert ditetragonal bipyramidal und ist mit dem Rutil isomorph. Die xx in Pegmatiten sind fast reine Bipyramiden {111}, sonst sind sie meist kurzsäulig bipyramidal mit vorherrschendem Prisma {110} und Bipyramide {111}, ferner zurücktretend {100} und {101} (Abb. 219, links) entwickelt. An xx aus Cornwall und Finnland herrschen oft die Formen {110} und die steilen ditetragonalen Bipyramiden {321} vor (Abb. 219, rechts). Tieftemperaturkristalle sind langnadelig *(Nadelzinn)* bis feinfaserig ausgebildet; die Fasern bilden konzentrisch schalige Massen *(Holzzinn)*; Kniezwillinge nach {101} werden als „Visierzwillinge" bezeichnet, seltener sind Viellinge (Abb. 220) oder polysynthetische Zwillinge. Eigenartig sind die feinkörnigen Pseudomorphosen nach Orthoklas (Cornwall). Auf Seifen in Form von abgerollten Körnern bis zu Sandkorngröße herunter *(Seifenzinn)*. — Nur schlecht spaltbar nach {110}; spröd, muschelig brechend; H = 6—7, D um 7.0. Frische Kristallflächen fast diamantglänzend, die Bruchflächen fettig glänzend; meist wenigstens kantendurchscheinend; gewöhnlich braun in verschiedenen Tönen bis braunschwarz, seltener rot, gelb, grünlich, grau oder sogar fast farblos. Strich weiß bis bräunlichgelb.

$\varepsilon = 2.097$, $\omega = 2.001$; $\varepsilon - \omega = +0.096$. — Enthält meistens etwas Fe''' und Mn''' und zum Valenzausgleich etwas Ta'''''. Sehr schwer schmelzbar, mit Soda auf Kohle Zinnflitter; mit Salz- oder Schwefelsäure an der Berührungsstelle mit Zink sich mit feinstem, körnigem metallischen Zinn überziehend, gegen Säuren sehr widerstandsfähig. — In Pegmatiten, auf pneumatolytischen Gängen und in autopneumatolytisch veränderten sauren Eruptivgesteinen *(Greisengesteine)*; reichlich in damit in Verbindung stehenden Seifen.

Die wechselnde Farbe des Zinnsteines ist meist durch sehr feine, orientierte Einwachsungen — Entmischungsprodukte, ebenfalls mit Rutilstruktur, die Ti, Nb, Ta, Mn, Fe usw. enthalten — bedingt. Diese dürften auch das recht wechselnde magnetische Verhalten des an sich paramagnetischen Minerals verursachen.

Zinnkies (Stannin) Cu_2FeSnS_4 mit 30% Cu und 28% Sn kristallisiert tetragonal skalenoedrisch und hat eine der Kupferkiesstruktur (S. 245) sehr ähnliche Struktur; in dessen Gitter ist das Eisen zur Hälfte durch Zinn ersetzt. xx selten und klein, tetraederähnliche Bisphenoide; Zwillinge nach {111} kommen vor; meist derb eingesprengt, feinkörnig bis dicht. Schlecht spaltend nach {110}, Bruch uneben, spröd. H = 4, D um 4.4. Metallisch grauoliv mit schwarzem Strich. Gewöhnlich mit etwas Zinkblende und Kupferkies als Entmischungskörpern eng und gesetzmäßig verwachsen, ferner zusammen mit Silbererzen und Bleiglanz. — Schwer schmelzbar, gibt auf Kohle weißen Zinnbeschlag und Metallkorn; in Salpetersäure unter Abscheidung von Zinndioxyd und Schwefel löslich; verwittert zu feinkörnigem Zinnstein. — Auf pneumatolytischen Vorkommen spärlich neben Zinnstein, auch auf aus heißen, hydrothermalen Lösungen gebildeten Fahlerz-Wolframit-Zinkblendegängen (Sächsisches Erzgebirge, Cornwall, Tasmanien, besonders Bolivien).

Die übrigen Zinnmineralien, z. B. der *Teallit* (S. 256), *Franckeit* (halbmetallisch schwarzgraues, pseudotetragonales Bleizinnantimonsulfosalz aus Bolivien), *Kylindrit* (S. 256) und *Herzenbergit* (S. 256) sind sehr selten und praktisch bedeutungslos; sie sind nur aus Bolivien bekannt. Dort wurde auch die zinnhaltige Abart des Argyrodites (S. 283), der *Canfieldit* $Ag_8(Sn, Ge)S_6$ mit ca. 7% Sn und 2% Ge gefunden.

Zinnerzlagerstätten: Das Zinn wird fast ausschließlich aus dem Zinnstein, sowohl aus den primären Greisen- und ähnlichen pneumatolytischen oder autopneumatolytischen, ferner besonders in Bolivien aus hochhydrothermalen Vorkommen, als auch in bedeutendem Umfange aus den diese Vorkommen begleitenden Seifen gewonnen; in den pegmatitisch-pneumatolytischen Vorkommen wird es besonders vom Wolframit begleitet, auf den hydrothermalen auch stark von Ag, Cu, Zn und Bi-Mineralien; in den Seifen tritt der Wolframit wegen seiner geringeren mechanischen Widerstandsfähigkeit stärker zurück. Die Zinnsteinseifen wurden zum Teil schon in vorgeschichtlicher Zeit ausgebeutet, finden sich aber auch heute noch in beträchtlichen Mengen in Südostasien (Malayenstaaten, Indochina, Siam, Malayischer Archipel, China), Nigeria, Neusüdwales und Victoria; der Zinnsteingehalt kann in den Seifen auf wenige Gramm pro Tonne herabsinken, ohne deren Auswertbarkeit in Frage zu stellen. Von den primären Zinnerzvorkommen sind die europäischen (Sächsisches Erzgebirge, Cornwall) praktisch völlig erschöpft; nur im nordwestspanisch-portugiesischen Grenzgebiet (hier auch noch auswertbare Seifen) wird noch Zinnstein in Europa gewonnen; außerhalb der genannten Seifengebiete gibt es noch größere Zinnsteinlagerstätten im Kongostaat, Tasmanien und Transvaal.

Die Weltjahresproduktion an Zinn beläuft sich unter Mitberücksichtigung der gegenwärtig stark gestörten ostasiatischen Produktion auf etwa 200.000 Tonnen, woran

Südostasien mit $^2/_3$ beteiligt ist; an zweiter Stelle steht bei stark gelichteten Vorräten Bolivien mit $^1/_6$ der Weltproduktion, gut $^1/_{10}$ stammt aus Nigerien und dem Kongostaat. — Verwendung als Reinmetall oder Legierungsmetall (Bronze), ferner in Form von Zinnsulfid (Mussivgold).

Germanium.

Beim Silber, Kupfer und Zinn wurden einige germaniumreiche Minerale genannt, nämlich der *Argyrodit* (S. 283, 3—7% Ge), der *Canfieldit* (S. 275, 2% Ge), und der *Germanit* (S. 249, 6—10% Ge). Das seltene Element Germanium erfährt nicht nur in Verbindung mit diesen Metallen eine gewisse Anreicherung, sondern in geringerem Umfange auch in den Zinkblenden (in den Zinkblenden von Bleiberg, Kärnten z. B. bis zu mehreren Hundertstel Prozenten). Es ist ein überwiegend lithophiles Element mit einer Gesamthäufigkeit in der Erdkruste von kaum 0.001%; geochemisch verhält es sich ähnlich wie das Zinn, insofern als es sich besonders in Restschmelzen und Restlösungen anreichert; außerdem ist es als Spurenvertreter des Siliziums über die Silikatgesteine stark verstreut; es wird in den Meteoriten in der Sulfid- und Metallphase vielfach in einem den Gehalt der Silikatphase übersteigenden Ausmaß beobachtet. — Bei noch sehr hohem Preis gewinnt das Germanium an praktischer Bedeutung: Verstärkereinrichtungen in der Röhrentechnik; für Ultrarot durchlässige Linsen aus germaniumdioxydhaltigem Glas usw.

K. Wolframmineralien.

Geochemie des Wolframs: Für das Wolfram wird meist eine Häufigkeit von 0.008% in den zugänglichen Teilen der Erdkruste angegeben; nach einer neueren Bestimmung soll aber der Durchschnittsgehalt um einige Zehnerpotenzen geringer sein. Jedenfalls ist das Wolfram ein lithophil betontes Metall, das gilt auch von seiner Verteilung auf die Meteoritenphasen. In den basischen Eruptivgesteinen ist es recht spärlich vorhanden, in den sauren mehrfach reichlicher. In Erscheinung in Form von Wolframmineralien tritt es ähnlich wie das Zinn erst in den pegmatitischen, pneumatolytischen und hochhydrothermalen Restkristallisationen. Da das häufigste Wolframmineral, der Wolframit, sehr widerstandsfähig ist, reichert er sich im Verwitterungsverlauf in den Seifen wie der Zinnstein an; wegen seiner guten Spaltbarkeit aber nicht in gleichem Umfang wie dieser, da er mechanisch leicht auf Staubfeinheit zerrieben und in dieser Form stärker verschleppt wird. In die Verwitterungslösungen tritt wegen der chemischen Widerstandsfähigkeit des Wolframites sehr wenig Wolfram ein, sodaß es ebensowenig wie das Zinn in den Ausscheidungssedimenten in Erscheinung tritt.

Der *Wolframit* $(Mn, Fe)WO_4$ mit etwa 60% W kristallisiert monoklin prismatisch; die beiden Endglieder der Mischkristallreihe werden *Ferberit* $(FeWO_4)$ und *Hübnerit* $(MnWO_4)$ genannt. Die oft sehr großen xx sind meist dicktafelig nach {100} ausgebildet (Abb. 221) oder nach {110} prismatisch gestreckt; sie sind häufig recht flächenreich; wichtige Formen sind noch {210}, {102}, {001}, {111} und {011}; manchmal auch dünnadelig nach der Z-Achse und radialstrahlig; xx kräftig längsgestreift; Zwillinge nach der vorderen Endfläche sind häufig, selten solche nach {023}. Auch derb strahlig oder schaligblättrig und in Pseudomorphosen nach Scheelit (s. u.); sehr vollkommen spaltbar nach {010}, Bruch uneben, spröde. H über 5, D um 7.3. Halbmetallisch, fettig bis lebhaft glasglänzend. Bräunlichschwarz, manchmal in dünnen Splittern braunrot durchscheinend. Strich mit Zunahme des Eisengehaltes von gelbbraun bis schwarz. O. A. E. parallel S. E.; $n\alpha = 2.26$, $n_\beta = 2.32$, $n\gamma = 2.42$; $\gamma-\alpha = 0.16$; 2 V um 65°. Stark pleochroitisch; opt. +. Manchmal schwach magnetisch; enthält in einzelnen Fällen etwas Nb, Ta und Seltene Erden. Nicht leicht zu magnetischer Kugel schmelzend; in konzentrierter Schwefelsäure unter Blaufärbung des Pulvers schwer löslich. Wolframit kann mit dem Columbit (S. 120) verwechselt werden. — Vorkommen wie Zinnstein, außerdem selten (hochthermale Gänge) zusammen mit Bleiglanz, Kupferkies und anderen Sulfiden.

Der *Scheelit* $CaWO_4$ mit 84% W kristallisiert tetragonal bipyramidal und ist mit dem Wulfenit (S. 258) isomorph[1]. Auf- und eingewachsene xx, meist bipyramidal ausgebildet (Abb. 222), seltener tafelig; bei den bipyramidalen xx gesellen sich zur Hauptform {101} oft noch die Bipyramide I. Art {111} und die Tritobipyramiden {313} und {311}. Durchdringungszwillinge nach {110} und {100} sind nicht selten und an der federigen Streifung auf {101} zu erkennen. Seltener derb oder in feinkristallinen Krusten, auch pseudomorph nach Wolframit; deutlich spaltbar nach {111}, schlecht nach {101}. Bruch muschelig, spröde. H fast 5. D um 6.0. Auf frischen Kristallflächen diamantglänzend, am Bruch stark fettigglänzend, durchscheinend, schmutzigweiß, gelblich oder bräunlich, selten farblos. Opt. +; $\varepsilon = 1.936$, $\omega = 1.920$ Enthält manchmal mehrere Prozent Mo statt W, gelegentlich auch sehr geringe Mengen von Nb, Ta und Seltenen Erden; fluoresziert im Ultraviolett mit zunehmendem Mo-Gehalt blau bis gelb. — Schwer schmelzbar.

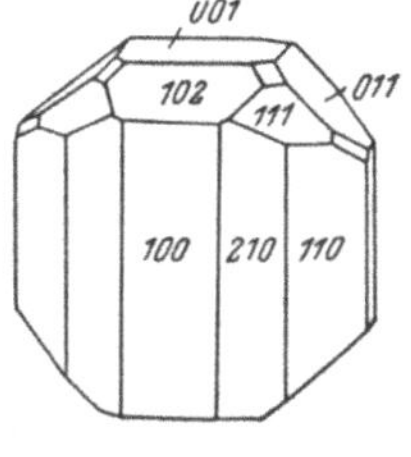

Abb. 221. Wolframit.

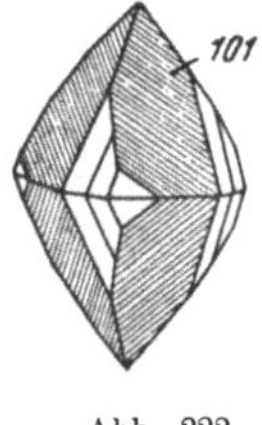

Abb. 222.
Scheelit.

Phosphorsalzperle in der Reduktionsflamme heiß gelbgrün, kalt blau. In Salzsäure unter Ausscheidung von gelbem WO_3 löslich, die Lösung wird bei Erwärmen mit Zinn blau. — Pegmatitisch-pneumatolytisch und kontaktpneumatolytisch neben Wolframit und Zinnerzen weit verbreitet, aber mengenmäßig stark zurücktretend; auch mit sulfidischen Erzen (Boliden). Kommt auch in alpinen Klüften vor (Schweiz, Österreich).

Cuproscheelit ist ein basisches Kupferwolframat $Cu_2[WO_4](OH)_2$.

Über *Stolzit* $PbWO_4$ und *Raspit* von derselben Zusammensetzung vgl. man S. 258.

Recht selten ist der mit dem Molybdänglanz (S. 278) isomorphe *Tungstenit* WS_2 mit der Dichte 8.1.

Der *Wolframocker* $WO_3 . H_2O$ tritt als Zersetzungsprodukt in Form erdiger, grünlichgelber Anflüge auf Wolframit und in Begleitung desselben auf. xx, die nur künstlich erhalten wurden, sind rhombisch und entsprechen der Formel $WO_3 . H_2O . n\beta = 2.24$; opt. —. — Ein seltenes, erdiges, blaß- bis braungelbes, wasserhaltiges Verwitterungsprodukt des Wolframits ist das basische Ferriwolframat *Ferritungstit*; mikroskopische, anscheinend hexagonale Täfelchen.

Für die Weltversorgung mit dem in erster Linie als Stahlveredlungsmetall, dann für die Hartmetall- und Glühlampendrahterzeugung wichtigen Metall Wolfram kommt zu 95% der Woframit in Frage. Jährlich werden etwa 20.000 Tonnen Wolframmetall verwendet; die Erze stammen vorwiegend aus Ostasien (China, Hinterind., Korea) und

---

[1] Die Frage der Symmetrieklasse von Wulfenit und Scheelit ist nicht geklärt: Wulfenit zeigt häufig pyramidale Tracht, Scheelit anscheinend immer bipyramidale; dagegen sind nach den Röntgenaufnahmen die beiden Minerale isomorph und es spricht keine Beobachtung gegen die Annahme bipyramidaler Symmetrie; für letztere spräche auch der Umstand, daß bei beiden Mineralien die bei pyramidaler Tetartoedrie zu erwartende Pyroelektrizität nicht beobachtet werden konnte und daß die Ausbildung und Verteilung der Ätzfiguren ebenfalls das Vorhandensein einer Symmetrieebene senkrecht zur Z-Achse nicht ausschließt.

Bolivien; in Europa (Spanien, Portugal) gibt es nur mehr geringe Bestände an Wolframerzen; in Nordamerika spielt der Scheelit eine gewisse Rolle (Nevada, Californien), ebenso in Südwestafrika.

L. Molybdänmineralien.

Geochemie des Molybdäns: Im Gegensatz zum Wolfram zeigt das Molybdän stark chalkophil-siderophile Tendenzen. Es ist in der Erdkruste wenigstens gewichtsmäßig seltener als das Wolfram. In Erscheinung tritt es wie dieses in gewinnbaren Mengen nur in den pneumatolytischen Restkristallisationen (besonders Colorado, auch Canada, Norwegen usw.), selten abbauwürdig in Pegmatiten und kontaktpneumatolytisch (Nordkaukasus, Canada, Marokko). Da die Molybdänmineralien im Gegensatz zu den Wolframmineralien leicht zersetzlich sind, treten diese nicht in Seifen auf, sondern das Molybdän geht in die Verwitterungslösungen ein und wird aus diesen mit anderen Schwermetallen in wenig konzentrierter Form als Sulfid ausgeschieden. In der Verwitterungszone der Erzlagerstätten trifft man es vielfach in Form von Molybdaten.

Abb. 223. Schichtgitter des Molybdänit (kleine Kugeln = Mo, große = S). Im Gegensatz zum Pyritgitter (Abb. 179) sind hier die Schwefelatome nicht zu Paaren gekoppelt!

Das weitaus häufigste Molybdänmineral ist der *Molybdänglanz (Molybdänit)* $\frac{2}{\infty}$ [$Mo^{[6]}S_a^{[3]}$] h mit 60% Mo. Das hexagonal bipyramidal kristallisierende Mineral ist nach dem Prinzip der Schichtgitter (Abb. 223) aufgebaut. Daraus erklärt sich der blättrige Habitus und die ausgezeichnete, graphitähnliche Spaltbarkeit des Minerals nach der Basis, ferner die geringe Härte (wenig über 1). xx selten, meist schlecht ausgebildete sechsseitige Tafeln, gelegentlich mit Bipyramiden- und Prismenflächen meist verbogen grobschuppig, selten dicht. Blättchen nicht elastisch, sich fettig anfühlend; D = 4.8. Bei starkem Metallglanz bleigrau mit leichtem Stich nach violett; dunkelgrauer Strich. — Sehr schwer schmelzbar, gibt gelbgrüne Flammenfärbung, auf Kohle weißer Beschlag. — Der Molybdänglanz enthält stets etwas von dem sehr seltenen Metall *Rhenium* (bis 0.3%), das keine selbständigen Mineralien bildet und praktisch wegen der geringen verfügbaren Mengen fast bedeutungslos ist, obwohl verschiedene Verwendungsmöglichkeiten gegeben wären. — MoS_2 kommt auch in kolloidaler Form vor (Bleiberg in Kärnten) und führt dann den Namen *Jordisit.*

In der Oxydationszone von metasomatischen Bleizinklagerstätten findet sich stellenweise recht reichlich der *Wulfenit* $PbMoO_4$ (S. 258); Mischkristalle zwischen Wulfenit und Stolzit $Pb(Mo, W)O_4$ kommen vor. Ein seltenes Umsetzungsprodukt des Molybdänites ist der mit dem Wulfenit isomorphe *Powellit* $CaMoO_4$ (Idaho: Seren Devils; Marokko).

Ein seltenes, rhombisches, grüngelbes, stark lichtbrechendes (n_β für Lithium-licht $= 2.55$) Molybdat der Oxydationszone ist der *Koechlinit* $Bi_2O_2[MoO_4]$; verbrei-tet ist in der Verwitterungszone der *Molybdänocker* (*Molybdit*), ein Ferrimolybdat von der Zusammensetzung $Fe_2[MoO_4]_3 . 7 H_2O$; erdig bis faserig strahlig, eingesprengt oder in dünnen Krusten, gelblich; wenn faserig, seidig glänzend, sonst matt; die rhom-bischen xx mit ziemlich starker Lichtbrechung ($n_\alpha = 1.75$, n $= 1.94$) sind sehr selten.

Molybdänlagerstätten sind wenig verbreitet; der Jahresbedarf an diesem wichtigen Stahlveredlungsmetall erreicht zeitweise eine Höhe von 30.000 Tonnen; er wird zu mehr als 80% aus Molybdänglanzlagerstätten in den USA. (Climax Mine in Colorado) bestritten; daneben sind von Bedeutung noch die norweg., mexikan., chilen., jugosl. und marokkanischen Molybdänglanzlagerstätten. Bei der Verhüttung sedimentärer, sulfi-discher Erze reichert sich gelegentlich das Molybdän zu einigen Prozent im Metall-regulus („Eisensau") an, ebenso wird Molybdän als Nebenprodukt aus metasomati-schen Bleizink-Lagerstätten gewonnen, z. B. in Südkärnten. — Außer in der Stahl-industrie wird Molybdän u. a. in Karbidform als Hartmetall verwendet, dann (S.P. 2600°) in Widerstandsöfen.

M. Chrommineralien.

Geochemie des Chroms: Chrom ist ein lithophiles Element mit stark chalko-philen Tendenzen, die sich aber in den Mineralassoziationen der Erdkruste kaum bemerkbar machen; hier ist es wegen seines lithophilen Charakters an die oxydisch-silikatischen Frühkristallisationen gebunden und tritt fast[1]) ausschließlich in Form von Chromeisenstein auf. Wegen dessen schwerer Zersetzlichkeit tritt es nur in Spuren in die Verwitterungslösungen ein und macht sich deshalb in den Sedimenten praktisch nicht bemerkbar. Häufigkeit in der Erdkruste 0.02%.

Das einzige, reichlich auftretende Chrommineral ist der *Chromit* oder *Chromeisenstein* $FeCr_2O_4$, meist mit etwas Mg, Al und Mn. Er gehört zur hexakisoktaedrischen Spinellgruppe und ist daher mit dem Magnetit (S. 232) usw. isomorph. Selten tritt er in gut entwickelten Okaedern auf, meist ist er körnig eingesprengt oder er bildet derbe Massen mit fettigem Metallglanz. Eisenschwarz, undurchsichtig, in feinsten Splittern dunkelbraun durchschei-nend. n (Lithiumlicht) $= 2.1$. Strich braun (Unterschied gegenüber Magnetit!). Meist unmagnetisch H $= 5\frac{1}{2}$, D ~ 4.7. Der Chromgehalt liegt um 37%. — Sehr schwer schmelzbar, beim Erhitzen magnetisch werdend; kalte Borax-perle smaragdgrün, unlöslich in Säuren. — Als frühmagmatische Ausschei-dung fast ausschließlich an Peridotit und daraus entstandene Serpentine ge-bunden, vielfach in Verbindung mit Ni- und Pt-Lagerstätten analoger Ent-stehung; wegen der schweren Zersetzbarkeit reichert er sich in Seifen an. Gelegentlich in wohlentwickelten xx in Meteoriten und als Nebengemengteil in gewissen Kalkassimilationsoberflächengesteinen (besonders in Melilithiten).

Die vereinzelt in der Oxydationszone von Bleilagerstätten auftretenden Bleichromate wurden auf S. 258 beschrieben. — Über Chromepidot vergleiche man S. 137, über Chromchlorit S. 139, über Chromgranat S. 132 und über Chromglimmer S. 51.

Chromit ist das einzige, zur Gewinnung von Chrom verwendete Mineral. Weit verbreitet; große Lagerstätten in Südafrika (Rhodesien, Transvaal), Indien, Neu-kaledonien, in der kleinasiatischen Türkei, Goldküste, Canada, Cuba usw. — Chrom ist wichtig als Verchromungsmetall, als Stahlveredlungsmetall und für die Herstellung von Chromsalzen, die besonders in der Gerberei benötigt werden.

---

[1]) Nur sehr geringe Mengen von Cr^{+3} treten als Vertreter von Mg^{+2} in die basischen Magnesiumsilikate ein.

N. Vanadiummineralien.

Geochemie des Vanadiums: Vanadium ist ein lithophiles Element mit schwach chalkophilen Tendenzen. Es tritt in die oxydischen Frühkristallisationen an Stelle von Eisen ein, ohne dort selbständige Mineralien zu bilden; dann erscheint es immer wieder in geringer Konzentration als Vertreter von Al in den Alumosilikaten; auch im sedimentären Zyklus begleitet es in spärlicher Verteilung das Aluminium, reichert sich aber auch bis zu mehreren Zehntel % in sedimentären Brauneisensteinvorkommen an; infolge der Eigentümlichkeit verschiedener niedriger Organismen, dieses Metall an Stelle von Phosphor in den Blutfarbstoffen zu speichern, kommt es zu bedeutenden Konzentrationen des Vanadiums in Verbindung mit organischen Verwesungsprodukten (Kohle, Erdöl und besonders Asphalt); wegen der kristallchemischen Verwandtschaft seiner dreiwertigen Ionen mit dem dreiwertigen Eisen und besonders dem dreiwertigen Aluminium sind eigentliche Vanadiummineralien ziemlich selten, obwohl das Vanadium an sich wenigstens ebenso häufig (0.015%) ist wie das Kupfer.

Ein wichtiges typisches Vanadiummineral ist der *Patronit* VS_4 mit 28% V. Erdig, dicht, schwarzgrün mit muscheligem Bruch, meist vermengt mit Ton, Quarz, Schwefel und einem asphaltähnlichen, schwefelreichen Kohlenwasserstoff, dem *Quisqueit,* in den Klüften von Asphaltkohlen bei Quisque und Yauli in Peru.

Ein weiteres wichtiges Vanadiummineral ist der unter den Uranmineralien auf S. 130 behandelte *Carnotit* und der verwandte *Tujamunit.*

Über den Vanadiumglimmer *Roscoelith* vergleiche man S. 51. Der *Ardennit* ist ein arsen- und vanadiumhaltiges Mineral aus der Verwandtschaft des Zoisites (S. 216). Ausnahmsweise zu mehreren Prozenten in Kontaktmineralien (Grossular und Turmalin an Kontakten mit bituminösen Schiefern). Der *Vanadinit* und der *Descloizit* wurden auf S. 258, die seltenen Vanadiumsulfosalze des Kupfers auf S. 249 erwähnt. — *Pucherit* $Bi[VO_4]$ ist eine seltene Verwitterungsbildung auf Wismuterzlagerstätten. Er kristallisiert rhombisch, bildet Krusten von kleinen xx, die rotbraun und lebhaft diamantglänzend sind; die Kriställchen spalten vollkommen nach der Basis; n (Lithiumlicht) um 2.5; $H = 4$, $D = 6.2$.

Für die Gewinnung des sehr gesuchten Metalles Vanadium kommen außer Carnotit (USA.), Patronit (Peru) und Bleikupfervandanaten, wie z. B. *Descloizit* (S. 249, besonders Südwestafrika und Rhodesien) noch die vanadiumhaltigen Kohlenaschen und Erdölrückstände, ferner die vanadinhaltigen Eisenerze (USA. usw.) in Frage.

Vanadium ist ebenfalls ein wichtiges Stahlveredlungsmetall, von dem jährlich etwa 3000 Tonnen verwendet werden. Die Hauptgewinnungsgebiete sind Peru, USA., Südwestafrika, Rhodesien und Mexiko.

O. Silbermineralien.

Geochemie des Silbers: Silber ist ein chalkophiles Element, das an der Zusammensetzung der Erdkruste mit etwa 0.00001% beteiligt ist. In Erscheinung tritt es in der pneumatolytischen und besonders in der hydrothermalen Kristallisationsphase, meist vergesellschaftet entweder mit Blei und Zink, oder mit Gold oder mit Kobalt und Uran. Anreicherungen besonders im Eisernen Hut solcher Lagerstätten, wegen einer gewissen Löslichkeit seiner Salze auch in aus Verwitterungslösungen gebildeten Schwermetallsulfid-Ausscheidungslagerstätten.

Silberglanz (Argentit) Ag_2S mit *87%* Ag tritt meist in kubischen Kristallformen auf. Diese hexakisoktaedrische Form ist isomorph mit der Hochtemperaturform des Kupferglanzes und gehört damit dem Antifluorittyp genannten Kristallstrukturtyp an; es handelt sich dabei um ein Flußspatgitter (S. 111), in welchem die Positionen der Kationen von den S-Atomen und die der Anionen von den Ag-Atomen eingenommen werden. Auch bei Ag_2S ist die kubische Form die Hochtemperaturform und zwar oberhalb 179⁰ stabil. Unterhalb dieser Temperatur kristallisiert Ag_2S ebenso wie Kupferglanz rhombisch. Die kubischen Kristalle sind auch lamellar aufgebaut und ihre Symmetrie ist nur eine mimetische. Bei den kubischen oder mimetisch kubischen Kristallen überwiegt der Würfel, meist ist er mit dem Oktaeder, Rhombendodekaeder oder auch dem Pyramidenwürfel {211} kombiniert; Zwillinge nach {111}; xx oft in verzweigten und verästelten Stöcken; derb, körnig und eingesprengt, zahnförmig bis haarförmig, auch in Platten, gestrickten Aggregaten, selbst pulverig, dann *Silberschwärze* genannt; die gekrümmten, zahnartigen Formen sind Pseudomorphosen nach Gediegenem Silber; auch Pseudomorphosen nach Silbersulfosalzen sind nicht selten. Undeutlich spaltbar nach den Würfelflächen; Bruch muschelig; wegen der Geschmeidigkeit, Schneidbarkeit und Prägbarkeit von den alten Bergleuten als „*Weichgewächs*" im Gegensatz zu den spröden Silbererzen („*Röschgewächs*") bezeichnet. H = 2, D = 7.3. Dunkelgrau, metallglänzend nur auf frischen Trennungsflächen, wird bald matt und schwarz. Strich grau glänzend. Leicht schmelzbar unter Bildung eines Silberkorns; in konzentrierter Salpetersäure unter Ausscheidung von Schwefel löslich. Häufig in kleinsten Schüppchen in Bleiglanz als Täger dessen Silbergehaltes eingeschlossen. — Primär auf hydrothermalen Gängen, oft zusammen mit Silbersulfosalzen, vielfach als Umbildungsmineral in der Zementationszone, ferner in Sedimenten unterhalb des Grundwasserspiegels. Zusammen mit Gediegenem Silber und manchmal auch mit Kupferglanz als Versteinerungsmaterial von Pflanzenresten (besonders Silbersandstein von Utah, der trotz der geringen Ag-Konzentration — ¼% bei bedeutender Ausdehnung und Mächtigkeit — bisher hunderte von Tonnen Silber lieferte). — Tieftemperaturkristalle von rhombischem Habitus sind selten, sie führen wegen ihres dornartigen Aussehens den Namen *Akanthit*.

Hessit (Tellursilber) Ag_2Te und *Naumannit* Ag_2Se sind viel seltener, recht ähnlich dem Silberglanz und wie dieser meist in würfeligen xx oder derb auftretend; die xx sind lamellar aufgebaute Paramorphosen der rhombischen, bzw. monoklinen Form nach kubischen Hochtemperaturkristallen.

Der ebenfalls anscheinend kubische *Petzit* $(Ag, Au)_2Te$ enthält 40—50% Ag und etwa 25% Au; metallisch schwarzgrau mit gleichem Strich, spröde, keine Spaltbarkeit. — Die Se- und Te-Mineralien des Silbers sind hydrothermaler Entstehung (Siebenbürgen, Colorado, Westaustralien usw.).

Ein Silberantimonid ist der *Dyskrasit (Antimonsilber)* Ag_3Sb mit 72% Ag; rhombisch, betont pseudohexagonal; Gitter annähernd einer hexagonal dichtesten Kugelpackung entsprechend. xx undeutlich, säulig, pyramidal oder dickplattig; Formen besonders {110}, {010} mit parallel zur X-Achse gestreifter Basis. Repetitionszwillinge und Drillinge nach {110}, sonst derb, eingesprengt, fiedrig gestreifte Bleche, knollige Massen und auch zarte, erdige Anflüge. Vollkommen spaltbar nach {110}, schlechter nach {001}; spröde; H = 3½; D fast 10. Starker Metallglanz, silberweiß bis cremefarben, oft gelb angelaufen; meist verwachsen mit sprödem, antimonhaltigem, gediegenem Silber. — Leicht schmelzend, auf Kohle Antimonbeschlag und Silberkorn. — Nicht allzu häufig auf hydrothermalen Silbergängen, besonders auf kobaltführenden (Harz, Chile, Canada usw.). —

Das nadelige, stalaktitische *Arsensilber*, anscheinend Ag_3As, ist selten; manchmal in dünnen silberweißen, farbbeständigen Lagen in Gediegenes Arsen eingewachsen.

Von den silberweißen Silberamalgamen enthält der körnige oder plattige *Kongsbergii* 70—95% Ag. Er ist mit dem Gediegenen Silber strukturident und eine Hg-haltige Abart desselben. — Häufiger ist der *Moschellandsbergit*, der ebenfalls kubisch kristallisiert und etwa 70% Hg enthält, somit ungefähr der Formel Ag_5Hg_8 entspricht; er hat die komplizierte Struktur des γ-Messings Zn_8Cu_5. Er bildet schöne xx vorwiegend mit $\{110\}$ und $\{211\}$, wozu noch Würfel- und Oktaederflächen treten können, auch körnig. Er ist spröde, hat ungefähr die Härte 3 und eine Dichte von 13.5.

Sehr mannigfaltig sind die auf hydrothermalen Silbergängen auftretenden Sulfosalze des Silbers; sie schmelzen leicht, geben auf Kohle Antimonbeschlag (bzw. Arsenrauch) und mit Soda Silberkorn. Der alte Bergmann hat sie als „*Gültigerze*" bezeichnet und unterschied je nach der Farbe verschiedene Arten derselben. Auf hydrothermalen Silbererzgängen (Harz, Sachsen, Böhmen, Comstock Lode in Nevada, Peru usw.).

Die beiden isomorphen Sulfosalze Pyrargyrit und Proustit bilden die *Rotgültigerze: Pyrargyrit (Dunkles Rotgültigerz, Antimonsilberblende)* Ag_3SbS_3 und *Proustit (Lichtes Rotgültigerz, Arsensilberblende)* Ag_3AsS_3 kristallisieren ditrigonal

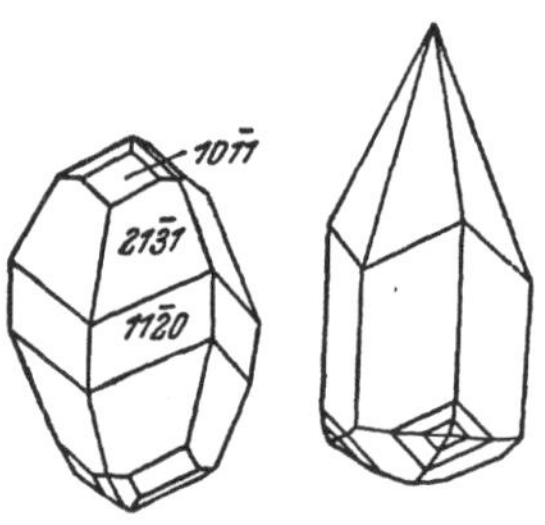

Abb. 224. Pyrargyrit, skalenoedrische und hemimorphe Tracht.

pyramidal; die kurz prismatischen, pyramidal endigenden xx sind besonders beim Pyrargyrit flächenreich; wegen des Vorwaltens von ditrigonalen Pyramiden ist das Aussehen der xx oft skalenoedrisch (Abb. 224). Häufigste Formen sind $\{11\bar{2}0\}$, zur Querrichtung geneigt kombinationsgestreift nach der ditrigonalen Pyramide $\{21\bar{3}1\}$, die ebenfalls häufig und gleichsinnig gestreift ist, ferner treten $\{01\bar{1}2\}$, $\{10\bar{1}1\}$, $\{10\bar{1}2\}$ und andere trigonale und ditrigonale Pyramiden, selten die stets rauhe Basis auf. Prismenflächen als Anzeichen für die Hemimorphie zur Basis unsymmetrisch winkelig gezeichnet. Durchwachsungszwillinge nach $\{11\bar{2}0\}$, auch nach $\{10\bar{1}4\}$ und nach anderen Gesetzen; nach dem zweiten Gesetz auch Drucklamellierung; sonst derb, eingesprengt, auf Klüften dendritisch, auch als Anflug. Deutlich nach $\{10\bar{1}1\}$ spaltend; muscheliger bis splittriger Bruch; mäßig spröde. Beide Mineralien nicht selten in Gediegenes Silber oder Silberschwärze umgewandelt. — Pyrargyrit: H fast 3, D = 5.85; blendeartiger Glanz, auch lebhaft metallisch glänzend oder matt. Dunkelrot, dunkelbleigrau bis schwarz; rot durchscheinend; Strich kirschrot. $\varepsilon = 2.881$, $\omega = 3.084$. 60% Ag, Sb (22%) in geringem Ausmaße durch As ersetzt. Leicht schmelzend, auf Kohle Antimonbeschlag und Silberkorn. — Proustit: H = 2½, D = 5.57. Diamantglänzend, rot durchscheinend. Scharlachrot, am Lichte nachdunkelnd; zinnoberroter Strich. $\varepsilon = 2.792$, $\omega = 3.088$. 65% Ag, As zu einigen Prozent durch Sb ersetzt. Sonst wie Pyrargyrit, beim Erhitzen Arsenrauch, seltener als dieser.

Diese beiden Verbindungen gibt es viel seltener in monoklinen Modifikationen: *Feuerblende (Pyrostilpnit)* Ag_3SbS_3 (Harz, Przibram in Böhmen) und *Xanthokon*

Ag₃AsS₃ (Freiberg in Sachsen, Joachimstal in Böhmen, Ontario, Colorado usw.);
beide treten in büschelig gruppierten, dünntafeligen, roten, durchscheinenden xx auf.

*Stephanit (Melanglanz, Sprödes Glaserz, Schwarzgültigerz, Röschgewächs
i. e. S.)* wird (oder besser gesagt wurde) ebenfalls stellenweise ziemlich reichlich gefunden. Er hat die Zusammensetzung Ag_5SbS_4 ($5\,Ag_2S \times 1\,Sb_2S_3$) mit
69% Ag. Rhombisch pyramidal, pseudohexagonal; xx dicktafelig nach der
Basis, auch prismatisch, oft rosettig gruppiert und formenreich; besonders
die Endflächenformen mit {111}, {021} und {112}. Mimetische Drillinge nach
{110} ähnlich wie bei Aragonit, auch einfache Zwillinge und Wiederholungs-
zwillinge nach diesem Gesetz; vielfach derb eingesprengt. Muscheliger Bruch,
spröde; H = 2½, D = 6.3. Metallisch bleigrau bis fast schwarz, mattschwarz
oder bunt anlaufend; Strich glänzendschwarz; in heißer Salpetersäure unter
Ausscheidung von Schwefel und Antimontrioxyd löslich.

Noch etwas reicher an Silber (bis 72% Ag), ist der *Polybasit*, bei welchem
Ag oft in größerem Umfange durch Cu oder Fe ersetzt ist. Seine Formel ist
Ag_9SbS_6 ($9\,Ag_2S \times 1\,Sb_2S_3$); monoklin prismatisch, pseudohexagonal; dünntafelig und im Gegensatz zum Stephanit vollkommen nach der Basis spaltend;
meist nur {001} $\times$ {110} und {010}; der Winkel zwischen den (110) und
(1$\bar{1}$0)-Flächen kaum von 60⁰ abweichend, ebenso der Winkel β nahezu 90⁰;
auch derb eingesprengt. Milde, H etwas unter 2, D = 6.0—6.2. Metallisch eisenschwarz, in dünnsten Blättchen rot durchscheinend, Strich schwarzrot. Sb
manchmal durch etwas As ersetzt. Wie Stephanit beim Erhitzen zerspratzend.

Miagyrit oder *Silberantimonglanz* $AgSbS_2$ ($Ag_2S \times Sb_2S_3$) mit 37% Ag kristallisiert
monoklin prismatisch in kleinen, spießigen oder dicktafeligen xx. Mattglänzend, bleigrau bis schwarz; in dünnsten Schichten rot durchscheinend; Strich wie Pyrargyrit.
Stellenweise in größeren Mengen neben Rotgültigerz (z. B. Sachsen und Harz).

Ein Wismutsulfosalz des Silbers ist der viel seltenere *Silberwismutglanz (Schap-
bachit, Matildit)* $AgBiS_2$ mit 31% Ag und 54½% Bi. Er hat sich in der Natur immer nur
in der kubischen, oberhalb 210⁰ beständigen Form mit Steinsalzstruktur gebildet und ist
in dieser Form in Ag- und Bi-haltigen Bleiglanzen eingebaut. Nur neben Bleiglanz
(Schwarzwald, Colorado, Peru). Bei tieferen Temperaturen rhombisch, die xx stellen
stets Paramorphosen der rhombischen nach der kubischen Form dar.

Als *Weißgültigerz* bezeichnet der Bergmann die silberreichen Fahlerze (S. 248).

Die *Silberkiese Sternbergit* $AgFe_2S_3$, *Agyropyrit* $Ag_3Fe_7S_{11}$ und *Argentopyrit*
$AgFe_3S_4$, sind seltene Silbermineralien mit magnetkiesähnlichen, tafeligen und gut
nach der Tafelfläche spaltenden xx; auf einzelnen Silbererzgängen, z. B. Harz,
Joachimstal, Peru.

Eine besondere Erwähnung verdient der *Argyrodit* Ag_8GeS_6; er kristallisiert
rhombisch-pseudokubisch und bildet zu warzigen Gruppen vereinigte, winzige Kriställchen oder derbe, nierige Massen. Keine Spaltbarkeit, wechselnd mild; H = 2½;
D = 6.2. Metallisch stahlgrau, auf frischen Bruchflächen leicht rötlich. Er enthält
etwa 76% Ag und 6½% Ge. Schmilzt ziemlich leicht, gibt im Kölbchen schwarzen
und auf Kohle weißen bis gelben Beschlag; nur bekannt von Freiberg in Sachsen
und von mehreren Fundorten in Bolivien. Im Argyrodit wurde 1885 von WINKLER
das Germanium entdeckt.

Gediegenes Silber, das häufig mit Gold Mischkristalle bildet, auch in der
Regel etwas Kupfer und manchmal Quecksilber und Antimon enthält, kristallisiert hexakisoktaedrisch und ist isomorph mit Kupfer, Gold, Platin usw.
Die xx sind vorherrschend Würfel, aber auch {111}, {110} und {210}, einfach
oder kombiniert; Zwillinge nach {111}, auch lamellar, dann meist tafelig verzerrt. Dentritische oder federige Aggregationen, bei Parellelverwachsung mit
rechtwinkeligen Abzweigungen, in Zwillingsstellung stehen diese unter 60⁰
zueinander. Überwiegend aber derb eingesprengt, plattig, blechartig, auch

löcherige Klumpen, die mehrere hundert Kilogramm wiegen können; ferner zahnartig, moosartig oder haarartig; Pseudomorphosen nach Silberglanz und Gültigerzen. Hackiger Bruch, sehr dehnbar, geschmeidig und hämmerbar. H fast 3; D je nach der Zusammensetzung stark schwankend, zwischen 9.6 und 12, letzteres bei hohem Goldgehalt, im reinen Zustand D = 10.5. Silberweiß, metallglänzend, aber meist gelb bis schwarz angelaufen, Strich metallisch silberweiß. Reines Silber schmilzt bei 960°. Brechungsexponenten sehr klein, 0.181 für Na-Licht, besonders hohes Reflexionsvermögen; in dünnen Blättchen blau durchscheinend. In Salpetersäure und konzentrierter Schwefelsäure löslich. — Besonders in der Zementationszone, ausgefällt aus herabtretenden Silbersalzverwitterungslösungen, weniger reichlich in der Oxydationszone; auf hydrothermalen Gängen primär mit Gold, sonst selten, nur stellenweise in größeren Mengen (Kongsberg, Joachimstal, Freiberg); auch zusammen mit sedimentären Schwermetallsulfiderzen. — Über Kongsbergit (Ag, Hg)[12] k siehe S. 282.

Im Eisernen Hut von Silberlagerstätten treten Halogenverbindungen dieses Edelmetalles auf; sie entstehen aus den zuerst sich bildenden unbeständigen Silberkarbonaten und Silbersulfaten durch Wechselwirkung mit Salzlösungen, also in Meeresküstennähe oder in Trockengebieten oder unter dem Einfluß der in der Atmosphäre vorhandenen Halogene; verbreitet, z. B. Sachsen, Anden, Utah, Colorado, Mexiko, Australien. Sie werden vielfach unter dem Namen *Silberhornerz* zusammengefaßt.

Chlorsilber (Silberhornerz i. e. S., Kerargyrit) Ag[6]Cl[6] k mit 75% Ag. Als häufigstes der natürlichen Silberhalogenide spielte es früher mehrfach als Silbererz eine größere Rolle. Heute sind diese oberflächennahen Vorkommen meist schon erschöpft. Chlorsilber kristallisiert hexakisoktaedrisch und ist isomorph mit dem Steinsalz. Die seltenen, kleinen, zu Krusten vereinigten xx zeigen die Würfelflächen, seltener die des Oktaeders und Dodekaeders. Derbe Massen oder feinkörnige Krusten, auch stalaktitisch, parallelfaserig oder dendritisch. Geschmeidig und schneidbar, daher keine Spaltbarkeit. H = 1½, D = 5.6. Manchmal Se-hältig. Ganz frisch farblos mit sehr lebhaftem Glasglanz, wird es aber sofort matt und besonders am Lichte düsterfarbig, grau, gelb bis schwarz. Frisch durchscheinend; n = 2.06. Strich glänzend. Leicht schmelzbar zu düsterfarbiger Perle; in Ammoniak löslich.

Isomorph damit ist das *Bromsilber (Bromargyrit, Bromit)*, das dem Chlorsilber recht ähnlich ist. Es ist nur ein wenig härter und hat die Dichte 6.0. n = 2 25. Gelb bis bernsteinfarben, auch olivgrün, grau anlaufend. Häufig sind Mischkristalle Ag (Br, Cl), aber nur derb, man nennt sie *Embolit*. — Der *Jodobromit* ist ebenfalls eine Mischkristallart, die außer Cl und Br noch J enthält und kleine, gelbe xx bildet.

Jodsilber (Jodargyrit, Jodit) Ag[4]J[4]h mit 46% Ag kristallisiert dihexagonal pyramidal und ist mit dem Wurtzit (S. 261) isomorph; es bildet selten von Prisma, Basis und Pyramide abgegrenzte Tafeln; meist tritt es in biegsamen Blättern oder Platten auf oder auch eingesprengt. H nicht viel über 1, D = 5.6. Grau oder gelb bis braun, fettglänzend mit glänzendem Strich; durchscheinend. ε = 2.22, ω = 2.21. Gut spaltbar nach der Basis, ebenfalls schneidbar und leicht schmelzend. Geht bei 146° in eine rote, kubische Modifikation über; z. B. Dernbach in Nassau (mit jodhaltigem Bromit), Chile, Nevada.

Hydrothermal tritt das Silber in Gangsystemen auf, zusammen mit Gold (wobei dieses oder das Silber vorherrschen kann) oder vielfach mit Kobalt, Wismut und Uran; diese Ganglagerstätten sind heute in Europa weitgehend erschöpft; in diesem Zusammenhang muß daran erinnert werden, daß ein großer Teil des heute gewonnenen Silbers aus den hydrothermalen Bleizink·

erzgängen („edle“ Gänge bei stärkerer Ag-Führung; verbreitet) stammt; auch auf kontaktpneumatolytischen Bleizinklagerstätten (Mexiko, Neumexiko). Die Anreicherung des Silbers, besonders in der Zementationszone des Eisernen Hutes, wurde wiederholt erwähnt. In Sedimentationslagerstätten erreicht das Silber nur selten größere Bedeutung: Ausscheidungen in Trockengebieten (Silver Reef in Utah).

In der Weltsilberproduktion von jährlich etwa 10.000 Tonnen sind Nord-, Süd- und Mittelamerika mit etwa 80% führend (besonders Mexiko, USA., Bolivien und Peru). — Silber ist Münz-, Hortungs- und Schmuckmetall, findet aber auch vielseitige technische Verwendung als Reinmetall und besonders im legierten Zustand, ferner als Katalysator in der chemischen Industrie und für die Herstellung von verschiedenen Silberverbindungen, die besonders in der Phototechnik benötigt werden.

P. Gold.

Geochemie des Goldes: Gold ist rund zwanzigmal seltener als Silber. Es ist als siderophiles, viel weniger als chalkophiles Element zu bezeichnen. In Erscheinung tritt es erst mit Silbermineralien zusammen oder selbständig in Quarz, Arsenkies oder Schwefelkies eingewachsen in der hydrothermalen Kristallisationsphase. Seine Widerstandsfähigkeit gestattet im Gegensatz zum Silber seine Anreicherung in Seifen, während in Verwitterungslösungen dementsprechend nur sehr wenig Gold eintritt, sodaß die Ausscheidungssedimente kaum jemals ins Gewicht fallende Goldmengen aufweisen.

Gold kommt in der Natur überwiegend als *Gediegenes Gold* vor; dieses ist aber keineswegs rein, sondern enthält fast immer beachtliche Mengen von Silber (2—20%) in Mischkristallform eingebaut; Seifengold ist durchschnittlich ärmer an Silber als das Berggold, weil das reaktionsfähigere Silber im Zuge der Verwitterung stärker ausgelaugt wird; auch etwas Kupfer und Wismut kann das Gediegene Gold enthalten; ferner auch hohe Prozentsätze von Palladium und Rhodium (*Palladiumgold* und *Rhodiumgold*). Das weiche, silberhaltige *Goldamalgam* enthält etwa 40% Au; Goldamalgam ist zerdrückbar und wird in Seifen sehr verstreut gefunden (Amerika). Natürliches Gold mit einem Silbergehalt von mehr als 20% bezeichnet man als *Elektrum.*

Gediegenes Gold Au[12] k kristallisiert hexakisoktaedrisch und ist mit dem Silber und Kupfer isomorph, mit ersterem in jedem Verhältnis mischbar. Die nicht allzu häufigen xx sind in der Regel stark verzerrt, haben häufig matte, gekrümmte Flächen und gerundete Ecken und Kanten; oft sind die xx zu fiedrig gestrickten, dendritischen Gruppen oder Blechen zusammengefaßt. Die xx zeigen überwiegend Oktaeder-, Würfel- oder Dodekaederform, auch in verschiedenen Kombinationen unter sich oder mit anderen höher indizierten Formen. Zwillinge wie bei Silber. Meist derb, eingesprengt, oder auf- und eingewachsen in Körnern, Blechen oder Flittern; auch draht- oder moosförmige Formen; in Seifen in Form von oft löchrigen Klumpen, Körnern oder Schüppchen. Bruch hackig, sehr dehnbar, läßt sich (zum Unterschied gegenüber den ähnlich farbigen Kiesen!) mit dem Hammer zu Blättchen ausschlagen. H fast 3, D je nach dem Ag-Gehalt stark schwankend zwischen 15 und 19.3; letzteres ist die Dichte von Feingold. Metallisch glänzend, in dünnsten Schichten blau durchscheinend. Lichtbrechung fast doppelt so hoch wie die des Silbers; hohes Reflexionsvermögen. Gelb in verschiedenen Tönen, bei großem Silbergehalt fast silberweiß[1]) oder (Verwitterungsrückstände) als braunes Pulver; goldfarbener Strich (auch daran leicht vom Pyrit und Kupferkies zu unterscheiden!). Schmelzpunkt des reinen Goldes 1063°; schmilzt zu Metallkugel, wenn silberreich Silberperle. Löslich in Königswasser, bei Ag-Gehalt unter Abscheidung von Chlorsilber, ferner, was für seine Gewinnung wichtig ist, in Chlorgas und Cyankalium. Mit Quecksilber sofort Amalgame bildend.

Die an Bedeutung stark zurücktretenden, natürlichen Goldverbindungen sind hydrothermal gebildete Telluride.

Sylvanit (Schrifterz) $AuAgTe_4$ mit durchschnittlich 27% Au und 13% Ag; das Gold-Silberverhältnis ist nicht immer konstant. Sylvanit kristallisiert monoklin prismatisch. Die kleinen, längsgestreiften xx sind tafelig oder spießig und ordnen sich auf den Erzgesteinsflächen oft zu fiedrig gestrickten, schriftähnlichen Gruppen zusammen (Name!); sie spalten sehr gut nach {010}; milde, H fast 2, D = 8.3. Metallglänzend, stahlgrau bis silberweiß, manchmal mit gelblichem Stich. Gibt im Kölbchen Sublimat von telluriger Säure; leicht schmelzbar; auf Kohle Tellurigsäurebeschlag, mit Soda Edelmetallkorn. — Besonders mit Rhodochrosit auf jüngeren Golderzgängen, die in Verbindung mit Oberflächengesteinen stehen, z. B. in Siebenbürgen, Californien und Colorado, Kagoorlie in Westaustralien, Ontario.

Calaverit ist seltener, er hat die Zusammensetzung $AuTe_2$ mit über 40% Au und enthält meist einige % Ag; etwas härter und dichter als Schrifterz. Ebenfalls längsgestreifte, prismatische xx von metallisch weißlichgelber Farbe und gelblichgrauem Strich. Monoklin pseudorhombisch.

Über *Petzit* vergleiche man S. 281; eine ähnliche Formel hat der rhombische, silberweiße bis messinggelbe *Krennerit* $AuTe_2$, bei dem das Gold vor dem Silber stark überwiegt. — *Aurostibit* $AuSb_2$ k wurde in Körnern eingewachsen in Ontario gefunden; er hat Pyritstruktur.

Der *Nagyagit (Blättertellur)* ist ein verhältnismäßig goldarmes Mineral von sehr komplizierter Zusammensetzung und unsicherer Formel, die sich einigermaßen durch $Au_2Pb_{14}Sb_3Te_7S_{17}$ darstellen läßt; Goldgehalt um 10% stark schwankend, monoklin, pseudotetragonal nach der Y-Achse. xx dünntafelig nach {010}, lamellenartig auf Gesteinsklüften oder in blättrigen Aggregaten eingesprengt. Nach der Tafelfläche ausgezeichnet spaltend; milde und biegsam, H wenig über 1 (gutes Unterscheidungsmerkmal gegenüber dem in mancher Beziehung ähnlichen tafeligen Eisenglanz!); D um 7.3 ziemlich schwankend. Matt metallisch dunkelbleigrau mit bräunlichschwarzem Strich. Auf Kohle Bleibeschlag; beim Erhitzen Bildung von telluriger Säure und Antimonbeschlag. — Vorkommen wie Sylvanit, meist mit diesem zusammen.

In den hydrothermalen Vorkommen tritt das Gold mit Schwefelkies, Arsenkies, Quarz oder mit Rhodochrosit und anderen Manganmineralien und Schwerspat auf. Die letzteren Gänge (junge Golderzgänge) sind an vulkanische Gesteine gebunden und stehen nicht selten mit Imprägnationen in Verbindung; sie führen auch die Goldtelluride; die ersteren (goldhaltige Kiese, Goldquarze) sind als alte, in der Regel silberarme Goldlagerstätten an Tiefengesteine gebunden und nehmen manchmal metasomatischen Charakter an. Für die Goldgewinnung auch heute noch wichtig sind die Goldseifen (Seifengold im Gegensatz zum Berggold), von welchen man sowohl fossile

---

[1]) Sehr selten infolge „natürlicher Kupferplattierung" oberflächlich kupferrot.

wie auch rezente kennt; in Sanden und Schottern (fossilen Konglomeraten) tritt das Gold in Begleitung von anderen Schwermineralien auf. —

Die Berggoldgewinnung ist unter günstigen Umständen noch bei einem Goldgehalt von 2 g pro Tonne lohnend, die Seifengoldgewinnung noch bei Gehalten von einigen Zehntel g pro Tonne.

Die Weltproduktion beläuft sich gegenwärtig auf über 1000 Jahrestonnen; daran ist Transvaal (besonders fossile Seifenkonglomerate von Witwatersrand) mit etwa 1 Drittel beteiligt, dann folgen Rußland, USA. (Berg- und Seifengold) und Canada; in Europa hat seit kurzer Zeit die schwedische Goldproduktion mit vorübergehend 10 Jahrestonnen die Führung übernommen (goldhaltige Arsenkiese von Boliden). — Gold ist überwiegend Hortungs-, dann Münz- und Schmuckmetall; in letzterem Falle wird es zwecks Erhöhung der mechanischen Widerstandsfähigkeit mit härteren Metallen (Kupfer, auch Platin und Zink) legiert. In der Technik gibt es verschiedene Anwendungsmöglichkeiten für das Gold im reinen oder legierten Zustand, mengenmäßig spielen diese Verwendungsarten aber eine geringe Rolle: Physikalische und chemische Apparate, Füllfedern, Zahnersatzmaterial, Blattgoldbeschläge, Plattierungen usw.

Q. Platinmetalle.

Geochemie: Die sechs Platinmetalle: Ruthenium, Rhodium, Palladium, Osmium, Iridium und Platin, sind in der Erdkruste recht selten; sie sind siderophile Elemente, nur das Palladium und das Ruthenium zeigen stärkere chalkophile Tendenzen. Dementsprechend sind sie in den Eisenmeteoriten viel reichlicher als in den Gesteinen der Erdkruste vorhanden, in welche nur spärliche Reste Eingang gefunden haben. Pt ist in der Erdkruste ungefähr ebenso häufig (bzw. selten) wie das Gold, das Palladium ist etwa doppelt so häufig, während die übrigen Platinmetalle um etwa eine Zehnerpotenz seltener sind. In den Eisenmeteoriten kann der Gehalt an Platinmetallen bis auf 100 g pro Tonne ansteigen, im Durchschnitt beträgt er hier 50 g pro Tonne, während die irdischen Gesteine durchschnittlich 0.02 g pro Tonne enthalten; in der Troilitphase der Meteoriten sind einige wenige Gramm Platinmetalle pro Tonne enthalten. — Die Platinmetalle erfahren in der Erdkruste eine Anreicherung in den basischen magmatischen Gesteinen in Verbindung mit dem Chromeisenstein oder mit nickelhaltigen Magnetkiesen, in letzterem Falle unter starkem Hervortreten des Palladiums; in den hydrothermalen Kristallisationsphasen spielt nur das Palladium in einzelnen Fällen eine gewisse Rolle. Die chemische Widerstandsfähigkeit der reaktionsträgen Platinmetalle ermöglicht ihre Anreicherung in Seifen nach Zerstörung des Muttergesteins, das maximal in kleinen Bereichen Platingehalte von 50 g pro Tonne aufweist; bis in die letzten Jahrzehnte waren die Platinseifen die einzige Quelle für die Gewinnung der Platinmetalle.

Die Platinmetalle treten in der Natur weitaus überwiegend in Form von Legierungen untereinander oder mit mehreren Prozent Fremdmetallen (z. B. Eisen) auf. Die natürlichen Legierungen mit überwiegendem Platinmetall werden als *Gediegen Platin* bezeichnet, die iridiumreichen als *Iridioplatin.*

Gediegen Platin kristallisiert hexakisoktaedrisch und ist isomorph mit dem Gediegenen Kupfer, Silber und Gold. Deutliche xx sind selten, Würfel, manchmal mit Oktaeder und Rhombendodekaeder und verschiedenen Pyramidenwürfeln; überwiegend körnig, in Seifen in unregelmäßigen, häufig löchrigen Klumpen und Körnern. Bruch hackig, sehr duktil; H etwas über 4; D bei Gediegenem Platin mit Rücksicht auf seinen bis zu 20% reichenden Eisengehalt und den Gehalt an leichteren Platinmetallen zwischen 14 und.

19 schwankend; Feinplatin hat eine Dichte von 21.5. Stahlgrau bis silberweiß, metallisch glänzend mit dunkelgrauem, metallischem Strich; eisenreiche Vorkommen *(Eisenplatin)* sind magnetisch; n etwas über 2.0. Feinplatin schmilzt bei 1755°, ist daher erst im Knallgasgebläse schmelzbar und schweißbar. Nur in heißem Königswasser löslich.

Auch fast reines *Iridium* kommt mit Platin zusammen auf Platin- und Goldseifen in kleinen, gerundeten xx vor. Es ist isomorph mit dem Platin. Der Schmelzpunkt des reinen Iridiums beträgt 2350°; es ist auch in Königswasser unlöslich.

Ferner gibt es natürliche Legierungen, die überwiegend aus Iridium und Osmium bestehen, daneben manchmal hohe Prozentsätze von Rhodium und Ruthenium enthalten. Wenn Osmium vorwaltet, werden solche natürlichen Legierungen als *Osmiridium (Newjanskit)*, wenn Iridium vorherrscht, als *Iridosmium .(Sysserskit)* bezeichnet. Beide Legierungen kristallisieren wie das reine Osmium hexagonal (hexagonal dichteste Kugelpackung). Kleine Täfelchen nach der Basis, die gut nach der Basis spalten; diese Legierungen enthalten auch die übrigen Platinmetalle in geringen Mengen; die Dichte schwankt zwischen 19 und 21. Ebenfalls auf Platin- und Goldseifen, besonders in Südafrika, Tasmanien, Californien.

Sehr selten wurde fast reines *Palladium*, das in Salpetersäure löslich ist, in der Natur gefunden (Transvaal, Brasilien, Ural).

Potarit ist ein in den Seifen von Britisch Guyana in kleinen glänzenden Körnern gefundenes, kubisches Palladiumamalgam von der Zusammensetzung Hg_2Pd_{2-3}; H = 3½. D fast 15.0; wahrscheinlich nicht homogen.

Aurosmirid ist eine seltene, natürliche Legierung des Iridiums mit Gold und Osmium mit ungefähr 50% Iridium und 3% Ruthenium. Ural.

Stibiopalladinit, ungefähr Pd_3Sb, vermutlich hexagonal dichteste Kugelpackung, metallisch rötlichweiß mit schwarzem Strich, wurde nur in gerundeten Körnern mit einer Härte von 4½ gefunden; es ist wohl ein (vielfach übersehener) wichtiger Träger des Palladiumgehaltes von Nickelmagnetkiesen; besonders Transvaal (hier auch in Pegmatit).

Natürliche Verbindungen der Platinmetalle sind selten. Am häufigsten ist der *Sperrylith* $PtAs_2$; er kristallisiert dyakisdodekaedrisch und ist isomorph mit dem Pyrit. Meist kleine xx mit Würfel, Oktaeder und dem Pentagondodekaeder {210}, zinnweiß, metallisch glänzend. H = 6½, D = 10.6. Strich schwarz. Enthält auch ziemlich reichlich Pd, ferner etwas Rh, Te und Sb; er ist der Hauptträger des Platingehaltes in den Nickelmagnetkiesvorkommen; besonders in Transvaal und in Canada; damit ist er heute das für die Platingewinnung wichtigste Mineral; schöne, große xx in pegmatitischen Bildungen in Transvaal; recht widerstandsfähig, daher auch in Seifen übergehend.

Viel seltener ist der isomorphe, osmiumhaltige *Laurit* RuS_2; halbmetallische, schwarze, oktaedrische Körner auf Platinseifen (Borneo, Südafrika).

Braggit (Pt, Pd)S mit einigen % Ni, kristallisiert tetragonal bipyramidal; D ~ 10; metallisch weißgraue Körnchen in Platinerzen von Transvaal; er tritt zusammen mit dem ebenfalls tetragonalen, häufigeren *Cooperit* PtS, der ditetragonal bipyramidal kristallisiert und mit dem Braggit nicht isomorph ist, auf. Metallisch gelblichweiß. H = 5, D = 9.

Lagerstätten der Platinmetalle: Bis in unser Jahrhundert hinein wurden die Platinmetalle fast ausschließlich aus Seifen gewonnen (Ural, Kolumbien), deren durchschnittlicher Gehalt an Platinmetallen etwa 2 g pro Tonne beträgt. Erst mit dem Influßkommen der Nickel- und Kupfergewinnung aus den nickelhaltigen Magnetkiesen (mit Pentlandit und Kupferkies) der gabbroiden und noritischen Gesteine Canadas (Sudbury-Distrikt) verlagerte sich das Schwergewicht der Gewinnung von Platinmetallen (neben Platin reichlich Palladium) mehr und mehr nach dieser Richtung, d. h. nach Seiten der primären Vorkommen hin; in den canadischen Vorkommen ist der Gehalt an Platinmetallen an sich recht gering, anders ist es bei den sich später in die Weltnickelproduktion einschaltenden Vorkommen an Platinmetallen, teilweise zusammen mit Chromit in Duniten, teilweise mit Magnetkies-Pentlandit in Pyroxeniten, in Südafrika; hier bewegt sich bei geringer Nickelführung der Gehalt an Platinmetallen in der Regel zwisch 0.5—5 g pro Tonne Gestein, erreicht aber stellenweise die Höhe von etwa 30 g pro Tonne; damit werden hier die Platinmetalle (im Vergleich zu den canadischen Vorkommen tritt in Südafrika das Palladium gegenüber dem Platin stärker zurück) zu den hauptsächlich gesuchten Metallen, das Nickel stellt das Nebenprodukt dar; in ähnlicher Weise sind im Ural die platinführenden Seifen neben Chromit an dunitische Gesteine mit sehr geringen Primärgehalten an Platinmetallen gebunden; die Uralseifen haben bisher mindestens 400 Tonnen Platinmetalle, überwiegend Platin, geliefert und dürften sich bald erschöpfen, während die primären platinführenden Dunite und die daraus entstandenen Serpentine (letztere enthalten neben Platin noch besonders Iridium und Osmium) wegen ihrer durchschnittlich sehr geringen Metallführung noch kaum in größerem Umfange angegriffen sind. — In Transvaal gibt es auch kleinere kontaktpneumatolytische Lagerstätten, die frei von gediegenen Platinmetallegierungen sind, aber Stibiopalladinit, Sperrylith und Cooperit führen; ähnliche Lagerstätten in Minas Geraes (Brasilien) führen Palladiumgold. —

Die Jahresgewinnung an Platinmetallen beträgt gegenwärtig etwa 20 Tonnen unter vorwiegender Beteiligung von Canada; es folgen im weiten Abstand Rußland, Südafrika und Kolumbien. — Vielseitig ist die Verwendung der Platinmetalle in Laboratorien und in der Großtechnik (Geräte, Apparate, Spinndüsen für die Kunststoffindustrie, Katalysatoren, Normalmaße, Zahnersatz usw.); Platin dient auch als Schmuckmetall und wurde (als ältestes Sintermetall!) im kaiserlichen Rußland auch als Münzmetall verwendet.

R. Quecksilbermineralien.

Geochemie des Quecksilbers: Das in der Erdkruste seltene, chalkophile Quecksilber tritt nur in den tiefhydrothermalen Restkristallisationen in Erscheinung; im Sedimentationsbereich kommt es zu keinen Anreicherungen dieses Metalles, dessen wenig verbreitete, primäre Mineralien leicht zersetzlich sind.

Der *Zinnober (Cinnabarit)* HgS mit 86% Hg kristallisiert trigonal trapezoedrisch, xx meist klein und flächenreich (Abb. 225) in Drusen; tafelige oder rhomboedrische Tracht, im letzteren Falle würfelähnlich, da die Polkantenwinkel des Rhomboeders

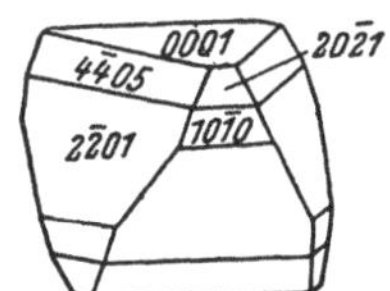

Abb. 225. Zinnober.

$\{10\bar{1}1\}$ nur wenig kleiner als 90⁰ sind; Trapezoederflächen kommen vor, häufiger sind Bipyramiden und andere Rhomboeder, am häufigsten die Basis. Durchdringungszwillinge nach $\{0001\}$. Derb, körnig bis dicht, massig oder eingesprengt, auch als erdiger Anflug. Vollkommen spaltend nach dem Grundrhomboeder, sonst splittrig brechend, mild. H etwas über 2, D = 8.1. Diamantglänzend, verschieden tiefrot, dichte Aggregate häufig wegen

Fremdbeimengungen braun bis schwarz, auch stahlfarben *(Stahlerz)*; Strich cochenillerot. In der Flamme völlig flüchtig, sublimiert; mit Soda auf Kohle Quecksilbertropfen; nur im Königswasser löslich. *Quecksilberziegelerz* ist *reiner*, lebhaft roter, erdiger Zinnober. Als *Quecksilberlebererz* bezeichnet man von Zinnober dicht durchtränkte, rötlichbraune, bituminöse Tonschiefer; *Korallenerz* ist von Zinnober knollig durchsetzter bituminöser Schiefer mit Brachiopodenschalen. Sehr starke Lichtbrechung und positive Doppelbrechung ($\varepsilon = 3.20$; $\varepsilon - \omega = 0.35$), etwa 15 mal stärker zirkularpolarisierend als Quarz (Tabelle!). — Die Struktur ist durch das Auftreten paralleler Spiralketten entlang der Hauptachse gekennzeichnet, in welchen jedes Hg-Atom an 2 S-Atome homöopolar gebunden ist. — Auf den Lagerstätten begleitet von Schwefelkies, Antimonit, Quarz und Karbonaten; in Gängen, Imprägnationen und Metasomatosen, besonders in Sedimenten, auch als rezente Bildung aus vulkanischen Exhalationen und Thermen; ferner als Verwitterungsprodukt von Quecksilberfahlerz in metasomatischen Spateisensteinvorkommen. — Für die Quecksilberversorgung fast allein wichtig. Wird für Malerzwecke auch künstlich hergestellt.

Drehung der Polarisationsebene
durch 1 mm dicke, zur optischen Achse senkrechte Platten von Zinnober.

Wellenlänge	Drehung
7621 Å	86.2⁰
7188 Å	132.6⁰
6563 Å	241.4⁰
6278 Å	322.5⁰
5893 Å	455.0⁰

Viel seltener ist die hexakistetraedrische Modifikation von HgS, der grauschwarze, metallisch glänzende *Metacinnabarit*. xx sehr klein, meist Kombinationen der beiden Tetraeder mit oder ohne Rhombendodekaeder, meist erdig. $H = 3$; D fast 7.8. Spröde, isomorph mit Zinkblende; manchmal selenreich *(Onofrit)* oder zinkhaltig; besonders im Ausgehenden von Zinnoberlagerstätten. — Der schwarzgraue *Tiemannit* HgSe ist isomorph mit dem Metacinnabarit; ebenfalls kleine Tetraeder oder feinkörnig bis dicht; zusammen mit anderen Selenerzen (Harz, Utah). — Auch der eisenschwarze *Coloradoit* HgTe ist isomorph mit dem Metacinnabarit; nur derb mit unebenem Bruch; zusammen mit Goldtelluriden (Westaustralien, Colorado).

Verhältnismäßig reich an Quecksilber können auch manche Fahlerze sein *(Schwazit* oder *Quecksilberfahlerz*, S. 249). — Ein selbständiges Quecksilbersulfosalz ist der schwarzgraue, diamantglänzende *Livingstonit* $HgSb_4S_7$ mit 22% Hg; selten, monoklin prismatisch (pseudotetragonal). Sehr kleine, nadelige xx, meist grobblättrig und vollkommen nach (001) spaltend. Bei rotem Strich in dünnen Splittern rot durchscheinend. $H = 2$, $D = 4.8$; nur aus Mexiko bekannt. — Dort besonders, aber auch in Texas, Californien usw., kommen in der Verwitterungszone von Zinnobervorkommen auch verschiedene Quecksilberoxychloride neben *Quecksilberhornerz (Kalomel)* HgCl mit 85% Hg vor. Letzteres kristallisiert tetragonal bipyramidal und bildet kleine tafelige oder prismatische, oft flächenreiche, diamantglänzende xx von graulichgelber Farbe; auch in dünnen Krusten. Sehr hohe Licht- und Doppelbrechung, ebenso sehr hohe Dispersion. $\varepsilon = 2.656$, $\varepsilon - \omega = 0.683$; in Königswasser löslich, mit Soda Metalltropfen. — Scharlachrote Krusten bildet das seltene *Jodquecksilber* HgJ (Australien). Zu den Quecksilberoxychloriden gehört der kubische *Eglestonit* Hg_4Cl_2O und der monokline *Terlinguait* Hg_2OCl; beide sind bräunlich und diamantglänzend; diese und andere Oxychloride bildeten bei Terlingua in Texas wichtige Quecksilbererze.

Ein seltenes Mineral aus der Oxydationszone von Quecksilberlagerstätten ist der vollkommen nach {010} spaltende, rhombische *Montroydit* HgO. xx flächenreich, rot, diamantglänzend; in derber Form braun; durchscheinend mit gelbbraunem Strich, schneid- und biegbar; sehr hohe Licht- und Doppelbrechung: $n\alpha = 2.37$, $n\gamma = 2.65$ (Lithiumlicht); $H = 2\frac{1}{2}$, $D = 11.0$.

Über die natürlichen *Amalgame* vergleiche man bei Silber, Gold und Palladium.

Gediegen Quecksilber findet sich in kleinen Mengen in Form von winzigen Tropfen vielfach in der Verwitterungszone auf Zinnober. Es erstarrt bei -38.9^0 und bildet dann rhomboedrische xx. $D = 13.6$. Zinnweiß, metallglänzend, siedet bei 350^0 und verflüchtet sich vor dem Lötrohr leicht.

Die Zinnoberlagerstätten sind entweder hydrothermale Lagerstätten von Gang- oder Imprägnationscharakter unter Vererzung von Sandsteinen, zerrütteten Schiefern und Kalksteinen (Almadén, Idria) oder sie entstanden im Gefolge von vulkanischen Ergüssen (Trachyte, Porphyrite, Melaphyre), wobei die Vererzung auch wieder zumeist an sedimentäre Nachbargesteine gebunden ist (Toskana, Californien); Antimonit begleitet in letzterem Fall nicht selten den Zinnober.

Die Hauptgewinnungsgebiete für Zinnober liegen in Europa: Spanien (Almadén), Jugoslawien (Idria) und Italien (Mte. Amiata in Toscana). Beträchtliche Mengen des wichtigen Quecksilbers werden noch in China, USA. (Californien, Texas) und Mexiko gewonnen. — Quecksilber wird hauptsächlich in der Apparateindustrie und bei der Goldgewinnung, ferner für die Herstellung von Knallquecksilber benötigt; andere Quecksilberverbindungen finden in der Medizin Verwendung, Amalgame in der Zahntechnik. Die Weltjahresproduktion wurde bei schwer übersehbaren, aber recht beschränkten Vorräten in den letzten Jahren auf ca. 10.000 Tonnen hinaufgetrieben.

S. Arsen und Antimon.

Soweit die beiden Halbmetalle in Arseniden und Antimoniden oder in Arsen- und Antimonsulfosalzen oder in Arsenaten und Antimonaten auftreten, wurden die betreffenden, häufigeren Mineralien schon bei den entsprechenden Schwermetallen behandelt; man vergl. besonders bei Eisen, Nickel, Kobalt, Kupfer, Blei und Silber. Es verbleiben also nur jene Mineralien zur Besprechung, in welchen Arsen und Antimon als Metalle mit Sauerstoff und Schwefel in Verbindung treten, ferner die gediegenen Elemente selbst.

Geochemie: Arsen und Antimon sind chalkophile Elemente mit leicht siderophilen Tendenzen; sie sind daher in der Lithosphäre recht selten. Arsen beginnt sich in den pegmatitischen Restkristallisationen bemerkbar zu machen und geht auch in die höherthermalen ein, Antimon ist an die thermalen Restkristallisationen, besonders an die tieferthermalen gebunden. Die Arsenmineralien zerfallen wie auch die meisten Antimonmineralien im Verwitterungsverlauf, sie sind in den klastischen Sedimenten daher nicht vertreten; dagegen kann der ziemlich widerstandsfähige Senarmontit (S. 294) in Seifen angereichert sein; mit Rücksicht auf die grundsätzliche Seltenheit der beiden Elemente in der Lithosphäre treten sie auch nur in geringen Mengen in die Verwitterungslösungen ein und erfahren deshalb auch im Verlaufe der Ausscheidungssedimentation keine irgendwie bemerkenswerten Anreicherungen.

Realgar (Rauschrot) AsS kristallisiert monoklin prismatisch. xx dicksäulig bis nadelig, einzeln oder in Drusen, formenreich; häufigste Formen sind die Prismen {110}, {011}, {111} und {210} und die Endflächenpaare {010} und {001}; ferner derb, körnig bis dicht, eingesprengt oder als erdiger Anflug. xx ziemlich gut spaltbar nach {010}, auch nach {210}; sonst muschelig brechend; mild. H fast 2, $D = 3.56$. Diamantglänzend, am Bruch lebhaft fettglänzend. Rot, durchscheinend; Strich gelborange. Zersetzt sich am Tageslicht unter Bildung von Arsentrisulfid (s. u.) und Arsentrioxyd, wird dabei gelb. n. = 2.68; $\gamma - \alpha$ = 0.16; opt. —, $2\,V_{Li} \sim 40^0$; sehr starke Dispersion r > v. O.A.E. parallel S.E. bei starker Dispersion der Mittellinien; pleochroitisch: Farblos — goldgelb. — Struktur mit Ringmolekülen $[As_4{}^{[2]}S_4{}^{[2]}]$ nicht unähnlich jenen von $[S_8{}^{[2]}]$. In Kalilauge löslich, schmilzt und verflüchtigt sich mit bläulicher Flamme leicht; im Kölbchen roter Niederschlag. — Ziemlich häufig auf tiefhydrothermalen Erzvorkommen, besonders auf solchen, die an Oberflächengesteine gebunden sind.

Auripigment (Rauschgelb, Orpiment) As_2S_3 kristallisiert ebenfalls monoklin prismatisch (pseudorhombisch; β fast 90°). xx klein, ziemlich selten in kugeligen Gruppen; Formen: {010} (horizontal gestreift), {110} und {120} (vertikal gestreift), {101}, {100} u. a.; meist derb, plattig stengelig, auch radialstrahlig, nierig und erdig. Sehr vollkommen spaltbar nach {010} mit horizontaler Streifung auf den perlmutterglänzenden Spaltflächen; Spaltblättchen biegsam; milde und schneidbar. H fast 2, D = 3.5. Fettig diamantglänzend, durchscheinend, zitronengelb mit gelbem Strich. n_β = 2.81, $\gamma - \alpha$ = 0.62 (Lithiumlicht); 2 V = 76°; starke Dispersion r > v. O.A.E. fast parallel {001}; pleochroitisch. — Struktur: Schichtgitter $\frac{2}{\infty}[As_2{}^{[3]}S_3{}^{[2]}]$ ähnlich jenem des Claudedites (s. u.). — Verhalten ähnlich wie Realgar, aber mit dunkelgelbem Sublimat im Kölbchen, löslich auch in Schwefelsäure. Vorkommen wie Realgar.

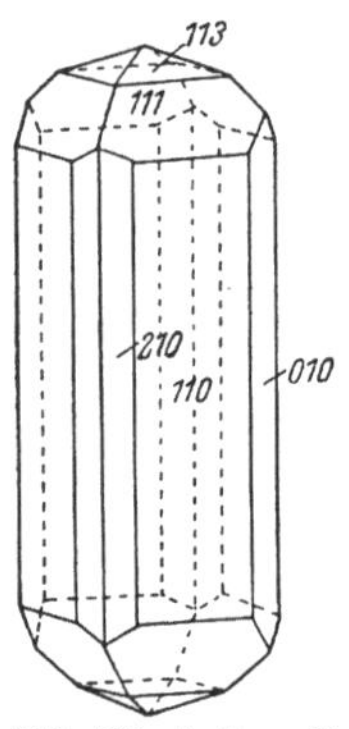

Abb. 226. Antimonit.

Der *Antimonit* oder *Grauspießglanz (Stibnit)* Sb_2S_3 mit 71% Sb ist das wichtigste Antimonmineral. Er kristallisiert rhombisch bipyramidal. Die oft sehr großen und formenreichen, nach der Z-Achse gestreckten, spießigen bis nadeligen xx sind nicht selten (Translation in {010} nach [001]!) gebogen oder gedreht und aus demselben Grunde auf {010} grobgestreift. Häufigste Formen: {010}, {110}, {111} und {121} (Abb. 226); Zwillinge nach {120} und {130} selten.

Die xx bilden oft stengelig strahlige Aggregate oder sie sind zu samtschwarzen Kugeln vereinigt; meist in stengeligen, körnigen bis dichten Massen, auch haarfilzig. Leicht zu verwechseln mit den Bleispießglanzen. Im Kristallgitter sind pyramidale Sb_2S_3-Gruppen nach dem Schema

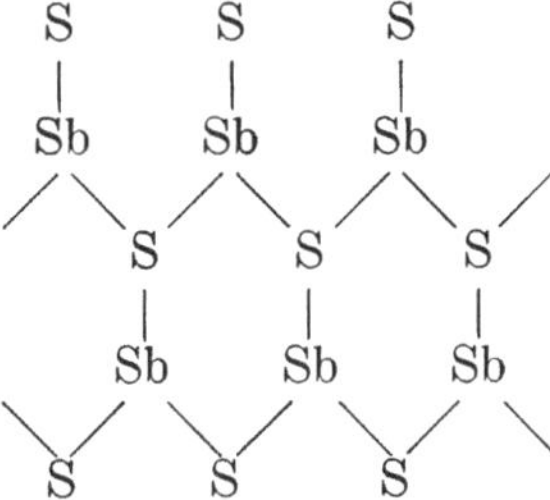

zu Doppelketten entlang der Z-Achse zusammengeschlossen; das Gitter besteht daher aus eindimensional unendlichen Kettenmolekülen $\frac{1}{\infty}[Sb_2S_3]$ [1]). Sehr vollkommen spaltbar nach {010}, schlecht nach {100} und {110}; milde, in dünnen Blättern biegsam. H = 2, D = 4.65. Bleigrau, stark metallglänzend, wenn feinfaserig matt; bunt anlaufend. Undurchsichtig, für Rot durchlässig; Strich dunkelgrau. n_α = 3.19, n_β = 4.05, n_γ = 4.30; $2\,V_\alpha$ = 26°. — Verflüchtigt

---

[1]) Jedoch sind die Doppelketten nicht scharf voneinander isoliert, da auch S-Atome der Nachbarketten den Sb-Atomen stark genähert sind.

sich vollkommen unter Entwicklung von Antimonrauch und Bildung eines weißen Beschlages auf Kohle. Schmilzt schon an der Kerzenflamme. In Kalilauge unter Bildung eines ockergelben Pulvers zersetzlich. — Verbreitet auf Bleizinkerzgängen; neben Zinnober, Gold und Arsensulfiden; selbständig Gänge mit Quarz bildend.

Gediegen Arsen (Scherbenkobalt) kristallisiert ditrigonal skalenoedrisch. Natürliche xx undeutlich, würfelähnliche Rhomboeder $\{10\bar{1}1\}$ mit $\{01\bar{1}2\}$ und $\{0001\}$. Zwillinge nach $\{01\bar{1}2\}$; xx in drusigen Kugeln (Japan), auch säulig; meist dicht, schalig mit traubiger Oberfläche, knollig oder nadelig stalaktitisch (so in Kalkspat eingewachsen). Bei schaligem Aufbau oft mit dünnen Zwischenlagen von Dyskrasit (S. 281). — Vollkommen spaltbar nach der Basis, schlecht nach $\{01\bar{1}2\}$. Kristallgitter mit 6-Koordination (verzerrtes Steinsalzgitter!) mit leichter Andeutung einer schichtartigen Auflösung nach der Basis; Strukturformel $As^{[3+3]}$rd. $H = 3\frac{1}{2}$, $D = 5.8$. Undurchsichtig, auf frischem Bruch metallisch lichtgrau, läuft aber in kurzer Zeit schwarz an; Strich schwarz. Verflüchtigt sich unter Entwicklung von weißem Rauch ohne zu schmelzen mit von der Probe auf der Kohle weit entferntem und leicht mit der Flamme vertreibbarem Beschlag und unter Entwicklung von Knoblauchgeruch. — Mit Silber- und Kobalterzen auf Gängen nicht selten, aber nie in größeren Mengen.

Gediegen Antimon ist isomorph mit dem Gediegenen Arsen. Das Grundrhomboeder ist noch mehr würfelähnlich; xx selten, öfters tafelig, stets mehrfach nach $\{01\bar{1}2\}$ verzwillingt; meist spätig-blättrig, auch feinkörnig nierig. Sonst ähnlich wie As. H etwas größer als 3, $D = 6.7$; metallisch zinnweiß, anlaufend, mit bleigrau schimmerndem Strich. — Leicht schmelzbar, verflüchtigt sich auf der Kohle unter Bildung von weißem Beschlag, bläulichgrüne Flammenfärbung. In Königswasser löslich. — Nicht allzuhäufig neben Antimonit, hydrothermal.

Allemontit ist ein eng verwachsenes Gemenge von Gediegenem Arsen und Gediegenem Antimon, das als Zerfallsprodukt von Hochtemperaturmischkristallen zu betrachten ist. Feinkörnig bis grobspätig. In der Regel tritt im Allemontit neben dem Gediegenen Arsen, seltener neben dem Gediegenen Antimon, eine feinkörnige, intermetallische Verbindung, das *Stibarsen* SbAs auf, das auch als seltenes, selbständiges Mineral bekannt ist. — Selten (grobblättrig) in Pegmatiten, nicht selten auf As-Sb-Erzgängen.

Kermesit oder *Rotspießglanz (Antimonblende)* Sb_2S_2O bildet monokline, nadelige bis faserige, radialstrahlige Aggregationen von kirschroter Farbe und fast diamantartigem Glanz; die Nadeln spalten gut nach $\{100\}$; durchscheinend, alle Brechungsexponenten über 2.7. Doppelbrechung sehr hoch. H wenig über 1, $D = 4.5$. — Verflüchtigt sich beim Erhitzen. — Örtlich als Umwandlungsprodukt von Antimonit (Slowakei, Sachsen, Sardinen, Algier, Californien, Canada usw.).

Bei Perneck in der Slowakei findet sich auf Antimonit neben Kermesit und den Antimonoxyden der *Schafarzikit* $\frac{1}{\infty}$ $Fe^{[6]}[Sb_2^{[3]}O_4]$ in kleinen, prismatischen, tetragonalen, rötlichbraunen xx; seine Struktur ist durch das Auftreten von Ketten von pyramidalen SbO_3-Gruppen nach dem Schema

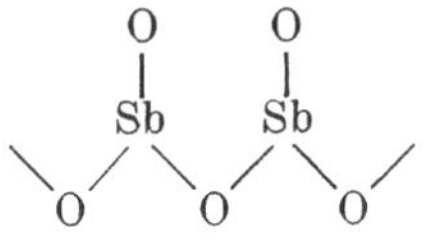

$$\begin{array}{ccc} O & & O \\ | & & | \\ Sb & & Sb \\ \diagdown \diagup & \diagdown \diagup & \diagdown \diagup \\ O & O & O \end{array}$$

parallel zur Z-Achse gekennzeichnet.

Arsentrioxyd As_2O_3 ist wie Antimontrioxyd Sb_2O_3 dimorph; beide Formen kommen in der Natur vor:

Claudetit kristallisiert monoklin prismatisch; xx gipsähnlich, oft mimetisch rhombisch verzwillingt; tafelig, nach {010} sehr vollkommen spaltend. Schicht-molekülgitter $\overset{2}{\infty}$ $[As_2{}^{[3]}O_3{}^{[2]}]$, Schichten parallel (010):

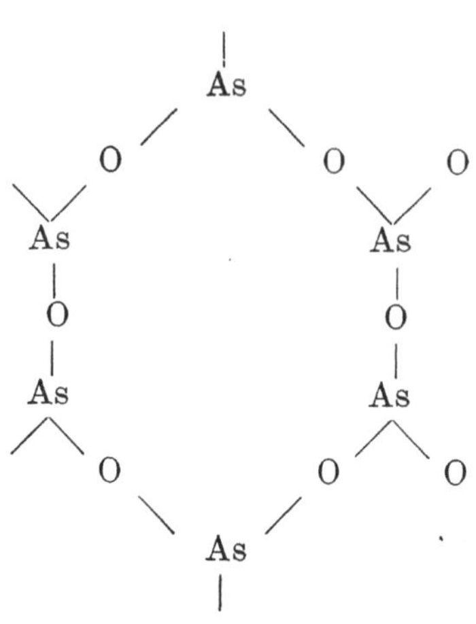

Die die Schichten aufbauenden AsO_3-Gruppen sind ebenfalls pyramidal gebaut. $H = 2$; $D = 4.15$. Farblos. $n = 1.92$, $\gamma - \alpha = 0.14$; $2V = 58^0$, starke Dispersion $r > v$. In heißem Wasser etwas löslich, flüchtig. — Selten, wohl stets bei Grubenbränden entstanden.

Viel verbreiteter als weißer, glasiger, auch haarförmiger Überzug auf verwitternden Arsenerzen ist der hexakisoktaedrische *Arsenolith (Arsenblende, Arsenit)* [1]. Matt, durchscheinend, gut spaltbar nach dem Oktaeder, in welcher Form er bei künstlicher Herstellung kristallisiert; als Mineral meist undeutlich feinkristallin. $n = 1.755$; $H = 1\frac{1}{2}$, $D = 3.7$. — Sublimiert bei 220^0 ohne zu schmelzen; im Wasser löslich und sehr giftig. — Ausgesprochenes Molekülgitter, die oktaedrisch gebauten Moleküle (Abb. 227) haben die Zusammensetzung As_4O_6; ihre Schwerpunkte bilden ein Diamantgitter; Strukturformel daher $[As_4{}^{[3]}O_6{}^{[2]}]^{[4]}k$. — Zersetzungsprodukt von anderen As-Mineralien.

Isomorph mit dem Arsenit ist der *Senarmontit* Sb_4O_6 mit 83% Sb. Nicht selten in schönen Oktaedern mit meist gekrümmten Flächen auftretend; sonst körnig bis dicht. Spaltbar nach {111}, sonst muschelig brechend; spröde; $H = 2$, $D = 5.3$. Starker, fettiger Diamantglanz; farblos, weiß oder grau; durchsichtig oder durchscheinend; $n = 2.087$, aber oft anomal doppelbrechend. — In Salzsäure löslich, sublimierend. — In der Verwitterungszone von Antimonerzlagerstätten; gangförmig in Kalksedimenten (Algier); auf Seifen (Südchina).

Der *Valentinit (Weißspießglanz, Antimonblüte)* ist die rhombische Modifikation von Sb_2O_3. Die flächenreichen xx sind meist fächerig gebüschelt, einzelne linsenförmig gerundet; sonst stengelig bis faserig oder körnig; vielfach Pseudomorphosen nach verschiedenen Antimonmineralien. Vollkommen spaltend nach {010}, schlechter nach {110}; milde und zerbrechlich. H fast 3, D fast 5.6. Diamantglänzend; durchscheinend, weißgrau bis bräunlichgrau. $n_\beta \sim n_\gamma = 2.35$, $n_\alpha = 2.18$; optischer Achsenwinkel daher sehr klein; opt. —, O.A.E. parallel {001}. — Struktur durch das Auftreten von Doppelketten von pyramidalen SbO_3-Gruppen, die aber einem anderen Schema als die Sb_2S_3-Doppelketten beim Antimonit folgen, gekennzeichnet. Strukturformel $\overset{1}{\infty}$ $[Sb_2{}^{[3]}O_3{}^{[2]}]$:

---

[1] „Hydrach" (= Hüttenrauch) des Alpenbewohners.

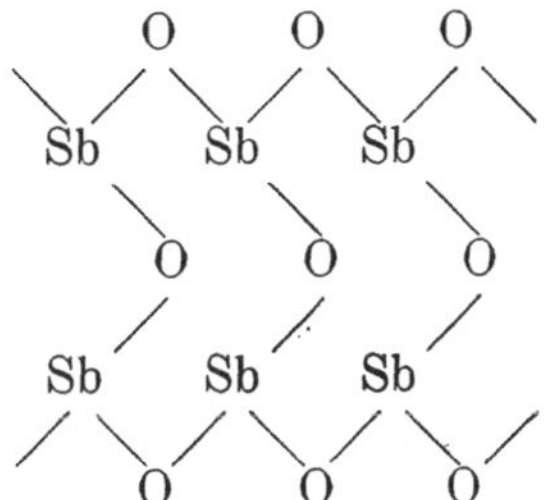

Verhalten wie Senarmontit; als Verwitterungsprodukt mehr verbreitet als dieser.

Als *Antimonocker* bezeichnet man weit verbreitete, wenig gut definierte Verwitterungsprodukte auf primären Antimonerzen; sie sind von weißer bis gelbbrauner Farbe und von erdiger Beschaffenheit; es handelt sich hier um wasserhaltige Mischverbindungen von Oxyden des drei- und fünfwertigen Antimons mit einer Struktur, die prinzipiell der Pyrochlorstruktur (S. 121) entspricht. Das fünfwertige Antimon bildet mit den O-Ionen ein dreidimensionales Gerüst von über alle Ecken miteinander verbundenen Oktaedern, also von der Zusammensetzung $\infty^3\ [Sb^{[6]}O_3^{[2]}]^{-1}$; dieses lückenreiche Gerüst nimmt zur Absättigung große Kationen, wie z. B. $Sb^{...}$- und $Ca^{..}$-Ionen, auf und baut auch noch zusätzliche O-Ionen und H_2O-Moleküle ein. Ein in kleinen, braunen, gut ausgebildeten Oktaedern auftretender, wohldefinierter Antimonpyrochlor (S. 121) ist der *Romeit (Atopit)* $CaNaSb_2O_6(OH, F)$; kann auch einige Prozent TiO_2 enthalten; gute xx in Kontaktlagerstätten (Långban in Schweden, Piemont), mit Manganerzen (Ouro Preto in Brasilien), auch in Sanden. — *Bindheimit* ist ein den Antimonockern ähnliches Verwitterungsprodukt von Bleispießglanzen mit hohem Bleigehalt (an Stelle von Ca).

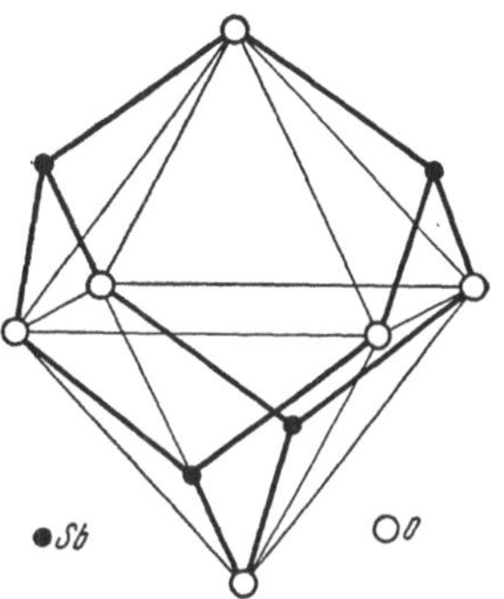

Abb. 227. Bau des $[Sb_4^{[3]}O_6^{[2]}]$-Moleküls im Senarmontit; entsprechend das $[As_4O_6]$-Molekül im Arsenolith.

Die Weltversorgung mit Arsen stammt fast ausschließlich aus goldhaltigen Arsenkiesen (S. 231), deren Verarbeitung ausreichende Mengen von Arsenik As_2O_3 liefert (besonders Boliden in Schweden); dieses findet ausgedehnte Verwendung als Tiergift, Enthaarungs- und Konservierungsmittel (Gerberei); sonst wird Arsenik noch für die Herstellung von gelben und roten Farben, ferner in der Medizin und Feuerwerkerei verwendet; abgesehen von Schweden fällt viel Arsenik in den USA., England, Canada usw. an.

Antimon ist ein wichtiges Legierungsmetall für Blei. Hartblei und Letternmetall enthalten beträchtliche Prozentsätze von Antimon; in der chemischen Industrie dient es zur Herstellung verschiedener Antimonverbindungen; die Bleistiftminenindustrie benötigt den natürlichen Antimonit, der in Mengen von etwa 20% dem Graphit-Ton-Gemische zugesetzt wird. Die Jahresproduktion an Antimonmetall beläuft sich auf über 40.000 Tonnen; hauptsächlichste Gewinnungsgebiete sind: China, Algier, Bolivien, Mexiko und Peru.

T. Wismutmineralien.

Verschiedene Bismutide der Schwermetalle und Wismutsulfosalze derselben wurden schon in anderem Zusammenhang erwähnt (siehe bei Blei und Silber). Sie sind wesentlich seltener als ähnliche Arsen- und Antimonverbindungen; denn Wismut zeigt schon ein betont metallisches Verhalten.

Geochemie von Wismut: Wismut ist ein in der Lithosphäre recht seltenes, chalkophiles Element mit siderophilen Tendenzen. In der Lithosphäre erreicht es beachtenswerte Konzentrationen einzig und allein in den hochtemperierten pneumatolytisch-hydrothermalen Restkristallisationen; es tritt in der Regel in Verbindung mit Erzen des Zinns, Wolframs, Urans, Silbers und Kobalts auf.

Der *Wismutglanz (Bismutin)* $\frac{1}{\infty}$ [Bi$_2$[3]S$_3$[2]] r mit 81% Bi ist isomorph mit dem Antimonit und diesem in jeder Beziehung sehr ähnlich. Farbe etwas lichter als bei diesem, leicht bunt (besonders gelb) anlaufend. Strich grau. H = 2, D um 7.0. Schmilzt ebenfalls an der Kerzenflamme, gibt aber auf der Kohle ein Wismutkorn und hellgelben Beschlag. Leicht löslich in heißer Salpetersäure. — Untergeordnet neben Silber-, Kobalt- und Zinnerzen, gelegentlich auch in Granitpegmatiten; wird auch als rezente vulkanische Bildung beobachtet (Insel Vulcano); auch in Granitpegmatiten. Verbreitet: Sachsen, Wermland, Utah, Bolivien usw.

Der *Guanajuatit* $\frac{1}{\infty}$ [Bi$_2$(Se, S)$_3$] ist dem Wismutglanz ähnlich, enthält aber statt Schwefel überwiegend Selen; er tritt selten neben Wismutglanz auf (Mexiko, Falun in Schweden, Idaho).

Der seltene *Tellurobismutit* Bi$_2$Te$_3$ ist dem *Tetradymit (Tellurwismut)* Bi$_2$Te$_2$S sehr ähnlich. Letzterer kristallisiert hexagonal rhomboedrisch mit Schichtgitter. Blättrig, nur sehr selten xx (Vierlinge nach {01$\bar{1}$2}). Ausgezeichnet spaltend nach der Basis. Milde, H fast 2, schon auf Papier abfärbend. D = 7.9. Hellbleigrau, auf frischen Spaltflächen Metallglanz, aber bald matt werdend und dunkel anlaufend. — Leicht schmelzbar. — Fast nur auf hydrothermalen Goldgängen (Siebenbürgen, Slowakei, Bolivien, Boliden, Colorado, Ontario usw.).

Gediegen Wismut kristallisiert hexagonal skalenoedrisch und ist mit As und Sb isomorph. xx selten, würfelähnliche Rhomboeder {10$\bar{1}$1} mit {0001} und {02$\bar{2}$1}. Wiederholte Verzwillingung nach {01$\bar{1}$2} erzeugt auf den Spaltflächen grobe Zwillingsstreifung. Meist in gestrickten, baumartig verästelten oder federartigen Aggregaten, auch blechartig. Derb, körnig bis blättrig. Vollkommen spaltend nach der Basis, schlechter nach {02$\bar{2}$1}. Spröde, aber schneidbar. H etwas über 2, D = 9.8. Undurchsichtig, metallisch rötlichweiß, häufig bunt angelaufen; bleigrauer, metallisch schimmernder Strich. Stark diamagnetisch. — Leicht schmelzbar (Schmelzpunkt = 271°), vor dem Lötrohr sich vollkommen verflüchtigend mit bei der Abkühlung heller werdendem, gelbem Beschlag auf der Kohle. — Pegmatitisch bis hydrothermal, weit verbreitet, aber selten in größeren Mengen; auch auf Seifen: Sachsen, Joachimstal, Südafrika, Bolivien usw.

In der Verwitterungszone bildet das Wismut verschiedene Oxykarbonate und basische Karbonate: Der *Bismutosphärit* Bi$_2$O$_2$[CO$_3$] bildet feinfaserige Kügelchen von gelbbrauner Farbe; H = 3, D = 7.4. Der *Bismutit* oder *Wismutspat* hat die ungefähre Zusammensetzung Bi$_2$O(OH)$_2$[CO$_3$]; er bildet erdige oder traubige Krusten von gelber bis grüner Farbe auf verwitterndem Gediegenen Wismut.

Wismutocker (Bismit) ist feinkristallines Bi$_2$O$_3$.3 H$_2$O; zerreiblich, feinerdig, aus winzigen, hexagonalen Täfelchen bestehend; gelbe bis graugrüne Überzüge, nicht häufig auf verschiedenen Wismuterzen. ε = 1.81, ω = 2.00. — Löslich in Salpetersäure.

Als Wismutsilikat wäre der hexakistetraedrische *Eulytin* mit seinen kleinen, braunen xx (meist {211}) zu nennen; seltene Verwitterungsbildung, z. B. Schneeberg in Sachsen.

Wismut ist für die Herstellung von leicht schmelzenden Legierungen und für medizinische Präparate wichtig, ferner findet es bei bestimmten chemischen Prozessen als Katalysator Verwendung. — Die Weltjahresproduktion beläuft sich auf etwa 500 Tonnen und stammt größtenteils aus Mexiko, Peru, Bolivien und Spanien (Huesca, Córdoba).

U. Selen und Tellur.[1]

Von diesen beiden, ebenfalls seltenen chalkophilen Elementen gibt es zahlreiche Mineralien (besonders vom Tellur). Die Selenide und Telluride der Schwermetalle wurden schon bei diesen erwähnt; man vergl. besonders Blei, Silber, Quecksilber, Wismut und Gold. Auffallend ist, daß Tellurmineralien, obwohl das Tellur etwa 50mal seltener als das Selen ist, in den hydrothermalen Restkristallisationen reichlicher anzutreffen sind als Selenmineralien. Das hängt damit zusammen, daß das Selen wegen der genügenden Ähnlichkeit der Raumbeanspruchung weitgehend für den Schwefel in die Sulfide eingeht, während dies für die größeren Telluratome nicht möglich ist; so wird das Selen fast ausschließlich als Nebenprodukt bei der Schwefelsäuredarstellung aus Schwefelkies gewonnen und zwar in Jahresmengen von etwa 300 Tonnen (zwei Drittel davon in Canada); verwendet wird es als Korrosionsschutzzuschlag bei Leichtmetallegierungen, als Vulkanisierungsmittel, für die Herstellung der roten Selengläser, in der Keramik, als Schädlingsbekämpfungsmittel und in der Fernsehtechnik (Selenzellen). Tellur wird fast ausschließlich bei der Verarbeitung von Goldtellurerzen als Nebenprodukt gewonnen und zwar in Jahresmengen von etwa 25 Tonnen (überwiegend Canada); die Verwendung in der Metalltechnik zur Verbesserung der Eigenschaften von verschiedenen Legierungen ist unbedeutend; Tellursäure TeO_2 dient zum Färben von galvanischen Versilberungen und als Schädlingsbekämpfungsmittel.

Selen und Tellur kommen auch in gediegenem Zustand in der Natur vor. Ein recht seltenes Verwitterungsprodukt ist das *Gediegen Selen*, das bei Grubenbränden entsteht. Nadelige Kriställchen; trigonal trapezoedrisch mit ausgesprochenem Ketten

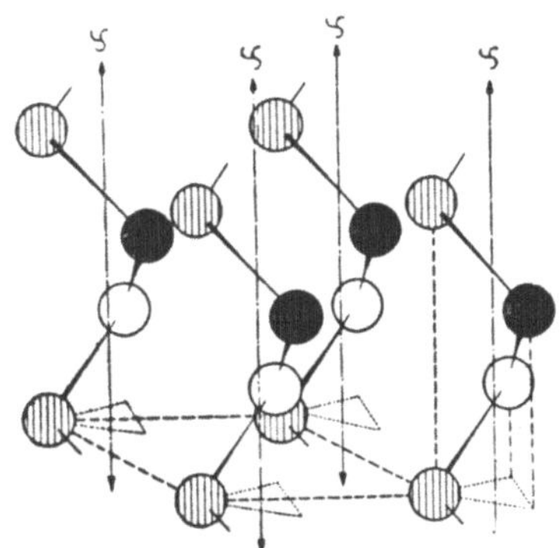

Abb. 228. Kettengitter von Selen und Tellur.

gitter, in welchem die Selenatome in parallelen, dreizähligen Spiralen (Abb. 228) angeordnet sind; Konstitutionsformel $\frac{1}{\infty}$ [Se[2]] trg. xx nadelig. H = 2, D = 4.81. Grau, metallisch glänzend mit rotem Strich, in dünnsten Splittern rot durchscheinend. Sehr stark licht- und doppelbrechend ($\varepsilon = 4.04$, $\omega = 3.0$). — Selen bildet in der Natur Mischkristalle mit Tellur, welche *Selentellur* (Te, Se) genannt werden. — *Gediegen Tellur* ist weiter verbreitet und isomorph mit dem Selen. Kleine, prismatische xx mit $\{0001\}$, $\{10\bar{1}0\}$, $\{10\bar{1}1\}$ und $\{01\bar{1}1\}$, also hexagonale Tracht (wenn die Basis fehlt, quarzähnlich) mit meist gerundeten Ecken; auch feinkörnig. Wie Selen vollkommen nach $\{10\bar{1}0\}$ spaltend. H über 2, D = 6.2. Zinnweiß, metallglänzend mit grauem Strich, leicht schmelzend, die Flamme unter Rauchentwicklung grün färbend. Hydrothermal neben Goldtelluriden (Siebenbürgen, Californien, Japan, Westaustralien).

---

[1] Bezeichnung nach σηλήνη (Mond) und Tellus (Erde).

Ein kristallchemisches Mineralsystem.

Wir definieren wie folgt:

Das Verhältnis der kristallchemisch verschieden zu wertenden Bestandteile bestimmt den *Formeltyp* eines Minerals (wie eines jeden kristallinen Stoffes); der Formeltyp sei gleich gesetzt mit dem Begriff *Mineralklasse*; Steinsalz NaCl gehört z. B. zur Mineralklasse AB; denn es enthält die beiden auch kristallchemisch verschiedenen Ionenarten Na$^{\cdot}$ und Cl^{-} im Verhältnis 1 : 1. Innerhalb eines jeden Formeltyps sind verschiedene *Strukturtypen* möglich; ihre Formel wird durch Zusatz der Koordinationszahlen an die Symbole des allgemeinen Formeltyps, durch entsprechende Kennzeichnung des Gitterverbandes und des Kristallsystemes ergänzt, wobei in den meisten Fällen auf die Beifügung der Koordinationszahlen zu den Anionensymbolen verzichtet werden kann. Der Strukturtyp ist dem Begriff *Mineralfamilie* gleich zu setzen; Steinsalz gehört zur Mineralfamilie A[6]B[6]k, d. h. Steinsalz kristallisiert kubisch und jedes Na ist von 6 Cl und jedes Cl von 6 Na umgeben. Die Glieder einer Mineralfamilie sind untereinander *isomorph im weiteren Sinne*. Innerhalb einer solchen Familie könnten nach der Art des Bindungstypus Unterfamilien unterschieden werden; dies wird dadurch erschwert, daß zwischen den verschiedenen Bindungsarten Übergänge möglich sind; die verschiedenen Bindungsarten zeichnen sich wegen mangelnder Befähigung zur Mischkristallbildung ohnehin als besondere Gattungen ab. Der Strukturtypus wird weitgehend durch das Verhältnis der scheinbaren Radien der am Aufbau des Kristalls beteiligten Bestandteile und deren Polarisationseigenschaften (V. M. GOLDSCHMIDT) bestimmt. Die sehr seltenen amorphen Mineralien bilden innerhalb eines jeden Formeltyps eine besondere Familie, sofern ihnen überhaupt feste Formeln zugeschrieben werden können.

Sind auch die absoluten Dimensionen (bzw. Partnerabstände) bei verschiedenen Gliedern eines Strukturtyps hinreichend ähnlich und ist der Bindungscharakter gleichartig, so bilden diese untereinander Mischkristalle, die auch bei normaler Temperatur stabil sind; solche Mischkristallbildungen sind bis zu einem gewissen Grade auch möglich, wenn die Grenzverbindungen nicht demselben Strukturtyp angehören, die zum Austausch kommenden Einzelbestandteile in der Raumbeanspruchung aber hinlänglich ähnlich sind. Die Gesamtheit der Mischkristalle zusammen mit den reinen Komponenten innerhalb eines Strukturtyps bildet eine *Mineralgattung*; Na[6]Al[4]Si$_3$[4]O$_8$ (Albit) z. B. bildet (scheinbar!) eine durchlaufende Reihe von Mischkristallen mit Ca[6]Al$_2$[4]Si$_2$[4]O$_8$ (Anorthit); sie bilden zusammen die Mineralgattung Plagioklas $\overset{3}{\underset{\infty}{}}$(Na, Ca)[6][(Al, Si)$_4$[4]O$_8$]; man kann die Glieder einer solchen Mischkristallreihe auch als *isomorph im engeren Sinne* bezeichnen. Wenn von Mischkristallen gesprochen wird, muß auch berücksichtigt wer-

den, daß solche auch bei teilweiser zusätzlicher Besetzung von noch verfügbaren Gitterpositionen oder umgekehrt durch Nichtvollbesetzung für den Bestand des Gitters minder wichtiger Positionen möglich sind. Daß die Endglieder einer unvollständigen Mischkristallreihe nicht unbedingt isomorph im
weiteren Sinne zu sein brauchen, zeigt die Aufnahmefähigkeit des kubischen
Zinksulfides (Zinkblende $Zn^{[4]}S^{[4]}k$) für Ferrosulfid, wobei das Zink in
recht beträchtlichem Umfange durch Ferroeisen unter Bildung von Mischkristallen $(Zn, Fe)^{[4]}S^{[4]}k$ ersetzt sein kann, obwohl FeS einem anderen
Bautypus, nämlich dem Strukturtyp $Fe^{[6]}S^{[6]}h$ angehört.

Als *Mineralarten* sind in erster Linie die reinen Glieder einer Mischkristallreihe zu betrachten. Nehmen wir z. B. die Familie der rhomboedrischen
Karbonate, deren Struktur auf S. 157 abgebildet ist. Zwei Gattungen sind
hier zu unterscheiden: Die Gattung Kalkspat und die Gattung Magnesitspat. Mit dem Kalkspat $CaCO_3$ bildet nur das Mangankarbonat höher-
prozentige Mischkristalle bei gewöhnlicher Temperatur; es sind dies die
manganhaltigen Kalkspate, die sich häufig durch charakteristische Fluores-
zenzerscheinungen auszeichnen. Viel mannigfaltiger in der Zusammensetzung ist die Gattung des Magnesitspates, zu welchem als Mischkristalle bildend
noch der Eisenspat, der Zinkspat, der Kobaltspat und ebenfalls der Manganspat im Bereiche derselben Gattung zu zählen sind. Allein innerhalb der
Mischkristallreihe $(Mg, Fe)CO_3$ werden außer den beiden Komponenten üblicherweise je nach dem Verhältnis Mg : Fe eine Reihe von Arten unterschieden und unter verschiedenen Namen geführt; sie sollten besser als *Mineral-
varietäten* gelten, denn es würde völlig ausreichen, wenn man bis zu einem
Gehalt von 10% $FeCO_3$ von eisenhaltigen Magnesiten, bei einem $FeCO_3$-
Gehalt von 10—40% von eisenreichen Magnesiten, bei $FeCO_3$-Gehalten zwischen 40 und 60% von Magnesiumeisenspat (bzw. umgekehrt!), bei $FeCO_3$-
Gehalten von 60—90% von magnesiumreichen und bei $MgCO_3$-Gehal-
ten unter 10% von magnesiumhaltigen Eisenspaten sprechen würde;
von Magnesitspat (Magnesit) schlechthin könnte man sprechen, wenn der
$FeCO_3$-Gehalt unter 2% liegt, analog von Eisenspaten (Siderit) schlechthin,
wenn der $MgCO_3$-Gehalt unter 2% liegt. An sich ist eine solche Untertei-
lung einer Mischkristallreihe willkürlich, sollte aber in allen Mineralgattungen an dieselben Grenzwerte gebunden sein. Diese Vorschläge zur Verein-
fachung der Nomenklatur, denen auch in den folgenden Tabellen gefolgt
wird, gehen weithin konform mit Anregungen in dieser Richtung, wie sie
ungefähr gleichzeitig mit dem Verfasser von W. T. SCHALLER um 1930 gegeben worden sind. Die Bezeichnungsweise kann analog auch auf komplizierter
zusammengesetzte Mischkristalle, z. B. mit Beteiligung von höheren $MnCO_3$-
Gehalten, ausgedehnt werden. Selbst dort, wo man wie im Falle der Plagioklasreihe für Mischkristalle lange eingebürgerte Sondernamen verwendet,
könnte man unter Verzicht auf diese unter Benützung der vorgeschlagenen
vereinfachten (wenn auch nicht gekürzten) Bezeichnungsweise unter Beschränkung auf die Artnamen Albit und Anorthit auskommen (Vgl. auch
S. 7).

Auf die Mineralien der Pyroxengruppe angewendet würde dieser Vorschlag bedeuten, daß man zunächst zwischen drei strukturell sehr verwandten Familien zu unterscheiden hätte, die nur je eine bis zwei Gattungen
beinhalten: Die Orthopyroxene, die Einfach-Klinopyroxene und die Doppelt-
Klinopyroxene. Die erste Familie wird repräsentiert durch die Mischkristall-

reihe der Orthopyroxene: Enstatit $\overset{1}{\infty}\,Mg^{[6]}[SiO_3]\,r$ [1]); eisenhaltig und eisenreich ist der Bronzit mit 10—30% $FeSiO_3$. Die reine Eisenverbindung ist als Mineral nicht bekannt; die Endglieder der Mischkristallreihe enthalten ungefähr 60% $FeSiO_3$, sie wären als Hypersthen zu bezeichnen, Glieder mit 50 bis 58% $FeSiO_3$ als magnesiumhaltige und mit 30—50% $MgSiO_3$ als magnesiumreiche Hypersthene. In der zweiten Familie enthält die Gattung Klinoenstatit die beiden Arten Klinoenstatit $\overset{1}{\infty}\,Mg^{[6]}[SiO_3]\,m$ und Ferrosilit $\overset{1}{\infty}\,Fe^{[6]}[SiO_3]\,m$, ferner gehört hieher die selbständige Gattung Spodumen $\overset{1}{\infty}\,Li^{[6]}Al^{[6]}[SiO_3]_2m$. Am artenreichsten ist die dritte Familie, die als Gattung die Mischkristallreihe Diopsid $\overset{1}{\infty}Ca^{[8]}Mg^{[6]}[SiO_3]_2m$ — Hedenbergit $\overset{1}{\infty}\,Fe^{[6]}Ca^{[8]}[SiO_3]_2m$ — Johannsenit $\overset{1}{\infty}\,Ca^{[8]}Mn^{[6]}[SiO_3]_2m$ — Augit $\overset{1}{\infty}(Ca, Na)^{[8]}(Mg, Fe, Al)^{[6]}[(Si, Al)O_3]_2m$ — Jadeit $\overset{1}{\infty}Na^{[8]}Al^{[6]}[SiO_3]_2m$ — Aegirin $\overset{1}{\infty}Na^{[8]}Fe^{[6]}[SiO_3]_2m$ führt. Der Name Jeffersonit für den Zn- und Mn-haltigen Hedenbergit erscheint überflüssig. Aegirinaugite sind natronund eisenreiche Augite. Eine besondere Stellung in dieser Gattung nehmen die Hochtemperaturmischkristalle des Pigeonites $\overset{1}{\infty}(Mg, Ca)^{[8]}Mg^{[6]}[SiO_3]_2$ ein.

Ein solches System kann ohne weiteres auf die Gesamtheit der anorganischen Kristallarten übertragen werden. Man vgl. auch Lit. F 3.

Die Arten der Atomverbände in den Kristallgittern und ihre formelmäßige Darstellung.

Die Kristallgitter der anorganischen Stoffe und damit auch der meisten kristallisierten Mineralien sind in der überwiegenden Mehrzahl *Koordinationsgitter*; sie lassen daher abgeschlossene Molekülverbände nicht erkennen. In der Regel sind solche Koordinationsgitter dreidimensional unendlich, d. h. ein sich stets wiederholendes Anordnungsprinzip der atomaren Gitterbestandteile erstreckt sich nach allen Richtungen des Raumes hin (z. B. Abb. 153; *Räumliche Koordinationsgitter*, dargestellt von dreidimensional unendlichen Riesenmolekülen). Die den Aufbau dirigierenden Koordinationszahlen sind weitgehend von den Größenverhältnissen der Gitterbestandteile bestimmt, insoferne als sich z. B. in Gittern, die sich aus Ionen aufbauen, die in der Regel hochwertigen, kleinen Kationen mit einer kleineren Anzahl von Anionen umgeben als die großen, niedrigerwertigen. In der Tabelle auf S. 10 sind die sogenannten scheinbaren Radien einer Anzahl für die Mineralwelt wichtiger Ionen zusammengestellt; Ionen — ebenso bei homöopolarer und metallischer Bindung Atome — ähnlicher Größe pflegen sich vielfach in Mischkristallen ohne Rücksicht auf die Wertigkeit mehr oder weniger weitgehend zu ersetzen, was besonders bei den Mineralien das Formelbild mehr oder weniger stark verschleiern kann; Ersätze durch um mehr als eine Wertigkeitsstufe verschiedene Partner halten sich aber im allgemeinen in engen Grenzen.

In selteneren Fällen erstreckt sich der Koordinationsverband nur auf *zwei* Richtungen des Raumes hin; dann liegen zweidimensional unendliche

---

[1]) Die Koordinationszahl [4] kann, weil für Silikate allgemein gültig, bei Si weggelassen werden.

Riesenmoleküle vor *(Schichtmolekülgitter, z. B. Abb. 223).* die am besten durch das Zeichen $\frac{2}{\infty}$ vor einer eckigen Klammer formelmäßig gekennzeichnet werden (z. B. Brucit $\frac{2}{\infty}$ [Mg[6] (OH)$_2$[3]] h); diese Schichtmoleküle werden unter Umständen nur durch die van der Waalschen Kräfte, die auch eine herrschende Rolle bei der Verbindung von abgeschlossenen Molekülen zu *Molekülgittern* spielen, zusammengehalten; solche Verbindungen sind durch tafelige bis blättrig schuppige Ausbildung der Kristalle und ausgezeichnete Spaltbarkeit nach den den Schichten entsprechenden Flächen ausgezeichnet. — Schließlich kann sich der Koordinationsverband über *eine* Richtung des Raumes allein erstrecken; dann hat man es mit eindimensional unendlichen Riesenmolekülen *(Kettenmolekülgitter,* Abb. 228) zu tun. Man formuliert sie am besten durch das Vorstellen eines $\frac{1}{\infty}$ Zeichens vor die eckige Klammer der Formel (z. B. Antimonit $\frac{1}{\infty}$ [Sb$_2$[3]S$_3$ [2]] r). Solche Kristallarten tendieren zur stengeligfaserigen Ausbildung und zeigen ausgezeichnete Spaltbarkeit nach verschiedenen Flächen parallel zur Kettenerstreckung. — An die Kettenmolekülgitter schließen sich dann die Verbindungen mit abgeschlossenen Molekülen an, wie sie z. B. durch den Schwefel [S$_8$] [4] oder den Senarmontit [Sb$_4$O$_6$] [4]k dargestellt werden; solche Kristallarten besitzen einen tiefen Schmelzpunkt, da die die Moleküle im Gitter verbindenden Kräfte geringfügiger Natur sind (man vergl. z. B. Abb. 2).

Ähnliches gilt für Mineralarten mit ein-, zwei- oder dreidimensional unendlichen oder abgeschlossenen Ionenkomplexen (Kettenionen, Schichtionen, Gerüstionen, Inselionen).

Über weitere Einzelheiten der Formelschreibung vgl. man S. 2 und unten.

Erläuterungen zur folgenden Tabelle:

Wie im Text ist auch in den folgenden Tabellen der Strukturtyp (Familie) — soweit bekannt — durch Angabe der Koordinationszahlen als Index in [ ] rechts oben am Atomsymbol und durch Angabe der Translationsgittersymmetrie am Ende der Formel (k = kubisch, te = tetragonal, h = hexagonal, trg = trigonal, rd = rhomboedrisch, r = rhombisch, m = monoklin, trk = triklin) gekennzeichnet. Neben dieser Strukturformel ist die Raumgruppe nach der Bezeichnung von SCHÖNFLIES und HERMANN-MAUGUIN angegeben. Bei Molekülgittern ist die ganze Formel in [ ] gesetzt, auch beim Vorliegen von eindimensional ($\frac{1}{\infty}$) oder zweidimensional ($\frac{2}{\infty}$) unendlichen Riesenmolekülen (Ketten- und Schichtmolekülen). Wenn nur Teile der Formel in [ ] gesetzt sind, bedeutet dies, daß die betreffenden Formelanteile (Kationen und Anionen I. Art) mehr oder weniger typisch homöopolar miteinander verbunden sind. Diese Formelteile können also abgeschlossene oder eindimensional ($\frac{1}{\infty}$), zweidimensional ($\frac{2}{\infty}$) oder dreidimensional ($\frac{3}{\infty}$) unendliche Ionenkomplexe bilden (Insel-, Ketten-, Schicht- oder Gerüstkomplexe).

In den Formeln der Gattungen, Arten und Varietäten sind bei Vorliegen von Mischkristallen die Komponenten nach ihrem Vorwiegen geordnet; untergeordnete Bestandteile sind in kleinerem Druck gehalten. Die nach der Formel angegebenen Zahlen sind die Gitterkonstanten des Elementarkörpers; zuerst die 1, 2 oder 3 Elementarkörperkanten, bei tetragonalen und hexagonalen (trigonalen) Kristallen die Kanten a, c und das Achsenverhältnis c/a; darauf folgen bei triklinen Kristallen die 3 Achsenwinkel, bei monoklinen der Achsenwinkel β; bei rhomboedrischen Elementarkörpern ist die Elementarrhomboederkante r und der Polkantenwinkel des Elementarkörpers ϱ angegeben; darauf folgt in kursiv die Zahl der Formeleinheiten, die im betreffenden Elementarkörper vorhanden sind; sie ist für jeden Strukturtyp nur ein Mal angeführt. Sind die Elementarkörpergrößen unbekannt, so sind nur die kristallographischen Achsenwinkel α, β und γ, bzw. α allein und das kristallographische Achsenverhältnis a : 1 : c angegeben.

Innerhalb der Formeltypen (Klassen) erfolgt die Anordnung der Familien in folgender Reihenfolge: Dreidimensionale Koordinationsgitter (einschließlich der Gerüst-, Schicht-, Ketten- und Inselionengitter), Schichtmolekülgitter, Kettenmolekülgitter und Einfachmolekülgitter, innerhalb jeder dieser Gruppen nach sinkenden Koordinationszahlen. Mineralien mit unvollständig bekannten Strukturen, ebenso die amorphen Mineralien sind jeweils am Schlusse jeder Klasse angeführt.

Aufgliederung der Koordinationszahlen in den Formeln: Bei unregelmäßiger Koordination sind die Koordinationszahlen aufgegliedert nach dem Schema [n, n ..]; vor dem Komma steht die Zahl der nächsten Nachbarn, anschließend folgt die Zahl oder die Zahlen etwas weiter entfernter, aber noch zur Koordinationssphäre zu zählender Nachbarn. — Treten als Koordinationspartner verschiedene Anionen auf, so ist dies durch [n+n] gekennzeichnet; dann bezieht sich die Zahl vor dem + auf die Anionen I. Art, die Zahl nach dem + auf die Anionennachbarn II. Art, eventuell auf koordinierte Wassermoleküle.

In den allgemeinen Formeln wurde von einer Unterscheidung der Kationen und Anionen durch die Verwendung der Buchstaben A, B ...., bzw. X, Y .., wie eine solche sonst vielfach üblich ist, abgesehen, da eine solche Unterscheidung mit den laufenden Übergängen zu nicht heteropolaren Bindungsarten sinnlos wird und weil es auch Vertauschungen gibt (Anti-Gitter).

Die besonders festgefügten komplexen Ionen, wie $(OH)^-$ und $(NH_4)^+$, werden als einfache Ionen behandelt.

Gegenüber dem Hauptteil ist in die Tabellen eine größere Anzahl von Mineralgattungen (G.), -arten und -abarten aufgenommen worden; dagegen wurden einige Mineralien des Textes mit ganz unsicheren Summenformeln weggelassen; dem Charakter eines Lehrbuches entsprechend wurde Vollständigkeit nicht angestrebt.

Bis Ende 1952 veröffentlichte Strukturdaten wurden berücksichtigt.

I. Gruppe: Mineralien ohne molekulares H_2O.

1. Ordnung: A.

Nur eine Art von Formelbestandteilen.

(Elemente und deren Mischkristalle).

Fam. $A^{[12]}k$; O_h^5—$Fm3m$

Gattung	Kupfer Cu	3.61	4
	K., As-haltig (Cu,As) = Whitneyit	3.65	
G.	Silber Ag	4.08	
	S., Au-haltig (Ag,Au)		
	S., Au-reich (Ag,Au)		
	S., Hg-haltig = Kongsbergit (α-Silber-		
	amalgam)	$\sim$ 4.10	
	S., Sb-haltig = Animikit (Ag,Sb)		
	S., Bi-haltig = Chilenit (Ag,Bi)		
	Gold Au	4.07	
	G., Ag-haltig (Au,Ag)		
	G., Ag-reich = Elektrum (Au,Ag)		
	G., Pd-haltig = Porpezit		
	G., Rh-reich = Rhodit (Au, Rh)		
	G., Bi-haltig (Au, Bi)		
	Palladium (Pd,Pt,Ir)	3.88	
	Polyplatin (Pt, Fe,Ir,Os,Rh,Pd)	$<$ 3.9	
	Pt., Fe-haltig (Pt,Fe)		

Pt., Fe-reich = Ferroplatin (Pt, Fe)
Pt., Ir-reich (Pt, Ir)
Platiniridium (Ir, Pt)   ~ 3.86
Iridioplatin (Pt, Ir)   ~ 3.89
Aurosmirid (Ir, Os, Au, Ru)[1]   ~ 3.92

G. Nickel, Fe-reich = Eisennickel (Ni, Fe)   ~ 3.55
(Awaruit, Josephinit)
Eisen, Ni-reich = Taenit (Fe, Ni)   ~ 3.59

G. Blei Pb   4.94

Fam. $A^{[6,\,6]}h$; D_{6h}^4 — $C6/mmc$.

G. Osmiridium (Os, Ir, Ru, Rh, Pt) = Newjanskit
   ~ 2.71, ~ 4.31; 1.58   2
Iridosmium (Ir, Os, Rh, Ru, Pt) = Sysserskit

G. Algodonit (Cu_5As)   2.60, 4.21; 1.62. $^1/_3\,Cu_5As$

Fam. $A^{[6,6]}rd$, (flüssig $A^{[12]}am$.)

G. Quecksilber Hg   3.00; 70° 32′   3

Fam. $A^{[8]}k$; O_h^9 — $Im3m$.

G. Eisen, terrestrisch (Fe, Ni)   2.86   2
E., Ni-haltig, meteorisch = Kamacit

G. Tantal (Ta, Nb)   3.30

Fam. $A^{[3,3]}rd$, evt. $\overset{2}{\infty}[A^{[3,3]}]rd$; D_{3d}^5 — $R\bar{3}m$

G. Arsen (As, Sb)   5.60; 85° 38′   8
Stibarsen (As, Sb) [2]   5.90; 86° 16′
G. Antimon (Sb, As)   6.20; 86° 54′
G. Wismut Bi   6.56; 87° 34′

Fam. $\overset{1}{\infty}[A^{[2,(4)]}]trg$; $D_3^4\,(D_3^6)$ — $C3_12(C3_22)$

G. Selen (Se, S)   4.34, 4.95; 1.14   3
Selentellur (Se, Te)
Tellur (Te, Se)   4.44, 5.91; 1.33

Fam. $A^{[4]}k$; O_h^7 — $Fd3m$

G. Diamant C   3.56   8

Fam. $\overset{2}{\infty}[A^{[3]}]h$; D_{6h}^4 — $C6/mmc$

G. Graphit C   2.47, 0.79; 2.75   4

Fam. $[A_8^{[2]}]^{[4]}r$; D_{2h}^{24} — $Fddd$

G. Schwefel $[(S, Se)_8]$ 10.48, 12.92, 24.55   16 $[S_8]$

---

[1] Ungefähr Ir_2OsAu.
[2] Bei festem Verhältnis As : Sb = 1 : 1 wahrscheinlich gesetzmäßige Verteilung von As und Sb auf die 8 Punktpositionen des Elementarkörpers; in diesem Fall zu den Verbindungen AB rd zu stellen.

Fam. [A$_2$] am (bzw. [A$_2$] [12])

G.   Stickstoff [N$_2$]; krist. k., h. 4 [N$_2$]
G.   Sauerstoff [O$_2$]; krist. k [O$_2$, O$_2$] [12], r 4 [O$_2$]

Fam. [A] am, bzw. [A] [12]k (He [A] [12]h)

Edelgase.

2. Ordnung: A^x B^y

Klasse A B

Fam. A[8]B[8]k; $O_h^1 - Pm3m$

G.   Salmiak [NH$_4$] Cl   3.86 1

Fam. A[6]B[6]k; $O_h^5 - Fm3m$.

G.   Bleiglanz PbS   5.93 4
G.   Clausthalit PbSe   6.15
G.   Altait PbTe   6.44
G.   Oldhamit CaS   5.69
G.   Alabandin MnS   5.21
G.   Periklas MgO   4.20
G.   Kalk CaO   4.80
G.   Manganosit (Mn, Zn, Mg)O   4.44
G.   Bunsenit NiO   4.18
G.   Cadmiumoxyd CdO   4.69
G.   Villiaumit NaF   4.62
G.   Steinsalz NaCl   5.628
      St., Ag-haltig (Huantajayit) (Na, Ag) Cl
G.   Chlorargyrit AgCl   5.54
      Bromargyrit AgBr   5.76
      Embolit Ag(Br, Cl) $\sim$ 5.60
      Jodobromit Ag(Cl, Br, J)
G.   Sylvin KCl   6.28

Fam. A[6]B[6]h; $D_{6h}^4 - C6/mmc$

G.   Magnetkies Fe$_{<1}$ S   3.43, 5.68; 1.66 [1]) 2
      M., Ni-haltig (Fe, Ni)S
      Troilit FeS [2])
      Nickelin NiAs   3.60, 5.01; 1.39
G.   Breithauptit NiSb   3.94, 5.14; 1.31

Fam. A[6]B[6]r; $D_{2h}^{16} - Pmcn$

G.   Herzenbergit SnS [3])   3.98, 4.33; 11.18 4

---

[1]) Es dürfte nicht strenge Baugleichheit mit Nickelin bestehen, sondern eine Überstruktur mit verdoppelter a-Achse und verdreifachter c-Achse vorliegen.

[2]) Auch Troilit hat ideale NiAs-Struktur nur bei geringem Schwefelüberschuß; dagegen bei der Idealzusammensetzung FeS eine *Überstruktur*, d. h. eine ähnliche Struktur mit mehrfachen Längen der Kanten des Elementarkörpers, eventuell mit verminderter Symmetrie.

[3]) *Teallit* PbSnS$_2$ dürfte zum Herzenbergit, obwohl nach den Gitterkonstanten isomorph (4.04, 4.28, 11.35; 2), bei gesetzmäßiger Aufteilung der Pb- und Sn-Atome im selben Verhältnis stehen wie Dolomit zu Calcit; s. Kl. ABC$_2$.

Fam. $\frac{1}{\infty}[A^{[2,\,2,\,2]}\,B^{[2,\,2,\,2]}]$ trg; $D_3^4\,(D_3^6) - C3_12(C3_22)$

G.   Zinnober $\frac{1}{\infty}$ [HgS]   4.14, 9.49; 2.29   *3*

Fam. $A^{[5]}B^{[5]}$rd; $C_{3v}^5 - R3m$

G.   Millerit NiS   5.64; 116⁰ 35′   *3*

Fam. $A^{[4]}B^{[4]}$k; $T_d^2 - F4\bar{3}m$

G.   Zinkblende ZnS   5.42   *4*
     Z., Fe-haltig, Mn-haltig, Cd-haltig
     Z., Fe-reich = Marmatit (Cristophit)
G.   Metacinnabarit HgS   5.84
     M., Se-haltig = Onofrit Hg(S, Se)   5.90
     M., Zn- und Se-haltig = (Guadalcazarit)   5.78
     Tiemannit HgSe   6.07
G.   Coloradoit HgTe   6.44
G.   Hoch-Schapbachit $AgBiS_2$ 5.64   *2*
G.   Nantockit CuCl   5.41   *4*
G.   Marshit CuJ   6.05
     Jodsilber, Cu-reich (Ag, Cu) J = Miersit

Fam. $A^{[4]}B^{[4]}$h; $C_{6v}^4 - C6mc$

G.   Wurtzit ZnS   3.83, 6.25; 1.636 [1])   *2*
     W., Cd-haltig (Zn,Cd)S
     W., Fe-haltig (Zn,Fe)S
     W., Mn-haltig (Zn,Mn)S = Erythrozinkit
     Greenockit CdS   4.14, 6.72; 1.623
G.   Jodargyrit AgJ   4.58, 7.49; 1.635
G.   Bromellit BeO   2.69, 4.37; 1.625
G.   Zinkit (Zn,Mn)O   3.24, 5.18; 1.599

Fam. $A^{[4]}B^{[4]}$h; $C_{6v}^4 - C6mc.$

G.   Moissanit SiC   3.08, 15.07; 4.90   *6*

Fam $A^{[4]}B^{[4]}$te; $D_{4h}^9 - P4/mmc.$

G.   Cooperit PtS   3.47, 6.10; 1.76   *2*

Fam. $A^{[4]}B^{[4]}$te; $C_{4h}^2 - P4_2/m.$

G.   Braggit (Pt, Pd, Ni)S   6.37, 6.58; 1.03   *8*

Fam. $A^{[4]}B^{[4]}$te; $D_{4h}^7 - P4/nmm$

G.   Lithargit PbO   3.98, 5.01; 1.26   *2*

Fam. $A^{[4]}B^{[4]}$m; $C_{2h}^6 - C2/c$

G.   Tenorit CuO   4.65, 3.41, 5.11; 90⁰ 29′   *4*

Fam. $A^{[3]}A_2^{[4]}B^{[3,\,2]}B_2^{[3]}$h; $D_{6h}^4 - C6/mmc$

G.   Covellin CuS   3.78, 16.35; 4.32   *6*
G.   Klockmannit CuSe   3.93, 17.22; 4.38

---

[1]) Über die Polywurtzite siehe im Text (S. 261).

Fam. $[A_2]^{[6]}[B_2]^{[6]}$te; $D_{4h}^{17} — I4/mmm$

G.	Kalomel $[Hg_2][Cl_2]$	4.45, 10.89; 2.45	2
G.	Jodquecksilber $[Hg_2][J_2]$	4.92, 11.61; 2.27	

Fam. $\overset{2}{\infty}[A^{[3]}B^{[3]}]$r; $C_{2v}^5 — Pba$

G.	Massicot $\overset{2}{\infty}[PbO]$	5.50, 4.74, 5.88	4

Fam. $[A_4^{[2]}B_4^{[2]}]$m; $C_{2h}^5 — P2/_1n$

G.	Realgar $[As_4^{[2]}S_4^{[2]}]$	9.27, 13.50, 6.56; 106° 33′	$4[As_4S_4]$

Fam. AB r

G.	Montroydit HgO	5.50, 3.51, 3.30	2

Fam. AB k

G.	Potarit PdHg (?)

Kl. $AB_2(A_2B)$

Fam. $A^{[3,\,6]}B^{[5]}B^{[2,\,2]}$r; $D_{2h}^{16} — Pmnb$

G.	Cotunnit $PbCl_2$	4.52, 7.61, 9.03	4

Fam. $A^{[8]}B_2^{[4]}$k; $O_h^5 — Fm3m$

G.	Fluorit CaF_2	5.45	4
	Yttrofluorit $(Ca, Y)F$	5.49	
G.	Hoch-Kupferglanz Cu_2S	5.56	
G.	Hoch-Hessit Ag_2Te	6.57	
G.	Berzelianit $(Cu,Ag)Se_2$	5.73	
G.	Uraninit UO_2	5.46	
	U., Th-haltig $=$ Bröggerit	5.47	
	U., Y- u. Ce-haltig $=$ Cleveit		
	U., Pb-haltig bis Pb-reich $=$ Niveit		
	Thoranith ThO_2	5.59	
	T., Pb- und Ce-..... haltig		
	T., U-reich	5.55	

Fam. $A^{[4,\,4]}B_2^{[2,\,2]}$m; $C_{2h}^5 — P2_1c$

G.	Baddeleyit ZrO_2	5.21, 5.26, 5.37; 99° 28′	4

Fam. $A^{[6]}[B_2]^{[6]}$k; $T_h^6 — Pa3$

G.	Pyrit $Fe[S_2]$	5.42	4
	P., Ni-reich. $(Fe,Ni)[S_2]$		
	Nickeleisenpyrit $=$ Bravoit, um $NiFe[S_2]$	5.57	
	Vaesit NiS_2		
	P., Co-haltig $(Fe, Ni, Co)[S_2]$		
	Cattierit $Co[S_2]$	5.59	
G.	Nickelbleipyrit $(Ni, Pb, Ag, Cu, Co)[S_2]$	6.01	
	Laurit $Ru[S_2]$	5.59	
	Sperrylith $Pt[As_2]$	5.97	
	S., Rh-haltig $(Pt, Rh)[As_2]$		
G.	Hauerit $Mn[S_2]$	6.10	

G.	Kobaltglanz (Co, Fe, Ni) $[(As, S)_2]$ [1]	5.60	
	Gersdorffit Ni $[(As, S)_2]$ [1]	5.65	
	G., Fe-haltig, Co-haltig, Sb-haltig		
	G., Bi-reich = Korynit (Ni,Fe,Co) $[(S, Sb, Bi)_2]$		
G.	Penroseit (Ni, Cu)Se_2	6.00	
	Aurostibit $AuSb_2$	6.64	

Fam. $A^{[6]}[B_2]^{[6]}r$; $D_{2h}^{12} — Pnnm$

G.	Markasit $Fe[S_2]$	4.44, 5.41, 3.38	2
G.	Safflorit (Co, Fe) $[As_2]$	4.86, 5.80, 6.35	4
G.	Rammelsbergit (Ni, Co) $[(As, S)_2]$		
G.	Löllingit $Fe[As_2]$	5.25, 5.92, 2.85	2
G.	Frohbergit $Fe[Te_2]$		

Fam. $A^{[6]}B_2^{[1,2]}r$; $C_{2v}^4 — Pma$

G.	Krennerit (Au, Ag)Te_2	16.51, 8.80, 4.45	8

Fam. $A^{[6]}B_2^{[3]}m$; $C_{2h}^3 — C2/m$

G.	Calaverit $AuTe_2$	7.18, 4.40, 5.07; 90° 8′	2

Fam. $A^{[6]}B_2^{[3]}te$; $D_{4h}^{14} — P4/mnm$ [2])

G.	Sellait MgF_2	4.64, 3.06; 0.659	2
G.	Rutil TiO_2	4.58, 2.95; 0.644	
	R., Fe-haltig, Nb-haltig, Ta-haltig		
	R., Nb-reich = Ilmenorutil		
	R., Ta-reich = Strüverit		
G.	Kassiterit SnO_2	4.72, 3.17; 0.672	
	K., Fe-haltig, Ta-haltig		
G.	Plattnerit PbO_2	4.94, 3.38; 0.683	
G.	Polianit (Pyrolusit) MnO_2	4.38, 2.85; 0.651	

Fam. $A^{[6]}B_2^{[3]}te$; $D_{4h}^{19} — I4/amd$

G.	Anatas TiO_2	3.73, 9.37; 2.51	4

Fam. $A^{[6]}B_2^{[3]}r$; $D_{2h}^{15} — Pcab$

G.	Brookit TiO_2	5.44, 9.17, 5.14	8
	B., Fe-haltig		
G.	Tellurit TeO_2	5.50, 11.75, 5.59	

Fam. $A^{[6]}B_2^{[3]}r$; $D_{2h}^{16} — Pbnm$

G.	Ramsdellit MnO_2	4.53, 9.27, 2.87	4

Fam. $A_2^{[2]}B^{[4]}k$; $O_h^4 — Pn3m$

G.	Hoch-Silberglanz Ag_2S	4.88	2
	Hoch-Naumannit Ag_2Se	4.98	
G.	Cuprit Cu_2O	4.26	

---

[1]) Verhältnis As : S ungefähr 1 : 1; vergl. Kl. A BC.
[2]) Man vergl. dazu in Kl. AB_2C_6 die „Polyrutile" Mossit und Tapiolith.

Fam. $A^{[4]}B_2^{[2]}$trg; $D_3^4 (D_3^6) - C3_12(C3_22)$ [1)]
G.   (Tief-)Quarz SiO_2 4.90, 5.39; 1.10   *3*

Fam. $A^{[4]}B_2^{[2]}$r
G.   (Tief-)Tridymit SiO_2 9.88, 17.1, 16.3   *64*
T., Na-, Al-haltig $Na_x[(Si,Al)O_2]$ [2)] $=$ Christensit

Fam. $A^{[4]}B_2^{[2]}$te; $D_4^4 (D_4^8) - P4_12_1(P4_32_1)$
G.   (Tief-)Cristobalit SiO_2 4.96, 6.92; 1.395   *4*

Fam. $\overset{2}{\infty}[A^{[6]}B_2^{[3]}]$h; $D_{3d}^3 - C6/mmc$
G.   Molybdänglanz $\overset{2}{\infty}[MoS_2]$ 3.15, 12.30; 3.905   *2*
Tungstenit$_\infty^2[WS_2]$ 3.18, 12.5;   3.93

Fam. $\overset{2}{\infty}[A^{[6]}B_2^{[3]}]$h; $D_{3d}^3 - C\bar{3}m$
G.   Brucit $\overset{2}{\infty}[Mg(OH)_2]$ 3.12, 4.75; 1.52   *1*
B., Mn-reich
B., Fe-haltig
Pyrochroit $\overset{2}{\infty}[Mn(OH)_2]$ 3.34, 4.68; 1.40
P., Mg-haltig, Fe-haltig
G.   Portlandit$_\infty^2[Ca(OH)_2]$ 3.58, 4.89; 1.365

Fam. $\overset{1}{\infty}[A^{[3]}B^{[2]}B^{[1]}]$te; $D_{4h}^{13} - P4/mbc$ (oder $C_{4v}^8 - C4cb$)
G.   Selenolith $\overset{1}{\infty}[SeO_2]$ 8.35, 5.05; 0.605   *8*

Fam. $[A_2B]^{[4]}$h; $C_{6v}^3 - C6mc$
G.   Eis $[H_2O]$ 4.46, 7.32; 1.64   *2*

Fam. AB_2m; $C_{2h}^4 - P2/c$
G.   Sylvanit $(Au, Ag)Te_2$ 14.59, 4.48, 8.94; 145° 30′   *4*

Fam. A_2B h; $D_{6h}^1 - C6/mmm$
G.   Weissit $Cu_{<2}Te$ 4.24, 7.27; 1.71   *2*

Fam. A_2B r; $D_{2h}^{25} - Immm$
G.   Hessit Ag_2Te 16.27, 26.68, 7.55   *48*
Petzit $(Ag, Au)_2Te$

Fam. A_2B r; $D_{2h}^{19} - Cmmm(?)$
G.   Kupferglanz Cu_2S 11.8, 27.2, 13.4   *96*

Fam. A_2B m; $C_{2h}^5 - B2_1/c$
G.   Silberglanz Ag_2S 9.47, 6.92, 8.28   *8*
S., Se-reich $Ag_2(S, Se) =$ Aguilarit
Naumannit Ag_2Se

[1)] Hiezu vergl. man den „Polyquarz" Berlinit (Kl. ABC_4).
[2)] Mischkristall mit Nephelin (Kl. AB_2C_4).

Fam. AB_2rd; $D_{3d}^5 - R\overline{3}m$

G. Lawrencit $FeCl_2$ 6.19; 33⁰ 33′ *1*

Fam. $[A_2B]am$

G. Wasser H_2O

Fam. $AB_2\,am$

G. Jordisit MoS_2
G. Lechatelierit $Si^{[4]}O_2$

Kl. AB₃

Fam. $A_3^{[12]}B^{[12]}r$; $C_{2v}^1 - Pmam$

G. Dyskrasit Ag_3Sb 2.99, 5.22, 4.82 *1*
G. Stibiopalladinit Pd_3Sb?; vielleicht kubisch?

Fam. $A^{[5,\,6]}B^{[3]}B_2^{[4]}h$; $D_{6h}^3 - C6/mcm$

G. Tysonit LaF_3 4.1, 7.3; 1.78 *2*

Fam. $A_3^{[2]}B^{[6]}k$; $T_d^6 - I43d$

Domeykit Cu_3As 9.59 *16*

Fam. $A^{[6]}B_3^{[2]}k$; $T_h^5 - Im3$

G. Skutterudit (= Tesseralkies) $CoAs_3$ 8.19 *8*
Speiskobalt $CoAs_{<3}$ 8.24
S., Ni-haltig, Fe-haltig
S., Fe-reich
Chloanthit $NiAs_{<3}$ 8.26
C., Fe-haltig, Co-haltig, Bi-haltig
C., Co-reich, Bi-reich

Fam. $\overset{2}{\infty}[A^{[6]}B_3^{[2]}]m$; $C_{2h}^5 - P2_1/n$

G. Hydrargillit $\overset{2}{\infty}[Al(OH)_3]$ 8.62, 5.06, 9.70; 94⁰ 34′ *8*

Kl. AB₄

Fam. AB_4

G. Patronit VS_4 (?)

Kl. A₂B₃

Fam. $A_2^{[6]}B_3^{[4]}rd$ [1]); $D_{3d} - R\overline{3}c$

G. Korund Al_2O_3 5.12; 55⁰ 17′ *2*
G. Hämatit Fe_2O_3 5.42; 55⁰ 17′

Fam. $\overset{2}{\infty}[A_2^{[6]}B_2^{[3]}B^{[6]}]rd$; $D_{3d}^6 - R\overline{3}m$

G. Tellurobismutit $\overset{2}{\infty}[Bi_2Te_3]$ 10.44; 24⁰ 11′ *1*
Tetradymit [2]) $\overset{2}{\infty}[Bi_2Te_2S]$ 10.31; 24⁰ 10′

---

[1]) Man vergl. auch Klasse ABC_3 (Ilmenit usw.).
[2]) Angesichts des recht konstanten Verhältnisses Te : S = 2 : 1 auch in Klasse AB_2C_2 einreihbar.

Fam. $[A_4{}^{[3]}B_6{}^{[2]}]^{[4]}k$; O_h^7—$Fd3m$

G.   Arsenolith $[As_4O_6]$ 11.05   *8*

G.   Senarmontit $[Sb_4O_6]$ 11.14

Fam. $\frac{1}{\infty}[A_2{}^{[3]}B^{[3]}B^{[2]}B^{[1]}]$ r; D_{2h}^{16}—$Pbnm$

G.   Antimonit $\frac{1}{\infty}$ $[Sb_2S_3]$ 11.20, 11.28, 3.83   *4*

G.   Bismuthin $\frac{1}{\infty}$ $[Bi_2S_3]$ 11.13, 11.27, 3.97

      Guanajuatit $\frac{1}{\infty}$ $[Bi_2Se_3]$

      G., S-haltig u. S-reich   11.35, 11.48, 4.04

Fam. $\frac{1}{\infty}[A_2{}^{[3]}B_3{}^{[2]}]$ r; D_{2h}^{10}—$Pccn$

G.   Valentinit $\frac{1}{\infty}$ $[Sb_2O_3]$ 4.92, 12.46, 5.42   *4*

Fam. $\frac{2}{\infty}$ $[A_2{}^{[3]}B_3{}^{[2]}]\,m$; C_{2h}^5—$P2/_1n$

G.   Auripigment $\frac{2}{\infty}$ $[As_2S_3]$ 11.46, 9.59, 4.24; 90° 17′   *4*

Fam. $\frac{2}{\infty}$ $[A_2{}^{[3]}B_3{}^{[2]}]$; C_{2h}^5—$P2/_1n$

G.   Claudetit $\frac{2}{\infty}[As_2O_3]$ 5.25, 12.87, 4.54; 93° 49′   *4*

Fam. $A_{1—2}B_3te$; D_{2d}^{12}—$I\overline{4}2d$

G.   Russelit $(Bi_2,W)O_3$ 5.42, 11.3; 2.09   *4*

Kl. A_3B_4

Fam. $A^{[4]}A_2{}^{[6]}B_4{}^{[4]}k$; O_h^7—$Fd3m$ [1])

G.   Kobaltkies Co_3S_4 (= Linneit)   9.40   *8*

      K., Ni-haltig $(Co, Ni)_3S_4$

      Nickelkobaltkies $(Co, Ni, Fe)_3S_4$ = Siegenit

      Siegenit, Se-reich, Te-haltig

      K., Cu-reich $(Co, Cu, Fe, Ni)_3S_4$ = Carollit   9.43

      Nickeleisenkies $(Ni, Fe, Co)_3S_4$ = Violarit

      N., Fe-arm $(Ni, Fe)_3S_4$ = Polydymit   9.40

G. $(Co, Cu, Ni)_3Se_4$ 10.00

Kl. A_5B_8

Fam. A_5B_8k; O_h^9—$Im3m$

G.   Moschellandsbergit (γ-Silberamalgam) Ag_5Hg_8 10.02   *4*

      Goldamalgam $(Au, Ag)_5Hg_8$

Kl. A_8B_9

Fam. $A_8{}^{[4]}A^{[6]}B_8{}^{[4, 5]}k$; O_h^5—$Fm3m$

G.   Pentlandit $(Ni, Fe)_9S_8$ 10.03   *4*

Kl. A_8B_{11}

Fam. $A_{11}B_8te$; $D_4^4\ (D_4^3)$—$P4_12_1(P4_32_1)$

G.   Maucherit $(Ni,Co)_{11}(As, S)_8$ 6.84, 21.83; 3.19   *4*

---

[1]) Man vergl. Kl. AB_2C_4 (Hausmannit, Spinelle).

3. Ordnung: $A_x B_y C_z$

Kl. ABC

Fam. $A^{[5]}B^{[4]}C^{[5,4]}$te; $D_{4h}^7 - P4/nmm$

G.　　Eukairit CuAgSe　　　　　　　　　　4.07, 6.29; 1.54　　　　2

Fam. $A^{[6]}[BC]^{[6]}$k; $T^4 - P2_13$

G.　　Ullmannit Ni[SbS]　　　　　　　　　　5.94　　　　　　4
U., Co-reich, As-reich
Kobaltullmannit (Ni, Co) [SbS] = Willyamit
U., As-haltig und Bi-reich = Kallilith Ni[(Sb, Bi, As)S]

Fam. $A^{[6]}[BC]^{[6]}$m (oder r); $C_{2h}^5 - B2_1/d$

G.　　Arsenopyrit Fe[AsS]　　　　9.51, 5.65, 6.42; 90° 0′　　　8
A., Sb-haltig, Bi-haltig
A., Co-reich, (Fe, Co) [AsS]
Kobaltarsenkies = Glaukodot (Co, Fe) [AsS]
　　　　　　　　　　(rhombisch) 9.62, 5.73, 6.67
G.　　Gudmundit Fe[SbS]　　　　10.04, 5.93, 6.72; 90° 0′
G.　　Manganit $Mn^{[4+2]}O^{[3]}(OH)^{[3]}$　　8.86, 5.24, 5.70; 90° 0′

Fam. $A^{[3+3]}B^{[3]}C^{[3]}$r; $D_{2h}^{16} - Pbnm$

G.　　Diaspor α—AlO(OH)　　　　　　4.40, 9.38, 2.83　　　4
D., Mn-haltig, Fe-haltig
G.　　Goethit (Nadeleisenerz) α—FeO(OH)　4.64, 10.00, 3.03
Stainierit CoO(OH)
Groutit MnO(OH)　　　　　　　　4.56, 10.70, 2.85

Fam. $\overset{2}{\infty}[A^{[3+3]}B^{[3]}C^{[3]}]$r; $D_{2h}^{16} - Pnam$

G.　　Laurionit $\overset{2}{\infty}[Pb(OH)Cl]$　　　　　4.05, 9.7, 7.1　　　4

Fam. $\overset{2}{\infty}[A^{[4+5]}B^{[4]}C^{[4+1]}]$te, $D_{4h}^7 - P4/nmn$

G.　　Bismoclit $\overset{2}{\infty}[BiOCl]$　　　　　　3.89, 7.37; 1.89　　　2
　　　Daubréeit $\overset{2}{\infty}[BiO(Cl, OH)]$　　　　3.85, 7.40; 1.92
G.　　Matlockit $\overset{2}{\infty}[PbFCl]$　　　　　　4.09, 7.21; 1.76

Fam. $\overset{2}{\infty}[A^{[4+2]}B^{[4]}C^{[2]}]$r; $D_{2h}^{17} - Amam$

G.　　Boehmit $\overset{2}{\infty}[\gamma—AlO(OH)]$　　　　3.78, 11.80, 2.85　　　4
　　　Lepidokrokit $\overset{2}{\infty}[\gamma—FeO(OH)]$　　　3.87, 12.51, 3.06

Fam. ABC r

G.　　Lautit CuAsS　　　　　　　　3.78, 5.47, 11.47　　　4

Kl. ABC_2

Fam. $A^{[6]}B^{[6]}C_2^{[3+3]}$r; $D_{2h}^{16} - Pnma$

G.　　Teallit [1]) PbSnS$_2$　　　　　　4.04, 4.28, 11.33　　　2

---

[1]) Siehe auch Kl. AB (Herzenbergit).

Fam. $A^{[6]}B^{[6]}C_2^{[3+3]}m$; C_{2h}^6—$C2/c$

| G. | Miargyrit $AgSbS_2$ | 13.17, 4.39, 12.83; 98° 37′ | 8 |

Fam. $A^{[6]}B^{[6]}C_2^{[3+3]}rd$; D_{3d}^5—$R\bar{3}m$

| G. | Delafossit $CuFeO_2$ | 5.96; 29° 26′ | 1 |

Fam. $A^{[4]}B^{[4]}C_2^{[4]}te$; D_{2d}^{12}—$I\bar{4}2d$

| G. | Kupferkies $CuFeS_2$ | 5.24, 10.30; 1.966 | 4 |
| G. | Zinnkies[1]) $Cu(Fe, Sn)S_2$ | 5.46, 10.72; 1.969 | |

Fam. $\frac{1}{\infty}A^{[2,\,2]}[B^{[3]}C^{[2+1]}C^{[2+2]}]$; D_{2h}^{16}—$Pnma$

| G. | Wolfsbergit $\frac{1}{\infty}Cu[SbS_2]$ | 6.01, 3.78, 14.46 | 4 |
| G. | Emplektit $\frac{1}{\infty}Cu[BiS_2]$ | 6.12, 3.89, 14.51 | |

Fam. ABC_2m; C_{2h}^4—$P2/x$

| G. | Lorandit $TlAsS_2$ | 12.25, 11.31, 6.10; 104° 12′ | 8 |

Fam. ABC_2r

| G. | Schapbachit (Matildit) $AgBiS_2$ | 3.92, 4.05, 5.66 | 1 |

Fam. ABC_2trk; C_i—$P\bar{1}$

| G. | Aramayoit $Ag(Sb, Bi)S_2$ | | |
| | 7.72, 8.82, 8.30; 100° 22′, 90° 0′, 103° 54′ | | 6 |

Kl. ABC₃

Fam. $A^{[9]}[B^{[3]}C_3^{[3+1]}]r$; D_{2h}^{16}—$Pmcn$

G.	Kalisalpeter $K[NO_3]$	5.42, 9.17, 6.45	4
G.	Aragonit $Ca[CO_3]$	4.94, 7.94, 5.72	
	A., Ba-haltig, Pb-haltig, Zn-haltig (?)		
	A., Ba-reich = Alstonit	4.99, 8.77, 6.11	
	A., Pb-reich = Tarnowitzit	4.97, 8.01, 5.79	
	Strontianit $Sr[CO_3]$	5.12, 8.40, 6.08	
	S., Ca-haltig, Ca-reich = Emmonit		
	Witherit $Ba[CO_3]$	5.25, 8.83, 6.54	
	Cerussit $Pb[CO_3]$	5.14, 8.45, 6.10	

Fam. $A^{[6]}B^{[6]}C_3^{[2+2]}rd$; C_{3i}^2—$R\bar{3}$

G.	Ilmenit $FeTiO_3$[2])	5.52; 54° 49′	2
	I., Fe-haltig, Mg-haltig, Mg-reich		
	I., Mn-haltig, Mn-reich		
	Geikielith $(Mg,Fe)TiO_3$	5.54; 54° 39′	
	G., Fe-haltig, Fe-reich		
	Pyrophanit $(Mn,Fe)TiO_3$	5.62; 54° 16′	

Fam. $A^{[6]}A_2^{[5]}[B_3^{[4]}C_9]m$; C_{2h}^5—$P2_1/c$

| G. | Parawollastonit $Ca_3[Si_3O_9]$ | 15.33, 7.28, 7.07; 95° 24′ | 4 |

---

[1]) Bei geregelter Verteilung der Fe- und Sn-Atome im Verhältnis 1 : 1 in Kl. A_2BCD_4 (Raumgr. D_{2d}^{11}—$I\bar{4}2m$) einzureihen.

[2]) Man vergleiche die strukturverwandten Mineralien Korund-Hämatit der Kl. A_2B_3.

Fam. $A^{[6]}[B^{[3]}C_3^{[2+1]}]$ rd; $D_{3d}^6 - R\bar{3}c$

G.	Natronsalpeter Na$[NO_3]$	6.32; 47° 15′	2
G.	Kalkspat Ca$[CO_3]$	6.36; 46° 7′	
	K., Mn-haltig (Ca, Mn)$[CO_3]$		
G.	Manganspat Mn$[CO_3]$	5.84; 47° 20′	
	Eisenspat Fe$[CO_3]$	5.82; 47° 45′	
	Magnesiaspat Mg$[CO_3]$	5.61; 48° 10′	
	Kobaltspat Co$[CO_3]$	5.71; 48° 14′	
	Zinkspat Zn$[CO_3]$	5.62; 48° 20′	
	Otavit Cd$[CO_3]$	6.11; 47° 24′	

Mischkristalle der verschiedensten Zusammensetzung und Benennung

Fam. $\overset{1}{\infty}$ $A^{[6]}[B^{[4]}C_3]$ m; $C_{2h}^6 - C2/c$

G.	Klinoenstatit $\overset{1}{\infty}$ Mg$[SiO_3]$	$\beta = 104°\,30′$	
	Ferrosilit $\overset{1}{\infty}$ Fe$[SiO_3]$		
G.	Spodumen $\overset{1}{\infty}$ LiAl$[SiO_3]_2$	9.50, 8.30, 5.24; 110° 28′	4

Fam. $\overset{1}{\infty}$ $A^{[6]}[B^{[4]}C_3]$ r; $D_{2h}^{15} - Pbca$

G.	Enstatit $\overset{1}{\infty}$ Mg$[SiO_3]$	18.20, 8.82, 5.18	8
	E., Fe-haltig, Fe-reich $=$ Bronzit		
	Eisenenstatit$\overset{1}{\infty}$MgFe$[SiO_3]_2$ $=$ Hypersthen		

Fam. $\overset{3}{\infty}A^{[12]}[B^{[6]}C_3^{[4+2]}]$ m (pseudokubisch)

G.	Perowskit$\overset{3}{\infty}$ Ca$[TiO_3]$	a$\sim$b$\sim$c$\cong$7.60; 90°	8
	P., Seltene Erden- und Na-reich $=$ Loparit		
	P., Seltene Erden-haltig $=$ Knopit		
	P., Erden-reich	Dysanalyt $\overset{3}{\infty}$ (Ce..., Ca, Na)$_{3\text{-}4}$	
	P., Nb, Ta-haltig	$[(Ti, Fe, Nb, Ta)_4O_{12}]$	

Fam. ABC_3 trk; $C_{6h}^2 - C6_3/m$

G.	Jeremejewit Al$[BO_3]$	8.57, 8.18; 0.953	12

Fam. ABC_3 trk; $C_i^1 - P\bar{1}$

G.	Rhodonit MnSiO$_3$	7.77, 12.45, 6.74; 85°10′, 94° 4′, 111° 29′	10
	R., Ca-haltig, Fe-haltig		
	R., Zn-haltig $=$ Fowlerit		
	Babingtonit Fe‴Fe″Ca$_2$Si$_5$O$_{14}$OH	7.54, 12.43, 6.73; 86°12′, 93° 51′, 112° 22′	2
	Eisenrhodonit $=$ Pyroxmangit (Mn, Fe)SiO$_3$	7.49, 17.2, 6.81; 82° 48′, 94° 20′, 113° 17′	15

Fam. $A_3[B_3^{[4]}C_9]$ trk

G.	Wollastonit Ca$_3[Si_3O_9]$	7.88; 7.27, 7.03; 90° 0′, 95° 16′, 103° 25′	2
	Manganwollastonit (Bustamit) Ca$_{1^1/_2}$Mn$_{1^1/_2}$ $[Si_3O_9]$	7.64, 7.16, 6.87; 92° 08′, 94° 54′, 101° 35′	

W., Fe-haltig

Natronwollastonit (Pektolith) $Ca_2Na[Si_3O_8OH]$
      7.91, 7.08, 7.05; 90° 0′, 95° 10′, 103° 0′

Natronmanganwollastonit (Schizolith) $(Ca, Mn)_2Na[Si_3O_8OH]$
      8.09, 7.24, 7.05; 90° 0′, 95° 22′, 101° 6′

G.   Margarosanit $(Ca, Pb, Mn)_3[Si_3O_9]$ [1])

Fam. $A[B^{[4]}C_3]m$; $C_{2h}^4 — P2/c$

G.   Alamosit $Pb[SiO_3]$ 11.28, 7.03, 13.06; 120° 30′   12

Kl. ABC₄

Fam. $A^{[12]}[B^{[4]}C_4]r$; $D_{2h}^{16} — Pnma$

G.   Avogadrit $K[BF_4]$ $(D_{2h}^{17}?)$ 8.10, 5.18, 6.64   4
G.   Cölestin $Sr[SO_4]$ 8.36, 5.36, 6.84
    C., Ba-reich = Barytocölestin
    C., Ca-haltig
    Baryt $Ba[SO_4]$ 8.85, 5.44, 7.13
    Anglesit $Pb[SO_4]$ 8.45, 5.38, 6.93

Fam. $A^{[8, 2]}[B^{[4]}C_4]m$; $C_{2h}^5 — P2_1c$

G.   Krokoit $Pb[CrO_4]$ 6.82, 7.48, 7.14; 102° 33′   4
G.   Monazit $Ce[PO_4]$ 6.76, 6.97, 6.46; 103° 40′
    M., Th-haltig, Fe-haltig, Si-haltig
    M., Th-reich
    Huttonit $Th[SiO_4]$ 6.80, 6.96, 6.54; 104° 55′

Fam. $A^{[8]}[B^{[4]}C_4]r$; $D_{2h}^{17} — Ccmm$

G.   Ferruccit $Na[BF_4]$ 6.25, 6.82, 6.77   4
G.   Anhydrit $Ca[SO_4]$ 6.22, 6.96, 6.97

Fam. $A^{[8]}[B^{[4]}C_4]te$; $D_{4h}^{19} — I4/amd$

G.   Xenotim $Y[PO_4]$ 6.88, 6.03; 0.877   4
G.   Zirkon $(Zr, Hf)[SiO_4]$ 6.58, 5.93; 0.901
    Z., P-, Y- u. Ce-haltig, = Oyamalith   7.03, 6.25; 0.89
G.   Thorit $Th[SiO_4]$
    T., U-haltig = Uranothorit   7.12, 6.32, 0.89

Fam. $A^{[8]}[B^{[4]}C_4]te$; $C_{4h}^6 — I4_1a$

G.   Scheelit $Ca[WO_4]$ 5.24, 11.38; 2.17   4
    S., Mo-haltig = Seyrigit
    S., Cu-haltig $(Ca, Cu)[WO_4]$
    Powellit $Ca[MoO_4]$ 5.23, 11.44; 2.19
G.   Stolzit $Pb[WO_4]$ 5.45, 12.03; 2.21
    S., Mo-reich $Pb[(W, Mo)O_4]$ = Chillagit
    Wulfenit $Pb[MoO_4]$ 5.45, 12.01; 2.23

Fam. $A^{[6]}[B^{[4]}C_4]m$; $C_{2h}^4 — P2/c$

G.   Eisenwolframit = Ferberit $Fe[WO_4]$
      4.70, 5.69, 4.93; 90° 0′   2

---

[1]) Vorläufige Einreihung, da Gitterkonstanten usw. nicht bekannt.

Wolframit (Fe, Mn) [WO_4]
Manganwolframit = Hübnerit Mn[WO_4]
$\qquad\qquad$ 4.82, 5.76, 4.97; 90⁰ 53′
Zinkwolframit = Sanmartinit (Zn, Fe,Mn) [WO_4]
$\qquad\qquad$ 4.71, 5.74, 4.96; 90⁰ 28′

$\qquad$ Fam. $A^{[4]}B^{[4]}C_4^{[1+1]}$trg; D_3^4 (D_3^6)—$C3_12(C3_32)$

G. $\quad$ Berlinit $\overset{2}{\infty}$ [$AlPO_4$] [1] $\qquad\qquad$ 4.92, 10.91; 2.22 $\qquad$ *3*

$\qquad$ Fam. $\overset{2}{\infty}$ $A^{[8]}[B^{[6]}C_4]$te; C_{4h}^1—$P4/m(?)$

G. $\quad$ Fergusonit $\overset{2}{\infty}$ (Y, Er ...) [NbO_4] $\quad$ 7.74, 11.31; 1.46 $\qquad$ *8*
F., Th-haltig, Fe-haltig, Ta-haltig
F., U-haltig = Bragit
F., Ti-haltig = Risörit $\qquad\qquad$ 7.78, 11.41; 1.47
F., Ta-reich
Formanit $\overset{2}{\infty}$ (Y, Er ...) [TaO_4]

$\qquad$ Fam. $\overset{2}{\infty}$ $A^{[6]}[B^{[6]}C_4]$r; C_{2v}^9—Pna

G. $\quad$ Stibiotantalit $\overset{2}{\infty}$ Sb[TaO_4] $\qquad$ 4.92, 5.54, 11.78 $\qquad$ *4*
St., Nb-reich
Stibiocolumbit $\overset{2}{\infty}$ Sb[NbO_4]
Bismutotantalit $\overset{2}{\infty}$ Bi[(Ta, Nb)O_4]

$\qquad$ Fam. $A[BC_4]$r; D_{2h}^{14}—$Pnca$

G. $\quad$ Pucherit $BiVO_4$ $\qquad\qquad$ 5.38, 5.04, 11.98 $\qquad$ *4*

$\qquad$ Fam. $A[BC_4]$m

G. $\quad$ Raspit Pb[WO_4] $\qquad$ 1.344:1:1.114; $\beta = 107^0$ 33′

Kl. AB_2C_2

$\qquad$ Fam. $\overset{2}{\infty}$ [$A_2^{[3+3]}B_2^{[3]}C^{[6]}$] rd; D_{3d}^5—$R\overline{3}m$

G. $\quad$ Tetradymit [2]) $\overset{2}{\infty}$ [Bi_2Te_2S] $\qquad$ 10.31; 24⁰ 10′ $\qquad$ *1*

$\qquad$ Fam. A_2B_2C trk; C_i^1—$P\overline{1}$

G. $\quad$ Kermesit Sb_2S_2O $\qquad\qquad$ 11.66, 8.24, 11.19; $\qquad$ *8*
$\qquad\qquad\qquad\qquad$ 111⁰ 48′, 110⁰ 44′, 78⁰ 10′

G. $\quad$ Karelinit Bi_2S_2O

Kl. AB_2C_3

$\qquad$ Fam. $A^{[2+4]}A^{[1+5]}B^{[3]}C_3^{[3]}$r; D_{2h}^{16} — $Pnam$

G. $\quad$ Atacamit $Cu_2Cl(OH)_3$ $\qquad\qquad$ 6.01, 9.13, 6.84 $\qquad$ *4*

$\qquad$ Fam. $A^{[4]}B_2^{[4]}C_3^{[4]}$r; D_{2h}^{16} — $Pcmn$

G. $\quad$ Cubanit $CuFe_2S_3$ $\qquad\qquad$ 6.45, 11.04, 6.22 $\qquad$ *4*

---

[1]) Polyquarz; vergl. Quarz in Kl. AB_2.
[2]) Vergl. Kl. A_2B_3.

Fam. AB_2C_3r; D_{2h}^{21} — Cmma

G.   Sternbergit $AgFe_2S_3$ 6.61, 11.64, 12.67   8

Fam. A_2BC_3h

G.   Penfieldit $Pb_2(OH)Cl_3$ c/a = 0.897

Kl. AB_2C_4

Fam. $A^{[4]}B_2^{[6]}C_4^{[1+3]}k$; O_h^7 — Fd3m
(Spinelle)[1]

G.	Daubréelith $FeCr_2S_4$	9.97	8
G.	Spinell $MgAl_2O_4$	8.09	
	S., Fe$^{...}$haltig = Chlorospinell $Mg(Al,Fe)_2O_4$		
	S., Fe$^{...}$-reich = Pleonast $(Mg,Mn)(Al,Fe)_2O_4$	8.12	
	S., Fe$^{..}$-reich = Hercynit $(Fe,Mg)Al_2O_4$	8.12	
	Gahnit $(Zn,Fe)Al_2O_4$	8.08	
	Galaxit $MnAl_2O_4$	8.26	
	Magnetit $Fe^{..}Fe_2^{...}O_4$	8.30	
	M., Mn-haltig, Mg-haltig, Ti-haltig, V-haltig		
	Maghemit $Fe_{<3}^{..}O_4$	8.31	
	Magnesioferrit $MgFe_2O_4$	8.36	
	Jakobsit $MnFe_2O_4$	8.50	
	J., Mg-reich $(Mn,Mg,Fe)Fe_2O_4$	8.41	
	Franklinit $(Zn,Mn)(Fe,Mn)_2O_4$	8.42	
	Trevorit $NiFe_2O_4$	8.41	
	Chromit $FeCr_2O_4$	8.36	
	C., Zn-haltig, Mg-haltig		
	C., Al- und Mg-reich = Picotit		

Fam. $A^{[4]}B_2^{[6]}C_4^{[1+3]}te$; D_{4h}^{19} — I4/amd

G.   Hausmannit $Mn^{..}Mn_2^{...}O_4$ 5.75, 9.42, 1.64
            H., Zn-haltig, Fe-haltig
G.   Hetairit $ZnMn_2O_4$ 5.74, 9.15; 1.59

Fam. $A_2^{[6]}[B^{[4]}C_4]r$; D_{2h}^{16} — Pmcn[2])

G.	Chrysoberyll Al_2BeO_4	5.47, 4.42, 9.39	4
G.	Triphylin $(Fe,Mn)Li[PO_4]$	6.00, 4.67, 10.34	
	Ferrisicklerit = T. mit Oxydation von Fe$^{..}$ unter		
	Teilausfall von Li;	5.94, 4.79, 10.09	
	Heterosit = T. mit Oxydation von Fe$^{..}$ und Mn$^{..}$		
	unter Vollausfall von Li	5.82, 4.76, 9.68	
	Lithiophilit $(Mn,Fe)Li[PO_4]$		
	Sicklerit = L. mit Oxydation von Fe$^{..}$ unter		
	Teilausfall von Li		
	Purpurit = L. mit Volloxydation von Fe$^{..}$ und Mn$^{..}$		
	unter Vollausfall von Li		
G.	Natrophilit $Na(Mn,Fe^{..})[PO_4]$	6.32, 4.97, 10.52	
	Alluaudit $Na_{<1}(Mn,Fe^{...})[PO_4]$		

---

[1]) Man vergleiche auch Klasse A_3B_4 (Fam. $A_2^{[6]}A^{[4]}B_4^{[3+1]}$)!
[2]) Man vergleiche auch Kl. $ABCD_4$!

G.   Forsterit $Mg_2[SiO_4]$ 5.99, 4.77, 10.26
    F., Fe-reich = Olivin $(Mg, Fe)_2[SiO_4]$
             6.00, 4.77, 10.28
    Fayalit $Fe_2[SiO_4]$ 6.16, 4.80, 10.59
    F., Mg-reich = Horthonolith $(Fe, Mg)_2[SiO_4]$
    F., Mn-reich
    Tephroit $Mn_2[SiO_4]$
    T., Fe-reich = Knebelit $(Mn, Fe)_2[SiO_4]$
    T., Zn-reich = Roepperit $(Mn, Zn)_2[SiO_4]$

Fam. $A_2^{[4]}[B^{[4]}C_4]$ rd; $C_3^2 - R\bar{3}$

G.   Phenakit $Be_2[SiO_4]$ 7.68; 108^0 1'   6
G.   Willemit $Zn_2[SiO_4]$ 8.69; 107^0 46'
    W., Mn-reich = Troostit $(Zn, Mn)_2[SiO_4]$
             8.81; 108^0
G.   Eukryptit $Li\,Al[SiO_4]$ 8.37; 107^0 52'

Fam. $A^{[6]}B_2^{[7]}C_4$ r; $D_{2h}^{16} - Pnma$

G.   Galenobismutit $PbBi_2S_4$ 11.65, 4.08, 14.49   4
    G., Ag-reich = Alaskait

Fam. $\frac{1}{\infty} A^{[6]}[B_2^{[3]}C_4]$ te; $D_{4h}^{13} - P4/mbc$.

G.   Trippkeit $\frac{1}{\infty} Cu[As_2O_4]$ 8.55, 5.65; 0.661   4
G.   Schafarzikit $\frac{1}{\infty} Fe[Sb_2O_4]$ 8.59, 5.92; 0.689
G.   Mennige $\frac{1}{\infty} Pb''''[Pb_2{}^{..}O_4]$ 8.80, 6.56; 0.745

Fam. $\frac{3}{\infty} A^{[9]}[B_2^{[4]}C_4]$ h; $D_6^8 - C6_32$

G.   Kalsisit $\frac{3}{\infty} K[AlSiO_4]$ 5.17, 8.67; 1.68   2

Fam. $\frac{3}{\infty} A^{[4]}[B_2^{[4]}C_4]$ h; $D_6^4 (D_6^5) - C6_22 (C6_42)$

G.   Hoch-Eukryptit $\frac{3}{\infty} Li[AlSiO_4]$ 10.55, 11.22; 1.064   6

Fam. $\frac{3}{\infty} A[B_2^{[4]}C_4]$ h; $C_6^6 - C6_3$

G.   Nephelin $\frac{3}{\infty} (Na, K)[AlSiO_4]$ 10.09, 8.49, 0.838 [1])   8
G.   Kaliophilit $\frac{3}{\infty} K[AlSiO_4]$ [2])   27.01, 8.59; 0.318   54

Fam. $A_2[B^{[4]}C_4]$ r; $D_{2h}^{24} - Fddd$

G.   Thenardit $Na_2[SO_4]$ 5.85, 12.29, 9.75   8

Fam. $A_2[B^{[4]}C_4]$ r; $D_{2h}^{16} - Pmcn$

G.   Mascagnin $(NH_4)_2[SO_4]$ 5.97, 10.60, 7.76   4
G.   Tarapacait $K_2[CrO_4]$ 5.92, 10.10, 7.61

Fam. $A^{[4]}B_2^{[3]}C_4$ r; $D_{2h}^{16} - Pnam$

G.   Berthierit $FeSb_2S_4$ 11.44, 14.12, 3.76   4

Fam. AB_2C_4 r; $D_2^4 - P2_12_12_1$

G.   Satorit [3]) $PbAs_2S_4$ 19.46, 7.79, 4.17   4

---

[1]) Formel möglicherweise $\frac{3}{\infty} Na_3K[Al_4Si_4O_{16}]$ h.
[2]) Zuordnung sehr fraglich!
[3]) Die wahre Zelle soll viel größer und wahrscheinlich monoklin sein; sie soll
420 Formeleinheiten enthalten.

Fam. $A_2[B^{[4]}C_4]m$

G.   Larnit $Ca_2[SiO_4]$ $\beta = 103\tfrac{1}{2}^0$

Fam. AB_2C_4h

G.   Zinkenit $PbSb_2S_4$ 44.06, 8.60; 0.195   80

Kl. AB_2C_5

Fam. $A_2^{[6]}C[B^{[4]}iC_4]trk$; $C_i^1 - P\bar{1}$

G.   Disthen $Al_2^{[6]}O[SiO_4]$
                    7.09, 7.72, 5.56; $90^0\ 5'$, $101^0\ 2'$, $105^0\ 44'$ 4

Fam. $A^{[6]}A^{[5]}C[B^{[4]}C_4]r^1)$; $D_{2h}^{12} - Pnnm$

G.   Andalusit $Al_2O[SiO_4]$ '   7.76, 7.90, 5.56   4
            A., Mn-haltig $=$ Viridin

Fam. $\overset{1}{\infty} A_2^{[4,\ 2]}[B^{[6]}C_5]r$; $D_{2h}^{17} - Bbmn$

G.   Pseudobrookit $\overset{1}{\infty} Fe_2[TiO_5]$ 9.79, 9.93, 3.72   4

Fam. $\overset{1}{\infty} A^{[6]}[B_2^{[4]}C_5]r$; $D_{2h}^{16} - Pbnm$

G.   Sillimanit $\overset{1}{\infty} Al[AlSiO_5]$ 7.43, 7.58, 5.74   4
            Mullit $\overset{1}{\infty} Al_4[Al_5Si_3(O,\ OH,\ F)_{20}]$ 7.49, 7.63, 5.74   1
G.   Dumortierit [2]$\overset{1}{\infty}Al_4[Al_4BSi_3O_{19}(OH)]$

Fam. $\overset{2}{\infty} [A_2^{[4,\ 4]}C_2][B^{[3]}C_3]$ te; $D_{4h}^{17} - I4/mmm$

G.   Bismutit $\overset{2}{\infty} [Bi_2O_2][CO_3]$ 3.86, 13.66; 3.54   2

Fam. $A_2C[B^{[4]}C_4]m$; $C_{2h}^3 - C2/m$

G.   Dolerophanit $Cu_2O[SO_4]$ 9.39, 6.30, 7.62; $122^0\ 54'$ 4

Fam. $A_2C[B^{[4]}C_4]m$; $C_{3h}^2 - C2/m$

G.   Lanarkit $Pb_2O[SO_4]$ 13.73, 5.68, 7.07; $115^0\ 48'$ 4

Fam. $\overset{2}{\infty} A[B_2^{[4]}C_5]trk.$

G.   Sanbornit $\overset{2}{\infty} Ba[Si_2^{[4]}O_5]$

Kl. AB_2C_6

Fam. $A_2^{[12]}[B^{[6]}C_6]k$; $O_n^5 - Fm3m$

G.   Hieratit $K_2[SiF_6]$ 8.17   4
            Kryptohalit $(NH_4)_2[SiF_6]$ 8.34

Fam. $A^{[8]}[B_2^{[6]}C_6]r$; $D_{2h}^{16} - Pcmn$

G.   Euxenit $(Y..,\ Ca,\ Ce\ldots,\ Th)[(Nb,\ Ti,\ Ta)_2O_6]$
                    5.52, 14.57, 5.17   4
            Titaneuxenit $=$ Polykras und Priorit $Y\ldots[(Ti,\ Nb,\ Ta)_2O_6]$

---

[1]) Man vergleiche Klasse $ABCD_5$.
[2]) Vorläufige Einreihung.

T., Ca-haltig, Fe-haltig, Ce-haltig, Th-haltig, U-haltig,
    Ta-reich
T., U-reich = Kobeit $(Y, U)(Ti, Nb, Ta)_2O_6$
Cererdenthoriumeuxenit = Äschynit $(Ce \ldots, Th, Y \ldots,$
    $Ca)$ $[(Ti, Nb, Ta)_2O_6]$
Zirkoneuxenit = Polymigmit $(Ca, Y \ldots, Ce \ldots)$
    $[(Zr, Ti, Nb)_2O_6]$
Z., Th-haltig
Z., Ta-reich $(Ca, Y \ldots, Ce \ldots)$ $[(Ta, Zr, Nb)_2O_6]$

Fam. $A^{[6]}B_2^{[6]}C_6^{[1+2]}$te [1]); D_{4h}^{14} — $P4/mnm$

G.   Mossit $Fe(Nb, Ta)_2O_6$ 4.71, 9.12; 1.935   2
      Manganomossit $(Mn, Fe)(Nb, Ta)_2O_6$
      Tapiolit $(Fe, Mn)(Ta, Nb)_2O_6$ 4.74, 9.21; 1.941
      T., Nb-reich
G.   Byströmit $MgSb_2O_6$ 4.68, 9.21; 1.97

Fam. $A^{[6]}B_2^{[6]}C_6r$ [2]); D_{2h}^{14} — $Pcnb$

G.   Niobit $(Fe, Mn)(Nb, Ta)_2O_6$ ⎫
      Tantalit $(Fe, Mn)(Ta, Nb)_2O_6$ ⎬   5.73, 14.24, 5.08   4
      T., Sn-haltig = Ixiolith   ⎭

Fam. $A^{[6,6]}[B^{[3]}C_3]_2k$; T_h^6 — $Pa3$

G.   Nitrobaryt $Ba[NO_3]_2$ 8.11   4

Fam. $A_2[B^{[6]}C_6]h$

G.   Malladrit $Na_2[SiF_6]$

Fam. $A[B_2^{[6]}C_6]m$; C_{2h}^5 — $P2_1/c$

G.   Lautarit $Ca[J_2O_6]$ 7.18, 11.38, 7.32, $106^0 12'$ 4

Fam. $A_2[B^{[6]}C_6]r$; D_{2h}^{18} — $Cmca$

G.   Koechlinit Bi_2MoO_6 5.48, 16.16, 5.48   4

Kl. AB_3C_3

Fam. $A_3^{[4]}A'_3^{[3]}[B^{[3]}S_3]_2$ [3])k; T_d^3 — $I\overline{4}3n$

G.   Fahlerz [3])
      $(Cu, Fe, Zn, Ag, Hg, Ni, Co, Pb)_3(Sb, As, Bi, Fe''')S_{>3}$,
                   um 10.30   8
      Arsenfahlerz = Tennantit $(Cu, Fe, Zn)_3AsS_{>3}$ 10.19
      T., Bi-haltig, Sb-haltig, Ag-haltig
      T., Bi-reich = Annivit
      Antimonfahlerz = Tetraedrit $(Cu, Zn, Fe)_3SbS_{>3}$ 10.33
      T., As-haltig, Bi-haltig, Ni-haltig, Co-haltig, Pb-haltig
      T., Ag-haltig bis Ag-reich = Freibergit   bis 10.40
      T., Hg-reich = Schwazit

---

[1]) Polyrutile, vergl. Kl. AB_2!
[2]) Polybrookite, vergleiche Klasse AB_2!
[3]) S bis $(Cu, Fe, Zn)_{12}(Sb, As)_4S_{13}$ ansteigend, im letzteren Falle Kl. $A_4B_{12}C_{13}$
mit 2.

G.   Germanit[1]) $(Cu, Fe, Zn)_3(Ge, Fe, As, Ga)S_{<4}$ 10.58

G.   Colusit[1]) $(Cu, Fe)_3(As, Sn, V)S_{<4}$ 10.60

Fam. $A_3^{[4]}B^{[3]}C_3$rd; $C_{3v}^6 - R3c$

G.   Proustit Ag_3AsS_3 6.86; 103° 30′   *2*

G.   Pyrargyrit Ag_3SbS_3 7.00; 103° 59′

Fam. $\overset{2}{\infty}\,[A_3^{[2]}B^{[3]}C_3]$ trk; $C_1^1 - P\bar{1}$

G.   Sassolin $\overset{2}{\infty}\,[H_3BO_3]$ 7.04, 7.04, 6.56; 92° 30′, 101° 10′,
     120° 0′   *4*

Fam. A_3BC_3 r; $D_{2h}^{16} - Pnam$

G.   Wittichenit Cu_3BiS_3 7.66, 10.31, 6.69   *4*

Fam. A_3BC_3 m; $C_{2h}^5 - P2_1/c$

G.   Xanthokon Ag_3AsS_3 11.97, 6.20, 31.82; 90° 30′   *16*

Fam. A_3BC_3 m; $C_{2h}^6 - F2/d$

G.   Pyrostilpnit Ag_3SbS_3 12.15, 15.81, 6.23; 90° 0′   *8*

Kl. AB_3C_4

Fam. $A_3^{[4]}B^{[4]}C_4$k; $T_d^1 - P\bar{4}3m$

G.   Sulvanit Cu_3VS_4 5.37   *1*

Fam. $A_3^{[4]}B^{[4]}C_4$r; $C_{2v}^7 - Pnm$

G.   Enargit Cu_3SbS_4 6.46, 7.43, 6.18   *2*

G.   Famatinit $Cu_3(Sb,As)S_4$; vielleicht kubisch, ähnlich Zinkblende

Kl. AB_3C_6

Fam. $A_3^{[6]}[B^{[6]}C_6]$m; $C_{2h}^5 - P2_1/n$

G.   Kryolith $Na_3[AlF_6]$ 5.46, 5.61, 7.80; 90° 11′   *2*

Fam. $\overset{3}{\infty}\,A[B_3^{[4]}C_6]$te; $C_{4h}^6 - I4_1/a$

G.   Leucit $\overset{3}{\infty}\,K[AlSi_2O_6]$ 13.01, 13.82; 1.06   *16*

Kl. AB_4C_5

Fam. A_5BC_4k; $O_h^7 - Fd3m\ (O_h^5 - Fm3m?)$

G.   Bornit Cu_5FeS_4[2])   10.93   *8*

Fam. A_5BC_4 r; $C_{2v}^{15} - Cmc2$

G.   Stephanit Ag_5SbS_4 7.70, 12.32, 8.48   *4*

---

[1]) S wenig unter S_4.

[2]) Nach neueren Untersuchungen unterhalb 200° rhombisch-pseudokubisch: 21.94, 21.94, 10.97. *32.*

Kl. AB_4C_7

Fam. AB_4C_7 trk; $C_i^1 - P\bar{1}$

G.   Livingstonit $HgSb_4S_7$
     7.65, 10.82, 3.99; 99° 12′, 102° 01′, 73° 48′   *1*

Kl. AB_4C_8

Fam. $\overset{3}{\infty} A^{[10]} [B_4^{[4]}C_8] m$; $C_{2h}^3 - C2/m$

G.   Orthoklas $\overset{3}{\infty} K[AlSi_3O_8]$ 8.50, 13.0, 7.15; 116° 3′   *4*

Sanidin, Natronorthoklas $\overset{3}{\infty}$ (K, Na) $[AlSi_3O_8]$
O., Ba-haltig = Hyalophan
Celsian $\overset{3}{\infty} Ba[Al_2Si_2O_8]$ 8.63, 13.10, 7.29; 115°

G.   Barbierit $\overset{3}{\infty} Na[AlSi_3O_8]$ 7.94, 12.90, 7.12; 116°

Fam. $\overset{3}{\infty} A[B_4C_8]$ trk; $C_i^1 - P\bar{1}$

G.   Mikroklin $\overset{3}{\infty} K[AlSi_3O_8]$
     8.44, 13.00, 7.21; 90° 7′, 115° 50′, 89° 55′   *4*

Anorthoklas $\overset{3}{\infty}$ (K, Na) $[AlSi_3O_8]$

Fam. $\overset{3}{\infty} A^{[6]} [B_4^{[4]}O_8]$ trk; $C_i^1 - C1$

G.   Plagioklas

Albit $\overset{3}{\infty} Na[AlSi_3O_8]$
     8.14, 12.79, 7.15; 94° 13′, 116° 31′, 87° 42′
A., Ca-haltig = Albiklas
A., Ca-reich = Oligoklas
Kalknatronplagioklas = Andesin, um $CaNa[Al_3Si_5O_{16}]$
Anorthit $\overset{3}{\infty} Ca[Al_2Si_2O_8]$
     8.18, 12.89, 14.17; 93° 13′, 115° 51′, 91° 13′   *8*
A., Na-haltig = Bytownit
A., Na-reich = Labradorit

Fam. $\overset{2}{\infty} A^{[12]} [B_4^{[4]}C_8] h$; $D_{6h}^1 - C6/mmm$

G.   Hochcelsian $\overset{2}{\infty} Ba[Si_2Al_2O_8]$ 5.25, 7.84; 1.50   *1*

Fam. $A_{<1}^{[8]} B_{<4}^{[6]} C_8$ te [1]); $C_{4h}^5 - I4/m$

G.   Hollandit (Ba, Pb, K) $(Mn''''Fe'''Mn'')_4 (O, OH)_8$
     9.86, 2.88; 0.29   *2*
H., Pb-frei, Zn-reich = Kryptomelan   9.84, 2.88; 0.29
H., Pb-reich = Coronadit   9.89, 2.86; 0.29

G.   Priderit (K, Ba)$_{1/2}$ (Ti, Fe)$_4O_8$ 10.11, 2.96; 0.29

Kl. AB_6C_8

Fam. A_8BC_6 r

G.   Argyrodit Ag_8(Ge, Sn)S_6 14.93, 12.22, 6.81   *4*
Canfieldit Ag_8(Sn, Ge)S_6

---

[1]) Teilweise monoklin-pseudotetragonal.

Kl. AB_7C_{12}

Fam. $A_7BC_{12}te$; $D_{4h}^{10} — I\bar{4}c2$

G.   Braunit Mn_7SiO_{12} 9.50, 18.93; 1.996   8

Kl. $A_2B_2C_3$

Fam. $A_3B_2C_2r$

G.   Mendipit $Pb_3O_2Cl_2$ 9.50, 11.87, 5.87   4

Kl. $A_2B_2C_5$

Fam. $A_2B_2C_5m$

G.   Dufrenoysit $Pb_2As_2S_5$ 0.651:1:0.613; 90° 33′

Fam. $A_2B_2C_5\,r$; $D_{2h}^{16}— Pbnm$

G.   Cosalit $(Pb, Cu)_2Bi_2S_5$ 19.04, 23.81, 4.05   8
      C., Sb-haltig = Kobellit $Pb_2(Bi, Sb)_2S_5$

Kl. $A_2B_2C_7$

Fam. $A_2^{[6]}[B_2^{[4]}C_7]\,m$; $C_{2h}^3 — C2/m$

G.   Thortveitit, Y-haltig $(Sc, Y)_2[Si_2O_7]$
                          6.56, 8.58, 4.74; 103° 8′   2
      Th., Zr-haltig = Befanamit $(Sc,Zr)_2[(Si,Al)_2O_7]$
      Thalenit $Y_2[Si_2O_7]$

Fam. $A_2[B_2C_7]\,trk$; $C_i^1—P\bar{1}$

G.   Lopezit $K_2[Cr_2O_7]$
      7.50, 13.40, 7.38; 98°00′, 90° 51′, 96° 13′   4

Kl. $A_2B_3C_6$

Fam. $A_3^{[6]}[B^{[3]}C_3]_2r$; $D_{2h}^{12} — Pnmn$

G.   Kotoit $Mg_3[BO_3]_2$ 5.38, 8.40, 4.49   2

Fam. $A_3B_2S_6\,m$

G.   Falkmanit $Pb_3Sb_2S_6$ 24.93, 8.10, 14.51; 100° 50′   10

Fam. $A_3B_2C_6h$; $D_{3d}^5 — R\bar{3}m$

G.   Armangit $Mn_3[As_2O_6]$ 13.44, 8.72; 0.66   9

Kl. $A_2B_3C_7$

Fam. $A_3[B_2^{[4]}C_7]\,rd$

G.   Barysilit $Pb_3[Si_2O_7]$ $\varrho = 112° 58′$

Kl. $A_2B_3C_9$

Fam. $A_3C[B^{[4]}C_4]_2r$

G.   Phönicit $Pb_3O[CrO_4]_2$

Kl. $A_2B_5C_{14}$

Fam. $A_2B_5^{[6]}C_{14}$ r

G. Samarskit (Yttroniobit) 0.546 : 1 : 0.518
$(Y, Er\ldots, Ce\ldots, U, Th, Ca, Fe)_2(Nb, Ta, Fe)_5O_{14}$
S., Ti-haltig, Zr-haltig, W-haltig, U-reich
Yttrotantalit $(Y, Er\ldots, U, Ca, Fe)_2 (Ta, Nb, Fe\cdots, Sn, Ti, W)_5O_{14}$

Kl. $A_2B_{11}C_{16}$

Fam. $A_{13}B_2C_{11}m$; $C_{2h}^3 - C2/m$

G. Polybasit $(Ag, Cu)_{16}Sb_2S_{11}$ 26.12, 15.08, 23.90; 90⁰ 0′ *16*
P., As-haltig
Piercit $(Ag, Cu)_{16}As_2S_{11}$ 12.69, 7.32, 11.90; 90⁰ 0′ *2*

Kl. $A_3B_4C_9$

Fam. $A_3B_4C_9m$; $C_{2h}^5 - P2_1/n$

G. Rathit $Pb_3As_4S_9$ 25.0, 7.91, 8.42; 99⁰ 0′ *4*

Kl. $A_3B_4C_{12}$

Fam. $A_4^{[3,\,3,\,3]}[B^{[4]}C_4]_3k$; $T_d^6 - I\overline{4}3d$

G. Eulytin $Bi_4[SiO_4]_3$ 10.27 *4*

Kl. $A_3B_5C_{14}$

Fam. $\overset{2}{\infty}A^{[8]}A_4^{[6]}[B_3^{[6]}F_{14}]$ te; $D_{4h}^6 - P4/mnc$

G. Chiolith $\overset{2}{\infty}Na_5[Al_3F_{14}]$ 7.00, 10.39; 1.484 *2*

Kl. $A_4B_5C_{11}$

Fam. $A_5B_4C_{11}m$; $C_{2h}^5 - P2_1/a$

G. Boulangerit $Pb_5Sb_4S_{11}$ 21.52, 23.46, 8.07; 100⁰ 48′ *8*

Kl. $A_4B_7C_{14}$

Fam. $A_4B_7C_{14}m$; $C_{2h}^5 - P2_1/a$

G. Jamesonit $Pb_4(Sb, Fe)_7S_{14}$ 15.68, 19.01, 4.03; 91⁰ 48′ *2*

Kl. $A_4B_{11}C_{24}$

Fam. $A_{11}^{[6]}C_8[B^{[4]}C_4]_4r$; $D_{2h}^{17} - Ccmn$

G. Staurolith $(Al, Fe, Mg)_{11}(O, OH)_8[SiO_4]_4$
7.81, 16.59, 5.64 *2*
St., Co-reich = Lusakit $(Al, Fe, Mg, Co)_{11}\ldots$

Kl. $A_4B_{12}C_{13}$

Fam. $A_6^{[4]}A_6^{[3]}B_4^{[3]}C_{13}k$; $T_d^3 - I\overline{4}3m$.

Siehe Fahlerze in Kl. AB_3C_3

Kl. $A_5B_8C_{17}$

Fam. $A_5B_8C_{17}m$

G.   Plagionit $Pb_5Sb_8S_{17}$ 13.45, 11.9, 19.77; 107° 11′

4. Ordnung: $A_x B_y C_z D_u$

Kl. $ABCD_2$

Fam. $\overset{2}{\infty}\,[A^{[4+4]}B^{[4+4]}C_2^{[2+2]}]\,D^{[4+4]}r;\ D_{2h}^{17}-Bmmb$

G.   Nadorit $\overset{2}{\infty}\,[PbSbO_2]Cl$ 5.59, 5.43, 12.20   *4*

Fam. $A[BC_2D]r$

G.   Sussexit $(Mn, Mg, Zn)[BO_2OH]$
Magnesiumsussexit $(Mg, Mn)[BO_2OH]$

Kl. $ABCD_3$

Fam. $A^{[8+3]}B^{[3]}[C^{[3]}D_3]trg;\ D_{3h}^4-C\bar{6}2c$

G.   Bastnäsit $(Ce...)F[CO_3]$ 7.09, 9.72; 1.37   *6*

Fam. $A[B^{[3+1]}CD_3]m;\ C_{2h}^4-P2/a\ (C_s^2-Pa\ ?)$

G.   Schultenit $Pb[AsO_3OH]$ 5.83, 6.76, 4.85; 95½ °   *2*

Fam. $ABCD_3r;\ D_{2h}^{13}-Pnmm$

G.   Seligmannit $PbCuAsS_3$ 8.04, 8.66, 7.56   *4*
Bournonit $PbCuSbS_3$ 8.10, 8.65, 7.75
B., As-haltig

Fam. $ABCD_3r;\ Pnam\ oder\ Pna2$

G.   Aikinit (Patrinit) $PbCuBiS_3$ 11.30, 11.64, 4.00   *4*

Fam. $AB[CD_3]r;\ D_{2h}^{16}-Pbnm$

G.   Salesit $Cu(OH)[JO_3]$ 4.76, 10.77, 6.70   *4*

Kl. $ABCD_4$

Fam. $A^{[6]}B^{[6]}[C^{[4]}D_4]r;\ D_{2h}^{16}-Pmcn$

G.   Monticellit $CaMg[SiO_4]$ 6.37, 4.82, 11.08   *4*
Glaukochroit $CaMn[SiO_4]$ 6.51, 4.92, 11.19
G.   Larsenit $PbZn[SiO_4]$ 1.227 : 1 : 2.305

Fam. $A^{[4+2]}BC^{[4]}D_4te;\ D_{4h}^7-P4/nmm$

G.   Bandylith $CuCl[B(OH)_4]$ ·   6.13, 5.54; 0.90   *4*

Fam. $AB[CD_4]m;\ C_{2h}^5-P2_1/n$

G.   Beryllonit $NaBe[PO_4]$ 8.13, 7.76, 14.17; 90° 0′   *12*

Kl. $ABCD_5$

Fam. $A^{[7]}B^{[6]}[C^{[4]}D_4]D\,m$

Siehe bei Kl. $ABCDE_4$

Kl. $ABCD_6$

Fam. $\frac{2}{\infty}\,A^{[7]}\{B^{[2,4]}D_2\,[CD_4]\}\,m$; $C_{2h}^5 - P2_1/c$

G.   Künstlicher Carnotit[1]) $\frac{2}{\infty}\,K\{UO_2[VO_4]\}$
       6.59, 8.40, 10.43; $104^0\,12'$ 4

Kl. ABC_2D_2

Fam. $\frac{2}{\infty}[A^{[6]}B_2^{[3]}]\cdot\frac{2}{\infty}[C^{[6]}D_2^{[3]}]\,m$; $C_{2h}^3 - C2/m$

G.   Lithiophorit $\frac{2}{\infty}(Al, Li)MnO_2(OH)_2$
       5.06, 2.91, 9.55; $100^0\,30'$ 2

Kl. ABC_2D_3

Fam. $A_2^{[3+1]}B[C^{[3]}D_3]\,r$; $D_{2h}^{15} - Pbca$

G.   Hambergit $Be_2(OH)[BO_3]$ 9.73, 12.18, 4.42   8

Kl. ABC_2D_4

Fam. $A_2B[C^{[4]}D_4]\,m$; $C_{2h}^5 - P2_1/c$

G.   Wagnerit $Mg_2F[PO_4]$ 11.90, 12.51, 9.63; $108^0\,7'$ 16
Triplit $(Mn, Fe, Ca)_2F[PO_4]$
       12.03, 12.92, 10.03; $105^0\,42'$
Tr., Mg-reich $(Mn, Mg, Fe)_2F[PO_4]$
Triploidit $(Mn, Fe)_2(OH)[PO_4]$
       12.26, 13.38, 9.90; $108^0\,4'$
Fe-Triploidit = Wolfeit $(Fe, Mn)_2(OH)[PO_4]$
       12.12, 13.16, 9.73; $108^0\,18'$
Sarkinit $Mn_2(OH)[AsO_4]$ 12.65, 13.51, 10.15; $108^0\,44'$

Fam. $A^{[4+1]}A^{[4+2]}B[C^{[4]}D_4]$; $D_{2h}^{12} - Pnnm$

G.   Libethenit $Cu_2(OH)[PO_4]$ 8.43, 8.08, 5.90   4
Olivenit $Cu_2(OH)[AsO_4]$ 8.62, 8.20, 5.94
Adamin $Zn_2(OH)[AsO_4]$ 8,32, 8.54, 6.08
A., Cu-haltig $(Zn, Cu)(OH)[AsO_4]$
A., Cu-reich $(Zn, Cu)(OH)[AsO_4]$
A., Co-haltig
G.   Andalusit[2]) $Al_2O[SiO_4]$ 7.76, 7.90, 5.56

Fam. $A_2^{[4]}B^{[4]}C^{[4]}D_4^{[2+1+1]}\,te$; $D_{2d}^{11} - I\overline{4}2m$

G.   Zinnkies[3]) Cu_2FeSnS_4 5.46, 10.725; 1.964   2

Fam. $A_2B[C^{[4]}D_4]\,trk$; $C_i^1 - P\overline{1}$

G.   Tarbuttit $Zn_2(OH)[PO_4]$
       8.10, 12.91, 7.69; $89^0\,37'$, $91^0\,28'$, $107^0\,41'$ 8

---

[1]) Vergleiche auch Kl. $ABCD_6 \cdot xaq!$
[2]) Vergleiche auch Klasse ABC_5.
[3]) Vergleiche auch Klasse ABC_2.

Kl. ABC_2D_5

Fam. AB_2CD_5r; $D_{2h}^{18} - Cmca$

G.   Vrbait $TlAs_2SbS_5$ 13.35, 23.32, 11.23   *21*

Fam. $A_2BD_2[CD_3]r$

G.   Ludwigit $(Mg, Fe'')_2Fe'''O_2[BO_3]$ $0.659 : 1 : ?$
          Eisenludwigit = Paigeit $(Fe'', Mg)_2Fe'''O_2[BO_3]$
          Pinakiolith $(Mg, Mn)_2(Mn, Fe)O_2[BO_3]$

Fam. $\overset{2}{\infty} \{A^{[4+2]}C[B_2^{[4]}D_5]\}m$; $C_{2h}^6 - C2/c$

G.   Pyrophyllit $\overset{2}{\infty} \{Al(OH)[Si_2O_5]\}$
                              5.14, 8.90, 18.55; 99° 55′   *8*

Kl. ABC_2D_6

Fam. $A^{[6]}B^{[6]}[C^{[3]}D_3]_2rd$; $C_{3i}^2 - R\bar{3}$

G.   Dolomit $CaMg[CO_3]_2$ 6.00; 47° 30′   *1*
          D., eisenschüssig $Ca(Mg, Fe)[CO_3]_2$
          Mangandolomit $(Ca, Mn)(Mg, Mn)[CO_3]_2$
          Ankerit $Ca(Fe, Mg)[CO_3]_2$ 6.05; 46° 58′

Fam. $\overset{1}{\infty} A^{[8]}B^{[6]}[C^{[4]}D_3]_2m$; $C_{2h}^6 - C2/c$

G.   Doppeltklinopyroxene
          Diopsid $\overset{1}{\infty} CaMg[SiO_3]_2$ 9.71, 8.89, 5.24; 105° 50′   *4*
          D., Fe-haltig, Fe-reich
          D., Mn-, Na-, Al-haltig = Violan
          Hedenbergit $\overset{1}{\infty} CaFe[SiO_3]_2$
          H., Mn-haltig = Schefferit $\overset{1}{\infty} (Ca, Mn)(Fe, Mg)[SiO_3]_2$
          H., Zn-haltig = Jeffersonit $\overset{1}{\infty} (Ca, Mn)(Fe, Mg, Zn)[SiO_3]_2$
          Jadeit $\overset{1}{\infty} NaAl[SiO_3]_2$
          J. Mg-haltig, Fe-haltig = Chloromelanit
                  $\overset{1}{\infty} Na(Al, Mg, Fe)[(Si, Al)O_3]_2$
          Aegirin $\overset{1}{\infty} NaFe[SiO_3]_2$
          Augit $\overset{1}{\infty} (Ca, Na)(Al, Mg, Fe, Ti, Mn)[(Si, Al)O_3]_2$
          A., Fe''-reich = Gemeiner Augit
          A., Fe'''-reich = Basaltischer Augit
          A., Ti-reich = Titanaugit
          Aegirinaugit $\overset{1}{\infty} (Ca, Na)(Fe, Mg, Al, Ti, Mn)[(Si, Al)O_3]_2$
          Pigeonit $\overset{1}{\infty} (Ca, Mg. Fe)(Mg, Fe)[(Si, Al)O_3]_2$

Fam. $AB[C^{[3]}D_3]_2m$; $C_{2h}^2 - P2_1/m$

G.   Barytocalcit $BaCa[CO_3]_2$ 8.15, 5.22, 6.58; 106° 8′   *2*

Kl. ABC_3D_6

Fam. $\overset{1}{\infty} AB[CD_2]_3r$

G.   Andorit $\overset{1}{\infty} PbAg[SbS_2]_3$ $0.677:1:0.446$; $b = 4.26$

Fam. $A_3B[CD_6]rd$; $D_d^6 - R\bar{3}c$

G.   Rinneit $K_3Na[FeCl_6]$ 8.25; 91° 54′   2

Kl. ABC_3D_7[1])

Fam. $A_3[BD_3][CD_4]m$

G.   Tilleyit $Ca_3[CO_3][SiO_4]$

Kl. ABC_3D_9

Fam. $A^{[6,\,6]}B^{[6]}[C_3^{[4]}D_9]trg$; $D_{3h}^2 - C\bar{6}c2$

G.   Benitoit $BaTi[Si_3O_9]$ 6.60, 9.71; 1.47   2

Kl. ABC_4D_7

Fam. $A^{[12]}B_4^{[4]}DC^{[6]}D_6h$; $C_{6v}^4 - C6mc$

G.   Swedenborgit $NaBe_4O[SbO_6]$ 5.42, 8.80; 1.624   2

Kl. ABC_4D_{10}

Fam. $\overset{2}{\infty} A^{[8]}\{B^{[4]}[C_4^{[4]}D_{10}]\}te$; $D_{4h}^8 - P4/ncc$

G.   Gillespit $\overset{2}{\infty} Ba\{Fe[Si_4O_{10}]\}$ 7.495, 16.05; 2.14   4

Fam. $A^{[6]}BC_4^{[4]}D_{10}m$; $C_{2h}^6 - C2/c$

G.   Petalit $LiAlSi_4O_{10}$ 11.77, 5.13, 15.17; 112° 26′   4

Kl. ABC_5D_8

Fam. A_5BCD_8m

G.   Geokronit Pb_5AsSbS_8

Kl. $AB_2C_2D_3$

Fam. $A_2^{[2+5]}B_2[C^{[3]}D_3]te$; $C_{4v}^2 - P4bm(?)$

G.   Phosgenit $Pb_2Cl_2[CO_3]$ 8.12, 8.86; 1.09   4

Fam. $A^{[4+2]}A^{[2+4]}B_2[C^{[3]}D_3]m$; $C_{2h}^5 - P2_1/a$

G.   Malachit $Cu_2(OH)_2[CO_3]$ 9.48, 12.03, 3.21; 98° 45′   4

Kl. $AB_2C_2D_4$

Fam. $A_2^{[2+4]}B_2[C^{[4]}D_4]r$; $D_{2h}^{16} - Pbnm$

G.   Topas $Al_2(OH, F)_2[SiO_4]$ 4.64, 8.78, 8.38   4

Fam. $\overset{2}{\infty} [A_2^{[4+4]}B^{[4+2]}C_4D_2]te$; $C_{4v}^1 - P4mm$

G.   Diaboleit $\overset{2}{\infty} [Pb_2Cu(OH)_4Cl_2]$ 5.87, 5.49; 0.94   1

Kl. $AB_2C_2D_6$

Fam. $\overset{3}{\infty} A_2^{[8]}C[B_2^{[6]}D_6]k$; $O_h^7 - Fd3m$

G.   Pyrochlor $\overset{3}{\infty}$ $(Ca, Na, Ce\ldots)_2(OH, F)[Nb_2O_6]$ um 10.35   8
P., Ti-haltig, Ta-haltig, Zr-haltig, U-reich,
Th-haltig, Fe-haltig

---

[1]) Nach neuer Bestimmung Kl. $A_2B_2C_5D_{13}$, G. $Ca_5^{[6]}[Si_2^{[4]}O_7][C^{[3]}O_3]_2$ m mit $a = 15.02$, $b = 10.27$, $c = 7.63$; $\beta = 105° 50′$; Raumgr. $P2_1/a$; $Z = 4$.

Tantalpyrochlor (Mikrolith, Djalmit)
$\overset{3}{\infty}$ $(Ca, Na)_2(OH, F, O)[(Ta, Nb)_2O_6]$ 10.39

Niobtantalpyrochlor
$\overset{3}{\infty}$ $(Ca, Na)_2(OH, F, O)[(Ta, Nb)_2O_6]$
P., U-reich = Hatchettolith
$\overset{3}{\infty}$ $(Ca, Na, U)_2(OH, F)[(Nb, Ta, Ti, Zr)_2O_6]$

Romeit $\overset{3}{\infty}$ $CaNa(OH, F)[Sb_2O_6]$ 10.26
R., Pb-haltig
R., Ti-haltig, Fe-haltig = Mauzeliit
R., Ti-reich = Lewisit   10.27
Bleiromeit = Monimolit $\overset{3}{\infty}$ $PbO[Sb_2O_6]$ 10.44
Bindheimit $\overset{3}{\infty}$ $(Pb, Ca, H_2O)_2(O, H_2O)[Sb_2O_6]$ um 10.4
Antimonocker $\overset{3}{\infty}$ $(Ca, Sb''')_2(OH, H_2O)[Sb_2O_6]$ 10.25

G.   Ralstonit
$\overset{3}{\infty}$ $(Na, H_2O)_{<2}(H_2O)[(Al, Mg)_2(F, OH)_6]$ 9.87

Fam. $A_2B[CO_3]_2h$; $D_{3h}^2 - C\bar{6}c2$

G.   Synchisit $(Ca, Ce\ldots)_2F[CO_3]_2$ 7.09, 18.20; 2.54   6

Kl. $AB_2C_2D_7$

Fam. $A_2^{[8]}B^{[4]}[C_2^{[4]}D_7]te$; $D_{2d}^3 - P\bar{4}2_1m$

G.   Melilithe
Gehlenit $Ca_2Al[AlSiO_7]$ 7.69, 5.08; 0.662   2
Melilith $(Ca, Na)_2(Al, Mg)[(Si, Al)_2O_7]$ 7.76, 5.05; 0.650
Åkermanit $Ca_2Mg[Si_2O_7]$ 7.84, 5.02; 0.640
Hardystonit $Ca_2Zn[Si_2O_7]$ 7.83, 4.99; 0.637

G.   Melinophan [1]) $(Ca, Na)_2(Be, Al)[Si_2O_6F]$
    10.58, 9.88; 0.93   8
Leukophan [1]) $(Ca, Na)_2(Be, Al)[Si_2O_6(OH, F)]r$
    7.38, 7.38, 9.66   4

Fam. $AB_2^{[4]}[C_2^{[4]}D_7]r$; $D_{2h}^{16} - Pnma$

G.   Barylith $BaBe_2[Si_2O_7]$ 9.79, 11.61, 4.63   4

Kl. $AB_2C_2D_8$

Fam. $\overset{3}{\infty}A^{[8]}[B_2^{[4]}C_2^{[4]}D_8]r\,^2)$; $D_{2h}^{16} - Pbnm$

G.   Danburit $\overset{3}{\infty}$ $Ca[B_2Si_2O_8]$ 8.75, 8.01, 7.72   4
G.   Hurlbutit $\overset{3}{\infty}Ca[Be_2P_2O_8]$ 8.80, 8.29, 7.81

Fam. $AB_2[CD_4]_2m$; $C_{2h}^6 - C2/c$

G.   Glauberit $CaNa_2[SO_4]_2$ 9.99, 8.19, 8.41; 112° 11'

Kl. $AB_2C_2D_{10}$

Fam. $A_2[B^{[4]}D_4][C^{[6]}D_3]_2m$; $C_{2h}^5 - P2_1/c$

G.   Dietzeit $Ca_2[CrO_4][JO_3]_2$ 10.16, 7.30, 14.03; 106° 32'   4

---

[1]) Vorläufige Einreihung.
[2]) oder $(A^{[8]}B_2^{[4]}D[C_2^{[4]}O_7]r$.

Kl. $AB_2C_3D_4$

Fam. $A_3^{[6]}B_2[C^{[4]}D_4]r$; $D_{2h}^{16} - Pbnm$

G.   Norbergit $Mg_3(OH, F)_2[SiO_4]$ 4.70, 10.20, 8.72   4

G.   Hodgkinsonit $MnZn_2(OH)_2[SiO_4]$

G.   Strengit [1]) $Fe(H_2O)_2[PO_4]$ 9.85, 10.06, 8.65   8

G.   Skorodit [1]) $Fe(H_2O)_2[AsO_4]$ 9.98, 10.26, 8.88

Kl. $AB_2C_3D_8$

Fam. $A_3B[CD_4]_2trg$; $D_{3d}^3 - C\overline{3}m$

G.   Glaserit $K_3Na[SO_4]_2$ 5.65, 7.29; 1.29   1

Kl. $AB_2C_4D_{10}$

Fam. $A_2B_3C_2[DC_4][BC_4]m$

G.   Sapphirin $(Mg, Fe)_2Al_3O_2[SiO_4][(Al, B)O_4]$

                9.70, 14.55, 10.05; $100^0\,13'$ 8

Kl. $AB_2C_5D_{11}$

Fam. $A_5[B^{[3]}D_3][C^{[4]}D_4]_2m$

G.   Spurrit $Ca_5[CO_3][SiO_4]_2$

Kl. $AB_2C_{15}D_{30}$

Fam. $\overset{3}{\infty}A^{[12]}B_2^{[6]}\{C_3^{[4]}[C_{12}^{[4]}D_{30}]\}h$; $D_{6h}^2 - C6/mcc$

G.   Milarit $\overset{3}{\infty}$ $KCa_2[(Al, Be)_3Si_{12}O_{30}]$ [2])   10.46, 13.90; 1.329   2

Kl. $AB_3C_3D_3$

Fam. $A_3^{[3+3]}B_3[C^{[3]}D_3]h$; $C_{6h}^2 - C6/3m$

G.   Fluoborit $Mg_3(OH, F)_3[BO_3]$ 9.06, 3.06; 0.34   2

Kl. $AB_3C_3D_4$

Fam. $A_3B_3[C^{[4]}D_4]r$; $D_{2h}^5 - Pbca$

G.   Cornetit $Cu_3(OH)_3[PO_4]$ 10.86, 14.07, 7.10   8

Fam. $A_3B_3[C^{[4]}D_4]m$; $C_{2h}^5 - P2_1/a$

G.   Klinoklas $Cu_3(OH)_3[(As, P)O_4]$ 12.36, 6.45, 7.23,; $90^0\,30'$ 4

Kl. $AB_3C_5D_{12}$

Fam. $A_2^{[6,\,3]}A_3^{[6+1]}B[C^{[4]}D_4]_3h$; $C_{6h}^2 - C6_3/m$

G.   Fluorapatit $Ca_5(F, Cl, OH)[PO_4]_3$

        Chlorapatit $Ca_5(Cl, F, OH)[PO_4]_3$

        Hydroxylapatit $Ca_5(OH, F, Cl)[PO_4]_3$ um 9.39, 6.90; 0.732   2

        A., Mn-haltig

        A., Sr-reich $=$ Saamit

---

[1]) Einreihung nicht gesichert; Raumgruppe $D_{2h}^{15} - Pcab$. Vergleiche auch Klasse ABC_4xH_2O!

[2]) Vielleicht mit $1\,H_2O$, das ähnlich wie bei Beryll lose in die Kanäle der Struktur eingebaut ist.

Silikatsulfatapatit = Wilkeit
          $Ca_5(OH)[(P, S, Si)O_4]_3$ 9.48, 6.91; 0.729
Ellestadit $Ca_5(OH)[(Si, S)O_4]_3$ 9.53, 6.94; 0.725
Cererdensilikatapatit = Britholith
          $(Ca, Ce\ldots, Na)_5(F, OH)[(Si, P)O_4]_3$
                                        9.61, 7.02; 0.730
Ytthererdensilikatapatit = Abukumalit
          $(Ca, Y\ldots, Th)_5(F, OH)[(Si, P, Al)O_4]_3$
Arsenatapatit = Svabit $Ca_5F[AsO_4]_3$

G.   Bleiapatit = Pyromorphit $Pb_5Cl[PO_4]_3$
                                        9.95, 7.32; 0.736
Bleiarsenatapatit = Mimet(es)it $Pb_5Cl[AsO_4]_3$
                                        10.36, 7.52; 0.726
B., Ca-reich = Hedyphan $(Pb, Ca)_5Cl[AsO_4]_3$
B., P-reich = Kampylit
Fermorit $(Ca, Sr)_5F[(P, As)O_4]_3$
Bleivanadatapatit = Vanadinit $Pb_5Cl[VO_4]_3$
                                        10.47, 7.43; 0.710

Kl. $AB_3C_7D_{13}$

Fam. $\overset{3}{\infty}A_3{}^{[4+2]}B^{[6]}[C_7{}^{[4]}D_{13}]$ k; $T_d^5 - F\overline{4}3c$
G.   Hoch-Boracit $\overset{3}{\infty}Mg_3Cl[B_7O_{13}]$ 12.10   8

Fam. $\overset{3}{\infty}A_3{}^{[4+2]}B^{[3,\,3]}[C_7{}^{[4]}D_{13}]$ r; $C_{2v}^5 - Pca$
G.   Tief-Boracit $\overset{3}{\infty}Mg_3Cl[B_7O_{13}]$ 8.54, 8.54; 12.07   4

Kl. $AB_4C_4D_6$

Fam. $A_4B_6[C^{[4]}D_4]$ m; $C_{2h}^5 - P2_1/a$
G.   Brochantit $Cu_4(OH)_6[SO_4]$ 13.05, 9.83, 6.01; 103° 22′   4

Kl. $AB_4C_5D_6$

Fam. $A_5BC_4D_6$ r
G.   Nagyagit [1] $Pb_5Au(Te_3Sb)S_6$
                              a $\sim$ b = 12.5, c = 30.25   10

Kl. $AB_4C_5D_{14}$

Fam. $\overset{1}{\infty}$ $AB_5[C_4D_{11}]D_3$ trk.
G.   Aenigmatit $\overset{1}{\infty}(Na, Ca)(Fe'', Fe''', Al, Ti)_5[Si_4O_{11}]O_3$
                18.3, 18.3, 10.6; 96° 38′, 96° 35′, 113° 21′   6
Ae., Fe'''-reich = Cossyrit

Kl. $AB_4C_6D_{12}$

Fam. $\overset{3}{\infty}$ $A_8{}^{[6+1]}B_{1-2}[C_{12}{}^{[4]}D_{24}]$ k; $T_d^4 - P\overline{4}3n$
G.   Sodalith $\overset{3}{\infty}Na_8Cl_2[Al_6Si_6O_{24}]$ 8.85   1
          Nosean $\overset{3}{\infty}Na_8[SO_4][Al_6Si_6O_{24}]$ 9.04

---

[1]) Formel sehr unsicher. Möglicherweise tetragonal $P\overline{4}$ mit a = 4.14, c = 30.15.

Hauyn
$\overset{3}{\infty}(Na, Ca)_{<8}(SO_4, Cl, OH, H_2O)_{1-2}[Al_6Si_6O_{24}]$ 9.10
Lasurit $\overset{3}{\infty}(Na, Ca)_8(S, SO_4, Cl)_2[Al_6Si_6O_{24}]$

G.   Helvin $\overset{3}{\infty}(Mn, Fe)_8S_2[Be_6Si_6O_{24}]$ 8.30
Genthelvin $\overset{3}{\infty}(Zn, Fe)_8S_2[Be_6Si_6O_{24}]$
H., Fe- und Zn-reich = Danalith
        $\overset{3}{\infty}(Fe, Mn, Zn)_8S_2[Be_6Si_6O_{24}]$

Fam. $\overset{3}{\infty}A_4^{[6+1]}BC_6^{[4]}D_{12}h$; $C_6^6 - C6_3$

G.   Cancrinit $\overset{3}{\infty}(Na, Ca)_4(CO_3, H_2O)[Al_3Si_3O_{12}]$
                 12.75, 5.18; 0.406   *2*

Kl. $AB_4C_6D_{16}$

Fam. $A_6B[CD_4]_4$

G.   Vanthoffit $Na_6Mg[SO_4]_4$

Kl. $AB_4C_{12}D_{24}$

Fam. $\overset{3}{\infty}A_4^{[8+1]}B_{1/2-1}[C_{12}^{[4]}D_{24}]te$; $C_{4h}^5 - I4/m$

G.   Skapolithe, a um 12.15, c um 7.60; c/a = 0.626   *2*
Marialith $\overset{3}{\infty}Na_4(Cl, SO_4, CO_3, OH, H_2O)[Al_3Si_9O_{24}]$
Ma., Ca-reich = Dipyr
Mejonit $\overset{3}{\infty}Ca_4(Cl, SO_4, CO_3, OH, H_2O)[Al_6Si_6O_{24}]$
Me., Na-reich = Mizzonit

G.   Sarkolith $\overset{3}{\infty}(Ca, Na)_4O[(Si, Al)_{12}O_{24}]$ 12.43, 15.6; 1.26   *4*

Kl. $A_2B_2C_3D_6$

Fam. $A^{[4+2]}A_2^{[3+2]}B_2[C^{[3]}D_3]_2m$; $C_{2h}^5 - P2_1/c$

G.   Azurit $Cu_3(OH)_2[CO_3]_2$ 4.96, 5.83, 10.27; $92^0\,24'$ *2*

Fam. $A_3B_2[C^{[3]}D_3]_2h$

G.   Hydrocerussit $Pb_3(OH)_2[CO_3]_2$ 8.97, 23.8; 2.66   *3*

Kl. $A_2B_2C_3D_{12}$

Fam. $A_2B_2[C^{[4]}D_4]_3k$; $T^4 - P2_13$

G.   Langbeinit $K_2Mg_2[SO_4]_3$ 9.96   *4*

Kl. $A_2B_2C_4D_5$

Fam. $\overset{2}{\infty}A_2^{[2+4]}B_4[C_2^{[4]}D_5]trk$; $C_i^1 - P\bar{1}$

G.   Kaolinit $\overset{2}{\infty}Al_2(OH)_4[Si_2O_5]$
            5.14, 8.90, 7.37; $91^08'$, $\sim 105^0$, 90^0 *2*
K., Si-reicher = Anauxit $\overset{2}{\infty}(Al^{[6]}, Si^{[4]})_2(OH, O)_4[Si_2O_5]$
Metahalloysit $\overset{2}{\infty}Al_2(OH)_4[Si_2O_5]$
            5.15, 8.9, 7.57; $\beta \sim 100^0$
K., Cr-reich = Wolchonskoit $\overset{2}{\infty}(Al, Cr)_2(OH)_4[Si_2O_5]$

Fam. $\overset{2}{\infty}$ $A_{2-3}^{[2+4]}B_4[C_2^{[4]}D_5]$m; $C_s^4 - Cc$

G.   Nakrit $\overset{2}{\infty}$ $Al_2(OH)_4[Si_2O_5]$ 5.14, 8.94, 43.0; $90^0\,20'$ *12*

Dickit $\overset{2}{\infty}$ $Al_2(OH)_4[Si_2O_5]$ 5.14, 8.94, 14.92; $96^0\,50'$ *4*

G.   Amesit $\overset{2}{\infty}$ $(Mg, Al, Fe)_3(OH)_4[SiAlO_5]$
5.29, 9.17, 13.98; $\sim 90^0$[2])

Chrysotil $\overset{2}{\infty}$ $Mg_3(OH)_4[Si_2O_5]$ 5.33, 9.24, 14.66; $93^0 16'$ [3])

G.   Cronstedtit $\overset{2}{\infty}$ $Fe_{2-3}(OH)_4[(Si, Fe)_2O_5]$
5.48, 9.49, 21.25; 90^0 *6*

Cr., Al-reich, wasserhaltig $=$ Chamosit [1])

Kl. $A_2B_2C_4D_7$

Fam. $\overset{1}{\infty}$ $A_4^{[2+2]}B_2[C^{[4]}D_4][C^{[4]}D_3]$r; $C_{2v}^{12} - Ccm$

G.   Bertrandit $\overset{1}{\infty}$ $Be_4(OH)_2[SiO_4][SiO_3]$ 15.19, 8.67, 4.53   *4*

Fam. $A_4B_2[C_2^{[4]}D_7]$m

G.   Cuspidin $Ca_4(OH, F)_2[Si_2O_7]$
$0.724 : 1 : 1.934$; $\beta = 90^0 38'$

Kl. $A_2B_2C_5D_8$

Fam. $A_5^{[6]}B_2[C^{[4]}D_4]_2$m; $C_{2h}^5 - P2_1/c$

G.   Chondrodit $Mg_5(OH, F)_2[SiO_4]_2$ 7.87, 4.73, 10.27; $109^0 2'$ *2*
Alleghanyit $Mn_5(OH)_2[SiO_4]_2$

Kl. $A_2B_3C_3D_8$

Fam. $A_2B_2C_3D_8$r; $D_{2h}^{21} - Cmma$

G.   Diaphorit $Pb_2Ag_3Sb_3S_8$ 15.83, 32.23, 5.89   *8*

Kl. $A_2B_3C_3D_{12}$

Fam. $A_3^{[6]}B_2[C^{[4]}D_4]_3$r; $D_{2h}^{16} - Pmcn$

G.   Humit $Mg_3(OH, F)_2[SiO_4]_3$ 20.86, 4.74, 10.23   *4*
G.   Leukophönicit $Mn_3(OH)_2[SiO_4]_3$

Fam. $A_3^{[4,\,4]}B_2^{[6]}[C^{[4]}D_4]_3$k; $O_h^{10} - Ia3d$

G.   Kryolithionit $Na_3Al_2[LiF_4]_3$ 12.10   *8*
G.   Berzeliit $Ca_2Na(Mg, Mn)_2[AsO_4]_3$ um 12.35
G.   Kalkfreie oder kalkarme Granate
Pyrop $(Mn, Fe)_3(Al, Fe)_2[SiO_4]_3$ 11.51
Almandin $Fe_3Al_2[SiO_4]_3$ 11.52
A., Y-haltig $=$ Yttergranat $(Fe, Y, Mn)_3(Al, Fe)_2[(Si, Al)O_4]_3$
Spessartin $(Mn, Fe)_3(Al, Fe)_2[SiO_4]_3$ 11.59
Sp., Y-haltig $(Mn, Fe, Y)_3(Al, Fe)_2[(Si, Al)O_4]_3$
Sp., P-haltig bis P-reich
$(Mn, Fe)_3(Al, Fe)_2[(Si, P)O_4]_3$

---

[1]) Siehe auch Klasse $A_2B_2C_4D_5xH_2O$.
[2]) Vielleicht hexagonal (Raumgruppe $C_{6v}^3 - C6cm$).
[3]) Vielleicht trk. mit 5.33, 9.26, 7.36; $89^0 50'$, $93^0 11'$, $92^0 50'$.

Gemeiner Granat $(Fe, Mg, Mn)_3(Al, Fe)_2[SiO_4]_3$
um 11.53

G.   Kalkgranate

Grossular $Ca_3Al_2[SiO_4]_3$ 11.85

G., Fe-haltig $=$ Hessonit $Ca_3(Al, Fe)_2[SiO_4]_3$

G., V-haltig $Ca_3(Al, V, Fe, Cr)_2[SiO_4]_3$

Andradit $Ca_3Fe_2[SiO_4]_3$ 12.02

A., Al-reich $=$ Aplom $Ca_3(Fe, Al)_2[SiO_4]_3$

Melanit $(Ca, Na)_3(Fe, Ti, Al)_2[(Si, Ti)O_4]_3$ 12.08

Uwarowit $Ca_3(Cr, Al)_2[SiO_4]_3$ 11.95

Hibschit $Ca_3(Al, Fe, Mg)_2[Si_{\frac{2}{3}}(O, OH)_4]_3$ 12.00

Plazolith $Ca_3Al_2[Si_{2/3}(O, OH)_4]_3$ 12.14

G.   Griphit $(Na, Ca, Mn)_3(Al, Mn, Fe)_2[P_{<1}(O, OH)_4]_3$
12.26

Kl. $A_2B_3C_4D_5$

Fam. $\overset{2}{\infty}[A_3^{[6]}B_6] \cdot \{A_3^{[4+2]}B_2[C_4^{[4]}D_{10}]\}$m; $C_{2h}^6 - C2/c$

G.   Chlorite $\overset{2}{\infty}(Mg, Al, Fe, Cr)_3(OH)_6 \cdot \{(Mg, Al, Fe, Cr)_3$
        $(OH)_2[(Si, Al)_4O_{10}]\}$ $\sim 5.3, \sim 9.3, \sim 28.6$; $96^0 50'$ *4*

Antigorit $\overset{2}{\infty}[(Mg, Fe)_3(OH)_6] \cdot \{Mg_3(OH)_2[Si_4O_{10}]\}$

A., Mn-haltig

A., Mn-reich $=$ Pennantit $\overset{2}{\infty}Ba_{<0.5}[(Mn, Mg)_3(OH)_6]$
$\{(Mn, Al, Fe)_3(OH)_2[(Si, Al)_4O_{10}]\}$ 5.43, 9.4, 28.5; $\sim 97^0$

A., Al-haltig $=$ Pennin

A., Fe-haltig, Al-reich $=$ Prochlorit

A., Cr-haltig, Cr-reich $=$ Kämmererit

A., Ni-reich $=$ Schuchardtit

$\overset{2}{\infty}[(Mg, Ni, Al)_3(OH)_6] \cdot \{(Mg, Al, Ni)_3(OH)_2[(Si, Al)_4O_{10}]\}$

Thuringit $\overset{2}{\infty}[(Fe, Mg)_3(OH)_6] \cdot \{(Fe, Mg)_3(OH)_2[(Si, Al)_4O_{10}]\}$

Kl. $A_2B_3C_4D_{10}$

Fam. $\overset{2}{\infty}A_3^{[4+2]}B_2[C_4^{[4]}D_{10}]$m; $C_{2h}^6 - C2/c$

G.   Talk $\overset{2}{\infty}Mg_3(OH)_2[Si_4O_{10}]$ 5.26, 9.10, 18.81; $100^0 0'$ *4*

Kl. $A_2B_3C_4D_{14}$

Fam. $A_2B_3C_4D_{14}$

G.   Kylindrit $Pb_3Sn_4Sb_2S_{14}$

Kl. $A_2B_3C_5D_{14}$

Fam. $A_5B_3C_2S_{14}$m

G.   Franckeit $Pb_5Sn_3Sb_2S_{14}$ 46.85, 11.62, 17.28; $94^0 48'$ *16*

Kl. $A_2B_4C_5D_8$

Fam. $A_5B_4[C^{[4]}D_4]_2$m; $C_{2h}^5 - P2/_1a$

G.   Pseudomalachit (Phosphorochalcit) $Cu_5(OH)_4[PO_4]_2$
        17.06, 5.76, 4.49; $91^0 2'$ *2*

Fam. $A_5B_4[C^{[4]}D_4]_2$ r

G.   Arsenoklasit $Mn_5(OH)_4[AsO_4]_2$ 9.19, 18.01, 5.79   4

Kl. $A_2B_4C_9D_{16}$

Fam. $A_9^{[6]}B_2[C^{[4]}D_4]_4$ m; $C_{2h}^5 - P2_1/c$

G.   Klinohumit $Mg_9(OH, F)_2[Si\,O_4]_4$
                13.68, 4.74, 10.27; $100^0\,50'$ 2

Kl. $A_2B_5C_6D_6$

Fam. $A_5B_6[C^{[3]}D_3]_2$ m (r)

G.   Hydrozinkit $Zn_5(OH)_6[CO_3]_2$ m 13.45, 6.31, 5.36; $95^0 30'$ 2
H., Cu-reich $=$ Aurichalcit r $\frac{1}{2} \times 12.60$, 4×6.94, 5.25

Kl. $A_2B_7C_8D_{22}$

Fam. $\frac{1}{\infty} A_7^{[6]}B_2[C_4^{[4]}D_{11}]_2$ r; $D_{2h}^{16} - Pnma$

G.   Orthoamphibole
Anthophyllit $\frac{1}{\infty}$ (Mg, Fe)$_7$(OH, F)$_2$[Si$_4$O$_{11}$]$_2$
                18.52, 18.04, 5.27   4

A., Al-reich $=$ Gedrit $\frac{1}{\infty}$ (Mg, Fe, Al)$_7$(OH, F)$_2$[(Si, Al)$_8$O$_{22}$]

Fam. $\frac{1}{\infty} A_7^{[6]}B_2[C_4^{[4]}D_{11}]_2$ m; $C_{2h}^3 - C2/m$

G.   Einfachklinoamphibole
Cummingtonit $\frac{1}{\infty}$ (Mg, Fe)$_7$(OH)$_2$[Si$_4$O$_{11}$]$_2$
                9.93, 18.22, 5.33; $109^0\,34'$ 2

Grünerit $\frac{1}{\infty}$ (Fe, Mg)$_7$(OH)$_2$[Si$_4$O$_{11}$]$_2$ 9.8, 17.9, 5.27; ?
G.   Holmquistit (Mg, Li, Al)$_7$(OH, F)$_2$[Si$_4$O$_{11}$]$_2$

Kl. $A_4B_4C_4D_{10}$

Fam. $\frac{2}{\infty} A^{[6]}\{A_3^{[6]}B_4[C_4^{[4]}D_{10}]\}$ m

G.   Chloritoid $\frac{2}{\infty}$ Fe$\{$(Al, Fe, Mg)$_3$(OH)$_4$[(Si, Al)$_4$O$_{10}$]$\}$
                5.4, 9.4, ~ 18

C., reicher an Si $=$ Ottrelith $\frac{2}{\infty}$ Fe$\{$(Al, Fe, Mg)$_3$(OH)$_4$[Si$_4$O$_{10}$]$\}$

5. Ordnung: $A_x B_y C_z D_u E_w$

Kl. $ABCDE_4$

Fam. $A^{[7]}B^{[6]}C[D^{[4]}E_4]$ m; $C_{2h}^6 - C2/c$

G.   Tilasit $CaMgF[AsO_4]$ 6.66, 8.95, 7.56; $121^0\,0'$ 4
Cryphiolit $CaMgF[PO_4]$
Durangit $NaAlF[AsO_4]$ 6.53, 8.46, 7.30; $119^0\,22'$
G.   Titanit $CaTiO[SiO_4]$ 6.55, 8.70, 7.43; $119^0\,43'$
T., Y-reich $=$ Yttrotitanit (Ca, Y, Ce)(Ti, Fe, Al)O[SiO$_4$]

Fam. $A^{[6+1]}B^{[3+1]}C[D^{[4]}E_4]$ m; $C_{2h}^5 - P2_1a$ [1])

G.   Herderit $CaBe(OH, F)[PO_4]$ 9.80, 7.68, 4.80; $90^0\,6'$ 4
G.   Datholit $CaB\,(OH)[SiO_4]$ 9.64, 7.62, 4.82; $90^0\,9'$

---

[1]) Hieher vielleicht auch Gadolinit und Homilit aus Klasse $AB_2C_2D_2E_{10}$.

Fam. $ABC[D^{[4]}E_4]$ trk; $C_i^1 - P\bar{1}$

G.   Amblygonit $(Li, Na)Al(F, OH)[PO_4]$
       5.18, 7.11, 5.03; $112^0\,2'$, $97^0\,49'$, $68^0\,7'$ *2*

G.   Fremontit $(Na, Li)Al(F, OH)[PO_4]$

Fam. $A^{[5+1]}B^{[3+1]}C[D^{[4]}E_4]$ m; $C_{2h}^5 - P2_1/c$

G.   Euklas $AlBe(OH)[SiO_4]$ 4.62, 14.24, 4.75; $100^0\,16'$ *4*

Fam. $ABC[D^{[4]}E_4]$ r; $D_{2h}^{16} - Pmcn$

G.,   Adelit $CaMg(OH)[AsO_4]$ 5.88, 8.85, 7.43   *4*
       Austinit $CaZn(OH)[AsO_4]$ 5.90, 9.00, 7.43
G.,   Higginsit $CaCu(OH)[AsO_4]$ 5.84, 9,21, 7.42
       Duftit $PbCu(OH)[AsO_4]$ 5.90, 9.12, 7.50
G.   Calciovolborthit $CaCu(OH)[VO_4]$
G.,   Descloizit $PbZn(OH)[VO_4]$ 6.05, 9.39, 7.56
       D., Cu-reich $Pb(Zn, Cu)(OH)[VO_4] = $ Cuprodescloizit
       D., As-reich $=$ Aräoxen $PbZn(OH)[(V, As)O_4]$
       Mottramit $Pb(Cu, Zn)(OH)[VO_4]$
G.,   Pyrobelonit $PbMn(OH)[VO_4]$ 6.09, 9.45, 7.84

Kl. $ABCD_2E_4$
Fam. $ABC_2[D^{[4]}E_4]$ m; $C_{2h}^2 - P2_1/m$

G.,   Linarit $PbCu(OH)_2[SO_4]$.   9.70, 5.65, 4.68; $102^0\,40'$ *2*

Kl. $ABCD_3E_7$
Fam. $\overset{2}{\infty}A^{[6]}B^{[3+1]}C[D_3{}^{[4]}E_7]$ m; $C_{2h}^6 - C2/c$

G.   Eudidymit $\overset{2}{\infty}NaBe(OH)[Si_3O_7]$
       12.62, 7.37, 13.99; $103^0\,43'$ *8*

Fam. $\overset{2}{\infty}A^{[6]}B^{[2+2]}C[D_3{}^{[4]}E_7]$ r; $D_{2h}^{16} - Pnam$

G.   Epididymit $\overset{2}{\infty}NaBe(OH)[Si_3O_7]$ 12.63, 7.32, 13.98   *8*

Kl. $ABC_2D_3E_8$
Fam. $A_3BC[D^{[4]}E_4]_2$ m; $C_{2h}^2 - P2_1/m$

G.   Wöhlerit $Ca_2NaZrF[SiO_4]_2$ 10.80, 10.26, 7.26; $108^0\,57'$ *4*
       Låvenit $(Na, Ca, Mn)_3ZrF[SiO_4]_2$
       10.93, 9.99, 7.18; $110^0\,18'$

Kl. $ABC_2D_6E_8$
Fam. $A_6{}^{[1+1+4]}BC[D^{[4]}E_4]_2$ k; $O_h^5 - Fm3m$?

G.   Sulfohalit $Na_6FCl[SO_4]_2$ 10.08   *4*

Kl. $ABC_6D_6E_{18}$
Fam. $A_6BC[D_3{}^{[4]}E_9]_2$ trg; $D_{3d}^5 - R\bar{3}m$

G.   Eudialyt $(Na, Ca, Fe)_6Zr(OH, Cl)[Si_3O_9]_2$
       14.31, 30.15; 2.11 [1])   *12*

       E., Nb-haltig $=$ Eukolit

---

[1]) $r = 13.01$; $\varrho = 66^0\,44'$.

Kl. $AB_2C_2D_2E_8$

Fam. $AB_2C_2[D^{[4]}E_4]_2m;\ C^5_{2h} - P2_1/m$

G. Lazulith $(Mg,Fe)Al_2(OH)_2[PO_4]_2$
          7.12, 7.24, 7.10; 118° 55'   2

    L., Fe-reich = Scorzalith $(Fe,\ Mg)Al_2(OH)_2[PO_4]_2$
          7.15, 7.32, 7.14; 119° 00'

    S., Mg-reich

Kl. $AB_2C_2D_2E_{10}$

Fam. $A_2BC_2^{[4]}D_2[E^{[4]}D_4]_2\ m\ ^{1})$

G. Homilit $Ca_2FeB_2O_2[SiO_4]_2$ $\beta = 90°\ 22'$
G. Gadolinit $Y_2FeBe_2O_2[SiO_4]_2$ 9.87, 7.53, 4.65; 90° 33'

Kl. $AB_2C_2D_4E_6$

Fam. $\overset{1}{\infty} AB_2C_4[D^{[4]}E_3]_2m;\ D^{22}_{2h} - Ccca$

G. Karpholith $\overset{1}{\infty} MnAl_2(OH)_4[SiO_3]_2$ c = 5.3

    Eisenkarpholit $\overset{1}{\infty} (Fe, Mg)(Al, Fe)_2(OH)_4[SiO_3]_2$
          13.77, 20.18, 5.11; ?

Kl. $AB_2C_2D_4E_{10}$

Fam. $A_4B_2[C^{[4]}D_4][E^{[3]}D_3]_2\ m; C^5_{2h} - P2_1/a$

G. Leadhillit $Pb_4(OH)_2[SO_4][CO_3]_2$
          9.07, 11.55, 20.70; 90° 29'   8

Fam. $\overset{2}{\infty} A^{[12]}\{B_{2-3}^{[4+2]}C_2[D_4^{[4]}E_{10}]\}m;\ C^6_{2h} - C2/c$

Gattungen Glimmer und Sprödglimmer.

G. Muskovit $\overset{2}{\infty} K\{Al_2(OH, F)_2[Si_3AlO_{10}]\}$
          5.18, 9.02, 20.04; 95° 30'   4

    M., Na-reich = Paragonit
    M., Fe-haltig, Mg-haltig, Si-reicher = Phengit
       $\overset{2}{\infty} K\{(Al, Fe, Mg)_2(OH, F)_2[Si_4O_{10}]\}$
    M., Ba- und Mg-haltig = Oellacherit
    M., Cr-haltig = Fuchsit
    M., V-reich = Roscoelith
    M., Li-reich = Lepidolith
       $\overset{2}{\infty} K\{(Al, Li)_3(OH, F)_2[(Si, Al)_4O_{10}]\}$
    Phlogopit $\overset{2}{\infty} K\{Mg_3(OH, F)_2[Si_3AlO_{10}]\}$
          5.32, 9.21, 20.48, 100° 12'
    P., Mn-reich = Manganophyll
    Biotit $\overset{2}{\infty} K\{(Fe, Mg, Al)_3(OH, F)_2[(Si, Al)_4O_{10}]\}$
          5.30, 9.21, 20.32; 99° 18'
    B., Ti-reich = Wodanit
    B., Li-haltig = Zinnwaldit
       $\overset{2}{\infty} K\{(Fe, Li, Al, Mg)_3(OH, F)_2[(Si, Al)_4O_{10}]\}$
          5.26, 9.07, 20.10; 100° 00'

$^{1})$ Vergleiche auch Klasse $ABCDE_4$ (Herderit usw.).

B., wasserreich = Glaukonit
$\overset{2}{\infty}$ $(K, H_2O)\{(Mg, Fe, Al)_3(OH)_2[(Si, Al)_4O_{10}]\}$
5.24, 9.07, 20.03; 95° 00′

G.   Margarit $\overset{2}{\infty}$ $Ca\{Al_2(OH, F)_2[Si_2Al_2O_{10}]\}$
5.12, 8.90, 19.46; 100° 48′

M., Na-reich = Ephesit
Xantophyllit $\overset{2}{\infty}$ $Ca\{(Mg, Al, Fe)_3(OH)_2[Al_2Si_2O_{10}]\}$
5.21, 9.02, 19.74; 100° 3′

X., Fe-reich = Brandisit

Fam. $\overset{2}{\infty}$ $A_2BC_2[D_4{}^{[4]}E_{10}]$r; $C_{2v}^4 - Pmc$

G.   Prehnit $\overset{2}{\infty}$ $Ca_2(Al, Fe)(OH)_2[AlSi_3O_{10}]$
4.65. 5.52, 18.53   2

Kl. $AB_2C_2D_4E_{12}$

Fam. $\overset{1}{\infty}$ $A_2{}^{[8]}B^{[6]}B^{[4]}CD_3[E_4{}^{[4]}D_9]$m; $C_{2h}^2 - P2_1/m$

G.   Klinozoisit $\overset{1}{\infty}$ $Ca_2Al_2(OH)O_3[AlSi_3O_9]$
8.92, 5.60, 10.21; 115°   2

K., Fe-haltig
Epidot $\overset{1}{\infty}$ $Ca_2FeAl(OH)O_3[AlSi_3O_9]$
8.96, 5.63, 10.20; 115° 24′

E., Pb- und Sr-haltig = Hancockit $\overset{1}{\infty}$ $(Ca, Pb, Sr, Mn)_2 \ldots$
Chromepidot = Tawmawit
$\overset{1}{\infty}$ $Ca_2(Fe, Cr)Al(OH)O_3[Si_3AlO_9]$
Manganepidot = Piemontit
$\overset{1}{\infty}$ $(Ca, Mn)_2(Mn, Fe)Al(OH)O_3[Si_3AlO_9]$
Cererdenepidot = Orthit
$\overset{1}{\infty}$ $(Ca, Ce \ldots, Na, Th)_2(Fe, Mg, Al)Al(OH, F)O_3[(Si, Al)_4O_9]$
Orthit, Be-haltig = Muromontit
$\overset{1}{\infty}$ $\ldots [(Si, Be, Al)_4O_9]$
Cererdenphosphatepidot = Nagatelit
$\overset{1}{\infty}$ $(Ca, Ce \ldots, Th)_2(Fe, Al)O_3[(Si, P, Al)_4O_9]$
Hydratklinozoisit = Pumpellyit
$\overset{1}{\infty}$ $Ca_2(Al, Fe, Mg)Al(H_2O)O_3[(Si, Al)_4O_{10}]$ $\beta \sim 110°$

Fam. $\overset{1}{\infty}$ $A_2{}^{[8]}B^{[6]}B^{[4]}CD_3[E_4{}^{[4]}D_9]$r; $D_{2h}^{16} - Pnma$

G.   Zoisit $\overset{1}{\infty}$ $Ca_2AlAl(OH)O_3[AlSi_3O_9]$ 16.21, 5.63, 10.08   4
Z., Ce-reich = Cerit (?)
Z., Mn″-reich = Thulit $\overset{1}{\infty}$ $(Ca, Mn)_2AlAl \ldots$

(?)G.   Ardennit $\overset{1}{\infty}$ $Mn_4(Mn, Al)_2Al_2(O, OH, H_2O)_8[Al_2(V, As)Si_5O_{18}]$
8.72, 5.83, 18.56   2

Fam. $A_2BC[D_4{}^{[4]}E_{12}]$m

G.   Neptunit $Na_2FeTi[S_4O_{12}]$ 16.54, 12.64, 10.04; 115° 38′   8

Kl. $AB_2C_3D_4E_8$

Fam. $AB_3C_4[D^{[4]}E_4]_2$ m; $C_{2h}^5 - P2_1/n$

G.   Brazilianit $NaAl_3(OH)_4[PO_4]_2$ 11.19, 10.08, 7.06; $97^0\ 22'$ *2*

Kl. $AB_2C_3D_6E_8$

Fam. $A^{[6+6]}B_3^{[2+4]}C_6[D^{[4]}E_4]_2$trg; $C_{3v}^5 - R3m$

G. Alunit $KAl_3(OH)_6[SO_4]_2$	6.96, 17.35, 2.49 [1])	*3*
Jarosit $KFe_3(OH)_6[SO_4]_2$	7.20, 17.00; 2.36	
Ammoniojarosit $(NH_4)Fe_3(OH)_6[SO_4]_2$	7.20, 17.00; 2.36	
Argentojarosit $AgFe_3(OH)_6[SO_4]_2$	7.22, 16.40; 2.27	
Plumbojarosit $Pb_{1/2}Fe_3(OH)_6[SO_4]_2$	7.20, 33.60; 4.67	*6*
Woodhouseit $CaAl_3(OH)_6[SO_4][PO_4]$	6.96, 16.27; 2.34	*3*
G. Svanbergit $SrAl_3(OH)_6[SO_4][PO_4]$	6.96, 16.75; 2.40	

S., Ca-reich = Harttit $(Sr, Ca)Al_3(OH)_6[SO_4][PO_4]$
$$6.97,\ 16.55;\ 2.37\ [2])$$

Corkit $PbFe_3(OH)_6[SO_4][PO_4]$
Hinsdalit $(Pb, Sr)Al_3(OH)_6[PO_4][SO_4]$
Beudantit $PbFe_3(OH)_6[SO_4][AsO_4]$ $c/a = 2.37$
Hamlinit $SrAl_3(OH)_6[PO_4][PO_3OH]$ $c/a = 2.37$ [3])
Florencit $CeAl_3(OH)_6[PO_4]_2$ 6.75, 16.52; 2.45
F., La- und Pr-haltig = Stiepelmannit
    $(Ce, La, Pr)Al_3(OH)_6[PO_4]_2$

Kl. $AB_5C_5D_8E_{29}$

Fam. $A_5B_8C_6[D^{[3]}C_3][EC_4]_5$r.

G.   Kornerupin $(Fe, Mg)_5Al_8(O, OH)_6[BO_3][SiO_4]_5$ (?)
$$13.65,\ 15.91,\ 6.68 \qquad 3$$

Kl. $AB_6C_{12}D_{18}E_{20}$

Fam. $A_{12}^{[6]}B_{18}C[D_6^{[4]}E_{20}]$ k; $T_d^2 - F\overline{4}3m$

G.   Zunyit $Al_{12}(OH, F)_{18}Cl[AlSi_5O_{20}]$ 13.82   *4*

Kl. $A_{2-3}B_2C_5D_8E_{22}$

Fam $\overset{1}{\infty}$ $A_{2-3}^{[8]}B_5^{[6]}C_2[D_8^{[4]}E_{22}]$m; $C_{2h}^3 - C2/m$

G.   Doppeltklinoamphibole
Tremolit $\overset{1}{\infty}$ $Ca_2Mg_5(OH, F)_2[Si_8O_{22}]$
$$9.78,\ 17.8,\ 5.26;\ 106^0\ 2' \qquad 2$$
T., Fe-haltig bis Fe-reich = Strahlstein (Aktinolith)
T., Na- und Mn-haltig = Richterit
    $\overset{1}{\infty}$ $(Ca, Na, K)_2(Mg, Mn, Fe)_5(OH, F)_2[(Si, Al)_8O_{22}]$
Hornblende
    $\overset{1}{\infty}$ $(Ca, Na)_2(Al, Fe, Mg, Ti, Mn)_5(OH, F)_2[(Si, Al)_8O_{22}]$
H., Fe¨-reich = Gemeine (Grüne) Hornblende

---

[1]) $r = 7.06$; $\varrho = 59^0\ 5'$
[2]) $r = 6.83$; $\varrho = 61^0\ 24'$.
[3]) $r = 6.82$; $\varrho = 61^0\ 28'$

H., Fe$\cdots$-reich = Basaltische Hornblende
$$9.94,\ 18.38,\ 5.36;\ 105^0\ 45'$$
H., Na- und Ti-haltig, Mg-reich = Barkevikit
$\overset{1}{\infty}$ (Ca, Na)$_{>2}$(Mg, Al, Fe, Ti)$_5$(OH)$_2$[Si$_6$Al$_2$O$_{22}$]
$$9.92,\ 18.30,\ 5.33;\ 105^0\ 45'$$
H., Ti-reich = Kaersutit
Riebeckit $\overset{1}{\infty}$ (Na, K)$_3$(Fe$\cdot\cdot$, Fe$\cdots$)$_5$(OH)$_2$[(Si, Al)$_8$O$_{22}$]
$$9.88,\ 18.10,\ 5.31;\ 103^0\ 30'$$
R., Ca- und Ti-haltig = Arfvedsonit
Glaukophan $\overset{1}{\infty}$Na$_3$(Mg, Al, Fe)$_5$(OH)$_2$[(Si Al)$_8$O$_{22}$]
$$9.72,\ 17.98,\ 5.37;\ 104^0\ 10'$$
Gl., Li-haltig = Eckermannit
$\overset{1}{\infty}$ (Na, K)$_3$(Mg, Al, Fe, Li)$_5$(OH, F)$_2$[Si$_8$O$_{22}$]

Kl. A$_8$B$_{13}$C$_{18}$D$_{19}$E$_{68}$

Fam. A$_{19}$[8]B$_{13}$[6]C$_8$[D[4]E$_4$]$_{10}$[D$_2$[4]E$_7$]$_4$te; $D_{4h}^4 - P4/nnc$

G.   Vesuvian (Ca,Na)$_{19}$(Al, Mg, Fe)$_{13}$(OH, F)$_8$[SiO$_4$]$_{10}$[Si$_2$O$_7$]$_4$
$$15.63,\ 11.83;\ 0.757 \qquad\qquad 2$$
V., Ti-haltig, Cr-haltig, Be-haltig, B-haltig
V., Cu-haltig = Cyprin

6. Ordnung: A$_x$B$_y$C$_z$D$_u$E$_v$F$_w$

Kl. ABCD$_2$E$_2$F$_8$

Fam. A[7]B[6]C$_2$[5]D[E[4]F$_4$]$_2$r; $D_{2h}^{16} - Pamn$

G.   Ilvait CaFe$\cdot\cdot$Fe$_2$$\cdots$(OH)[SiO$_4$]$_2$ 8.84, 13.06, 5.88   4
I., Mn-haltig, Mn-reich

Kl. AB$_2$C$_3$D$_5$E$_6$F$_{15}$

Fam. A$_5$B$_2$C$_6$[D[3]E$_3$][F[4]E$_4$]$_3$r; $D_{2h}^{13} - Pnmn$

G.   Caledonit Pb$_5$Cu$_2$(OH)$_6$[CO$_3$][SO$_4$]$_3$ 7.14, 20.06, 6.55   2

Kl. AB$_8$C$_4$D$_6$E$_9$F$_{27}$

Fam. A[4]B$_9$[6]C$_4$[D[3]E$_3$]$_3$[F$_6$[4]E$_{18}$]rd; $C_{3v}^5 - R3m$

G.   Turmalin (Ca, Na, Mn)(Al, Mg, Fe, Li, Mn, Ti)$_9$
        (OH, F)$_4$[BO$_3$]$_3$[Si$_6$O$_{18}$]   9.50; 66^0 5'   1
T., Fe$\cdot\cdot$- und Fe$\cdots$reich = Schörl
T., Fe-arm, Mg-reich = Dravit
Dravit, V-haltig
T., Li- und Mn-haltig = Rubellit
T., Fe$\cdot\cdot$-reich, Fe$\cdots$-arm = Verdelith
T., Fe$\cdot\cdot$-reich, Li-haltig = Indigolith

7. Ordnung: A$_x$B$_y$C$_z$D$_u$E$_v$F$_w$G$_t$

Kl. ABCD$_2$E$_2$F$_4$G$_{15}$

Fam. A$_2$[5,5]B[6]B[4+2]{[C[3]D$_3$]E[3+1]F[G$_4$[4]D$_{12}$]}trk; $C_i^1 - P\bar{1}$

G.   Axinit Ca$_2$Al(Fe, Mn){[BO$_3$]Al(OH, F)[Si$_4$O$_{12}$]}
$$7.15,\ 9.16,\ 8.96;\ 91^0\ 56',\ 88^0\ 24',\ 102^0\ 18' \qquad 2$$

II. Gruppe: Mineralien mit molekularem H_2O

1. Ordnung: $A_x B_y . xaq$

Kl. $AB_2 . xaq$

Fam. $AB_2 . 6aq$ m; $C_{2h} - C2/m$

G.   Bischofit $MgCl_2 . 6 H_2O$ 9.90, 7.15, 6.10; 93^0 42′   *2*

Fam. $AB_2 . xaq$ am

G.   Wad $MnO_2 . xH_2O$
W., Ba-haltig, Al-haltig, Pb-haltig, Ni-haltig, Li-haltig,
        Ba- und W-haltig.
W., Cu-reich $=$ Kupfermanganerz
W., Co-reich $=$ Asbolan
W., Fe-haltig, hochradioaktiv $=$ Reissacherit
Psilomelan $=$ Wad, Ba-reich [1])
G.   Opal $SiO_2 . xH_2O$

Kl. $AB_3 . xaq$

Fam. $AB_3 . 1\frac{1}{2} aq$ r; $D_{2h}^{16} - Pnma$

G.   Becquerelit $UO_3 . 1\frac{1}{2} H_2O$ 13.93, 12.34, 14.84   *13*

2. Ordnung: $A_x B_y C_z . xaq$

Kl. $ABC_3 . xaq$

Fam. $A_6 [B_6^{[4]} C_{18}] . 6aq$ r.d; $C_{3i}^2 - R\overline{3}$

G.   Dioptas $Cu_6 [Si_6 O_{18}] . 6H_2O$.   8.77; 111^0 42′   *2*

Fam. $A_3 [B_3^{[4]} C_9] . 1aq$ m

G.   Xonotlit $Ca_3 [Si_3 O_9] . H_2O$ [2])   8.55, 7.34, 7.03; $\sim 90^0$ *2*

Fam. $A [B^{[3]} C_3] . 3aq$ r; $D_{2h}^1 - Pmmm$

G.   Nesquehonit $Mg [CO_3] . 3H_2O$ 7.68, 12.00, 5.39   *4*

Fam. $A [B^{[3]} C_3] . 5aq$ m; $P2_1/m?$

G.   Lansfordit $Mg [CO_3] . 5H_2O$ 12.48, 7.55, 7.34; 101^0 49′   *4*

Fam. $ABC_3 . 6aq$ r; $D_{2h}^4 - Pban$

G.   Carnallit $KMgCl_3 . 6H_2O$ 9.53, 16,03, 22.52   *12*

Fam. $ABC_3 . xaq$ am und ?

G.   Chrysokoll $CuSiO_3 . xH_2O$

---

[1]) Siehe auch Klasse $AB_4 C_8$.
[2]) Vielleicht $Ca_5 [Si_5 O_{15}] . H_2O$.

Kl. ABC_4 . xaq

Fam. $A^{[6]}[B^{[4]}C_4]$. 2aq r; $D_{2h}^{15} - Pcab$

G.	Strengit $Fe^{\cdot\cdot\cdot}[PO_4]$. $2H_2O$.	10.06, 9.85, 8.65	8
G.	Variscit $Al[PO_4]$. $2H_2O$.	9.85, 9.55, 8.50	

V., Fe-reich

G.	Skorodit $Fe^{\cdot\cdot\cdot}[AsO_4]$. $2H_2O$.	10.40, 10.13, 8.94

Sk., P-reich $Fe^{\cdot\cdot\cdot}[(P, As, S)O_4]$. $2H_2O$.

Fam. $\overset{2}{\infty}\{A^{[6+2]}[B^{[4]}C_4]\}$. 2aq m; $C_{2h}^6 - C2/c$

G.   Gips $\overset{2}{\infty}\{Ca[SO_4]\}$. $2H_2O$.   5.67, 15.15, 6.28; $113^0\,50'$ 4

Ardealit $\overset{2}{\infty}\{Ca_2[PO_3(OH)SO_4]\}$. $4H_2O$.
                     5.67, 14.64, 6.28; $113^0\,50'$ 2

Brushit $\overset{2}{\infty}\{Ca[PO_3(OH)]\}$. $2H_2O$.
                     5.88, 15.15, 6.37; $117^0\,28'$ 4

G.   Pharmakolith $\overset{2}{\infty}\{Ca[AsO_3OH]\}$. $2H_2O$.
                     6.00, 15.40, 6.29; $114^0\,47'$

G.   Weinschenkit $\overset{2}{\infty}\{(Y, Er, Ce)[PO_4]\}$. $2H_2O$
                     5.46, 15.12, 6.28; $113^0\,24'$

Churchit $\overset{2}{\infty}\{(Ce, Ca)[P(O, OH)_4]\}$. $2H_2O$

Fam. $A^{[2+4]}[B^{[4]}C_4]$. 5aq trk; $C_i^1 - P\bar{1}$

G.   Chalkanthit $Cu[SO_4]$. $5H_2O$.
               6.11, 10.67, 5.95; $97^0\,35'$; $107^0\,24'$; $102^0\,17'$

G.   Siderotil $Fe[SO_4]$. $5H_2O$.

Fam. $A[B^{[4]}C_4]$. 1aq m; $C_h^6 - C2/m$

G.   Kieserit $Mg[SO_4]$. H_2O 6.89, 7.69, 7.65; $116^0\,5'$ 4

Fam. $A[B^{[4]}C_4]$. 1aq r

G.   Haidingerit $Ca[AsO_3OH]$. H_2O. $0.427 : 1 : 0.493$

Fam. $A[B^{[4]}C_4]$. 2aq m; $C_{2h}^2 - P2_1/m$

G.   Phosphosiderit $Fe^{\cdot\cdot\cdot}[PO_4]$. $2H_2O$. 5.28, 9.75, 8.71; $90^0\,36'$ 4
      Metavariscit $Al[PO_4]$. $2H_2O$.   5.15, 9.45, 8.45; $\sim 90^0$

Fam. $A[B^{[4]}C_4]$. 6aq m; $C_{2h}^6 - C2/c$

G.   Hexahydrit $Mg[SO_4]$. $6H_2O$. 10.04, 7.15, 24.34; $98^0\,34'$ 8
      Bianchit $(Zn, Fe)[SO_4]$. $6H_2O$ $\beta = 98^0\,30'$

Fam. $A[B^{[4]}C_4]$. 7aq m; $C_{2h} - C2/a$

G.   Phosphorrösslerit $Mg[PO_3(OH)]$. $7H_2O$
                     6.60, 25.36, 11.35; $94^0\,56'$ 8

Rösslerit $Mg[AsO_3(OH)]$. $7H_2O$. $\beta = 94^0\,26'$

Fam. $A[B^{[4]}C_4]$. 7aq m; $C_{2h}^6 - C2/c$

G.   Eisenvitriol (Melanterit) $Fe[SO_4]$. $7H_2O$.
                     15.33, 6.50, 20.08; $104^0\,15'$ 8

E., Cu-haltig, Zn-haltig, Mn-haltig

Kobaltvitriol (Bieberit) $Co[SO_4] . 7H_2O$.
         15.45, 6.54, 20.04; 104⁰ 40′

Boothit $Cu[SO_4] . 7H_2O$ $\beta = 105^0 \, 36'$

Manganvitriol (Mallardit) $Mn[SO_4] . 7H_2O$.
         $\beta = 104^0 \, 51'$

Fam. $A[B^{[4]}C_4] . 7aq \; r; \; D_2^4 — P2_12_12_1$

G.   Bittersalz (Epsomit) $Mg[SO_4] . 7H_2O$
         11.94, 12.03, 6.86   4

Zinkvitriol (Goslarit) $Zn[SO_4] . 7H_2O$.
         11.85, 12.09, 6.83

Nickelvitriol (Morenosit) $Ni[SO_4] . 7H_2O$.
         11.86, 12.08, 6.81

Kl. $AB_2C_3 . xaq$.

Fam. $A_2^{[6]}[B^{[3]}C_3] . 1aq \; r; \; D_{2h}^1 — Pmmm$

G.   Thermonatrit $Na_2[CO_3] . H_2O$.   10.72, 6.44, 5.24   4

Fam. $A_2[B^{[3]}C_3] . 10aq \; m$

G.   Soda $Na_2[CO_3] . 10H_2O$.   1.419 : 1 : 1.489; $\beta = 122^0 \, 20'$

Kl. $AB_2C_4 . xaq$

Fam. $A_2[B^{[4]}C_4] . 10aq \; m$

G.   Glaubersalz (Mirabilit) $Na_2[SO_4] . 10H_2O$
         1.116 : 1 : 1.238; $\beta = 107^0 \, 45'$

Kl. $AB_2C_5 . xaq$.

$A_2[B^{[5+1]}C_5 . H_2O] \; r; \; D_{2h}^{16} — Pnma$

G.   Erythrosiderit $K_2[FeCl_5 . H_2O]$ 13.75, 9.92, 6.93   4

E., (NH_4)-haltig $(K, NH_4)_2[Fe\dots\dots] = $ Kremersit
         13.78, 9.85, 7.09

Fam. $A[B_2^{[4]}C_5] . 2aq \; r$

G.   Okenit $Ca[Si_2O_5] . 2H_2O$

Kl. $AB_2C_6 . xaq$.

Fam. $A_2[B^{[6]}C_6] . 1aq \; m; \; C_{2h}^6 — C2/c$

G.   Pachnolith $NaCa[AlF_6] . H_2O$
         12.12, 10.39, 15.68; $\beta = 90^0 \, 20'$ 16

Kl. $AB_2C_8 . xaq$.

Fam. $A[B_2C_7C'] . 4aq \; r$

G.   Rhomboklas $Fe[SO_4SO_3OH] . 4H_2O$ 0.558 : 1 : 0.937

Kl. $AB_3C_6 \cdot xaq$.

Fam. $\overset{3}{\infty} A^{[4+2]}[B_3{}^{[4]}C_6] \cdot 1aq$ k; $O_h^{10} - Ia3d$ [1])

G.   Analcim $\overset{3}{\infty} Na[AlSi_2O_6] \cdot H_2O$.   13.48   *16*

G.   Pollucit $\overset{3}{\infty} (Cs, Na)[AlSi_2O_6] \cdot \tfrac{1}{2}H_2O$.   13.71

Kl. $AB_4C_8 \cdot xaq$.

Fam. $\overset{3}{\infty} A[B_4{}^{[4]}C_8] \cdot 4aq$ r; $D_{2h}^{19} - Cmmm$

G..   Gismondin $\overset{3}{\infty} Ca[Al_2Si_2O_8] \cdot 4H_2O$.   13.68, 14.28, 10.60   *8*

Kl. $AB_5C_{10} \cdot xaq$.

Fam. $\overset{3}{\infty} A^{[4+3]}[B_5{}^{[4]}C_{10}] \cdot 3aq$ m; $C_s^4 - Cc$

G.   Skolezit $\overset{3}{\infty} Ca[Al_2Si_3O_{10}] \cdot 3H_2O$. 18.44, 18.90, 6.53; $90^0 45'$ *8*

Fam. $\overset{3}{\infty} A^{[6+4]}[B_5{}^{[4]}C_{10}] \cdot 3aq$ te; $D_{2d}^8 - P\overline{4}2_1m$

G.   Edingtonit $\overset{3}{\infty} Ba[Al_2Si_3O_{10}] \cdot 3H_2O$.   9.58, 6.53; 0.681   *2*

Kl. $AB_6C_{12} \cdot xaq$.

Fam. $\overset{3}{\infty} A[B_6{}^{[4]}C_{12}] \cdot 4aq$ m; $C_2^3 - C2$

G.   Laumontit $\overset{3}{\infty} Ca[Al_2Si_4O_{12}] \cdot 4H_2O$.
    14.90, 13.17, 7.55; 111.5^0 *4*

Fam. $\overset{3}{\infty} A_{>1}{}^{[6+3]}[B_6{}^{[4]}C_{12}] \cdot 6aq$ rd; $D_{3d}^5 - R\overline{3}m$.

G.   Chabasit $\overset{3}{\infty} (Ca, Na, K)_{>1}[Al_2Si_4O_{12}] \cdot 6H_2O$. 9.16; $94^0\ 24'$ *2*
    C., reich an Na und K = Herschelit

Kl. $AB_8C_{16} \cdot xaq$

Fam. $\overset{3}{\infty} A[B_8{}^{[4]}C_{16}] \cdot 5aq$ m [2]); $C_{2h}^3 - C2/m$

G.   Heulandit $Ca[Al_2Si_6O_{16}] \cdot 5H_2O$.
    7.45, 17.80, 15.85; $91^0\ 25'$ *4*

H., Ba-haltig.
Brewsterit $(Sr, Ba, Ca)[Al_2Si_6O_{16}] \cdot 5H_2O$. $\beta = 93^0\ 4'$

Kl. $AB_9C_{18} \cdot xaq$.

Fam. $\overset{3}{\infty} A[B_9{}^{[4]}C_{18}] \cdot 7aq$ m.

G.   Desmin $Ca[Al_2Si_7O_{18}] \cdot 7H_2O$. 13.60, 18.13, 11.29, $109^0\ 10'$ *4*

Kl. $A_2B_3C_6 \cdot xaq$.

Fam. $A_3[B^{[3]}C_3]_2 \cdot 5aq$ m

G.   Gaylussit $Na_2Ca[CO_3]_2 \cdot 5H_2O$
    $1.490 : 1 : 1.444$; $\beta = 101^0\ 33'$

---

[1]) Möglicherweise tetragonal $D_{4h}^{20} - I4/acd$.
[2]) Möglicherweise ein Schichtionengitter $\overset{2}{\infty} \ldots$

Kl. $A_2B_3O_8$. xaq

Fam. $A^{[2+4]}A_2^{[4+2]}[B^{[4]}C_4]_2$. 8aq m; $C_{2h}^3 - C2/m$

G.   Vivianit $Fe_3[PO_4]_2$. $8H_2O$.   10.04, 13.39, 4.69; 104^0 18'   2
G.   Erythrin $Co_3[AsO_4]_2$. $8H_2O$. 10.18, 13.34, 4.73; 105^0 1'
       Annabergit $Ni_3[AsO_4]_2$. $8H_2O$.
                                            10.12, 13.28, 4.70; $104^0$45'
       Hörnesit $Mg_3[AsO_4]_2$. $8H_2O$. 104^0 25'
       Köttigit $Zn_3[AsO_4]_2$. $8H_2O$.
                                            10.11, 13.31, 4.70; 103^0 50'
G.   Bobierrit $Mg_3[PO_4]_2$. $8H_2O$.   9.95, 27.65, 4.64; 104^0 1'   4

Fam. $A_2^{[3+3]}A^{[6]}[BC_4]_2$. 4aq m; $C_{2h}^5 - P2_1/m$

G.   Ludlamit $Fe_2Fe[PO_4]_2$. $4H_2O$ 10.45, 4.65, 9.35; 100^0 33'   2
       Phosphophyllit $Zn_2(Fe, Mn)[PO_4]_2$. $4H_2O$
                                            10.49, 5.08, 10.23; 120^0 15'

Fam. $A_3[B^{[4]}C_4]_2$. $8H_2O$ trk; $C_i^1 - P\overline{1}$

G.   Symplessit $Fe_3[AsO_4]_2$. $8H_2O$.
                    7.85, 9.39, 4.71; 99^0 55', 97^0 22', 105^0 57'   1

Fam. $A_3[B^{[4]}C_4]_2$. 4aq r; $D_{2h}^{16} - Pnma$

G.   Hopeit $Zn_3[PO_4]_2$. $4H_2O$.   10.64, 18.32, 5.03   4

Kl. $A_2B_3C_{12}$. xaq .

Fam. $A_2[B^{[4]}C_4]_3$. 16aq trk

G.   Alunogen $Al_2[SO_4]_3$. $16H_2O$.

Fam. $A_2[B^{[4]}C_4]_3$. 9aq h.

G.   Coquimbit $Fe_2[SO_4]_3$. $9H_2O$.   10.8,17.0; 1.57   4

Kl. $A_2B_4C_7$. xaq

Fam. $A_2[B_4C_7]$. 4aq m; $C_{2h}^4 - P2/c$

G.   Kernit $Na_2[B_4O_7]$. $4H_2O$.   15.52, 9.14, 6.96; 108^0 52'   4

Fam. $A_2[B_4C_7]$. 5aq rd; $C_{3i}^2 - R\overline{3}$

G.   Tincalconit $Na_2[B_4C_7]$. $5H_2O$.   9.56; 71^0 42'   3

Fam. $A_2[B_4C_7]$. 10aq m; $C_{2h}^6 - C2/c$

G.   Borax $Na_2[B_4O_7]$. $10H_2O$.   11.82, 10.61, 12.30; 106^0 35'   4

Kl. $A_2B_5C_9$. xaq

Fam AA'$[B_5C_9]$. 8aq trk.

G.   Ulexit $NaCa[B_5O_9]$. $8H_2O$.
               8.71, 12.72, 6.69; 90^0 16', 109^0 8', 105^0 7'   2

Kl. $A_2B_5C_{10}$. xaq .

Fam. $\overset{3}{\infty}$ $A_2^{[4+2]}[B_5^{[4]}C_{10}]$. 2aq r; $C_{2v}^{19} - Fdd$

G.   Natrolith $\overset{3}{\infty}$ $Na_2[Al_2Si_3O_{10}]$. $2H_2O$.   18.31, 18.66, 6.60   8

Kl. $A_2B_5C_{17}$. xaq .

Fa. $A_2B_5C_{17}$. 4aq r.

G.   Curit $Pb_2U_5O_{17}$. $4H_2O$.   0.959 : 1 : 0.653

Kl. $A_2B_6C_{11}$. xaq .

Fam. $A_2[B_6C_{11}]$. 5aq m; $C_{2h}^5 - P2/m$

G.   Colemanit $Ca_2[B_6O_{11}]$. $5H_2O$
        8.72, 11.29, 6.06; $\beta = 110^0\ 9'$ 2

Fam. $A_2[B_6C_{11}]$. 7aq trk; $C_i^1 - P\bar{1}$

G.   Meyerhofferit $Ca_2[B_6O_{11}]$. $7H_2O$
        6.60, 8.33, 6.48; $91^0\ 0'$, $101^0\ 31'$, $86^0\ 55'$ 1

Fam. $A_2[B_6C_{11}]$. 13aq m.

G.   Inyoit $Ca_2[B_6O_{11}]$. $13H_2O$.   0.941 : 1 : 0.666; $117^0\ 23'$

Kl. $A_2B_7C_{14}$. xaq .

Fam. $\overset{3}{\infty}$ $A_{<2}[B_7^{[4]}C_{14}]$. 10aq k

G.   Fauyasit $\overset{3}{\infty}(Na,Ca)_{<2}[Al_2Si_5O_{14}]$. $10H_2O$.

Kl. $A_{2-3}B_{15}C_{30}$. xaq .

Fam. $\overset{3}{\infty}$ $A_{2-3}[B_{15}^{[4]}C_{30}]$. 10aq m; $C_{2h}^2 - P2_1/m$

G.   Harmotom $\overset{3}{\infty}$ $(Ba, K)_{>2}[Al_4Si_{11}O_{30}]$. $10H_2O$.
        9.80, 14.10, 8.66; $124^0\ 50'$ 1

G.   Phillipsit $\overset{3}{\infty}$ $Ca_2K[Al_5Si_{10}O_{30}]$. $10H_2O$.
        10.00, 14.25, 8.62; $125^0\ 40'$

Kl. $A_3B_4C_{16}$. xaq .

Fam. $AA_2[B^{[4]}C_4]_4$. 14aq trk; $C_i^1 - P\bar{1}$

G.   Römerit $Fe''Fe'''_2[SO_4]_4$. $14H_2O$.
        $91^0\ 17'$, $100^0\ 30'$, $85^0\ 31'$

Fam. $AA_2[B^{[4]}C_4]_4$. 22aq m; $C_{2h}^1 - P2/m$

G.   Pickingerit $(Mg, Fe)Al_2[SO_4]_4$. $22H_2O$.
        20.8, 24.2, 6.17; $96^0\ 33'$ 4
   Halotrichit $(Fe, Mg)Al_2[SO_4]_4$. $22H_2O$.
        20.47, 24.24, 6.17; $100^0\ 6'$
H. Mg-reich

Kl. $A_3B_{10}C_{20}$. xaq .

Fam. $\overset{3}{\infty}$ $A_2^{[4+3]}A^{[2, 4+2]}[B_{10}^{[4]}C_{20}]$. 5aq r; $C_{2v}^{10} - Pnn$

G.   Thomsonit $\overset{3}{\infty}$ $(Na, Ca)_3[(Si, Al)_{10}O_{20}]$. $5H_2O$.
        13.04, 13.06, 13.22   4

Kl. $A_4B_{10}C_{19}$. xaq .

Fam. $A_4B_{10}C_{19}$. 7aq trk.

G.   Pandermit (Priceit) $Ca_4B_{10}O_{19}$. $7H_2O$.

Kl. $A_4B_{15}C_{30}$. xaq .

Fam. $\overset{3}{\infty} A_4{}^{[4+2]}[B_{15}{}^{[4]}C_{30}]$. $8H_2O$ m; $C_2^3 - C2$

G.   Mesolith $\overset{3}{\infty} Na_2Ca_2[(Al_6Si_9)O_{30}]$. $8H_2O$.
                            56.7, 6.54, 18.44; 90° 0'   8

3. Ordnung: $A_x B_y C_z D_u$. xaq

Kl. $ABCD_4$. xaq .

Fam. $AB[C^{[4]}D_4]$. 3aq trk.

G.   Amarantit $Fe(OH)[SO_4]$. $3H_2O$.
                  0.769 : 1 : 0.574; 95° 38', 90° 24', 97° 13'

Fam. $AB[C^{[4]}D_4]$. 4½aq r.

G.   Fibroferit $Fe(OH)[SO_4]$. $4½H_2O$.

Fam. $AB[C^{[4]}D_4]$. 6aq r; $C_{2v}^2 - Pmc2$

G.   Struvit $(NH_4)Mg[PO_4]$. $6H_2O$.   6.09, 6.97, 11.18   2

Kl. $ABCD_6$. xaq

Fam. $\overset{2}{\infty} A^{[7]}\{B^{[2,\,4]}D_2[C^{[4]}D_4]\}$. 1½ aq m; $C_{2h}^5 - P2/c$

G.   Carnotit $\overset{2}{\infty} K\{UO_2[VO_4]\}$. $1½H_2O$
                  6.59, 8.40, 10.43; 104° 12' [1])   4

G.   Kasolit $\overset{2}{\infty} Pb\{UO_2[SiO_4]\}$. H_2O

Kl. ABC_2D_4 . xaq [2])

Fam. $A_2B[C^{[4]}D_4]$. 3aq r; $D_2^4 - P2_12_12_1$

G.   Euchroit $Cu_2(OH)[AsO_4]$. $3H_2O$ 10.07, 10.52, 6.11   4

Kl. ABC_5D_9 . xaq

Fam. ABC_5D_9 . 5aq m; $C_{2h}^5 - P2_1/n$

G.   Probertit $NaCaB_5D_9$. $5H_2O$ 13.88, 12.56; 6.61; 107° 40'   2

Kl. ABC_2D_8 . xaq

Fam. $A^{[6]}B^{[6]}[CD_4]_2$. 12aq; $T_h^6 - Pa3$

G. Kalialaun $KAl[SO_4]_2$. $12H_2O$	12.19	4
Ammoniumalaun $(NH_4)Al[SO_4]_2$. $12H_2O$	12.13	
G. Natronalaun [3]) $NaAl[SO_4]_2$. $12H_2O$.	12.19	

---

[1]) Die Gitterkonstanten beziehen sich auf das synthetische, wasserfreie Salz; s. Klasse $ABCD_6$!

[2]) Kl. ABC_2D_5 . xaq vergl. Kl. $A_2B_{2-3}C_4D_{10}$. xaq.

[3]) Nicht streng isomorph mit den anderen Alaunen!

Kl. $AB_2C_2D_3 . xaq$.

Fam. $\frac{1}{\infty}\{A^{[1+3+2]}A^{[3+3]}B_2[C^{[3]}D_3] . 3aq\}m; C_{2h}^3 — C2/m$

G.   Artinit $\frac{1}{\infty}\{Mg_2(OH)_2[CO_3] . 3H_2O\}$

            16.66, 3.14, 6.20; 99° 45′   2

Kl. $AB_2C_2D_8 . xaq$

Fam. $A_2^{[5+3]}B^{[6]}[C^{[4]}D_4]_2 . 6aq\ m; C_{2h}^5 — P2_1/a$

G.   Schönit $K_2Mg[SO_4]_2 . 6H_2O.$ 9.04, 12.24, 6.09;104° 48′   2

G.   Cyanochroit $K_2Cu[SO_4]_2 . 6H_2O.$ $\beta = 104° 28′$

Fam. $A^{[6+1]}B_2^{[4+2]}[C^{[4]}D_4]_2 . 2aq\ m; C_{2h}^5 — P2_1/c$

G.   Kröhnkit $Na_2Cu[SO_4]_2 . 2H_2O.$

            5.78, 12.58, 5.48; 108° 30′   2

G.   Roselith $Ca_2(Co, Mg)[AsO_4]_2 . 2H_2O.$

            5.60, 12.80, 5.60; 100° 45′

     Brandtit $Ca_2Mn[AsO_4]_2 . 2H_2O.$

            5.65, 12.80, 5.65; 99° 30′

Fam. $A_2B[C^{[4]}D_4]_2 . 1aq\ m; C_{2h}^2 — P2_1/m$

G.   Syngenit $K_2Ca[SO_4]_2 . H_2O$ 9.70, 7.17, 6.20; 104° 0′   2

Fam. $A_2B[C^{[4]}D_4]_2 . 2\frac{1}{2}aq\ trg?$

O.   Loeweit $Na_2Mg[SO_4]_2 . 2\frac{1}{2}H_2O.$ $c/a = 0.702$

Fam. $A_2B[C^{[4]}D_4]_2 . 4aq\ m.$

G.   Astrakanit $Na_2Mg[SO_4]_2 . 4H_2O.$

            11.04, 8.15, 5.49; 100° 39′   2

Kl. $A_2B_2C_3D_6 · xaq$

Fam. $A^{[6]}A_2^{[7]}[B^{[4]}C_3D]_2 . 2aq\ m; Cc — C_s^4$

G.   Afwillit $Ca_3[SiO_3(OH)]_2 . 2H_2O.$

            16.27, 5.63, 13.23; 134° 48′   4

Kl. $AB_2C_2D_{12} . xaq$

Fam. $\frac{2}{\infty}A\{B_2^{[2, 4]}D_4[C^{[4]}D_4]_2\} . 3(?)aq\ r$

G.   Tujamunit $\frac{2}{\infty}Ca\{(UO_2)_2[VO_4]_2\}_2 . 3(?)H_3O$

            10.40, 8.26, 19.41   8

Kl. $AB_2C_4D_{14} . · xaq ·$

Fam. $A_4BC_2^{[4]}D_{14} . 3aq\ trk; C_i^1 — P\bar{1}$

G.   Walpurgin $Bi_4UAs_2O_{14} . 3H_2O$ 7.13, 10.44, 5.49;

            101° 40′, 110° 49′, 88° 17′   1

Fam. $\frac{2}{\infty}A\{B_2^{[2,4]}D_4[C^{[4]}D_4]_2\} . 8aq\ ^1)te(r); D^{17} — I4/mnm$

G.   Saléeit $\frac{2}{\infty}Mg\{U_2O_4[PO_4]_2\} . 8H_2O\ te$ 6.98, 19.81; 2.82   2

$^1)$ Wassergehalt unsicher und schwankend; bei etwa 10 H_2O ist das Gitter leicht rhombisch deformiert; bei 6 H_2O beträgt die Gitterkonstante in Richtung der Hauptachse 8.4 (Phosphat)—8.8 Å (Arsenat); Raumgruppe ist dann $D_{4h}^7 — P4/nmm$ (Metaautunit I, Metatorbernit und Metazeunerit).

S., As-reich $\overset{2}{\infty}Mg\{U_2O_4[(P; As)O_4]_2\}$. $8H_2O$ te
$\qquad\qquad\qquad\qquad$ 7.05, 19.87; 2.82

Novacikit $\overset{2}{\infty}Mg\{U_2O_4[(As, P)O_4]_2\}$. $8H_2O$ te
$\qquad\qquad\qquad\qquad$ 7.12, 20.14; 2.83

G.   Torbernit $\overset{2}{\infty}Cu\{U_2O_4[PO_4]_2\}$. $8H_2O$ te 7.05, 20.5; 2.90

Zeunerit $\overset{2}{\infty}Cu\{U_2O_4[AsO_4]_2\}$. $8H_2O$ te
$\qquad\qquad\qquad\qquad$ 7.13, ½ × 17.66; 2.84 $\qquad\qquad$ 1

G.   Autunit $\overset{2}{\infty}Ca\{U_2O_4[PO_4]_2\}$. $8H_2O$ te   6.99, 20.63; 2.95 $\qquad\qquad$ 2

Uranospinit $\overset{2}{\infty}Ca\{U_2O_4[AsO_4]_2\}$. $8H_2O$ r

G.   Uranocircit $\overset{2}{\infty}Ba\{U_2O_4[PO_4]_2\}$. $8H_2O$ r

G.   Sabugalit $\overset{2}{\infty}Al\{U_4O_8[P(O, OH)_4]_2[AsO_4]_2\}$. $16H_2O$ te
$\qquad\qquad\qquad\qquad$ 6.96, 19.03; 2.77 $\qquad\qquad$ 1

Kl. $AB_2C_3D_4$. xaq.

Fam. $A_2B_3[C^{[4]}D_4]$. 3½ aq am.

G.   Delvauxit $Fe_2(OH)_3[PO_4]$. $3½H_2O$.

Kl. $AB_2C_3D_6$. xaq.

Fam. $A_3^{[6]}[B_2^{[3]}C_6D^{[2]}]$. 2aq m; $C_{2h}^6 - C2/c$

G.   Trona $Na_3[C_2O_6H]$. $2H_2O$ 20.41, 3.49, 10.31; 106° 20′ $\qquad$ 4

Kl. $AB_2C_3D_9$. xaq.

Fam. $A_2^{[6]}B^{[6]}[C_3^{[4]}D_9]$. 2aq h; $D_{6h}^4 - C6/mmc$

G.   Katapleit $Na_2Zr[Si_3O_9]$. $2H_2O$.   7.39, 10.05; 1.36 $\qquad$ 2

Kl. $AB_2C_4D_4$. xaq.

Fam. $A_2B_4[C^{[4]}D_4]$. 7aq m.

G.   Aluminit $Al_2(OH)_4[SO_4]$. $7H_2O$.

Kl. $AB_2C_6D_{15}$. xaq.

Fam. $AB_2[C_6D_{15}]$. 8aq r

G.   Hewettit $Ca(OH)_2[V_6O_{15}]$. $8H_2O$.

Kl. $AB_3C_3D_4$. xaq.

Fam. $A_3B_3[C^{[4]}D_4]$. 1aq r

G.   Hämafibrit $Mn_3(OH)_3[AsO_4]$. H_2O 0.526:1:1.150

Kl. $AB_3C_4D_6$. xaq

Fam. $A_3B_6[C^{[4]}D_4]$. 6aq   am

G.   Evansit $Al_3(OH)_6[PO_4]$. $6H_2O$.

Kl. $AB_3C_7D_{13}$. xaq

Fam. $A_7B_{13}[C^{[3]}D_3]$. 4aq h.

G.   Brugnatellit $Mg_6Fe(OH)_{13}[CO_3]$. $4H_2O$.
$\qquad\qquad\qquad\qquad$ 5.47, 15.97; 2.92 $\qquad\qquad$ 4

Kl. $AB_4C_4D_6$. xaq

Fam. $A_4B_6[C^{[4]}D_4]$. 1aq r

G. Langit $Cu_4(OH)_6[SO_4]$. H_2O 0.535:1:0.635

Kl. $A_2B_2C_3D_{12}$. xaq

Fam. $A_2B_2[C^{[4]}D_4]_3$. 15aq m

G. Minasragrit $V_2^{''''}(OH)_2[SO_4]_3$. $15H_2O$
$$0.720:1:0.666;\ \beta = 110^0\ 57'$$

Kl. $A_{2—3}B_2C_4D_5$. xaq

Fam. $\overset{2}{\infty} A_{2—3}^{[2+4]}B_4[C_2^{[4]}D_5]$. 2aq m; $C_s^3 — Cm$

G. Halloysit (Endellit) $\overset{2}{\infty} Al_2(OH)_4[Si_2O_5]$. $2H_2O$.
$$5.20,\ 8.92,\ 10.15;\ 100^0 \qquad\qquad 2$$

G. Chamosit $\overset{2}{\infty}(Fe, Mg)_3(OH)_4[(Si, Al)_2O_5]$. xH_2O
$$5.39,\ 9.34,\ 14.0;\ 90^0\ 0'$$

Kl. $A_2B_2C_4D_7$. xaq

Fam. $A_4^{[3+1]}B_2[C_2^{[4]}D_7]$. 1aq r; $C_{2v}^{20}— Imm$

G. Kieselzinkerz (Hemimorphit) $Zn_4(OH)_2[Si_2O_7]$. H_2O
$$10.70,\ 8.38,\ 5.11 \qquad\qquad 2$$

Kl. $A_2B_{2—3}C_4D_{10}$. xaq.

Fam. $\overset{2}{\infty} \{A_{2—3}^{[4+2]}B_2[C_4^{[4]}D_{10}]\}$. xaq m.

G. Montmorillonit $\overset{2}{\infty}(Al, Mg)_{>2}(OH)_2[Si_4O_{10}]$. xH_2O[1])
$$5.10,\ 8.83,\ 15.2;\ 90^0 \qquad\qquad 2$$

M., Mg-arm = Beidellit
$$\overset{2}{\infty} (Al, Mg)_{2—3}(OH)_2[(Si, Al)_4O_{10}]\ .\ xH_2O.$$
M., Ni-reich = Pimelit
$$\overset{2}{\infty} (Al, Ni, Mg)_{2—3}(OH)_2[(Si, Al)_4O_{10}]\ .\ xH_2O$$
M., Cu-reich = Medmontit

M., Zn-haltig

Zinkmontmorillonit = Sauconit
$$\overset{2}{\infty} (Zn, Fe, Al)_3(OH)_2[(Si, Al)_4O_{10}]\ .\ xH_2O.$$

G. Nontronit $\overset{2}{\infty} Fe_2^{'''}(OH)_2[Si_4O_{10}]$. xH_2O.
$$5.23,\ 9.06,\ 15.8;\ 90^0$$

Vermiculit $\overset{2}{\infty}(Mg, Fe^{'''})_3(OH)_2[(Si, Al)_4O_{10}]$. xH_2O

Kl. $A_2B_3C_3D_8$. xaq

Fam. $A_3B_3[C^{[4]}D_4]_2$. 5aq r; $D_{2h}^{16} — Pcmn$

G. Wavellit $Al_3(OH)_3[PO_4]_2$. $5H_2O$ 9.60, 17.31, 6.98   4

---

[1]) Wassergehalt und damit c-Konstante mit Feuchtigkeit und Temperatur schwankend (10—20 Å).

Kl. $A_2B_3C_4D_5$. xaq .

Fam. $\overset{2}{\infty}$ $[A_3^{[6]}B_6]$. $\{A_3^{[6]}B_2[C_4^{[4]}D_{10}]\}$. x(K, Ca, H_2O) m(r?)

G.   Stilpnomelan

$\overset{2}{\infty}$ $[(Al, Mg, Fe)_3(OH)_6]$. $\{(Al, Fe, Mg)_3(OH)_2[(Si, Al)_4O_{10}]$. x(H_2O, K, Ca)   5.39, 9.40, 12.13   *2*

Kl. $A_2B_3C_6D_{18}$. xaq

Fam. $A_2^{[6]}B_3^{[4]}[C_6^{[4]}D_{18}]$. 1aq h(r) [1]); $D_{6h}^2 - C6/mcc(D_{2h}^{20} - Cccm)$

G.   Beryll $Al_2Be_3[Si_6O_{18}]$. (H_2O, Cs, Rb)h

     9.21, 9.17; 0.996   *2*

G.   Cordierit $(Mg, Fe)_2Al_3[Si_5AlO_{18}]$. H_2O r.

     17.10, 9.78, 9.33   *4*

Eisencordierit $(Fe, Mg)_2(Al, Fe)_3[Si_5AlO_{18}]$. H_2O r

Kl. $A_2B_4C_5D_{12}$. xaq

Fam. $A_5B_2[C^{[3]}D_3]_4$. 4aq . r; $D_{2h}^1 - Pmmm$

G.   Hydromagnesit $Mg_5(OH)_2[CO_3]_4$. $4H_2O$ 9.32, 8.98, 8.42   *2*

Kl. $A_3B_3C_4D_{12}$. xaq

Fam. $A_4B_3[C^{[4]}D_4]_3$. 12aq h

G.   Kakoxen $Fe_4(OH)_3[PO_4]_3$. $12H_2O$ 7.92, 10.5; 1.33   *1*

Kl. $A_4B_6C_6D_{11}$. xaq[2])

Fam. $\overset{1}{\infty}$ $A_6B_6[C_4D_{11}]$. 1aq m; $C_{2h}^3 - C2/m$

G.   Chrysotil $\overset{1}{\infty}$ $Mg_6(OH)_6[Si_4O_{11}]$. H_2O

     14.66, 18.5, 5.33; 93° 16′   *2*

Eisenchrysotil $\overset{1}{\infty}$ $(Fe\ddot{}, Fe\dddot{})_{<6}(OH)_6[Si_4O_{11}]$. H_2O =
= Greenolith   14.5, 18.6, 5.30; ~ 93°

C., Ni-reich = Garnierit $(Mg, Ni)_6(OH)_6[Si_4O_{11}]$. H_2O.

C., Fe-haltig, scheinbar amorph = Gymnit

G., Fe-reich = Eisengymnit

C., Ni-haltig, scheinbar amorph = Nickelgymnit

4. Ordnung: $A_x B_y C_z D_u E_v$. xaq .

Kl. $ABCDE_4$. xaq

Fam. $ABC[D^{[4]}E_4]$. 3aq m; $C_{2h}^3 - C2/m$

G.   Kainit $KMgCl[SO_4]$. $3H_2O$.   19.35, 16.24, 9.86; 94° 54′   *16*

Kl. $ABCD_2E_4$. xaq

Fam. $ABC_2[D^{[4]}E_4]$. 1aq r[3]); $C_{2v}^{17} - Bba2$

G.   Childrenit $(Fe, Mn)Al(OH)_2[PO_4]$. $1H_2O$.

     10.38, 13.36, 6.91   *8*

Eosphorit $(Mn, Fe)Al(OH)_2[PO_4]$. $1H_2O$.

     10.45, 13.49, 6.93

---

[1]) Oder auch $\overset{3}{\infty}$ $A_2^{[6]}[B_3^{[4]}C_6^{[4]}D_{18}]$. 1aq h (r).

[2]) Nach neueren Untersuchungen in Kl. $A_2B_3C_4D_5$ (s. dort) einzureihen.

[3]) Möglicherweise monoklin mit $\beta = 90° 0′$.

Kl. $ABCD_2E_8$. xaq

Fam. $ABC[D^{[4]}E_4]_2$. 7aq m

G. Botryogen $MgFe^{\cdots}(OH)[SO_4]_2$. $7H_2O$.
0.589:1:0.400; $\beta = 100^0\ 1'$

Kl. $ABCD_3E_{10}$ · xaq

Fam. $A_3[B^{[3]}E_3][C^{[4]}E_4][D^{[4]}E_3]$. 15aq h; $C_6^6 - C6_2$ *(oder* $C_{6h}^2 - C6/2m)$

G. Thaumasit $Ca_3[CO_3][SO_4][SiO_3]$. $15H_2O$.
10.90, 10.29; 0.944   *2*

Kl. $ABC_2D_2E_8$. xaq

Fam. $AB_2C[D^{[4]}E_4]_2$. 1aq m; $C_{2h}^3 - C2/m$

G. Natrochalcit $NaCu_2(OH)[SO_4]_2$. H_2O.
8.74, 6.15, 6.53; $118^0\ 42'$ *2*

Kl. $ABC_2D_3E_4$. xaq

Fam. $A_2BC_3[D^{[4]}E_4]$. 3aq m

G. Tsumebit $Pb_2Cu(OH)_3[PO_4]$. $3H_2O$.
0.655:1:0.675; $\beta = 94^0\ 22'$

Kl. $ABC_2D_4E_4$. xaq

Fam. $A_2BC_4[D^{[4]}E_4]$. 4aq m; $C_{2v}^{20} - I2/a$

G. Lirokonit $Cu_2Al(OH)_4[(As, P)O_4]$. $4H_2O$
12.70, 7.57, 9.88; $91^0\ 23'$ *4*

Kl. $ABC_4D_8E_{20}$. xaq

Fam. $\overset{2}{\infty} A^{[8]}B_4^{[6+1]}C[D^{[4]}_2E_5]_4$. 8aq te; $D_{4h}^6 - P4/mnc$

G. Apophyllit $\overset{2}{\infty} KCa_4(F,OH)[Si_2O_5]_4$. $8H_2O$.
9.00, 15.84; 1.76   *2*

Kl. $AB_2C_2D_2E_7$. xaq

Fam. $A^{[7+1]}B_2^{[4+2]}C_2[D_2^{[4]}E_7]$. 1aq r; $D_2^5 - C222_1$

G. Lawsonit $CaAl_2(OH)_2[Si_2O_7]$. H_2O 8.85, 5.75, 13.30   *4*

Kl. $AB_2C_2D_4E_{16}$. xaq

Fam. $A_2B_2C[D^{[4]}E_4]_4$. 2aq trk.

G. Polyhalit $K_2Ca_2Mg[SO_4]_4$. $2H_2O$ ⎫   0.718:1:0.466;
G. Leightonit $K_2Ca_2Cu[SO_4]_4$. $2H_2O$ ⎭ $91^0\ 39'$, $89^0\ 50'$, $88^0\ 6'$

Kl. $AB_2C_2D_6E_8$. xaq

Fam. $AB_2^{[6]}C_6[D^{[4]}E_4]_2$. 4aq r

G. Uranophan $CaU_2(OH)_6[SiO_4]_2$. $4H_2O$ 6.68, 15.28, 7.31
G. Sklodowskit $MgU_2(OH)_6[SiO_4]_2$. $4H_2O$ 6.67, 15.50, 7.12
G. Cuprosklodowskit $CuU_2(OH)_6[SiO_4]_2$. $4H_2O$ c $= 7.23$

Kl. $AB_2C_3D_4E_8$. xaq

Fam. $AB_3C_4[D^{[4]}E_4]_2$. 2 aq te; $C_4^2 - P4_1$

G.   Wardit $NaAl_3(OH)_4[PO_4]_2$. 2 H_2O 7.04, 18.18; 2.68   4

Kl. $AB_2C_3D_6E_{16}$. xaq

Fam. $A_6B_2C_{16}[D^{[3]}E_3]$. 4aq h

G.   Sjögrenit $Mg_6Fe_2(OH)_{16}[CO_3]$. $4H_2O$ 6.20, 15.57; 2.51   1
       Barbertonit $Mg_6Cr_2(OH)_{16}[CO_3]$. $4H_2O$ 6.17, 15.52; 2.52
       Manasseit $Mg_6Al_2(OH)_{16}[CO_3]$. $4H_2O$ 6.12, 15.34; 2.51

Fam. $A_6B_2C_{16}[D^{[3]}E_3]$. 4aq rd

G.   Pyroaurit $Mg_6Fe_2(OH)_{16}[CO_3]$. $4H_2O$ 6.19, 46.54; 7.52   3
       Stichtit $Mg_6Cr_2(OH)_{16}[CO_3]$. $4H_2O$ 6.18, 46.38; 7.50
       Hydrotalkit $Mg_6Al_2(OH)_{16}[CO_3]$. $4H_2O$ 6.13, 46.15; 7.53

Kl. $AB_2C_4D_4E_4$. xaq

Fam. $\frac{1}{\infty}[A_2^{[6]}(H_2O)_8][B^{[4]}(CDE)]$ te; $S_4^1 - P\overline{4}$

G.   Julienit $\frac{1}{\infty}[Na_2(H_2O)_8][Co(NCS)_4]$ 19.00, 5.47; 0.29   4

Kl. $AB_2C_4D_4E_{12}$. xaq .

Fam. $A_4B_2C_{12}[D^{[4]}E_4]$. 2aq r

G.   Cyanotrichit $Cu_4Al_2(OH)_{12}[SO_4]$. $2H_2O$

Kl. $AB_2C_4D_6E_{24}$. xaq .

Fam. $AB_4C_2[D^{[4]}E_4]_6$. 18aq trk; $C_i^1 - P\overline{1}$

G.   Copiapit $Fe''Fe'''_4(OH)_2[SO_4]_6$. $18H_2O$
               7.33, 18.15, 7.27; 93° 50′, 101° 30′, 99° 21′   1
       Magnesiocopiapit $MgFe'''_4(OH)_2[SO_4]_6$. $18H_2O$
G.   Cuprocopiapit $CuFe'''_4(OH)_2[SO_4]_6$. $18H_2O$.

Kl. $AB_3C_4D_4E_{12}$. xaq .

Fam. $\frac{3}{\infty} A\{B_4^{[3+3]}C_4[D^{[4]}E_4]_3\}$. 6—7aq k; $T_d^1 - P\overline{4}3m$

G.   Pharmakosiderit
       $\frac{3}{\infty} K\{Fe_4(OH)_4[(As, P)O_4]_3\}$. 6—7H_2O. 7.91   1

Kl. $AB_3C_5D_6E_{24}$. xaq .

Fam. $A_5B_3C[D^{[4]}E_4]_6$. 8aq h

G.   Metavoltin $K_5Fe'''_3(OH)_2[SO_4]_6$. $8H_2O$. 19.43, 18.60; 0.96   8

Kl. $AB_4C_6D_8E_{16}$. xaq

Fam. $AB_6C_8[D^{[4]}E_4]_4$. 4—5aq trk; $C_i^1 - P\overline{1}$

G.   Türkis $CuAl_6(OH)_8[PO_4]_4$. $5H_2O$.
               7.47, 9.93, 7.67; 111° 39′, 115° 23′, 69° 26′   1

Chalkosiderit $CuFe_6(OH)_8[PO_4]_4 \cdot 4H_2O$.
     7.66, 10.18, 7.88; 112° 19', 115° 18', 69° 0'
C., Al-haltig
C., Al-reich = Rashleighit $CuFe_3Al_3(OH)_8[PO_4]_4 \cdot 4H_2O$.

Kl. $AB_4C_5D_8E_{11} \cdot xaq$.
Fam. $A_5B_4CD_8E_{11} \cdot 1\frac{1}{2}aq$ te.

G.   Boleit $Pb_5Cu_4Ag(OH)_8Cl_{11} \cdot 1\frac{1}{2}H_2O$.   15.4, 62.0; 4.03   24

Kl. $A_2B_2C_2D_2E_7 \cdot xaq$
Fam. $A_2B_2C_2[D_2{}^{[4]}E_7] \cdot 1aq$ m

G.   Klinoedrit $Ca_2Zn_2(OH)_2[Si_2O_7] \cdot H_2O$.
         5.42, 15.91, 5.23; 103° 56'   2

Kl. $A_2B_4C_5D_{12}E_{48} \cdot xaq$.
Fam. $A_2B_5C_4[D^{[4]}E_4]_{12} \cdot 18aq$ k; O_h^3 ?

G.   Voltait $K_2Fe''_5Fe'''_4[SO_4]_{12} \cdot 18H_2O$. $\alpha \sim 27.4$ 16

Kl. $A_2B_4C_9D_{10}E_{16} \cdot xaq$
Fam. $A_9B_2C_{10}[D^{[4]}E_4]_4 \cdot 10H_2O$ r; $D_h - Pmma$

G.   Tirolit $Cu_9Ca_2(OH)_{10}[AsO_4]_4 \cdot 10H_2O$. 10.50, 54.71, 5.59   4

5. Ordnung: $A_x B_y C_z D_u E_v F_w \cdot xaq$

Kl. $A_2B_3C_3D_{18}E_{24}F_{27} \cdot xaq$

Fam. $A_2B_{18}C_{27}[DF_4]_3[EF_4]_3 \cdot 33aq$ h; $D_{3d}^5 - R\bar{3}m$

G.   Chalkophylllit $Al_2Cu_{18}(OH)_{27}[SO_4]_3[AsO_4]_3 \cdot 33H_2O$
         20.49; 30° 40'   1

III. Gruppe: Organoide

Kl. Kohlenwasserstoffe
Fam. C_6H_{10}m

G.   Hartit $C_{18}H_{30}$

Fam. C_9H_{16}m

G.   Fichtelit $C_{18}H_{32}$

Fam. $C_{80}H_{56}O_2$m

G.   Idrialin $C_{80}H_{56}O_2$

Fam. C, H, O, S am

G.   Bernstein

Kl. Salze organ. Säuren
Fam. $AB_2C_4 \cdot xaq$

G.   Whewellit $Ca[C_2O_4] \cdot H_2O$ m   0.870 : 1 : 1.369; 107° 18'
G.   Oxalit $Fe[C_2O_4] \cdot 2H_2O$ r   0.773 : 1 : 1.104
G.   Weddellit $Ca[C_2O_4] \cdot 2H_2O$ te; $I4/m$ 12.40, 7.37, 0.49   8

Fam. $A_2B_2C_4 \cdot xaq$

G.   Oxammit $(NH_4)_2[C_2O_4] \cdot H_2O$ r

Fam. $AB_6C_6 \cdot x\,aq$

G.   Mellit $Al_2[C_{12}O_{12}] \cdot 18H_2O$ te   22.0, 23.3; 1.06   16

Literatur.

A. Lehrbücher, welche auch die allgemeine Mineralogie und teilweise die Petrologie berücksichtigen.

1. F. ANGEL u. R. SCHARIZER, Grundriß der Mineralparagenese. Wien 1932.
2. C. S. HURLBUT, Dana's manual of mineralogy. 15. Aufl. New York 1941.
3. P. ESKOLA, Mineralien und Gesteine. Wien 1946.
4. P. RAMDOHR, Klockmann's Lehrbuch der Mineralogie. 13. Aufl. Stuttgart 1948 (gleichzeitig Nachschlagewerk).
5. C. W. CORRENS, Einführung in die Mineralogie. Berlin-Göttingen-Heidelberg 1949.

B. Teilgebiete.

1. W. L. BRAGG, Atomic structure of minerals. Ithaka-New York 1937.
2. P. RAMDOHR, Die Erzmineralien und ihre Verwachsungen. Berlin 1950.
3. K. JASMUND, Die silikatischen Tonminerale. Weinheim 1951.

C. Geochemie, Lagerstättenkunde, Rohstoffwirtschaft.

1. B. DAMMER und O. TIETZE, Die nutzbaren Mineralien. Stuttgart 1928.
2. O. STUTZER, Die wichtigsten Lagerstätten der Nichterze. Berlin 1921—1935.
3. V. M. GOLDSCHMIDT, Geochemische Verteilungsgesetze I—IX. Akad. Wiss. Oslo 1923—1938.
4. P. NIGGLI, J. KÖNIGSBERGER und R. L. PARKER, Die Mineralien der Schweizer Alpen. Basel 1940.
5. H. SCHNEIDERHÖHN, Lehrbuch der Erzlagerstättenkunde. Jena 1941.
6. H. SCHNEIDERHÖHN, Erzlagerstätten (Kurzvorlesungen). Jena 1944.
7. F. FRIEDENSBURG, Die Bergwirtschaft der Erde. 4. Aufl. Stuttgart 1948.
8. F. MACHATSCHKI, Vorräte und Verteilung der mineralischen Rohstoffe. Wien 1948.
9. P. NIGGLI, Die Gesteins- und Minerallagerstätten. Basel 1948.
10. K. RANKAMA und Th. G. SAHAMA, Geochemistry. Chicago 1949.
11. P. KRUSCH, G. BERG, F. FRIEDENSBURG, H. QUIRING und H. SOMMERLATTE, Die metallischen Rohstoffe. Stuttgart 1937—1950. (Bisher 9 Bände).
12. W. PETRASCHECK und W. E. PETRASCHECK, Lagerstättenlehre. Wien 1950.
13. B. GRANIGG, J. HORVATH und V. E. GERZABEK, Die Lagerstätten nutzbarer Mineralien, ihre Entstehung, Bewertung und Erschließung. Wien 1951.
14. ALAN M. BATEMAN, Economic mineral deposits. 2. Aufl. New-York—London 1950.
15. ALAN M. BATEMAN, The formation of mineral deposits. New-York—London 1951.
16. F. ZAMBONINI—E. QUERCIGH, Mineralogia Vesuviana. 2. Aufl. (R. Acc. di Sc. fis. emat.). Turin 1935.
17. BRIAN MASON, Principles of Geochemistry, New York-London 1952.

D. Mineralogische Nachschlagewerke.

1. C. DOELTER und H. LEITMEIER, Handbuch der Mineralchemie. Dresden 1912—1931.
2. C. HINTZE, Handbuch der Mineralogie. Berlin 1897—1939.
3. CH. PALACHE, H. BERMAN und CL. FRONDEL, Dana's system of mineralogy. 7. Aufl. New York 1944—1951 (bisher 2 Bde. erschienen); 6. Aufl. 1892 mit 3 Appendices 1899—1915.
4. A. N. WINCHELL u. H. WINCHELL, Elements of optical mineralogy. Part. II, Descriptions of minerals. New York-London 1951.

E. Mineralnamen-, Formel- und Bestimmungstabellen.

1. E. S. LARSEN und H. BERMAN, The microscopic determination of the nonopaque minerals. 2. Aufl. Washington 1934.
2. M. N. SHORT, Microscopic determination of the ore minerals. Washington 1940.
3. H. STRUNZ, Mineralogische Tabellen. 2. Aufl. Leipzig 1949 (mit Strukturdaten).

4. A. Köhler, Das Bestimmen der Minerale. Wien 1949.
5. A. Schüller, Die Eigenschaften der Minerale I. Berlin 1950.
6. M. H. Hey, An index of mineral species & varieties arranged chemically. London 1950.

F. Nachschlagewerke über Kristallstrukturen.

1. P. P. Ewald, C. Hermann, O. Lohrmann, H. Philipp, C. Gottfried, F. Schossberger und K. Herrmann, Strukturberichte der Zeitschr. f. Kristallogr. Akad. Verlagsges. Leipzig 1931—1943 (für die Jahre 1912—1939).
2. A. J. C. Wilson, C. S. Barrett, J. M. Bijvoet und J. Mont. Robertson, Structure Reports. Bd. 11 (für die Jahre 1947/48), Bd. 12 (für 1949); Utrecht 1951 u. 1952.
3. R. W. G. Wyckoff, Crystal structures I. und II., New-York—London 1948 und 1951.

Berichtigungen.

S. 19 vorletzte Kolonne, Z. 12 von oben: lies: „(27000)“ statt: „(270)“

S. 38, Abbildungsunterschrift 10: lies: „O^{-2}“ statt: „C^{-2}“

S. 43, Z. 11 und 12 von unten: lies: „Aegirin“ statt: „Aegerin“

S. 77, Z. 15 von oben: lies: „Individuum“ statt: „Individium“

S. 81, Z. 16 von oben: lies: „geringerer“ statt: „geringer“

S. 84, Z. 20 von oben: lies: „Silikasteine“ statt: „Silikatsteine“

S. 125, Z. 16 von oben: lies: „anscheinend nie“ statt: „ebenfalls stets“

    Z. 14 von unten: nach der Astrophyllitformel: lies: „trk“ statt: „r“

S. 157, Z. 2 von oben und S. 161, Z. 19 von oben: lies: „dissoziiert“ statt: „dissoziert“

S. 160, Z. 22 von oben: lies: „Vaterit“ statt: „Valerit“

S. 165, Z. 11 von unten: lies: leichteren“ statt: „leichten“

S. 186, Z. 7 von unten: lies: „Kalisalpeter“ statt: „Kalisalperter“

S. 205, Z. 9 von oben und S. 334, vorletzte Zeile: lies: „Datolith“ statt: „Datholit“

S. 240, Abbildungsunterschrift 190: lies: „Merrill“ statt: „Merril“

S. 249, Z. 29 von oben: lies: „Tennantit“ statt: „Tennamit“

S. 271, Z. 12 von unten: lies: „)“ nach Kupfergehalt

S. 278, letzte Zeile: „Seven“ statt: „Seren“

S. 309, Z. 9 von unten: lies: „D_{3d}^{b}“ statt: „D_{3d}“

S. 329, Fußnote 2: lies: „D_7“ statt: „O_7“

S. 337, Z. 11 von unten: lies: „$Al(OH,F)O_3$“ statt: „O_3“

S. 347, Z. 8 von unten: In der Tujamunitformel soll es heißen „}“ statt: „$}_2$“.

    Z. 4 bis 6 von unten gehören auf S. 348 nach der Klasse $AB_2C_4D_4 \cdot xaq$ eingeschaltet.